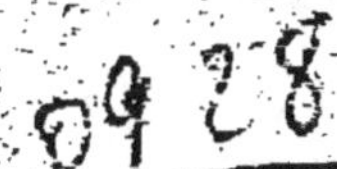

# SOLUTIONS

### DES

# EXERCICES ET PROBLÈMES

#### PROPOSÉS DANS LE

## Cours d'Algèbre élémentaire

### Par un Comité de Professeurs

## Plus de 2.500 Questions.

### Partie du Maître

---

LIBRAIRIE CATHOLIQUE EMMANUEL VITTE

LYON      PARIS

# SOLUTIONS

### DES

# EXERCICES ET PROBLÈMES

#### PROPOSÉS DANS LE

## Cours d'Algèbre élémentaire

# SOLUTIONS

DES

# EXERCICES ET PROBLÈMES

PROPOSÉS DANS LE

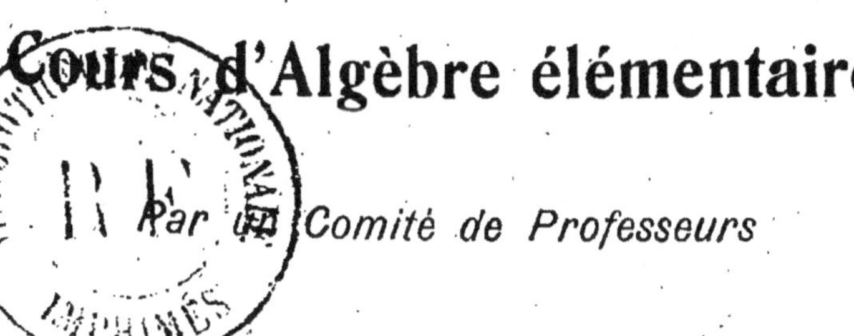

## Cours d'Algèbre élémentaire

*Par un Comité de Professeurs*

Plus de 2.500 Questions.

LIBRAIRIE CATHOLIQUE EMMANUEL VITTE

**LYON**
3, place Bellecour, 3

**PARIS**
5, rue Garancière, 5

1926

# SOLUTIONS DES EXERCICES ET PROBLÈMES

PROPOSÉS DANS LE

## Cours d'Algèbre élémentaire

---

# PREMIÈRE PARTIE

## LES NOMBRES ALGÉBRIQUES

### EXERCICES

**Opérations sur les nombres suivants.**

*Additionner les nombres suivants :*

**1.**  $+5$,  $+3$,  $-2$.

On a : $(+5)+(+3)+(-2)=(+8)+(-2)=+6$.

**2.**  $-4$,  $+7$,  $-5$.

On a : $(-4)+(+7)+(-5)=(-9)+(+7)=-2$.

**3.**  $+6$,  $-9$,  $+2$.

On a : $(+6)+(-9)+(+2)=(+8)+(-9)=-1$.

**4.**  $-4$,  $+12$,  $+7$,  $-14$.

On a : $(-4)+(+12)+(+7)+(-14)=(-18)+(+19)=+1$.

**5.**  $+12$,  $-20$,  $-2$,  $-9$.

On a : $(+12)+(-20)+(-2)+(-9)=(+12)+(-31)=-19$.

**6.**  $-1$,  $+30$,  $+7$,  $-18$.

On a : $(-1)+(30)+(+7)+(-18)=(-19)+(37)=+18$.

**7.**  $+5$,  $-4$,  $-7$,  $+9$,  $-12$,  $+10$.

On a : $(+5)+(-4)+(-7)+(+9)+(-12)+(+10)=(+24)$
$+(-23)=+1$.

**8.**   —9,   —20,   +16,   +14,   —9,   —20,

On a : $(-9)+(-20)+(+16)+(+14)+(-9)+(-20)=(-$
$$+(+30)=-$$

**9.**   +14,   +13,   +26,   —28,   +18,   +15,   —27,   +4

On a : $(+14)+(+13)+(+26)+(-28)+(+18)+(+15)+(-$
$$+(+48)=(+134)+(-55)=+$$

**10.**   —18,   +7,   —32,   —43,   +36,   —30,   —30,   +54,   —3

On a : $(-18)+(+7)+(-32)+(-43)+(+36)+(-30)+(-$
$$+(+54)+(-37)=(-190)+(+97)=-$$

**11.**   *Quelle est la valeur de l'expression* a+b+c, *si l'*
*donne aux lettres les valeurs suivantes :*

$$1^o \quad a=+38 \quad b=-25 \quad c=+17$$
$$2^o \quad a=+120 \quad b=+17 \quad c=-98$$
$$3^o \quad a=-75 \quad b=-68 \quad c=+116$$

En remplaçant les lettres par leur valeur, on a successiveme

$1^o \ a+b+c=(+38)+(-25)+(+17)=(+55)+(-25)=+80.$
$2^o \ a+b+c=(+120+(+17)+(-98)=(+137)+(-98)=+39.$
$3^o \ a+b+c=(-75)+(-68)+(+116)=(-143)+(+116)=-$

**12.** *Quelle est la valeur de l'expression* a+b+c+d, *si* l*don*
*donne aux lettres les valeurs suivantes :*

$$1^o \quad a=+43 \quad b=-23 \quad c=-72 \quad d=+39$$
$$2^o \quad a=-78 \quad b=-49 \quad c=+37 \quad d=-24$$
$$3^o \quad a=-127 \quad b=+81 \quad c=+210 \quad d=-89.$$

En remplaçant les lettres per leur valeur, on a :

$1^o \ a+b+c+d=(+43)+(-23)+(-72)+(+39)=(+82)$
$$+(-95)=-$$
$2^o \ a+b+c+d=(-78)+(-49)+(+37)+(-24)=(-151)$
$$+(+37)=-$$
$3^o \ a+b+c+d=(-127)+(+81)+(+210)+(-89)=(-216)$
$$+(+291)=+$$

*Soustraire les nombres suivants :*

**13.** $(+9)-(+7).$

On a : $(+9)-(+7)=+9-7=+2.$

**14.** $(+9)-(-7).$

On a : $(+9)-(-7)=+9+7=+16.$

**15.** $(-12)-(+4).$

On a : $(-12)-(+4)=-12-4=-16.$

**16.** $(-12)-(-4)$.

On a : $(-12-(-4)=-12+4=-8$.

**17.** $(+37)-(-25)$.

On a : $(+37)-(-25)=+37+25=+62$.

**18.** $(-37)-(-42)$.

On a : $(-37)-(-42)=-37+42=+5$.

**19.** $(+25)-(-38)$.

On a : $(+25)-(-38)=+25+38=+63$.

**20.** $(+43)-(+39)$.

On a : $(+43)-(+39)=+43-39=+4$.

**21.** $(-27)-(-47)$.

On a : $(-27)-(-47)=-27+47=+20$.

**22.** $(-243)-(+76)$.

On a : $(-243)-(+76)=-243-76=-319$.

**23.** *Quelle est la valeur de l'expression* a$+$b$+$c, *si l'on donne aux lettres les valeurs suivantes :*

$$1^0 \quad a=(-26) \quad b=(+48) \quad c=(-14)$$
$$2^0 \quad a=(+37) \quad b=(-77) \quad c=(-72).$$
$$3^0 \quad a=(-84) \quad b=(-58) \quad c=(+143).$$

En remplaçant les lettres par leur valeur, on a :

$1^0$ $a+b+c=(-26)+(+48)+(-14)=(-40)+(+48)=-40$
$$+48=+8.$$

$2^0$ $a+b+c=(+37)+(-77)+(-72)=(+37)+(-149)$
$$=+37-149=-112.$$

$3^0$ $a+b+c=(-84)+(-58)+(+143)=(-142)+(+143)$
$$=-142+143=+1.$$

**24.** *Quelle est la valeur de l'expression* a$-$b$+$c, *si l'on donne aux lettres les mêmes valeurs qu'au n° 23 ?*

En remplaçant les lettres par leur valeur, on a :

$1^0$ $a-b+c=(-26)-(+48)+(-14)=-26-48-14=-88$.

$2^0$ $a-b+c=(+37)-(-77)+(-72)=+37+77-72=+114$
$$-72=+42.$$

$3^0$ $a-b+c=(-84)-(-58)|(+143)=-84+58+143=-84$
$$+201=+117.$$

**25.** *Quelle est la valeur de l'expression* b+c—a, *si l'on donne aux lettres les mêmes valeurs qu'au n⁰ 23 ?*

En remplaçant les lettres per leur valeur, on a :

$$1^o \quad b+c-a=(+48)+(-14)-(-26)=+48-14+26=+74$$
$$-14=+60.$$
$$2^o \quad b+c-a=(-77)+(-72)-(+37)=-77-72-37=-186.$$
$$3^o \quad b+c-a=(-58)+(+143)-(-84)=-58+143+84$$
$$=-58+227=+169.$$

**26.** *Quelle est la valeur de l'expression* a—b+c—d, *si l'on donne aux lettres les valeurs suivantes :*

$$1^o \quad a=(+4) \qquad b=(-7) \qquad c=(+9) \qquad d=(-11)$$
$$2^o \quad a=(-25) \qquad b=(-38) \qquad c=(+43) \qquad d=(+74)$$
$$3^o \quad a=(+134) \qquad b=(+281) \qquad c=(-379) \qquad d=(-591).$$

En remplaçant les lettres par leur valeur, on a :

$$1^o \quad a-b+c-d=(+4)-(-7)+(+9)-(-11)=+4+7+9$$
$$+11=+81.$$
$$2^o \quad a-b+c-d=(-25)-(-38)+(+43)-(+74)=-25+38$$
$$+43-74=-99+81=-18.$$
$$3^o \quad a-b+c-d=(+134)-(+281)+(-379)-(-591)$$
$$=+134-281-379+591=+725-660=+65.$$

**27.** *Quelle est la valeur de l'expression* a+b—c+d, *si l'on donne aux lettres les mêmes valeurs qu'au n⁰ 26 ?*

En remplaçant les lettres par leur valeur, on a :

$$1^o \quad a+b-c+d=(+4)+(-7)-(+9)+(-11)=+4-7-9$$
$$-11=+4-27=-23.$$
$$2^o \quad a+b-c+d=(-25)+(-38)-(+43)+(+74)=-25-38$$
$$-43+74=-106+74=-32.$$
$$3^o \quad a+b-c+d=(+134)+(+281)-(-379)+(-591)$$
$$=+134+281+379-591=+794-591=+203.$$

**28.** *Quelle est la valeur de l'expression* b—a—c—d, *si l'on donne aux lettres les mêmes valeurs qu'au n⁰ 26 ?*

En remplaçant les lettres par leur valeur, on a :

$$1^o \quad b-a-c-d=(-7)-(+4)-(+9)-(-11)=-7-4-9$$
$$+11=-20+11=-9.$$
$$2^o \quad b-a-c-d=(-38)-(-25)-(+43)-(+74)=-38+25$$
$$-43-74=-155+25=-130.$$
$$3^o \quad b-a-c-d=(+281)-(+134)-(-379)-(-591)=+281$$
$$-134+379+591=+1.251-134=+1.117.$$

*Multiplier les nombres suivants :*

**29.** $(+5) \cdot (-14)$.
On a : $(+5) \times (-14) = -70$.

**30.** $(-7) \cdot (+12)$.
On a : $(-7) \times (+12) = -84$.

**31.** $(-11) \cdot (-3)$.
On a : $(-11) \times (-3) = +33$.

**32.** $(+7) \cdot (-5) \cdot (+2)$.
On a :
$(+7) \times (-5) \times (+2) = -70$.

**33.** $(-4) \cdot (-6) \cdot (-3)$.
On a :
$(-4) \times (-6) \times (-3) = -72$.

**34.** $(-9) \cdot (+2) \cdot (-1)$.
On a :
$(-9) \times (+2) \times (-1) = +18$.

**35.** $(+8) \cdot (-3) \cdot (+2)$.
On a :
$(+8) \times (-3) \times (+2) = -48$.

**36.** $(-24) \cdot (+5) \cdot (-7)$.
On a :
$(-24) \times (+5) \times (-7) = +840$.

**37.** $(-30) \cdot (-4) \cdot (-5)$.
On a :
$(-30) \times (-4) \times (-5) = -600$.

**38.** $(+42) \cdot (-21) \cdot (-10)$.
On a : $(+42) \times (-21) \times (-10) = +8.820$.

**39.** *Quelle est la valeur de l'expression* $(a+b) \times c$, *si l'on donne aux lettres les valeurs suivantes :*

$$1^o \quad a = +3 \quad b = -2 \quad c = +7$$
$$2^o \quad a = -5 \quad b = +4 \quad c = -3$$
$$3^o \quad a = +7 \quad c = -3 \quad c = -6.$$

En remplaçant les lettres par leur valeur, on a :
$$1^o \quad (a+b) \times c = (+3-2) \times (+7) = +21-14 = +7.$$
$$2^o \quad (a+b \times c = (-5+4) \times (-3) = +15-12 = +8.$$
$$3^o \quad (a+b) \times c = (+7-3) \times (-6) = -42+18 = -24.$$

**40.** *Quelle est la valeur de l'expression* $(a+c) \times b$, *si l'on donne aux lettres les mêmes valeurs qu'au n° 39 ?*
En remplaçant les lettres par leur valeur, on a :
$$1^o \quad (a+c) \times b = (+3+7) \times (-2) = -6-14 = -20.$$
$$2^o \quad (a+c) \times b = (-5-3) \times (+4) = -20-12 = -32.$$
$$3^o \quad (a+c) \times b = (+7-6) \times (-3) = -21+18 = -3.$$

**41.** *Même question pour l'expression* $(b+c) \times a$.
En remplaçant les lettres par leur valeur, on a :
$$1^o \quad (b+c) \times a = (-2+7) \times (+3) = -6+21 = +15.$$
$$2^o \quad (b+c) \times a = (+4-3) \times (-5) = -20+15 = -5.$$
$$3^o \quad (b+c) \times a = (-3-6) \times (+7) = -21-42 = -63.$$

*Effectuer les calculs indiqués :*

**42.**  $(4-2+5)\ (-3+6)$.

On a : $(+4-2+5)\times(-3+6)=-12+6-15+24-12+30=$
$$-39+60=+\mathbf{21}.$$

**43.**  $(-1+3-4)\ (+7-5)$.

On a : $(-1+3-4)\times(+7-5)=-7+21-28+5-15+20=$
$$-50+46=-\mathbf{4}.$$

**44.**  $(+5-2+3-1)\ (+4-1)$.

On a : $(+5-2+3-1)\times(+4-1)=$
$$+20-8+12-4-5+2-3+1=+35-20+=\mathbf{15}.$$

**45.**  $(-10+3)\ (+5-1)+(-5+2)\ (+7-4)$.

On a : $(-10+3)\times(+5-1)=-50+15+10-3=-53+25$
et         $(-5+2)\times(+7-4)=-35+14+20-8=-43+34$
enfin, en ajoutant $(-53+25)+(-43+34)=-96+59=-\mathbf{37}.$

**46.**  $(+8-2+9)\ (-4+2)+(-5-4+3)\ (+5-2)$.

On a : $(+8-2+9)\times(-4+2)=-32+8-36+16-4+18$
$$=-72+42$$
et  $(-5-4+3)\times(+5-2)=-25-20+15+10+8-6=-51+33$
enfin, en ajoutant $(-72+42)+(-51+33)=-72+42-51+33$
$$=-123+75=-\mathbf{48.}$$

*Si l'on donne aux lettres les valeurs suivantes :*
$$1^o\quad a=-2\quad b=+4\quad c=-5\quad d=+3$$
$$2^o\quad a=+5\quad b=-3\quad c=+2\quad d=-4$$
$$3^o\quad a=+4\quad b=-7\quad c=-1\quad d=+6.$$
*trouver la valeur des expressions ci-après :*

**47.**  $(a+b)\times(c+d)$.

On a : $1^o$ $(a+b)\times(c+d)=(-2+4)\times(-5+3)=+10-20$
$$-6+12=+22-26=-\mathbf{4.}$$
$2^o$ $(a+b)\times(c+d)=(+5-3)\times(+2-4)=+10-6$
$$-20+12=+22-26=-\mathbf{4.}$$
$3^o$ $(a+b)\times(c+d)=(+4-7)\times(-1+6)=-4+7+24$
$$-42=-46+31=-\mathbf{15.}$$

**48.**  $(a+b-c)\times d$.

On a : $1^o$ $(a+b-c)\times d=(-2+4+5)\times(+3)=-6+12+15$
$$=-6+27=+\mathbf{21.}$$
$2^o$ $(a+b-c)\times d=(+5-3-2)\times(-4)=-20+12+8$
$$=-20+20=\mathbf{0.}$$
$3^o$ $(a+b-c)\times d=(+4-7+1)\times(+6)=+24-42+6$
$$=+30-42=-\mathbf{12.}$$

**49.**  $(a-b+c-d) \times (a+b)$.

On a : 1° $(a-b+c-d) \times (a+b) = (-2-4-5-3) \times (-2+4)$
$= +4+8+10+6-8-16-20-12 = +28-56 = -28.$
2° $(a-b+c-d) \times (a+b) = (+5+3+2+4) \times (+5-3)$
$= +25+15+10+20-15-9-6-12 = +70-42 = +28.$
3° $(a-b+c-d) \times (a+b) = (+4+7-1-6) \times (+4-7)$
$= +16+28-4-24-28-49+7+42 = +93-105 = -12.$

**50.**  $(a+b-c+d) \times (b-c)$.

On a : 1° $(a+b-c+d) \times (b-c) = (-2+4+5+3) \times (+4+5)$
$= -8+16+20+12-10+20+25+15 = -18+108 = +90.$
2° $(a+b-c+d) \times (b-c) = (+5-3-2-4) \times (-3-2)$
$= -15+9+6+12-10+6+4+8 = -25+45 = +20.$
3° $(a+b-c+d) \times (b-c) = (+4-7+1+6) \times (-7+1)$
$= -28+49-7-42+4-7+1+6 = -84+60 = -24.$

**51.**  $(-a+b+c-d) \times (a+c)$.

On a : 1° $(-a+b+c-d) \times (a+c) = (+2+4-5-3) \times (-2$
$-5) = -4-8+10+6-10-20+25+15 = -42+56 = +14.$
2° $(-a+b+c-d) \times (a+c) = (-5-3+2+4) \times (+5$
$+2) = -25-15+10+20-10-6+4+8 = -56+42 = -14.$
3° $(-a+b+c-d) \times (a+c) = (-4-7-1-6) \times (+4$
$-1) = -16-28-4-24+4+7+1+6 = -72+18 = -54.$

**52.**  $(a-b-c+d) \times (c-d)$.

On a : 1° $(a-b-c+d) \times (c-d) = (-2-4+5+3) \times (-5$
$-3) = +10+20-25-15+6+12-15-9 = +48-64 = -16.$
2° $(a-b-c+d) \times (c-d) = (+5+3-2-4) \times (+2$
$+4) = +10+6-4-8+20+12-8-16 = +48-36 = +12.$
3° $(a-b-c+d) \times (c-d) = (+4+7+1+6) \times (-1-6)$
$= -4-7-1-6-24-42-6-36 = -126.$

**53.**  $(-a-b+c+d) \times (d-a)$.

On a : 1° $(-a-b+c+d) \times (d-a) = (+2-4-5+3) \times (+3$
$+2) = +6-12-15+9+4-8-10+6 = +25-45 = -20.$
2° $(-a-b+c+d) \times (d-a) = (-5+3+2-4) \times (-4$
$-5) = +20-12-8+16+25-15-10+20 = +81-45 = +36.$
3° $(-a-b+c+d) \times (d-a) = (-4+7-1+6) \times (+6$
$-4) = -24+42-6+36+16-28+4-24 = -82+98 = +16.$

**54.**  $(a+b-c-d) \times (a+d)$.

On a : 1° $(a+b-c-d) \times (a+d) = (-2+4+5-3) \times (-2+3)$
$= +4-8-10+6-6+12+15-9 = +37-33 = +4.$
2° $(a+b-c-d) \times (a+d) = (+5-3-2+4) \times (+5-4)$
$= +25-15-10+20-20+12+8-16 = +65-61 = +4.$
3° $(a+b-c-d) \times (a+d) = (+4-7+1-6) \times (+4+6)$
$= +16-28+4-24+24-42+6-36 = +50-130 = -80.$

*Diviser les nombres suivants :*

**55.** $(+30) : (+5)$.
On a : $(+30) : (+5) = +6$.

**56.** $(-20) : (+2)$.
On a : $(-20) : (+2) = -10$.

**57.** $(+15) : (-3)$.
On a : $(+15) : (-3) = -5$.

**58.** $(-16) : (-4)$.
On a : $(-16) : (-4) = +4$.

**59.** $(+360) : (-27)$.
On a :
$$(+360) : (-27) = -13\frac{1}{3}.$$

**60.** $(-150) : (-25)$.
On a : $(-150) : (-25) = +6$.

**61.** $(+3230) : (-125)$.
On a :
$$(+3.230) : (-125) = -25\frac{21}{25}.$$

**62.** $(-1748) : (+24)$.
On a :
$$(-1.748 : (+24) = -72\frac{5}{6}.$$

**63.** $(+4852) : (-243)$.
On a :
$$(+4852) : (-243) = -19\frac{285}{243}.$$

**64.** $(-3780) : (-175)$.
On a :
$$(-3.780) : (-175) = +21\frac{3}{5}.$$

*Effectuer les opérations indiquées :*

**65.** $(12+27-36+54+96) : (-3)$.
On a : $(12+27-36+54+96) : (-3) = -4-9+12-18-32$
$$= -63+12 = -51.$$

**66.** $(25-40+35-205-10) : (-5)$.
On a : $(25-40+35-205-10) : (-5) = -5+8-7+41+2$
$$= -12+51 = +39.$$

**67.** $(-35+140-49-77+210) : (-7)$.
On a : $(-35+140-49-77+210 : (-7) = +5-20+7+11$
$$-30 = +23-50 = -27.$$

**68.** $(+45-18+108-27+360) : (-9)$.
On a : $(+45-18+108-27+360) : (-9) = -5+2-12+3$
$$-40 = -57+5 = -52.$$

**69.** $(5-7)(-9+12) : (+2)$.
On a : $(5-7) \times (-9+12) : (+2) = (-45+63+60-84) : (+2)$
$$= (-129+123) : (+2) = (-6) : (+2) = -3.$$

**70.** $(-4+9-36)(5-3) : (-2)$.
On a : $(-4+9-36) \times (+5-3) : (-2) = (-20+45-180+12$
$$-27+108) : (-2) = (-227+165) : (-2) = (-62) : (-2) = +31.$$

**71.** $(13-3+8) (8-5+7) : (-9)$.

On a : $(13-3+8) \times (8-5+7) : (-9) = (104-24+64-65+15 -40+91-21+56) : (-9) = (+330-150) : (-9) = (+180) : (-9)$
$$= -20.$$

**72.** $(5-7-4) (3-7-9) : (-6)$.

On a : $(5-7-4) \times (3-7-9) : (-6) = (15-21-12-35+49 +28-45+63+36) : (-6) = (+191-113) : (-6) = (+78) : (-6)$
$$= -13.$$

*Effectuer les opérations indiquées :*

**73.** $(-5)^3$.

On a : $(-5)^3 = (-5) \times (-5) \times (-5) = -125$.

**74.** $(-7)^2$.

On a : $(-7)^2 = (-7) \times (-7) = +49$.

**75.** $(-4)^4$.

On a : $(-4)^4 = (-4) \times (-4) \times (-4) \times (-4) = \times 256$.

**76.** $(-5)^5$.

On a : $(-5)^5 = (-5) \times (-5) \times (-5) \times (-5) \times (-5) = -3.125$.

**77.** $(+2)^2 \times (-3)^2$.

On a : $(+2)^2 \times (-3)^2 = (+2) \times (+2) \times (-3) \times (-3) = (+4)$
$$\times (+9) = +36.$$

**78.** $(-3)^3 \times (-1)^4$.

On a : $(-3)^3 \times (-1)^4 = (-3) \times (-3) \times (-3) \times (-1) \times (-1) \times$
$$\times (-1) \times (-1) = (-27) \times (+1) = -27.$$

**79.** $(-1)^5 \times (+5)^2$.

On a : $(-1)^5 \times (+5)^2 = (-1) \times (+5) \times (+5) = (-1) \times (+25) =$
$$= -25.$$

**80.** $(+2)^4 \times (-1)^3$.

On a : $(+2)^4 \times (-1)^3 = (+2) \times (+2) \times (+2) \times (+2) \times (-1)$
$$= (+16) \times (-1) = -16.$$

**81.** $(-3)^3 \cdot (-3)^2$.

On a : $(-3)^3 \times (-3)^2 = (-3)^{3+2} = (-3)^5 = -243$.

**82.** $(+5)^2 \cdot (+5)^4$.

On a : $(+5)^2 \times (+5)^4 = (+5)^{2+4} = (+5)^6 = +15.625$.

**83.**  $(-4)^3.(-4)^1.$

On a : $(-4)^3 \times (-4)^1 = (-4)^{3+1} = (-4)^4 = +256.$

**84.**  $(-2)^5.(-2)^2.$

On a : $(-2)^5 \times (-2)^2 = (-2)^{5+2} = (-2)^7 = -512.$

**85.**  $(+2)^2.(+2)^3 - (-3)^2.(-3)^3.$

On a : $(+2)^2.\ (+2)^3 - (-3)^2.\ (-3)^3 = (+2)^5 - (-3)^5 = +32$
$$-243 = -211.$$

**86.**  $(-5)^2.(-5) + (-1)^2.(-1)^5.$

On a : $(-5)^2.(-5) + (-1)^2.(-1)^5 = (-5)^3 + (-1)^7 = -125 - 1$
$$= -126.$$

**87.**  $(-4)^2.(-4)^3 - (-2)^3.(-2) + (-1)^3.(-1).$

On a : $(-4)^2.\ (-4)^3 - (-2)^3.\ (-2) + (-1)^3.\ (-1) = (-4)^5$
$$- (-2)^4 + (-1)^4 = -1.024 + 16 + 1 = -1.017.$$

**88.**  $(+3).(+3)^2 + (-5).(-5)^3 - (+2)^3.(+2).$

On a : $(+3).\ (+3)^2 + (-5).\ (-5)^3 - (+2)^3.\ (+2) = (+3)^3$
$$+ (-5)^4 - (+2)^4 = +27 + 625 - 16 = +636.$$

**89.**  $(-1)^4.(-1)^5 + (+2).(+2)^2 - (-3)^2.(-3).$

On a : $(-1)^4.\ (-1)^5 + (+2).\ (+2)^2 - (-3)^2.\ (-3) = (-1)^9$
$$+ (+2)^3 - (-3)^3 = -1 + 8 + 27 = +34.$$

**90.**  $(-6)^2.(-6) - (+5)^2.(+5) + (-4)^3.(-4).$

On a : $(-6)^2.\ (-6) - (+5)^2.\ (+5) + (-4)^3.(-4) = (-6)^3$
$$- (+5)^3 + (-4)^4 = -216 - 125 + 256 = -85.$$

*Effectuer les calculs ci-après :*

**91.**  $6^7 : 6^5.$

On a : $6^7 : 6^5 = 6^{7-5} = 6^2 = 36.$

**92.**  $(-4)^{12} : (-4)^3.$

On a : $(-4)^{12} : (-4)^3 = (-4)^9 = -262.144.$

**93.**  $(-5)^7 : (-5)^4.$

On a : $(-5)^7 : (-5)^4 = (-5)^{7-4} = (-5)^3 = -125.$

**94.**  $(-8)^{12} : (-8)^{10}.$

On a : $(-8)^{12} : (-8)^{10} = (-8)^{12-10} = (-8)^2 = +64.$

**95.**  $(+7)^4 : (+7)^2.$

On a : $(+7)^4 : (+7)^2 = (+7)^{4-2} = (+7)^2 = +49.$

**96.** $(-9)^5 : (-9)^2$.

On a : $(-9)^5 : (-9)^2 = (-9)^{5-2} = (-9)^3 = -729$.

*Simplifier les fractions suivantes :*

**97.** $\dfrac{-27}{36}$.

On a :

$$\frac{-27}{36} = \frac{(-27) : 9}{36 : 9} = \frac{-3}{4}.$$

**99.** $\dfrac{-248}{-120}$.

On a :

$$\frac{-248}{-120} = \frac{(-248) : 8}{(-120) : 8} = \frac{-81}{-15}.$$

**98.** $\dfrac{105}{-30}$.

On a :

$$\frac{105}{30} = \frac{105 : 5}{(-30) : 5} = \frac{21 : 3}{(-6) : 3} = \frac{7}{-2}.$$

**100.** $\dfrac{342}{-546}$.

On a :

$$\frac{342}{-546} = \frac{342 : 6}{(-546) : 6} = \frac{57}{-91}.$$

**101.** $\dfrac{-276}{+432}$.

On a :

$$\frac{-276}{+432} = \frac{(-276) : 6}{(+432) : 6} = \frac{(-46) : 2}{(+72) : 2} = \frac{-23}{+36}.$$

**102.** $\dfrac{-549}{-603}$.

On a :

$$\frac{-549}{-603} = \frac{(-549) : 9}{(-603) : 9} = \frac{-61}{-67}.$$

*Additionner ou soustraire les fractions suivantes :*

**103.** $\dfrac{-3}{3} + \dfrac{5}{6} + \dfrac{-4}{12}$.

En prenant 12 pour dénominateur commun, les fractions deviennent respectivement :

$$\frac{(-3) \times 4}{3 \times 4} = \frac{-12}{12} \; ; \; \frac{5 \times 2}{6 \times 2} = \frac{10}{12} \; ; \; \frac{-4}{12}.$$

En additionnant les résultats, on a :

$$\frac{-12}{12} + \frac{10}{12} + \frac{-4}{12} = \frac{-12 + 10 - 4}{12} = \frac{-16 + 10}{12} = \frac{-6}{12} = \frac{-1}{2} = -\frac{1}{2}.$$

**104.** $\dfrac{7}{8} + \dfrac{-3}{12} - \dfrac{-7}{18}$.

En prenant 72 pour dénominateur commun, les fractions deviennent respectivement :

$$\frac{7\times9}{8\times9}=\frac{63}{72} \;;\quad \frac{(-3)\times6}{12\times6}=\frac{-18}{72} \;;\quad \frac{(-7)\times4}{18\times4}=\frac{-28}{72}.$$

En effectuant les opérations indiquées, on a :

$$\frac{63}{72}+\frac{-18}{72}-\frac{-28}{72}=\frac{63-18+28}{72}=\frac{91-18}{72}=\frac{73}{72} \quad \text{ou}\quad 1\frac{1}{72}.$$

**105.** $\dfrac{-4}{5} - \dfrac{-7}{20} + \dfrac{32}{40}$.

En prenant 40 pour dénominateur commun, les fractions deviennent :

$$-\frac{4\times8}{5\times8}=-\frac{32}{40} \;;\quad -\frac{(-7)\times2}{20\times2}=-\frac{-14}{40} \;;\quad \frac{32}{40}.$$

En effectuant les opérations indiquées, on a :

$$-\frac{32}{40}-\frac{-14}{40}+\frac{32}{40}=\frac{-32+14+32}{40}=\frac{-32+46}{40}=\frac{14}{40} \quad \text{ou}\quad \frac{7}{20}.$$

**106.** $\dfrac{-12}{60} - \dfrac{-15}{70} + \dfrac{23}{80}$.

En prenant pour dénominateur commun le produit $60\times7\times8 = 3.360$, les fractions deviennent :

$$\frac{(-12)56}{60\times56}=\frac{-672}{3360} \;;\quad \frac{(-15)\times48}{70\times48}=\frac{-720}{3360} \;;\quad \frac{23\times42}{80\times42}=\frac{966}{3360}.$$

En effectuant les opérations indiquées, on a :

$$\frac{-672}{3360}-\frac{-720}{3360}+\frac{966}{3360}=\frac{-672+720+966}{3360}=\frac{-672+1686}{3360}=$$

$$\frac{1014}{3360} \quad \text{ou}\quad \frac{169}{560}.$$

**107.** $\dfrac{32}{75} + \dfrac{-40}{125} - \dfrac{-50}{250}$.

En prenant 750 pour dénominateur commun, les fractions deviennent :

$$\frac{32\times10}{75\times10}=\frac{320}{750} \;;\quad \frac{(-40)\times6}{125\times6}=\frac{-240}{750} \;;\quad \frac{(-50)\times3}{250\times3}=\frac{-150}{750}.$$

En effectuant les opérations indiquées, on a :

$$\frac{320}{750}+\frac{-240}{750}-\frac{-150}{750}=\frac{320-240+150}{750}=\frac{470-240}{750}=\frac{280}{750} \text{ ou } \frac{23}{75}.$$

**108.** $\dfrac{13}{25}-\dfrac{-14}{35}-\dfrac{-18}{75}.$

En prenant 525 pour dénominateur commun, les fractions deviennent :

$$\frac{13\times 21}{25\times 21}=\frac{273}{525}\;; \quad \frac{(-14)\times 15}{35\times 15}=\frac{-210}{525}\;; \quad \frac{(-18)\times 7}{75\times 7}=\frac{-126}{525}.$$

En effectuant les opérations indiquées, en a :

$$\frac{273}{525}-\frac{-210}{525}-\frac{-126}{525}=\frac{273+210+126}{525}=\frac{609}{525} \text{ ou } 1\frac{84}{525} \text{ ou } 1\frac{4}{25}.$$

*Multiplier ou diviser les fractions suivantes et simplifier les résultats :*

**109.** $\left(\dfrac{-27}{35}\right)\times\left(\dfrac{-12}{9}\right).$

On a :

$$\left(\frac{-27}{35}\right)=\left(\frac{-12}{9}\right)=\frac{(-27)\times(-12)}{35\times 9}=\frac{+324}{315}=1\frac{9}{315}=1\frac{1}{35}.$$

**110.** $\left(\dfrac{42}{18}\right)\times\left(\dfrac{-24}{72}\right).$

On a :

$$\left(\frac{42}{18}\right)\times\left(\frac{-24}{72}\right)=\frac{42\times(-24)}{18\times 72}=\frac{-1008}{1296}=\frac{-7}{9}=-\frac{7}{9}.$$

**111.** $\left(\dfrac{-35}{60}\right)\times\left(\dfrac{-12}{21}\right)\times\left(\dfrac{-5}{30}\right).$

On a :

$$\left(\frac{-35}{60}\right)\times\left(\frac{-12}{21}\right)\times\left(\frac{-5}{30}\right)=\frac{(-35)\times(-12)\times(-5)}{60\times 21\times 30}=$$
$$\frac{-2100}{37800}=\frac{-1}{18}=-\frac{1}{18}.$$

**112.** $\left(\dfrac{-54}{54}\right):\left(\dfrac{5}{9}\right).$

On a :

$$\left(\frac{-54}{54}\right):\left(\frac{5}{9}\right)=\frac{-54}{54}\times\frac{9}{5}=\frac{(-54)\times 9}{54\times 5}=\frac{-486}{270}=-1\frac{4}{5}.$$

**113.** $\left(\dfrac{27}{65}\right) : \left(\dfrac{-9}{5}\right).$

On a :

$$\left(\frac{27}{65}\right) : \left(\frac{-9}{5}\right) = \frac{27}{65} \times \frac{5}{-9} = \frac{27 \times 5}{65 \times (-9)} = \frac{135}{-585} = \frac{3}{-18} \text{ ou } -\frac{3}{18}.$$

**114.** $\left(\dfrac{-32}{55}\right) \times \left(\dfrac{-12}{8}\right) : \left(\dfrac{-35}{11}\right).$

On a :

$$\left(\frac{-32}{55}\right) \times \left(\frac{-12}{8}\right) : \left(\frac{-35}{11}\right) = \frac{-32}{55} \times \frac{-12}{8} \times \frac{11}{-35}$$

$$= \frac{(-32) \times (-12) \times 11}{55 \times 8 \times (-35)} = \frac{4224}{-15400} = \frac{48}{-175} \text{ ou } -\frac{48}{175}.$$

## Problèmes sur les nombres algébriques.

**115.** *La distance de Paris à Dijon est de 315 km. De Dijon à Melun, il y a 270 km. ; de Melun à Sens, il y a 67 km. A quelle distance de Paris se trouve le voyageur qui a fait le parcours Paris-Dijon-Melun-Sens?*

En considérant comme positifs les nombres représentant les espaces parcourus dans la direction Paris-Dijon, et négatifs ceux représentant les espaces parcourus dans la direction opposée, Dijon-Paris, le voyageur parti de Paris, s'en trouvera à une distance égale à la somme algébrique des espaces parcourus, soit :

Paris     Melun          Sens               Dijon

$$(+315) + (-270) + (+67) = +315 - 270 + 67 = +382 - 270 =$$
**112** kilomètres de Paris.

**116.** *De Lyon à Dijon, il y a 197 km. ; de Dijon à Chalon, il y a 68 km. ; de Chalon à Mâcon il y a 67 km. A quelle distance de Lyon se trouve le voyageur qui a fait le parcours Lyon-Dijon-Chalon-Mâcon.*

En prenant comme sens positif la direction Lyon-Dijon, et comme sens négatif la direction contraire, la somme algébrique des espaces parcourus par le voyageur donnera sa distance de Lyon, soit :

Lyon        Mâcon         Chalon          Dijon

$$(+197) + (-68) + (-67) = 197 - 68 - 67 = +197 - 135 =$$
à **62** kilomètres de Lyon.

**117.** *Un voyageur a fait le parcours Marseille-Avignon-Arles-Orange-Valence-Lyon-Montélimar. A quelle distance se trouve-t-il de Marseille, sachant qu'il y a 121 km. de Marseille à Avignon ; 35 km. d'Avignon à Arles ; 63 km. d'Arles à Orange ; 96 km. d'Orange à Valence ; 106 km. de Valence à Lyon, et 150 km. de Lyon à Montélimar ?*

En prenant comme sens positif la direction Marseille-Lyon, et comme sens négatif la direction contraire, on obtiendra la distance à laquelle le voyageur se trouve de Marseille, en faisant la somme algébrique des espaces qu'il a parcourus ; soit :

$$(+121)+(-35)+(+63)+(+96)+(106)+(-150)=+121$$
$$-35+63+96+106-150=+386-185=+201.$$

Le voyageur se trouve à **201** kilomètres de Marseille.

**118.** *Deux trains ont pour vitesse respective 60 km. et 70 km. à l'heure. Ils marchent en sens contraire sur deux voies parallèles et se croisent en un certain point que l'on choisira comme origine. A quelle distance seront-ils l'un de l'autre 2 heures après leur rencontre ?*

Leur distance sera égale à la somme des chemins parcourus par chacun d'eux depuis leur rencontre et en deux heures de temps ; soit à :

$$60\times2+70\times2=\mathbf{260} \text{ kilomètres l'un de l'autre.}$$

**119.** *Un joueur perd 5 francs à la première partie ; il gagne 3 fr. à la 2ᵉ et 7 fr. à la 3ᵉ ; à la 4ᵉ il perd encore 5 fr., et gagne 2 fr. à la 5ᵉ. Combien a-t-il gagné ou perdu en tout ?*

En considérant comme positifs les nombres représentant les gains et comme négatifs les nombres représentant les pertes, la somme algébrique de ces nombres donnera le total de ce que ce joueur a gagné ou perdu :

$$(-5)+(+3)+(+7)+(-5)+(+2)=-5+3+7-5+2=-10+12=$$
$$\mathbf{2} \text{ fr. de gain.}$$

**120.** *Deux joueurs entrent au jeu avec 150 fr., et jouent 4 parties. Le premier gagne 50 fr., puis 100 fr. ; il perd ensuite 75 fr. et 45 fr. Le deuxième perd 25 fr. et 150 fr. et puis il gagne 15 fr. et 65 fr. Combien chacun a-t-il gagné ou perdu en tout, et quel est l'avoir de chacun à la fin du jeu ?*

En considérant comme positifs les nombres représentant des gains et comme négatifs ceux représentant des pertes, le résultat des 4 parties est :

Pour le 1$^{er}$ : $(+50)+(+100)+(-75)+(-45)=+50+100$
$$-75-45=+150-120=+30.$$

Le 1$^{er}$ a gagné en tout **30** francs.

Pour le 2$^e$ : $(-25)+(-150)+(+15)+(+65)=-25-150+15$
$$+65=-175+80=-95.$$

Le 2$^e$ a perdu en tout **95** francs.

L'avoir total du 1$^{er}$ est de : $(+150)+(+30)=+150+30$
$$=180 \text{ francs.}$$

L'avoir total du 2$^e$ est de : $(+150)+(-95)=+150-95$
$$=55 \text{ francs.}$$

**121.** *Un commerçant a en caisse* 12.850 *fr. Il reçoit* 1.850 *fr. pour ventes au comptant,* 2.500 *fr. pour encaissement d'effets échus, et* 3.000 *fr. qu'on lui devait. Par contre il paye* 3.500 *fr. pour dettes échues, et dépense* 2.870 *fr. pour achats au comptant. Quelle est la situation nouvelle de sa caisse ?*

En considérant comme positifs les nombres représentant les sommes rentrées en caisse et comme négatifs les nombres représentant les sommes sorties de la caisse ; la nouvelle situation de celle-ci est donnée par la somme algébrique des sommes rentrées et sorties :

$$(+12.850)+(+1.850)+(+2.500)+(+3.000)+(-3.500)$$
$$+(-2.870)=+12.850+1.850+2.500+3.000-3.500-2.870$$
$$=+20.200-6.370=+18.880 \text{ francs.}$$

**122.** *On doit à un commerçant les sommes suivantes :* 428 *fr.* 50 ; 945 *fr.* 70 ; 1.832 *fr.* 75 *et* 243 *fr.* 10. *Il doit :* 524 *fr.* ; 839 *fr.* 65 *et* 1.354 *fr.* 20. *Quelle sera la situation de sa caisse, lorsqu'il aura payé ses dettes et recouvré ses créances sachant qu'il a en caisse* 12.500 *fr.* ?

En considérant comme positives les créances et négatives les dettes, la situation de la caisse de ce commerçant sera :

$$(+12.500)+(+428,50)+(+945,70)+(+1.832,75)+(+243,10)$$
$$+(-524)+(-839,65)+(-1.354,20)=+12.500+428,50+945,70$$
$$+1.832,75+243,10-524-839,65-1.354,20=+15.950,05$$
$$-2.717,85=+13.232 \text{ fr. } 20 \text{ en caisse.}$$

**123.** *Plongé dans un premier milieu, un thermomètre marque* 25°, *et plongé dans un second milieu, il marque* — 8° *Quelle est la différence de température de ces deux milieux ?*

La différence de température est égale à la différence algébrique des nombres qui représentent les températures extrêmes, soit :

$$(+25°)-(-8°)=+25°+8°=33° \text{ de différence de température.}$$

**124.** *Lorsqu'il est midi à Paris : il est* 11 *h.* 50 *m.* 14 *s. à Londres ;* 14 *h.* 20 *m.* 55 *s. à Moscou :* 6 *h.* 54 *m.* 38 *s. à New-York et* 19 *h.* 36 *m.* 33 *s. à Pékin. — Quelle heure est-il à Paris, à Moscou, à New-York, et à Pékin, lorsqu'il est midi à Londres ?*

Quand il sera midi à Londres, l'heure actuelle à Paris, à Moscou, à New-York et à Pékin sera augmentée de ce qu'il manque en ce moment à Londres pour avoir midi soit : 12 h. — 11 h. 50 m.14 s. donc, l'heure de Paris sera :

$$12 \text{ h.} + (12 \text{ h.} - 11 \text{ h. } 50 \text{ m. } 14 \text{ s.}) = 12 \text{ h.} + 9 \text{ m. } 46 \text{ s.}$$
$$= \mathbf{12 \text{ h. } 9 \text{ m. } 46 \text{ s.}}$$

L'heure à Moscou sera :
$$14 \text{ h. } 20 \text{ m. } 55 \text{ s.} + (12 \text{ h.} - 11 \text{ h. } 50 \text{ m. } 14 \text{ s.}) = 14 \text{ h. } 20 \text{ m. } 55$$
$$+ 9 \text{ m. } 46 \text{ s.} = \mathbf{14 \text{ h. } 30 \text{ m. } 41 \text{ s.}}$$

L'heure à New-York sera :
$$6 \text{ h. } 54 \text{ m. } 38 \text{ s.} + (12 \text{ h.} - 11 \text{ h. } 50 \text{ m. } 14 \text{ s.}) = 6 \text{ h. } 54 \text{ m. } 38 \text{ s.}$$
$$+ 9 \text{ m. } 46 \text{ s.} = \mathbf{7 \text{ h. } 4 \text{ m. } 24 \text{ s.}}$$

L'heure à Pékin sera :
$$19 \text{ h. } 36 \text{ m. } 33 \text{ s.} + (12 \text{ h.} - 11 \text{ h. } 50 \text{ m. } 14 \text{ s.}) = 19 \text{ h. } 36 \text{ m. } 33 \text{ s.}$$
$$+ 9 \text{ m. } 46 \text{ s.} = \mathbf{19 \text{ h. } 46 \text{ m. } 19 \text{ s.}}$$

**125.** *Le* 1er *janvier* 1923 *du calendrier julien, correspond au* 14 *janvier* 1923 *du calendrier grégorien. Quelles sont les dates du calendrier julien qui correspondent au* 18 *février, au* 25 *mars au* 2 *mai et au* 5 *août du calendrier grégorien ?*

Le calendrier julien a un retard de (14—1) sur le calendrier grégorien ; donc à une date quelconque de celui-ci, il suffit de retrancher (14—1) pour avoir la date correspondante du calendrier julien.

Au 18 février du calendrier grégorien correspond dans le calendrier julien :

$$18 - (14 - 1) = 18 - 14 + 1 = 4 + 1 = \mathbf{5 \text{ février.}}$$
Au 25 mars : $$25 - (14 - 1) = 25 - 14 + 1 = 11 + 1 = \mathbf{12 \text{ mars.}}$$
Au 2 mai : $$(30 + 2) - (14 - 1) = 30 + 2 - 14 + 1 = 33 - 14 = \mathbf{19 \text{ avril.}}$$
Au 5 août : $$(31 + 5) - (14 - 1) = 31 + 5 - 14 + 1 = 37 - 14 = \mathbf{28 \text{ juillet.}}$$

**126.** *Un mobile se déplace à partir du point O sur une ligne X'X, avec une vitesse de* ±25 *km. à l'heure, pendant* ±4 *heures. Quel espace a-t-il parcouru pendant ce temps ?*

En représentant par $e$ l'espace parcouru, par $v$, la vitesse et par $t$ le temps, l'on a : $e = vt$.

Nous pouvons faire 4 hypothèses (*Voir la figure au livre de l'élève,* 1e *Partie* nº 21) :

**1° Hypothèse :** (**v = +25, t = +4**). — On a :
$$e = vt = (+25) \times (+4) = \mathbf{+100.}$$

**Le mobile se trouve à 100 km. *à droite* du point o.**

2º Hypothèse : $(v = +25, t = -4)$. — On a :

$$e = vt = (+25) \times (-4) = -100.$$

Le mobile était, il y a 4 heures à 100 km. *à gauche* du point o.

3º Hypothèse : $(v = +25, t = +4)$. — On a :

$$e = vt = (-25) \times (+4) = -100.$$

Le mobile se déplace dans le *sens négatif*, et sera dans 4 heures, à 100 km. *à gauche* du point o.

4º Hypothèse : $(v = -25, t = -4)$. — On a :

$$e = vt = (-25) \times (-4) = +100.$$

Le mobile, se déplaçant dans le *sens négatif*, était, il y a 4 heures, à 100 km. *à droite* du point o.

**127.**    *Un mobile qui se déplace à partir du point O sur une ligne X'X, a parcouru pendant* $\pm 5$ *heures, l'espace* $\pm 100$ *km. Quelle est sa vitesse ?*

Comme dans le problème précédent, on peut faire quatre hypothèses :

1º Hypothèse : $(e = +100, t = +5)$. — On a :

$$v = \frac{e}{t} = \frac{+100}{+5} = +20.$$

Le mobile *se déplace* dans le *sens positif* avec une vitesse de 20 km. à l'heure.

2º Hypothèse : $(e = -100, t = +5)$. — On a :

$$v = \frac{e}{t} = \frac{-100}{-5} = -20.$$

Ce mobile *se déplace* dans le *sens négatif* avec une vitesse de 20 km. à l'heure.

3º Hypothèse : $(e = +100, t = -5)$. — On a :

$$v = \frac{e}{t} = \frac{100}{-5} = -20.$$

Le mobile s'est *déplacé* dans le *sens négatif*, avec une vitesse de 20 km. à l'heure.

4º Hypothèse : $(e = -100, t = -5)$. — On a :

$$v = \frac{e}{t} = \frac{-100}{-5} = +20.$$

Le mobile s'est *déplacé* dans le *sens positif* avec une vitesse de 20 km. à l'heure.

# DEUXIÈME PARTIE

# CALCUL ALGÉBRIQUE

## CHAPITRE PREMIER

## EXERCICES PRÉLIMINAIRES

**1.** *Faire voir la différence qu'il y a entre les expressions suivantes :*

$1^o$   $3.4$ et $3^4$.

D'après les définitions du coefficient (2) et de l'exposant (3), on peut écrire :

Rép. $3.4 = 3 \times 4 = 3 + 3 + 3 + 3 = 12$.
$3^4 = 3 \times 3 \times 3 \times 3 = 81$.

$2^o$   $5a$ et $a^5$.

Rép. $5a = a + a + a + a + a$.
$a^5 = a \times a \times a \times a \times a$.

**2.** *Lire les expressions suivantes :*

$1^o$   $a^2$  $a^7$

Rép. $1^o$ a deux ; $2^o$ a sept.

$2^o$   $a^3$  $b^4$  $c^2$.

Rép. a trois, b quatre, c deux.

$3^o$   $\sqrt{a^3}$,

Rép. Racine de a trois.

**3.**    *Trouver par rapport à* x, *le degré de chacune des expressions suivantes :*

1º    $4x^3$.

D'après la définition du degré d'un terme par rapport à $x$ (8), le degré de l'expression donnée est 3.

   **Rép. 3.**

2º    $a^3x^5$.

   **Rép. 5.**

3º   $a^3 + 3a^2x + 3ax^2 + x^3$.

D'après le nº (9), le degré de ce polynôme est 3.

   **Rép. 3.**

**4.**    *Ordonner successivement, par rapport à chaque lettre les polynômes suivants :*

1º    $4a^3x^2 - 5ax^6 + 9a^2x^7 - 4a^4x^3 + 5x + 7$.

Par rapport à $x$, on a (10) :

   **Rép.** 1º  $9a^2x^7 - 5ax^6 - 4a^4x^3 + 4a^3x^2 + 5x + 7$.
      2º  $7 + 5x + 4a^3x^2 - 4a^4x^3 - 5ax^6 + 9a^2x^7$.

Par rapport à $a$ :

   **Rép.** 1º  $-4a^4x^3 + 4a^3x^2 + 9a^2x^7 - 5ax^6 + 5x + 7$.
      2º  $7 + 5x - 5ax^6 + 9a^2x^7 + 4a^3x^2 - 4a^4x^3$.

2º    $a^2b^3 - a^3b^2 + ab^4 - a^4b + a^5b^5 - a^6 + b^6$.

Par rapport à $a$ :

   **Rép.** 1º  $-a^6 + a^5b^5 - a^4b - a^3b^2 + a^2b^3 + ab^4 + b^6$.
      2º  $b^6 + ab^4 + a^2b^3 - a^3b^2 - a^4b + a^5b^5 - a^6$.

Par rapport à $b$ :

   **Rép.** 1º  $b^6 + a^5b^5 + ab^4 + a^2b^3 - a^3b^2 - a^4b - a^6$.
      2º  $-a^6 - a^4b - a^3b^2 + a^2b^3 + ab^4 + a^5b^5 + b^6$.

*Effectuer la réduction des termes semblables :*

**5.**    $5 - a + 3b - 4a - 2b + 7a - 4$.

Ce polynôme peut s'écrire :

   $5 - 4 - a - 4a + 7a + 3b - 2b = 1 - 5a + 7a + b = 1 + 2a + b$.

   **Rép.** $1 + 2a + b$.

**6.**    $x^2 - x + 3x^2 - 4x + x^3 - 5x^2 + 8x - 1$.

Si l'on désigne ce polynôme par P, on a :

   $P = x^2 + 3x^2 - 5x^2 - x - 4x + 8x + x^3 - 1 = -x^2 + 3x + x^3 - 1$.

   **Rép.** $x^3 - x^2 + 8x - 1$.

**7.**  $47 - 24a + 33 - 52a + 67 - 11a + 1.$

Si P représente ce polynôme, on a :

$$P = 47 + 33 + 67 + 1 - 24a - 52a - 11a = 148 - 87a.$$

**Rép. 148 — 87a.**

*Trouver les valeurs numériques des polynômes suivants:*

$1^{o}$ *pour* $a = 10$, $b = 2$, $c = 1$ ;

$2^{o}$ *pour* $a = 5$, $b = 1$, $c = 2.$

**8.**  $(a + b)^2.$

En remplaçant d'abord $a$ par 10, $b$ par 2 et ensuite $a$ par 5 et $b$ par 1, on trouve (13) :

$1^{o}$ $(a + b)^2 = (10 + 2)^2 = 12^2 = 144.$

$2^{o}$ $(a + b)^2 = (5 + 1)^2 = 6^2 = 36.$

**Rép.** $1^{o}$ **144** ; $2^{o}$ **36.**

**9.**  $a^2 + b^2 - c^2.$

$1^{o}$ $a^2 + b^2 - c^2 = 10^2 + 2^2 - 1^2 = 100 + 4 - 1 = 103.$

$2^{o}$ $a^2 + b^2 - c^2 = 5^2 + 1^2 - 2^2 = 25 + 1 - 4 = 22.$

**Rép.** $1^{o}$ **103** ; $2^{o}$ **22.**

**10.**  $(a + c)^2 \ldots 10.$

$1^{o}$ $(a + c)^2 - 10 = (10 + 1)^2 - 10 = 11^2 - 10 = 111.$

$2^{o}$ $(a + c)^2 - 10 = (5 + 2)^2 - 10 = 7^2 - 10 = 39.$

**Rép.** $1^{o}$ **111** ; $2^{o}$ **39.**

**11.**  $a^2 - (b - 1)^2.$

$1^{o}$ $a^2 - (b - 1)^2 = 10^2 - (2 - 1)^2 = 100 - 1 = 99.$

$2^{o}$ $a^2 - (b - 1)^2 = 5^2 - (1 - 1)^2 = 25 - 0 = 25.$

**Rép.** $1^{o}$ **99** ; $2^{o}$ **25.**

*Calculer les expressions suivantes, pour* $x = 3$, $a = 2.$

**12.**  $(a - x)^2 + 9.$

On a : $(a - x)^2 + 9 = (2 - 3)^2 + 9 = (-1)^2 + 9 = 1 + 9 = 10.$

**Rép. 10.**

**13.**  $x^4 - x^3 + x^2 - x + 1.$

$x^4 - x^3 + x^2 - x + 1 = 3^4 - 3^3 + 3^2 - 3 + 1 = 81 - 27 + 9 - 3 + 1 = 61.$

**Rép. 61.**

**14.**  $a^4 - 2a^2 + 1.$

$a^4 - 2a^2 + 1 = 2^4 - 2 \times 2^2 + 1 = 16 - 8 + 1 = 9.$

**Rép. 9.**

**15.**   $x^3 - 3ax^2 + 3a^2x - a^3$.

$x^3 - 3ax^2 + 3a^2x - a^3 = 3^3 - 3 \times 2 \times 3^2 + 3 \times 2^2 \times 3 - 2^3 = 27 - 54$
$$+ 36 - 8 = 1$$

**Rép. 1.**

**16.**   $a^5 - 5a^4 + 5a - 1$.

$a^5 - 5a^4 + 5a - 1 = 2^5 - 5 \times 2^4 + 5 \times 2 - 1 = 32 - 80 + 10 - 1 = -39$.

**Rép. —39.**

**17.**   $(a-1)^2 - (x-2)^2$.

$(a-1)^2 - (x-2)^2 = (2-1)^2 - (3-2)^2 = 1 - 1 = 0$.

**Rép. 0.**

---

# CHAPITRE II

## EXERCICES SUR L'ADDITION ET LA SOUSTRACTION

---

*Additionner les monômes suivants et réduire :*

**18.**   $3a$, $5b^2$, $-7a$, $4b$, $-4b^2$, $1$.

La somme de ces monômes (15), est :

$$3a + 5b^2 - 7a + 4b - 4b^2 + 1$$

En effectuant la réduction des termes semblables, **cette** somme
se réduit à

$$(3a - 7a) + (5b^2 - 4b^2) + 4b + 1 = -4a + b^2 + 4b + 1.$$

**Rép. —4a + b² + 4b + 1.**

**19.**   $x^3$, $-x^2$, $x$, $-1$, $x^4$, $x^3$, $x^2$, $-x$, $1$.

On a (15) : $x^3 - x^2 + x - 1 + x^4 + x^3 + x^2 - x + 1 = 2x^3 + x^4$.

**Rép. 2x³ + x⁴.**

**20.**   $4a^2b$, $6a^3b^2$, $-3a^2b$, $7a^2b^2$, $6a^3b^2$, $-7$.

On trouve pour somme

$$4a^2b + 6a^3b^2 - 3a^2b + 7a^2b^2 + 6a^3b^2 - 7 = a^2b + 12a^3b^2 + 7a^2b^2 - 7.$$

**Rép. a²b + 12a³b² + 7a²b² — 7.**

*Additionner les polynômes suivants :*

**21.** $a+b-c$, $a-b+c$.

La somme est (16) : $a+b-c+a-b+c=2a$.

**Rép. 2a.**

**22.** $a+b+c$, $a+b-c$, $a-b+c$, $b+c-a$.

Si l'on applique la règle (17), il faut placer ces quatre polynômes, comme l'indique le tableau suivant, et faire la réduction:

$$
\begin{array}{l}
a+\ b+\ c \\
a+\ b-\ c \\
a-\ b+\ c \\
-a+\ b+\ c \\
\hline
2a+2b+2c
\end{array}
$$

**Rép. 2a+2b+2c.**

**23.** $10a-3b+7c$, $9a+5b-4c$.

$$
\begin{array}{l}
10a-3b+7c \\
9a+5b-4c \\
\hline
19a+2b+3c
\end{array}
$$

**Rép. 19a+2b+3c.**

**24.** $9a^2-4ab+3b^2-1$, $7\ a^2+9ab-4b^2+2$.

$$
\begin{array}{l}
9a^2-4ab+3b^2-1 \\
7a^2+9ab-4b^2+2 \\
\hline
16a^2+5ab-b^2+1
\end{array}
$$

**Rép. 16a²+5ab—b²+1.**

*Si l'on a :*

$$
\begin{array}{ll}
A=a+b+c & C=a+b-c \\
B=a-b+c & D=b+c-a
\end{array}
$$

*former les expressions suivantes :*

**25.** $A+B$.

On a :

$A+B=(a+b+c)+(a-b+c)=a+b+c+a-b+c=2a+2c$.

**Rép. 2a+2c.**

**26.** $A+D$.

$$A+D=a+b+c+b+c-a=2b+2c.$$

**Rép. 2b+2c.**

**27.** B+C.

$$B+C=a-b+c+a+b-c=2a.$$

**Rép. 2a.**

**28.** C+D.

$$C+D=a+b-c+b+c-a=2b.$$

**Rép. 2b.**

**29.** A+B+C.

$$A+B+C=a+b+c+a-b+c+a+b-c=3a+b+c.$$

**Rép. 3a+b+c.**

**30.** B+C+D.

$$B+C+D=a-b+c+a+b-c+b+c-a=a+b+c.$$

**Rép. a+b+c.**

*Effectuer les opérations suivantes et réduire :*

**31.** $a-(-a)$.

Pour soustraire $(-a)$, on doit (18) changer le signe de cette quantité qui devient $+a$ et l'écrire à la suite de la première, ce qui donne : $a-(-a)=a+a=2a$.

**Rép. 2a.**

**32.** $(a+b)-(a-b)$.

On a (26) : $(a+b)-(a-b)=a+b-a+b=2b$.

**Rép. 2b.**

**33.** $40-(-30)$.

On écrit : $40-(-30)=40+30=70$.

**Rép. 70.**

**34.** $a-(a-b)$.

D'après la règle (26) : $a-(a-b)=a-a+b=b$.

**Rép. b.**

**35.** $a^3-(-4a^3)$.

On a : $a^3+4a^3=5a^3$.

**Rép. 5a³.**

**36.** $1-(1-a)$.

$$1-(1-a)=1-1+a=a.$$

**Rép. a.**

**37.** $(a+b+c+d)-(a-b+c-d)$.

La règle (20) indique qu'il faut changer les signes du second polynômes qui devient : $-a+b-c+d$, et l'ajouter au premier :

$$\begin{array}{l} a+b+c+d \\ \underline{-a+b-c+d} \\ \quad 2b \quad +2d \end{array}$$

**Rép. 2b+2d.**

**38.** $(a-b+c-d)-(b-a-c+d)$.
**Rép. 2a—2b+2c—2d.**

**39.** $(4a-20)-(3a-40)$ :
**Rép. a+20.**

**40.** $(a+1)+(3a-4)-(2a-10)$.
**Rép. 2a+7.**

**41.** $(a-b)-(a+b)-(b-a)$.

En appliquant la règle de la soustraction des polynômes (19), cette expression s'écrit : $a-b-a-b-b+a=a-3b$.
**Rép. a—3b.**

**42.** $x^2-y^2-(x^2+y^2-2xy)$.

Cette expression est égale à : $x^2-y^2-x^2-y^2+2xy=-2y^2+2xy$.
**Rép. —2y²+2xy.**

**43.** $(a-b)+(b-a)-(a+b)-(b-a)$ :

On a : $a-b+b-a-a-b-b+a=-2b$.
**Rép. —2b.**

**44.** $(a^2+2ab+b^2)-(a^2-2ab+b^2)$.

On a (20) :

$$\begin{array}{l} a^2+2ab+b^2 \\ \underline{-a^2+2ab-b^2} \\ \quad 4ab. \end{array}$$

**Rép. 4ab.**

**45.** $(a^3-3a^2b+3ab^2-b^3)-(a^3+3a^2b+3ab^2+b^3)$.

$$\begin{array}{l} a^3-3a^2b+3ab^2-b^3 \\ \underline{-a^3-3a^2b-3ab^2-b^3} \\ \quad -6a^2b \qquad -2b^3 \end{array}$$

**Rép. —6a²b—2b³.**

**46.**   $(x-y)-(y+z-v)+(v+y-z)+(2y-x)$.

On applique la règle (20) :

$$
\begin{aligned}
&x-y\\
&-y-z+v\\
&+y-z+v\\
&-x+2y\\
\hline
&y-2z+2v
\end{aligned}
$$

**Rép. y—2z+2v.**

**47.**   $x^2-(y^2-z^2)+b^2-(x^2+z^2)+y^2-(x^2+y^2)$.

En enlevant les parenthèses, ce polynôme devient :

$$x^2-y^2+z^2+b^2-x^2-z^2+y^2-x^2-y^2=-x^2-y^2+b^2.$$

**Rép. —x²—y²+b².**

**48.**   $(x+2y-6z)-[3y-(6x-6y)+6z]$.

En faisant disparaître successivement les parenthèses et les crochets cette expression devient :

$$x+2y-6z-[3y-6x+6y+6z]$$
$$x+2y-4z-3y+6x-6y-6z=7x-7y-12z.$$

**Rép. 7x—7y—12z.**

**49.**   $(a+b-c)-(a-b+c)+(b-a+c)-(c-a-b)$.

$$
\begin{aligned}
&a+b-c\\
&-a+b-c\\
&-a+b+c\\
&+a+b-c\\
\hline
&4b-2c
\end{aligned}
$$

**Rép. 4b—2c.**

*Si l'on pose :*

$$A=a+b+c \qquad C=a+b-c$$
$$B=a-b+c \qquad D=b+c-a$$

*calculer les expressions suivantes :*

**50.**   A+B—C.

On a : $A+B-C=a+b+c+a-b+c-a-b+c=a-b+3c$.

**Rép. a—b+3c.**

**51.**   A+B—D.

$$A+B-D=a+b+c+a-b+c-b-c+a=3a-b+c.$$

**Rép. 3a—b+c.**

**52.**  A—D+C.

A—D+C$=a+b+c-b-c+a+a+b-c=3a+b-c$.

**Rép. 3a+b— c.**

**53.**  B+C—D.

B+C—D$=a-b+c+a+b-c-b-c+a=3a-b-c$.

**Rép. 3a—b— c.**

**54.**  A—B+C.

A—B+C$=a+b+c-a+b-c+a+b-c=a+3b-c$.

**Rép. a+3b— c.**

**55.**  A+D—C.

A+D—C$=a+b+c+b+c-a-a-b+c=-a+b+3c$.

**Rép. —a+b+3c.**

**56.**  A—D—C.

A—D—C$=a+b+c-b-c+a-a-b+c=a-b+c$.

**Rép. a—b+c.**

**57.**  (A+B)—(C+B).

On a :

$$A+B=a+b+c+a-b+c=2a+2c.$$
$$C+B=a+b-c+a-b+c=2a.$$

d'où    $(A+B)-(C+B)=2a+2c-2a=2c$.

**Rép. 2c.**

----

# CHAPITRE III

# EXERCICES SUR LA MULTIPLICATION DES MONOMES

----

*Effectuer les produits indiqués :*

**58.**  $5\times(-2)(-1)$.

La règle des signes (24) donne :

$(-2)(-1)=+2$  et  $5\times(-2)(-1)=5\times2=10$.

**Rép. 10.**

**59.**   $(-5) \times (-2) \times (-3)$.

On a :

$$(-5) \times (-2) = 10 \text{ et } 10 \times (-3) = -30.$$

d'où :     $$(-5) \times (-2) \times (-3) = -30.$$

**Rép. —30.**

**60.**   $(-1) \times 2 \times (-3)$.

On a :     $$(-1) \times 2 = -2.$$
$$(-2) \times (-3) = +6.$$

**Rép. 6.**

**61.**   $(-3) \times 2 (-5) \times 4 (-7) \times 6$.

On écrit :     $$(-3) \times 2 = -6.$$
$$(-6) \times (-5) = +30.$$
$$30 \times 4 = 120.$$
$$120 \times (-7) = -840 \text{ et } (-840) \times 6 = -5.040.$$

**Rép. —5.040.**

**62.**   $(-1)^2 \times (-1)^4$.

On a (25. Coroll.) :

$$(-1)^2 = 1$$
$$(-1)^4 = 1$$

et, par suite,

$$(-1)^2 \times (-1)^4 = 1.$$

**Rép. 1.**

**63.**   $(-7)^2 \times (-7)^3$.

On a :     $$(-7)^2 = (-7)(-7) = 49.$$
$$(-7)^3 = -7^3 = -343.$$

Dès lors,  $(-7)^2 \times (-7)^3 = 49 \times (-343) = -16.807.$

**Rép. —16.807.**

**64.**   $(-10)^4 \times (-2)^3$.

D'après (25, coroll.), on peut écrire :

$$(-10)^4 = 10.000 \text{ et } (-2)^3 = -8.$$

d'où     $$(-10)^4 \times (-2)^3 = 10.000 \times (-8) = -80.000.$$

**Rép. —80.000.**

**65.**   $a^5 \times a^7$.

En appliquant la règle (22) de la multiplication de deux puissances d'une même lettre, on a : $a^5 \times a^7 = a^{5+7} = a^{12}$.

**Rép. $a^{12}$.**

**66.** $a^{12} \times a^5$.

$$\text{Rép. } a^{17}.$$

**67.** $(-a)^3 \times a^6$.

On a :

$$(-a^3) \times a^6 = -a^{3+6} = -a^9.$$

$$\text{Rép. } -a^9.$$

**68.** $(-a^2) \times a^3 \times a^4$.

On a :

$$(-a^2) \times a^3 \times a^4 = -a^{2+3+4} = -a^9.$$

$$\text{Rép. } -a^9.$$

**69.** $(-a) \; (-a^3) \times a^5 \times a^7$.

On a :

$$(-a) \times (-a^3) = a^4.$$

et

$$(-a) \; (-a^3) \times a^5 \times a^7 = a^4 \times a^5 \times a^7 = a^{4+5+7} = a^{16}.$$

$$\text{Rép. } a^{16}.$$

**70.** $(-a^2) \; (-a) \; (-a^3)$.

$$\text{Rép. } -a^6.$$

**71.** $3x \times 5y$.

On a :

$$3x \times 5y = 3 \times 5 \times x \times y = 15xy.$$

$$\text{Rép. } 15xy.$$

**72.** $x^2 y^2 \times x^4 y^4$.

La règle (23) donne :

$$x^2 y^2 \times x^4 y^4 = x^6 y^6.$$

$$\text{Rép. } x^6 y^6.$$

**73.** $xy \; (-2xy) \times 3xy$.

$$\text{Rép. } -6x^3 y^3.$$

**74.** $(a^2)^2$.

On a (25) :

$$(a^2)^2 = a^2 \times a^2 = a^4.$$

$$\text{Rép. } a^4.$$

**75.** $(a^3)^3$.

On a :

$$(a^3)^3 = a^3 \times a^3 \times a^3 = a^9.$$

$$\text{Rép. } a^9.$$

**76.** $(a^5)^2$.

On a :

$$(a^5)^2 = a^5 \times a^5 = a^{10}.$$

$$\text{Rép. } a^{10}.$$

**77.** $(-a)^2$.

On a :

$$(-a)^2 = (-a) \; (-a) = a^2.$$

$$\text{Rép. } a^2.$$

**78.**    $(-b)^2 (-b)^3$.

On a (25, coroll.) :    $(-b)^2 = b^2$ et $(-b)^3 = -b^3$.

d'où           $(-b)^2(-b)^3 = -b^5$.

    **Rép. —b⁵.**

**79.**    $(-a^2)^4$.                **Rép. a⁸.**

**80.**    $(-a^2)^3(-a^2)$.

On a :        $(-a^2)^3 = -a^2.-a^2.-a^2 = -a^6$.

d'où l'on conclut :    $(-a^2)^3(-a^2) = (-a^2)^4 = a^8$.

    **Rép. a⁸.**

**81.**    $(-1)^2$.

$$(-1)^2 = (-1)(-1) = 1.$$

    **Rép. 1.**

**82.**    $(-1)^3$.

$$(-1)^3 = (-1)(-1)(-1) = -1.$$

    **Rép. —1.**

**83.**    $(-1)^3(-1)^4(-1)$.

$$(-1)^3(-1)^4(-1) = (-1)^8 = 1.$$

    **Rép. 1.**

**84.**    $(-a)^2(-a^2)^2$.

On a :        $(-a)^2 = a^2$ et $(-a^2)^2 = a^4$.

d'où l'on déduit :    $(-a)^2(-a^2)^2 = a^2 \times a^4 = a^6$.

    **Rép. a⁶.**

**85.**    $(2^3.5^4)^2$.

$$(2^3.5^4)^2 = (2^3.5^4)(2^3.5^4) = 2^3.2^3.5^4.5^4 = 2^6.5^8 = 25.000.000.$$

    **Rép. 25.000.000.**

**86.**    $(-2^3.5^4)^3$.

$$(-2^3.5^4)^3 = -2^9.5^{12} = -125.000.000.000.$$

    **Rép. —125.000.000.000.**

**87.**    $(4a^2b^3c^4)^2$.

$$(4a^2b^3c^4)^2 = 4^2(a^2)^2(b^3.c^4)^2 = 16a^4b^6c^8.$$

    **Rép. 16a⁴b⁶c⁸.**

---

# CHAPITRE IV

## EXERCICES SUR LA MULTIPLICATION DES POLYNOMES

*Effectuer les opérations indiquées :*

**88.** $(a+1)a^2$.

On applique la règle (26) :

$$(a+1)a^2 = a \times a^2 + 1 \times a^2 = a^3 + a^2.$$

**Rép.** $a^3 + a^2$.

**89.** $(-a^2+a-1)(-a^3)$.

En appliquant la règle (26), on a :

$$(-a^2+a-1)(-a^3) = (-a^2)(-a^3) + a(-a^3) + (-1)(-a^3.)$$

Et en effectuant (23) : $a^5 - a^4 + a^3$.

**Rép.** $a^5 - a^4 + a^3$.

**90.** $(4a^2-a^3)a^4$.      **Rép.** $4a^6 - a^7$.

**91.** $(1-2xy+5x^2)(-4xy^3)$.   **Rép.** $-4xy^3 + 8x^2y^4 - 20x^2y^3$.

**92.** $(a^3-3a^2b) + 3\,ab^2-b^3)(-2a^2b^3c)$.

**Rép.** $-2a^5b^3c + 6a^4b^4c - 6a^3b^5c + 2a^2b^6c$.

**93.** $(x^3-x^2+x-1)(-x^2)$.      **Rép.** $-x^5 + x^4 - x^3 + x^2$.

**94.** $(3a+b-4c)7a^2$.      **Rép.** $21a^3 + 7a^2b - 28a^2c$.

**95.** $(a^4-b^4-a^4b^4)(-ab)$.      **Rép.** $-a^5b + ab^5 + a^5b^5$.

**96.** $(11ab-10a^2+8b^2)(-3a^2b^2)$.

**Rép.** $-33a^3b^3 + 30a^4b^2 - 24a^2b^4$.

*Effectuer les opérations indiquées :*

**97.** $(a+x)(a+2x)$.

On applique la règle (29), ce qui donne :

$$(a+x)(a+2x) = (a+x)a + (a+x)2x = a^2 + ax + 2ax + 2x.$$

**Rép.** $a^2 + 3ax + 2x^2$.

**98.** $(x-1)(x-2)$.

On applique la même règle (29).

    **Rép. $x^2-3x+2$.**

**99.** $(x+10)(x-12)$.      **Rép. $x^2-2x-120$.**

**100.** $(a+b(x-y)$.      **Rép. $ax-ay+bx-by$.**

**101.** $(a+b-c)(a-b)$.      **Rép. $a^2-b^2-ac+b^2$.**

**102.** $(x^2-1)(x^4+1)$.      **Rép. $x^6-x^4+x^2-1$.**

**103.** $(a^2+b^2-c^2)(a^2-b^2+c^2)$.

    **Rép. $a^4-b^4-c^4+2b^2c^2$.**

**104.** $(b-4a^2+3a^2b)(b-4a^2)$.

    **Rép. $b^2+16a^4-8a^2b+3a^2b^2-12a^4b$.**

**105.** $(5-3a)(6+2a-7b)$.

    **Rép. $30-8a-6a^2-35b+21ab$.**

**106.** $(x^2+y^2-xy)(x^2-y^2+xy)$.

    **Rép. $x^4-y^4-x^2y^2+2xy^3$.**

**107.** $(a+b)(a-b)(a-1)$.

On a successivement :

$$(a+b)(a-b)=a^2-b^2.$$
$$(a^2-b^2)(a-1)=a^3-ab^2-a^2+b^2.$$

    **Rép. $a^3-a^2-ab^2+b^2$.**

**108.** $(2x-1)(1-3x)(1-x)$.

On écrit :

$$(2x-1)(1-3x)=2x-1-6x^2+3x=5x-1-6x^2.$$
$$(5x-1-6x^2)(1-x)=5x-1-6x^2-5x^2+x+6x^3.$$

    **Rép. $6x^3-11x^2+6x-1$.**

*Effectuer après ordination des polynômes :*

**109.** $(2ab+b^2+a^2)(b^2+a^2-2ab)$.

On ordonne les deux polynômes qui deviennent

$$a^2+2ab+b^2 \text{ et } a^2-2ab+b^2$$

puis on applique la règle (30)

$$a^2+2ab+b^2$$
$$a^2-2ab+b^2$$
$$\overline{a^4+2a^3b+a^2b^2}$$
$$-2a^3b-4a^2b^2-2ab^3$$
$$+a^2b^2+2ab^3+b^4$$
$$\overline{a^4 \qquad -2a^2b^2 \qquad +b^4}$$

Rép. $a^4-2a^2b^2+b^4$.

**110.** $(1+a^2-a-a^3)(a+1-a^2+a^3)$.

Après ordination, on applique la règle (30).

Rép. $-a^6+2a^5-3a^4+2a^3-a^2+1$.

**111.** $(a^4+1+a^2+a)(1-a)$.

Rép. $-a^5+a^4-a^3+1$.

**112.** $(-1+a^5+a-a^4-a^2+a^3)(a+1)$.

Rép. $a^6-1$.

*Développer et réduire :*

**113.** $(x+4)^2$.

On applique la formule (32).

Rép. $x^2+16+8x$.

**114.** $(x-7)^2$.

Rép. $x^2+49-14x$.

**115.** $(a+5)^2$.

Rép. $a^2+25+10a$.

**116.** $(2a-1)^2$.

Rép. $4a^2+1-4a$.

**117.** $(a^2+2)^2$.

Rép. $a^4+4+4a^2$.

**118.** $(a^2+b^2)^2$.

Rép. $a^4+b^4+2a^2b^2$.

**119.** $(2a^2-3b^3)^2$.

Rép. $4a^4+9b^6-12a^2b^3$.

**120.** $(5a^4b-7ab^3)^2$.

Rép. $25a^8b^2+49a^2b^6-70a^5b^4$

**121.** $\left(1+\dfrac{1}{x}\right)^2$.

Rép. $1+\dfrac{1}{x^2}+\dfrac{2}{x}$.

**122.** $\left(1+\dfrac{1}{x^2}\right)^2$.

Rép. $1+\dfrac{1}{x^4}+\dfrac{2}{x^2}$

**123.** $\left(2a+\dfrac{1}{4}\right)^2$.

Rép. $4a^2+\dfrac{1}{16}+a$.

**124.** $(a+1)^2-(a^2+1)$.

On a (32) : $\quad (a+1)^2-(a^2+1)=a^2+2a+1-a^2-1=2a$.

    Rép. 2a.

**125.** $(a+n)^2-(a^2+n^2)$.          Rép. 2an.

**126.** $(a+1)^3$.

On applique la règle (34) :

$$(a+1)^3=(a+1)\,(a+1)\,(a+1)=a^3+1^3+3a(a+1).$$

    Rép. a³+3a²+3a+1.

**127.** $(a-1)^3$.

On a : $(a-1)^3=a^3+(-1)^3+3a(-1)\,(a-1)=a^3-1-3a^2+3a$.

    Rép. a³—3a²+3a—1.

**128.** $(2a+b)^3$.

$$(2a+b)^3=(2a)^3+b^3+3.2a.b(2a+b).$$

    Rép. 8a³+12a²b+6ab²+b³.

**129.** $(a-3b)^3$.          Rép. a³—9a²b+27ab²—27b³.

**130.** $(x+5)^3$.          Rép. x³+15x²+75x+125.

**131.** $(4x^2-1)^3$.          Rép. 64x⁶—48x⁴+12x²—1.

*Décomposer en facteurs les expressions suivantes :*

**132.** $a^2+a$.

Le facteur $a$ est commun aux deux termes de ce binôme, on a donc (28) : $\quad a^2+a=a(a+1)$.

    Rép. a(a+1).

**133.** $a-ab$.

Le facteur commun étant $a$, on a :

$$a-ab=a(1-b).$$

    Rép. a(1—b).

**134.** $6a^3-12a^2b-24a^4$.

Le facteur commun étant $6a^2$, on peut écrire (28) :

$$6a^3-12a^2b-24a^4=6a^2(a-2b-4a^2).$$

    Rép. 6a²(a—2b—4a²).

**135.** $25a^2 + 35a^4 - 45a^5$.

$5a^2$ divisant tous les termes, on peut mettre cette quantité en facteur

$$25a^2 + 35a^4 - 45a^5 = 5a^2(5 + 7a^2 - 9a^3).$$

Rép. $5a^2(5 + 7a^2 - 9a^3)$.

**136.** $a^3b^2 - 2a^3b$.

$$a^3b^2 - 2a^3b = a^3b(b - 2).$$

Rép. $a^3b(b - 2)$.

**137.** $460a^2x^5y^4 - 130a^4x^5y^3$.

Les deux termes ont pour facteur commun $10a^2x^5y^3$.

Rép. $10a^2x^5y^3(46y - 13a^2)$.

**138.** $2x - 5x^2$.

Rép. $x(2 - 5x)$.

**139.** $a^4 + a^3 - a^2$.

Rép. $a^2(a^2 + a - 1)$.

**140.** $152x^2 - 38x$.

Rép. $38x(4x - 1)$.

**141.** $100 - 9$.

On a une différence de deux carrés ; on peut donc appliquer la règle (33) :

$$100 - 9 = 10^2 - 3^2 = (10 + 3)(10 - 3) = 13 \times 7.$$

Rép. $13 \times 7$.

**142.** $a^2 - b^2$.

Rép. $(a + b)(a - b)$

**143.** $a^2 - 1$.

Rép. $(a + 1)(a - 1)$.

**144.** $a^4 - b^4$.

Rép. $(a^2 + b^2)(a + b)(a - b)$.

**145.** $(a + 1)^2 - 1$.

On écrit :

$$(a + 1)^2 - 1 = (a + 1 + 1)(a + 1 - 1) = (a^2 + 2a) = (a + 2)a.$$

Rép. $(a + 2)a$.

**146.** $a^{16} - b^{16}$.

Rép. $(a^8 + b^8)(a^4 + b^4)(a^2 + b^2)(a + b)(a - b)$.

**147.** $a^2 + 8a + 16$.

Rép. $(a + 4)^2$.

**148.** $a^2 - 10a + 25$.

Rép. $(a-5)^2$.

**149.** $a^{10} - a^8 + a^6 - a^4$.

On a :

$$a^{10} - a^8 + a^6 - a^4 = a^8(a^2-1) + a^4(a^2-1)$$
$$= (a^8 + a^4)(a^2-1)$$
$$= a^4(a^4+1)(a^2-1).$$

Rép. $a^4(a^4+1)(a^2-1)$.

<hr>

## CHAPITRE V

### EXERCICES SUR LES TROIS PREMIERS CAS DE LA DIVISION

*Effectuer les opérations indiquées :*

**150.** $a^5 : (-a^3)$.

On applique la règle (37) :

$$a^5 : (-a^3) = -a^{5-3} = -a^2.$$

Rép. On trouve $-a^2$ pour quotient cherché.

**151.** $(-7^{11}) : (-7^5)$.　　　　Rép. $7^6$.

**152.** $(-a^7) : (-a^4)$.　　　　Rép. $a^3$.

**153.** $a^7 : a^4$.

On a (37) :　　　$a^7 : a^4 = a^{7-4} = a^3$.

Rép. $a^3$.

**154.** $-a^{17} : a^{11}$.

La règle (37) nous donne :

$$-a^{17} : a^{11} = -a^{17-11} = -a^6.$$

Rép. $-a^6$.

**155.** $24a^5 : (-12a^4)$.

D'après la règle (38), on peut écrire :

$$24a^5 : (-12a^4) = -\frac{24}{12} a^{5-4} = -2a.$$

Rép. $-2a$.

**156.** $a^3b^4 : (-a^3b^3)$.  Rép. $-$ **b.**

**157.** $8a^5b^4c^2df^3 : (-4a^4b^3cdf^3)$.  Rép. $-$ **2abc.**

**158.** $ax^8y^4z^3 : 4a^2x^5y^4z^2$.  Rép. $\dfrac{\mathbf{xz}}{\mathbf{4a}}$.

**159.** $(-27a^7b^4c^3d^5):(-25a^6b^4c^2d^5)$.  Rép. $\dfrac{\mathbf{27ac}}{\mathbf{25}}$.

**160.** $(a^2-a) : a$.

On applique la règle (40) :

$$(a^2-a) : a= \frac{a^2}{a}-\frac{a}{a}=a-1.$$

Rép. **a$-$1.**

**161.** $(a^4-3a^3+2a^2) : (-a^2)$.

On a (40) :

$$\frac{a^4}{-a^2}-\frac{3a^3}{-a^2}+\frac{2a^2}{-a^2}=-a^2+3a-2$$

Rép. **$-$a$^2$+3a$-$2.**

**162.** $(xy+y^2-yz) : y$.  Rép. **x+y$-$z.**

**163.** $(a-7a^2) : \dfrac{a}{7}$.

On applique les règles (40) et (52), ce qui donne :

$$(a-7a^2) : \frac{a}{7}=\frac{(a-7a^2)\times 7}{a}=\frac{7a-49a^2}{a}=7-49a.$$

Rép. **7$-$49a.**

**164.** $(4a^4-12a^3+4a) : (-4a)$.
Rép. **$-$a$^3$+3a$^2$$-$1.**

**165.** $(x^4y^2+x^3y^3-x^2y^4) : x^2y^2$.
Rép. **x$^2$+xy$-$y$^2$.**

**166.** $(a^3bc-ab^3c-abc^3) : (-abc)$.
Rép. **$-$a$^2$+b$^2$+c$^2$.**

**167.** $(3a^2b-3ab^2) : 3\,ab$.
Rép. **a$-$b.**

**168.** $(x^2yz-xyz^2) : (-xyz)$.
Rép. **$-$x+z.**

**169.**    $x^2yz^3 - x^2y^2z^2 - x^3y^2z^2) : x^2yz^2$.

**Rép. z — y — xy.**

**170.**    $(6a^2 - 9a^5 - 18a^4 + 15a^3 - 36a^6) : (-3a^2)$.

**Rép. $-2 + 3a^3 + 6a^2 - 5a + 12a^4$.**

**171.**    $(108x^2y^4z^6 - 81x^6y^3z^3 + 72x^4y^3z^5) : (-9x^2y^3z^3)$

**Rép. $-12yz^3 + 9x^4 - 8x^2z^2$.**

**172.**    $(36x^4y^5 - 24x^5y^6) + 72x^8y^6 : \left( -\dfrac{12}{11}x^4y^5 \right)$.

**Rép. $-33 + 22xy - 66x^4y$.**

---

# CHAPITRE VI

## EXERCICES SUR LA DIVISION DES POLYNOMES

---

*Effectuer les divisions suivantes :*

**173.**    $(a^3 - b^3) : (a - b)$.

On applique la règle (45) :

    **Rép. $a^2 + ab + b^2$.**

**174.** $(a^3 + b^3) : (a + b)$.        **Rép. $a^2 - ab + b^2$**

**175.** $(x^3 + y^3) : (x^2 - xy + y^2)$.   **Rép. x + y.**

**176.** $(x^4 - y^4) : (x - y)$.        **Rép. $x^3 + x^2y + xy^2 + y^3$.**

**177.** $(x^5 - 1) : (x - 1)$.         **Rép. $x^4 + x^3 + x^2 + x + 1$.**

**178.** $(x^6 - y^6) : (x^2 - y^2)$.     **Rép. $x^4 + x^2y^2 + y^4$.**

**179.** $(x^9 + y^9) : (x^3 + y^3)$.     **Rép. $x^6 - x^3y^3 + y^6$.**

**180.** $(x^{12} - y^{12}) : (x^4 - y^4)$.    **Rép. $x^8 + x^4y^4 + y^8$.**

**181.** $(x^8 - b^8) : (x^2 - b^2)$.     **Rép. $x^6 + x^4b^2 + x^2b^4 + b^6$.**

**182.** $(x^5 + 1) : (x + 1)$.        **Rép. $x^4 - x^3 + x^2 - x + 1$.**

**183.** $(x^7 - x^2) : (x^6 - x)$.      **Rép. x.**

**184.** $(x^{15}-1) : (x^5-1)$.               Rép. $x^{10}+x^5+1$.

**185.** $(x^7-128) : (x-2)$.
Rép. $x^6+2x^5+4x^4+8x^3+16x^2+32x+64$.

**186.** $\left(\dfrac{x^4}{81}-1\right) : \left(\dfrac{x}{3}+1\right)$.

Rép. $\dfrac{x^3}{27}-\dfrac{x^2}{9}+\dfrac{x}{3}-1$.

**187.** $(a^5-x^5) : (a-x)$.
Rép. $a^4+a^3x+a^2x^2+ax^3+x^4$.

**188.** $(9x^6-16y^4) : (3x^3-4y^2)$.
Rép. $3x^3+4y^2$.

**189.** $(625x^8-256y^4) : (5x^2-4y)$.
Rép. $125x^6+100x^4y+80x^2y^2+64y^3$.

**190.** $(xy+x-y-1) : (x-1)$.        Rép. $y+1$.

**191.** $(a^2+ab-a-b) : (a+b)$.        Rép. $a-1$.

**192.** $(a^5-a^2b^3a^3+b^3) : (a^2-1)$.        Rép. $a^3-b^3$.

**193.** $(x^3-2x^2+2x-1) : (x-1)$.        Rép. $x^2-x+1$.

**194.** $(x^4-y^4-x^2+y^2) : (x^2-y^2)$.        Rép. $x^2+y^2-1$.

**195.** $(32a^5-243y^5) : (2a-3y)$.
Rép. $16a^4+24a^3y+36a^2y^2+54ay^3+81y^4$.

**196.** $(a^2+2ab+b^2-1) : (a+b-1)$.
Rép. $a+b+1$.

---

# CHAPITRE VII
## EXERCICES SUR LES FRACTIONS

*Simplifier les fractions suivantes :*

**197.** $\dfrac{a}{a^3}$.

On divise les deux termes par $a$ (52).

Rép. $\dfrac{1}{a^2}$.

**198.** $\dfrac{4x^5}{12x^7}.$

Il suffit de diviser les deux termes par $4x^5$ (64).

Rép. $\dfrac{1}{3x^2}.$

**199.** $\dfrac{64a^2}{32a^3}.$

Le facteur commun aux deux termes (52) est $32a^2$.

Rép. $\dfrac{2}{a}.$

**200.** $\dfrac{ax^2}{5x^3}.$            Rép. $\dfrac{a}{5x}.$

**201.** $\dfrac{a^4x^2}{a^5x^3}.$            Rép. $\dfrac{1}{ax}.$

**202.** $\dfrac{8a^2b^3}{24a^3b^2}.$            Rép. $\dfrac{b}{3a}.$

**203.** $\dfrac{32x^2y^4z^3}{16x^4y^3z^4}.$            Rép. $\dfrac{2y}{x^2z}.$

**204.** $\dfrac{27a^2b^2c^3d^4}{63a^3b^3c^4d^5}.$            Rép. $\dfrac{8}{7abcd}.$

**205.** $\dfrac{532x^5y^4z^2}{644x^4y^3z^3u^2}.$            Rép. $\dfrac{19xy}{28zu^2}.$

**206.** $\dfrac{96a^5b^4c^3}{8a^2b^3c^4d}.$            Rép. $\dfrac{12a^2b}{cd}.$

**207.** $\dfrac{25a^2b^5.15a^3b^6}{150a^6b^9}.$            Rép. $\dfrac{5b^2}{2a}.$

**208.** $\dfrac{72a^4b^3c^5d^2.abcd^3}{1296a^4b^4c^4d^5}.$            Rép. $\dfrac{ac^2}{18}.$

**209.** $\dfrac{a^2-1}{a-1}.$

On a :

$$\frac{a^2-1}{a-1}=\frac{(a+1)\,(a-1)}{(a-1)}=a+1$$

Rép. $a+1.$

**210.** $\dfrac{a+b}{a^2-b^2}$.                    Rép. $\dfrac{1}{a-b}$

**211.** $\dfrac{a^2+b^2}{a^4-b^4}$.                    Rép. $\dfrac{1}{a^2-b^2}$.

**212.** $\dfrac{a^2-ab}{a^3-ab^2}$.

On écrit :

$$\frac{a^2-ab}{a^3-ab^2} = \frac{a(a-b)}{a(a^2-b^2)} = \frac{a(a-b)}{a(a-b)(a+b)} = \frac{1}{a+b}.$$

Rép. $\dfrac{1}{a+b}$.

*Réduire au même dénominateur les expressions suivantes :*

**213.** $5, \dfrac{a}{b}$.

En appliquant la règle (53), on trouve :

$$\frac{5b}{b}, \ \frac{a}{b}.$$

Rép. $\dfrac{5b}{b}, \dfrac{a}{b}$.

**214.** $\dfrac{a}{4}, \dfrac{b}{3}$.

On prend 12 pour dénominateur commun.

Rép. $\dfrac{3a}{12}, \dfrac{4b}{12}$.

**215.** $4, \dfrac{a}{b}, -\dfrac{c}{d}$.

Le dénominateur commun est $bd$.

Rép. $\dfrac{4bd}{bd}, \dfrac{ad}{bd}, -\dfrac{bc}{bd}$.

**216.** $\dfrac{2}{3}, -a$.                    Rép. $\dfrac{2}{3}, \dfrac{-3a}{3}$

**217.** $\dfrac{a}{bc}, \dfrac{b}{ac}, \dfrac{-c}{ab}$.

En prenant $abc$ pour dénominateur commun, on voit qu'il faut multiplier les deux termes de chaque fraction respectivement par $a$, $b$, $c$. Ce qui donne

$$\frac{a^2}{abc}, \frac{b^2}{abc}, \frac{-c^2}{abc}.$$

Rép. $\dfrac{a^2}{abc}, \dfrac{b^2}{abc}, \dfrac{-c^2}{abc}$.

**218.** $\dfrac{a}{-bx}, \dfrac{-b}{ax^2}, \dfrac{c}{abx^3}$.

Comme on a :

$$\frac{a}{-bx} = \frac{-a}{bx}$$

on voit qu'il faut prendre $abx^3$ pour dénominateur commun.

Rép. $\dfrac{-a^2x^2}{abx^3}, \dfrac{-b^2x}{abx^3}, \dfrac{c}{abx^3}$.

**219.** $1, \dfrac{a}{x}, \dfrac{-a}{x^3}, -a^2$.

Le dénominateur commun est $x^3$.

Rép. $\dfrac{x^3}{x^3}, \dfrac{ax^2}{x^3}, \dfrac{-a}{x^3}, \dfrac{-a^2x^3}{x^3}$.

**220.** $2, -1 \dfrac{1}{2a^2}, \dfrac{1}{-4a^4}$.

On choisit $4a^4$ pour dénominateur commun, après avoir remplacé la dernière fraction par son égale

$$\frac{-1}{4a^4}.$$

Rép. $\dfrac{8a^4}{4a^4}, \dfrac{-4a^4}{4a^4}, \dfrac{2a^2}{4a^4}, \dfrac{-1}{4a^4}$.

**221.** $\dfrac{ab-a}{b+1}, \dfrac{ab+a}{b-1}$.

On applique la règle (53).

Rép. $\dfrac{a(b-1)^2}{b^2-1}, \dfrac{a(b+1)^2}{b^2-1}$.

**222.** $\dfrac{a}{a-b}, \dfrac{c}{a^2-b^2}$.

Il suffit de multiplier les deux termes de la première fraction par $a+b$.

Rép. $\dfrac{a(a+b)}{a^2-b^2}, \dfrac{c}{a^2-b^2}$.

**223.** $\dfrac{1}{a+b}, \dfrac{1}{a-b}, \dfrac{1}{a^2-b^2}$.

On multiplie les deux termes de la première fraction par $a-b$, et les deux termes de la seconde par $a+b$.

Rép. $\dfrac{a-b}{a^2-b^2}, \dfrac{a+b}{a^2-b^2}, \dfrac{1}{a^2-b^2}$.

*Faire les additions et soustractions suivantes :*

**224.** $\dfrac{2a}{5} + \dfrac{6a}{10} + a + \dfrac{4a}{5}$      Rép. $\dfrac{28a}{10} = \dfrac{14a}{5}$.

**225.** $\dfrac{7x}{12a} + \dfrac{3x}{4a} + \dfrac{2x}{3a} + \dfrac{5x}{6a}$.      Rép. $\dfrac{34x}{12a} = \dfrac{17x}{6a}$.

**226.** $\dfrac{a+b}{4} + \dfrac{a-b}{6}$.      Rép. $\dfrac{5a+b}{12}$.

**227.** $\dfrac{2a-b}{12} - \dfrac{b-2a}{24} - \dfrac{2a}{18}$.      Rép. $\dfrac{10a-9b}{72}$.

**228.** $\dfrac{x+b}{3} - b - \dfrac{b-x}{2}$.      Rép. $\dfrac{5x-7b}{6}$.

**229.** $\dfrac{a+b}{15a} - \dfrac{a-b}{3a}$.      Rép. $\dfrac{-4a+6b}{15a}$.

**230.** $\dfrac{13a-5b}{8} - \dfrac{7a-2b}{12} - \dfrac{3a}{10}$.      Rép. $\dfrac{89a-55b}{120}$.

**231.** $\dfrac{15x-4u}{12} + \dfrac{3x-4y}{7} - \dfrac{2x-y-u}{3}$.

Rép. $\dfrac{85x-20y}{84}$.

**232.** $\dfrac{3x+b+a}{5x} + \dfrac{7x-2b}{9x} - \dfrac{2x+b}{3x}.$

**Rép.** $\dfrac{32x-16b+9a}{45x}.$

**233.** $\dfrac{2x}{x^2-1} + \dfrac{1}{x+1} - \dfrac{1}{x-1}.$

**Rép.** $\dfrac{2x-2}{x^2-1} = \dfrac{2(x-1)}{x^2-1} = \dfrac{2}{x+1}.$

*Réduire les expressions suivantes en une seule expression fractionnaire et simplifier :*

**234.** $a+b-\dfrac{2b^2}{a-b}.$

En réduisant au même dénominateur, cette expression devient :

$$\dfrac{(a+b)\,(a-b)-2b^2}{a-b} = \dfrac{a^2-b^2-2b^2}{a-b} = \dfrac{a^2-3b^2}{a-b}.$$

**Rép.** $\dfrac{a^2-3b^2}{a-b}.$

**235.** $1+\dfrac{a}{b}.$      **Rép.** $\dfrac{a+b}{b}.$

**236.** $a+\dfrac{c}{4}.$      **Rép.** $\dfrac{4a+c}{4}.$

**237.** $a-\dfrac{a^2}{b}.$      **Rép.** $\dfrac{ab-a^2}{b}.$

**238.** $a-b+\dfrac{c}{a^2}.$      **Rép.** $\dfrac{a^3-a^2b+c}{a^2}.$

**239.** $\dfrac{1}{a}+\dfrac{1}{b}-\dfrac{1}{c}-1.$      **Rép.** $\dfrac{bc+ac-ab-abc}{abc}.$

**240.** $\dfrac{1}{x^2+1}-\dfrac{1}{x^2-1}.$      **Rép.** $\dfrac{2}{1-x^4}.$

**241.** $x^2+x+1+\dfrac{1}{x^2-1}.$      **Rép.** $\dfrac{x^4+x^3-x}{x^2-1}$ ou $\dfrac{-2}{x^4-1}.$

**242.** $\dfrac{2a}{a^3-1}-\dfrac{2a}{a^3+1}.$      **Rép.** $\dfrac{4a}{a^6-1}.$

*Effectuer les opérations indiquées et réduire :*

**243.** $\dfrac{1}{a^2} \times \dfrac{a^2}{b}$.

On applique la règle (57) :

$$\frac{1}{a^2} \times \frac{a^2}{b} = \frac{a^2}{a^2 b} = \frac{1}{b}.$$

  Rép. $\dfrac{1}{b}$.

**244.** $a^2 x^2 \times \dfrac{4}{a^4 x^4}$.    Rép. $\dfrac{4}{a^2 x^2}$.

**245.** $17 \times \dfrac{1}{34 a^2 x}$.    Rép. $\dfrac{1}{2 a^2 x}$.

**246.** $\dfrac{2a}{3b^2} \times \dfrac{5b}{a^2}$.    Rép. $\dfrac{10}{3ab}$.

**247.** $\dfrac{3y^2}{4x^4}\left(-\dfrac{3x^2}{4y}\right)$.   Rép. $\dfrac{-9y}{16x^2}$.

**248.** $\dfrac{a^2-b^2}{2x} \times \dfrac{4x^3}{a^4-b^4}$.  Rép. $\dfrac{2x^2}{a^2+b^2}$.

**249.** $\dfrac{a+b}{2} \times \dfrac{1}{a^2-b^2}$.   Rép. $\dfrac{1}{2(a-b)}$.

**250.** $\dfrac{2a}{a-b} \times \dfrac{a^2-b^2}{a^2}$.  Rép. $\dfrac{2(a+b)}{a}$.

**251.** $\dfrac{6a}{a+1} \times \dfrac{a^2-1}{3a^2}$.  Rép. $\dfrac{2(a-1)}{a}$.

**252.** $\dfrac{a}{a-1} \times \dfrac{a^2-1}{a} \times \dfrac{a}{a+1}$. Rép. a.

**253.** $\dfrac{3a-6}{2a} \times \dfrac{3a^2}{a-2}$.

On a :

$$\frac{3a-6}{2a} \times \frac{3a^2}{a-2} = \frac{3(a-2) \times 3a^2}{2a(a-2)} = \frac{9a}{2}.$$

  Rép. $\dfrac{9a}{2}$.

**254.** $\dfrac{a^2-b^2}{ax} \times \dfrac{a^2+b^2}{a^2x^2}$.          Rép. $\dfrac{a^4-b^4}{a^3x^3}$.

**255.** $\dfrac{c}{a}\left(a-\dfrac{a^2}{c}\right)$.

On écrit :

$$\frac{c}{a}\left(a-\frac{a^2}{c}\right) = \frac{ac}{a} - \frac{ca^2}{ac} = c - a.$$

Rép. $c-a$.

*Effectuer les opérations indiquées et réduire :*

**256.** $a : \dfrac{m}{n}$.

On applique la règle (58).

Rép. $\dfrac{an}{m}$.

**257.** $\dfrac{a}{b} : \left(-\dfrac{2}{5}\right)$.

On a :

$$\frac{a}{b} : \left(-\frac{2}{5}\right) = \frac{a}{b} \times \left(-\frac{5}{2}\right) = -\frac{5a}{2b}.$$

Rép. $-\dfrac{5a}{2b}$.

**258.** $\dfrac{a^2}{b^2} : \dfrac{a^4}{b^4}$.

$$\frac{a^2}{b^2} : \frac{a^4}{b^4} = \frac{a^2}{b^2} \times \frac{b^4}{a^4} = \frac{a^2b^4}{b^2a^4} = \frac{b^2}{a^2}.$$

Rép. $\dfrac{b^2}{a^2}$.

**259.** $\dfrac{4a^2b^3}{c^5} : \dfrac{16a^2b^4}{c^6}$.          Rép. $\dfrac{c}{4b}$.

**260.** $9a^2b : \left(-\dfrac{3a^4b^2}{c^2}\right)$.          Rép. $-\dfrac{3c^2}{a^2b}$.

**261.** $x^2 : \left(-\dfrac{x}{y}\right)$.          Rép. $-xy$.

**262.** $abcd : \dfrac{ab}{cd}$.

Rép. $c^2 d^2$.

**263.** $(x+y) : \dfrac{x^2-y^2}{y}$.

Rép. $\dfrac{y}{x-y}$.

**264.** $\dfrac{a^2-b^2}{x+y} : \dfrac{a-b}{x^2-y^2}$.

Rép. $(a+b)(x-y)$.

**265.** $\dfrac{171\,(x^2-y^2)}{19x^2-18xy-y^2} : \dfrac{9\,(x+y)}{y^2}$.

On a :

$$19x^2-18xy-y^2 = (x-y)\,(19x+y).$$

Rép. $\dfrac{19y^2}{19x+y}$

**266.** $\dfrac{a^2-b^2}{x^2-y^2} : \dfrac{a+b}{x+y}$.

Rép. $\dfrac{a-b}{x-y}$.

# TROISIÈME PARTIE

## RÉSOLUTION DES ÉQUATIONS DU PREMIER DEGRÉ

### CHAPITRE PREMIER

### ÉQUATIONS A UNE INCONNUE A RÉSOUDRE

*Résoudre les équations suivantes :*

1. $x - 3 = 0$. $\qquad$ Rép. $x = 3$.
2. $5x - 15 = 0$. $\qquad$ Rép. $x = 3$.
3. $5x = 10$. $\qquad$ Rép. $x = 2$.
4. $4x = 10 - x$. $\qquad$ Rép. $x = 2$.
5. $3x - 2 = 16$. $\qquad$ Rép. $x = 6$.
6. $-49x = -98$. $\qquad$ Rép. $x = 2$.
7. $40 - y = y$. $\qquad$ Rép. $y = 20$.
8. $6x = 880 - 5x$. $\qquad$ Rép. $x = 80$.
9. $46 - 2x = 18$. $\qquad$ Rép. $x = 14$.
10. $25 = 100 - 3z$. $\qquad$ Rép. $z = 25$.
11. $15 = 90 - 3z$. $\qquad$ Rép. $z = 25$.
12. $16x - 1920 = 0$. $\qquad$ Rép. $x = 120$.

**13.** $0 = 2x - 80.$     Rép. $x = 40.$

**14.** $4x + 44 = 64.$     Rép. $x = 5.$

**15.** $80 + 2x - 136 = 0.$     Rép. $x = 28.$

**16.** $9x = 300 + 8x.$     Rép. $x = 300.$

**17.** $12v - 66 = v.$     Rép. $v = 6.$

**18.** $y = 12y - 44.$     Rép. $y = 4.$

**19.** $720y - 2157 = y.$     Rép. $y = 3.$

**20.** $48 - 3y = 5y.$     Rép. $x = 6.$

**21.** $504 - x - 14 = 0.$     Rép. $x = 490.$

**22.** $8x = x + 14.$     Rép. $x = 2.$

**23.** $x = 340 + 11x.$     Rép. $x = -34.$

**24.** $4x - 45 = 5 - 6x.$     Rép. $x = 5.$

**25.** $2x + 3 - (4x - 9) = 4.$     Rép. $x = 4.$

**26.** $5(4x - 7) - (3x - 1)2 = -5.$     Rép. $x = 2.$

**27.** $(3x - 2)4 - 7 = (4x - 5)5 - 22.$     Rép. $x = 4.$

**28.** $50x - 11x = 4x - 51x.$     Rép. $x = 0.$

**29.** $9(x + 1) + 7(3 - x) - 38 = 0.$     Rép. $x = 4.$

**30.** $4(4x - 1) + 3(7 - 6x) = 16x + 8$     Rép. $x = 1/2.$

**31.** $6x - 17 = 13(x - 1) - 4.$     Rép. $x = 0.$

**32.** $4(x - 4) - 1 = 3(2x - 7).$     Rép. $x = 2.$

**33.** $12(x - 3) + 1 = 6(x + 1) - 5.$     Rép. $x = 6.$

**34.** $33 = 3(10x - 5) + 2(3x - 10x).$     Rép. $x = 3.$

**35.** $(y - 60) + 3y + 2(3y + y) = 0.$     Rép. $y = 5.$

**36.** $(2z - 7) - (7 - z) - 2z = 0.$     Rép. $z = 14.$

**37.** $7x - (3x + 2x) - x = 0.$     Rép. $x = 0.$

**38.** $40x - 1 - 60x + 6 = 0.$     Rép. $x = 1/4.$

**39.** $10z - 16(200 - z) = 960.$     Rép. $z = 160.$

**40.** $0 = 27 + v - 4(3 + v)$.     Rép. $v = 5$.

**41.** $40 - u - 5(12 - u) = 0$.     Rép. $u = 5$.

**42.** $4500 + 60v = 50(100 + v)$.     Rép. $v = 50$.

**43.** $3(4z - 3) - (39 + 60z) = 0$.     Rép. $z = -1$.

**44.** $0 = 2(6 - 9m) - (5 + 3m)$.     Rép. $m = 1/3$.

**45.** $84 - 19y = -7(60 + y)$.     Rép. $y = 42$.

**46.** $x - 4(99 - 11x) - 1584 = 0$.     Rép. $x = 44$.

**47.** $-264 + 10x = 2x$.     Rép. $x = 33$.

**48.** $10x = 52x - 1344$.     Rép. $x = 32$.

**49.** $90x + 36 = 96x$.     Rép. $x = 6$.

**50.** $492 - 12x = 0$.     Rép. $x = 41$.

**51.** $87200 - 9x = 100x$.     Rép. $x = 800$.

**52.** $50 + x = 60 + 3x$.     Rép. $x = -5$.

**53.** $495 = 2x - (1 - 9x) + 1$.     Rép. $x = 45$.

**54.** $2(25 + x) - 3(2x - 46) = 0$.     Rép. $x = 47$.

**55.** $y - 2 = -5(39 - y) - 3$.     Rép. $y = 49$.

**56.** $3z - 5(100 - 3z) = 400$.     Rép. $z = 50$.

**57.** $v - 5(v - 20) = 0$.     Rép. $v = 25$.

**58.** $50z = 50 - 80(1 - z)$.     Rép. $z = 1$.

**59.** $4(120000 - z) + 10(120000 - z) = 1176000$.
Rép. $z = 36000$.

**60.** $17x - (7x - 5) - (7000 - 20000) - 49000 = 0$.
Rép. $x = 3599,5$.

**61.** $2x - (x + 2) - (x - 2) = x - 10$.
Rép. $x = 10$.

**62.** $\dfrac{x}{4} = 9$.     Rép. $x = 36$.

**63.** $\dfrac{4}{x} = 2.$        Rép. $x = 2.$

**64.** $\dfrac{x}{3} + \dfrac{x}{7} = 20.$        Rép. $x = 42.$

**65.** $3x - 11 + \dfrac{5x}{2} = 0.$        Rép. $x = 2.$

**66.** $\dfrac{x}{3} + 7 = 62.$        Rép. $x = 165.$

**67.** $\dfrac{x}{4} - \dfrac{x}{5} = 5.$        Rép. $x = 100.$

**68.** $84 - x = \dfrac{2x}{5}.$        Rép. $x = 60.$

**69.** $3 + x = \dfrac{27 + x}{4}.$        Rép. $x = 5.$

**70.** $\dfrac{4x - 13}{3} + 1 = x.$        Rép. $x = 10.$

**71.** $\dfrac{3x - 7}{3x - 17} = -1.$        Rép. $x = 4.$

**72.** $\dfrac{x}{176 - x} = \dfrac{3}{5}.$        Rép. $x = 66.$

**73.** $x + \dfrac{x}{2} = 15.$        Rép. $x = 10.$

**74.** $\dfrac{9x - 48}{x} = 5.$        Rép. $x = 12.$

**75.** $\dfrac{x}{15} - \dfrac{200 - x}{10} - 600 = 0$        Rép. $x = 3720.$

**76.** $120 = \dfrac{(x + 100)12}{100}.$        Rép. $x = 900.$

**77.** $\dfrac{12 - x}{x} = \dfrac{5}{7}.$        Rép. $x = 7.$

**78** $\quad x = \dfrac{8(x+45)}{11}.$      Rép. $x = 120.$

**79.** $\dfrac{21}{5y} = \dfrac{22}{5} - 3.$      Rép. $y = 3.$

**80.** $3v - 14 + \dfrac{2v+7}{3} = \dfrac{5v-7}{2}.$      Rép. $v = 7.$

**81.** $m - \dfrac{m}{2} = 6 + \dfrac{m}{8}.$      Rép. $m = 16.$

**82.** $\dfrac{x}{2} + \dfrac{x}{3} = \dfrac{x+9700}{40}.$      Rép. $x = 300.$

**83.** $\dfrac{3x-1}{4} - \dfrac{2x-1}{5} = \dfrac{10x-13}{20}.$      Rép. $x = 4.$

**84.** $\dfrac{5x-2}{6x+1} = \dfrac{5x+2}{6x-1}.$      Rép. $x = 0.$

**85.** $\dfrac{x}{2} + \dfrac{x}{4} + \dfrac{x}{8} = 7.$      Rép. $x = 8.$

**86.** $0 = x - 872 + \dfrac{9x}{100}.$      Rép. $x = 800.$

**87.** $\dfrac{8x}{9} - \dfrac{5x}{6} - 12 = 0.$      Rép. $x = 216.$

**88.** $\dfrac{3x}{4} - \dfrac{3x}{5} - 18 = 0.$      Rép. $x = 120.$

**89.** $\dfrac{3x}{7} = 10 + \dfrac{x}{4}.$      Rép. $x = 56.$

**90.** $x - \left( \dfrac{4x}{5} + 15 \right) = 0.$      Rép. $x = 75.$

**91.** $\dfrac{16y}{5} + \dfrac{3y}{2} = 43 + \dfrac{2y}{5}.$      Rép. $y = 10.$

**92.** $\dfrac{y}{2} + \dfrac{y}{4} + \dfrac{y}{7} = y - 12.$      Rép. $y = 112.$

**93.** $\dfrac{z}{3}+\dfrac{2z}{7}+\dfrac{z}{4}+22-z=0.$ 
Rép. $z=168.$

**94.** $\dfrac{2v}{3}+7=v+3-\dfrac{v}{5}.$ 
Rép. $v=30.$

**95.** $2z-70=-\left(\dfrac{z}{2}+\dfrac{z}{4}+\dfrac{z}{6}\right).$ 
Rép. $z=24.$

**96.** $\dfrac{4u}{5}+\dfrac{3u}{10}-\dfrac{u}{2}=24.$ 
Rép. $u=40.$

**97.** $u-\dfrac{2u}{3}+44=u+\dfrac{u}{4}.$ 
Rép. $u=48.$

**98.** $\dfrac{x-5}{9}=\dfrac{x-25}{5}.$ 
Rép. $x=50.$

**99.** $y-\dfrac{4y}{5}+39=y+\dfrac{y}{2}.$ 
Rép. $y=30.$

**100.** $\dfrac{3x-2}{2x-3}\times5=\dfrac{35}{3}.$ 
Rép. $x=3.$

**101.** $x-\dfrac{3x}{4}+\left(\dfrac{x-10}{4}\right)\dfrac{2}{3}=450.$ 
Rép. $x=1084.$

**102.** $\dfrac{6}{x}-\dfrac{12}{2x}+\dfrac{144}{3x}=4.$ 
Rép. $x=12.$

*Résoudre les équations littérales suivantes :*

**103.** $\dfrac{x}{a}=b.$ 
Rép. $x=ab.$

**104.** $x-a=b.$ 
Rép. $x=a+b.$

**105.** $x-a=a-x.$ 
Rép. $x=a.$

**106.** $\dfrac{a}{x}=b.$ 
Rép. $x=\dfrac{a}{b}.$

**107.** $\dfrac{a}{x}=\dfrac{1}{b}.$ 
Rép. $x=ab.$

**108.** $ax=b.$ 
Rép. $x=\dfrac{b}{a}.$

109.  $ax - \dfrac{1}{b} = 0.$        Rép. $x = \dfrac{1}{ab}.$

110.  $a + x = 2x + b.$        Rép. $x = a - b.$

111.  $ax + bx - c = 0.$        Rép. $x = \dfrac{c}{a + b}.$

112.  $\dfrac{x}{a} - 1 = 0.$        Rép. $x = a.$

113.  $\dfrac{x}{a} - 1 = 3 - \dfrac{x}{a}.$        Rép. $x = 2a.$

114.  $\dfrac{a + x}{b} = \dfrac{b + x}{a}.$        Rép. $x = -(a + b).$

115.  $\dfrac{1}{x - a} = \dfrac{3}{a - x}.$        Rép. $x = a.$

116.  $\dfrac{ax - b}{c} = bx.$        Rép. $x = \dfrac{b}{a - bc}.$

117.  $\dfrac{x}{7} + \dfrac{x}{6} = m.$        Rép. $x = \dfrac{42m}{13},$

118.  $9 + \dfrac{7x - 54}{5} = 27 - x.$        Rép. $x = 12.$

119.  $\dfrac{23 - x}{5} + \dfrac{x - 1}{7} + \dfrac{4 - x}{4} = 7.$        Rép. $x = 5\dfrac{1}{43}.$

120.  $\dfrac{5y + 3}{3} + \dfrac{3y - 4}{7} - 43 + 5y = 0.$        Rép. $y = 6.$

121.  $\dfrac{x - a}{b} - \dfrac{x - b}{a} = \dfrac{b}{a}.$        Rép. $x = \dfrac{a^2}{a - b}.$

122.  $ax - c + bx = 2ax - d - 4bx.$        Rép. $x = \dfrac{c - d}{5b - a}.$

123.  $\dfrac{x - b}{x - c} = \dfrac{a - b}{a - c}.$        Rép. $x = a.$

124.  $\dfrac{x}{a} + \dfrac{x}{b} = c.$        Rép. $x = \dfrac{abc}{a + b}.$

**125.** $a^2(a-x)-b^2(b+x)=abx.$

En développant, il vient successivement :

$$-a^2x-b^2x-abx=b^3-a^3$$
$$x(a^2+ab+b^2)=a^3-b^3$$
$$x=\frac{a^3-b^3}{a^2+ab+b^2}=a-b.$$

Rép. $x=a-b.$

**126.**  $x-a+b(x-a)+a(c-x)+a^2-cx=0.$

Rép. $x=a.$

---

# CHAPITRE II

## PROBLÈMES A UNE SEULE INCONNUE

---

**127.**  *On demande quel est le nombre dont le tiers et la moitié réunis font 860.*

Si l'on représente ce nombre par $x$, son tiers et sa moitié seront représentés par $\frac{x}{3}$ et $\frac{x}{2}$. On aura donc pour équation du problème :

$$\frac{x}{3}+\frac{x}{2}=860.$$

En résolvant cette équation par la règle (10), on trouve $x=1032$.

**Rép.** Le nombre cherché est **1.032.**

**128.**  *Quel est le nombre dont le 1/25 augmenté de 600, donne 1000 pour somme ?*

Soit $x$ ce nombre. L'équation du problème est :

$$\frac{x}{25}+600=1000.$$

En résolvant, on trouve :

$$x=10000.$$

**Rép.** Ce nombre est **10.000.**

**129.** *Quel est le nombre dont le tiers et le quart font 35 ?*

Si le nombre inconnu est $x$, on a :

$$\frac{x}{3} + \frac{x}{4} = 35.$$

d'où $\qquad\qquad x = 60.$

  **Rép. 60.**

**130.** *Les 3/4 d'un nombre ajoutés à ses 5/6 font 494. Trouver ce nombre.*

Soit $x$ ce nombre, on a l'équation :

$$\frac{3x}{4} + \frac{5x}{6} = 494.$$

qui peut s'écrire :

$$\frac{18x + 20x}{24} = 494 \quad \text{ou} \quad \text{à} \quad x = 312.$$

  **Rép. 312.**

**131.** *Les 5/6 du prix d'une propriété, diminués de 3000 fr. valent 563.000 fr. Quel est le prix de cette propriété ?*

Le prix étant $x$, on a :

$$\frac{5x}{6} - 3000 = 563000.$$

On tire de là : $\qquad\qquad x = 679200.$

  **Rép. 679.200 francs.**

**132.** *Trouver un nombre dont le tiers et le quart diffèrent de 512.*

Ce nombre étant $x$, on a :

$$\frac{x}{3} - \frac{x}{4} = 512$$

d'où $\qquad\qquad x = 6144.$

  **Rép. 6144.**

**133.** *Quel est le nombre dont les 3/8 diminués de 72 font 159 ?*

L'équation du problème est :

$$\frac{3x}{8} - 72 = 159$$

d'où $\qquad\qquad x = 616.$

  **Rép. 616.**

**184.** *Trouver la fortune d'un homme qui en a dépensé les 54/79, et à qui il reste 7900 fr.*

Soit $x$ cette fortune. Après avoir dépensé $\dfrac{54x}{79}$, li reste $x - \dfrac{54x}{79}$ ou 7900 francs. L'équation du problème est, par suite,

$$x - \frac{54x}{79} = 7900$$

d'où l'on tire : $\qquad\qquad x = 24964.$

    **Rép. 24.964** francs.

**185.** *Quel est le nombre qui surpasse ses 3/4 de 144 ?*

Ce nombre étant désigné par $x$, on a l'équation :

$$x - \frac{3x}{4} = 144$$

qui donne : $\qquad\qquad x = 576.$

    **Rép.** Ce nombre est **576.**

**186.** *Les 2/3 des 3/4 d'un nombre, augmentés de ses 8/9, valent 25. Trouver ce nombre.*

On a l'équation :

$$x \times \frac{3}{4} \times \frac{2}{3} + \frac{8x}{9} = 25.$$

    **Rép. 18.**

**187.** *Les 2/5 du prix d'un couteau, ôtés de 12 fr., donnent un reste égal aux 4/5 de ce prix. Trouver le prix du couteau.*

Désignons par $x$ le prix inconnu du couteau, nous aurons l'équation :

$$12 - \frac{2x}{5} = \frac{4x}{5}$$

On en tire : $\qquad\qquad x = 10.$

    **Rép. 10** francs.

**188.** *Quel est le nombre dont la moitié augmentée de 30 est égale aux 3/4 de ce même nombre, augmentés de 5 ?*

Le nombre cherché étant $x$, on a :

$$\frac{x}{2} + 30 = \frac{3x}{4} + 5$$

d'où l'on tire : $\qquad\qquad x = 100.$

    **Rép. 100.**

**139.** *En triplant le prix de la journée d'un ouvrier et en divisant le résultat par 7, on lui fait perdre 3 fr. Quel est le prix de la journée ?*

Le prix de la journée étant $x$, l'expression $\dfrac{3x}{7}$ est inférieure de 3 francs au prix de la journée, de sorte qu'on a l'équation :

$$x - \frac{3x}{7} = 3$$

dont la racine est

$$x = 5{,}25.$$

**Rép. 5 fr. 25.**

**140.** *Un père laisse les 2/3 de ses biens à l'un de ses enfants, les 5/16 au second et 640 fr. au troisième. Trouver la somme partagée.*

Soit $x$ cette somme : le père donne $\dfrac{2x}{3}$ au premier de ses enfants, $\dfrac{5x}{16}$ au second et 640 au troisième. On a par suite :

$$x = \frac{2x}{3} + \frac{5x}{16} + 640.$$

Cette équation donne :

$$x = 30720 \text{ francs.}$$

**Rép. On a partagé 30.720 francs.**

**141.** *Si j'avais encore une somme égale à celle que j'ai, plus sa moitié, son quart et encore 1 fr., j'aurais 100 fr. Combien ai-je ?*

Si $x$ représente ce que je possède, j'ai l'équation :

$$x + x + \frac{x}{2} + \frac{x}{4} + 1 = 100.$$

**Rép. 36 francs.**

**142.** *Quel nombre faut-il ajouter aux deux termes de la fraction 19/163 pour qu'elle devienne égale à 1/7 ?*

Soit $x$ ce nombre, on a :

$$\frac{19+x}{163+x} = \frac{1}{7}$$

En résolvant, il vient :    $x = 5.$

**Rép. 5.**

**143.** *Le double de mon âge, augmenté de la moitié, des 2/5, des 3/10 de cet âge et de 40, fait 200 ans. Trouver mon âge.*

Cet âge étant $x$, on a l'équation :

$$2x + \frac{x}{2} + \frac{2x}{5} + \frac{3x}{10} + 40 = 200.$$

Rép. **50** ans.

**144.** *Sur un certain nombre d'oranges, on en a donné la moitié et mangé le dixième. Après cela, il en reste 200. Combien y en avait-il d'abord ?*

Le nombre $x$ des oranges, diminué de $\frac{x}{2}$ et de $\frac{x}{10}$, se réduit à 200,

On a, par suite, l'équation :

$$x - \frac{x}{2} - \frac{x}{10} = 200$$

d'où
$$x = 500.$$

Rép. **500** oranges.

**145.** *Quelle heure est-il, si ce qui reste du jour est égal aux 9/15 de ce qui s'en est écoulé ?*

Soit $x$ le nombre des heures écoulées, ce qui reste du jour sera $24 - x$, d'où l'équation :

$$24 - x = \frac{9x}{15}$$

Sa racine
$$x = 15 = 12 + 3$$
indique qu'il est 3 heures du soir.

Rép. **3** heures du soir ou **15** heures.

**146.** *Les 7/11 d'un nombre sont autant au-dessous de 40 que ses 3/4 sont au-dessus de 21. Quel est ce nombre ?*

Les 7/11 du nombre inconnu $x$ sont inférieurs à 40 de la quantité

$$40 - \frac{7x}{11}$$

et les 3/4 de $x$ excèdent 21 de l'expression

$$\frac{3x}{4} - 21.$$

On a dès lors :
$$40 - \frac{7x}{11} = \frac{3x}{4} - 21$$

d'où
$$x = 44.$$

Rép. **44.**

**147.** *Dans trois ans 1/3, mon âge sera augmenté de son 1/6. Quel est cet âge ?*

D'après l'énoncé, dans 3 ans 1/3 mon âge $x$ sera :

$$x + \frac{x}{6} = \frac{7x}{6}$$

d'où l'équation :

$$x + 3\frac{1}{3} = \frac{7x}{6}.$$

**Rép. 20 ans.**

**148.** *J'ai acheté une montre, dont le triple du prix ôté de 250 fr., donne un reste égal au double du même prix. Trouver le prix de cette montre.*

On a :
$$250 - 3x = 2x$$
d'où
$$x = 50.$$

**Rép. 50 francs.**

**149.** *Dans un verger, on a planté un certain nombre d'arbres, dont la moitié en pommiers, le quart en poiriers et le sixième en pêchers ; il y a en outre 50 cerisiers. Trouver le nombre des arbres plantés.*

Ce nombre inconnu étant $x$, on a planté $\frac{x}{2}$ pommiers, $\frac{x}{4}$ poiriers,

$\frac{x}{6}$ pêchers et 50 cerisiers ; de sorte qu'on a l'équation :

$$\frac{x}{2} + \frac{x}{4} + \frac{x}{6} + 50 = x.$$

**Rép. 600 arbres.**

**150.** *Un vigneron a vendu le tiers de sa récolte de vin, puis les 4/7 du reste. Combien avait-il récolté d'hectolitres de vin, s'il lui en reste encore 100 ?*

Soit $x$ le nombre d'hectolitres récoltés. La première vente est $\frac{x}{3}$ ; la seconde est égale aux 4/7 du reste qui est $\frac{2x}{3}$. On a donc l'équation :

$$x = \frac{x}{3} + \frac{4}{7} \times \frac{2x}{3} + 100.$$

On tire de là :

$$x = 350.$$

**Rép. 350 hectolitres.**

**151.** *Il me manque 3 fr. pour acheter une pochette de dessin ; si elle coûtait 1/3 de moins, j'aurais 16 fr. de reste. Trouver le prix de cette pochette*

Si $x$ est le prix de la pochette, je possède $x - 3$ francs. D'autre part, si la pochette ne coûtait que $\dfrac{2x}{3}$ mon avoir serait $\dfrac{2x}{3} + 16$ fr.

Ces deux expressions de mon avoir étant égales, elles donnent l'équation :

$$x - 3 = \frac{2x}{3} + 16$$

dont la racine est :

$$x = 57.$$

**Rép. 57 francs.**

**152.** *Trouver le nombre des élèves d'une classe, sachant que le tiers est appliqué à la lecture, le quart à l'écriture et que les 20 qui restent font des problèmes.*

$$\frac{x}{3} + \frac{x}{4} + 20 = x.$$

**Rép. 48 élèves.**

**153.** *Un marchand a acheté 42 m. de toile pour 336 fr. Combien doit-il vendre le mètre pour gagner le 1/9 du prix de vente ?*

Soit $x$ le prix de vente d'un mètre ; les 42 mètres seront vendus $42x$, et le bénéfice fait sur la vente sera :

$$42x - 336.$$

Comme ce bénéfice est le 1/9 de $42x$, on a l'équation :

$$42x - 336 = \frac{42x}{9}.$$

D'où l'on tire :

$$x = 9.$$

**Rép. 9 francs.**

**154.** *La somme de deux nombres est 32 et le plus petit est le septième du plus grand. Quels sont ces deux nombres ?*

Si le petit nombre est $x$, le grand sera $7x$. L'équation du problème est, par suite,

$$x + 7x = 32.$$

**Rép. 4 et 28.**

**155.** *La différence de deux nombres est 565, leur quotient est 5, et le reste de leur division est 85. Quels sont ces nombres ?*

Ces nombres étant $x$ et $x+565$, on a, en vertu de la définition de la division :

$$x+565 = x \times 5 + 85.$$

On tire de là :

$$x = 120 \text{ et } x+565 = 685.$$

**Rép. 120 et 685.**

**156.** *Un jardinier laisse à son propriétaire la moitié des pêches qu'il a cueillies ; il donne le quart du reste à son ami et rentre chez lui avec 6 pêches. Combien en avait-il cueilli ?*

Il laisse d'abord $\dfrac{x}{2}$ pêches au propriétaire, puis il donne le quart du reste $\dfrac{x}{2}$, soit $\dfrac{x}{8}$. On a donc :

$$x = \frac{x}{2} + \frac{x}{8} + 6.$$

**Rép. 16 pêches.**

**157.** *Un cultivateur achète 24 moutons et autant d'agneaux ; un mouton coûte 32 fr. de plus qu'un agneau. Quel est le prix de chaque bête, s'il a payé en tout 4608 fr. ?*

Soient $x$ et $x+32$ les prix respectifs d'un agneau et d'un mouton.

Les 24 agneaux coûtent $24x$ et les moutons $(x+32)24$. L'équation du problème est, par suite,

$$24x + (x+32)24 = 4608.$$

**Rép.** Un agneau coûte **80** francs et un mouton, **112 frs.**

**158.** *Un facteur disait : Si j'avais distribué le tiers, le quart et les 2/5 du double des lettres que le maître de poste a mises dans mon sac, plus de 50 lettres, j'en aurais distribué 640. Combien de lettres ce facteur a-t-il distribuées ?*

Soit $x$ ce nombre de lettres, on a l'équation :

$$2x \cdot \frac{1}{3} + 2x \cdot \frac{1}{4} + 2x \cdot \frac{2}{5} + 50 = 640.$$

ou

$$\frac{2x}{3} + \frac{x}{2} + \frac{4x}{5} + 50 = 640.$$

**Rép. 300 lettres.**

**159.** *Un fermier a reçu 2400 fr. pour la vente d'un cheval. et d'un mulet : le prix du mulet est les 7/8 du prix du cheval. Combien chaque animal a-t il coûté ?*

Le prix du cheval étant $x$, celui du mulet sera $\dfrac{7x}{8}$ ; d'où l'équation du problème :

$$x + \frac{7x}{8} = 2400.$$

**Rép.** Le prix du cheval est **1280** francs ; celui du mulet **1120** fr.

**160.** *Un père a 5 fois l'âge de son fils, et dans 6 ans il n'aura plus que 3 fois cet âge. Trouver l'âge du père et celui du fils.*

Soient $x$ et $5x$ les âges respectifs. Dans 6 ans, ces âges seront $x+6$ et $5x+6$. On aura alors :

$$5x+6 = 3(x+6).$$

**Rép.** L'âge du père est de **30** ans ; celui du fils est de **6 ans.**

**161.** *Partager 540 en deux parties proportionnelles à 5 et 4.*
En représentant les parties par $5x$ et $4x$, on a :

$$5x+4x = 540.$$

On tire de là :

$$x = 60$$

et par suite,

$$5x = 300 \qquad\qquad 4x = 240.$$

**Rép.** Les parties sont : **300** et **240.**

## Problèmes littéraux

**162.** *Partager un nombre a en deux parties telles que m fois la première plus n fois la seconde fasse ma.*
Soient $x$ et $a-x$ les deux parties, on a l'équation :

$$mx+n(a-x) = ma$$

d'où

$$x = a \quad \text{et} \quad a-x = 0.$$

**Rép.** La 1re partie est a et la 2e, 0.

**163.** *Trouver deux nombres consécutifs dont la différence des carrés soit* $4a+1$.

Les deux nombres étant $x+1$ et $x$ on a :
$$(x+1)^2 - x^2 = 4a+1$$
d'où
$$2x+1 = 4a+1$$
et
$$x = 2a.$$

Rép. 1° $2a+1$ ; 2° $2a$.

**164.** *Quelle heure est-il si ce qui reste du jour est égal à* m *fois ce qui s'en est écoulé ?*

Soit $x$ l'heure actuelle ; ce qui reste du jour est $24-x$. On a l'équation :
$$24 - x = mx.$$

Rép. Il est $\dfrac{24}{m+1}$ heures à partir de minuit.

**165.** *Trouver un nombre dont le tiers et la moitié fassent* $10\,a$.
On a :
$$\frac{x}{3} + \frac{x}{2} = 10a.$$

Rép. $12a$.

**166.** *Trouver un nombre qui, ajouté séparément à* a *et* $2\,a$, *donne deux sommes qui soient dans le rapport de* 2 *à* 3.

Ce nombre étant $x$, on a :
$$\frac{x+a}{x+2a} = \frac{2}{3}.$$

Rép. $a$.

**167.** *Trouver un nombre qui surpasse* 2a *d'autant que* $\dfrac{3a}{2}$ *surpasse le sixième de ce nombre.*

Le nombre cherché $x$ surpasse $2a$ de la quantité
$$x - 2a$$
et $\dfrac{3a}{2}$ surpasse $\dfrac{x}{6}$ de
$$\frac{3a}{2} - \frac{x}{6}$$
d'où l'équation
$$x - 2a = \frac{3a}{2} - \frac{x}{6}.$$

Rép. $3a$.

# CHAPITRE III

## SYSTÈME D'ÉQUATIONS SIMULTANÉES A RÉSOUDRE

**168.** $x+y=9.$
$x-y=1.$

En additionnant ces deux équations membre à membre, il vient :

$$2x=10$$

d'où

$$x=5.$$

En retranchant la seconde de la première, on trouve :

$$2y=8$$

ou

$$y=4.$$

**Rép.** $x=5$ ;   $y=4.$

**169.** $u-v=6$
$u+v=80.$
**Rép.** $u=43$ ;   $v=37.$

**170.** $3x+2y=32$
$3x-4y=-10.$

En retranchant membre à membre la seconde équation de la première, on obtient :

$$3x+2x-3x+4y=32+10$$

ou

$$6y=42$$

d'où

$$y=7.$$

La première équation devient :

$$3x+2\times7=32$$

d'où

$$x=6.$$

**Rép.** $x=6$   $y=7.$

**171.** $2x + y = 7$
$5x - 3y = 1.$

Multiplions la première équation par 3 puis ajoutons-les membre à membre, nous aurons :

$$6x + 3y + 5x - 3y = 21 + 1$$

d'où
$$x = 2.$$

Cette valeur de $y$ mise dans la première équation, donne :

$$2 \times 2 + y = 7$$

d'où
$$y = 3.$$

**Rép.** $x = 2$ ;　$y = 3.$

**172.** $6x + 7y = 79$
$5x - 11y = 49.$

Par comparaison, on a :

$$x = \frac{79 - 7y}{6} \qquad x = \frac{49 + 11y}{5}$$

d'où

$$\frac{79 - 7y}{6} = \frac{49 + 11y}{5}.$$

On tire de là :　　　$y = 1.$

En portant cette valeur de $y$ dans la première valeur de $x$, on obtient :

$$x = \frac{79 - 7 \times 1}{6} = \frac{72}{6} = 12.$$

**Rép.** $x = 12$ ;　$y = 1.$

**173.** $4x + 3y = 40$
$6x + 7y = 100.$

Par réduction, on voit qu'il faut donner à $x$ le coefficient 12, ce qui se fait en multipliant la première équation par 3 et la seconde par 2 ; elles deviennent :

$$12x + 9y = 120$$
$$12x + 14y = 200.$$

En retranchant la première de la seconde, on trouve :

$$5y = 80$$

d'où
$$y = 16.$$

La première équation devient :

$$4x + 3 \times 16 = 40$$

d'où
$$x = -2.$$

**Rép.** $x = -2$ ;　$y = 16.$

**174.** $7z + 2u = 31$
$5z + 3u = 30.$

On donne à $u$ le coefficient 6 en multipliant la première équation par 3 et la seconde par 2, puis on retranche la seconde de la première.

Rép. $z = 3$ ; $u = 5.$

**175.** $93 - 21v = 6z$
$60 - 10v = 6z.$

On égale entre eux les premiers membres.

Rép. $z = 5$ ; $v = 3.$

**176.** $5u - (8z + 16) = 0$
$3u + (2z - 30) = 0.$

Ces équations s'écrivent :

$$5u - 8z = 16$$
$$3u + 2z = 30.$$

On multiplie la seconde par 4 et on l'ajoute à la première.

Rép. $z = 3$ ; $u = 8.$

**177.** $4x - 5y = 45$
$7x - 3y = 96.$

On tire de la première équation :

$$x = \frac{45 + 5y}{4}. \qquad (1)$$

La seconde équation devient :

$$\frac{7(45 + 5y)}{4} - 3y = 96.$$

d'où

$$y = 3.$$

L'équation (1) donne :

$$x = \frac{45 + 5 \times 3}{4} = 15.$$

Rép. $x = 15$ ; $y = 3.$

**178.** $x + y = 22$
$x - 2y = 1.$

Par réduction, on trouve :

$$y = 7 \text{ et } x = 15.$$

Rép. $x = 15$ ; $y = 7.$

**179.**  $4y - 6z + 10 = 0.$
$8y + 18z - 70 = 0.$

Après avoir doublé la première, et l'avoir retranchée de la seconde, on trouve :

$$z = 3$$

puis
$$y = 2.$$

  **Rép.** $y = 2$ ;  $z = 3.$

**180.**  $9x + 3y = 48$
$9x - 5y = 16.$

On élimine par réduction.

  **Rép.** $x = 4$ ;  $y = 4.$

**181.**  $15x - 8y = 185$
$7x - 8y = 65.$

On soustrait la seconde équation de la première.

  **Rép.** $x = 15$ ;  $y = 5.$

**182.**  $\dfrac{x}{2} = 2$

$2x - y = 12.$

La première donne :

$$x = 4$$

et la seconde

$$y = 2 \times 4 - 12 = -4.$$

  **Rép.** $x = 4$ ; $y = -4.$

**183.**  $\dfrac{1}{x - y} = 12$

$\dfrac{y}{x} = \dfrac{8}{9}.$

Ces équations s'écrivent :

$$12x - 12y = 1$$
$$9y = 8x.$$

La seconde donne :

$$x = \dfrac{9y}{8}.$$

En substituant cette valeur dans la première équation, elle devient :

$$\dfrac{12 \times 9y}{8} - 12y = 1$$

d'où

$$y = \frac{2}{3}.$$

La valeur de $x$ sera :

$$x = \frac{9y}{8} = \frac{9}{8} \times \frac{2}{3} = \frac{3}{4}.$$

**Rép.** $x = \dfrac{8}{4}$ ;  $y = \dfrac{2}{3}.$

**184.** $5x - \dfrac{2}{3}y = 434$

$7x + 3y = 997.$

Ces équations s'écrivent :

$$15x - 2y = 1.302 \qquad (1)$$
$$7x + 3y = 997 \qquad (2)$$

En multipliant l'équation (1) par 3 et l'équation (2) par 2, puis en les ajoutant, il vient :

$$14x + 45x = 1.994 + 3.906$$

d'où

$$x = 100$$

L'équation (1) donne :

$$y = \frac{15 \times 100 - 1.302}{2} = 99.$$

**Rép.** $x = 100$ ;  $y = 99.$

**185.** $\dfrac{7x}{3} - 2y = 29$

$\dfrac{x}{4} + \dfrac{y}{3} = 4.75.$

Divisons la première équation par 2 et multiplions la seconde par 3, elles deviendront :

$$\frac{7x}{6} - y = \frac{29}{2}.$$

$$\frac{3x}{4} + y = 4.75 \times 3.$$

Si on les additionne, elles donnent :

$$\frac{7x}{6} + \frac{3x}{4} = \frac{29}{2} + 4.75 \times 3$$

d'où $\qquad x = 15.$

La seconde fournit :

$$y = 4,75 \times 3 - \frac{3}{4} \times 15 = 3.$$

**Rép.** $x = 15$ ;  $y = 3.$

**186.** $\dfrac{y}{2} - \dfrac{x}{5} - 2 = 0$

$\dfrac{3y}{4} - \dfrac{2x}{5} - 2 = 0.$

En doublant la première équation, puis en la retranchant de la seconde, il vient :

$$\frac{3y}{4} - y + 2 = 0$$

d'où $\qquad y = 8.$

On tire de la première équation :

$$x = \frac{5y}{2} - 10 = \frac{5 \times 8}{2} - 10 = 10.$$

**Rép.** $x = 10$ ;  $y = 8.$

**187.** $\dfrac{3y}{4} - \dfrac{2x}{5} - 1 = 0$

$2x + 3y - 22 = 0.$

En multipliant la première équation par 5, et en l'ajoutant à la seconde, on trouve :

$$\frac{15y}{4} + 3y - 5 - 22 = 0$$

d'où $\qquad y = 4.$

La seconde équation donne :

$$x = \frac{22 - 3y}{2} = \frac{22 - 12}{2} = 5.$$

**Rép.** $x = 5$ ;  $y = 4.$

**188.** $3y + 5x = 126245$

$\dfrac{x}{y} = \dfrac{4}{5}.$

La seconde équation donne :

$$x = \frac{4y}{5}.$$

(1)

La première devient :

$$3y + 5 \times \frac{4y}{5} = 126.245$$

d'où $\qquad\qquad\qquad y = 18.035.$

L'équation (1) se réduit à

$$x = \frac{4}{5} \times 10.035 = 14.428.$$

**Rép.** $x = 14.428$ ;   $y = 18.035.$

**189.** $x - y = 1$
$$\frac{2x}{5} + \frac{3y}{4} = 5.$$

Après avoir chassé les dénominateurs de la seconde équation,
on y remplace $x$ par sa valeur $y + 1$ tirée de la première.

**Rép.** $x = 5$ ;   $y = 4.$

**190.** $x - y = 1$
$$\frac{3x}{4} - y = 2.$$

On soustrait la première équation de la seconde et on obtient :

**Rép.** $x = -4$ ;   $y = -5.$

**191.** $\dfrac{x}{y} = \dfrac{3}{4}.$
$$5x - 4y = -3.$$
**Rép.** $x = 9$ ;   $y = 12.$

**192.** $\dfrac{x}{3} + \dfrac{y}{2} = \dfrac{4}{3}.$
$$\frac{x}{y} = \frac{1}{2}.$$

En chassant les dénominateurs, ces équations deviennent :

$$2x + 3y = 8$$
$$2x = y.$$

**Rép.** $x = 1$ ;   $y = 2.$

**193.** $\dfrac{x+y}{4} + \dfrac{x-y}{2} = 3.$
$$12x - 7y = 33.$$

La première équation s'écrit :

$$3x - y = 12.$$

On en tire : $\qquad y = 3x - 12.$

En portant cette valeur dans la seconde équation, elle donne :

$$x = \frac{17}{3}.$$

**Rép.** $x = \dfrac{17}{3}$ ; $\quad y = 5.$

**194.** $\quad \dfrac{x+y}{5} = \dfrac{x-y}{3}$

$\dfrac{x}{2} = y + 2.$

Par la suppression des dénominateurs, ces équations deviennent :

$$x = 4y$$
$$x = 2y + 4.$$

**Rép.** $x = 8$ ; $\quad y = 2.$

**195.** $\quad \dfrac{x+1}{y} = \dfrac{1}{4}$

$\dfrac{y+1}{x} = 5.$

Ces équations s'écrivent :

$$4x + 4 = y, \quad \text{ou} \quad 4x - y = -4$$
$$5x - y = 1.$$

Puis on les retranche l'une de l'autre.

**Rép.** $x = 5$ ; $\quad y = 24.$

**196.** $\quad 2x + \dfrac{y-2}{5} = 21$

$4y + \dfrac{x-4}{6} = 20$

Ces équations rendues entières deviennent :

$$10x + y = 107$$
$$24y + x = 178.$$

On tire $y$ dans la première et on la porte dans la seconde.

**Rép.** $x = 10$ ; $y = 7.$

**197.** $\quad x - y = 2$

$\dfrac{x}{y} = \dfrac{5}{3}.$

**Rép.** $x = 5$ ; $y = 3.$

**198.** $\dfrac{x}{y} = \dfrac{1}{4}$.

$y = 5x - 2$.

**Rép.** $x = 2$ ; $y = 8$.

**199.** $10z - 5v - 100 = 0$

$\dfrac{z}{v} = 5{,}5$.

La seconde peut s'écrire d'abord :

$$z = 5{,}5v$$

puis $$10z = 55v.$$

La valeur de $10z$ mise dans la première équation, donne :

$$55v - 5v = 100$$

d'où $$v = 2.$$

**Rép.** $z = 11$ ; $v = 2$.

**200.** $\dfrac{3x}{4} - \dfrac{4u}{5} - 14 = 0$.

$\dfrac{x}{10} + \dfrac{5u}{4} - 29 = 0$.

Rendons ces équations entières

$$15x - 16u = 280$$
$$4x + 50u = 1.160.$$

On trouve par comparaison :

$$x = \frac{280 + 16u}{15} = \frac{1.160 - 50u}{4}$$

d'où $$u = 20$$
et
$$x = \frac{280 + 16 \times 20}{15} = 40.$$

**Rép.** $x = 40$ ; $u = 20$.

**201.** $\dfrac{v}{5} + 1 = \dfrac{t}{4} + 2$

$\dfrac{3t + 16}{5} = \dfrac{2v - 6}{3}$.

En chassant les dénominateurs, on aura :

$$4v - 5t = 20$$
$$9t - 10v = -78.$$

En ajoutant ces équations après avoir multiplié la première par 5 et la seconde par 2, on obtient

$$7t = 56$$

d'où

$$t = 8.$$

La première donne :

$$4v - 5 \times 8 = 20$$

d'où

$$v = 15.$$

Rép. $t = 8$ ; $v = 15$.

202. $\dfrac{3x}{10} - 9 = \dfrac{y}{3}$

$\dfrac{x}{4} + \dfrac{y}{3} = 13.$

En ajoutant ces équations membre à membre, et en simplifiant, il vient :

$$\frac{3x}{10} - 9 + \frac{x}{4} = 13.$$

d'où

$$x = 40.$$

La première deviendra :

$$\frac{3 \times 40}{10} - 9 = \frac{y}{3}$$

d'où

$$y = 9.$$

Rép. $x = 40$ ; $y = 9$.

203. $\dfrac{z + u}{4} + \dfrac{z - u}{2} = 3$

$\dfrac{z + u}{4} - \dfrac{z - u}{2} = 1.$

En additionnant ces équations, puis en soustrayant l'une de l'autre on obtient :

$$\frac{2(z + u)}{4} = 4, \quad \text{ou} \quad z + u = 8 \tag{1}$$

$$\frac{2(z - u)}{2} = 2, \quad \text{ou} \quad z - u = 2. \tag{2}$$

L'addition de (1) avec (2), membre à membre, donne :

$$2z = 10 \text{ et } z = 5.$$

En soustrayant (2) de (1), on trouve :

$$2u = -8 - 2 = 6 \text{ et } u = 3.$$

**Rép.** $u = 3$ ; $z = 5$.

**204.**
$$\frac{z+1}{v} = \frac{1}{4}$$
$$\frac{z}{v+1} = \frac{1}{5}.$$

Ces équations rendues entières deviennent :

$$4z - v = -4 \qquad 5z - v = 1.$$

En soustrayant la première de la seconde, on aura :

$$5z - 4z = 1 + 4$$

d'où

$$z = 5.$$

**Rép.** $v = 24$ ; $z = 5$.

**205.**
$$x + \frac{y-2}{10} = \frac{134}{5}$$
$$y - \frac{x-4}{24} = \frac{153}{8}.$$

En faisant disparaître les dénominateurs le système devient :

$$10x + y = 270$$
$$24y - x = 455.$$

La seconde donne :

$$x = 24y - 455$$

et la première devient :

$$10(24y - 455) + y = 270$$

d'où

$$y = 20.$$

**Rép.** $x = 25$ ; $y = 20$.

**206.**
$$x + \frac{y}{6} = \frac{55}{18}$$
$$\frac{x}{y} = 9.$$

La seconde équation donne :

$$x = 9y$$

pour cette valeur de $y$, la première équation devient :

$$9y + \frac{y}{6} = \frac{55}{18}$$

d'où

$$y = \frac{1}{3}.$$

Rép. $x = 3$ ;   $y = \dfrac{1}{3}.$

**207.** $3(x+y) + 4(x-y) = 120$
$3(x+y) - 4(x-y) = 120.$

Par addition et soustraction, on obtient le nouveau système :

$$6(x+y) = 240, \quad \text{ou} \quad x+y = 40$$
$$8(x-y) = 0, \quad \text{ou} \quad x-y = 0$$

Ces équations donnent :

$$x = 20$$
$$y = 20.$$

Rép. $x = 20$ ; $y = 20.$

## Systèmes d'Équations littérales

**208.** $x + y = 2a$
$x - y = 2b.$

On élimine par la méthode de réduction (19).

Rép. $x = a + b$ ;   $y = a - b.$

**209.** $x + 2y = a$
$x - 3y = b.$

On élimine $x$ par réduction (19).

Rép. $x = \dfrac{3a + 2b}{5}$ ;   $y = \dfrac{a - b}{5}.$

**210.** $x + y = a$
$\dfrac{1}{c} = \dfrac{x}{a} + \dfrac{y}{b}.$

La seconde devient (8) :

$$bcx + acy = ab.$$

La valeur $\qquad\qquad x = a - y$

tirée de la première équation et portée dans la seconde donne :
$$bc(a-y)+acy=ab$$
d'où
$$y=\frac{ab-abc}{ac-bc}=\frac{ab(1-c)}{c(a-b)}.$$

Par suite,
$$x=a-\frac{ab-abc}{ac-bc}=\frac{a^2c-abc-ab+abc}{ac-bc}=\frac{a(ac-b)}{c(a-b)}.$$

Rép. $x=\dfrac{a(ac-b)}{c(a-b)}$ ; $y=\dfrac{ab(1-c)}{c(a-b)}.$

**211.** $x+2y=a$
$y=bx.$

On élimine par substitution (17).

Rép. $x=\dfrac{a}{2b+1}$ ; $y=\dfrac{ab}{2b+1}.$


**212.** $\dfrac{x}{a}-y=1$

$\dfrac{y}{b}-x=1.$

Ces équations s'écrivent d'abord :
$$x-ay=a$$
$$bx-y=-b.$$

Puis on applique la méthode de substitution (17).

Rép. $x=\dfrac{a(b+1)}{1-ab}$ ; $y=\dfrac{b(a+1)}{1-ab}.$


**213.** $\dfrac{x}{b}+\dfrac{y}{a}=2.$
$ax=by.$

Ces deux équations deviennent :
$$ax+by=2ab$$
$$ax-by=0.$$

Par addition et soustraction, on trouve :
$$2ax=2ab, \quad \text{d'où} \quad x=b ;$$
$$2by=2ab, \quad \text{d'où} \quad y=a.$$

Rép. $x=b$ ; $y=a.$

**214.** $x+y=a$
$bx-cy=a(b-c).$

Multiplions la première équation par $b$ et retranchons en la seconde, nous aurons :

$$bx+by-bx+cy=ab-ab+ac$$

d'où

$$y=\frac{ac}{b+c}.$$

Multiplions la première par $c$ et ajoutons-la à la seconde :

$$cx+cy+bx-cy=ac+ab-ac$$

d'où

$$x=\frac{ab}{b+c}.$$

Rép. $x=\dfrac{ab}{b+c}$ ; $y=\dfrac{ac}{b+c}.$

**215.** $x+y=a+b$
$ax+by=2ab.$

On ajoute ces équations après avoir multiplié la première par $-a$, ce qui donne :

$$-ax-ay+ax+by=-a^2-ab+2ab$$

d'où

$$y=a.$$

La première devient :

$$x+a=a+b$$

ou

$$x=b.$$

Rép. $x=b$ ; $y=a.$

**216.** $ax=2by$

$$\frac{x}{b}+\frac{y}{a}=3.$$

La seconde équation s'écrit :

$$ax+by=3ab.$$

Par substitution (17).

Rép. $x=2b$ ; $y=a.$

**217.** $\dfrac{x}{a} + \dfrac{y}{b} = 2a$

$\dfrac{x}{a} - \dfrac{y}{b} = 2b.$

Par addition et soustraction, on trouve (19) :

$$\frac{x}{a} + \frac{y}{b} + \frac{x}{a} - \frac{y}{b} = 2a + 2b$$

$$\frac{x}{a} + \frac{y}{b} - \frac{x}{a} + \frac{y}{b} = 2a - 2b$$

d'où

$$x = a^2 + ab$$
$$y = ab - b^2.$$

**Rép.** $x = \mathbf{a(a+b)}$ ; $y = \mathbf{b(a-b)}.$

**218.** $ax + by = 2(a+b)$
$ax - by = 2(a-b).$

On fait d'abord la somme membre à membre de ces équations:

$$2ax = 2(a+b) + 2(a-b)$$

d'où

$$x = 2$$

puis la différence :

$$2by = 2(a+b) - 2(a-b)$$

d'où

$$y = 2.$$

**Rép.** $x = \mathbf{2}$ ; $y = \mathbf{2}.$

**219.** $x + y = z + 14$
$x - y = 6 - z$
$y - x = -(4 + z).$

Par addition et soustraction, les deux premières équations donnent :

$$2x = 20, \quad \text{d'où} \quad x = 10 ;$$
$$2y = 2z + 8, \quad \text{d'où} \quad y = z + 4.$$

La troisième équation devient :

$$z + 4 - 10 = -(4 + z)$$

d'où

$$z = 1.$$

**Rép.** $x = \mathbf{10}$ ; $y = \mathbf{5}$ ; $z = \mathbf{1}.$

**220.**
$$x+y=z$$
$$2x+z=y+9$$
$$5x-2y=z-6.$$

En portant la valeur de $z$ prise dans la première équation, dans les deux dernières, celles-ci deviennent :

$$3x=9$$
$$4x-3y=-6.$$

On en déduit :

**Rép.** $x=3$ ; $y=6$ ; $z=9$.

**221.**
$$x+y+z=11$$
$$2x-y+z=5$$
$$3x+2y+z=24.$$

En retranchant la seconde équation de la première et de la troisième, on trouve :

$$2y-x=6.$$
$$x+3y=19.$$

Enfin, en additionnant ces deux dernières, il vient :

$$y=5 ; \quad x=4.$$

Si dans la première, on fait

$$x=4 \quad \text{et} \quad y=5$$

on trouve

$$z=11-4-5=11-9=2.$$

**Rép.** $x=4$ ; $y=5$ ; $z=2$.

**222.**
$$x-y+z=7$$
$$x+y-z=1$$
$$y+z-x=3.$$

La somme des deux premières équations donne :

$$2x=8$$

d'où

$$x=4.$$

La somme des deux dernières donne aussi :

$$2y=4$$

d'où $y=2$.

Enfin, en additionnant la première et la dernière, on trouve :

$$2z=10$$

d'où $z=5$.

**Rép.** $x=4$ ; $y=2$ ; $z=5$.

———

# CHAPITRE IV

## PROBLÈMES A PLUSIEURS INCONNUES

**223.** *Partager* 132 *en deux parties telles que les* 5/7 *de l'une et les* 3/5 *de l'autre fassent* 88.

Soient $x$ et $y$ les deux parties ; on a les deux équations :

$$x + y = 132$$

$$\frac{5x}{7} + \frac{3y}{5} = 88.$$

La valeur

$$x = 132 - y$$

tirée de la première équation et portée dans la dernière, donne :

$$\frac{5}{7}(132 - y) + \frac{3y}{5} = 88, \quad \text{d'où} \quad y = 55.$$

et

$$x = 132 - y = 132 - 55 = 77.$$

**Rép.** Les deux parties sont : **77 et 55.**

**224.** *Le quotient de deux nombres est* 5, *et leur différence* 108. *Trouver ces deux nombres.*

Si $x$ et $y$ sont ces deux nombres, on a les deux équations :

$$\frac{x}{y} = 5.$$

$$x - y = 108.$$

De la première, on tire :

$$x = 5y$$

et la seconde devient :

$$5y - y = 108, \quad \text{d'où} \quad y = 27.$$

L'équation

$$x = 5y$$

donne

$$x = 27 \times 5 = 135.$$

**Rép.** Ces nombres sont : **135 et 27.**

**225.** *Trouver deux nombres dont l'un soit le neuvième de l'autre et dont le produit et la somme soient égaux.*

Les deux nombres étant $x$ et $y$, on a les deux équations :

$$x = \frac{y}{9}$$

$$xy = x + y.$$

En portant la valeur de $x$ dans la seconde, il vient :

$$\frac{y}{9} \times y = \frac{y}{9} + y \qquad \text{ou} \qquad y^2 = 10y.$$

Si l'on divise les deux membres de cette dernière par $y$, on trouve :

$$y = 10.$$

La première équation fournit $x$.

**Rép.** On trouve les nombres $\dfrac{10}{9}$ et **10**.


**226.** *La somme de deux nombres est 65, et leur différence divisée par le petit nombre donne 8 pour quotient et 5 pour reste. Quels sont ces deux nombres ?*

On a les deux équations :   $x + y = 65$
$$x - y = 8y + 5.$$

**Rép. 59** et **6.**


**227.** *Trouver deux nombres dont la somme et le quotient soient 169 et 12.*

On a :

$$x + y = 169$$
$$\frac{x}{y} = 12.$$

**Rép. 156** et **13.**


**228.** *Mon âge et celui de mon frère sont entre eux comme les nombres 7 et 5 ; dans 9 ans, ils seront entre eux comme 5 et 4. Trouver nos deux âges.*

Soient $x$ et $y$ mon âge et celui de mon frère. On a :

$$\frac{x}{y} = \frac{7}{5}.$$

Dans 9 ans les âges seront respectivement :

$$x + 9 \text{ et } y + 9$$

et l'on aura :

$$\frac{x+9}{y+9}=\frac{5}{4}.$$

La seconde équation devient, par suppression des dénominateurs :

$$4x-5y=9.$$

En y remplaçant $x$ par sa valeur tirée de la première équation, on trouve :

$$4\times\frac{7y}{5}-5y=9$$

ou

$$3y=45.$$

On a donc :

$$y=15 \quad \text{et} \quad x=\frac{7y}{5}=21.$$

**Rép. 21   et   15.**

**229.** *Quelle est la fraction qui égale 1/5 ou 1/6 selon que l'on ajoute 1 au numérateur ou au dénominateur.*

Soit $\dfrac{x}{y}$ la fraction inconnue ; on a les deux équations :

$$\frac{x+1}{y}=\frac{1}{5}$$

$$\frac{x}{y+1}=\frac{1}{6}.$$

Si on les rend entières, elles deviennent respectivement :

$$5x-y+5=0$$
$$6x-y-1=0.$$

Par différence, on trouve :

$$x=6.$$

La première équation donne :

$$y=5(x+1)=5(6+1)=35.$$

**Rép. La fraction est $\dfrac{6}{35}$.**

**230**. *Quelle est la fraction qui devient 2/3 si l'on ajoute 1 à ses deux termes, et qui devient 1/2 si l'on retranche 1 à ses deux termes ?*

La fraction étant $\dfrac{x}{y}$, on a les deux équations :

$$\frac{x+1}{y+1} = \frac{2}{3}$$

$$\frac{x-1}{y-1} = \frac{1}{2}.$$

Ces équations transformées deviennent respectivement :

$$3x - 2y = -1$$
$$2x - y = 1.$$

En multipliant la seconde par 2 et en en retranchant la première, il vient :

$$x = 3$$

d'où
$$y = 5.$$

**Rép.** La fraction est $\dfrac{8}{5}$.

**231**. *Trouver deux nombres tels que leur somme, leur différence et leur produit soient proportionnels à 5, 3 et 8.*

On doit avoir :

$$\frac{x+y}{5} = \frac{x-y}{3} = \frac{xy}{8}.$$

L' équation

$$\frac{x+y}{5} = \frac{x-y}{3}$$

donne
$$x = 4y.$$

La seconde équation

$$\frac{x-y}{3} = \frac{xy}{8}$$

devient

$$\frac{4y-y}{3} = \frac{4y^2}{8} \qquad \text{ou} \qquad y^2 = 2y.$$

Après avoir divisé par $y$ les deux membres de cette dernière, il vient :

$$y = 2$$

et, par suite, $\qquad x = 4y = 2 \times 4 = 8.$

**Rép.** Les deux nombres sont **2** et **8**.

**232.** *L'âge d'un jeune homme est tel que la somme de ses deux chiffres est 7. Déterminer ce nombre, sachant que renversé, il est égal au double du premier, plus 2.*

Soient $x$ les dizaines et $y$ les unités du nombre représentant l'âge cherché. On a :

$$x + y = 7 \qquad (1)$$

Dans le système décimal, le nombre inconnu vaut :

$$10x + y.$$

Renversé, ce nombre est :

$$10y + x.$$

On a donc :

$$10y + x = 2(10x + y) + 2.$$

Cette dernière équation se réduit à :

$$8y - 19x = 2. \qquad (2)$$

Les équations (1) et (2) donnent :

$$x = 2 \quad y = 5.$$

**Rép.** Le jeune homme a **25** ans.


**233.** *Paul dit à Emile : Si tu me donnais 40 fr., j'aurais 28 fois autant que toi. — Donne-m'en 95, dit Emile, et j'en aurai autant que toi. Combien ont-ils chacun ?*

Soient $x$ et $y$ les avoirs respectifs de Paul et d'Emile. On a les deux équations :

$$x + 40 = 28\ (y - 40)$$
$$x - 95 = y + 95.$$

**Rép.** Paul possède **240** francs et Emile **50** francs.


**234.** *La somme des deux chiffres d'un nombre est 15. Si l'on renverse l'ordre des chiffres, on obtient un second nombre qui n'est que les 23/32 du premier. Trouver ce nombre.*

Soient $x$ et $y$ les dizaines et les unités de ce nombre, on a :

$$x + y = 15$$

$$10y + x = \frac{23}{32}(10x + y).$$

**Rép.** Le nombre est **96.**

**235.** *En ajoutant le premier de deux nombres à la moitié du second, ou bien en ajoutant le deuxième au tiers du premier, on obtient 10 dans les deux cas. Quels sont ces nombres ?*

On a les équations :

$$x + \frac{y}{2} = 10$$

$$y + \frac{x}{3} = 10$$

qui deviennent :

$$2x + y = 20$$
$$x + 3y = 30.$$

Rép. Les nombres sont **6**  et  **8**.

**236.** *Dans un hôtel, trois voyageurs ont dépensé une certaine somme. Le premier et le deuxième réunis ont dépensé 2 fr. de plus que le troisième ; le premier et le troisième réunis ont dépensé 6 fr. de plus que le second ; enfin, le deuxième et le troisième ont dépensé ensemble 10 fr. de plus que le premier. Trouver la dépense de chacun.*

Désignons par $x$, $y$, $z$, les dépenses respectives des trois voyageurs.

On a les trois équations :

$$x + y = z + 2$$
$$x + z = y + 6$$
$$y + z = x + 10$$

qu'on peut écrire ainsi :

$$x + y - z = 2$$
$$x - y + z = 6$$
$$-x + y + z = 10.$$

L'addition des deux premières donne $x$ ; l'addition de la première avec la troisième donne $y$, et enfin l'addition des deux dernières fournit $z$.

Rép. Le premier a dépensé 4 francs, le second, 6 francs, le troisième, 8 francs.

**237.** *Partager 180 en trois parties telles que la moitié de la première, le tiers de la seconde, le quart de la troisième, soient trois nombres égaux.*

Les trois parties étant $x$, $y$, $z$, on a :

$$x + y + z = 180$$
$$\frac{x}{2} = \frac{y}{3} = \frac{z}{4}.$$

La série de rapports égaux donne :

$$\frac{x}{2} = \frac{y}{3} = \frac{z}{4} = \frac{x+y+z}{2+3+4} = \frac{180}{9} = 20.$$

On tire de là :

$$\frac{x}{2} = 20, \quad \text{d'où} \quad x = 40 ;$$

$$\frac{y}{3} = 20, \quad \text{d'où} \quad y = 60 ;$$

$$\frac{z}{4} = 20, \quad \text{d'où} \quad z = 80.$$

**Rép.** Les trois parties sont : **40, 60** et **80.**

**238.** *Dans un nombre de trois chiffres, les chiffres des centaines et des unités font 10, ceux des dizaines et des unités font 12 ; enfin, la somme des chiffres des centaines et des dizaines est 6. Trouver ce nombre.*

Désignons respectivement par $x$, $y$, $z$, les chiffres des centaines des dizaines et des unités ; on a les équations :

$$x + z = 10$$
$$y + z = 12$$
$$x + y = 6.$$

La résolution de ce système donne :

$$x = 2 \quad y = 4 \quad z = 8.$$

**Rép.** Le nombre est **248.**

**239.** *On a trois lingots aux titres respectifs, 0,950, 0.980, 0,720. On veut en former un quatrième pesant 8 kg. 500, au titre 0,900, en employant des poids égaux des deux derniers. Combien de kilogrammes prendra-t on de chaque lingot ?*

Si l'on désigne par $x$ ce qu'on prend du premier lingot, et par $y$ ce qu'on prend de chacun des deux derniers, on a d'abord :

$$x + y + y = 8,5$$

ou

$$x + 2y = 8,5 \tag{1}$$

D'autre part, le poids du fin employé provenant des trois lingots, est :

$$x \times 0,950 + y \times 0,980 + y \times 0,720$$

ce fin est égal au fin de alliage ou à

$$8,500 \times 0,900.$$

On a donc :

$$x \times 0,950 + y \times 0,980 + y \times 0,720 = 8,5 \times 0,900$$

ou en simplifiant,

$$19x + 34y = 153 \qquad (2)$$

Les équations (1) et (2) donnent :

$$x = 4,25 \quad y = 2,125.$$

**Rép.** Il faut prendre **4 kg. 25** du premier lingot et **2 kg. 125** de chacun des deux autres lingots.

---

### *Variation des Fonctions*

### EXERCICES

*Représenter graphiquement les fonctions suivantes :*

**240.** $y = 3x - 2.$

Cette fonction est de la forme $y = ax + b$ et représente une ligne

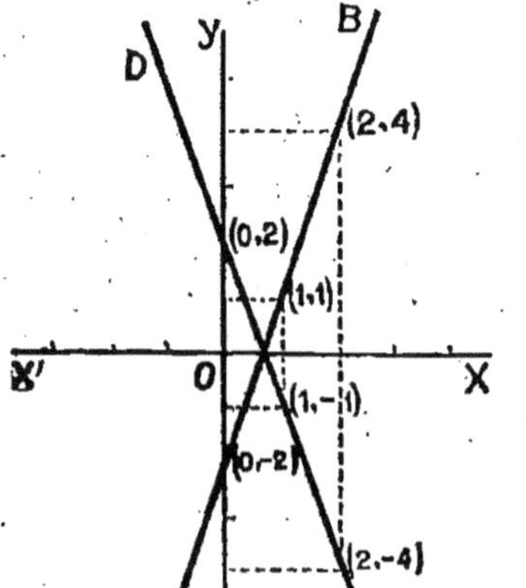


droite. Pour la déterminer, il suffit de connaître deux de ses points.

Or :

pour

$$x = 0, \qquad y = -2$$
$$\text{(ordonnée à l'origine) ;}$$

pour

$$x = 2, \qquad y = 4.$$

En joignant ces deux points, on obtient la droite AB.

**241.** $y = -3x + 2.$

Pour

$$x = 0, \qquad y = 2 ;$$

pour

$$x = 2, \qquad y = -4.$$

Ce qui permet de déterminer la droite CD, (symétrique de la première, par rapport à XX'.

**242.** $y = \dfrac{x}{2} - 1$.

Pour

$$x = 0, \qquad y = -1 \; ;$$

pour

$$x = 4, \qquad y = 1.$$

On peut déterminer ainsi la droite AB, dont le coefficient angulaire est 1/2.

**243.** $y = \dfrac{x}{2} + 1$.

Pour

$$x = 0, \qquad y = 1 \qquad \text{(ordonnée à l'origine)} \; ;$$

pour

$$x = 4, \qquad y = 3.$$

On obtient la droite CD, parallèle à AB, car elle a aussi pour coefficient angulaire 1/2.

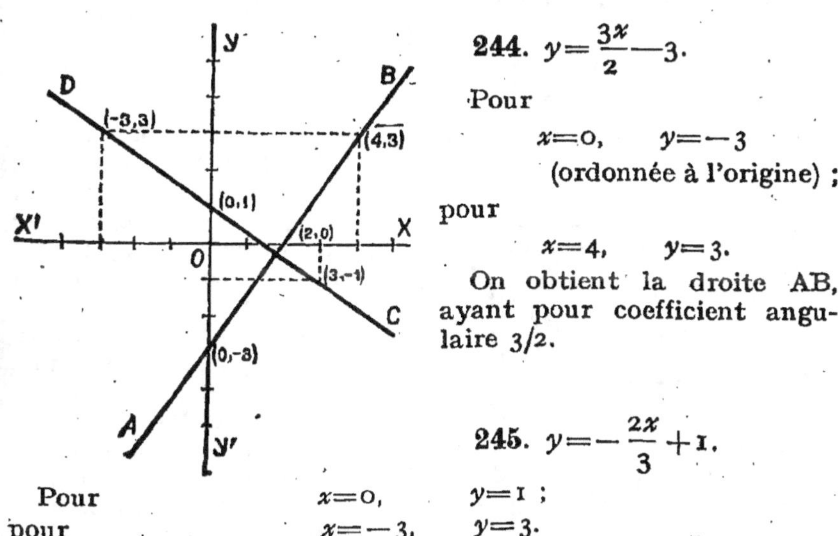


**244.** $y = \dfrac{3x}{2} - 3$.

Pour

$$x = 0, \qquad y = -3$$
$$\text{(ordonnée à l'origine)} \; ;$$

pour

$$x = 4, \qquad y = 3.$$

On obtient la droite AB, ayant pour coefficient angulaire 3/2.

**245.** $y = -\dfrac{2x}{3} + 1$.

Pour $\quad x = 0, \qquad y = 1 \; ;$

pour $\quad x = -3, \qquad y = 3.$

On obtient la droite CD, dont le coefficient angulaire est $-\dfrac{2}{3}$

et l'ordonnée à l'origine 1.

**246.** *Un régiment part à 4 heures du matin et marche à la vitesse de 5 km. à l'heure. Chaque fois qu'il a parcouru 4 km. il lui est accordé 12 minutes de repos. Vers le milieu de l'étape, un temps de repos est porté de 12 minutes à 1 heure. Sachant que ce régiment est arrivé à midi, trouver la longueur du chemin parcouru. (Sol. graph.)*

La durée de l'étape, y compris les repos, est de :
$$12 - 4 = 8 \text{ heures.}$$

Si l'on supprime le repos de 1 heure au milieu de l'étape, la durée de celle-ci sera :  $8 - 1 = 7$ heures.

Le temps nécessaire pour arriver au milieu de l'étape est donc :
$$7 : 2 = 3 \text{ h. } \tfrac{1}{2}.$$

Pour parcourir 4 km., le régiment met :
$$\frac{60 \times 4}{5} = 48 \text{ minutes.}$$

En ajoutant à ce temps, la durée du repos, on a :
$$48 + 12 = 60 \text{ minutes.}$$

Chacune des trois premières heures, le régiment a donc parcouru 4 km., et en tout :  $4 \times 3 = 12$ km.

Pendant la demi-heure de marche qui a suivi le troisième repos, il a parcouru :  $5 : 2 = 2$ km. $\tfrac{1}{2}$.

La longueur de la première moitié de l'étape est donc :
$$12 + 2 \tfrac{1}{2} = 14 \text{ km. } 500 ;$$

et le chemin total parcouru :
$$14,500 \times 2 = 29 \text{ km.}$$

Le graphique montre qu'à 5 heures le régiment a parcouru 4 km., et s'est reposé une fois ; à 6 heures il a parcouru 8 km., et s'est reposé une deuxième fois ; à 7 heures il a parcouru 12 km. et s'est reposé une troisième fois ; à 7 h. $\tfrac{1}{2}$ il a parcouru 14 km. 50 et se repose une heure. Il repart à 8 h. $\tfrac{1}{2}$, marche pendant 48 minutes, se repose 12 minutes ; il reprend sa marche à 9 h. $\tfrac{1}{2}$ pendant 48 minutes, se repose 12 minutes ; poursuit sa route à 10 h. $\tfrac{1}{2}$, parcourt 4 km. et se repose 12 minutes. Enfin, il part de nouveau à 11 h. $\tfrac{1}{2}$, marche pendant une demi-heure, et arrive à 12 heures au terme de l'étape.

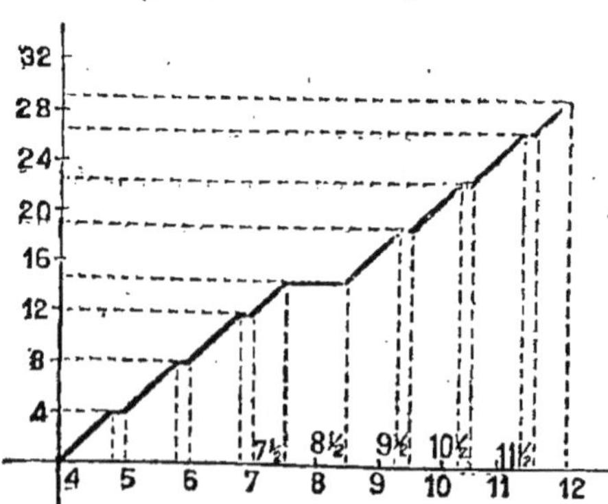

**247.** *Un train A part d'un point déterminé à 8 heures, et marche à la vitesse constante de 30 km. à l'heure. Un autre train B part du même point à midi ; il marche d'abord à 45 km. à l'heure pendant 1 h. 40 m., et ensuite à 60 km. A quelle heure B sera-t-il à 20 km. de A ?* (Solution arithmétique et solution graphique.)

1° En 1 h. 40 m. le train B a parcouru $45 \times 1\,{}^2/_3 = 75$ km., et arrive au point D.

A ce moment, le train A a marché pendant $4 + 1,40 = 5$ h. 40 et a parcouru :

$$30 \times 5\,{}^2/_3 = 170 \text{ km.}$$

Pour que B se trouve à 20 km. de A, il doit rattraper :

$$170 - 75 - 20 = 75 \text{ km.}$$

En 1 heure il rattrape :

$$60 - 30 = 30 \text{ km.}$$

Le temps nécessaire pour rattraper 75 km. sera :

$$75 : 30 = 2 \text{ h. } 30 \text{ m.}$$

Il sera :

$$12 + 1,40 + 2,30 = \mathbf{16} \text{ h. } \mathbf{10} \text{ m.}$$

2° Sur l'axe A$t$ on porte des intervalles égaux correspondant aux heures : sur l'axe A$x$, les espaces égaux représentent les espaces parcourus. La ligne AC représente la marche du train A à la vitesse de 30 km. à l'heure (en effet, de 8 h. à 9 h., l'espace parcouru est bien de 30 km.). — La ligne BD représente la marche du train B pendant 1 h. 40 m., à la vitesse de 45 km. (on voit en effet, que de 12 h. à

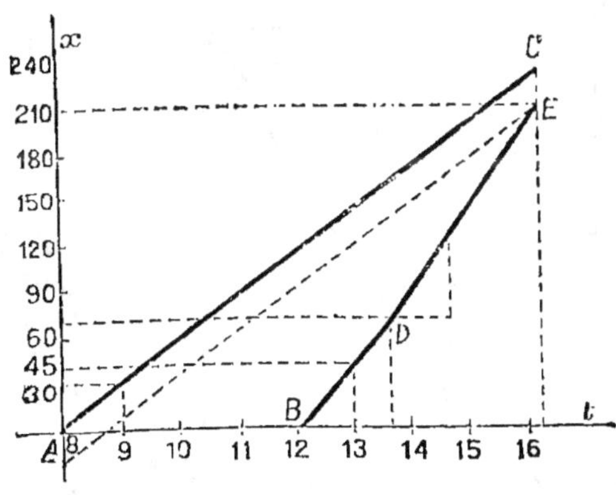


13 h., il a parcouru 45 km.). La ligne DE représente la marche du train B pendant les 2 h. 30 m. qu'il lui faut pour être distant de 25 km. du train A.

**248.** *Deux cyclistes A et B partent en même temps d'une ville M et se dirigent vers une ville N. A fait 18 km. à l'heure et B, 15 km. A 12 km. du point de départ, A rencontre un ami et revient avec lui en M, où il reste avec lui 20 minutes. Il repart ensuite et arrive en N en même temps que son compagnon B qui avait pris 40 minutes de repos en route. Dire quelle est la distance MN et la durée du trajet. (Solution arithmétique et solution graphique.)*

1º Le temps perdu par le cycliste A, à cause de la rencontre de son ami, comprend le temps nécessaire à parcourir deux fois 12 km., et les 20 minutes passées avec lui, c'est-à-dire :

$$\frac{60 \times 12}{18} + \frac{60 \times 12}{18} + 20 = 100 \text{ minutes ou 1 h. 40 m.}$$

Le cycliste B s'est reposé 40 minutes ; il a donc sur A une avance de 100 — 40 = 60 minutes (soit 15 km.).

A gagne par heure :

$$18 - 15 = 3 \text{ km. ;}$$

Pour rattraper B il lui faudra :

$$15 : 3 = 5 \text{ heures.}$$

La durée du trajet est donc :

$$1,40 + 5 = 6 \text{ h. } 40 \text{ m. ;}$$

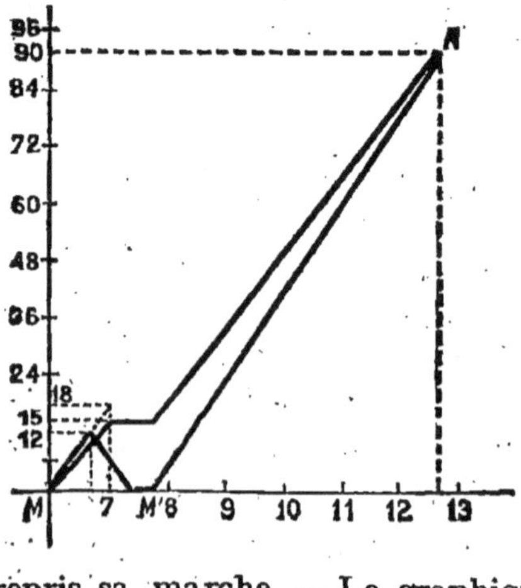

et la distance MN parcourue en 5 heures par le cycliste A :

$$18 \times 5 = 90 \text{ km.}$$

2º Les deux cyclistes partent en même temps du point M (supposons à 6 heures du matin) ; le premier parcourrait 18 km. de 6 heures à 7 heures s'il ne revenait pas sur ses pas ; le second a parcouru 15 km. de 6 heures à 7 heures, et nous supposons qu'il s'est reposé de 7 heures à 7 h. 40, puis a repris sa marche. — Le graphique montre qu'ils se rencontrent à 90 km. du point M, à 12 h. 40 m.

**249.** *Un mobile A est séparé d'un mobile B, d'une distance de 20 km. ; B est distant lui-même d'un mobile C de 30 km. A la même heure, les trois mobiles partent dans le même sens avec des vitesses de 30 km. pour A, 15 km. pour B, 20 km. pour C. Quel chemin aura parcouru A quand il se trouvera placé à égale distance de B et de C?* (Sol. graph.)

1° Supposons que les mobiles soient placés sur une même ligne A$x$, à des distances telles que l'on ait :

$$AB = 20 \text{ km. ; } BC = 30 \text{ km.}$$

Si l'on représente par $t$ le temps nécessaire pour réaliser les conditions du problème, et par $x$, $x_1$ et $x_2$ les espaces parcourus par chacun des mobiles, on aura pour expression de ces espaces, apportés au point A :

$$x = 30t$$
$$x_1 = 20 + 15t$$
$$x_2 = 20 + 30 + 20t = 50 + 20t$$

Or, pour que le mobile A se trouve à égale distance entre B et C, il faut que l'espace parcouru par ce mobile, soit égale à la demi-somme des espaces parcourus par les deux mobiles ; on aura :

$$x = \frac{x_1 + x_2}{2} \quad \text{ou} \quad 30t = \frac{20 + 15t + 50 + 20t}{2}$$

d'où l'on tire : $\qquad t = 2 \text{ h. } 4/5.$

A aura donc parcouru :

$30 \times 2^4/_5 = 84$ km.

2° La ligne AA′ ($x = 30t$) représente le chemin parcouru par A ; la ligne BB′ ($x = 20 + 15t$) représente le chemin parcouru par B ; la ligne CC′ ($x = 50 + 20t$) est le chemin parcouru par C.

Après 1 heure de marche, les mobiles A, B, C sont respectivement à 30 km., 35 km. et 70 km. du point de départ de A. Après 2 heures de marche, ils sont respectivement à 60 km., 50 km. et 90 km. du point de

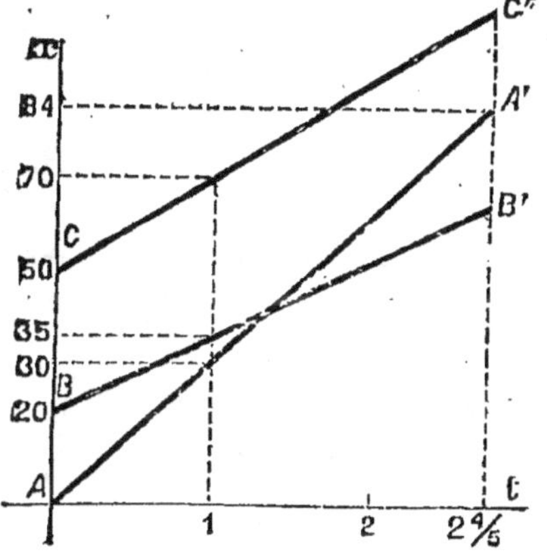


départ de A. Ce dernier mobile est alors à 10 km. en avant de B et à 30 km. en arrière de C. Pour être placé à égale distance entre B et C, il doit dépasser B d'une même distance que celle dont il doit être éloigné de C. Ainsi, il doit gagner sur B et sur C :

$$30 - 10 = 20 \text{ km.}$$

Or, en 1 heure il gagne 15 km. sur B et 10 km. sur C ; en tout, il gagne donc 25 km. par heure. Pour gagner 20 km., il mettra :

$$\frac{60 \times 20}{25} = 48 \text{ minutes ou } 4/5 \text{ d'heure.}$$

Ce sera par conséquent 2 h. 48 m. après le départ des trois mobiles.

**250.** *Un piéton qui parcourt 6 km. à l'heure se rend de Versaille à Paris. A 2 km. de son point de départ, il est dépassé par un tramway parti du même point 19 minutes plus tard. Après avoir parcouru encore 11 km. 1/3, il rencontre, pour la deuxième fois, le même tramway qui n'est resté que 10 minutes à la station terminus, et qui retourne à Versailles. Calculer la distance des deux stations extrêmes du tramway. (Solution arithmétique et solution graphique.)*

1° Pour parcourir 2 km, le piéton a mis :

$$\frac{60 \times 2}{6} = 20 \text{ minutes.}$$

Pour parcourir la même distance, le tram a mis :

$$20 - 10 = 10 \text{ m.}$$

La vitesse est donc le double de celle du piéton.

Pendant que le piéton parcourt 11 km. 1/3, le tram, sans arrêts parcourrait :         $11 \frac{1}{3} \times 2 = 22$ km. $\frac{2}{3}$.

Mais comme le tram s'est arrêté 10 minutes, et qu'en 10 minutes il fait 2 km., l'espace parcouru est donc :

$$22 \text{ km.} \frac{2}{3} - 2 \text{ km.} = 20 \text{ km.} \frac{2}{3}.$$

Pour revenir au niveau de R, il faudrait parcourir :

$$20\frac{2}{3} + 11\frac{1}{3} = 32 \text{ km. ;}$$

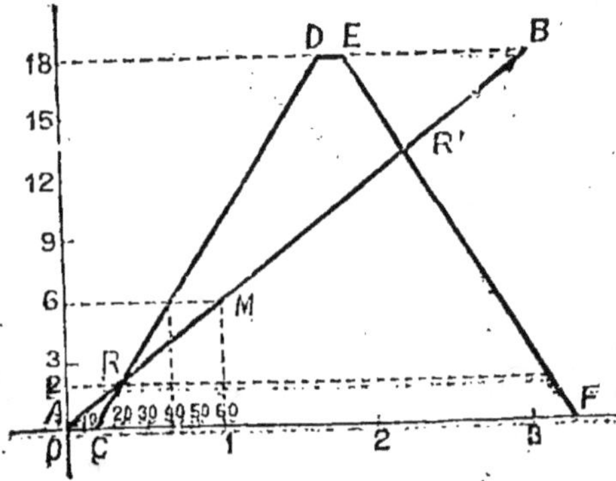


la distance RD est donc :

$$32 : 2 = 16 \text{ km.,}$$

et celle des deux stations extrêmes :

$$16 + 2 = 18 \text{ km.}$$

2° La ligne AB représente le chemin parcouru par le piéton. Le point M, d'abscisse 1 et d'ordonnée 6, indique qu'il se déplace avec une vitesse de 6 km. à l'heure.

La ligne CDEF, représente le chemin parcouru par le tram ; R et R' sont les points de rencontre du tram et du piéton.

**251.** *Un cavalier et un cycliste doivent se rendre de Paris à Melun. Le premier part 50 minutes avant le 2ᵉ et parcourt 10 km. à l'heure. Le cycliste qui parcourt 12 km. à l'heure, arrive 5 minutes après le cavalier à Melun. Trouver la distance de Paris à Melun.* (Solution graphique.)

Le cycliste arrive 5 minutes après le cavalier : si celui-ci partait seulement 50—5=45 minutes avant le cycliste, ils arriveraient ensemble à Melun.

En désignant par $x$ la distance de Paris à Melun, et par $t$ le temps employé par le cavalier pour la parcourir, le mouvement de celui-ci est représenté par l'équation :

$$x = 10t,$$

tandis que le mouvement du cycliste a pour expression :

$$x = 12(t-45).$$

En égalant ces deux valeurs, on a :

$$10t = 12(t-45)$$

d'où

$$t = 4 \text{ h. } 30 \text{ m. ou } 4 \text{ h. } \tfrac{1}{2}.$$

La distance demandée est donc :

$$10 \times 4\,\tfrac{1}{2} = 45 \text{ km.}$$

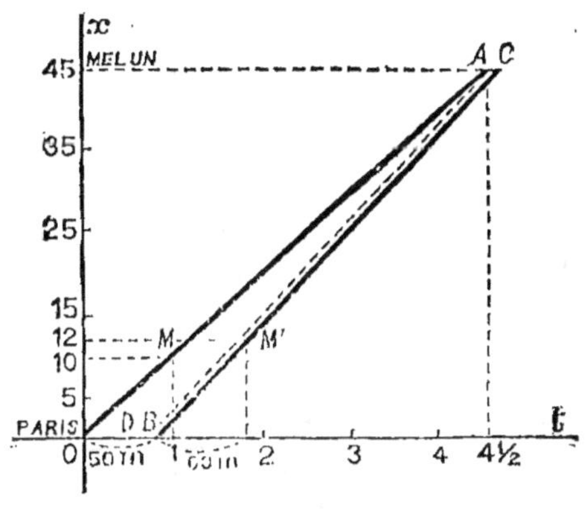


Soit $Ot$ l'axe des temps, et $Ox$, celui des espaces. Déterminons le point M correspondant à une durée de 1 heure et à un espace de 10 km., et joignons OM. La droite OMA représente le mouvement du cavalier, qui part de O.

50 minutes après, le cycliste part du point B. Déterminons le point M', correspondant à une durée de 1 heure pour le cycliste, ou à 1 h. 50 m., si l'on part du point O, et à un espace de 12 km. La droite BM'C représente le mouvement du cycliste. Si celui-ci partait 5 minutes plus tôt, il arriverait en même temps que le cavalier, et son mouvement serait représenté par la parallèle DA à BC, partant de l'abscisse 45 minutes. L'intersection de DA et de OA, donne l'heure de l'arrivée du cavalier à Melun et la distance de Paris à Melun.

**252.** *Un cycliste est parti d'une ville à 7 heures et marche à une vitesse de 15 km. à l'heure. On envoie à sa poursuite une automobile qui part à 9 h. 30 m. Après avoir marché pendant 30 minutes à la vitesse de 40 km. à l'heure, l'automobile est* *obligée de s'arrêter pendant 10 minutes à cause d'une panne. De combien devra être augmentée sa vitesse, si l'on veut que la rencontre ait lieu comme si l'automobile avait marché sans interruption à 40 km. à l'heure ?*

Soient O$t$ l'axe des temps et O$x$ l'axe des espaces. Le mouvement du cycliste est défini par l'équation :

$$x = vt = 15t.$$

Pour que l'automobile rattrape le cycliste, elle devra le poursuivre pendant $(t - 2\frac{1}{2})$ heures, en supposant qu'il n'y ait pas de panne, et que sa vitesse soit toujours 40 km. Dans cette hypothèse, le mouvement de l'automobile serait défini par l'équation :

$$x = 40(t - 2\frac{1}{2}).$$

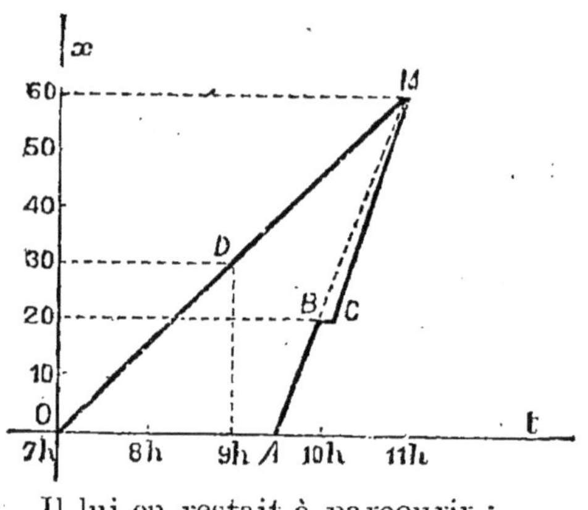


En égalant ces deux valeurs de $x$, on a :

$$15t = 40(t - 2\frac{1}{2})$$

d'où l'on tire :

$$t = 4 \text{ heures.}$$

L'espace parcouru sera :

$$15 \times 4 = 60 \text{ km.}$$

Pendant la première demi-heure, l'automobile a parcouru :

$$40 : 2 = 20 \text{ km.}$$

Il lui en restait à parcourir :

$$60 - 20 = 40 \text{ km.}$$

Le temps employé à parcourir cette distance est :

$$4 \text{ heures} - (2 \text{ h. } 30 + 30 \text{ m. } + 10 \text{ m.}) = 50 \text{ minutes.}$$

Sa vitesse à l'heure est donc :

$$\frac{40 \times 60}{50} = 48 \text{ km.}$$

**253.** *Deux villes A et B distantes de 5 km. sont reliées par un double service d'omnibus. De A et de B les départs ont lieu également de 5 minutes en 5 minutes. Les omnibus font 1 km 6 minutes dans le sens AB, et 1 km. en 5 minutes dans le sens BA. Un piéton faisant 4 km. à l'heure part de A à 6 heures du matin, en même temps que de A et de B part un omnibus. On demande 1° combien le piéton a vu d'omnibus aller dans le même sens que lui et combien il en a vu dans l'autre sens ; 2° l'heure d'arrivée du piéton, s'il fait tout le parcours à pied ; 3° dans quel omnibus il devra monter en cours de route pour être à destination à 7 heures ?*

Soient O*t* et O*x* les axes des temps et des espaces. Le piéton faisant 4 km. à l'heure, on obtient la ligne qui représente sa marche, en joignant le point A au point C, d'abscisse 7 heures, et d'ordonnée 4 km. La ligne AD indique un parcours de 5 km. L'abscisse du point D correspond à 7 h. 15 m. : le piéton est donc arrivé à **7 h. 15** m., s'il a parcouru tout le trajet à pied.

Le mouvement du premier omnibus qui part de A en même temps que le piéton est représenté par la ligne AE qui correspond à une vitesse de 1 km. en 6 minutes, ou 5 km. en 30 minutes. Tous les omnibus qui partent de A de 5 en 5 minutes, sont représentés dans leur mouvement par des parallèles à AE. Le dernier arrive en D en même temps que le piéton A, à 7 h. 15. Comme il

y a 10 lignes parallèles dans ce sens, le piéton **aura vu 10 omnibus** allant dans le même sens que lui.

Le mouvement du premier omnibus qui part du point B pour aller en A, est représenté par la ligne BF, qui correspond à une vitesse de 1 km. en 5 minutes, ou de 5 km.

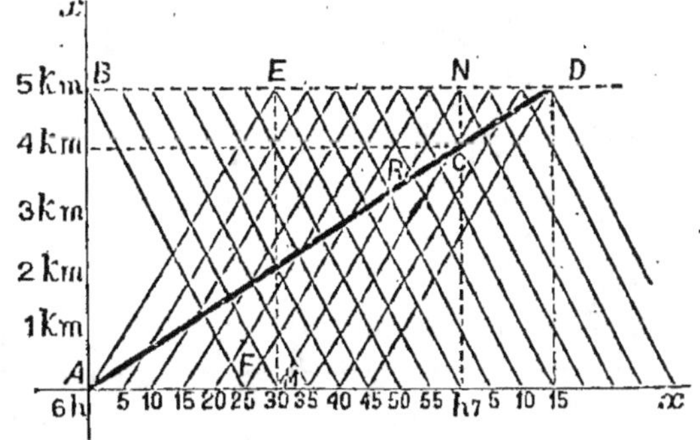


en 25 minutes. Tous les omnibus qui partent de B de 5 en 5 minutes, sont représentés dans leur mouvement par des parallèles à BF. Le dernier part de D en même temps que le piéton y arrive. Comme il y a 16 lignes parallèles dans ce sens, le piéton **aura vu 16 omnibus allant en sens inverse.**

Pour que le piéton arrive en B à 7 heures, il faut qu'il prenne en cours de route l'omnibus qui arrive à 7 heures ; son trajet est représenté par la ligne MN, il croise le piéton au point R. Celui-ci parcourra donc le trajet RN, dans le **7e omnibus,** qui s'est mis en route à 6 h. 30 m.

**254.** *Deux mobiles partent à 12 heures de deux points A et B distants de 5 km. Ils vont dans le sens AB ; celui qui part de A a une vitesse uniforme de 4 km. à l'heure ; celui qui part de B a une vitesse uniforme de 2 km. à l'heure.*

*1º Donnez l'équation du mouvement de chaque mobile.*

*2º Représentez graphiquement leur mouvement.*

*3º Déterminez par le graphique l'heure de la rencontre.*

*4º Vérifiez le résultat par le calcul.*

*5º Peut-on mesurer sur le graphique la distance des deux mobiles à un moment donné, 13 h. 30 m. par exemple?*

L'équation générale du mouvement uniforme a pour expression :
(*Voir* Nº 57, 3ᵉ P.)

$$x = x_0 + vt;$$

$x_0$ représente l'ordonnée à l'instant initial, et $x$, l'ordonnée à l'instant $t$.

**I. Équation du mouvement.** — En prenant le point A comme origine, on a pour équation du premier mobile :

$$x = 0 + 4t = 4t;$$

et celle du deuxième :

$$x = 5 + 2t.$$

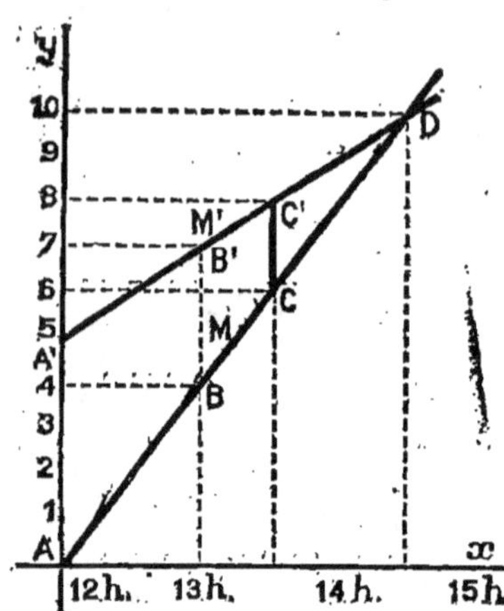


**II. Graphique du mouvement.** — Pour déterminer ce graphique prenons les axes A$t$ et A$x$ ; et portons sur A$x$ les valeurs successives de $x$, quand on fait varier $t$. L'équation $x = 4t$ est représentée par la droite AC ; l'équation $x = 5 + 2t$ est représentée par la droite BD.

**III. Heure de la rencontre d'après le graphique.** — Les droites AC et BD se rencontrent au point R, tel que $x = 10$ et $t = 2\frac{1}{2}$. C'est donc à 2 h. 1/2 que les mobiles se rencontrent.

**IV. Vérification par le calcul.** — Le premier mobile gagne par heure :

$$4 - 2 = 2 \text{ km.}$$

Temps nécessaire pour rattraper 5 km.

$$5 : 2 = 2 \text{ h. } 1/2.$$

**V. Distance à un moment donné.** — A 13 h. 30, c'est-à-dire 1 h. ½ après le départ, le premier mobile est en M ; le second en N. En mesurant la distance MN à l'échelle convenable, on obtient la distance demandée.

On a aussi :

$$MN = EN - EM ;$$

or :

$$EN = x = 5 + 2 \times 1\frac{1}{2} = 8 \text{ kil.}$$
$$EM = x = 4 \times 1\frac{1}{2} = 6 \text{ kil.}$$

d'où

$$MN = 8 - 6 = 2 \text{ kil.}$$

**255.** *Deux personnes partent de Nancy à 7 h. 40 m. pour aller à Bruxelles, distante de 330 km. environ. La première voyage par chemin de fer avec une vitesse de 45 km. à l'heure. La deuxième part en aéroplane et parcourt 90 km. à l'heure. Un accident survenu au moteur à 10 h. 10 m. l'oblige à s'arrêter. Elle monte dans une automobile, qui passe en cet endroit 1 h. 30 m. après, et qui se dirige sur Bruxelles. Quelle vitesse doit avoir ce véhicule pour que la deuxième personne arrive en même temps que la première?*

Soient Ot et Ox les axes des temps et des espaces. La première personne parcourt le trajet représenté par OA, avec une vitesse de 45 km. à l'heure, elle mettra :

$$330 : 45 = 7 \text{ heures} \tfrac{1}{3}$$

pour l'effectuer, et arrivera à Bruxelles à

$$7 \text{ h. } 40 + 7 \text{ h. } 20 = 15 \text{ heures.}$$

La deuxième personne voyage en aéroplane pendant

$$10 \text{ h. } 10 - 7 \text{ h. } 40 = 2 \text{ h. } 30 \text{ ou } 2 \text{ h. } \tfrac{1}{2},$$

et parcourt pendant ce temps un trajet de :

$$90 \times 2,50 = 225 \text{ km.,}$$

représenté par la ligne OB.

Son repos pendant 1 h. 30 est représenté par la ligne BC.

Elle prend l'automobile à :

10 h. 10 + 1 h. 30 = 11 h. 40 m.

Il lui reste à parcourir :

330 — 225 = 105 km.

Pour arriver à Bruxelles en même temps que la première, elle devra effectuer ce parcours en :

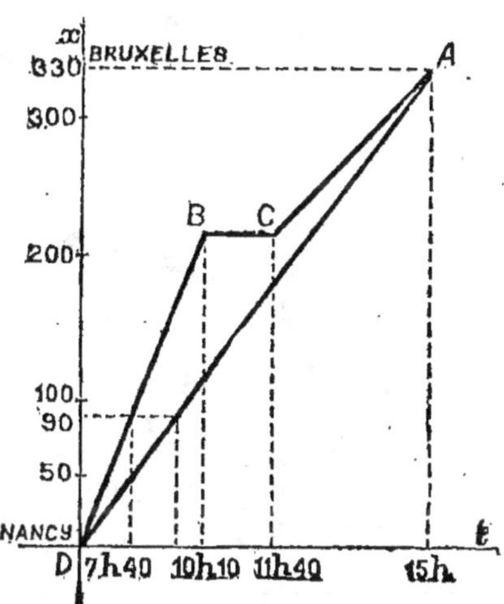


$$15 \text{ h. } — 11 \text{ h. } 40 = 3 \text{ h. } 20 \text{ m. ou } 3 \text{ h. } \tfrac{1}{3}.$$

La vitesse de l'automobile devra être :

$$105 : 3\tfrac{1}{3} = \frac{105 \times 3}{10} = 31 \text{ km. } 500.$$

**256.** *Quatre personnes ont 63 km. à faire. Elles ont à leur disposition une voiture automobile faisant 30 km. à l'heure, mais où il n'y a que deux places, outre celle du chauffeur. On propose que deux voyageurs partent en voiture jusqu'à une certaine distance pour faire le reste du trajet à pied à 4 km. à* *l'heure. La voiture reviendra chercher les deux autres voyageurs qui auront fait une partie de la route à pied, marchant également à 4 km. Où la voiture doit-elle laisser les deux premiers voyageurs pour que tout le monde arrive en même temps.*

Soient $At$ et $Ax$ les axes du temps et de l'espace. L'automobile faisant 30 km. à l'heure, la ligne représentant son mouvement passe par le point $B_1$ d'abscisse 1 heure, et d'ordonnée 30 km., et $AB_1$ donne la direction de cette ligne.

Les deux personnes allant à pied, font 4 km. à l'heure, ou 16 km. en 4 heures ; la ligne représentant leur mouvement passe par le point $C_1$ d'abscisse 4 heures et d'ordonnée 16 km., et $AC_1$ donne la direction de cette ligne.

Si l'automobile arrivée en $B_1$ dépose les deux premiers voyageurs et revient à vide sur ses pas, son trajet est représenté par la ligne $B_1D_1$ ; elle rencontre en $D_1$ les deux voyageurs partis de A à pied. Si l'on représente par $t$ le temps employé par l'automobile pour effectuer le parcours $B_1D_1$ et par $x$ l'espace $D_1D_2$ parcouru par les piétons pendant le temps $(1+t)$, on a :

$$x = 4(1+t) \text{ (parcours des piétons)}$$
$$x = 30 - 30t \text{ (parcours de l'auto).}$$

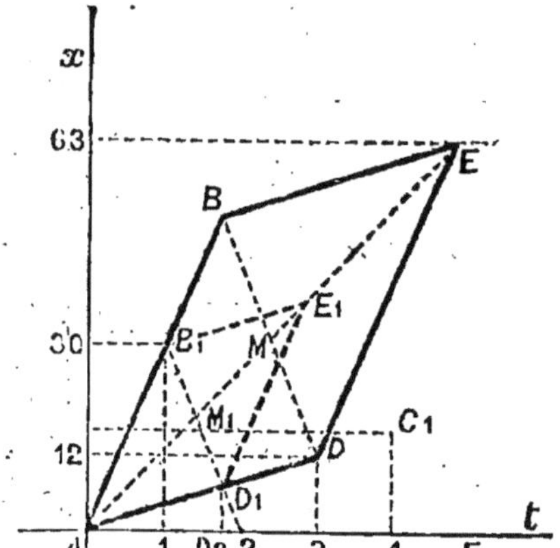

En égalant ces deux quantités, on a :

$$4(1+t) = 30 - 30t$$

d'où l'on tire :

$$t = {}^{13}/_{17} \text{ d'heure}$$

et

$$D_1D_2 = 4(1 + {}^{13}/_{17}) = 7 \text{ km.}^1/_{17}.$$

Arrivée en $D_1$ l'auto prend les deux piétons, repart et arrive après 1 heure en $E_1$, où elle rencontre les deux piétons qu'elle a laissés en $B_1$. Les voyageurs, ont effectué ainsi un parcours total qui a pour valeur :

$$D_1D_2 + 30 = 7^1/_{17} + 30 = 37 \text{ km.}^1/_{17}.$$

Ainsi, lorsque l'automobile fait 30 km. dans son 1ᵉʳ trajet, l'espace total parcouru pour réaliser les conditions de rencontre en $E_1$, est de 37 km. $^1/_{17}$ ; pour que l'espace total soit 63 km., l'automobile devra parcourir une distance $x$, donnée par la proportion :

$$\frac{x}{30} = \frac{63}{37\,{}^1/_{17}};$$

d'où l'on tire :

$$x = \frac{63 \times 30}{37^{1}/_{17}} = \frac{63 \times 30 \times 17}{630} = 51 \text{ km.}$$

L'espace parcouru à pied sera : $63 - 51 = 12$ km.

REMARQUE. — La figure $AB_1E_1D_1$ est un parallélogramme semblable au parallélogramme ABED. La diagonale $AE_1$ prolongée donne AE. En mesurant par le milieu M de AE, la parallèle BD à $B_1D_1$, on obtient graphiquement le point B demandé.

**257.** *Un régiment fait 5 km. en 1 heure, en s'arrêtant 10 minutes, après 50 minutes de marche. Il part de son cantonnement à 5 heures du matin. Un cycliste, porteur d'ordres, part du même cantonnement à 8 h. 40 m. avec une vitesse de 12 km. à l'heure. A quelle heure et à quelle distance du cantonnement rencontre-t-il le régiment? Le cycliste s'arrête une heure au point de rencontre puis revient avec une vitesse de 15 km. à l'heure. A quelle heure et à quelle distance du cantonnement croisera-t-il un $2^e$ régiment parti du cantonnement à 8 h. 40 m. et marchant à la même allure que le $1^{er}$.* (Lyon, aspirants, juillet 1920.)

Soient deux axes rectangulaires At, sur lequel nous marquons les heures à partir de 5 heures, et Ax, sur lequel nous portons les distances, en prenant 5 km. pour unité.

Le $1^{er}$ régiment se déplace, au départ, d'un mouvement uniforme, avec une vitesse de 5 km. en 50 minutes, soit 6 km. à l'heure. Son trajet est représenté par la ligne brisée ABB'CC'... dans laquelle les lignes horizontales BB', CC',.... indiquent les repos de 10 minutes après un parcours de 5 km.

Le cycliste se déplace aussi d'un mouvement uniforme, avec une vitesse de 12 km. à partir de l'abscisse 8 h. 40 m. Le diagramme de son mouvement est la ligne droite IH, ayant pour équation

$$x = 12(t - 3^{2}/_{3}),$$

car pour ramener le point I à l'origine A, il faut retrancher 3 h. 40 m. ou 3 h.$^{2}/_{3}$ au temps de son départ.

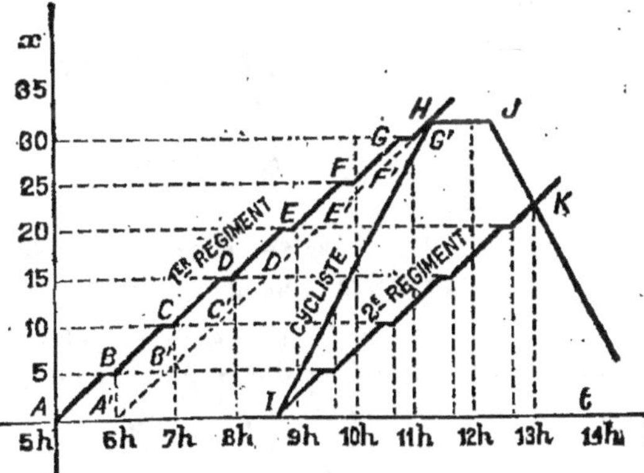


Le graphique montre que la rencontre du cycliste et du $1^{er}$ régiment a lieu entre 11 et 12 heures. Or tout se passe, comme si le régiment était parti directement du point A', en suivant la ligne droite A'H, après avoir supprimé six repos de 10 minutes, soit 1 heure en tout. L'équation de son mouvement, c'est-à-dire la droite A'H est : $x = 6(t-1)$, car, pour ramener le point A' à l'origine, il faut retrancher 1 heure du temps de son départ.

En égalant ces deux valeurs de $x$, on a :

$$12(t - 3\,^2/_3) = 6(t-1)$$

ou

$$2(t - 3\,^2/_3) = t - 1 \; ;$$

d'où l'on tire : $t = 6$ h. $\frac{1}{3}$ à partir de l'origine, c'est-à-dire après 5 heures, soit **11 h. 20 m.**

L'espace parcouru est alors :

$$x = 6(t-1) = 12(t - 3\,^2/_3) = \textbf{32 km.}$$

Désignons par $t$ le temps employé par le second régiment pour aller de I en K. Sa vitesse, comme celle du 1ᵉʳ, est de 6 km. à l'heure ; mais il s'est arrêté pendant 40 minutes ou $^2/_3$ d'heure ; par conséquent l'espace qu'il a parcouru a pour expression :

$$IK = 6\left(t - \frac{2}{3}\right).$$

Le cycliste, pour parcourir le trajet IHJK a mis le même temps $t$. Pour parcourir IH, il a employé 2 h. 40 m. ou 2 h. $^2/_3$ ; il s'est reposé 1 heure ; il a donc mis $t - 3$ h. $^2/_3$ pour parcourir le trajet JK, et la longueur de ce trajet, étant donnée la vitesse de 15 km. à l'heure, sera :

$$JK = 15(t - 3\,^2/_3).$$

Mais

$$IK + JK = 32 \text{ km.,}$$

c'est-à-dire :

$$6\left(t - \frac{2}{3}\right) + 15(t - 3\,^2/_3) = 32$$

ou

$$6t - 4 + 15t - 55 = 32$$

d'où l'on tire :

$$t = 4 \text{ h. } \tfrac{1}{3} \text{ ou } 4 \text{ h. } 20 \text{ m.}$$

La rencontre aura lieu à

$$8 \text{ h. } 40 + 4 \text{ h. } 20 = \textbf{13 heures.}$$

La distance représentée par le trajet IK sera :

$$6\left(t - \frac{2}{3}\right) = 6\left(4\frac{1}{3} - \frac{2}{3}\right) = 6 \times 3\,^2/_3 = \textbf{22 km.}$$

# QUATRIÈME PARTIE

# ÉQUATIONS DU DEUXIÈME DEGRÉ

## CHAPITRE PREMIER

### EXERCICES SUR LES RADICAUX

*Effectuer les opérations indiquées.*

1. $(a^3)^2$.

On applique le théorème n° 2. Coroll. I.

  **Rép.** $a^6$.

2. $(-a^4)^3$.

On applique le théorème 2. Coroll. II.

  **Rép.** $-a^{12}$.

3. $(-11)^3$.        **Rép.** $-1331$.

4. $(-a^2b^3)^2$.       **Rép.** $a^4b^6$.

5. $(a^2b^3c^5)^3$.      **Rép.** $a^6b^9c^{15}$.

6. $(4a^3b^4c^5d)$.      **Rép.** $16a^6b^8c^{10}d^2$.

7. $\left(\dfrac{a^3b^2}{c^5d^6}\right)^3$.     **Rép.** $\dfrac{a^9b^9}{c^{15}d^{18}}$.

8. $(-6a^5b^3c^2)$.     **Rép.** $36a^{10}b^6c^4$.

9. $\left(\dfrac{-a^3b^2}{c^5}\right)^2$.     **Rép.** $\dfrac{a^6b^4}{c^{10}}$.

**10.** *Faire les carrés et les cubes des expressions suivantes et ordonner :*

1° $2x+1$.

2° $3x-2$.

3° $3x+2y$.

4° $2x-3y$.

5° $x+\dfrac{1}{x}$.

6° $2x-\dfrac{3}{x}$.

*Les carrés des quantités données sont :*

1° $(2x+1)^2$. — Rép. $4x^2+4x+1$.

2° $(3x-2)^2$. — Rép. $9x^2-12x+4$.

3° $(3x+2y)^2$. — Rép. $9x^2+12xy+4y^2$.

4° $(2x-3y)^2$. — Rép. $4x^2-12xy+9y^2$.

5° $\left(x+\dfrac{1}{x}\right)^2$. — Rép. $x^2+2+\dfrac{1}{x^2}$.

6° $\left(2x-\dfrac{3}{x}\right)^2$. — Rép. $4x^2-12+\dfrac{9}{x^2}$.

*Les cubes des mêmes quaàntités sont :*

1° $(2x+1)^3$. — Rép. $8x^3+12x^2+6x+1$.

2° $(3x-2)^3$. — Rép. $27x^3-54x^2+36x-8$.

3° $(3x+2y)^3$. — Rép. $27x^3+54x^2y+36xy^2+8y^3$.

4° $(2x-3y)^3$. — Rép. $8x^3-36x^2y+54xy^2-27y^3$.

5° $\left(x+\dfrac{1}{x}\right)^3$. — Rép. $x^3+3x+\dfrac{3}{x}+\dfrac{1}{x^3}$.

6° $\left(2x-\dfrac{3}{x}\right)^3$. — Rép. $8x^3-36x+\dfrac{54}{x}-\dfrac{27}{x^3}$.

*Effectuer les opérations suivantes :*

11. $\sqrt{1}$. — Rép. $1$ ; $-1$.

12. $\sqrt{9}$. — Rép. $3$ ; $-3$.

13. $\sqrt{36}$. — Rép. $6$ ; $-6$.

14. $\sqrt{a^4}$. — Rép. $a^2$ ; $-a^2$.

15. $\sqrt{a^{20}}$. — Rép. $a^{10}$ ; $-a^{10}$.

16. $\sqrt{(a-1)^2}$. — Rép. $a-1$ ; $1-a$.

17. $\sqrt{(a+b-c)^4}$.  Rép. $(a+b-c)^2$ ; $-(a+b-c)^2$.

18. $\sqrt[3]{1}$.  Rép. **1**.

19. $\sqrt[3]{-1}$.  Rép. **—1**.

20. $\sqrt[3]{-27}$.  Rép. **—3**.

21. $\sqrt[3]{-a^{12}}$.  Rép. **—a⁴**.

22. $\sqrt[3]{-a^3b^6c^9}$.  Rép. **—ab²c³**.

23. $\sqrt{a^4b^2}$.  Rép. **a²b** ; **—a²b**.

24. $\sqrt[3]{-a^6b^3}$.  Rép. **—a²b**.

**25.** *Extraire la racine carrée des polynômes suivants :*

1° $x^2-4x+4$.  4° $9x^2-12x+4$.
2° $x^2+6x+9$.  5° $16x^2-40xy+25y^2$.
3° $4x^2+12x+9$.  6° $64a^2b^2+48abc+9c^2$

*La racine carrée des polynômes ci-dessus est :*

1° $x^2-4x+4$.  Rép. **x—2**.
2° $x^2+6x+9$.  Rép. **x+3**.
3° $4x^2+12x+9$.  Rép. **2x+3**.
4° $9x^2-12x+4$.  Rép. **3x—2**.
5° $16x^2-40xy+25y^2$.  Rép. **4x—5y**.
6° $64a^2b^2+48abc+9c^2$.  Rép. **8ab+3c**.

*Dans les expressions suivantes, faire entrer les coefficients sous les radicaux :*

**26.** $2\sqrt{3}$.
En appliquant le théorème (5), on a :
$$2\sqrt{3}=\sqrt{2^2\times 3}=\sqrt{4\times 3}=\sqrt{12}.$$
Rép. $\sqrt{12}$.

**27.** $5\sqrt{a}$.
On a :
$$5\sqrt{a}=\sqrt{5^2 a}=\sqrt{25a}.$$
Rép. $\sqrt{25a}$.

**28.** $a^2 \sqrt[3]{3}$.

$$a^2 \sqrt[3]{3} = \sqrt[3]{(a^2)^3 \times 3} = \sqrt[3]{3a^6}.$$

Rép. $\sqrt[3]{3a^6}$.

**29.** $-3\sqrt[3]{-2}$.

$$-3\sqrt[3]{-2} = \sqrt[3]{-2(-3)^3} = \sqrt[3]{-2(-27)} = \sqrt[3]{54}.$$

Rép. $\sqrt[3]{54}$.

**30.** $5\sqrt[3]{5}$.     Rép. $\sqrt[3]{625}$.

**31.** $a\sqrt{a^3}$.     Rép. $\sqrt{a^5}$.

*Simplifier les radicaux suivants :*

**32.** $\sqrt{a^4b^6c}$.

On applique la règle (8), ce qui donne :

$$\sqrt{a^4b^6c} = \sqrt{(a^2)^2(b^3)^2c} = a^2b^3\sqrt{c}.$$

Rép. $a^2b^3\sqrt{c}$.

**33.** $\sqrt[4]{16a^2b^2}$.

On divise l'indice et les exposants par 2 et l'on a ;

$$\sqrt[4]{16a^2b^2} = \sqrt[4]{4^2a^2b^2} = \sqrt[2]{4ab} = 2\sqrt{ab}.$$

Rép. $2\sqrt{ab}$.

**34.** $\sqrt{24a^2b^2c^5d^7}$.

On a :

$$\sqrt{24a^2b^2c^5d^7} = \sqrt{4a^2b^2c^4d^6.6cd} = 2abc^2d^3\sqrt{6cd}.$$

Rép. $2abc^2d^3\sqrt{6cd}$.

**35.** $\sqrt[6]{a^4b^2c^6d^8}$.

On divise par 2 tous les exposants ainsi que l'indice (8), ce qui amène le radical donné à la forme plus simple :

$$\sqrt[3]{a^2bc^3d^4}.$$

Ce dernier peut s'écrire :

$$\sqrt[3]{a^2bc^3d^3d} = cd\sqrt[3]{a^2bd}.$$

Rép. $cd\sqrt[3]{a^2bd}$.

**36.** $\sqrt[6]{16a^2d^9}$.     Rép. $d\sqrt[6]{16a^2d^3}$.

**37.** $\sqrt{8a^4b^3 - 16a^4b^4}$.

On met en facteur, sous le radical, le carré
$$4a^4b^2$$
et l'on a :
$$\sqrt{8a^4b^3 - 16a^4b^4} = \sqrt{4a^4b^2(2b - 4b^2)} = 2a^2b\sqrt{2b - 4b^2}.$$

Rép. $2a^2b\sqrt{2b - 4b^2}$.

*Réduire au même indice les radicaux suivants :*

**38.** $\sqrt{a}$,   $\sqrt[3]{b}$.

On applique la règle (9).

Rép. $\sqrt[6]{a^3}$,   $\sqrt[6]{b^2}$.

**39.** $\sqrt[5]{a^6}$,   $\sqrt[5]{a^7}$.     Rép. $\sqrt[10]{a^{10}}$,   $\sqrt[10]{a^{14}}$.

**40.** $\sqrt{a^2b}$,   $\sqrt[3]{a^3b^2}$.     Rép. $\sqrt[6]{a^6b^3}$,   $\sqrt[6]{a^6b^4}$.

**41.** $\sqrt{\dfrac{1}{a}}$,   $\sqrt[3]{\dfrac{2}{b^2}}$,     Rép. $\sqrt{\dfrac{1}{a^3}}$,   $\sqrt[6]{\dfrac{4}{b^4}}$.

**42.** $a^2$,   $\sqrt{b^3}$,     Rép. $\sqrt{a^4}$,   $\sqrt{b^3}$.

**43.** $\sqrt{2}$,   $\sqrt[3]{3}$.     Rép. $\sqrt[6]{8}$,   $\sqrt[6]{9}$.

**44.** $(a+b)^2$,   $\sqrt[3]{a^4}$.     Rép. $\sqrt[3]{(a+b)^6}$,   $\sqrt[3]{a^4}$.

**45.** $4$,   $\sqrt{2}$,   $\sqrt[3]{2}$,   $a$.

Rép.   $\sqrt[6]{4^6}$,   $\sqrt[6]{2^3}$,   $\sqrt[6]{2^2}$,   $\sqrt[6]{a^6}$.

ou
$$\sqrt[6]{4096}, \quad \sqrt[6]{8}, \quad \sqrt[6]{4}, \quad \sqrt[6]{a^6}.$$

*Simplifier les expressions suivantes :*

**46.** $5\sqrt{8} - 3\sqrt{2}$.

On a d'abord :
$$\sqrt{8} = \sqrt{4.2} = 2\sqrt{2}.$$

Par suite, on peut écrire :
$$5\sqrt{8} - 3\sqrt{2} = 5.2\sqrt{2} - 3\sqrt{2} = 10\sqrt{2} - 3\sqrt{2} = 7\sqrt{2}.$$

Rép. $7\sqrt{2}$.

**47.** $2\sqrt{128}-\sqrt{200}$.

On a :

$$1° \quad \sqrt{128}=\sqrt{2.64}=8\sqrt{2}$$
$$2° \quad \sqrt{200}=\sqrt{2.100}=10\sqrt{2}.$$

d'où

$$2\sqrt{128}-\sqrt{200}=16\sqrt{2}-10\sqrt{2}=6\sqrt{2}.$$

**Rép. $6\sqrt{2}$.**

**48.** $\sqrt{24}+3\sqrt{6}$.

On fait apparaître le carré contenu dans 24 :

$$\sqrt{24}+3\sqrt{6}=\sqrt{6\times4}+3\sqrt{6}=2\sqrt{6}+3\sqrt{6}=5\sqrt{6}.$$

**Rép. $5\sqrt{6}$.**

**49.** $\sqrt{216}-\sqrt{150}$.

On a :

$$1° \quad \sqrt{216}=\sqrt{36.6}=6\sqrt{6}$$
$$2° \quad \sqrt{150}=\sqrt{25.6}=5\sqrt{6}$$

d'où

$$\sqrt{216}-\sqrt{150}=6\sqrt{6}-5\sqrt{6}=\sqrt{6}.$$

**Rép. $\sqrt{6}$.**

**50.** $2\sqrt[3]{4}+5\sqrt[3]{256}$.

On a :

$$\sqrt[3]{256}=\sqrt[3]{4^3\times4}=4\sqrt[3]{4}$$

d'où

$$2\sqrt[3]{4}+5\sqrt[3]{256}=2\sqrt[3]{4}+5.4\sqrt[3]{4}=22\sqrt[3]{4}.$$

**Rép. $22\sqrt[3]{4}$.**

**51.** $\sqrt[3]{-8}+\sqrt[3]{-64}$.

On peut écrire :

$$1° \quad \sqrt[3]{-8}=-2$$
$$2° \quad \sqrt[3]{-64}=-4$$

d'où

$$\sqrt[3]{-8}+\sqrt[3]{-64}=-2-4=-6.$$

**Rép. $-6$.**

**52.** $6\sqrt[3]{375}-10\sqrt[3]{81}+\sqrt[3]{24}.$

On a :

$$1^{\circ}.\ \sqrt[3]{375}=\sqrt[3]{5^{3}.3}=5\sqrt[3]{3}.$$
$$2^{\circ}\ \sqrt[3]{18}=\sqrt[3]{27.3}=3\sqrt[3]{3}.$$
$$3^{\circ}\ \sqrt[3]{24}=\sqrt[3]{8.3}=2\sqrt[3]{3}.$$

La somme cherchée sera donc :

$$6.5\sqrt[3]{3}-10.3\sqrt[3]{3}+2\sqrt[3]{3}=2\sqrt[3]{3}.$$

**Rép.** $2\sqrt[3]{3}.$

**53.** $5\sqrt[3]{54}-3\sqrt[3]{250}+4\sqrt[3]{432}.$

On a :

$$5\sqrt[3]{54}=5\sqrt[3]{27.2}=5.3\sqrt[3]{2}=15\sqrt[3]{2}.$$
$$3\sqrt[3]{250}=3\sqrt[3]{125.2}=3.5\sqrt[3]{2}=15\sqrt[3]{2}.$$
$$4\sqrt[3]{432}=4\sqrt[3]{216.2}=4.6\sqrt[3]{2}=24\sqrt[3]{2}.$$

En effectuant les opérations, l'on obtient :

$$15\sqrt[3]{2}-15\sqrt[3]{2}+24\sqrt[3]{2}.$$

**Rép.** $24\sqrt[3]{2}.$

*Faire le produit des radicaux suivants :*

**54.** $\sqrt{32}\times\sqrt{2}.$ $\qquad$ **Rép. 8.**

**55.** $2\sqrt{12}+3\sqrt{48}.$ $\qquad$ **Rép. 144.**

**56.** $3\sqrt{27}\times2\sqrt{6}.$ $\qquad$ **Rép. 54$\sqrt{2}$.**

**57.** $2\sqrt{2}\times3\sqrt{10}\times5\sqrt{80}$ $\qquad$ **Rép. 1200.**

**58.** $(3+\sqrt{2})(3-\sqrt{2}).$ $\qquad$ **Rép. 9—2 ou 7.**

**59.** $(5\sqrt{2}-1)(4\sqrt{2}+3).$ $\qquad$ **Rép. 37—19$\sqrt{2}$.**

*Développer et réduire les expressions* **suivantes :**

**60.** $\sqrt{(a+\sqrt{b})^2}.$

On a :

$$(\sqrt{a}+\sqrt{b})^2=(\sqrt{a}+\sqrt{b})(\sqrt{a}+\sqrt{b})=a+b+2\sqrt{ab}.$$

**Rép.** $a+b+2\sqrt{ab}.$

**61.** $(1-\sqrt{a})^2$.

Développons :

$$(1-\sqrt{a})^2=(1-\sqrt{a})(1-\sqrt{a})=1-\sqrt{a}-\sqrt{a}+(\sqrt{a})^2=1-2\sqrt{a}+a.$$

Rép. $a+1-2\sqrt{a}$.

**62.** $(\sqrt{a}-\sqrt{b})^2$.

On a :

$$(\sqrt{a}-\sqrt{b})(\sqrt{a}-\sqrt{b})=(\sqrt{a})^2-\sqrt{ab}-\sqrt{ab}+(\sqrt{b})^2.$$
$$=a-2\sqrt{ab}+b.$$

Rép. $a+b-2\sqrt{ab}$.

**63** $(1+\sqrt{a})(1-\sqrt{a})$.

$$(1+\sqrt{a})(1-\sqrt{a})=1+\sqrt{a}-\sqrt{a}-(\sqrt{a})^2=1-a.$$

Rép. $1-a$.

**64.** $(\sqrt{a}+\sqrt{b})(\sqrt{a}-\sqrt{b})$.

$$(\sqrt{a}+\sqrt{b})(\sqrt{a}-\sqrt{b})=(\sqrt{a})^2+\sqrt{ab}-\sqrt{ab}(\sqrt{b})^2=a-b.$$

Rép. $a-b$.

**65.** $(3\sqrt{a}-2\sqrt{b})^2$.

$$(3\sqrt{a}-2\sqrt{b})(3\sqrt{a}-2\sqrt{b})=9(\sqrt{a})^2-6\sqrt{ab}-6\sqrt{ab}+4(\sqrt{b})^2$$
$$=9a-12\sqrt{ab}+4b.$$

Rép. $9a+4b-12\sqrt{ab}$.

**66.** $(a\sqrt{b}-b\sqrt{a})^2$.

$$(a\sqrt{b}-b\sqrt{a})(a\sqrt{b}-b\sqrt{a})=a^2(\sqrt{b})^2-ab\sqrt{ab}-ab\sqrt{ab}+b^2(\sqrt{a})^2$$
$$=a^2b-2ab\sqrt{ab}+ab^2.$$

Rép. $a^2b+ab^2-2ab\sqrt{ab}$.

**67.** $(3a\sqrt{b}+2b\sqrt{a})^2$.      Rép. $9a^2b+4ab^2+12ab\sqrt{ab}$.

*Effectuer les opérations et réduire :*

**68.** $\sqrt{12}:\sqrt{8}$.

En appliquant le théorème (12), il vient :

$$\sqrt{12}:\sqrt{8}=\sqrt{\frac{12}{8}}=\sqrt{\frac{3}{2}}.$$

Rép. $\sqrt{\dfrac{3}{2}}$.

**69.** $\sqrt{12} : \sqrt[3]{12}$.

On réduit d'abord au même indice, puis on applique le théorème (7), ce qui donne :

$$\sqrt{12} : \sqrt[3]{12} = \sqrt[6]{12^3} : \sqrt[6]{12^2} = \sqrt[6]{\frac{12^3}{12^2}} = \sqrt[6]{12}.$$

Rép. $\sqrt[6]{12}$.

**70.** $\sqrt[3]{a^8} : \sqrt{a^3}$.

$$\sqrt[3]{a^8} : \sqrt{a^3} = \sqrt[6]{a^{16}} : \sqrt[6]{a^9} = \sqrt[6]{\frac{a^{16}}{a^9}} = \sqrt[6]{a^7} = a\sqrt[6]{a}.$$

Rép. $a\sqrt[6]{a}$.

**71.** $\sqrt[3]{a^6b^4} : \sqrt{ab}$.

$$\sqrt[3]{a^6b^4} : \sqrt{ab} = \sqrt[6]{a^{12}b^8} : \sqrt[6]{a^3b^3} = \sqrt[6]{\frac{a^{12}b^8}{a^3b^3}} = \sqrt[6]{a^9b^5} = a\sqrt[6]{a^3b^5}.$$

Rép. $a\sqrt[6]{a^3b^5}$.

**72.** $\sqrt[3]{27a^4b^5c^6} : \frac{1}{9}\sqrt[3]{9a^2b^4c^5}$.

Le quotient est :

$$9\sqrt[3]{\frac{27a^4b^5c^6}{9a^2b^4c^5}} = 9\sqrt[3]{3a^2bc}.$$

Rép. $9\sqrt[3]{3a^2bc}$.

**73.** $5\sqrt[8]{81} : \sqrt[4]{9}$.

$$5\sqrt[8]{81} : \sqrt[4]{9} = 5\sqrt[8]{81} : \sqrt[8]{81} = 5.$$

Rép. $5$.

*Effectuer et réduire :*

**74.** $(\sqrt{4})^2$.                    Rép. $4$.

**75.** $(\sqrt[3]{-a^2})^3$.              Rép. $-a^2$.

**76.** $(\sqrt{5})^3$.

On applique la règle (13).

Rép. $(\sqrt{5})^3 = \sqrt{5^3} = \sqrt{125} = 5\sqrt{5}$.

**77.** $(3\sqrt[3]{3})^4$.

$$(3\sqrt[3]{3})^4 = 3^4\sqrt[3]{3^4} = 81\sqrt[3]{81} = 243\sqrt[3]{3}.$$

Rép. $243\sqrt[3]{3}$.

**78.** $(\sqrt[3]{a^2})^2$.

$$(\sqrt[3]{a^2})^2 = \sqrt[3]{a^4} = a\sqrt[3]{a}.$$

Rép. $a\sqrt[3]{a} = \sqrt[3]{a^4}$.

**79.** $(\sqrt{a+\sqrt{b}})^2(\sqrt{a-\sqrt{b}})^2$.

On écrit :

$$(\sqrt{a+\sqrt{b}})^2 = a+\sqrt{b}, \quad \text{et} \quad (\sqrt{a-\sqrt{b}})^2 = a-\sqrt{b}$$

d'où

$$(a+\sqrt{b})(a-\sqrt{b}) = a^2-b.$$

Rép. $a^2-b$.

**80.** $(\sqrt[3]{9}-\sqrt{2})^2$.

On a :

$$(\sqrt[3]{9}-\sqrt{2})^2 = (\sqrt[3]{9})^2+(\sqrt{2})^2-2\sqrt[3]{9}.\sqrt{2} = \sqrt[3]{81}+2-2\sqrt[6]{9^2.2^3}$$

ou

$$(\sqrt[3]{9}-\sqrt{2})^2 = 3\sqrt[3]{3}+2-2\sqrt[6]{648}.$$

Rép. $2+3\sqrt[3]{3}-2\sqrt[6]{648}$.

**81.** $(\sqrt[3]{10}-\sqrt[3]{4})^3$.

$$(\sqrt[3]{10}-\sqrt[3]{4})^3 = (\sqrt[3]{10})^3 - 3(\sqrt[3]{10})^2\times\sqrt[3]{4}+3\sqrt[3]{10}(\sqrt[3]{4})^2-(\sqrt[3]{4})^3.$$

Mais on a :

$$(\sqrt[3]{10})^3 = 10$$

$$-3(\sqrt[3]{10})^2\times\sqrt[3]{4} = -3\sqrt[3]{400} = -6\sqrt[3]{50}$$

$$3\sqrt[3]{10}(\sqrt[3]{4})^2 = 3\sqrt[3]{160} = 6\sqrt[3]{20}$$

$$-(\sqrt[3]{4})^3 = -4.$$

Le résultat est, par suite,

$$10-6\sqrt[3]{50}+6\sqrt[3]{20}-4.$$

Rép. $6-6\sqrt[3]{50}+6\sqrt[3]{20}$.

*Rendre rationnels les dénominateurs des fractions suivantes :*

**82.** $\dfrac{2}{\sqrt{2}}$.

Il suffit de multiplier par $\sqrt{2}$ les deux termes de cette fraction :

$$\frac{2}{\sqrt{2}} = \frac{2\sqrt{2}}{\sqrt{2} \cdot \sqrt{2}} = \frac{2\sqrt{2}}{(\sqrt{2})^2} = \frac{2\sqrt{2}}{2} = \sqrt{2}.$$

Rép. $\sqrt{2}$.

**83.** $\dfrac{1}{\sqrt{a^3}}$.

On a :

$$\frac{1}{\sqrt{a^3}} = \frac{\sqrt{a^3}}{\sqrt{a^3}\sqrt{a^3}} = \frac{\sqrt{a^3}}{(\sqrt{a^3})^2} = \frac{\sqrt{a^3}}{a^3} = \frac{\sqrt{a}}{a^2}.$$

Rép. $\dfrac{\sqrt{a^3}}{a^3}$.

**84.** $\dfrac{1}{\sqrt[4]{2}}$.

Il faut multiplier *haut et bas* par $\sqrt[4]{2^3}$, ce qui donne :

$$\frac{\sqrt[4]{2^3}}{\sqrt[4]{2}\,\sqrt[4]{2^3}} = \frac{\sqrt[4]{8}}{\sqrt[4]{2^4}} = \frac{\sqrt[4]{8}}{2}.$$

Rép. $\dfrac{\sqrt[4]{8}}{2}$.

**85.** $\dfrac{1}{\sqrt[3]{7}}$.

On écrit :

$$\frac{1}{\sqrt[3]{7}} = \frac{\sqrt[3]{7^2}}{\sqrt[3]{7} \cdot \sqrt[3]{7^2}} = \frac{\sqrt[3]{7^2}}{\sqrt[3]{7^3}} = \frac{\sqrt[3]{49}}{7}$$

Rép. $\dfrac{\sqrt[3]{49}}{7}$.

**86.** $\dfrac{15}{2\sqrt{3}}$.

$$\frac{15}{2\sqrt{3}} = \frac{15\sqrt{3}}{2(\sqrt{3})^2} = \frac{15\sqrt{3}}{2 \cdot 3} = \frac{5\sqrt{3}}{2}.$$

Rép. $\dfrac{5\sqrt{3}}{2}$.

**87.** $\dfrac{a}{\sqrt[5]{a^4}}$.

$$\frac{a}{\sqrt[5]{a^4}}=\frac{a\cdot\sqrt[5]{a}}{\sqrt[5]{a^4}\cdot\sqrt[5]{a}}=\frac{a\sqrt[5]{a}}{\sqrt[5]{a^5}}=\frac{a\sqrt[5]{a}}{a}=\sqrt[5]{a}.$$

Rép. $\sqrt[5]{a}$.

**88.** $\dfrac{1}{\sqrt{2}}-\dfrac{1}{\sqrt{3}}$.

On a : $\dfrac{1}{\sqrt{2}}-\dfrac{1}{\sqrt{3}}=\dfrac{\sqrt{3}-\sqrt{2}}{\sqrt{6}}=\dfrac{(\sqrt{3}-\sqrt{2})\sqrt{6}}{(\sqrt{6})^2}=$

$$\frac{\sqrt{18}-\sqrt{12}}{6}=\frac{3\sqrt{2}-2\sqrt{3}}{6}$$

ou $\qquad\dfrac{1}{\sqrt{2}}-\dfrac{1}{\sqrt{3}}=\dfrac{\sqrt{2}}{2}-\dfrac{\sqrt{3}}{3}.$

Rép. $\dfrac{\sqrt{2}}{2}-\dfrac{\sqrt{3}}{3}$.

**89.** $\dfrac{3}{\sqrt{3}}-\sqrt{3}$.

$$\frac{3}{\sqrt{3}}-\sqrt{3}=\frac{3-(\sqrt{3})^2}{\sqrt{3}}=\frac{3-3}{\sqrt{3}}=0.$$

Rép. 0.

**90.** $\dfrac{1}{\sqrt{2}-1}$.

$$\frac{1}{\sqrt{2}-1}=\frac{\sqrt{2}+1}{(\sqrt{2}-1)(\sqrt{2}+1)}=\frac{\sqrt{2}+1}{(\sqrt{2})^2-1}=\frac{\sqrt{2}+1}{1}=\sqrt{2}+1.$$

Rép. $\sqrt{2}+1$.

**91.** $\dfrac{1}{a-\sqrt{b}}$.

$$\frac{1}{a-\sqrt{b}}=\frac{a+\sqrt{b}}{(a-\sqrt{b})(a+\sqrt{b})}=\frac{a+\sqrt{b}}{a^2-b}.$$

Rép. $\dfrac{a+\sqrt{b}}{a^2-b}$.

**92.** $\dfrac{1}{10+\sqrt{7}}$.

$$\frac{1}{10+\sqrt{7}} = \frac{10-\sqrt{7}}{(10+\sqrt{7})(10-\sqrt{7})} = \frac{10-\sqrt{7}}{100-7} = \frac{10-\sqrt{7}}{93}.$$

Rép. $\dfrac{10-\sqrt{7}}{93}$.

**93.** $\dfrac{1}{\sqrt{10}-\sqrt{7}}$.

$$\frac{1}{\sqrt{10}-\sqrt{7}} = \frac{\sqrt{10}+\sqrt{7}}{(\sqrt{10}-\sqrt{7})(\sqrt{10}+\sqrt{7})} = \frac{\sqrt{10}+\sqrt{7}}{10-7};$$

Rép. $\dfrac{\sqrt{10}+\sqrt{7}}{3}$.

# CHAPITRE II

## ÉQUATIONS DU SECOND DEGRÉ

*Résoudre les équations incomplètes suivantes :*

**94.** $2x^2 - x = 0$.      Rép. $x' = \dfrac{1}{2}$ ; $x'' = 0$.

**95.** $4x^2 - 32x = 0$.      Rép. $x' = 8$ ; $x'' = 0$.

**96.** $x^3 - 5x^2 = 0$.      Rép. $x' = 5$ ; $x'' = x''' = 0$.

**97.** $8x^3 - 2x = 0$.      Rép. $x' = \dfrac{1}{2}$ ; $x'' = 0$ ; $x''' = -\dfrac{1}{2}$.

**98.** $4x^2 - 16 = 0$.      Rép. $x' = 2$ ; $x'' = -2$.

**99.** $3x^2 - 27 = 0$.      Rép. $x' = 3$ ; $x'' = -3$.

**100.** $7x^2 + 21x = 0$.      Rép. $x' = 0$ ; $x'' = -3$.

**101.** $11x^2-44x=0.$  Rép. $x'=4$ ; $x''=0.$

**102.** $5x^2+40x=0.$  Rép. $x'=0$ ; $x''=-8.$

**103.** $\dfrac{2x^2}{3}+\dfrac{3x}{2}=0.$  Rép. $x'=0$ ; $x''=-\dfrac{9}{4}.$

**104.** $\dfrac{x^2}{a^2}-\dfrac{b^2x^2c^2}{c^2}-1=0.$  Rép. $x=\pm\dfrac{ac}{\sqrt{c^2-a^2b^2}}.$

**105.** $7x=21x^2.$  Rép. $x'=\dfrac{1}{3}$ ; $x''=0.$

**106.** $3x^2=27.$  Rép. $x'=3$ ; $x''=-3.$

**107.** $\dfrac{x^2}{2}=\dfrac{a^4}{3}.$

Rép. $x'=\dfrac{a^2\sqrt{6}}{3}$ ; $x''=-\dfrac{a^2\sqrt{6}}{3}.$

**108.** $0,001x^2-10=0.$  Rép. $x'=100$ ; $x''=-100.$

**109.** $x^4-x^2=0.$

Rép. $x'=1$ ; $x''=x'''=0$ ; $x^{\mathrm{IV}}=-1.$

**110.** $x^2-a^2=0.$  Rép. $x'=a$ ; $x''=-a.$

**111.** $4x^2=a^4.$  Rép. $x'=\dfrac{a^2}{2}$ ; $x''=-\dfrac{a^2}{2}.$

**112.** $9=3(x^2-1).$  Rép. $x'=2$ ; $x''=-2.$

**113.** $bx^2+a^2b=ax^2+ab^2.$  Rép. $x=\sqrt{ab}$ ; $x''=-\sqrt{ab}.$

**114.** $x^2-16x=0.$  Rép. $x'=16$ ; $x''=0.$

**115.** $4ax^2-bx=0.$  Rép. $x'=\dfrac{b}{4a}$ ; $x''=0.$

**116.** $x^4-ax^3=0.$  Rép. $x'=a$ ; $x''=x'''=x^{\mathrm{IV}}=$

*Résoudre les équations suivantes :*

**117.** $x^2-8x+15=0.$  Rép. $x'=5$ ; $x''=3.$

**118.** $x^2+8x+15=0.$  Rép. $x'=-3$ ; $x''=-5.$

**119.** $x^2-2x-15=0.$  Rép. $x'=5$ ; $x''=-3.$

**120.** $x^2 + 2x - 15 = 0$.  Rép. $x' = 3$ ; $x'' = -5$.

**121.** $x^2 - 10x + 21 = 0$.  Rép. $x' = 7$ ; $x'' = 3$.

**122.** $x^2 - 3x - 21 = 0$.  Rép. $x' = 5$ ; $x'' = -4$.

**123.** $x^2 + 25x + 150 = 0$.  Rép. $x' = 10$ ; $x'' = -15$.

**124.** $x^2 - 25x + 150 = 0$.  Rép. $x' = 15$ ; $x'' = 10$.

**125.** $x^2 - 8x - 240 = 0$.  Rép. $x' = 20$ ; $x'' = -12$.

**126.** $x^2 - 32x + 240 = 0$.  Rép. $x' = 40$ ; $x'' = 24$.

**127.** $1 - 6x = -8x^2$.  Rép. $x' = \dfrac{1}{2}$ ; $x'' = \dfrac{1}{4}$.

**128.** $4x^2 + 6x = -1 - 4x^2$.  Rép. $x' = -\dfrac{1}{4}$ ; $x'' = -\dfrac{1}{2}$.

**129.** $2x^2 + 80 = x^2 + 20x - 20$.  Rép. $x' = 10$ ; $x'' = 10$.

**130.** $100x^2 - 20x + 1 = 0$.  Rép. $x' = \dfrac{1}{10}$ ; $x'' = \dfrac{1}{10}$.

**131.** $2x^2 - \dfrac{2x}{5} + \dfrac{1}{50} = 0$.  Rép. $x' = \dfrac{1}{10}$; $x'' = \dfrac{1}{10}$.

**132.** $5x + 1 = 2x^2 + 3$.  Rép. $x' = 2$ ; $x'' = \dfrac{1}{2}$.

**133.** $3x^2 + 2 = 10x - 1$.  Rép. $x' = 3$ ; $x'' = \dfrac{1}{3}$.

**134.** $x^2 + 10 - 5x = -40 + 10x$.  Rép. $x' = 10$ ; $x'' = 5$.

**135.** $5x - 12 = x^2 - 4x + 8$.  Rép. $x' = 5$ ; $x'' = 4$.

**136.** $21x - 100 = x^2 + 21 - x$.  Rép. $x' = 11$ ; $x'' = 11$.

**137.** $6x^2 = 5x - 1$.  Rép. $x' = \dfrac{1}{2}$; $x'' = \dfrac{1}{3}$.

**138.** $12 - 10x = 5x - 13 - 2x^2$.  Rép. $x' = 5$ ; $x'' = 2\dfrac{1}{2}$.

**139.** $x^2 + 10 = 12x - 25$.  Rép. $x' = 7$ ; $x'' = 6$.

**140.** $7x^2 + 10 = 101x - 3x^2$.  Rép. $x' = 10$ ; $x'' = \dfrac{1}{10}$.

**141.** $20x^2 - 12x + 3 = 8x - 1 - 5x^2$.

Rép. $x' = \dfrac{2}{5}$; $x'' = \dfrac{2}{5}$.

**142.** $3x^2 = 18x - 24$.  Rép. $x' = 4$ ; $x'' = 2$.

**143.** $8x^2 - 20x = -12$.  Rép. $x' = 6\dfrac{1}{2}$; $x'' = 6$.

**144.** $16x^2 - 104x + 25 = 0$.  Rép. $x' = 6\dfrac{1}{4}$; $x'' = \dfrac{1}{4}$.

**145.** $2x^2 - 1 = 1 - x + x^2$.  Rép. $x' = 1$ ; $x'' = -2$.

**146.** $x^2 - 50 = 49 - 2x$.  Rép. $x' = 11$ ; $x'' = -9$.

**147.** $x^2 + 60x = 160x - 2500$.  Rép. $x' = 50$ ; $x'' = 50$.

**148.** $24x + 35 = -2x^2 - 35$.  Rép. $x' = -5$ ; $x'' = -7$.

**149.** $x^2 - 8x - (8x + 17) = 0$.  Rép. $x' = 17$ ; $x'' = -1$.

**150.** $50x^2 - (28x - 2x^2 - 1) = 0$.  Rép. $x' = \dfrac{1}{2}$; $x'' = \dfrac{1}{26}$.

**151.** $10x^2 - 15 = 3x - (6x^2 - 5x)$.

Rép. $x' = 1\dfrac{1}{4}$; $x'' = -\dfrac{3}{4}$.

**152.** $10x^2 + 10 = 101x$.  Rép. $x' = 10$ ; $x'' = \dfrac{1}{10}$.

**153.** $8x^2 + 1 = -6x$  Rép. $x' = -\dfrac{1}{4}$; $x'' = -\dfrac{1}{2}$.

**154.** $11x(11x - 4) = 5$.  Rép. $x' = \dfrac{1}{11}$; $x'' = -\dfrac{5}{11}$.

**155.** $2x^2 - 1 = 3x - 2x^2$.  Rép. $x' = 1$ ; $x'' = -\dfrac{1}{4}$.

**156.** $5x^2 + 3x - 2 = 0$.  Rép. $x' = \dfrac{2}{5}$; $x'' = -1$.

**157.** $x^2 + 5x = 6$.  Rép. $x' = 1$ ; $x'' = -6$.

**158.** $6x^2 - 2x = 4$.  Rép. $x' = 1$ ; $x'' = -\dfrac{2}{3}$.

**159.** $3x^2+2x=4-3x-3x^2$.     Rép. $x'=\dfrac{1}{2}$; $x''=-1\dfrac{1}{3}$.

**160.** $5x^2-2x=3-3x^2$.     Rép. $x'=\dfrac{3}{4}$; $x''=-\dfrac{1}{2}$.

**161.** $35-4x=4x^2$.     Rép. $x'=2\dfrac{1}{2}$; $x''=-8\dfrac{1}{2}$.

**162.** $16x^2+60x=100x-9$.     Rép. $x'=2\dfrac{1}{4}$; $x''=\dfrac{1}{4}$.

**163.** $x(x+2)=15$.     Rép. $x'=3$ ; $x''=-5$.

**164.** $x^2-18x=-25x+18$.     Rép. $x'=2$ ; $x''=-9$.

**165.** $2+\dfrac{12}{x-3}=x+3$.     Rép. $x'=5$ ; $x''=-3$.

**166.** $\dfrac{2}{x-1}-\dfrac{5}{2}=\dfrac{1-x}{2}$.     Rép. $x'=5$ ; $x''=2$.

**167.** $x-6+2x^2=4-x^2+8x$.     Rép. $x'=3\dfrac{1}{3}$; $x''=-1$.

**168.** $(3x-2)^2-1=-(x-1)^2$.     Rép. $x'=1$ ; $x''=\dfrac{2}{5}$.

**169.** $\dfrac{6x+33}{x}=15-(x-5)$.     Rép. $x'=11$ ; $x''=3$.

**170.** $4x^2(x+2)^2=8x^4(x+2)^2$.

Rép. $x'=0$ ; $x''=0$ ; $x'''=-2$ ; $x^{\mathrm{IV}}=-2$ ;

$$x^{\mathrm{V}}=\dfrac{\sqrt{2}}{2}; \quad x^{\mathrm{VI}}=-\dfrac{\sqrt{2}}{2}.$$

**171.** $\dfrac{x}{x+1}+\dfrac{x+1}{x}=\dfrac{13}{6}$.     Rép. $x'=2$ ; $x''=-3$.

**172.** $\dfrac{y}{y+1}+\dfrac{y}{y+4}=1$.     Rép. $y'=2$ ; $x''=-2$.

**173.** $\left(\dfrac{x^2-24}{5}\right)4+(x^2-37)=32$.

Rép. $x'=7$ ; $x''=-7$.

**174.** $(x-3)^2-2(x^2-9)=0.$     Rép. $x'=8$ ; $x''=-9.$

**175.** $(x-1)(x-2)-12=0.$     Rép. $x'=5$ ; $x''=-2.$

**176.** $(x-7)(x+4)-5,75=0.$     Rép. $x'=7,50$ ; $x''=-4.50$

**177.** $(x-7)(x+4)+(x-4)(x-3)=84.$
Rép. $x'=10$ ; $x''=-5.$

**178.** $x=8-\dfrac{12}{x}.$     Rép. $x'=6$ ; $x''=2.$

**179.** $x(x-8)+12=0.$     Rép. $x'=6$ ; $x''=2.$

**180.** $\dfrac{x-2}{9}=\dfrac{1}{x-2}.$     Rép. $x'=5$ ; $x''=-1.$

**181.** $\dfrac{1}{x-1}+\dfrac{1}{x+1}=\dfrac{5}{12}.$     Rép. $x'=5$ ; $x''=-\dfrac{1}{5}.$

**182.** $\dfrac{x-1}{x+1}=\dfrac{7}{3x}.$     Rép. $x'=3,927$ ; $x''=-0,5$

**183.** $2=\dfrac{2x-20}{2x-8}-x.$     Rép. $x'=2$ ; $x''=1.$

**184.** $\dfrac{3(2x-1)}{2x+1}-\dfrac{2(2x+1)}{2x-1}-5=0.$
Rép. $x'=\dfrac{1}{4}$ ; $x''=-\dfrac{8}{2}.$

**185.** $\dfrac{x-1}{\dfrac{x}{2}-1}-\dfrac{x-3}{\dfrac{x}{2}-2}+\dfrac{1}{6}=0.$
Rép. $x'=8$ ; $x''=-2.$

**186.** $\dfrac{9x^2}{5}-\dfrac{7x}{3}+2=2x^2-\dfrac{x}{2}+\dfrac{1}{3}.$
Rép. $x'=\dfrac{5}{6}$ ; $x''=-10.$

**187.** $3(x-5)(x-2)=7(x-4)(x-6)-48.$
Rép. $x'=10$ ; $x''=2,25.$

**188.** $\dfrac{x-10}{x+10} = \dfrac{37+x}{23-x}$.

Les racines de cette équation sont imaginaires.

$$\text{Rép. } x = \frac{-7 \pm \sqrt{-1151}}{2}.$$

**189.** $\dfrac{4}{7(x^2-1)} + \dfrac{1}{9(x+1)} = \dfrac{1}{63}$.

Rép. $x'=10$ ; $x''=-3$.

**190.** $\dfrac{x+6}{x-6} + \dfrac{x-6}{x+6} = \dfrac{17}{4}$.  Rép. $x'=10$ ; $x''=-10$.

**191.** $\dfrac{x-5}{2} = \dfrac{5}{x-2}$.  Rép. $x'=7$ ; $x''=0$.

**192.** $\dfrac{x^2-36}{8} + \dfrac{x^2-64}{6} = 14$.  Rép. $x'=10$ ; $x''=-10$.

*Résoudre les équations littérales suivantes :*

**193.** $x^2-(a+b)x+ab=0$.  Rép. $x'=a$ ; $x''=b$.

**194.** $x^2-2ax+a^2=0$.  Rép. $x'=a$ ; $x''=a$.

**195.** $x^2-2(a+b)x+4ab=0$.  Rép. $x'=2a$ ; $x''=2b$.

**196.** $x^2-2ax+a^2-1=0$.  Rép. $x'=a+1$ ; $x''=a-1$.

**197.** $x^2-(2a+1)x+a^2+a=0$.  Rép. $x'=a+1$ ; $x''=a$.

**198.** $a^2x^2-2ax-3=0$.  Rép. $x'=\dfrac{3}{a}$ ; $x''=-\dfrac{1}{a}$.

**199.** $abx^2-(a+b)x+1=0$.  Rép. $x'=\dfrac{1}{a}$ ; $x''=\dfrac{1}{b}$.

**200.** $abx^2-(a-b)x-1=0$.  Rép. $x'=\dfrac{1}{b}$ ; $x''=-\dfrac{1}{a}$.

**201.** $ax^2-(a^2+1)x+a=0$.  Rép. $x'=a$ ; $x''=\dfrac{1}{a}$.

**202.** $x^2-9ax-10a^2=0$.  Rép. $x'=10a$ ; $x''=-a$.

**203.** $x^2-2ax+a^2-b^2=0$.  Rép. $x'=a+b$ ; $x''=a-b$.

**204.** $bx^2-(ab^2+a)x+a^2b=0.$    Rép. $x'=ab$ ; $x''=\dfrac{a}{b}$.

**205.** $x^2-2(a+b)x+(a+b)^2=0.$
Rép. $x'=a+b$ ; $x''=a+b$.

**206.** $m^2y^2-5my+4=0.$    Rép. $y'=\dfrac{4}{m}$ ; $y''=\dfrac{1}{m}$.

---

# CHAPITRE III

## EXERCICES SUR LES PROPRIÉTÉS DES RACINES

*Pour chacune des équations suivantes, donner la somme*
*le produit des racines.*

**207.** $x^2-9x+8=0.$
Nous rappellerons (25-26) que si les racines sont $x'$ et $x''$, on a

$$1^o \quad x'+x''=-\frac{b}{a}.$$

$$2^o \quad x'x''=\frac{c}{a}.$$

En appliquant ces formules à l'équation donnée, il vien

$$1^o \quad x'+x''=\frac{9}{1}=9.$$

$$2^o \quad x'x''=\frac{8}{1}=8.$$

Rép. $x'+x''=9$ ; $x'x''=8.$

**208.** $x^2-9x+20=0.$
On a :

$$1^o \quad x'+x''=-\frac{b}{a}=9.$$

$$2^o \quad x'x''=\frac{c}{a}=20.$$

Rép. $x'+x''=9$ ; $x'x''=20.$

**209.** $x^2 - x - 1 = 0.$

On a :

$$1^o \quad x' + x'' = -\frac{b}{a} = \frac{1}{1} = 1.$$

$$2^o \quad x'x'' = \frac{c}{a} = \frac{-1}{1} = -1.$$

Rép. $x' + x'' = 1$ ; $x'x'' = -1.$

**210.** $x^2 + 16x + 64 = 0.$

$$1^o \quad x' + x'' = -\frac{b}{a} = \frac{-16}{1} = -16.$$

$$2^o \quad x'x'' = \frac{c}{a} = \frac{64}{1} = 64.$$

Rép. $x' + x'' = -16$ ; $x'x'' = 64.$

**211.** $7x^2 + 2x + 11 = 0.$

$$1^o \quad x' + x'' = -\frac{b}{a} = -\frac{2}{7}.$$

$$2^o \quad x'x'' = \frac{c}{a} = \frac{11}{7}.$$

Rép. $x' + x'' = -\frac{2}{7}, \quad x'x'' = \frac{11}{7}.$

**212.** $x^2 - 4x + 4 = 0.$

Rép. $x' + x'' = 4$ ; $x'x'' = 4.$

**213.** $x^2 - 4x + 5 = 0.$

Rép. $x' + x'' = 4$ ; $x'x'' = 5.$

**214.** $18a^2x^2 + 9a^2x + 1 = 0.$

On a :

$$1^o \quad x' + x'' = -\frac{9a^2}{18a^2} = -\frac{1}{2}.$$

$$2^o \quad x'x'' = \frac{c}{a} = \frac{1}{18a^2}.$$

Rép. $x' + x'' = -\frac{1}{2} \quad x'x'' = \frac{1}{18a^2}.$

**215.** $11x^2 - 121x = 0$.

$$1° \quad x' + x'' = -\frac{b}{a} = \frac{121}{11} = 11.$$

$$2° \quad x'x'' = \frac{c}{a} = \frac{0}{11} = 0.$$

**Rép.** $x' + x'' = 11$ ; $x^5x'' = 0$.

**216.** $64x^2 - 1 = 0$.

$$1° \quad x' + x'' = -\frac{b}{a} = \frac{0}{64} = 0.$$

$$2° \quad x'x'' = \frac{c}{a} = \frac{-1}{64} = -\frac{1}{64}.$$

**Rép.** $x' + x'' = 0$ ; $x'x'' = -\dfrac{1}{64}$.

**217.** $20x^2 - 401x + 20 = 0$.
**Rép.** $x' + x'' = 20{,}05$ ; $x'x'' = 1$.

**218.** $x^2 - 11ax + 30a^2 = 0$.
**Rép.** $x' + x'' = 11a$ ; $x'x'' = 30a^2$.

*Sans résoudre les équations suivantes, dire à priori les signes de leurs racines :*

**Nota.** — Nous désignerons toujours par $x'$ la plus grande racine.

**219.** $x^2 - 23x + 60 = 0$.
On a (29) :

$$x'x'' = 60$$
$$x' + x'' = 23.$$

Puisque les deux racines ont un produit positif, elles ont le même signe. Comme leur somme est positive, elles sont toutes deux positives.

**Rép.** $x' > 0$ ; $x'' > 0$.

**220.** $x^2 - 17x - 60 = 0$.
Les deux racines sont de signes contraires puisque leur produit —60 est négatif. D'autre part, la plus grande racine $x'$ est positive, attendu que leur somme 17 est positive.

**Rép.** $x' > 0$ ; $x'' < 0$.

**221.** $x^2 + 23x + 60 = 0$.

Les deux racines sont négatives, parce que leur produit 60 est positif et que leur somme $-23$ est négative.

**Rép. x′ < 0 ;  x″ < 0.**

**222.** $x^2 + 17x - 60 = 0$.

A cause de la condition

$$x'x'' = -60$$

$x'$ et $x''$ sont de signes contraires et comme la somme $-17$ est négative, la plus grande $x''$ en valeur absolue est négative.

**Rép. x′ > 0 :  x″ < 0.**

**223.** $x^2 - 30x + 200 = 0$.

On a :

$$x'x'' = 200.$$

Par suite, les deux racines ont le même signe.
Et comme

$$x' + x'' = 30$$

les deux racines sont positives.

**Rép. x′ > 0 ; x″ > 0.**

**224.** $x^2 - 0,3x + 0,04 = 0$.

**Rép. x′ > 0 ; x″ > 0.**

**225.** $x^2 + 100x + 900 = 0$.

**Rép. x′ < 0 ; x″ < 0.**

**226.** $x^2 + (b^2 - a^2)x - a^2 b^2 = 0$.

On a :

$$x'x'' = -a^2 b^2$$

ce qui prouve que $x'$ et $x''$ sont de signes contraires.

La somme $a^2 - b^2$ des racines est positive pour $a > b$, et négative pour $a < b$ : la plus grande racine en valeur absolue est donc positive pour $a > b$ ; elle est négative pour $a < b$.

**Rép.** 1° Si $a > b$ : **x′ > 0** et **x″ < 0**.

2° Si $a < b$ : **x′ < 0** et **x″ > 0**.

*Décomposer en facteurs le premier membre de chacune des équations suivantes :*

**227.** $x^2 - 7x + 12 = 0$.

On calcule d'abord les racines, puis on applique l'identité (27) :

$$ax^2 + bx + c = a(x - x')(x - x'') = 0.$$

On a :

$$x'=4 \quad x''=3.$$
$$x^2-7x+12=(x-4)(x-3).$$
Rép. $x^2-7x+12=(x-4)(x-3)=0.$

**228.** $x^2-2x-120=0.$

Les racines sont :

$$x'=12 \quad x''=-10.$$
Rép. $x^2-2x-120=(x-12)(x+10)=0.$

**229.** $x^2+10x+9=0.$

$$x'=-1 \quad x''=-9.$$
Rép. $x^2+10x+9=(x+1)(x+9)=0.$

**230.** $3x^2-10x+3=0.$

$$x'=3 \quad x''=1/3.$$
Rép. $3x^2-10x+3=3(x-3)\left(x-\dfrac{1}{3}\right)=0.$

ou bien $\qquad (x-3)(3x-1)=0.$

**231.** $x^2-50x-51=0.$

$$x'=51 \quad x''=-1.$$
Rép. $x^2-50x-51=(x-51)(x+1)=0.$

**232.** $81x^2-189x+110=0.$

$$x'=\frac{11}{9} \quad x''=\frac{10}{9}.$$
Rép. $81x^2-189x+110=81\left(x-\dfrac{11}{9}\right)\left(x-\dfrac{10}{9}\right)=0$

ou $\quad (9x-11)(9x-10)=0.$

**233.** $x^2-1=0.$

$$x'=1 \quad x''=-1.$$
Rép. $x^2-1=(x-1)(x+1)=0.$

**234.** $x^2-16x=0.$

$$x'=16 ; \quad x''=0.$$
Rép. $x^2-16x=x(x-16)=0.$

**235.** $x^2-(a+1)x+a=0.$

$$x'=a, \quad x''=1.$$
Rép. $x^2-(a+1)x+a=(x-a)(x-1)=0.$

**236.** $10x^2 - 101x + 10 = 0.$

$$x' = 10 \qquad x'' = 0,1..$$

**Rép.** $10x^2 - 101x + 10 = 10(x - 10)(x - 0,1)$

ou bien $\qquad (x - 10)(10x - 1) = 0.$

*Simplifier les fractions suivantes :*

**237.** $\dfrac{x^2 - 9x + 20}{x^2 - 11x + 30}.$

En décomposant les deux trinômes en facteurs, on a :

$$\frac{x^2 - 9x + 20}{x^2 - 11x + 30} = \frac{(x - 5)(x - 4)}{(x - 6)(x - 5)} = \frac{x - 4}{x - 6}.$$

**Rép.** $\dfrac{x - 4}{x - 6}.$

**238.** $\dfrac{x^2 - 11x + 28}{x^2 - 18x + 77}.$

$$\frac{x^2 - 11x + 28}{x^2 - 18x + 77} = \frac{(x - 7)(x - 4)}{(11 - x))(x - 7)} = \frac{x - 4}{x - 11}.$$

**Rép.** $\dfrac{x - 4}{x - 11}.$

**239.** $\dfrac{x^2 - 2x + 1}{x^2 - 6x + 5}.$

$$\frac{x^2 - 2x + 1}{x^2 - 6x + 5} = \frac{(x - 1))x - 1)}{(x - 1)(x - 5)} = \frac{x - 1}{x - 5}.$$

**Rép.** $\dfrac{x - 1}{x - 5}.$

**240.** $\dfrac{x^2 - 4x}{x^2 - 13x + 36}.$

$$\frac{x^2 - 4x}{x^2 - 13x + 36} = \frac{x(x - 4)}{(x - 9)(x - 4)} = \frac{x}{x - 9}.$$

**Rép.** $\dfrac{x}{x - 9}.$

**241.** $\dfrac{x^2-9}{x^2-3,5x+1,5}.$

$$\frac{x^2-9}{x^2-3,5x+1,5}=\frac{(x-3)(x+3)}{(x-3)\left(x-\dfrac{1}{2}\right)}=\frac{x+3}{x-\dfrac{1}{2}}.$$

Rép. $\dfrac{x+3}{x-\dfrac{1}{2}}.$

**242.** $\dfrac{x^2-16}{x^2-5x+4}.$

$$\frac{x^2-16}{x^2-3x+4}=\frac{(x-4)(x+4)}{(x-1)(x-4)}=\frac{x+4}{x-1}.$$

Rép. $\dfrac{x+4}{x-1}.$

**243.** $\dfrac{x^2-3x-10}{x^2-8x+15}.$

$$\frac{(x-5)(x+2)}{(x-5)(x-3)}=\frac{x+2}{x-3}$$

Rép. $\dfrac{x+2}{x-3}.$

**244.** $\dfrac{x^2+6x-27}{x^2-9x+18}.$       Rép. $\dfrac{x+9}{x-6}.$

**245.** $\dfrac{x-1}{x^2-31x+30}.$

$$\frac{x-1}{(x-1)(x-30)}=\frac{1}{x-30}.$$

Rép. $\dfrac{1}{x-30}.$

**246.** $\dfrac{x^2-13x+40}{(x^2-9x+20)(x^2-17x+72)}.$

$$\frac{(x-8)(x-5)}{(x-5)(x-4)(x-8)(x-9)}=\frac{1}{(x-4)(x-9)}=\frac{1}{x^2-13x+36}.$$

Rép. $\dfrac{1}{x^2-13x+36}.$

**247.** $\dfrac{x^2-x-6}{x^2+x-12}$.       **Rép.** $\dfrac{x+2}{x+4}$.

**248.** $\dfrac{x^2+6x+9}{3x^2+6x-9}$.

$$\frac{x^2+6x+9}{3x^2+6x-9}=\frac{(x+3)(x+3)}{3(x+3)(x-1)}=\frac{x+3}{3x-3}.$$

    **Rép.** $\dfrac{x+3}{3x-3}=\dfrac{x+3}{3(x-1)}$.

**249.** $\dfrac{(x^2-3x-4)(x^2+4x-5)}{(x^2-1)(x^2+x-20)}$.

$$\frac{(x-4)(x+1)(x-1)(x+5)}{(x+1)(x-1)(x+5)(x-4)}=1.$$

    **Rép. 1.**

**250.** $\dfrac{x^3+33x^2+230x}{x^4-629x^2+52900}$.

On a :

1° $x^3+33x^2+230x=x(x^2+33x+230)=x(x+10)(x+23)$ ;

2° $x^4-629x^2+52900=(x^2-100)(x^2-23^2)$
$$=(x-10)(x+10)(x-23)(x+23)$$

d'où

$$\frac{x(x+10)(x+23)}{(x-10)(x+10)(x-23)(x+23)}=\frac{x}{(x-10)(x-23)}=\frac{x}{x^2-33x+230}.$$

    **Rép.** $\dfrac{x}{x^2-33x+230}$.

*Former les équations qui ont pour racines les nombres suivants :*

**251.** 3, 5.

1° On a (32) :
$$a(x-x')(x-x'')=ax^2+bx+c=0.$$

Et dans le cas où $a=1$ :
$$(x-x')(x-x'')=x^2+bx+c=0.$$

L'équation cherchée est, par suite,
$$(x-3)(x-5)=x^2-8x+15=0.$$

2° Dans l'équation
$$x^2+bx+c=0.$$

On a :

$$(= -(x'+x'')$$
$$c = x'x''.$$

Par suite,

$$x^2 - (x'+x'')x + x'x'' = 0.$$

Or, la somme $x'+x''$ est égale à $3+5 = 8$, et le produit $x'x'$ vaut $3 \times 5 = 15$ : l'équation est donc

$$x^2 - 8x + 15 = 0.$$

**Rép. x² — 8x + 15 = 0.**

**252.** 10, —1.

L'équation est

$$x^2 - (x'+x'')x + x'x'' = x^2 - 9x - 10 = 0.$$

**Rép. x² — 9x — 10 = 0.**

**253.** —40, —40.

L'équation est

$$(x+40)(x+40) = x^2 + 80x + 1600 = 0.$$

**Rép. x² + 80x + 1600 = 0.**

**254.** $m$, $2m$,

On a (25 et 26) :

$$x'+x'' = 3m$$
$$x'x'' = 2m^2$$

et, par suite, l'équation cherchée est :

$$x^2 - 3mx + 2m^2 = 0.$$

**Rép. x² — 3mx + 2m² = 0.**

**255.** $a$, $\dfrac{1}{a}$.

L'équation est :

$$(x-a)\left(x - \frac{1}{a}\right) = x^2 - \left(\frac{a^2+1}{a}\right)x + 1 = 0.$$

**Rép. ax² — (a² + 1)x + a = 0.**

**256.** $a$, —$a$.

$$(x-a)(x+a) = x^2 - a^2 = 0.$$

**Rép. x² — a² = 0.**

**257.** $a+b$, $a-b$,

$$[x - (a+b)][x - (a-b)] = x^2 - 2ax + a^2 - b^2 = 0.$$

**Rép. x² — 2ax + a² — b² = 0.**

*Dans l'équation* $x^2 - ax + 3600 = 0$, *quelle doit être la valeur de a pour que l'on ait :*

**258.** $x' = 20$.

On a :

$$a = x' + x'' = 20 + x'' \qquad (1)$$
$$3600 = x'x'' = 20x''.$$

De cette relation on tire :

$$x'' = 180.$$

La condition (1) donne :

$$a = 20 + x'' = 20 + 180 = 200.$$

Rép. $a = 200$.

**259.** $x' = 30$.

On a :

$$x'x'' = 3600$$

ou

$$30x'' = 3600$$

d'où

$$x'' = \frac{3600}{30} = 120$$

par suite,

$$a = x' + x'' = 30 + 120 = 150.$$

Rép. $a = 150$.

**260.** $x'$ et $x''$ *imaginaires.*

Il faut que l'on ait (20) :

$$b^2 - 4ac < 0.$$

ou

$$a^2 - 14400 < 0.$$

Pour que l'inégalité

$$a^2 - 14400 < 0$$

puisse être vérifiée (198), il faut donner à $a$ les valeurs comprises entre $\sqrt{14400}$ et $-\sqrt{14400}$, ou entre 120 et $-120$.

> Rép. Pour que l'équation $x^2 - ax + 3600 = 0$ ait ses racines imaginaires, il faut donner à $a$ une valeur comprise entre **120** et **—120**.

**261.** $x' = x''$.

Les relations

$$x' + x'' = a$$
$$x'x'' = 3600$$

deviennent :

$$x' = \frac{a}{2} \quad \text{et } x'^2 = 3600$$

d'où l'on déduit :

$$\frac{a^2}{4} = 3600 \text{ et } a = \pm 120.$$

**Rép.** $a = \pm 120$.

**262.** $x' = 2x''$.

On a :

$$2x'' + x'' = a$$

et

$$x'' \times 2x'' = 3600$$

d'où l'on tire, en éliminant $x''$ :

$$a = \pm 90\sqrt{2}.$$

**Rép.** $a = \pm 90\sqrt{2} = \pm 127,27$.

**263.** $x' = -x''$.

La relation

$$a = x' + x''$$

devient

$$a = -x'' + x'' = 0.$$

**Rép.** $a = 0$.

**264.** $x' = \frac{1}{x''}$.

On a :

$$x'x'' = \frac{1}{x''} \times x'' = 1$$

ou

$$3600 = 1.$$

Comme on tombe sur une relation absurde, les deux racines ne peuvent être inverses l'une de l'autre pour aucune valeur réelle de $a$.

**Rép. Aucune valeur réelle de $a$.**

**265.** $x' + x'' = 100.$

La relation

$$a = x' + x''$$

devient

$$a = 100.$$

**Rép. $a = 100$.**

**266.** $x' = \dfrac{x''}{2}.$

On écrit :

$$a = x' + x'' = \frac{x'}{2}' + x'' = \frac{3x''}{2}.$$

d'où

$$x'' = \frac{2a}{3}.$$

D'autre part, on a :

$$x'x'' = \frac{x''^2}{2} = 3600$$

ou

$$x''^2 = 7200.$$

Si dans la relation

$$x''^2 = 7200$$

on remplace $x''$ par $\dfrac{2a}{3}$, il vient

$$\frac{4a^2}{9} = 7200$$

d'où
$$a = \pm 90\sqrt{2}.$$

**Rép. $a = \pm 90\sqrt{2} = \pm 127,27$.**

**267.** $x' = 1.$

Les relations

$$a = x' + x''$$
$$x'x'' = 3600$$

deviennent

$$a = 1 + x'$$
$$x'' = 3600$$

d'où l'on tire :

$$a = 1 + 3600 = 3601.$$

**Rép. $a = 3601$.**

**268.** $x' = x'' + 5$.

On a :

$$a = x' + x'' = x'' + 5 + x''$$

d'où

$$x'' = \frac{a-5}{2}.$$

Si dans la relation

$$x'x'' = 3600$$

on remplace $x''$ et $x''$ par leurs valeurs, il vient succesivsement :

$$(x'' + 5)x'' = 3600$$

$$\left(\frac{a-5}{2} + 5\right)\left(\frac{a-5}{2}\right) = 3600.$$

On tire de là :

$$a^2 = 14425 \text{ ou } a = \pm 120,10.$$

**Rép.** $a = \pm \mathbf{120,10}.$

**269.** $\dfrac{1}{x'} + \dfrac{1}{x''} = 1$.

Cette condition s'écrit :

$$\frac{x' + x''}{x'x''} = 1$$

ou

$$\frac{a}{3600} = 1.$$

**Rép.** $a = \mathbf{3600}.$

*Dans l'équation* x² — 16x + c = 0, *déterminer* c *de manière que l'on ait :*

**270.** $x' = x''$.

On a :

$$x' + x'' = 2x' = 16$$

d'où

$$x' = x'' = 8.$$

D'autre part, l'égalité

$$c = x'x''$$

devient

$$c = 8 \times 8 = 64.$$

**Rép.** $c = \mathbf{64}.$

**271.** $x' = 7x''$.

Les relations

$$x' + x'' = 16$$
$$c = x'x''$$

deviennent respectivement :

$$8x'' = 16$$
$$c = 7x''^2.$$

La première donne $x'' = 2$ ; la seconde donne à son tour

$$c = 7 \times 2^2 = 28.$$

**Rép.** $c = 28$.

**272.** $x' = \dfrac{1}{x''}$.

Cette condition s'écrit :

$$x'x'' = 1 = c.$$

**Rép.** $c = 1$.

**273.** $x' - x'' = 2$.

On tire de là :

$$x' = 2 + x''.$$

Pour cette valeur de $x'$, les deux relations entre les racines deviennent :

$$2 + x'' + x'' = 16$$

d'où

$$x'' = 7$$

et

$$x''(2 + x'') = c$$

d'où

$$c = 7 \times 9 = 63.$$

**Rép.** $c = 63$.

**274.** $x'^2 + x''^2 = 136$.

On a :

$$(x' + x'')^2 = 16^2$$

ou

$$x'^2 + x''^2 + 2x'x'' = 256.$$

Dans cette égalité, remplaçons $x'^2 + x''^2$ par 136 et $x'x''$ par $c$, il viendra :

$$136 + 2c = 256$$

d'où

$$c = 60.$$

**Rép.** $c = 60$.

**275.** $x'^2 - x''^2 = 160$.

On a :

$$x'^2 - x''^2 = (x' + x'')(x' - x'') = 160$$

d'où
$$16(x' - x'') = 160$$

et
$$x' - x'' = 10.$$

Les deux conditions :

$$x' - x'' = 10$$
$$x' + x'' = 16$$

donnent :

$$x' = 13 \text{ et } x'' = 3.$$

On a donc enfin :

$$c = 3 \times 13 = 39.$$

**Rép.** $c = 39$.

**276.** $x' = 1$.

De cette condition, on tire :

$$x'' = 16 - 1 = 15$$

et, par suite,

$$c = 15 \times 1 = 15.$$

**Rép.** $c = 15$.

**277.** $x'' = 100$.

De la relation donnée et de la suivante :
$$x' + x'' = 16$$

on tire :
$$x' = -84.$$

d'où
$$c = 100 \times (-84) = -8400.$$

**Rép.** $c = -8400$.

**278.** $x' = -\dfrac{x''}{2}$.

De la relation :

$$x' + x'' = 16$$

on tire :

$$-\frac{x''}{2} + x'' = 16$$

ou
$$x'' = 32 \text{ et } x' = -16.$$

Par suite,

$$c = -16 \times 32 = -512.$$

**Rép.** $c = -512$.

**279.** *x' et x" imaginaires.*

Il faut que le réalisant soit négatif, ou que l'on ait :

$$b^2 - 4ac < 0$$

ou

$$256 - 4c < 0.$$

Ce qui exige que $c$ soit supérieur à $\dfrac{256}{4}$ ou à 64.

  **Rép.** $c > 64$.

**280.** $x' = x'' + 1$.

La relation donnée s'écrit :

$$x' - x'' = 1.$$

En l'additionnant avec la relation

$$x' + x'' = 16$$

il vient :

$$x' = 8,5 \text{ et } x'' = 7,5.$$

On a donc :

$$c = 8,5 \times 7,5 = 63,75.$$

  **Rép.** $c = 63,75$.

**281.** $\dfrac{1}{x'} + \dfrac{1}{x''} = 10$.

Cette relation s'écrit :

$$\frac{x' + x''}{x'x} = 10 \quad \text{ou} \quad \frac{16}{c} = 10,$$

d'où

$$c = 1,6$$

  **Rép.** $c = 1,6$.

# CHAPITRE IV

## ÉQUATIONS SIMULTANÈES ET PROBLÈMES DU DEUXIÈME DEGRÉ

*Résoudre les systèmes suivants :*

**282.** $x+y=23$
$xy=132.$

On tire la valeur de $x$ de la première équation, et on la porte dans la seconde équation, qui devient :

$$y(23-y)=132$$

ou
$$y^2-23y+132=0.$$

Les racines de cette équation sont :

$$y'=12 \qquad y''=11.$$

Il résulte de là que

$$x'=23-y'=23-12=11$$

et que

$$x''=23-y''=23-11=12.$$

On trouve ainsi deux solutions au système proposé.

**Rép.** 1ʳᵉ solution : $x=11$, $y=12$ ;
2ᵉ solution : $x=12$, $y=11.$

**283.** $x-y=25.$
$xy=150.$

Par la même méthode, on trouve :

**Rép.** 1ʳᵉ solution : $x=30$, $y=5.$
2ᵉ solution : $x=-5$, $y=-30.$

**284.** $x^2+y^2=61.$
$xy=30.$

Doublons la seconde équation et ajoutons-la à la première ; nous obtenons :

$$x^2+y^2+2xy=121$$

d'où

$$x+y=\pm11 \qquad\qquad (1)$$

Si nous retranchons de la première le double de la seconde, nous obtiendrons :

$$x^2 + y^2 - 2xy = 1$$

d'où

$$x - y = \pm 1 \tag{2}$$

Les équations (1) et (2) se dédoublent et donnent les quatre suivantes :

$$x + y = 11 \tag{3}$$
$$x + y = -11 \tag{4}$$
$$x - y = 1 \tag{5}$$
$$x - y = -1 \tag{6}$$

La somme et la différence des équations (3) et (5) donnent :

$$x = 6 \quad y = 5.$$

Les équations (4) et (5) donnent pareillement :

$$x = -5 \quad y = -6.$$

Les équations (3) et (6) fourniront :

$$x = 5 \quad y = 6.$$

Enfin, avec (4) et -6), on a :

$$x = -6 \quad y = -5.$$

On obtient ainsi quatre solutions :

> **Rép.** 1$^{\text{re}}$ solution : $x = 6$, $y = 5$ ;
> 2$^\text{e}$ solution : $x = -5$, $y = -6$ ;
> 3$^\text{e}$ solution : $x = 5$, $y = 6$ ;
> 4$^\text{e}$ solution : $x = -6$, $y = -5$.

**285.** $x^2 + y^2 = 290.$
$x + y = 24.$

Du carré de la seconde équation, retranchons la première, nous aurons :

$$(x + y)^2 - x^2 - y^2 = 24^2 - 290$$

ou

$$xy = 143.$$

On obtient ainsi le système :

$$x + y = 24$$
$$xy = 143$$

qu'on sait résoudre (35).

> **Rép.** 1$^{\text{re}}$ solution : $x = 11$, $y = 13$ ;
> 2$^\text{e}$ solution : $x = 13$, $y = 11$.

**286.** $x^2 + y^2 = 1300.$

$x - y = 10.$

De la première équation, on retranche le carré de la seconde, ce qui donne l'équation :

$$xy = 600.$$

On est amené à résoudre le système :

$$x - y = 10$$
$$xy = 600$$

**Rép.** 1° $x = 30$, $y = 20$ ; 2° $x = -20$, $y = -30$.

**287.** $x^2 - y^2 = 64.$

$xy = 255.$

La seconde donne :

$$y = \frac{255}{x}.$$

En portant cette valeur dans la première, elle devient :

$$x^4 - 64x^2 - 225^2 = 0. \qquad (1)$$

Pour résoudre cette équation bicarrée, on pose :

$$x^2 = z$$
$$x^4 = z^2$$

d'où

et l'équation (1) devient :

$$z^2 - 64z - 225^2 = 0.$$

Ses racines sont : $z' = 289$

$$z'' = -225.$$

On a d'abord :

$$x^2 = 289$$

d'où

$$x = \pm 17 \quad \text{et} \quad y = \frac{255}{\pm 17} = \pm 15.$$

On a ensuite :

$$x^2 = -225$$

d'où

$$x = \pm 15\sqrt{-1} \qquad y = \frac{255}{\pm 15\sqrt{-1}} = \pm 17\sqrt{-1}.$$

Ces deux dernières racines étant imaginaires, le système donné n'a pas d'autres solutions que les suivantes :

$$1° \quad x = 17 \quad y = 15.$$
$$2° \quad x = -17 \quad y = -15.$$

**Rép.** 1° $x = 17$, $y = 15$ ; 2° $x = -17$, $y = -15$.

**288.** $\sqrt{x}-\sqrt{y}=7.$

$x-y=91.$

On pose :

$$x=u \quad \text{et} \quad y=v$$

on en déduit :

$$x=u^2 \quad \text{et} \quad y=v^2.$$

On a donc à résoudre le système :

$$u-v=7 \qquad\qquad (1)$$
$$u^2-v^2=91 \qquad\qquad (2)$$

Pour cela, on divise membre à membre la seconde équation par la première, ce qui donne :

$$u+v=13 \qquad\qquad (3)$$

Les équations (1) et (3) donnent :

$$u=10 \quad \text{et} \quad v=3$$

d'où $\qquad \sqrt{x}=u=10 \quad \text{et} \quad \sqrt{y}=v=3.$

En levant au carré, on trouve enfin :

$$x=100 \quad \text{et} \quad y=9.$$

**Rép.** $x=100$ ; $y=9.$

**289.** $x+y=11.$

$$\frac{10}{y}+\frac{10}{x}=11.$$

La seconde équation peut s'écrire :

$$\frac{1}{x}+\frac{1}{y}=\frac{11}{10} \quad \text{ou} \quad \frac{x+y}{xy}=\frac{11}{10}$$

et enfin

$$xy=10$$

On a ainsi à résoudre le système connu (34) :

$$x+y=11$$
$$xy=10.$$

**Rép.** $1^o$ $x=10$, $y=1$ ; $2^o$ $x=1$, $y=10.$

**290.** $x^2+y^2=74.$

$7x=5y.$

On tire la valeur de $x$ dans la seconde équation, et on la porte dans la première, qui devient :

$$\left(\frac{5y}{7}\right)^2+y^2=74$$

d'où

$$y'=7 \quad y''=-7.$$

Les valeurs correspondantes de $x$ sont données par la seconde équation.

Rép. 1° $x=5$, $y=7$ ; 2° $x=-5$, $y=-7$.

**291.** $x^2+y^2=a^2$
$x^2-y^2=b^2.$

En additionnant et en soustrayant, on trouve :

$$1° \quad x^2+y^2+x^2-y^2=a^2+b^2$$

d'où

$$x=\pm\sqrt{\dfrac{a^2+b^2}{2}}$$

$$2° \quad x^2+y^2-x^2+y^2=a^2-b^2$$

d'où

$$y=\pm\sqrt{\dfrac{a^2-b^2}{2}}.$$

Rép. 1° $x=\sqrt{\dfrac{a^2+b^2}{2}}$,    $y=\sqrt{\dfrac{a^2-b^2}{2}}$ ;

2° $x=\sqrt{\dfrac{a^2+b^2}{2}}$,    $y=-\sqrt{\dfrac{a^2-b^2}{2}}$ ;

3° $x=-\sqrt{\dfrac{a^2+b^2}{2}}$,    $y=\sqrt{\dfrac{a^2-b^2}{2}}$ ;

4° $x=-\sqrt{\dfrac{a^2+b^2}{2}}$,    $y=-\sqrt{\dfrac{x^2-b^2}{2}}.$

**292.** $2x+3y=13$,
$5xy=30.$      Rép. $\begin{cases} x=2 & x=\dfrac{9}{2}. \\ y=3 & y=\dfrac{4}{3} \end{cases}$

**293.** $5x-2y=25$,
$2xy=70.$      Rép. $\begin{cases} x=7 & x=-3. \\ y=5 & y=-17,5. \end{cases}$

**294.** $2x^2+3y^2=11.$
$3xy=6.$      Rép. $\begin{cases} x=2 & x=-2. \\ y=1 & y=-1. \end{cases}$

**295.** $5(x^2+y^2)=1450.$
$\dfrac{x+y}{3}=8.$      Rép. $\begin{cases} x=13 & x=11. \\ y=11 & y=18. \end{cases}$

**296.** $\dfrac{x^2+y^2}{5}=260.$
$2(x-y)=20.$

Rép. $\begin{cases} x=80 & x=-20. \\ y=20 & y=-80. \end{cases}$

**297.** $\dfrac{1}{3y}-\dfrac{1}{3x}=1.$
$\dfrac{x+y}{7}=xy.$

Rép. $\begin{cases} x=\dfrac{1}{2}. \\ y=\dfrac{1}{5}. \end{cases}$

**298.** $3x+y=17.$
$8x-3y^2=-20.$

Rép. $\begin{cases} x=7 & x=\dfrac{121}{27}. \\ y=-4 & y=\dfrac{82}{9}. \end{cases}$

**299.** $\dfrac{x}{y}=\dfrac{3}{5}$
$x^2+y^2=306$

Rép. $\begin{cases} x=\pm 9. \\ y=\pm 15. \end{cases}$

---

## Problèmes du deuxième degré

**300.** *Trouver deux nombres consécutifs dont la différence des carrés soit 675.*

Soient $x+1$ et $x$ ces deux nombres ; on a :
$$(x+1)^2-x^2=675.$$

d'où
$$x=337$$

et
$$x+1=338.$$

Rép. 337 et 338.

**301.** *Trouver deux nombres qui diffèrent de 15 et dont les carrés diffèrent de 525.*

Les deux nombres étant $x$ et $x+15$, on a :
$$(x+15)^2-x^2=525$$

d'où
$$x=10$$

et
$$x+15=25.$$

Rép. 10 et 25.

**802.** *Quels sont les deux nombres dont la somme est 65 et le produit 1.050 ?*

On a :

$$x+y=65$$

et

$$xy=1.050.$$

Ce système a pour solution acceptable :

$$x=30 \qquad y=35.$$

**Rép.** Les nombres cherchés sont **30 et 85**.

**303.** *Trouver deux nombres qui aient 432 pour produit et 3 pour quotient.*

Ces deux nombres étant $x$ et $y$, on a les deux équations :

$$xy=432$$

$$\frac{x}{y}=3.$$

La seconde équation donne :

$$x=3y$$

et la première devient :

$$3y^2=432$$

d'où

$$y=\pm 12 \quad \text{et} \quad x=\pm 36.$$

Le produit $xy$ étant positif, $x$ et $y$ doivent être de même signe ; les solutions sont donc :

$$1° \ x=36, \ y=12, \ 2° \ x=-36, \ y=-12.$$

**Rép.** Les deux nombres sont **36 et 12** ou **—36 et —12**.

**304.** *La différence de deux nombres est 14 et leur produit 576. Quels sont ces nombres ?*

Soient $x$ et $x+14$ ces deux nombres, on a l'équation :

$$x(x+14)=576$$

d'où l'on tire :

$$x'=18 \quad \text{et} \quad x''=-32.$$

Le deuxième nombre est :

$$x'+14=32$$

et

$$x''+14=-18.$$

Comme le produit des deux nombres est positif, on doit grouper ainsi les racines :

$$x=18, \ x+14=32 \ ; \ x=-32, \ x+14=-18.$$

**Rép.** Les deux nombres sont : 1°**18 et 82** ; 2°**—82 et—18**.

**805.** *On a acheté pour 1.225 fr. de drap ; le prix du mètre est égal au nombre de mètres achetés. Trouver la valeur du mètre.*

Soit $x$ le prix du mètre, on a l'équation :

$$x \times x = x^2 = 1.225$$

d'où

$$x = 35.$$

**Rép.** On a acheté **35 m.** à **35 fr.** le mètre.

**806.** *Trouver deux nombres dont le rapport soit 3/4 et dont la différence des carrés soit 1.575.*

Ces nombres étant $x$ et $y$, on a les deux équations :

$$\frac{y}{x} = \frac{3}{4}$$

$$x^2 - y^2 = 1575.$$

La première équation donne :

$$y = \frac{3x}{4}$$

et la seconde devient :

$$x^2 - \frac{9x^2}{16} = 1575$$

d'où

$$x = \pm 60 \quad \text{et} \quad y = \pm 45.$$

**Rép.** Ces nombres sont **45 et 60** ou **—45 et —60.**

**807.** *Les âges de deux enfants sont tels que le quotient du carré du premier par le second est 28 et que le carré du second, divisé par le premier, donne le quotient 3,5. Trouver ces deux âges.*

Soient $x$ et $y$ ces deux âges, on a les deux équations :

$$\frac{x^2}{y} = 28$$

$$\frac{y^2}{x} = 3,5.$$

La première donne :

$$y = \frac{x^2}{28}$$

et la seconde devient :

$$\frac{x^4}{784x} = 3,5$$

d'où

$$x^2 = 2.744 \quad \text{et} \quad x = 14.$$

Par suite

$$y = \frac{x^2}{28} = \frac{196}{28} = 7.$$

Rép. Les âges sont 14 ans et 7 ans.

**308.** *Trouver deux nombres qui soient entre eux comme 4 est à 7 et dont la somme des carrés soit 6.500.*

Ces nombres $x$ et $y$ donnent les équations :

$$\frac{x}{y} = \frac{4}{7}$$

$$y^2 + x^2 = 6.500.$$

Rép. Les nombres sont **40 et 70** ou **— 40 et — 70.**

**309.** *Si du carré de l'âge d'une personne, on retranche 12 fois cet âge, il restera 108. Quel est cet âge ?*

Soit $x$ cet âge, on a l'équation :

$$x^2 - 12x = 108$$

dont la racine positive 18 convient seule au problème.

Rép. 18 ans.

**310.** *Trouver deux nombres dont le produit est 320 et dont le produit du plus grand par leur différence soit 704.*

On a :

$$xy = 320$$

$$x(x - y) = 704.$$

La seconde étant développée devient :

$$x^2 - xy = 704$$

ou

$$x^2 - 320 = 704.$$

Cette équation a pour racines    $\pm 32$
par suite,

$$y = \frac{320}{\pm 32} = \pm 10.$$

Rép. 32 et 10, ou — 32 et — 10.

**811.** *Un propriétaire a acheté une montre qu'il a revendue quelque temps après pour 24 francs. A ce prix, il gagne autant pour cent qu'elle lui avait coûté. Trouver le prix d'achat.*

Le prix d'achat étant $x$, il revend cette montre $x$ fr. plus les $x\%$ du prix d'achat, ou plus $\dfrac{x^2}{100}$ ; on a donc l'équation :

$$x + \frac{x^2}{100} = 24.$$

La seule racine acceptable est 20.

   **Rép. 20 francs.**


**812.** *Quel est le nombre qui, ajouté à sa racine carrée fait* 1.640 ?

Si le nombre inconnu est représenté par $x^2$, on peut écrire :

$$x^2 + x = 1.640$$

d'où

$$x' = 40 \quad \text{et} \quad x'' = -41.$$

On a donc :

$$x^2 = 40^2 = 1.600.$$

La solution $x'' = -41$ est acceptable car elle donne :

$$x^2 = (-41)^2 = 1681$$

et l'équation

$$x^2 + x = 1640$$

ou

$$1681 - 41 = 1640$$

est vérifiée.

   **Rép. Le nombre est 1600 ou 1681.**


**813.** *Un boucher a acheté des moutons et des bœufs. Combien en a-t-il acheté, sachant que le nombre des moutons surpasse de 50 celui des bœufs, et que la somme des deux nombres multipliée par leur différence fait* 5.500 ?

Le nombre des bœufs étant $x$ celui des moutons sera $50 + x$. La somme des deux nombres est $2x + 50$ et leur différence est 50.

On a donc :

$$50(2x + 50) = 5.500$$

d'où

$$x = 30 \quad \text{et} \quad 50 + x = 80.$$

   **Rép. 30 bœufs, 80 moutons.**

**314.** *En gagnant 112 fr. de plus, j'aurais gagné le carré de mon argent ; et en gagnant 112 fr. de moins, j'en aurais gagné le double. Combien avais-je et combien ai-je gagné ?*

Soient $x$ mon avoir et $y$ mon gain.
Si j'avais gagné $y + 112$ on aurait l'équation :

$$y + 112 = x^2.$$

En gagnant seulement $y - 112$, on aurait pour seconde équation :

$$y - 112 = 2x.$$

La deuxième équation retranchée de la première, donne :

$$x^2 - 2x - 224 = 0$$

d'où

$$x = 16 \quad \text{et} \quad y = 144.$$

**Rép.** J'avais **16** francs et j'en ai gagné **144**.


*Etudier la variation des fonctions suivantes :*

**315.** $y = 2x^2$.

Cette fonction est de la forme : $y = ax^2$. La courbe qui la représente est une parabole située au-dessus de l'axe des $x$, puisque $a$ est positif.

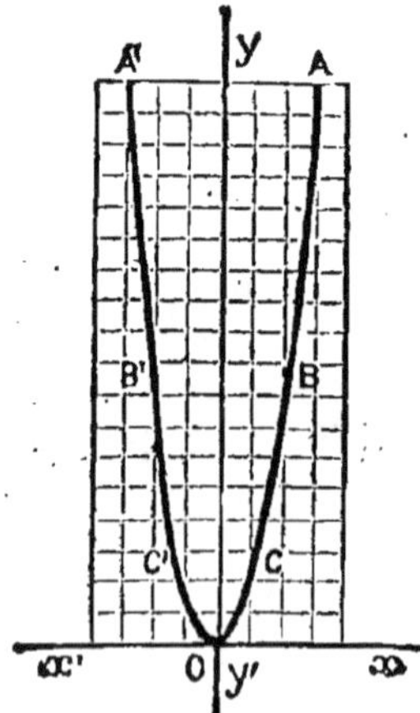


Pour déterminer cette courbe, il suffit de situer quelques-uns de ses points. Ainsi :

Pour $x = -\infty$, $\quad y = +\infty$
— $\quad x = -3$, $\quad y = +18$ (A')
— $\quad x = -2$, $\quad y = +8$ (B')
— $\quad x = -1$, $\quad y = +2$ (C')
— $\quad x = -\dfrac{1}{2}$, $\quad y = +\dfrac{1}{2}$
— $\quad x = 0$, $\quad y = 0$
— $\quad x = \dfrac{1}{2}$, $\quad y = \dfrac{1}{2}$
— $\quad x = 1$, $\quad y = 2$ (C)
— $\quad x = 2$, $\quad y = 8$ (B)
— $\quad x = 3$, $\quad y = 18$ (A).
— $\quad x = +\infty$, $\quad y = +\infty$.

**316.** $y = -x^2$.

La valeur de $a$ étant négative, la parabole qui représente la fonction sera tout entière au-dessous de l'axe des $x$.

On la détermine aisément au moyen des points suivants :

Pour $x = -\infty$,    $y = -\infty$
— $x = -3$,    $y = -9$ (A′)
— $x = -2$,    $y = -4$ (B′)
— $x = 1$,    $y = -1$ (C′)
— $x = 0$,    $y = 0$
— $x = 1$,    $y = -1$ (C)
— $x = 2$,    $y = -4$ (B)
— $x = 3$,    $y = -9$ (A)
— $x = +\infty$,    $y = -\infty$.

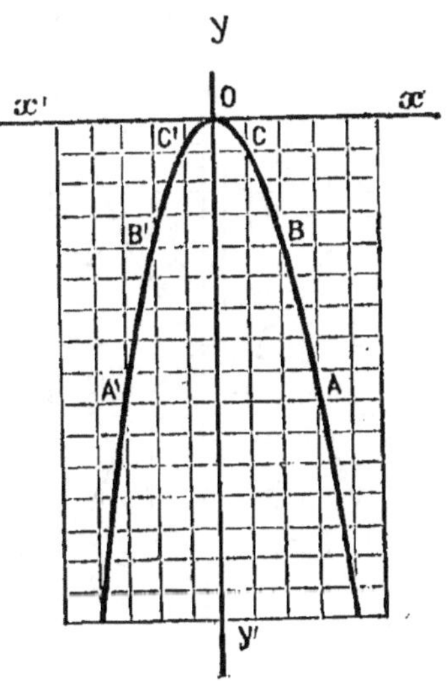


**317.** $y = -2x^2$.

La valeur de $a$ est négative ; la courbe qui représente la variation est tout entière au-dessous de l'axe des $x$.

Pour $x = -\infty$,    $y = -\infty$
— $x = -3$,    $y = -18$ (A′)
— $x = -2$,    $y = -8$ (B′)
— $x = -1$,    $y = -2$ (C′)
— $x = 0$,    $y = 0$.
— $x = +1$,    $y = -2$ (C)
— $x = 2$,    $y = -8$ (B)
— $x = 3$,    $y = -18$ (A)
— $x = \infty$,    $y = -\infty$.

**318.** $y = \dfrac{1}{4}x^2$.

**319.** $y = -\dfrac{1}{4}x^2$.

Ces deux fonctions peuvent être étudiées simultanément, car elles ne diffèrent que par le signe de $a$. Les courbes représentatives de ces deux fonctions sont symétriques par rapport à l'axe des $x$.

Celle de la première est au-dessus de l'axe des $x$ ; celle de la seconde est au-dessous. Appelons $y'$ la seconde fonction, pour la distinguer de la première. On a :

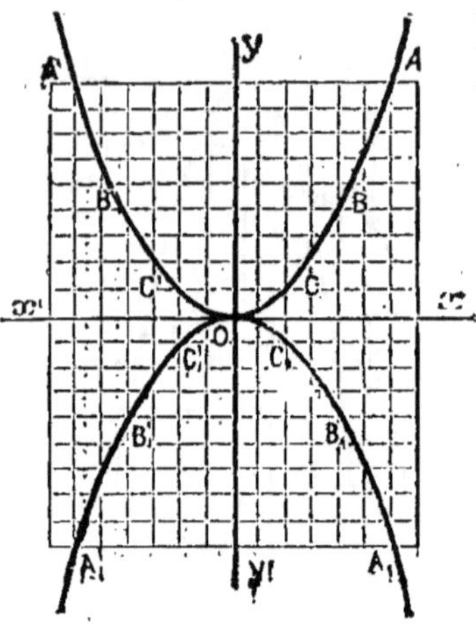

Pour $x = -\infty,\quad y = +\infty,\qquad y' = -\infty$
— $x = -8,\quad y = +16,\qquad y' = -16$
— $x = -6,\quad y = +9\ (A'),\quad y' = -9\ (A')$
— $x = -4,\quad y = +4\ (B'),\quad y' = -4\ (B')$
— $x = -2,\quad y = +1\ (C'),\quad y' = -1\ (C')$
— $x = 0,\quad y = 0,\qquad y' = 0.$
— $x = +2,\quad y = +1\ (C),\quad y' = -1\ (C)$
— $x = +4,\quad y = +4\ (B),\quad y' = -4\ (B)$
— $x = +6,\quad y = +9\ (A),\quad y' = -9\ (A)$
— $x = +8,\quad y = +16,\qquad y' = -16.$
— $x = +\infty,\quad y = +\infty,\qquad y' = -\infty.$

**320.** $y = \dfrac{2}{x}.$    **321.** $y = -\dfrac{2}{x}.$

Ces deux fonctions sont de la forme $y = \dfrac{a}{x}$. Lorsque $a$ est positif la fonction décroît indéfiniment ; au contraire lorsque $a$ est négatif, la fonction va constamment en croissant. Comme elles ne diffèrent que par leur signe, les courbes qui les représentent sont symétriques par rapport à l'axe des $x$. On a, en effet :

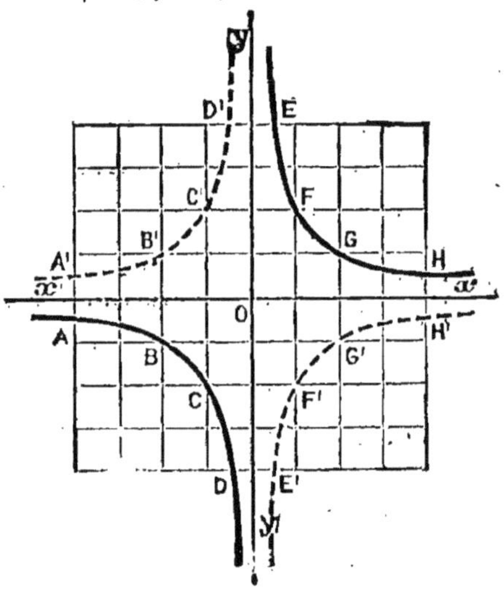

Pour $x = -\infty,\quad y = 0,\qquad\qquad y' = 0$
— $x = -4,\quad y = -\dfrac{1}{2}\ \text{(point A)},\quad y' = +\dfrac{1}{2}\ \text{(point A')}$
— $x = -2,\quad y = -1\ \ —\ \ \text{B},\quad y' = +1\ \ —\ \ \text{B'}$
— $x = -1,\quad y = -2\ \ —\ \ \text{C},\quad y' = +2\ \ —\ \ \text{C'}$
— $x = -\dfrac{1}{2},\quad y = -4\ \ —\ \ \text{D},\quad y' = +4\ \ —\ \ \text{D'}$
— $x = 0,\quad y = -\infty,\qquad\qquad y' = +\infty$
— $x = +\dfrac{1}{2},\quad y = +4\ \ —\ \ \text{E},\quad y' = -4\ \ —\ \ \text{E'}$

Pour $x = +1$,     $y = +2$ (point F),     $y' = -2$ (point F')
 —     $x = +2$,     $y = +1$       —      G,     $y' = -1$       —      G'
 —     $x = +4$,     $y = +\frac{1}{2}$       —      H,     $y' = -\frac{1}{2}$       —      H'
 —     $x + = \infty$.     $y = 0$,                         $y' = 0$.

**322.** $y = \dfrac{3}{5x}$.

Cette fonction est de la forme $y = \dfrac{a}{x}$ ; elle décroît indéfiniment, puisque $a = \dfrac{3}{5}$ est positif. Le tableau et la courbe représentent les variations de cette fonction.

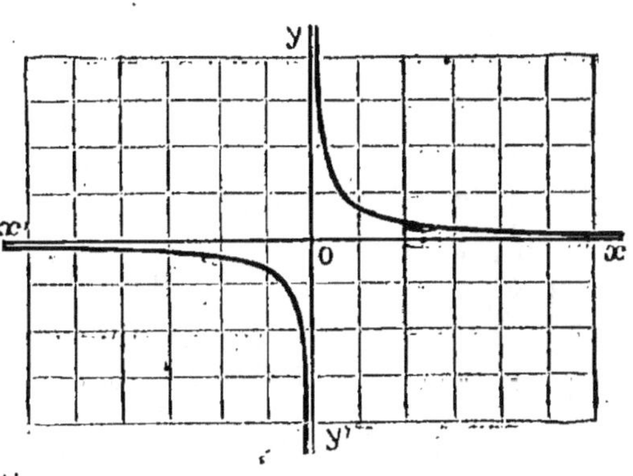


| $x$ | $-\infty$ | $-6$ | $-3$ | $-1$ | $-\frac{1}{5}$ | $0$ | $+\frac{1}{5}$ | $+1$ | $+3$ | $+6$ | $+\infty$ |
|---|---|---|---|---|---|---|---|---|---|---|---|
| $y$ | $0$ | $-\frac{1}{10}$ | $-\frac{1}{5}$ | $-\frac{3}{5}$ | $-3$ | $\mp\infty$ | $+3$ | $+\frac{3}{5}$ | $+\frac{1}{5}$ | $+\frac{10}{1}$ | $0$ |

**323.** *Construire la courbe* $y = +3x^2$ *et la droite* $y = -2x + 5$. *Quelles sont les abscisses et leurs points d'intersection ?*

La fonction $y = 3x^2$ est de la forme $y = ax^2$ ; elle est représentée par une parabole située au-dessus de l'axe des $x$.

*Tableau dez variations.*

| $x$ | $-\infty$ | $-4$ | $-3$ | $-2$ | $-1$ | $0$ | $+1$ | $+2$ | $+3$ | $+4$ | $+\infty$ |
|---|---|---|---|---|---|---|---|---|---|---|---|
| $y$ | $+\infty$ | $48$ | $27$ | $12$ | $3$ | $0$ | $3$ | $12$ | $27$ | $48$ | $+\infty$ |

La droite $y = -2x + 5$ est déterminée par deux de ses points. Pour $x = 0$, $y = 5$ c'est le point A (ordonnée à l'origine), et pour $x = -3$, $y = +11$ ; c'est le point B.

Pour obtenir les points d'intersection, remplaçons $y$ dans l'équation de la courbe, par sa valeur tirée de l'équation de la droite ; on aura :

$$3x^2 = -2x + 5$$

ou

$$3x^2 + 2x - 5 = 0$$

d'où l'on tire :

$$x = \frac{-2 \pm \sqrt{4+60}}{6} = \frac{-2 \pm 8}{6}$$

et

$$x' = 1, \qquad x'' = -\frac{10}{6} = -\frac{5}{3} = -1\,^2/_3.$$

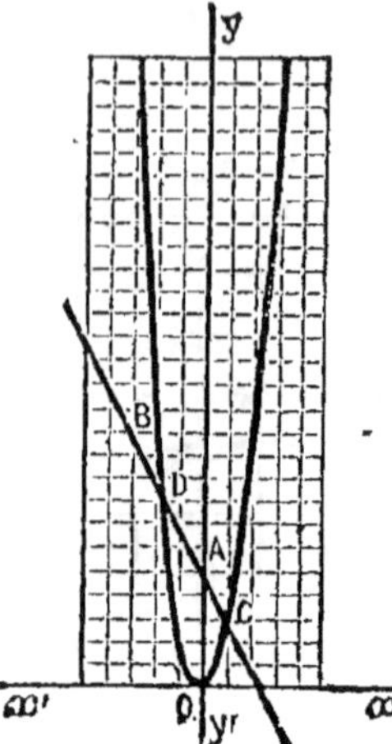

Nous obtenons ainsi les valeurs de l'abscisse, $x$, pour lesquelles l'ordonnée du point considéré sur la droite est égale à l'ordonnée du point considéré sur la courbe

Ainsi, pour $x = 1$, la valeur de $y$ sur la droite :

$$y = (-2) \times 1 + 5 = 3,$$

et sur la courbe :

$$y = 3 \times 1^2 = 3 ;$$

c'est le point C.

De même, pour $x = -\frac{5}{3}$, la valeur de $y$ sur la droite est :

$$y = (-2) \cdot \left(-\frac{5}{3}\right) + 5 = \frac{10}{3} + 5 = 8\frac{1}{3},$$

et sur la courbe :

$$y = 3 \times \left(\frac{-5}{3}\right)^2 = \frac{3 \times 25}{9} = \frac{25}{3} = 8\frac{1}{3} ;$$

c'est le point D.

La considération du graphique ci-contre, confirme ces mêmes résultats.

**324.** *Construire la courbe représentée par l'équation :*

$$y = \frac{4x+2}{x}.$$

La fonction proposée peut s'écrire :

$$y = \frac{4x+2}{x} = 4 + \frac{2}{x} ;$$

elle varie donc dans le même sens que $\dfrac{2}{x}$, fonction étudiée précédemment ; mais l'ordonnée de chacun des points de cette dernière fonction, doit être augmentée de 4. C'est ce qu'indique le graphique ci-dessous, qui montre que la fonction va sans cesse en décroissant, et qu'elle s'annule lorsqu'on a :

$$4 + \frac{2}{x} = 0 \quad \text{ou} \quad x = -\frac{1}{2}.$$

Si l'on prend comme nouvel axe des abscisses la droite $x_1\,x'_1$ où $y = 4$, parallèle à l'axe $xx'$, l'axe des ordonnées restant le même, et que l'on désigne par $x$ et $y$, les coordonnées d'un point quelconque de la courbe par rapport aux nouveaux axes, on a :

$$x = x_1,$$

et

$$y = 4 + y_1 ;$$

c'est-à-dire :

$$y_1 = \frac{2}{x_1}.$$

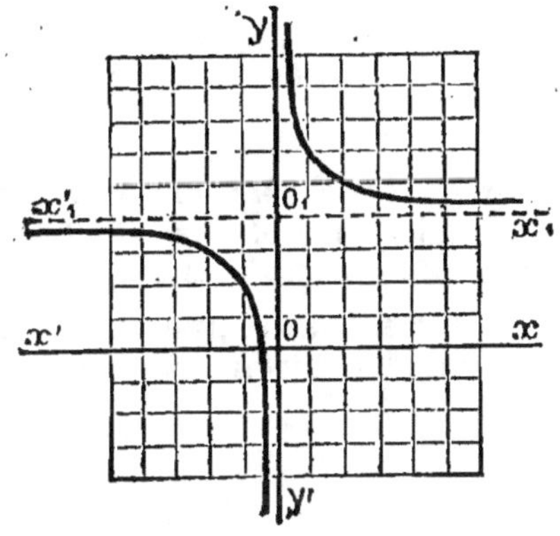

Ainsi, on est ramené à construire la courbe $y_1 = \dfrac{2}{x_1}$, par rapport aux nouveaux axes.

**325.** *Un corps tombe en chute libre en un lieu où l'accélération de la pesanteur est g = 980. Quelle est sa vitesse et quel est l'espace parcouru après 3 secondes de chute ?*

D'après les lois de la chute des corps, on sait :

1° que la vitesse acquise par un corps qui tombe est proportionnelle à la durée de la chute, et l'on a :

$$v = gt = 980 \times 3 = 2840 \text{ cm. ou } \mathbf{28\ m.\ 40.}$$

2° Que l'espace parcouru est proportionnel au carré du temps ; et l'on a :

$$e = \frac{gt^2}{2} \quad \text{ou} \quad \frac{980 \times 9}{2} = 4410 \text{ cm. ou } \mathbf{44\ m.\ 10.}$$

**326.** *Combien faut-il de temps à un corps pour tomber en chute libre d'une hauteur de 500 mètres, en un lieu où g = 980 ?*

L'espace parcouru par un corps qui tombe en chute libre est donné par la relation :

$$c = \frac{gt^2}{2} \quad \text{ou} \quad 500 = \frac{9,80 \times t^2}{2}$$

d'où l'on tire :

$$t^2 = \frac{500 \times 2}{9,80},$$

et

$$t = \sqrt{\frac{1.000}{9,80}} = 10 \text{ secondes par défaut.}$$

**327.** *Sous une pression de 3 kg. par cm², une masse de gaz occupe un volume de 240 dm³. Quel volume occuperait-elle sous une pression de 8 kg. par cm² ?*

A une même température, les volumes d'une même masse de gaz sont en raison inverse des pressions qu'ils supportent ; on a donc :

$$\frac{x}{240} = \frac{3}{8}$$

d'où

$$x = \frac{3 \times 240}{8} = 90 \text{ dm}^3.$$

La représentation graphique de la variation du volume est une courbe analogue à celle indiquée dans le cours (4e *partie*, N° 54).

# CINQUIÈME PARTIE

# PROGRESSIONS ET LOGARITHMES

## CHAPITRE PREMIER

## PROBLÈMES SUR LES PROGRESSIONS ARITHMÉTIQUES

**1.** *Former une progression croissante de 8 termes dont la raison soit 10 et le premier terme 93.*

Les termes de la progression seront :

$$93, \quad 93+10, \quad 93+2\times10, \quad 93+3\times10, \quad \text{etc.}$$

Rép. ÷98. 108. 118. 128. 188. 148. 158. 168.

**2.** *Former une progression décroissante de 8 termes dont le premier soit 1000 et la raison 75.*

Les termes de cette progression seront :

$$1000, \quad 1000-75, \quad 1000-2\times75, \quad 1000-3\times75, \quad \text{etc.}$$

Rép. ÷1000. 925. 850. 775. 700. 625. 550. 475.

**3.** *Le premier terme d'une progression est —50 et la raison 10. Trouver le vingt et unième terme.*

On aura (5) :

$$l = a + (n-1)r = -50 + 20\times10 = 150.$$

Rép. Le 21ᵉ terme est 150.

**4.** *Le premier terme d'une progression est 4, le dernier 94, et la raison 6. Trouver le nombre de ses termes.*

La formule (*d*) au nᵒ (6) donne :

$$n = 1 + \frac{l-a}{r} = 1 + \frac{94-4}{6} = 16.$$

**Rép.** La progression a **16 termes.**

**5.** *Le trente-quatrième terme d'une progression est 9 et la raison —17. Quel est le premier terme ?*

De la formule (*a*) on tire :

$$a = l - (n-1)r = 9 - (34-1)(-17) = 570.$$

· **Rép.** Le premier terme est **570.**

**6.** *Etant donnée la progression*

$$\div 67.61....1$$

*calculer le nombre et la somme des termes.*

1ᵒ La formule (*d*) nous donne :

$$n = \frac{1-67}{-6} + 1 = 11 + 1 = 12.$$

2ᵒ La formule (*f*) donne à son tour :

$$S = \frac{a+l}{2} \times n = \frac{67+1}{2} \times 12 = 408.$$

**Rép.** Le nombre des termes est **12,** et la somme **408.**

**7.** *Dans la progression*

$$\div 197, 170...$$

*calculer le dixième terme et la somme des dix premiers termes.*

La raison est :

$$170 - 197 = -27$$

et le dixième terme sera :

$$l = a + (n-1)r = 197 + 9 \times (-27) = -46.$$

D'autre part,

$$S = \frac{a+l}{2} \times n = \frac{197-46}{2} \times 10 = 755.$$

**Rép.** Le 10ᵉ terme est **— 46** et la somme **755.**

*Trouver la somme des termes de chacune des progressions suivantes :*

**8.** $\div 7.15.23.....111.$

On a d'abord :

$$n = 1 + \frac{l-a}{r} = 1 + \frac{111-7}{8} = 14.$$

On a ensuite :

$$S = \frac{a+l}{2} \times n = \frac{7+111}{2} \times 14 = 826.$$

**Rép.** La somme est **826.**

**9.** $\div 125. 120. 115.....5.$

Le nombre des termes est :

$$n = 1 + \frac{5-125}{-5} = 25.$$

On a pour somme :

$$S = \frac{125+5}{2} \times 25 = 1625.$$

**Rép.** La somme est **1625.**

**10.** $\div 1.2.3.4.5.....10000.$

**Rép.** La somme égale **500.500.**

**11.** $\div 2.4.6.8...1000.$

On a évidemment :

$$r = 2 \quad \text{et} \quad n = 500.$$

Par la suite la somme est :

$$S = \frac{2+1000}{2} \times 500 = 250500.$$

**Rép.** La somme cherchée est égale à **250.500.**

**12.** $\div 1.3.5.7.....999.$

La raison est 2. Le nombre des termes est donné par la formule :

$$n = 1 + \frac{l-a}{r} = 1 + \frac{999-1}{2} = 500.$$

On a donc : $\quad S = \frac{1+999}{2} \times 500 = 250000.$

**Rép.** La somme est **250.000.**

**Remarque.** — On aurait pu remarquer d'abord que la somme (10, Prob. II.) est égale au carré du nombre des termes.

**13.** $\div 5.10.15\ldots.145.$

$$n = 1 + \frac{l - a}{r} = 1 + \frac{145 - 5}{2} = 71.$$

On a donc :

$$S = \frac{5 + 145}{2} \times 71 = 5325$$

**Rép.** La somme est **5.325.**

**14.** *Le dix-septième terme d'une progression est 2 et la raison* —13. *Trouver le premier.*
La formule

$$l = a + (n - 1)r$$

donne

$$a = l - (n - 1)r = 2 - 16 \times (-13) = 210.$$

**Rép.** Le premier terme est **210.**

**15.** *Dans une progression, le premier terme est 37, le dernier* 11, *et la somme des termes,* 336. *Calculer le nombre des termes et la raison.*
On a :

$$11 = 37 + (n - 1)r \quad \text{d'où} \quad (n - 1)r = -26$$
$$336 = \frac{11 + 37}{2} \times n \quad \text{d'où} \quad n = 14.$$

La première équation devient :
$$(n - 1)r = 13r = -26$$

d'où

$$r = -2.$$

**Rép.** Le nombre des termes est **14** et la raison —**2.**

*Les progressions suivantes ont douze termes, calculer leur raison.*

**16.** $\div 23\ldots.28,5.$
On emploie la formule (c) ; elle donne :

$$r = \frac{l - a}{n - 1} = \frac{28,5 - 23}{11} = 0,50.$$

**Rép.** La raison est **0,50.**

**17.** $\div 100\ldots.78.$
**Rép.** La raison de la progression est —**2.**

*Calculer la somme des 10 premiers termes de chacune des progressions suivantes :*

**18.**  $\div 25.33\ldots$

On emploie la formule ($g$) :

$$S=\left[a+\frac{r}{2}(n-1)\right]n=\left[25+\frac{8}{2}(10-1)\right]10=610.$$

**Rép.** La somme est **610**.

**19.**  $\div 99,90\ldots$

On a de même :

$$S=\left[99-\frac{9}{2}\times 9\right]10=585.$$

**Rép.** On trouve pour somme **585**.

**20.**  $\div 1.\frac{3}{2}.2\ldots$

**Rép.** La somme vaut **82,50**.

*Insérer 6 moyens arithmétiques entre les deux nombres suivants :*

**21.** 3, 10.

Pour calculer la raison de la nouvelle progression, on emploie la formule ($e$), ce qui donne (8) :

$$r=\frac{b-a}{m+1}=\frac{10-3}{7}=1.$$

**Rép.** La progression formée est :
$$\div 3.\ 4,\ 5.\ 6,\ 7.\ 8.\ 9.\ 10.$$

**22.** 20, 195.

On a :

$$r=\frac{b-a}{m+1}=\frac{195-20}{7}=25.$$

**Rép.** La progression est :
$$\div 20.\ 45.\ 70.\ 95.\ 120.\ 145.\ 170.\ 195.$$

**23.** 1, 4,5.

**Rép.** On trouve pour progression :
$$\div 1.\ 1,50.\ 2.\ 2,50.\ 8.\ 8,50.\ 4.\ 4,50.$$

**24.** —10, —38.

On a :

$$r = \frac{b-a}{m+1} = \frac{-38+10}{7} = -4.$$

**Rép.** La progression est :

$$\div\;-10.\;-14.\;-18.\;-22.\;-26.\;-30.\;-34.\;-38.$$

**25.** *Calculer la somme de tous les nombres pairs compris entre 1045 et 7351.*

Cette somme est la différence entre la somme de tous les nombres pairs depuis 2 jusqu'à 7350 et la somme des nombres pairs de 2 à 1044. On a donc :

$$S = \frac{2+7350}{2} \times \frac{7350}{2} - \frac{2+1044}{2} \times \frac{1044}{2} = 13236294.$$

**Rép. 13.236.294.**

**26.** *Combien y a-t-il de multiples de 7 entre 1000 et 10000 ? Trouver leur somme.*

La somme de tous les multiples de 7 inférieurs à 1000 est :

$$7+14+21+28+\ldots+994 = \frac{7+994}{2} \times 142 = 71071.$$

La somme de tous les multiples de 7 inférieurs à 10000 est :

$$7+14+21+28+\ldots+9996 = \frac{7+9996}{2} \times 1428 = 7142142.$$

Par suite, la différence :

$$S = 7142142 - 71071 = 7071071.$$

Le nombre des multiples de 7 compris entre 1000 et 10000 est :

$$1428 - 142 = 1286.$$

**Rép.** Il y a **1286** multiples de 7 entre 1000 et 10000 et leur somme est **7.071.071.**

**27.** *Combien y a-t-il de multiples de 11 plus petits que 1000 ?*

Le plus grand multiple de 11 inférieur à 1000 est 990 ; le nombre des multiples de 11 inférieurs à 1000 est donné par la formule :

$$n = 1 + \frac{l-a}{r} = 1 + \frac{990-11}{11} = 90.$$

**Rép.** Il y a **90** multiples de 11 qui sont inférieurs à 1000.

**28.** *Une horloge sonne les heures avec répétition ; elle annonce les quarts par un coup, les demies par deux coups et les trois quarts par trois coups. Combien cette horloge sonne-t-elle de coups en un jour ?*

En 60 minutes, l'horloge sonne :
$$1+2+3=6 \text{ coups.}$$

Pour le quart, la demie et les trois quarts ; en 24 heures, cette horloge sonnera : $\qquad 6\times24=144$ coups.

De midi à minuit, elle sonnera pour les heures :
$$1+2+3+4+5+\ldots+12=\frac{1+12}{2}\times12=78$$

et, avec répétition, en 24 heures,
$$78\times2\times2=312 \text{ coups.}$$

Et en tout : $\qquad\qquad 144+312$

**Rép. 456** coups.

**29.** *Si cette horloge ne sonnait que les heures, sans répétition, et un coup à chaque demie, combien sonnerait-elle de coups en un jour ?*

Cette horloge sonne 24 coups pour les 24 demies.
Elle sonne :
$$1+2+3+4+\ldots+12=\frac{12+1}{2}\times12=78 \text{ coups}$$

pour les heures en un demi-jour ; en un jour elle sonnera :
$$78\times2=156 \text{ coups.}$$

En tout, elle sonnera en un jour un nombre de coups égal à :
$$156+24=180$$

**Rép. 180** coups.

**30.** *Un colonel dispose une partie de son régiment en un triangle plein, en plaçant un homme à la première ligne, deux à la seconde, trois à la troisième et ainsi de suite. Il forme ainsi un triangle de 231 hommes. Combien y avait-il d'hommes en profondeur ?*

Soit $l$ le nombre des hommes qui forment la dernière ligne ; $l$ est aussi le nombre des lignes.
On a l'équation :
$$1+2+3+4+5\ldots+l=\frac{1+l}{2}\times l=231.$$

De l'équation $\qquad l^2+l-462=0.$
On tire : $\qquad\qquad l=21.$

**Rép.** Il y avait **21** hommes en profondeur.

**31**. *Les angles d'un triangle rectangle sont en progression arithmétique. Quels sont ces angles?*

Soient
$$x-r, \; x, \; x+r$$

les trois angles, on a :
$$x-r+x+x+r=180$$

d'où
$$x=60.$$

D'autre part, le triangle étant rectangle,
$$x+r=90 \quad \text{et} \quad r=30.$$

Le premier angle vaut donc :
$$x-r=60-30=30.$$

**Rép.** Les angles valent : **30°, 60°, 90°.**

**32**. *Combien faut-il prendre de termes dans la progression*
$$\div \; 13. \; 21. \; 29. \; 37 \ldots$$
*pour que leur somme soit 490?*

Soit $n$ ce nombre de termes, on doit avoir :
$$\left[ a+\frac{r}{2}(n-1) \right] n=490$$

ou
$$[13+4n-4]n=490.$$

La racine acceptable de l'équation
$$4n^2+9n-490=0$$

est
$$n=10.$$

**Rép.** Il faut prendre **10 termes.**

**33**. *Trouver 6 nombres, en progression arithmétique, sachant que le premier de ces nombres est 4,5 et que la somme des termes est 19,50?*

L'équation
$$\frac{4,50+l}{2}\times 6=19,50$$

donne $l=2$. L'équation $(c)$ donne la raison qui est :
$$r=\frac{l-a}{n-1}=\frac{2-4,50}{5}=-0,50.$$

**Rép.** La progression est ÷ **4,5. 4. 3,5. 3. 2,5. 2.**

**34.** *Trouver 4 nombres en progression arithmétique tels que les deux moyens aient 86100 pour produit, et les extrêmes 6100.*

Soient $x$, $x+r$, $x+2r$, $x+3r$ ces quatre nombres ; on a les deux équations :

$$x(x+3r)=6100 \qquad (x+r)(x+2r)=86100$$

ou bien

$$x^2+3rx=6100 \qquad x^2+3rx+2r^2=86100.$$

En retranchant la première équation de la seconde, il vient :

$$2r^2=80000 \qquad \text{d'où} \qquad r=200.$$

L'équation :

$$x^2+3rx=6100$$

devient :

$$x^2+600x-6100=0.$$

Elle donne :

$$x=10 \qquad \text{et} \qquad x=-610.$$

Les quatre nombres sont donc :

$$x=10, \quad x+r=210, \quad x+2r=410, \quad x+3r=610$$

ou

$$x=-610, \quad x+r=-410, \quad x+2r=-210, \quad x+3r=-10.$$

Rép. 1° **10, 210, 410, 610 ;**
2° **—610, —410, —210, —10.**

---

# CHAPITRE II

# PROBLÈMES SUR LES PROGRESSIONS GÉOMÉTRIQUES

**35.** *Le 11e terme d'une progression géométrique est 32 et la raison 1/2. Trouver le 1er terme.*

La formule (14) donne :

$$a=\frac{l}{q^{n-1}}=\frac{32}{\left(\dfrac{1}{2}\right)^{10}}=32\times 2^{10}=2^5.2^{10}=2^{15}=32768.$$

Rép. Le 1er terme est **32.768.**

**86.** *Le 13ᵉ terme d'une progression est 20480 et la raison 2. Quelle est la progression ?*

On a :

$$a = \frac{l}{q^{n-1}} = \frac{20480}{2^{12}} = \frac{20480}{4096} = 5.$$

**Rép.** La progression est :

$$\div 5 : 10 : 20 : 40 : 80 : 160 : 320 : 640 : 1280 : 2560 :$$
$$5120 : 10240 : 20480.$$

**87.** *Quel est le 9ᵉ terme d'une progression dont le 1ᵉʳ est 9 et la raison 1/3 ?*

A cause de la formule (14), on a :

$$l = a \times q^{n-1} = 9 \times \left(\frac{1}{3}\right)^8 = \frac{9}{3^8} = \frac{1}{3^6} = \frac{1}{729}.$$

**Rép.** Le 9ᵉ terme est $\dfrac{1}{729}$.

**88.** *Trouver le 10ᵉ terme lorsque le 1ᵉʳ est 3 et la raison 2.*

On a :

$$l = 3 \times 2^9 = 3 \times 512 = 1536.$$

**Rép.** Le dixième terme vaut **1.536.**

*Former une progression de 8 termes, sachant que :*

**89.** *Le premier est 2048 et la raison $\dfrac{1}{2}$.*

Le second terme sera :

$$2048 \times \frac{1}{2} = 1024.$$

Le troisième sera :

$$1024 \times \frac{1}{2} = 512, \text{ etc.}$$

**Rép.** La progression est :

$$\div 2048 : 1024 : 512 : 256 : 128 : 64 : 32 : 16.$$

**40.** *Le premier est 4 et la raison 3.*

**Rép.** La progression est :

$$\div 4 : 12 : 36 : 108 : 324 : 972 : 2916 : 8748.$$

**41.** *Quel est le 7ᵉ terme d'une progression dont le premier est* $\dfrac{1}{46656}$ *et la raison* 6?

On a :

$$l=aq^{n-1}=\frac{1}{46656}\times 6^{6}=\frac{46656}{46656}=1.$$

**Rép.** Le 7ᵉ terme est **1.**

*Trouver le nombre des termes des quatre progressions suivantes :*

**42.** $\div 5 : \ldots\ldots : 12005$ ; *raison* 7.
La formule

$$l=aq^{n-1}$$

donne

$$q^{n-1}=\frac{l}{a} \quad \text{ou} \quad 7^{n-1}=\frac{12005}{5}=2401.$$

Décomposons 2401 en ses facteurs premiers, on trouve :
$$2401=7^{4}.$$

Par suite, on a :

$$7^{n-1}=7^{4}, \quad \text{d'où} \quad n-1=4 \quad \text{et} \quad n=5.$$

**Rép.** Il y a **5** termes.

**43.** $\div 2048 : \ldots\ldots : 16$ ; *raison* $\dfrac{1}{2}$.

On a :

$$q^{n-1}=\frac{l}{a} \quad \text{ou} \quad \left(\frac{1}{2}\right)^{n-1}=\frac{16}{2048}=\frac{1}{128}=\frac{1}{2^{7}}$$

ou bien

$$\frac{1}{2^{n-1}}=\frac{1}{2^{7}}$$

On déduit de là que

$$2^{n-1}=2^{7}$$

et que par suite,

$$n-1=7.$$

**Rép.** La progression a **8** termes.

**44.** $\div 0,3 : \ldots : 0,000003$ ; *raison* $0,1$.

On a de même :

$$0,1^{n-1} = \frac{0,0000003}{0,3} = 0,0000001 = 0,1.$$

On tire de là :

$$n - 1 = 6 \quad \text{et} \quad n = 7.$$

Rép. **7** termes.

**45.** $\div \dfrac{3}{4} : \ldots : \dfrac{1}{324}$ ; *raison* $\dfrac{1}{3}$.

On a :

$$\left(\frac{1}{3}\right)^{n-1} = \frac{\dfrac{1}{324}}{\dfrac{3}{4}} = \frac{1}{3^5} = \left(\frac{1}{3}\right)^5$$

d'où

$$n - 1 = 5 \quad \text{et} \quad n = 6.$$

Rép. Il y a **6** termes.

**46.** *Trouver le nombre des termes d'une progression dont le dernier est* $\dfrac{1}{243}$, *la raison* $\dfrac{1}{3}$ *et le premier terme* 3.

On a :

$$\left(\frac{1}{3}\right)^{n-1} = \frac{\dfrac{1}{243}}{3} = \frac{1}{729} = \left(\frac{1}{3}\right)^6$$

d'où l'on tire :

$$n = 7.$$

Rép. **7** termes.

**47.** *Quelle est la somme des termes d'une progression dont les extrêmes sont* 28672 *et* 7 *avec* $\dfrac{1}{4}$ *pour raison ?*

Nous avons :

$$S = \frac{lq - a}{q - 1} = \frac{7 \times \dfrac{1}{4} - 28672}{\dfrac{1}{4} - 1} = 38227.$$

Rép. La somme est **38.227**.

*Trouver la somme des termes de chacune des progressions suivantes :*

**48.** $\div 3 : 12 : \ldots : 49152.$

La somme sera :

$$S = \frac{lq - a}{q - 1} = \frac{49152 \times 4 - 3}{4 - 1} = 65535.$$

**Rép.** La somme est **65.535.**

**49.** $\div \dfrac{1}{10} : \dfrac{1}{10^2} : \ldots : \dfrac{1}{10^8}.$

On a :

$$S = \frac{\dfrac{1}{10^8} \times \dfrac{1}{10} - \dfrac{1}{10}}{\dfrac{1}{10} - 1} = 0,11111111.$$

**Rép.** On trouve pour somme **0,11111111.**

*Trouver le produit des six premiers termes de chacune des progressions suivantes :*

**50.** $\div 2 : 2^2 : 2^3 : \ldots$

On a :

$$P = \sqrt{a^n l^n} = \sqrt{2^6 \times l^6}.$$

Mais

$$l = 2 \times 2^5 = 2^6.$$

Par suite,

$$P = \sqrt{2^6 \times (2^6)} = \sqrt{2^{12}} = 2^{11} = 2097152.$$

**Rép.** On a pour produit **2.097.152.**

**51.** $\div \dfrac{1}{x^3} : \dfrac{1}{x^6} : \dfrac{1}{x} : \ldots$       **Rép.** $\dfrac{1}{x^3}.$

**52.** $\div 81 : 9 : 1 : \ldots$       **Rép.** $\dfrac{1}{729}.$

**53.** $\div a^3 : a^5 : a^7 : \ldots$       **Rép.** $a^{48}.$

**54.** $\div 2,5 : 5 : 10 : \ldots$       **Rép.** **8.000.000.**

**55.** $\div 1 : a : a^2 : \ldots$       **Rép.** $a^{15}.$

**56.** *Trouver la raison d'une progression de 7 termes dont les extrêmes sont 3 et 192.*

La formule $l = aq^{n-1}$ donne

$$q = \sqrt[n-1]{\frac{l}{a}} = \sqrt[6]{\frac{912}{3}} = \sqrt[3]{\sqrt{64}} = \sqrt[3]{8} = 2.$$

**Rép.** La raison est **2**.

**57.** *Insérer 7 moyens proportionnels entre 32 et 8192.*

La formule donne :

$$q = \sqrt[m+1]{\frac{b}{a}} = \sqrt[8]{\frac{8192}{32}} = \sqrt[8]{256} = \sqrt[4]{16} = \sqrt{4} = 2.$$

**Rép.** 1° La raison est **2** ; 2° la progression dormée est :
÷32 : 64 : 128 : 256 : 512 : 1024 : 2048 : 4096 : 8192.

**58.** *Insérer 5 moyens géométriques entre 3 et 12288 ; donner la progression formée et sa raison.*

On a :

$$q = \sqrt[m+1]{\frac{b}{a}} = \sqrt[6]{\frac{12288}{3}} = \sqrt[3]{\sqrt{4096}} = \sqrt[3]{64} = 4.$$

**Rép.** 1° ÷3 : 12 : 48 : 192 : 768 : 3072 : 12288.
2° La raison est **4**.

**59.** *Quelle progression obtient-on en insérant 4 moyens géométriques entre 32 et 7776 ?*

On a :

$$q = \sqrt[5]{\frac{7776}{32}} = \sqrt[5]{243} = \sqrt[5]{3'} = 3.$$

**Rép.** On obtient la progression
÷32 : 96 : 288 : 864 : 2592 : 7776.

**60.** *Insérer 8 moyens géométriques entre 1 et 10, donner es 4 premiers termes de la progression résultante, avec sa aison.*

On écrit :

$$q = \sqrt[9]{\frac{10}{1}} = \sqrt[2]{\sqrt[3]{10}}$$

ce qui donne $q = 1,2915.$

**Rép.** La progression cherchée est ÷1 : 1,2915 : 1,6679
: 2,1542 : ..... : 10, et la raison égale 1,2915.

*Trouver la somme de tous les termes de chacune des progressions illimitées suivantes :*

**61.** $\div 5 : \dfrac{15}{4} : \dfrac{45}{16} : \dfrac{135}{64} : \dots$

On applique la formule (18). On a :

$$S = \frac{a}{1-q} = \frac{5}{1-\dfrac{3}{4}} = 20.$$

**Rép.** La somme est **20.**

**62.** $\div \dfrac{1}{2} : \dfrac{1}{4} : \dfrac{1}{8} : \dfrac{1}{16} : \dots$

On a :

$$S = \frac{1-q}{a} = \frac{\dfrac{1}{2}}{1-\dfrac{1}{2}} = 1.$$

**Rép.** La somme cherchée est **1.**

**63.** $\div 8 : 4 : 2 : 1 : \dfrac{1}{2} : \dots$

$$S = \frac{8}{1-\dfrac{1}{2}} = 16.$$

**Rép.** La somme est **16.**

**64.** $\div \dfrac{1}{9} : \dfrac{1}{9^2} : \dfrac{1}{9^3} : \dots$

La raison étant $\dfrac{1}{9}$, on a :

$$S = \frac{a}{1-q} = \frac{\dfrac{1}{9}}{1-\dfrac{1}{9}} = \frac{1}{8}.$$

**Rép.** La somme est $\dfrac{1}{8}.$

*Trouver la somme des termes de chacune des séries illimitées suivantes :*

**65.** $1 - \dfrac{1}{9} + \dfrac{1}{81} - \dfrac{1}{729} + \dots$

La raison est :

$$q = -\dfrac{1}{9}$$

d'où l'on déduit :

$$S = \dfrac{a}{1-q} = \dfrac{1}{1+\dfrac{1}{9}} = \dfrac{9}{10} = 0,9.$$

**Rép.** La somme est **0,9.**

**66.** $\dfrac{3}{5} - \dfrac{9}{25} + \dfrac{27}{125} - \dfrac{81}{625} + \dots$

On écrit :

$$S = \dfrac{\dfrac{3}{5}}{1+\dfrac{3}{5}} = \dfrac{3}{8}.$$

**Rép.** La somme de tous les termes vaut $\dfrac{3}{8}$.

**67.** $x + \dfrac{x}{3} + \dfrac{x}{9} + \dfrac{x}{12} + \dfrac{x}{81} + \dots$

$$S = \dfrac{a}{1-q} = \dfrac{x}{1-\dfrac{1}{3}} = \dfrac{3x}{2}.$$

**Rép.** La somme est $\dfrac{3x}{2}$.

**68.** $\dfrac{3}{10} + \dfrac{3}{100} + \dfrac{3}{1000} + \dfrac{3}{10000} + \dots$

$$S = \dfrac{a}{1-q} = \dfrac{\dfrac{3}{10}}{1-\dfrac{1}{10}} = \dfrac{3}{9} = \dfrac{1}{3}.$$

**Rép.** On trouve $\dfrac{1}{3}$ pour somme.

**69** *Partager 665 en trois parties positives qui soient en progression géométrique et de manière que la troisième surpasse la première de 600 ?*

Soient $x$, $qx$, $q^2x$, les trois parties, on a les deux équations :

$$x + qx + q^2x = 665$$
$$q^2x - x = 600.$$

En divisant la première par la seconde, il vient :

$$\frac{1 + q + q^2}{q^2 - 1} = \frac{665}{600} = \frac{133}{120}$$

ou

$$13q^2 - 120q - 253 = 0.$$

On tire de là :

$$q = 11.$$

Pour cette valeur de $q$, la seconde équation donne :

$$121x - x = 120x = 600$$

ou

$$x = 5.$$

Les trois parties sont donc :

$$x = 5 \; ; \; qx = 55 \; ; \; q^2x = 605.$$

**Rép.** Les trois parties sont : **5, 55, 605.**

**70** *Trouver les 4 angles d'un quadrilatère, sachant qu'ils sont en progression géométrique et que le troisième vaut 9 fois le premier.*

Si le premier angle est $x$, le troisième sera $q^2x$ ou $9x$ ; de sorte qu'on peut poser :

$$q^2x = 9x$$

d'où

$$q = +3.$$

Les 4 angles sont donc :

$$x, 3x, 9x, 27x$$

comme la somme des angles est égale à 4 angles droits, on a l'équation :

$$x + 3x + 9x + 27x = 40x = 4 \text{ dr.} = 360°$$

on en déduit :

$$x = \frac{360}{40} = \frac{36}{4} = 9°.$$

Connaissant le premier angle et la raison, les 4 angles sont :

**Rép. 9°, 27°, 81°, 243°.**

**71.** *Trouver une progression géométrique de 5 termes dont la raison soit la moitié du deuxième terme, et telle que les deux premiers aient 10 pour somme.*

Soient $x$ et $qx$ les deux premiers termes, on doit avoir :

$$x+qx=10 \qquad (1)$$

Mais $q$ est égal à

$$\frac{qx}{2};$$

on a donc :

$$2q=qx$$

d'où

$$x=2.$$

Par suite, l'équation (1) devient :

$$2+2q=10$$

d'où

$$q=4.$$

Les 5 termes sont :

$$x=2,\ qx=8,\ q^2x=32,\ q^3x=128,\ q^4x=512.$$

Rép. ÷2 : 8: 32 : 128 : 512.

---

# CHAPITRE III

## EXERCICES SUR LES LOGARITHMES VULGAIRES
## A 5 DÉCIMALES

---

*Sachant que l'on a :*

$$log\ 2=0,30103$$
$$log\ 3=0,47712$$
$$log\ 5=0,69897$$

*calculer les expressions suivantes :*

**72.** *log 6.*

On a :

$$log\ 6=log\ (2\times3)=log\ 2+log\ 3=0,30103+0,47712=0,77815.$$

Rép. Log. 6=**0,77815.**

73. $\log 10$.

$\log 10 = \log (2 \times 5) = \log 2 + \log 5 = 0{,}30103 + 0{,}69897 = 1$.
Rép. Log. $10 = 1$.

74. $\log 4$.

$\log 4 = \log 2^2 = 2 \log 2 = 2 \times 0{,}30103 = 0{,}60206$.
Rép. Log. $4 = 0{,}60206$.

75. $\log 9$.

$\log 9 = \log 3^2 = 2 \log 3 = 2 \times 0{,}47712 = 0{,}95424$.
Rép. Log. $9 = 0{,}95424$.

76. $\log 16$.

$\log 16 = \log 2^4 = 4 \log 2 = 4 \times 0{,}30103 = 1{,}20412$.
Rép. Log. $16 = 1{,}20412$.

77. $\log 30$.

$\log 30 = \log (2 \times 3 \times 5) = \log 2 + \log 3 + \log 5 = 0{,}30103 + 0{,}47712$
$+ 0{,}69897 = 1{,}47712$.
Rép. Log. $30 = 1{,}47712$.

78. $\log 300$.

$\log 300 = \log (3 \times 10^2) = \log 3 + 2 \log 10$
$\log 300 = 0{,}47712 + 2 \times 1 = 2{,}47712$.
Rép. Log. $300 = 2{,}47712$.

79. $\log 20$.

$\log 20 = \log (2 \times 10) = \log 2 + \log 10 = 0{,}30103 + 1 = 1{,}30103$.
Rép. Log. $200 = 1{,}30103$.

80. $\log 200000$.

$\log 200000 = \log (2 \times 10^5) = \log 2 + 5 \log 10 = 0{,}30103 + 5 \times 1 = 5{,}30103$.
Rép. Log. $200.000 = 5{,}30103$.

81. $\log 5000$.

$\log 5000 = \log 5 + \log 10^3 = \log 5 + 3 \log 10 = \log 5 + 3 \times 1 = 3{,}69897$.
Rép. Log. $5000 = 3{,}69897$.

82. $\log 36$.

$\log 36 = \log (2^2 \times 3^2) = 2 \log 2 + 2 \log 3 = 1{,}55630$.
Rép. Log. $36 = 1{,}55630$.

**83.** $log\ 900.$

$log\ 900 = log\ 9 + log\ 10^2 = 2\ log\ 3 + 2\ log\ 10 = 2 \times 0,47712$
$+ 2 \times 1 = 2,95424.$

**Rép.** Log. 900 = **2,95424.**

**84.** $log\ 144.$

$log\ 144 = log\ (2^4 \times 3^2) = 4\ log\ 2 + 2\ log\ 3 = 2,15836.$

**Rép.** Log. 144 = **2,15836.**

**85.** $log\ \dfrac{10}{3}.$

$log\ \dfrac{10}{3} = log\ 10 - log\ 3 = 1 - 0,47712 = 0,52288.$

**Rép.** Log. $\dfrac{10}{3}$ = **0,52288.**

**86.** $log\ \dfrac{72}{25}.$

$log\ \dfrac{72}{25} = log\ (8 \times 9) - log\ 5^2 = log\ (2^3 \times 3^2) - 2\ log\ 5 = 3\ log\ 2$
$+ 2\ log\ 3 - 2\ log\ 5 = 0,45939.$

**Rép.** Log. $\dfrac{72}{25}$ = **0,45939.**

**87.** $log\ \sqrt{2}.$

$log\ \sqrt{2} = \dfrac{1}{2}\ log\ 2 = \dfrac{0,30103}{2} = 0,15051.$

**Rép.** Log. $\sqrt{2}$ = **0,15051.**

**88.** $log\ \sqrt{6}.$

$log\ \sqrt{6} = \dfrac{1}{2}\ (log\ 2 + log\ 3) = \dfrac{0,30103 + 0,47712}{2} = 0,38907.$

**Rép.** Log. $\sqrt{6}$ = **0,38907.**

**89.** $log\ \sqrt{5}.$

$log\ \sqrt{5} = \dfrac{log\ 5}{2} = \dfrac{0,69897}{2} = 0,34948.$

**Rép.** Log. $\sqrt{5}$ = **0,34948.**

**90.** $\log \sqrt[3]{50}$.

$$\log \sqrt[3]{50} = \frac{1}{3}\,(\log 5 + \log 10) = \frac{0,69897 + 1}{3} = 0,56632.$$

Rép. Log. $\sqrt[3]{50} = 0,56632$.

**91.** $\log \sqrt[5]{3600}$.

$$\log \sqrt[5]{3600} = \frac{1}{5}\,(\log 36 + \log 100) = \frac{\log\,(2^2 \times 3^2) + 2}{5},$$

Rép. Log. $\sqrt[5]{3600} = 0,71126$.

---

# CHAPITRE IV

# EXERCICES SUR LES LOGARITHMES A 5 DÉCIMALES

*Trouver, à l'aide des tables, les logarithmes des nombres suivants :*

| | | |
|---|---|---|
| **92.** 345. | | Rép. 2,53782. |
| **93.** 3450. | | Rép. 3,53782. |
| **94.** 34,50. | | Rép. 1,53782. |
| **95.** 5,436. | | Rép. 0,73528. |
| **96.** 39654. | | Rép. 4,59828. |
| **97.** 2458,72. | | Rép. 3,39071. |
| **98.** 7834. | | Rép. 3,89398. |
| **99.** 6470. | | Rép. 3,81090. |
| **100.** 52,78429. | | Rép. 1,72250. |
| **101.** 1447,25. | | Rép. 3,16054. |
| **102.** 8,837. | | Rép. 0,94630. |
| **103.** 2560,56. | | Rép. 3,40833. |

104. 103555.    Rép. 5,01517.

105. 3247,75.    Rép. 3,51158.

106. 670925.    Rép. 5,82667.

107. 4938265.    Rép. 6,69357.

108. 56792,74.    Rép. 4,75429.

109. 843,5725.    Rép. 2,92612.

110. 9,758496.    Rép. 0,98938.

111. 50809.    Rép. 4,70594.

112. 168579.    Rép. 5,22680.

113. 241,10.    Rép. 2,38220.

114. 634278.    Rép. 5,80228.

115. 37002    Rép. 4,56828.

116. 0,2509067.    Rép. $\overline{1}$,89951.

117. 12467,25.    Rép. 4,09577.

118. 0,0456.    Rép. $\overline{2}$,65896.

119. 0,23542.    Rép. $\overline{1}$,87184.

120. 39,64.    Rép. 1,59818.

121. 0,002578.    Rép. $\overline{3}$,41128.

122. 0,00016585.    Rép. $\overline{4}$,21972.

123. 2,83568.    Rép. 0,45266.

124. 132,629.    Rép. 2,12264.

125. 3,15245.    Rép. 0,49865.

126. 0,26305.    Rép. $\overline{1}$,42004.

127. 0,00316295.    Rép. $\overline{3}$,50009.

128. 0,009583.    Rép. $\overline{3}$,98150.

129. 1,4527.  Rép. 0,16218.

180. 0,003.  Rép. $\bar{3}$,47712.

181. 0,000002.  Rép. $\bar{6}$,80108.

182. 0,003003.  Rép. $\bar{8}$,47756.

188. 0,30103.  Rép. $\bar{1}$,47861.

184. 4,78621.  Rép. 0,67999.

185. 0,0045272.  Rép. $\bar{3}$,65583.

186. 0,0000056823.  Rép. $\bar{6}$,75452.

187. $\pi = 3,141592$.  Rép. 0,49715.

188. $\sqrt{2}$.  Rép. 0,15051.

189. $\sqrt{3}$.  Rép. 0,28856.

140. $\dfrac{1}{\sqrt{2}}$.  Rép. $\bar{1}$,84949.

141. $\dfrac{1}{\sqrt{3}}$.  Rép. $\bar{1}$,76144.

142. $\dfrac{1}{\pi}$.  Rép. $\bar{1}$,50285.

148. $g = 9,8088$.  Rép. 0,99162.

144. $\dfrac{1}{g}$.  Rép. $\bar{1}$,00888.

145. 360, 180, 90.
Rép. 2,55280 ; 2,25527 ; 1,95424.

146. $\dfrac{17}{60}$.  Rép. $-0,54770 = \bar{1}$,45280.

147. $49\dfrac{4}{7}$.  Rép. 1,69528.

148. $\dfrac{130}{16}$.  Rép. 0,90982.

149. $168\dfrac{5}{9}$.　　　　Rép. 2.22675.

150. $\dfrac{7}{30}$.　　　　Rép. $-0,63202=\overline{1},86798$.

151. $241\dfrac{3}{5}$.　　　　Rép. 2,38810.

152. $536\dfrac{5}{8}$.　　　　Rép. 2,72067.

153. $324\dfrac{7}{90}$.　　　　Rép. 2,51065.

154. $\dfrac{5}{7}$.　　　　Rép. $-0,14613=\overline{1},85887$.

155. $\dfrac{8}{11}$.　　　　Rép. $-0,13830=\overline{1},86170$.

156. $\dfrac{17}{23}$.　　　　Rép. $-0,13128=\overline{1},86872$.

157. $37\dfrac{2}{3}$.　　　　Rép. 1,57596.

158. $\dfrac{1}{47}$.　　　　Rép. $-1,67210=\overline{2},32790$.

159. $\dfrac{0,025}{63}$.　　　　Rép. $-3,40140=\overline{4},59860$.

160. $64\dfrac{5}{8}$.　　　　Rép. 1,81040.

161. $\dfrac{60}{1123}$.　　　　Rép. $-1,27223=\overline{2},72777$.

162. $\dfrac{1}{17893}$.　　　　Rép. $-4,25268=\overline{5},74732$.

163. $249\dfrac{3}{4}$.　　　　Rép. 2,39751.

164. $526\dfrac{8}{9}$.　　　　Rép. 2,72172.

165. $\dfrac{125}{126}$.   Rép. $-0,00346 = \overline{1},99654$.

166. $\dfrac{0,125}{0,250}$.   Rép. $-0,30103 = \overline{1},69897$.

167. $\dfrac{1}{3} - \dfrac{1}{12}$.   Rép. $-0,60206 = \overline{1},39794$.

168. $\sqrt{\dfrac{1}{3}}$.   Rép. $-0,23856 = \overline{1},76144$.

169. $\sqrt[3]{\dfrac{1}{13}}$.   Rép. $-0,37131 = \overline{1},62869$.

*Donner sous deux formes différentes les logarithmes des fractions suivantes :*

170. $0,436$.   Rép. $\overline{1},63949$ ; $-0,36051$.

171. $0,7348$.   Rép. $\overline{1},86617$ ; $-0,13383$.

172. $0,3629$.   Rép. $\overline{1},55979$ ; $-0,44021$.

173. $0,6735$.   Rép. $\overline{1},82834$ ; $-0,17166$.

174. $0,56849$.   Rép. $\overline{1},75472$ ; $-0,24528$.

175. $0,0043212$.   Rép. $\overline{3},63560$ ; $-2,36440$.

176. $0,000056472$.   Rép. $\overline{5},75183$ ; $-4,24817$.

177. $0,00000056$.   Rép. $\overline{7},74819$ ; $-6,25181$.

178. $0,237$.   Rép. $\overline{1},37475$ ; $-0,62525$.

179. $0,4568$.   Rép. $\overline{1},65973$ ; $-0,34027$.

180. $0,03649$.   Rép. $\overline{2},56217$ ; $-1,43783$.

181. $0,0073482$.   Rép. $\overline{3},86618$ ; $-2,13382$.

182. $0,000549072$.   Rép. $\overline{4},73968$ ; $-3,26037$.

183. $\dfrac{1}{13}$.   Rép. $\overline{2},88606$ ; $-1,11394$.

184. $\dfrac{1}{19}$.

Rép. $\overline{2},72125$ ; $-1,27875$.

185. $\dfrac{34}{55}$.

Rép. $\overline{1},79112$ ; $-0,20888$.

186. $\dfrac{75}{89}$.

Rép. $\overline{1},92567$ ; $-0,07433$.

187. $\dfrac{237}{735}$.

Rép. $\overline{1},50846$ ; $-0,49154$.

188. $\dfrac{457}{86320}$.

Rép. $\overline{3},72381$ ; $-2,27619$.

189. $\dfrac{5,34}{78463}$.

Rép. $\overline{5},83288$ ; $-4,16712$.

190. $\dfrac{0,07}{45872000}$.

Rép. $\overline{9},18355$ ; $-8,81645$.

191. $\dfrac{17}{21,453}$.

Rép. $\overline{1},89896$ ; $-0,10104$.

192. $\dfrac{0,43}{566132}$.

Rép. $\overline{7},88055$ ; $-6,11945$.

193. $\dfrac{0,7}{0,95}$.

Rép. $\overline{1},86738$ ; $-0,13262$.

194. $\dfrac{0,00058321}{23}$.

Rép. $\overline{5},40410$ ; $-4,59590$.

195. $\dfrac{471}{3728}$.

Rép. $\overline{1},10154$ ; $-0,89846$.

*Trouver les nombres correspondants aux logarithmes suivants :*

196. $1,98227$.

Rép. 96.

197. $2,07555$.

Rép. 119.

198. $2,29226$.

Rép. 196.

199. $3,08027$.

Rép. 1208.

**200.** 0,90309.                    Rép. 8.

**201.** 2,82478.                    Rép. 668.

**202.** 3,85944.                    Rép. 7285.

**203.** 2,87967.                    Rép. 758.

**204.** 3,99025.                    Rép. 9778.

**205.** 4,99996.                    Rép. 99990.

**206.** 3,57012.                    Rép. 3716,86.

**207.** 4,57925.                    Rép. 37953,8.

**208.** 3,62744.                    Rép. 4240,7.

**209.** 5,13510.                    Rép. 136490.

**210.** 0,54967.                    Rép. 3,54541.

**211.** 6,98712.                    Rép. 9707750.

**212.** 2,35727.                    Rép. 227,652.

**213.** 2,00713.                    Rép. 101,655.

**214.** 1,89238.                    Rép. 78,0516.

**215.** 1,78867.                    Rép. 61,4714.

**216.** 1,15536.                    Rép. 14,3006.

**217.** 0,34576.                    Rép. 2,21695.

**218.** 0,60206.                    Rép. 4.

**219.** 3,94212                     Rép. 8752,2.

**220.** 0,43429.                    Rép. 2,7183.

**221.** 0,00647.                    Rép. 1,015.

**222.** 0,01072.                    Rép. 1,025.

**223.** 0,01494.                    Rép. 1,035.

**224.** 0,49715.                    Rép. 3,1416.

**225.** 6,53501.                    Rép. 3427769.

226. 0,53470.                         Rép. 8,4253.

227. 4,89572.                         Rép. 78654.

228. 2,79957.                         Rép. 630,328.

229. 5,34286.                         Rép. 220231.

230. 3,00255.                         Rép. 1005,88.

231. 6,72635.                         Rép. 5325370.

232. 1,48846.                         Rép. 30,7985.

233. 2,56734.                         Rép. 369,266.

234. 0,88703.                         Rép. 7,7096.

235. 0,73324.                         Rép. 5,4105.

236. 0,67253.                         Rép. 4,7046.

237. 3,82607.                         Rép. 6700.

*Trouver la fraction décimale correspondante à chacun des logarithmes suivants :*

238. —4,38275.                        Rép. 0,0000414241.

239. —0,26187.                        Rép. 0,54718.

240. —1,68592.                        Rép. 0,020615.

241. —0,01426.                        Rép. 0,96770.

242. —1,37395.                        Rép. 0,042272.

243. —2,45739.                        Rép. 0,0034883.

244. —3,76489.                        Rép. 0,00017183.

245. —0,99457.                        Rép. 0,101250.

246. $\overline{1}$,36573.            Rép. 0,23213.

247. $\overline{1}$,73813.            Rép. 0,54718.

248. $\overline{2}$,31408.            Rép. 0,020610.

249. $\overline{1}$,98574.            Rép. 0,96770.

250. $\bar{4},18575.$ Rép. 0,00015887.

251. $\bar{4},73628.$ Rép. 0,00054485.

252. $\bar{1},23477.$ Rép. 0,17170.

253. $\bar{2},73344.$ Rép. 0,054181.

254. $\bar{4},20037.$ Rép. 0,00015862.

255. $\bar{3},63900.$ Rép. 0,0043552.

256. $\bar{2},45051.$ Rép. 0,028217.

257. $\bar{4},24372.$ Rép. 0,00017527.

258. —3,81425. Rép. 0,00015887.

259. $\bar{4},18575.$ Rép. 0,00015887.

260. $\bar{3},86372.$ Rép. 0,0073066.

261. $\bar{4},68456.$ Rép. 0,00048369.

262. $\bar{1},35762.$ Rép. 0,22788.

263. $\bar{1},44555.$ Rép. 0,27897.

264. $\bar{3},78461.$ Rép. 0,0060899.

265. —1,13255. Rép. 0,078696.

266. —3,57473. Rép. 0,00026624B.

267. —2,35457. Rép. 0,0044191.

268. —0,78522. Rép. 0,163976.

269. —1,93100. Rép. 0,117218.

270. —4,22469. Rép. 0,000059608.

271. $\bar{1},78432.$ Rép. 0,60858.

272. $\bar{3},56845.$ Rép. 0,0057021.

273. $\bar{1},96583.$ Rép. 0,92484.

274.  —3,45211.                       Rép. 0,00085809.

275.  —0,77711.                       Rép. 0,16706.

276.  —2,88757.                       Rép. 0,0012955.

277.  $\overline{11}$,30103.                       Rép. 0,00000000002.

278.  $\overline{7}$,47712.                       Rép. 0,0000003.

278.  $\overline{2}$,60206.                       Rép. 0,04.

280.  $\overline{1}$,49251.                       Rép. 0,31082.

281.  $\overline{4}$,25257.                       Rép. 0,00017888.

282.  $\overline{2}$,43327.                       Rép. 0,027119.

*Au moyen des logarithmes, effectuer les opérations suivantes
et donner le logarithme final.*

283.  6,534 × 9,647.
   Rép. Log. final :  1,79957 ; produit : 63,033.

284.  5483 × 7,832 × 7,383.
   Rép. Log. final :  5,50112 ; produit : 317.043.

285.  $\dfrac{7,43 \times 5,12}{620}$.

   Rép. Log. final :  $\overline{2}$,78787 ; produit : 0,061857.

286.  $\dfrac{41635 \times 3694}{4627}$.

   Rép. Log. final :  4,52166 ; produit : 33.239,61.

287.  $\dfrac{7968 \times 9347}{6348}$.

   Rép. Log. final :  4,06988 ; produit : 11.782,46.

288.  $\dfrac{5489 \times 24730}{724 \times 325}$.

   Rép. Log. final :  2,76110 ; produit : 576,90.

289.  0,347 × 0,0576 × 0,049.
   Rép. Log. final :  $\overline{4}$,99095 ; produit : 0,00097987.

**290.** $0,49 \times 1,547 \times 27,095$.

Rép. Log. final : **1,81258** ; produit : **20,589**.

**291.** $\dfrac{0,735 \times 0,0948}{0,654}$.

Rép. Log. final : $\overline{1},02752$ ; produit : **0,10654**.

**292.** $\dfrac{0,548 \times 0,7854}{0,378}$.

Rép. Log. final : **0,05638** ; produit : **1,18863**.

**293.** $0,925 : (0,038 \times 0,584)$.

Rép. Log. final : **1,61995** ; produit : **41,682**.

| | | | | | |
|---|---|---|---|---|---|
| **294.** $\sqrt{2}$. | Rép. Log. final : | | 0,15052 ; | produit : | 1,4142. |
| **295.** $\sqrt{3}$. | Rép. | — | 0,23856 ; | — | 1,7320. |
| **296.** $\sqrt[3]{2}$. | Rép. | — | 0,10034 ; | — | 1,2599. |
| **297.** $\sqrt[3]{3}$. | Rép. | — | 0,15904 ; | — | 1,4422. |
| **298.** $\sqrt{5}$. | Rép. | — | 0,34949 ; | — | 2,2360. |
| **299.** $\sqrt{13}$. | Rép. | — | 0,55697 ; | — | 3,6055. |
| **300.** $\sqrt[3]{10}$. | Rép. | — | 0,33333 ; | — | 2,1544. |
| **301.** $3^2$. | Rép. | — | 0,95424 ; | — | 9. |
| **302.** $3^5$. | Rép. | — | 2,38561 ; | — | 243. |
| **303.** $11^3$. | Rép. | — | 3,12418 ; | — | 1331. |

**304.** $14^{10}$.

Rép. Log. final : **11,46180** ; produit : **289.260.000.000**.

**305.** $(0,257)^3$.

Rép. Log. final : $\overline{2},22980$ ; produit : **0,016974**.

**306.** $\left(\dfrac{41}{56}\right)^3$.

Rép. Log. final : $\overline{1},59877$ ; produit : **0,392486**.

**307.** $(0,368)^5$.

Rép. Log. final : $\overline{3},82925$ ; produit : $0,0067490$.

**308.** $\left(\dfrac{37}{69}\right)^4$.

Rép. Log. final : $\overline{2},91740$ ; produit : $0,08268$.

**309.** $\sqrt[5]{0,837}$.

Rép. Log. final : $\overline{1},98455$ ; produit : $0,96504$.

**310.** $\sqrt[6]{5,65}$.

Rép. Log. final : $0,12584$ ; produit : $1,88456$.

**311.** $\sqrt[?]{0,05649}$.

Rép. Log. final : $\overline{1},82171$ ; produit : $0,66880$.

**312.** $\left(\dfrac{3}{22}\right)^6$.

Rép. Log. final : $\overline{6},80820$ ; produit : $0,000006430$.

**313.** $\left(\dfrac{5}{73}\right)^7$.

Rép. Log. final : $\overline{9},84955$ ; produit : $0,00000000707216$.

**314.** $\sqrt[3]{9,341}$.

Rép. Log. final : $0,82346$ ; produit : $2,1060$.

**315.** $\sqrt[5]{\dfrac{7}{34}}$.

Rép. Log. final : $\overline{1},86272$ ; produit : $0,728988$.

**316.** $1,3478 \times 0,25743$.

Rép. Log. final : $\overline{1},54029$ ; produit : $0,346969$.

**317.** $5,6428 : 11,28416$.

Rép. Log. final : $\overline{1},69903$ ; produit : $0,500066$.

**318.** $\sqrt[?]{9,55649}$.

Rép. Log. final : $0,14004$ ; produit : $1,3805$.

**319.** $\sqrt[8]{\dfrac{9}{13}}$.

Rép. Log. final : $\overline{1},98004$ ; produit : $0,95507$.

**320.** $\sqrt[5]{\dfrac{34}{272}}$.

Rép. Log. final : $\overline{1},81988$ ; produit : $0,65075$.

**321.** $\sqrt[11]{\dfrac{7}{12}}$.

Rép. Log. final : $\overline{1},97872$ ; produit : $0,95218$.

**322.** $2,435 \times 0,067 \times 9,0095$.
Rép. Log. final : $0,16727$ ; produit : $1,46983$.

**323.** $3,973 \times 3,471 \times 0,005$.
Rép. Log. final : $\overline{2},83854$ ; produit : $0,068951$.

**324.** $(0,482 \times 0,006) : 5,045$.
Rép. Log. final : $\overline{4},75834$ ; produit : $0,000573243$.

**325.** $7,5^4$.    Rép. Log. final : $3,50024$ ; produit : $3164$.

**326.** $1,25^5$.    Rép.    —    $0,48455$ ;    —    $3,0517$.

**327.** $\sqrt[5]{9345}$.
Rép. Log. final : $0,79412$ ; produit : $6.22471$.

**328.** $\sqrt[7]{25639}$.
Rép. Log. final : $0,62984$ ; produit : $4,2642$.

**329.** $\sqrt[11]{149627}$.
Rép. Log. final : $0,47046$ ; produit : $2,9543$.

**330.** $0,035 \times \sqrt{0,035} \times 0,035^4$.
Rép. Log. final : $\overline{9},99289$ ; produit : $0,000000009826$.

**331.** $(\sqrt{3} \times 3^2) : \sqrt[3]{3^4}$.
Rép. Log. final : $0,55664$ ; produit : $3,6028$.

**332.** $\dfrac{27}{32} : \dfrac{4}{7}$.    Rép. Log. final : $0,16925$ ; produit : $1,4765$.

**333.** $\dfrac{3}{47} : \dfrac{82}{9}$

    Rép. Log. final : $\overline{8},84545$ ; produit : **0,0070057.**

**334.** $(0,367)^4$.

    Rép. Log. final : $\overline{2},25868$ ; produit : **0,0181416.**

**335.** $(2,049)^5$.

    Rép. Log. final : $1,55770$ ; produit : **86,1158.**

**336.** $\sqrt[4]{2,9943}$.

    Rép. Log. final : $0,11907$ ; produit : **1,8154.**

**337.** $\sqrt[5]{1,009}$.

    Rép. Log. final : $0,00078$ ; produit : **1,0017.**

**338.** $\sqrt[5]{26,35}$.

    Rép. Log. final : $0,28416$ ; produit : **1,92878.**

**339.** $\sqrt[4]{\dfrac{7}{325}}$.

    Rép. Log. final : $\overline{1},58880$ ; produit : **0,88309.**

*Résoudre les équations suivantes :*

**340.** $2^x = 1024$.

On prend les logarithmes des deux membres, ce qui donne
$$x \, log \, 2 = log \, 1024 = log \, 2^{10} = 10 \, log \, 2.$$

On tire de là, en divisant par $log \, 2$ :
$$x = 10.$$

    Rép. $x = $ **10.**

**341.** $0,73^x = 0,5329$.
$$x \, log \, 0,73 = log \, 0,5329$$

d'où
$$x = \frac{log \, 0,5329}{log \, 0,73} = \frac{\overline{1},72664}{\overline{1},86332} = \frac{-0,27336}{-0,13668} = 2.$$

    Rép. $x = $ **2.**

**342.** $\left(\dfrac{3}{4}\right)^x = 7$.

On a :
$$x \, (log \, 3 - log \, 4) = log \, 7$$

d'où
$$x = \frac{log \, 7}{log \, 3 - log \, 4} = \frac{0,84510}{0,47712 - 0,60206} = -6,7640.$$

    Rép. $x = $ **— 6,7640.**

**343.** $10^x = 2$.

On prend les logarithmes, ce qui donne :
$$x \log 10 = \log 2$$
ou
$$x = 0,30103.$$

**Rép.** $x = 0,30103$.

**344.** $10^x = 5$.

On a :
$$x \log 10 = \log 5$$
d'où
$$x = \frac{\log 5}{\log 10} = \frac{0,69897}{1} = 0,69897.$$

**Rép.** $x = 0,69897$.

**345.** $2 \log x = 6 \log 2$.

De cette équation, on tire successivement :
$$\log x = 3 \log 2$$
$$\log x = \log 2^3 = \log 8.$$

D'où l'on conclut :

**Rép.** $x = 8$.

**346.** $\log x = \log 36 - 2 \log 3$.

On a :
$$\log x = \log 36 - \log 3^2 = \log \frac{36}{9} = \log 4.$$

De là, on conclut :

**Rép.** $x = 4$.

**347.** $2 \log x - 2 \log 4 = \log 3 - \log 7$.

On écrit :
$$\log x = \frac{\log 3 - \log 7 + 2 \log 4}{2} = \frac{0,47712 - 0,84510 + 2 \times 0,60206}{2}$$
ou bien
$$\log x = 0,41807.$$

Les tables de logarithmes donnent :
$$x = 2,618.$$

**Rép.** $x = 2,618$.

**Remarque.** — On aurait pu résoudre la question sans table, en écrivant :

$$\log x^2 - \log 4^2 = \log \frac{3}{7}$$

$$\log x^2 = \log 16 + \log \frac{3}{7} = \log \frac{48}{7}$$

$$x^2 = \frac{48}{7} \text{ et } x = 2,618.$$

**348.** $\dfrac{1}{5} \log x = \dfrac{\log 7}{5} + \log 2.$

On a :

$$\log x = \log 7 + 5 \log 2 = \log 7 + \log 2^5 = \log (7 \times 2^5)$$

d'où

$$x = 7 \times 2^5 = 224.$$

Rép. $x = 224$.

**349.** $12^{x^2-2x+3} = 1728.$

Prenons les logarithmes, nous aurons :

$$(x^2 - 2x + 3) \log 12 = \log 1728$$

d'où l'on tire :

$$x^2 - 2x + 3 = \frac{\log 1728}{\log 12} = 3.$$

Cette équation se réduit à

$$x^2 - 2x = 0.$$

Ses racines sont :

$$x' = 0. \quad x'' = 2.$$

Rép. $x' = 0 \quad x'' = 2$.

**350.** $\log x + \log y = 1,47712$
$\log x - \log y = 0,52288.$

En éliminant par réduction, on trouve :

$$2\log x = 1,47712 + 0,52288 = 2$$

d'où

$$\log x = 1 \text{ et } x = 10$$
$$2 \log y = 1,47712 - 0,52288 = 0,95424$$

d'où

$$\log y = 0,47712 \text{ et } y = 3.$$

Rép. $x = 10$ ; $y = 3$.

**851.** $log\ x + log\ y = log\ 3 + 2\ log\ 2$
$log\ x - log\ y = log\ 3 - 2\ log\ 2.$

En additionnant, on a :

$$2\ log\ x = 2\ log\ 3$$

d'où

$$x = 3.$$

En soustrayant, on a :

$$2\ log\ y = 4\ log\ 2 = 2\ log\ 2^2$$

d'où

$$y = 2^2 = 4.$$

**Rép.** $x = 3\ ;\ y = 4.$

## Problèmes

**852.** *Trouver le nombre des termes de la progression*
$$\div 4 : 8 : 16 : \ldots : 1024$$

On a :

$$1024 = 4 \times 2^{n-1}.$$

On tire de là :

$$log\ 1024 = log\ 4 + (n-1)\ log\ 2$$

d'où

$$n = 1 + \frac{log\ 1024 - log\ 4}{log\ 2} = 1 + \frac{3,01030 - 0,60206}{0,30103} = 1 + 8 = 9.$$

**Rép.** Le nombre des termes est **9**.

**853.** *Trouver le nombre des termes de la progression*
$$\div 4080 : 2040 : \ldots : 31,875$$

On écrit :

$$31,875 = 4080 \times \left(\frac{1}{2}\right)^{n-1} = \frac{4080}{2^{n-1}}.$$

On tire de là :

$$log\ 31,875 = log\ 4080 - (n-1)\ log\ 2$$

ou

$$n = 1 + \frac{log\ 4080 - log\ 31,875}{log\ 2} = 1 + \frac{3,61066 - 1,50345}{0,30103} = 8.$$

**Rép.** La progression a **8** termes.

**854.** *Trouver le nombre des termes et la raison d'une progression géométrique dont le premier terme et le dernier sont 9 et 9216 et la somme des termes 18423.*

On a :
$$l = 9 \times q^{n-1} = 9216$$
$$\frac{9216 \times q - 9}{q - 1} = 18423.$$

La dernière équation fournit la raison :
$$q = \frac{18423 - 9}{9207} = 2.$$

La première équation devient :
$$9 \times 2^{n-1} = 9216 \text{ ou } 2^{n-1} = 1024.$$

En prenant les logarithmes, il vient :
$$n = 1 + \frac{\log 1024}{\log 2} = 1 + 10 = 11.$$

**Rép.** La raison est **2** et le nombre de termes est **11**.

**855.** *Trouver la raison d'une progression géométrique dont le premier terme est* $\frac{1}{2187}$, *le dernier 729 et le nombre des termes 14.*

On a l'équation :
$$729 = \frac{1}{2187} \times q^{13}.$$

Si l'on prend les logarithmes des deux membres, il vient :
$$\log 729 = 13 \log q - \log 2187$$

d'où
$$\log q = \frac{\log 729 + \log 2187}{13} = \frac{2,86273 + 3,33985}{13} = 0,47712.$$

Les tables donnent $q = 3$.

**Rép.** La raison est **3**.

**356.** *La population d'un pays s'accroît chaque année du* $\frac{1}{100}$ *de sa valeur. Dans combien d'années cette population sera-t-elle triplée ?*

Soit $a$ le chiffre actuel de la population. Au bout d'un an, cette population sera :
$$a + \frac{a}{100} = a\left(1 + \frac{1}{100}\right) = a \times \frac{101}{100}.$$

Après une autre année, elle vaudra :

$$a \times \frac{101}{100} + \left( a \times \frac{101}{100} \right) \times \frac{1}{100}.$$

ou

$$a \times \frac{101}{100}\left( 1 + \frac{1}{100} \right) = a \times \left( \frac{101}{100} \right)^2.$$

Après trois ans, elle vaudra :

$$a\left( \frac{101}{100} \right)^3, \text{ etc.}$$

Après $n$ années, elle sera donc devenue :

$$a\left( \frac{101}{100} \right)^n \text{ ou } 3a.$$

De là, l'équation du problème :

$$a(1{,}01)^n = 3a$$

ou

$$(1{,}01)^n = 3.$$

On en déduit :

$$n = \frac{\log 3}{\log 1{,}01} = \frac{0{,}47712}{0{,}00432} = 110.$$

**Rép.** Dans **110** ans.

**857.** *Sachant qu'après le déluge, la population de la terre était de 8 personnes, et que son accroissement annuel moyen a été de 1/220, quel est le chiffre actuel de la population du globe?* (Le déluge a eu lieu il y a 4200 ans.)

A la fin de la première année qui a suivi le déluge, la population était :

$$8 + \frac{8}{220} = 8\left( 1 + \frac{1}{220} \right) = 8 \times \frac{221}{220}.$$

A la fin de la seconde année, cette population était :

$$8 \times \frac{221}{220} + \frac{8 \times 221}{220} \times \frac{1}{220} = 8 \times \left( \frac{221}{220} \right)^2.$$

Après la troisième année, elle était devenue :

$$8 \times \left( \frac{221}{220} \right)^3, \text{ etc.}$$

En désignant par P le chiffre de la population après 4.200 ans on a par analogie :

$$P = 8 \times \left( \frac{221}{220} \right)^{4200}.$$

On tire de là :

$$\log \mathrm{P} = \log 8 + 4200(\log 221 - \log 220) = 9,17709$$

d'où

$$\mathrm{P} = 1\,503\,000\,000.$$

**Rép.** La population actuelle du globe est de **1.503.000.000** d'habitants.

**358.** *Étant donnée la progression*
$$\div\ 6 : 12 : \ldots\ldots : 12288$$
*trouver le nombre de ses termes.*

On a :

$$6 \times 2^{n-1} = 12288$$
$$2^n = 4096$$

En prenant les logarithmes, on trouve :

$$n = \frac{\log 4096}{\log 2} = \frac{3,61236}{0,30103} = 12.$$

**Rép.** Le nombre des termes est **12**.

---

# CHAPITRE V

## PROBLÈMES SUR LES INTÉRÊTS COMPOSÉS

---

**359.** *Que devient la somme de* 1000 *fr. placée à intérêts composés à* 5 %, *pendant* 5 *ans?*

Il faut appliquer la formule du n⁰ (43). Cette formule est :

$$A = a\,(1+r)^n. \tag{1}$$

En remplaçant les lettres par leur valeur et en prenant les logarithmes des deux membres de la formule (1), il vient :

$$\log A = \log 1000 + 5 \log 1,05 = 3 + 5 \times 0,02119 = 3,10595$$

d'où

$$A = 1276,29.$$

**Rép.** La somme est devenue **1276** fr. **29**.

**360.** *On a prêté 10.000 fr. à 4 % depuis 11 ans. Combien doit-on recevoir, capital et intérêts compris?*

On a :

$$A = a(1+r)^n = 10000 \times 1,04^{11}.$$

En prenant les logarithmes, on a :

$$\log. A = \log 10000 + 11 \log. 1,04 = 4 + 11 \times 0,01703 = 4,18733.$$

d'où
$$A = 15393,21.$$

**Rép.** On doit recevoir **15.393 fr. 21.**

**361.** *Un chef d'usine emprunte à 4,50 % et à intérêts composés, la somme nécessaire pour se procurer 500 tonnes de houille à 13 fr. la tonne. Combien devra-t-il verser s'il ne paie qu'au bout de 6 ans?*

On aura :

$$A = 500 \times 13 \times 1,045^6 = 6500 \times 1,045^6.$$

Les tables de logarithmes donnent :

$$\log A = \log 6500 + 6 \log 1,045 = 3,81911 + 6 \times 0,01912 = 3,92763$$

d'où

$$A = 8465.$$

**Rép.** Il devra verser **8.465 francs.**

**362.** *Quelle somme faut-il verser actuellement à 3 %, et à intérêts composés, pour retirer dans 14 ans la somme de 12.000 fr., capital et intérêts compris.*

La formule :

$$A = a(1+r)^n.$$

donne :
$$a = \frac{A}{(1+r)^n} = \frac{12000}{1,03^{14}}.$$

En prenant les logarithmes, on a :

$$\log a = \log 12000 - 14 \log 1,03 = 4,07918 - 0,17976 = 3,87942$$

d'où
$$a = 7932,69.$$

**Rép.** Il faut verser actuellement **7.932 fr. 69.**

**Remarque.** — Les tables de logarithmes de Dupuis contiennent à la page 136 les puissances successives de $\dfrac{1}{1+r}$.

Ainsi
$$\frac{1}{1,03^{14}} = 0,661118.$$

Par suite, on a :

$$a = \frac{12000}{1,03^{14}} = 12000 \times 0,661118 = \mathbf{7933 \ fr. \ 41.}$$

**363.** *Il y a 11 ans ½ qu'un négociant me prêta 60.000 fr. à 6 % et à intérêts composés. Combien lui dois-je?*

On a :

$$A = a(1+r)^n = 60000 \times 1,06^{11,5}.$$

Les tables de logarithmes donnent :

$$\log A = \log 60000 + 11,5 \; \log 1,06 = 4,77815 + 11,5 \times 0,02531$$

ou

$$\log A = 5,06922$$

On déduit de la :

$$A = 117.278$$

**Rép.** Je lui dois **117.278** francs.

**364.** *Vaut-il mieux placer 6500 fr. à 4 % et à intérêts composés pendant **5** ans, que de les placer à 5 % pendant le même temps et à intérêts simples?* (Brev. sup.).

A intérêts simples, les 6500 francs valent après 5 ans :

$$6500 + 6500 \times 0,05 \times 5 = 8.125 \text{ francs.}$$

A intérêts composés, après 5 ans, les 6.500 fr. vaudront à 4 % :

$$6500 \times 1,04^6 = 6500 \times 1,2166529 = 7908 \text{ fr. } 24.$$

Il vaut donc mieux placer à intérêts simples, la somme donnée ; on gagne :

$$8125 - 7908,24 = 216 \text{ fr. } 75.$$

**Rép.** Il vaut mieux placer à intérêts simples ; on gagne **216 fr.75.**

**365.** *Vaut-il mieux prêter pour 7 ans 2500 fr. à 5 %, en capitalisant les intérêts tous les six mois, que de les prêter à 6 % en capitalisant les intérêts tous les ans?*

En capitalisant les intérêts tous les ans, on a la formule (43) :

$$A = 2500 \times 1,06^7 \tag{1}$$

et en capitalisant tous les 6 mois, on a la formule (44)

$$A' = 2500 \times 1,025^{14}. \tag{2}$$

1° A l'aide des logarithmes, la formule (1) devient :

$$\log A = \log 2500 + 7 \; \log 1,06 = 3,39794 + 0,17717 = 3,57511$$

d'où

$$A = 3759,33.$$

2° La formule (2) devient :

$$\log A' = \log 2500 + 14 \; \log 1,025 = 3,39794 + 0,15008 = 3,54802$$

d'où

$$A' = 3532.$$

D'après cela, il vaut mieux capitaliser tous les ans, on gagne :

$$3759,33 - 3.532 = 227 \text{ fr. } 33.$$

**Rép.** Il vaut mieux capitaliser tous les ans ; on gagne **227 fr. 33.**

**366**. *Un marchand achète 586 hl. de froment à 18 fr. 50 l'hectolitre qu'il doit payer au bout de 3 ans 8 mois avec les intérêts composés à 5,50 %. Combien, à l'échéance, devra-t-il débourser, et combien doit-il revendre l'hectolitre pour bénéficier de 780 fr. ?*

1° Le froment vaut :

$$18,5 \times 586 = 10841 \text{ fr.}$$

A l'échéance, le marchand devra débourser :

$$A = 10841 \times (1,055)^{\frac{11}{3}}$$

d'où

$$\log A = \log 10841 + \frac{11}{3} \log 1,055 = 4,03507 + 0,08525$$

ou

$$\log A = 4,12032$$

et, par suite,

$$A = 13192 \text{ fr. } 42.$$

2° Pour gagner 780 francs, il devra revendre le froment :

$$13192,42 + 780$$

et l'hectolitre,

$$\frac{13192,42 + 780}{586} = 23 \text{ fr. } 84.$$

**Rép.** A l'échéance, il devra débourser **13192 fr. 42** ;
2° Et il devra revendre l'hectolitre **23 fr. 84**.


**367**. *Calculer la valeur actuelle de 6.000 fr. placés à intérêts composés depuis 3 ans 5 mois, sachant que le taux est de 5 %.*

Soit $a$ la valeur actuelle cherchée, on a :

$$6000 = a \times (1,05)^{\frac{41}{12}}$$

On tire de là :

$$\log 6000 = \log a + \frac{41}{12} \log 1,05$$

ou

$$\log a = \log 6000 - \frac{41}{12} \log 1,05 = 3,77815 - 0,07230 = 3,70577$$

d'où

$$a = 5078,88.$$

**Rép.** La valeur actuelle est **5078 fr. 88**.

**368.** *Un homme riche voulant récompenser deux écoliers, âgés l'un de 9 ans et l'autre de 12, leur partage 3500 francs, de manière que chaque part placée à intérêts composés à 5 % donne 2774 fr. 43, lorsque chacun de ces enfants aura atteint sa 20e année. Comment a-t-on partagé les 3500 fr.?*

Soient $x$ et 3500—$x$ les deux parts, on a l'équation :

$$x \times 1{,}05^{11} = (3500 - x)1{,}05^8.$$

Les deux membres étant divisés par $1{,}05^8$, on a encore :

$$x \times 1{,}05^8 = 3500 - x.$$

d'où

$$x = \frac{3500}{1{,}05^3 + 1} = 1622{,}17.$$

Le plus jeune a donc reçu 1622 fr. 17 et le plus âgé :

$$3600 - x = 3500 - 1622{,}17 = 1877 \text{ fr. } 83.$$

**Rép.** Les deux parts sont : **1622 fr. 17** au plus jeune et **1877 fr. 83** à l'aîné.

**369.** *Dans combien de temps, la somme de 10.000 fr., placée à intérêts composés à 4 %, sera-t-elle devenue 19.479 fr.?*

Soit $n$ ce temps, on a :

$$19479 = 10.000 \times 1{,}04^n.$$

En prenant les logarithmes, il vient :

$$\log 19479 = \log 10000 + n \log 1{,}04$$

d'où l'on tire :

$$n = \frac{\log 19479 - \log 10000}{\log 1{,}04} = \frac{4{,}28957 - 4}{0{,}01703} = 17.$$

**Rép.** Dans **17 ans.**

**370.** *On a placé à intérêts composés la somme de 5.000 fr. à 6 % ; au bout de combien de temps recevra-t-on 6.000 fr.?*

On écrit [45 — (3)] :

$$n = \frac{\log A - \log a}{\log (1 + r)} = \frac{\log 6000 - \log 5000}{\log 1{,}06} = \frac{3{,}77815 - 3{,}69897}{0{,}02531}$$

$$= 3 \text{ ans } 46 \text{ jours.}$$

**Rép.** Dans **3 ans 46 jours.**

**171**. *Un homme place la somme de 10.000 fr. à intérêts composés et à 5 % ; s'il ne veut la retirer que lorsqu'elle sera triplée, combien devra-t-il attendre ?*

On a l'équation [45—(5)] :

$$n = \frac{\log A - \log a}{\log (1+r)} = \frac{\log 30000 - \log 10000}{\log 1,05} = \frac{\log 3 + \log 10000 - \log 10000}{\log 1,05}$$

ou bien :     $n = \dfrac{\log 3}{\log 1,05} = \dfrac{0,47712}{0,2119} = 22$ ans 186 jours.

**Rép**. Il devra attendre **22** ans **186** jours.

**372**. *Combien faut-il de temps pour qu'une somme, placée à intérêts composés, soit :* $1^o$ *doublée,* $2^o$ *triplée ; le taux étant :* $1^o$ 3, $2^o$ 4, $3^o$ 5, $4^o$ 6 ?

On a les équations :

$$2a = a \times 1,03^n \qquad (1)$$
$$3a = a \times 1,03^n \qquad (2)$$
$$2a = a \times 1,04^n \qquad (3)$$
$$3a = a \times 1,04^n \qquad (4)$$
$$2a = a \times 1,05^n \qquad (5)$$
$$3a = a \times 1,05^n \qquad (6)$$
$$2a = a \times 1,06^n \qquad (7)$$
$$3a = a \times 1,06^n \qquad (8)$$

Après avoir divisé par $a$ les deux membres de chacune d'elles, et avoir pris les logarithmes, elles deviennent :

$(1)$     $n = \dfrac{\log 2}{\log 1,03}$          $n = \dfrac{\log 2}{\log 1,05}$     $(5)$

$(2)$     $n = \dfrac{\log 3}{\log 1,03}$          $n = \dfrac{\log 3}{\log 1,05}$     $(6)$

$(3)$     $n = \dfrac{\log 2}{\log 1,04}$          $n = \dfrac{\log 2}{\log 1,06}$     $(7)$

$(4)$     $n = \dfrac{\log 3}{\log 1,04}$          $n = \dfrac{\log 3}{\log 1,06}$     $(8)$

Les tables de logarithmes donnent :

$$\log 2 = 0,30103$$
$$\log 3 = 0,47712$$
$$\log 1,03 = 0,01284$$
$$\log 1,04 = 0,01703$$
$$\log 1,05 = 0,02119$$
$$\log 1,06 = 0,02531$$

$1^o$ L'équation $(1)$ devient :

$$n = \frac{\log 2}{\log 1,03} = \frac{0,30103}{0,21084} = 23 \text{ ans } 160 \text{ jours.}$$

2⁰ L'équation (2) fournit :

$$n = \frac{\log 3}{\log 1,03} = \frac{0,47712}{0,01284} = 37 \text{ ans } 57 \text{ jours.}$$

3⁰ L'équation (3) donne :

$$n = \frac{\log 2}{\log 1,04} = \frac{0,30103}{0,01703} = 17 \text{ ans } 243 \text{ jours.}$$

4⁰ Avec l'équation (4), on a :

$$n = \frac{\log 3}{\log 1,04} = \frac{0,47712}{0,01703} = 28 \text{ ans } 5 \text{ jours.}$$

5⁰ Avec l'équation (5), on trouve :

$$n = \frac{\log 2}{\log 1,05} = \frac{0,30103}{0,02119} = 14 \text{ ans } 74 \text{ jours.}$$

6⁰ L'équation (6) devient :

$$n = \frac{\log 3}{\log 1,05} = \frac{0,47712}{0,02119} = 22 \text{ ans } 185 \text{ jours.}$$

7⁰ De la septième équation, on tire :

$$n = \frac{\log 2}{\log 1,06} = \frac{0,30103}{0,02531} = 11 \text{ ans } 321 \text{ jours.}$$

8⁰ Enfin l'équation (8) donne :

$$n = \frac{\log 3}{\log 1,06} = \frac{0,47712}{0,02531} = 18 \text{ ans } 310 \text{ jours.}$$

**Rép.** Une somme est doublée :

1⁰ Au 3 %, après **28** ans **160** jours.
2⁰ — 4 %, — **17** — **248** —
3⁰ — 5 %, — **14** — **74** —
4ᵉ — 6 %, — **11** — **321** —

Une somme est triplée :

5⁰ Au 3 %, après **87** ans **57** jours.
6⁰ — 4 %, — **28** — **5**
7⁰ — 5 %, — **22** — **185** —
8⁰ — 6 %, — **18** — **310** —

**878.** *Si, à la naissance de Notre-Seigneur Jésus-Christ on avait placé 0 fr. 05 à intérêts composés au taux de 4 %, combien ce sou vaudrait-il aujourd'hui, 1ᵉʳ janvier 1925.*

Soit A la valeur actuelle de ce sou, on a :

$$A = 0,05 \times 1,04^{1924}$$

et, en prenant les logarithmes,

$$\log A = \log 0,05 + 1924 \log 1,04 = \overline{2},69897 + 1924 \times 0,01703$$

ou
$$\log A = 31,46469$$

Les tables donnnent :
$$A = 29.154.000.000.000.000.000.000.000.000.000 \text{ fr.}$$

**Rép.** Ce sou vaudrait actuellement
$$29.154.000.000.000.000.000.000.000.000.000 \text{ fr.}$$

## Problèmes sur les Constitutions de Capitaux

**874.** *Un domestique désire connaître quelle somme il touchera après 20 ans, s'il place à intérêts composés à 5 %, une somme de 200 fr. au commencement de chaque année.*

La formule (47-2°)
$$A = \frac{a}{r}[(1+r)^{n+1} - (1+r)]$$

devient :
$$A = \frac{200}{0,05}[1,05^{21} - 1,05].$$

On peut, à l'aide des logarithmes, calculer $1,05^{21}$.

On a, en effet,
$$\log 1,05^{21} = 21 \log 1,05 = 21 \times 0,02119 = 0,44499$$

d'où
$$1,05^{21} = 2,78606$$

et, par suite,
$$A = \frac{200}{0,05}(2,78606 - 1,05) = 6944 \text{ fr. } 25.$$

**Rép.** Le domestique touchera **6.944** fr. **25.**

**875.** *On place au commencement de chaque année la somme de 10000 fr. à 6 %. Combien devra-t-on retirer après 10 ans, capital et intérêts simples compris : combien aurait-on retiré de plus si les intérêts avaient été capitalisés tous les ans?*

1° Après 10 ans, on pourra retirer :
$$A = 10000(1+10r) + 10000(1+9r) + 10000(1+8r+\ldots+10000(1+r)$$

ou
$$A = 100000 + 10000(r + 2r + 3r + \ldots + 9r + 10r)$$
$$A = 100000 + 10000 \times 55r = 133.000 \text{ fr.}$$

En capitalisant les ntérêts annuellement, on aurait (47) :

$$A' = \frac{a}{r}[(1+r)^{n+1} - (1+r)] = \frac{10000}{0,06}(1,06^{11} - 1,06).$$

Les **tables de logarithmes** donnent :

$$1,06^{11} = 1,8982986$$

**et dès lors**

$$A. = \frac{10000}{0,06} \times 1,8982986 = 139716 \text{ fr. } 43.$$

Dans le second cas, on aurait gagné :

$$139716,43 - 133000 = 6.716 \text{ fr. } 43.$$

**Rép.** 1° **133.000 fr.** à intérêts simples ; 2° **6.716 fr. 48** de plus à intérêts composés.

**376.** *Au commencement de chaque année, un négociant a placé une certaine somme à intérêts composés et à 5 %. Quelle somme versait-il annuellement, si après 10 ans, il retire 41.271 fr. 21?*

1° La formule

$$A = aS_n$$

donne

$$a = \frac{A}{S_n} = \frac{41271,21}{S_{10}}$$

Les tables spéciales (ou le calcul par logarithmes) donnent ;

$$S_{10} = 13,2067872$$

d'où

$$a = \frac{41271,21}{13,2067872} = 3125 \text{ fr.}$$

2° La formule

$$A = \frac{a}{r}[(1+r)^{n+1} - (1+r)]$$

donne

$$a = \frac{Ar}{(1+r)^{n+1} - (1+r)} = \frac{41271,21 \times 0,05}{1,05^{11} - 1,05}.$$

Dans la table de logarithmes, on trouve :

$$1,05^{11} = 1,7103394.$$

On a donc :

$$a = \frac{41271,21 \times 0,05}{1,7103394 - 1,05} = 3125 \text{ fr.}$$

On aurait pu, à l'aide des logarithmes, calculer le nombre $1,05^{11}$.

**Rép.** L'annuité était de **3125 fr.**

**377.** *On fait au premier jour de chaque année un versement de 500 fr. à intérêts composés à 5 %. Après combien d'années pourra-t-on toucher un capital de 18.752 fr. 61 ?*

1° La formule

$$A = aS_n$$

donne

$$S_n = \frac{A}{a} = \frac{18752{,}61}{500} = 37{,}50522.$$

A la colonne 5 % des tables spéciales (ou en calculant par logarithmes) on trouve que le nombre 37,50522 correspond à 21 ans.

2° De la formule

$$A = \frac{a}{r}\left[(1+r)^{n+1} - (1+r)\right]$$

on tire :

$$(1+r)^{n+1} = \frac{r(A+a)+a}{a} = \frac{0{,}05(18752{,}61+500)+500}{500} = 2{,}925261.$$

Les tables de logarithmes donnent :

$$1{,}05^{22} = 2{,}9252607.$$

Donc :

$$n+1 = 22 \text{ et } n = 21 \text{ ans.}$$

3° Si l'on prend les logarithmes des deux membres de la formule

$$1{,}05^{n+1} = 2{,}925261$$

on aura :

$$(n+1) \log 1{,}05 = \log 2{,}925261$$

d'où

$$n = \frac{\log 2{,}925261}{\log 1{,}05} - 1 = 22 - 1 = 21.$$

**Rép.** Après **21** ans.

**378.** *A quel taux faudra-t-il placer annuellement la somme de 25.000 fr. pour retirer après 10 années la somme de 312.158 fr. 81 ?*

1° La formule

$$A = aS_n$$

donne

$$S_n = \frac{A}{a} = \frac{312158{,}81}{25000} = 12{,}4863524.$$

La 10ᵉ ligne horizontale du tableau (B), donne :

$$S_{10} = 12,4863514$$

dans la colonne 4 %. Le taux est donc 4 %.

2° Sans les tables spéciales, ce problème ne peut être résolu que par tâtonnement, car l'équation dont $r$ dépend est en général de degré supérieur au second.

**Rép.** Le taux est **4 %**.

## Problèmes sur les Ammortissements

**379.** *Quelle annuité faut-il payer pour amortir en 15 ans une dette de 40.000 fr., les intérêts se capitalisant tous les ans à 5 %?*

1° La formule (48)

$$A = \frac{a(S_{n-1} + 1)}{(1 + r)^n}$$

permet d'écrire

$$a = \frac{A(1 + r)^n}{S_{n-1} + 1} = \frac{40000 \times 1,015^{15}}{S_{14} + 1}.$$

Les tableaux (A) et (B) donnent :

$$1,05^{15} = 2,0789282$$
$$S_{14} = 20,5785636$$

et, par suite,

$$a = \frac{40000 \times 2,0789282}{21,5786636} = 3853 \text{ fr. } 691.$$

2° Si l'on prend la seconde formule (48), on a :

$$a = \frac{Ar(1 + r)^n}{(1 + r)^n - 1} = \frac{40000 \times 0,05 \times 1,05^{15}}{1,05^{15} - 1}.$$

Le tableau (A) donne :

$$1,05^{15} = 2,0789282.$$

La valeur de $a$ devient :

$$a = \frac{40000 \times 0,05 \times 2,0789282}{1,0789282} = 3853 \text{ fr. } 69.$$

3° On peut employer les logarithmes pour calculer $1,05^{15}$ :

$$\log 1,05^{15} = 15 \log 1,05 = 15 \times 0,02119 = 0,31785$$

d'où $$1,05^{15}=2,079.$$

On achève comme dans le second cas, et l'on trouve :
$$a=3853 \text{ fr. } 56.$$

**Rép.** L'annuité à servir est de **3.853 fr. 56.**

**380.** *Quelle est la dette que l'on peut éteindre en 6 ans, en payant une annuité de 750 fr. au taux de 5 %.*

1° On a :
$$A=\frac{a(S_{n-1}+1)}{(1+r)^n}=\frac{750(S_6+1)}{1.05^6}.$$

Les tableaux (A) et (B) donnent aux colonnes 5 % :
$$S_5=5,8019128$$
$$1,05^6=1,3400956.$$

Par suite,
$$A=\frac{750\times6,8019128}{1,3400956}=3.806 \text{ fr. } 76.$$

2° La formule suivante donne :
$$A=\frac{a[(1+r)^n-1]}{r(1+r)^n}=\frac{750(1,05^6-1)}{0,05\times1,056}=\frac{750\times0,3400956}{0,05\times1,3400956}=3806 \text{ fr. } 76.$$

3° A l'aide des tables de logarithmes, on aurait :
$$log\ 1,05^6=6\ log\ 1,05=6\times0,02119=0,12714$$

d'où
$$1,05^6=1,34012$$

et l'on retombe sur la deuxième méthode.

**Rép.** On peut éteindre **3.806 fr. 76.**

**381.** *Sur une dette de 15.000 fr., dont les intérêts sont composés et à 5 %, on a payé 10 annuités de 1.000 fr. l'une. Que doit-on encore?* (Brev. sup.).

On a payé :
$$1000\times1,05^9+1000\times1,05^8+.....+1000\times1,05+1000$$
$$=1000\left(\frac{1,05^{10}-1}{0,05}\right)=12577 \text{ fr. } 90.$$

D'autre part, après 10 ans, la somme empruntée vaut :
$$15000\times1,05^{10}=24433 \text{ fr. } 419.$$

Il reste dû :
$$24433,419-12577,90=11.855 \text{ fr. } 51.$$

**Rép.** On doit encore **11.855 fr. 51.**

**382.** *Combien faudrait-il de temps pour rembourser une somme de 12800 fr. prêtée à 5 % et à intérêts composés, si l'on paie 950 fr. chaque année?*

La formule

$$A = \frac{a[(1+r)^n - 1)]}{r(1+r)^n}.$$

permet d'écrire :

$$(1+r)^n = \frac{a}{a - Ar}$$

d'où

$$n = \frac{\log a - \log (a - Ar)}{\log (1+r)} = \frac{\log 950 - \log(950) - 12800 \times 0{,}05)}{\log 1{,}05}$$

$$= \frac{\log 950 - \log 310}{\log 1{,}05}.$$

On trouve dans les tables :

$$\log\ 950 = 2{,}97772$$
$$\log\ 310 = 2{,}49136$$
$$\log\ 1{,}05 = 0{,}02119$$

d'où

$$n = \frac{2{,}97772 - 2{,}49136}{0{,}02119} = 22 \text{ ans } 342 \text{ jours.}$$

**Rép.** Il faudrait **22** ans **342** jours.

**383.** *Une ville emprunte 185.000 fr. qu'elle doit rembourser en 12 paiements annuels égaux, dont le premier aura lieu un an après l'emprunt. Calculer l'annuité à payer, le taux de l'intérêt composé étant 4,5 % (Brev. sup.).*

1° De la formule

$$A = \frac{a[(1+)^n - 1]}{r(1+r)^n}.$$

on tire :

$$a = \frac{Ar(1+r)^n}{(1+r)^n - 1} = \frac{185000 \times 0{,}045 \times 1{,}045^{12}}{1{,}045^{12} - 1}$$

Les tables de logarithmes donnent :

$$1{,}045^{12} = 1{,}6958814$$

Par suite,

$$a = \frac{185000 \times 0{,}045 \times 1{,}6958814}{0{,}6958814} = 20288 \text{ fr. } 24.$$

2⁰ On peut calculer avec les logarithmes la formule

$$a = \frac{185000 \times 0,045 \times 1,045^{12}}{1,045^{12}-1}.$$

On a :

$$\log a = \log 8325 + 12 \log 1,045 - \log (1,045^{12}-1)$$

Les tables donnent :

$$\log 8325 = 3,92038$$
$$12 \log 1,045 = 0,22944.$$

Il résulte de cette dernière égalité que

$$1,045^{12}-1 = 1,69.604 - 1 = 0,69604$$

d'où

$$-\log (1,045^{12}-1) = -\log 0,69.604 = -(\overline{1},84.263) = -0,15737.$$

On a donc :

$$\log a = 3,92038 + 0,22944 + 0,15737 = 4,30719$$

Par suite,

$$a = 20285 \text{ fr. } 70.$$

**Rép.** L'annuité à payer est de **20.288 fr. 24.**

# EXERCICES COMPLÉMENTAIRES

## PREMIÈRE PARTIE

## LES NOMBRES ALGÉBRIQUES

*Effectuer les opérations indiquées :*

**1.** $+8, -5, -12.$
On a : $+8-5-12=+8-17=-9.$

**2.** $-4, +35, -13.$
On a : $-4+35-13=-17+35=+18.$

**3.** $(+9)-(7)-(+4).$
On a : $+9+7-4=+16-4=+12.$

**4.** $(-5))+(-4)-(-12).$
On a : $-5-4+12=-9+12=+8.$

**5.** $(-9)-(-2)+(+14).$
On a : $-9+2+14=-9+16=+7.$

**6.** $(+5)\times(-2)\times(-4).$     Rép. 40.

**7.** $(-3)\times(-10)\times(-2).$     Rép. —60.

**8.** $(-4)\times(-5)+(-2)\times(+3).$
On a : $+20+(-6)=+20-6=+14.$

**9.** $(-7)\times(+3)+(+62):(+2).$
On a : $-21+62:2=-21+31=+10.$

**10.** $(-54):(-3)-(-98):(+2).$
On a : $+18-(-49)=+18+49=+67.$

*Calculer la valeur des expressions suivantes :*
1º Pour $a = +2\mathrm{I}$    $b = -\mathrm{I}5$    $c = +3$.
2º Pour $a = -\mathrm{I}4$    $b = +35$    $c = -7$.

**11.** $a + b - c$.
On a :

$$\mathrm{I}º\ (+2\mathrm{I}) + (-\mathrm{I}5) - (+3) = +2\mathrm{I} - \mathrm{I}5 - 3 = +2\mathrm{I} - \mathrm{I}8 = +8.$$
$$2º\ (-\mathrm{I}4) + (+35) - (-7) = -\mathrm{I}4 + 35 + 7 = -\mathrm{I}4 + 42 = +28.$$

**12.** $a - b + c$.
On a : 1º $(+2\mathrm{I}) - (-\mathrm{I}5) + (+3) = +2\mathrm{I} + \mathrm{I}5 + 3 = +39.$
       2º $(-\mathrm{I}4) - (+35) + (-7) = -\mathrm{I}4 - 35 - 7 = -56.$

**13.** $a \times b \times c$.
On a : 1º $(+2\mathrm{I}) \times (-\mathrm{I}5) \times (+3) = -945.$
       2º $(-\mathrm{I}4) \times (+35) \times (-7) = +3430.$

**14.** $(a + b) \times (b - c)$.
On a : 1º $(+2\mathrm{I} - \mathrm{I}5) \times (-\mathrm{I}5 + 3) = (+6) \times (-\mathrm{I}2) = -72.$
       2º $(-\mathrm{I}4 + 35) \times (+35 - 7) = (+2\mathrm{I}) \times (+28 = +588.$

**15.** $(a - c) \times (b + c)$.
On a : 1º $(+2\mathrm{I} - 3) \times (-\mathrm{I}5 + 3) = (+\mathrm{I}8) \times (-\mathrm{I}2) = -2\mathrm{I}6.$
       2º $(-\mathrm{I}4 + 7) \times (+35 - 7) = (-7) \times (+28) = -\mathrm{I}96.$

**16.** $(a + b) \times (a - b + c)$.
On a : 1º $(+2\mathrm{I} - \mathrm{I}5) \times (+2\mathrm{I} + \mathrm{I}5 + 3) = (+6) \times (+39) = +234.$
       2º $(-\mathrm{I}4 + 35) \times (-\mathrm{I}4 - 35 - 7) = (+2\mathrm{I}) \times (-56) = -\mathrm{I}\mathrm{I}76$

**17.** $(a - c + b) \times (a + c)$.
On a : 1º $(+2\mathrm{I} - 3 - \mathrm{I}5) \times (+2\mathrm{I} + 3) = (+3) \times (+24) = +72.$
       2º $(-\mathrm{I}4 + 7 + 35) \times (-\mathrm{I}4 - 7) = (+28) \times (-2\mathrm{I}) = -588.$

**18.** $(a : c) \times (b - a)$.
On a : 1º $[(2\mathrm{I}) : (+3)] \times (-\mathrm{I}5 - 2\mathrm{I}) = (+7) \times (-36) = -252.$
       2º $[(-\mathrm{I}4) : (-7)] \times (+35 + \mathrm{I}4) = (+2) \times (+49) = +98.$

**19.** $\left(\dfrac{a + b}{c}\right) : (a - b)$.
On a :

$$\mathrm{I}º\ \frac{2\mathrm{I} - \mathrm{I}5}{3} : (2\mathrm{I} + \mathrm{I}5) = (+2) : (+36) = \frac{2}{36}\quad \text{ou}\quad \frac{1}{18}.$$

$$2º\ \frac{-\mathrm{I}4 + 35}{-7} : (-\mathrm{I}4 - 35) = (-3) : (-49) = +\frac{3}{49}.$$

**20.** $(a+b-c) : \dfrac{a-b+c}{c}$.

On a :

$$1^o \quad (21-15-3) : \dfrac{21+15+3}{3} = (+3) : (+13) = +\dfrac{2}{13}.$$

$$2^o \quad (-14+35+7) : \left(\dfrac{-14-35-7}{-7}\right) = (+28) : (+8)$$
$$= \dfrac{28}{8} \quad \text{ou} \quad 3\dfrac{1}{2}.$$

*Effectuer les calculs indiqués :*

**21.** $(5)^2 \times (-5)^2$.
On a : $25 \times 25 = 625$.

**22.** $(+3)^2 \times (-3)^{-3}$.
On a : $(+3)^2 \times (-3)^{-3} = (+3)^2 \times \dfrac{1}{(-3)^3} = 9 \times \dfrac{1}{27} = \dfrac{9}{27} = \dfrac{1}{3}$.

**23.** $(-5)^2 \times (-1)^3 \times (+2)^2$.
On a : $(+25) \times (-1) \times (+8) = -200$.

**24.** $(-3)^4 : (+3)^2$.
On a : $(+81) : (+9) = +9$.

**25.** $(+4)^2 : (-2)^2$.
On a : $(+16) : (+4) = +4$.

**26.** $\dfrac{-5}{3} + \dfrac{+4}{9} - \dfrac{-8}{27}$.
On a :
$$\dfrac{(-45)+(+12)-(-8)}{27} = \dfrac{-45+12+8}{27} = \dfrac{-25}{27} = -\dfrac{25}{27}.$$

**27.** $\dfrac{14}{25} + \dfrac{-5}{125} - \dfrac{-7}{75}$.
On a :
$$\dfrac{(14 \times 15)+(-5 \times 3)-(-7 \times 5)}{375} = \dfrac{210-15 \times 35}{375} = \dfrac{230}{375} = \dfrac{46}{75}.$$

**28.** $\left(\dfrac{-34}{12}\right) \times \left(\dfrac{6}{17}\right) \times \left(\dfrac{-15}{8}\right).$

On a :

$$\frac{(-34) \times 6 \times (-15)}{12 \times 17 \times 8} = \frac{+3060}{1632} \quad \text{ou} \quad 1\,\frac{119}{136}.$$

**29.** $\left(\dfrac{-48}{15}\right) : \left(\dfrac{+12}{35}\right).$

On a :

$$\left(\frac{-48}{15}\right) \times \left(\frac{35}{12}\right) = \frac{-1680}{180} = -\frac{1680}{180} \quad \text{ou} \quad 9\,\frac{1}{3}.$$

**30.** *La distance de Paris à Calais est de 298 km. — De Calais à Boulogne il y a 44 km. ; de Boulogne à Amiens, il y a 123 km. Quelle distance y a-t-il de Paris à Amiens ?*

En considérant comme positives les distances prises dans la direction Paris-Calais, et négatives, celles prises dans le sens contraire, l'on a pour la distance de Paris à Amiens :

$$(+298) + (-44) + (-123) = +298 - 44 - 123 = 131 \text{ km.}$$

**31.** *Trois joueurs entrent au jeu avec 200 fr. et jouent trois parties. Le 1er gagne 100 fr. et perd ensuite 75 fr. et 50 fr. Le deuxième perd 30 fr. et 25 fr., puis gagne 40 fr. Le troisième perd 70 fr. et gagne 100 fr. et 10 fr. Combien chacun a-t-il gagné ou perdu en tout, et quel est l'avoir de chacun à la fin du jeu ?*

En considérant comme positifs les nombres représentant des gains et comme négatifs ceux représentant des pertes, l'avoir de chacun à la fin du jeu est :

Pour le 1er $(+200) + (+100) + (-75) + (-50) = 200 + 100 - 75 - 50 = 175$ fr.

Pour le 2e $(+200) + (-30) + (-25) + (+40) = 200 - 30 - 25 + 40 = 185$ fr.

Pour le 3e $(+200) + (-70) + (+100) + (+10) = 200 - 70 + 100 + 10 = 240$ fr.

Le 1er a perdu en tout : $200 - 175 = 25$ fr.
Le 2e a perdu en tout : $200 - 185 = 15$ fr.
Le 3e a gagné en tout : $240 - 200 = 40$ fr.

**32.** *J'ai en caisse 1.875 fr. Je reçois successivement 43 fr., 125 fr. et 74 fr. ; puis je paye 80 fr., 12 fr. et 475 fr. Quelle est alors la situation de ma caisse ?*

En considérant comme positifs les nombres représentant l'avoir initial ou des recettes, et comme négatifs ceux représentant les payements effectués, la somme algébrique de ces nombres donnera la situation de la caisse, soit :

$$(+1875)+(+43)+(+125)+(+74)+(-80)+(-12)+(-475)$$
$$=+1875+43+125+74-80-12-475=+2117-567=\mathbf{1550}\ \mathbf{fr.}$$

**33.** *Un mobile se déplace sur une droite orientée, à partir d'un point O, pris pour origine. — 1° Où se trouve-t-il après 3 heures, s'il a une vitesse de 15 km. à l'heure ? — 2° Où se trouvait-il 2 heures avant l'instant considéré ?*

$$\text{A} \qquad \text{M'} \qquad\qquad \text{O} \qquad\qquad\qquad \text{M} \qquad \text{B}$$

Prenons comme sens positif la direction de A vers B.

Après 3 heures, le mobile se trouve en M à droite du point O, à une distance de :

$$15\times 3=+\mathbf{45}\ \text{km.}$$

Il y a 2 heures, le mobile se trouvait en M' à gauche du point O, à une distance de :

$$-(15\times 2)=-\mathbf{30}\ \text{km.}$$

# DEUXIÈME PARTIE

## CALCUL ALGÉBRIQUE

### CHAPITRE PREMIER

*Faire voir la différence qu'il y a entre les expressions suivantes :*

**1.** $ma$ *et* $a^m$.

L'expression $ma$ est la somme d'autant de nombres égaux à $a$ que $m$ renferme d'unités ; et $a^m$ est le produit d'autant de nombres égaux à $a$ que $m$ contient d'unités.

> **Rép.** $ma = a + a + a + \ldots + a$
> $a^m = a \times a \times a \times \ldots \times a$

**2.** $2(a+b) + ] (a+b)^3$.

> **Rép.** $2(a+b) = (a+b) + (a+b)$
> $(a+b)^2 = (a+b) \times (a+b)$

*Lire les expressions suivantes :*

**3.** $\sqrt[3]{-a^5}$, $\sqrt{a^6}$.

> **Rép.** 1° Racine cubique de moins $a$ cinq.
> 2° Racine de $a$ six.

**4.** $ma^n, a^m b^p$

> **Rép.** 1° $ma$ puissance $n$.
> 2° $a$ puissance $m$, $b$ puissance $p$.

**5.** $\dfrac{a}{b}$, $\dfrac{3a^m}{4b^n}$.

Rép. 1° $a$ sur $b$.

2° **Trois** $a$ **puissance** $m$ **sur quatre** $b$ **puissance** $n$.

*Définir les expressions suivantes :*

**6.** $5a$.

Rép. $5a = a + a + a + a + a$.

**7.** $\dfrac{3a}{8}$.

Rép. $\dfrac{3a}{8} = \dfrac{a}{8} + \dfrac{a}{8} + \dfrac{a}{8}$.

**8.** $a^3$.

Rép. $a^3 = a \times a \times a$.

**9.** $3a^4$.

Rép. $3a^4 = a^4 + a^4 + a^4$.

*Trouver par rapport à* x *le degré de chacune des expressions suivantes :*

**10.** $a^m x^n - b^n x^{2n} + x^{2n+2}$.

Rép. $2n + 2$.

**11.** $11x^7 - 9x^4 + x^9 - 1$.

Rép. $9$.

**12.** $y^2 - 4x^4 y + 4y^8$.

Rép. $4$.

*Effectuer la réduction des termes semblables :*

**13.** $\dfrac{a}{2} + 3a - \dfrac{a}{4} + b - \dfrac{a}{8} + \dfrac{3b}{2} - \dfrac{b}{2}$.

La somme des termes en $a$ est ($12$, $2^e$ partie) :

$$\frac{a}{2} + 3a - \frac{a}{4} - \frac{a}{8} = \frac{4a + 24a - 2a - a}{8} = \frac{25a}{8}.$$

Celle des termes en $b$ est :

$$b + \frac{3b}{2} - \frac{b}{2} = b + \frac{3b - b}{2} = b + \frac{2b}{2} = 2b.$$

Rép. $\dfrac{25a}{8} + 2b$.

**14.** $4a^2 - 8a^6 b^6 + 7a^2 b^2 - 11a^2 - 15a^2 b^2 + 7 - a^2 - 4 + a^2 b^2$.

Rép. $-8a^2 - 8a^6 b^6 - 7a^2 b^2 + 3$.

**15.** $5a^4 b^3 c + 9a^3 b^2 c - 11a^4 b^3 c + 7a^3 b^2 c + 18a^4 b^3 c - a^3 b^2 c$.

Rép. $12a^4 b^3 c + 15a^3 b^2 c$.

**16.** $450 - 124a^3 + 33 - 52a^3 + 67 - 11a^3 - 457 + 87a^3 + 7$.

On a :

$$450 + 33 + 67 - 457 + 7 - 124a^3 - 52a^3 - 11a^3 + 87a^3 = 100 - 100a^3.$$

**17.** $19a^2 - \dfrac{3b^2}{6} + a^4 - 4b^3 + \dfrac{5a^2}{6} + \dfrac{4a^4}{7} - \dfrac{8b^2}{9} - \dfrac{3a^4}{4}$.

On a :

$$19a^2 + \dfrac{5a^2}{6} - \dfrac{3b^2}{6} - \dfrac{8b^2}{9} + a^4 + \dfrac{4a^4}{7} - \dfrac{3a^4}{7} - 4b^3 = \dfrac{114a^2 + 5a^2}{6}$$

$$-\left(\dfrac{9b^2 + 16b^2}{18}\right) + \left(\dfrac{7a^4 + 4a^4 - 3a^4}{7}\right) - 4b^3 = \dfrac{119a^2}{6} - \dfrac{25b^2}{18} + \dfrac{8a^4}{7} - 4b^3.$$

**18.** $9a^2 - b^2 + c^2 - 4b^2 + \dfrac{5c^2}{6} + \dfrac{4a^2}{7} - \dfrac{8b^2}{9} - \dfrac{3c^2}{4}$.

Rép. $\dfrac{67a^2}{7} - \dfrac{53b^2}{9} + \dfrac{13c^2}{12}$.

**19.** $x\sqrt{2} - \dfrac{2xy^3}{3} + x\sqrt{3} + \dfrac{x4xy^3}{3} + 11 - 3x\sqrt{2} - \dfrac{9xy^3}{5} + 20$.

Ce polynôme s'écrit :

$$x(\sqrt{2} + \sqrt{3} - 3\sqrt{2}) + \dfrac{4xy^3 - 2xy^3}{3} - \dfrac{9xy^3}{5} + 11 + 20$$

ou bien

$$x(\sqrt{3} - 2\sqrt{2}) - \dfrac{17xy^3}{15} + 31.$$

Rép. $x(\sqrt{3} - 2\sqrt{2}) - \dfrac{17xy^3}{15} + 31.$

*Calculer les expressions suivantes, pour* $x = 2$ *et* $a = -2$.

**20.** $a^3x^3 - 3a^2x^2 + 3ax - 1$.

On a : $(-2)^3 \times (2)^3 - 3 \times (-2)^2 \times 2^2 + 3 \times (-2) \times 2 - 1 = (-8) \times 8$
$- 3 \times 4 \times 4 + (-12) - 1 = -64 - 48 - 12 - 1 = -125.$

**21.** $\dfrac{2x^3}{a^4} - \dfrac{4a^3}{x^2} + \dfrac{a^2x^2}{6} - \dfrac{a^3}{8} - \dfrac{x^3}{9} + 9$.

On a :

$$\dfrac{2 \times 2^3}{(-2)^4} - \dfrac{4(-2)^3}{2^2} + \dfrac{(-2)^2 \times 2^2}{6} - \dfrac{(-2)^3}{8} - \dfrac{2^3}{9} + 9 = \dfrac{16}{16} - \dfrac{-32}{4} + \dfrac{4 \times 4}{6}$$

$$- \dfrac{-8}{8} - \dfrac{8}{9} + 9 = 1 + 8 + \dfrac{16}{6} + 1 - \dfrac{8}{9} + 9 = \dfrac{8 + 144 + 48 + 18 - 16 + 162}{18}$$

$$= \dfrac{374}{18} \quad \text{ou} \quad 20\dfrac{7}{9}.$$

*Trouver les valeurs numériques des polynômes suivants :*

$$1° \; pour \; a=10, \; b=2, \; c=1 ;$$

$$2° \; pour \; a= 5, \; b=1, \; c=2.$$

**22.** $\dfrac{a^2+ b^3}{c^4}.$

$$1° \quad \frac{a^2+ b^3}{c^4}=\frac{10^2+2^3}{1^4}=\frac{100+8}{1}=108.$$

$$2° \quad \frac{a^2+ b^3}{c^4}=\frac{5^2+1^3}{2^4}=\frac{25+1}{16}=\frac{26}{16}=\frac{13}{8}.$$

**Rép.** $1°$ **108 ;** $\quad 2° \;\dfrac{13}{8}.$

**23.** $\dfrac{a^5-b}{c^2}.$

$$1° \quad \frac{a^5-b}{c^2}=\frac{10^5-2}{1^2}=\frac{100000-2}{1}=99998.$$

$$2° \quad \frac{a^5-b}{c^2}=\frac{5^5-1}{2^2}=\frac{3125-1}{4}=\frac{3124}{4}=781.$$

**Rép. 99998 ;** $\quad 2°$ **781.**

**24.** $(a+b+c)^2-(a+b)^2.$

$1° \; (a+b+c)^2-(a+b)^2=(10+2+1)^2-(10+2)^2=13^2-12^2$
$$=169-144=25.$$

$2° \; (a+b+c)^2-(a+b)^2=(5+1+2)^2-(5+1)^2=8^2-6^2=64$
$$-36=28.$$

**Rép.** $1°$ **25 ;** $\quad 2°$ **28.**

**25.** $2a-bc+c+3.$

$1° \; 2a-bc+c+3=2\times10-2\times1+1+3=20-2+1+3=22.$
$2° \; 2a-bc+c+3=2\times 5-1\times2+2+3=10-2+2+3=13.$

**Rép.** $1°$ **22 ;** $\quad 2°$ **13.**

**26.** $3a^2-4b+5a^3+1.$

$1° \; 3a^2-4b+5a^3+1=3\times10^2-4\times2+5\times10^3+1$
$$=300-8+5000+1=5293.$$

$2° \; 3a^2-4b+5a^3+1=3\times5^2-4\times1+5\times5^3+1$
$$=75-4+625+1=697.$$

**Rép.** $1°$ **5293 ;** $\quad 2°$ **697.**

**27.** $\dfrac{3a^2}{4}-\dfrac{5b^3}{6}+\dfrac{c^2}{4}-\dfrac{ab-ac+bc}{3}$.

$1^o$ On a successivement :

$$\dfrac{3a^2}{4}-\dfrac{5b^3}{6}+\dfrac{c^2}{4}=\dfrac{3\times10^2}{4}-\dfrac{5\times2^3}{6}+\dfrac{1^2}{4}=75-\dfrac{20}{3}+\dfrac{1}{4}=68\dfrac{7}{12}$$

$$\dfrac{ab-ac+bc}{3}=\dfrac{10\times2-10\times1+2\times1}{3}=\dfrac{12}{3}=4.$$

L'expression proposée se réduit donc à

$$68\dfrac{7}{12}-4=64\dfrac{7}{12}.$$

$2^o$ On a aussi :

$$\dfrac{3a^2}{4}-\dfrac{5b^3}{6}+\dfrac{c^2}{4}=\dfrac{3\times5^2}{4}-\dfrac{5\times1^3}{6}+\dfrac{2^2}{4}=\dfrac{75}{4}-\dfrac{5}{6}+1=18\dfrac{11}{12}$$

$$\dfrac{ab-ac+bc}{3}=\dfrac{5\times1-5\times2+1\times2}{3}=\dfrac{5-10+2}{3}=-1.$$

Par suite, la valeur numérique du polynôme donné se réduit à

$$18\dfrac{11}{12}-(-1)=19\dfrac{11}{12}.$$

**Rép.** $1^o$ $64\dfrac{7}{12}$ ; $2^o$ $19\dfrac{11}{12}$.

*Calculer les expressions suivantes, pour $x=3$, $a=2$.*

**28.** $4(x-1)^2-8a+(x-1)^3-1$.

$$4(3-1)^2-8\times2+(3-1)^3-1=4\times2^2-16+2^3-1$$
$$=16-16+8-1=7.$$

**Rép. 7.**

**29.** $a^3x^3-3a^2x+3ax-1$.

$$2^3\times3^3-3\times2^2\times3^2+3\times2\times3-1=8\times27-3\times4\times9+18-1=125.$$

**Rép. 125.**

**30.** $(x^2+a^2)(x^2-a^2)-4$.

$$(3^2+2^2)(3^2-2^2)-4=13\times5-4=61.$$

**Rép. 61.**

**31.** $(a+x)x+(x-a)a-ax$.

$$(2+3)\times3+(3-2)\times2-2\times3=15+2-6=11.$$

**Rép. 11.**

*Sachant que l'on a :*

$$a = 2 \quad b = 3 \quad H = 10 \quad S = 3 \quad R = 2 \quad \pi = 3,14,$$

*calculer x dans les formules suivantes :*

**32.** $x = \sqrt{ab\mathrm{RS}}.$

On a :

$$x = \sqrt{2 \times 3 \times 2 \times 3} = \sqrt{4 \times 9} = \sqrt{36} = 6.$$

Rép. $x = 6.$

**33.** $x = \sqrt{a^2 + b^2 - R^2}$ \qquad Rép. $x = 8.$

**34.** $x = \sqrt[3]{b\mathrm{S}^2}.$

On a :

$$x = \sqrt[3]{3 \times 3^2} = \sqrt[3]{3^3} = 3.$$

Rép. $x = 3.$

**35.** $x = 64a^2.$ \qquad Rép. $x = 256.$

**36.** $x = 2b^2(1 + \sqrt{2}).$

On peut écrire :

$$2b^2(1 + \sqrt{2}) = 2 \times 3^2(1 + \sqrt{2}) = 18(1 + 1,414) = 43,45.$$

Rép. $x = 43,45.$

**37.** $x = \dfrac{\mathrm{R}}{2}(\sqrt{5} - 1).$

On a.:

$$x = \frac{2}{2}(\sqrt{5} - 1) = \sqrt{5} - 1 = 2,236 - 1 = 1,236.$$

Rép. $x = 1,236.$

**38.** $x = \dfrac{a + b}{2} \times \mathrm{H}.$

On a :

$$x = \frac{2 + 3}{2} \times 10 = 25.$$

Rép. $x = 25.$

**39.** $x = \pi ab.$

On a :

$$x = 3,14 \times 2 \times 3 = 18,84.$$

Rép. $x = 18,84.$

**40.** $x = \pi(R^2 - a^2)$.

On peut écrire : $\pi(R^2 - a^2) = 3,14(2^2 - 2^2) = 0$.

   Rép. $x = 0$.

**41.** $x = 2\pi R$.

On peut écrire : $2\pi R = 2 \times 3,14 \times 2 = 12,56$.

   Rép. $x = 12,56$.

**42.** $x = \pi R^2$.

En remplaçant les lettres par leurs valeurs, on a :
$$\pi R^2 = 3,14 \times 2^2 = 12,56.$$

   Rép. $x = 12,56$.

**43.** $x = \dfrac{1}{3}\pi R^2 H$.

On a :
$$\frac{1}{3}\pi R^2 H = \frac{1}{3} \times 3,14 \times 2^2 \times 10 = 41,86.$$

   Rép. $x = 41,86$.

**44.** $x = \dfrac{4\pi R^3}{3}$.
$$\frac{4\pi R^3}{3} = \frac{4 \times 3,14 \times 2^3}{3} = \frac{4 \times 3,14 \times 8}{3} = 33,49.$$

   Rép. $x = 33,49$.

**45.** $x = \dfrac{1}{3}\pi H(R^2 + a^2 + Ra)$.
$$\frac{1}{3} \times 3,14 \times 10(2^2 + 2^2 + 2 \times 2) = \frac{3,14 \times 10 \times 12}{3} = 125,60.$$

   Rép. $x = 125,60$.

*Étant donnés les 4 polynômes*
$$A = a^2 + 2ab + b^2 \qquad C = -a^2 + 2ab - b^2$$
$$B = a^2 - 2ab + b^2 \qquad D = 2ab - 2a^2 - 2b^2$$
*former les expressions suivantes :*

**46.** $5A - 4B - 3C + 2D$

On a :
$$
\begin{aligned}
5A &= \phantom{-}5a^2 + 10ab + 5b^2\\
-4B &= -4a^2 + \phantom{1}8ab - 4b^2\\
-3C &= +3a^2 - \phantom{1}6ab + 3b^2\\
2D &= -4a^2 + \phantom{1}4ab - 4b^2\\
\hline
5A - 4B - 3C + 2D &= \phantom{-4a^2 +} +16ab
\end{aligned}
$$

Rép. $16ab$.

**47.** $4(A—B)—3(D—C)$.

On a :

$$4(A-B)-3(D-C)=4A-4B-3D+3C$$

**Rép. $6a^2+10ab+6b^2$.**

**48.** $2A—3B+2C—3D$.    **Rép. $8a^2+8ab+8b^2$.**

**49.** $3(A+D)+2(A—C)+3(C—B)$.

Cette expression s'écrit :

$$3A+3D+2A-2C+3C-3B=5A-3B+C+3D$$

**Rép. $—5a^2+24ab—5b^2$.**

---

# CHAPITRE II

## EXERCICES SUR L'ADDITION ET LA SOUSTRACTION

---

*Additionner les monômes suivants et réduire :*

**50.** $4x$,   $—3y$,  $2z$, $—\dfrac{2x}{3}$,  $\dfrac{y}{3}$,  $3y$,   $—4z$,  $2$.

La somme demandée est :

$$4x-\frac{2x}{3}-3y+\frac{y}{3}+3y+2z-4z+2=\frac{10x}{3}+\frac{y}{3}-2z+2$$

**Rép. $\dfrac{10x}{3}+\dfrac{y}{3}-2z+2$.**

**51.** $\dfrac{x}{2}$,   $—\dfrac{x}{3}$,  $\dfrac{x}{4}$,   $—\dfrac{x}{5}$.

En réduisant en $60^{es}$, il vient :

$$\frac{30x-20x+15x-12x}{60}=\frac{13x}{60}.$$

**Rép. $\dfrac{13x}{60}$.**

**52.** $\dfrac{3x^2}{4}, \quad -\dfrac{2x^3}{3}, \quad -\dfrac{4x^2}{5}, \quad \dfrac{x^3}{2}.$

$$\dfrac{3x^2}{4} - \dfrac{2x^3}{3} - \dfrac{4x^2}{5} + \dfrac{x^3}{2} = \left(\dfrac{3x^2}{4} - \dfrac{4x^2}{5}\right) + \left(\dfrac{x^3}{2} - \dfrac{2x^3}{3}\right) = -\dfrac{x^2}{20} - \dfrac{x^3}{6}.$$

**Rép.** $-\dfrac{\mathbf{x^2}}{\mathbf{20}} - \dfrac{\mathbf{x^3}}{\mathbf{6}}.$

*Additionner les polynômes suivants :*

**53.** $4x^4 - 3x^3 + 2x^2 - x + 1, \quad \dfrac{x^4}{4} + \dfrac{x^3}{3} + \dfrac{x^2}{2} + \dfrac{x}{2} + 1.$

$$4x^4 - 3x^3 + 2x^2 - x + 1$$
$$\dfrac{x^4}{4} + \dfrac{x^3}{3} + \dfrac{x^2}{2} + \dfrac{x}{2} + 1$$
$$\overline{\dfrac{17x^4}{4} - \dfrac{8x^3}{3} + \dfrac{5x^2}{2} - \dfrac{x}{2} + 2}$$

**Rép.** $\dfrac{\mathbf{17x^4}}{\mathbf{4}} - \dfrac{\mathbf{8x^3}}{\mathbf{8}} + \dfrac{\mathbf{5x^2}}{\mathbf{2}} - \dfrac{\mathbf{x}}{\mathbf{2}} + \mathbf{2}.$

**54.** $5a^3 - 7a^2b^2 + 9ab^3 - b^4 + 1, \quad 7a^2b^2 - 4a^3b + 2b^4 - 8ab^3 + 6.$

$$5a^3 - 7a^2b^2 + 9ab^3 - b^4 + 1$$
$$+ 7a^2b^2 - 8ab^3 + 2b^4 + 6 - 4a^3b$$
$$\overline{5a^3 \qquad + ab^3 + b^4 + 7 - 4a^3b}$$

**Rép.** $5a^3 + ab^3 + b^4 + 7 - 4a^3b.$

**55.** $\dfrac{4a}{5} - \dfrac{3b}{4} + \dfrac{2c}{3} - 4a^2 - 12, \quad \dfrac{7b}{8} - \dfrac{6a}{7} + \dfrac{3a^2}{2} - \dfrac{4c}{3} + \dfrac{25}{2}.$

$$\dfrac{4a}{5} - \dfrac{3b}{4} + \dfrac{2c}{3} - 4a^2 - 12$$
$$- \dfrac{6a}{7} + \dfrac{7b}{8} - \dfrac{4c}{3} + \dfrac{3a^2}{2} + \dfrac{25}{2}$$
$$\overline{-\dfrac{2a}{35} + \dfrac{b}{8} - \dfrac{2c}{3} - \dfrac{5a^2}{2} - \dfrac{1}{2}}$$

**Rép.** $-\dfrac{\mathbf{2a}}{\mathbf{35}} + \dfrac{\mathbf{b}}{\mathbf{8}} - \dfrac{\mathbf{2c}}{\mathbf{3}} - \dfrac{\mathbf{5a^2}}{\mathbf{2}} + \dfrac{\mathbf{1}}{\mathbf{2}}.$

**56.** $(a^2+2ax+x^2)+(a^2-2ax+x^2)-2(a^2+x^2)$
$(a^2-4ax+4x^2)-(a^2+4ax+4x^2)+12ax.$

.On applique les règles (23-27) :

$$
\begin{aligned}
a^2&+\ 2ax+\ \ x^2\\
a^2&-\ 2ax+\ \ x^2\\
-2a^2&\qquad\ \ -2x^2\\
-\ a^2&-\ 4ax+4x^2\\
-\ a^2&-\ 4ax-4x^2\\
&+12ax\\
\hline
&4ax
\end{aligned}
$$

Rép. 4ax.

*Si l'on a :*

$$
\begin{aligned}
A&=a+b+c &\qquad C&=a+b-c\\
B&=a-b+c &\qquad D&=b+c-a
\end{aligned}
$$

*former les expressions suivantes :*

**57.** $A+C+D.$
$A+C+D=a+b+c+a+b-c+b+c-a=a+3b+c$

Rép. a+3b+c.

**58.** $A+B+C+D.$
$A+B+C+D=a+b+c+a-b+c+a+b-c+b+c-a$
$$=2a+2b+2c.$$

Rép. 2a+2b+2c.

*Additionner les polynômes suivants :*

**59.** $x^2-2xy+y^2-2yz+z^2$
$x^2+2xy-z^2-y^2-2yz$
$z^2-2xz-2yz+2xy.$

On applique la règle (23) :

$$
\begin{aligned}
x^2&-2xy+y^2-2yz+z^2\\
x^2&+2xy-y^2-2yz-z^2\\
&+2xy\qquad\ \ -2yz+z^2-2xz\\
\hline
2x^2&+2xy\qquad\ \ -2yz+z^2-2xz
\end{aligned}
$$

Rép. 2x²+2xy—6yz+z²—2xz.

**60.** 
$$-4x^3+3x^2-7x+1$$
$$3-4x^2+7x^3+6x$$
$$4x^3+6x-4+4x^2.$$

En appliquant la règle (17, 2ᵉ partie), il vient :

$$-4x^3+3x^2-7x+1$$
$$7x^3-4x^2+6x+3$$
$$4x^3+4x^2+6x-4$$
$$\overline{7x^3+3x^2+5x}$$

**Rép. 7x³+3x²+5x.**

**61.** 
$$x^3-3a^2x^2+3a^4x$$
$$3a^2x^2+x^3+3a^4x$$
$$-2x^3+4a^2x^2-6a^4x.$$

On a :

$$x^3-3a^2x^2+3a^4x$$
$$x^3+3a^2x^2+3a^4x$$
$$-2x^3+4a^2x^2-6a^4x$$
$$\overline{4a^2x^2}$$

**Rép.. 4a²x².**

**62.** 
$$b+b^2-15-2a$$
$$3a^2+4b-b^2+ab$$
$$1-5ab+4a^2+2a.$$

**Rép. 5b—14—4ab+7a².**

**63.** 
$$ax^3+bx^2+cx+d$$
$$bx^3+cx^2+dx+a$$
$$cx^3+dx^2+ax+b$$
$$dx^3+ax^2+bx+c.$$

**Rép. x³(a+b+c+d)+x²(a+b+c+d)+x(a+b+c+d)**
**+ (a+b+c+d)**

ou

**(a+b+c+d)(x³+x²+x+1).**

**64.** 
$$4x^3-6x^2+3x-2$$
$$6x^3-3x^2+2x-4$$
$$3x^3-2x^2+4x-6$$
$$2x^3-4x^2+6x-3$$

**Rép. 15³—15x²+15x—15   ou   15(x³—x²+x—1).**

**65.** 
$$-9x^3+8x^2-7x+6$$
$$8x^3+6x-7x^2+10$$
$$-10x-9+6x^2-7x^3$$
$$-7x^2-5x^3+11x-7$$

En appliquant la règle (17), on trouve pour somme $-13x^3$.

**Rép. —13x³.**

*Effectuer les opérations suivantes et réduire :*

**66.** $a-[b-(c-d)]-[a-(b-c)]+[a-(d-a-b-c)]$.

En enlevant d'abord les parenthèses, puis les crochets, cette expression devient successivement :

$$a-[b-c+d]-[a-b+c]+[a-d+a+b+c]$$
$$a-b+c-d-a+b-c+a-d+a+b+c=2a+b+c-2d$$

**Rép. $2a+b+c-2d$.**

**67.** $(5a^3+3a^2-2a-4)-(3a^3-2a^2+3a+3-4a^2+5a+7)$.

**Rép. $2a^3+9a^2-10a-14$.**

**68.** $a+[(b-a)-(b-c)]-(a-c)-(c-a)]-(a-b-c)$

Par la disparition des parenthèses et des crochets, on a successivement :

$$a+[b-a-b+c]-[a-c-c+a]-a+b+c$$
$$a+b-a-b+c-a+c+c-a-a+b+c$$

et en réduisant :

$$-3a+b+4c$$

**Rép. $-3a+b+4c$.**

**69.** $(5y^2--3xy+2x^2)-(5y^2-6xy)-9x^2$

$$5y^2-3xy+2x^2$$
$$-5y^2+6xy-9x^2$$
$$\overline{\phantom{5y^2}3xy-7x^2}$$

**Rép. $3xy-7x^2$.**

**70.** $55x-[32a-(8b+3a-6x)-(3x+5ab-4b)]$.

$$55x-32a+8b+3a-6x+3x+5ab-4b=52x-29aa+4b+5ab$$

**Rép. $52x-29a+4b+5ab$.**

**71.** $\left(\dfrac{a^4x}{2}-\dfrac{3a^3x^2}{4}+\dfrac{5a^2x^3}{8}\right)-\left(\dfrac{5a^3x^2}{8}-\dfrac{3a^2x^3}{4}-\dfrac{2a^4x}{2}\right)$

En réduisant toutes ces fractions en huitièmes, cette expression devient :

$$\left(\dfrac{4a^4x}{8}-\dfrac{6a^3x^2}{8}+\dfrac{5a^2x^3}{8}\right)-\left(\dfrac{5a^3x^2}{8}-\dfrac{6a^2x^3}{8}-\dfrac{8a^4x}{8}\right)$$

et en appliquant la règle (26, $2^e$ partie) :

$$\frac{4a^4x}{8} - \frac{6a^3x^2}{8} + \frac{5a^2x^3}{8}$$

$$\frac{8a^4x}{8} - \frac{5a^3x^2}{8} + \frac{6a^2x^3}{8}$$

$$\frac{12a^4x}{8} - \frac{11a^3x^2}{8} + \frac{11a^2x^3}{8}$$

**Rép.** $\dfrac{3a^4x}{2} - \dfrac{11a^3x^2}{8} + \dfrac{11a^2x^3}{8}$.

**72.** $(x^4 - x^3 + x^2 - x + 1) - (x^5 + x^4 + x^2 + 1) - (x^3 + x - x^5)$.

$$x^4 - x^3 + x^2 - x + 1$$
$$- x^5 - x^4 \quad - x^2 \quad - 1$$
$$+ x^5 \quad - x^3 \quad - x$$
$$- 2x^3 \quad - 2x$$

**Rép.** $-2x^3 - 2x$.

**73.** $\left( \dfrac{-x^4}{3} + \dfrac{x^3}{2} - x^2 + 2 \right) - \left( \dfrac{-x^4}{6} + \dfrac{x^3}{4} - \dfrac{x^2}{3} + 1 \right)$.

$$- \frac{x^4}{3} + \frac{x^3}{2} - x^2 + 2$$

$$\frac{x^4}{6} - \frac{x^3}{4} + \frac{x^2}{3} - 1$$

$$- \frac{x^4}{6} + \frac{x^3}{4} - \frac{2x^2}{3} + 1$$

**Rép.** $- \dfrac{x^4}{6} + \dfrac{x^3}{4} - \dfrac{2x^2}{3} + 1$.

*Si l'on pose :*

$$A = a + b + c \qquad\qquad C = a + b - c$$
$$B = a - b + c \qquad\qquad D = b + c - a$$

*calculer les expressions suivantes :*

**74.** $A - B + C - D$.

$A - B + C - D = a + b + c - a + b - c + a + b - c - b - c + a$
$$= 2a + 2b - 2c$$

**Rép.** $2a + 2b - 2c$.

**75.** $A + B + C + D$.

$A + B + C + D = a + b + c + a - b + c + a + b - c + b + c - a$
$$= 2a + 2b + 2c$$

**Rép.** $2a + 2b + 2c$.

**76.** B—C—D—A.

$$B—C—D—A = a—b+c—a—b+c—b—c+a—a—b—c = —4b$$

**Rép. —4b.**

**77.** A—B—C+D.

$$A—B—C+D = a+b+c—a+b—c—a—b+c+b+c—a$$
$$= —2a+2b+2c$$

**Rép. —2a+2b+2c.**

**78.** A—(B+C+D).

On a :

$$B+C+D = a—b+c+a+b—c+b+c—a = a+b+c$$

d'où    $$A—(B+C+D) = a+b+c—a—b—c = 0$$

**Rép. 0.**

**79.** (A+B)—(C+D).

On écrit :

$$A+B = a+b+c+a—b+c = 2a+2c$$
$$C+D = a+b—c+b+c—a = 2b$$

d'où    $$(A+B)—(C+D) = 2a+2c—2b$$

**Rép. 2a—2b+2c.**

*Sachant que l'on a*

$$A = a^3—2a^2b+ab^2—2b^3 \qquad C = 4a^2b+ab^2—4b^3$$
$$B = 2a^3+3ab+2b^2 \qquad D = 3a^3—4a^2b—3ab^2—4b^3$$

*calculer les expressions suivantes :*

**80.** A—B.

On a :

$$A—B = a^3—2a^2b+ab^2—2b^3—2a^3—3ab—2b^2 = —a^3—2a^2b$$
$$+ab^2—3ab—2b^2—2b^3.$$

**Rép. —a³—2a²b+ab²—3ab—2b²—2b³.**

**81.** A—D.

On peut écrire :

$$A—D = a^3—2a^2b+ab^2—2b^3—3a^3+4a^2b+3ab^2+4b^3$$
$$= —2a^3+2a^2b+4ab^2+2b^3.$$

**Rép. —2a³+2a²b+4ab²+2b³.**

**82.** C—D.

$$C—D = 4a^2b+ab^2—4b^3—3a^3+4a^2b+3ab^2+4b^3 = 8a^2b+4ab^2—3a^3.$$

**Rép. —3a³+8a²b+4ab².**

**83.** A—B+C.

On applique la règle (17) :

$$a^3 - 2a^2b + ab^2 - 2b^3$$
$$-2a^3 \qquad\qquad\qquad -3ab - 2b^2$$
$$+4a^2b + ab^2 - 4b^3$$
$$\overline{-a^3 + 2a^2b + 2ab^2 - 6b^3 - 3ab - 2b^2}$$

**Rép.** $-a^3 + 2a^2b + 2ab^2 - 6b^3 - 3ab - 2b^2$.

**84.** A—C+D .

$$a^3 - 2a^2b + ab^2 - 2b^3$$
$$- 4a^2b - ab^2 + 4b^3$$
$$3a^3 - 4a^2b - 3ab^2 - 4b^3$$
$$\overline{4a^3 - 10a^2b - 3ab^2 - 2b^3}$$

**Rép.** $4a^3 - 10a^2b - 3ab^2 - 2b^3$.

**85.** B—C+D.

$$2a^3 + 3ab + 2b^2$$
$$-4a^2b - ab^2 + 4b^3$$
$$3a^3 \qquad\qquad -4a^2b - 3ab^2 - 4b^3$$
$$\overline{5a^3 + 3ab + 2b^2 - 8a^2b - 4ab^2}$$

**Rép.** $5a^3 - 8a^2b + 3ab - 4ab^2 + 2b^2$.

**86.** C—B—A.

$$4a^2b + ab^2 - 4b^3$$
$$-2a^3 - 3ab - 2b^2$$
$$+2a^2b - ab^2 + 2b^3 - a^3$$
$$\overline{6a^2b \qquad\qquad -2b^3 - 3a^3 - 3ab - 2b^2}$$

**Rép.** $-3a^3 + 6a^2b - 3ab - 2b^3 - 2b^2$.

**87.** (A+B)—(C+D).

$$a^3 - 2a^2b + ab^2 - 2b^3$$
$$2a^3 \qquad\qquad\qquad +3ab + 2b^2$$
$$-4a^2b - ab^2 + 4b^3$$
$$-3a^3 + 4a^2b + 3ab^2 + 4b^3$$
$$\overline{-2a^2b + 5ab^2 + 6b^3 + 3ab + 3b^2}$$

**Rép.** $-2a^2b + 3ab^2 + 3ab + 6b^3 + 2b^2$.

**88.** (A—B)—(C—D).

On a :

$$(A-B)-(C-D)=A-B-C+D$$

d'où, en appliquant la règle (17),

$$a^3-\ 2a^2b+\ ab^2-2b^3$$
$$-2a^3 \qquad\qquad\qquad -3ab-2b^2$$
$$-\ 4a^2b-\ ab^2+4b^3$$
$$3a^3-\ 4a^2b-3ab^2-4b^3$$
$$\overline{2a^3-10a^2b-3ab^2-2b^3-\ 3ab-2b^2}$$

**Rép. $2a^3-10a^2b-3ab^2-3ab-2b^3-2b^2$.**

### 89. $A+B+C+D$.

D'après la règle (17), la somme des quatre polynômes donnés est

**Rép. $6a^2-2a^2b-ab^2+3ab-10b^3+2b^2$.**

### 90. $A-B+C-D$.

On a :

$$a^3-2a^2b+\ ab^2-2b^3$$
$$-2a^3 \qquad\qquad\qquad -3ab-2b^2$$
$$+4a^2b+\ ab^2-4b^3$$
$$-3a^3+4a^2b+3ab^2+4b^3$$
$$\overline{-4a^3+6a^2b+5ab^2-2b^3-\ 3ab-2b^2}$$

**Rép. $-4a^3+6a^2b+5ab^2-3ab-2b^3-2b^2$.**

### 91. $A-(B+C+D)$.

On a :

$$A-(B+C+D)=A-B-C-D$$

d'où en appliquant la règle (17),

$$a^3-2a^2b+\ ab^2-2b^3$$
$$-2a^3 \qquad\qquad\qquad -3ab-2b^2$$
$$-4a^2b-\ ab^2+4b^3$$
$$-3a^3+4a^2b+3ab^2+4b^3$$
$$\overline{-4a^3-2a^2b+3ab^2+6b^3-\ 3ab-2b^2}$$

**Rép. $-4a^3-2a^2b+3ab^2-3ab+6b^3-2b^2$.**

92. *Dans une promenade, une personne a fait $a+40$ pas en allant, et $2a-1300$ en revenant. Dans une seconde promenade, elle a fait en tout $3a-3260$ pas de moins que la première fois. Combien cette personne a-t-elle fait de pas dans ce dernier voyage ?*

Dans la première promenade, la personne a fait un nombre de pas égal à

$$a+40+2a-1300=3a-1260$$

Dans la seconde promenade, elle a fait un nombre de pas égal à

$$3a-1260-(3a-3260)=3a-1260-3a+3260=2000$$

**Rép. 2.000 pas.**

**93.** *Il y a 10 ans, l'âge d'un homme était a ; quel âge aura-t-il dans 5 ans, dans 10 ans ? Quel âge a-t-il actuellement et combien avait-il il y a 15 ans ?*

Dans 5 ans, cet homme aura 5 ans de plus que son âge actuel qui est $a+10$ ; il aura donc

$$a+10+5=a+15.$$

Dans 10 ans, son âge sera :

$$a+10+10=a+20.$$

Il a actuellement $a+10$.

Il y a 15 ans, son âge était :

$$a+10-15=a-5.$$

**Rép.** 1° **a+15** ; 2° **a+20** ; 3° **a+10** ; 4° **a—5.**

**94.** *Un nombre est égal à 2a—b+2 ; quel est le nombre qui le surpasse de a+b—2, et quel est celui qui lui est inférieur de 2a+b—4 ?*

Le nombre qui surpasse le nombre donné de $a+b-2$ est évidemment

$$2a-b+2+a+b-2=3a,$$

Et celui qui lui est inférieur de $2a+b-4$ est :

$$2a-b+2-2a-b+4=6-2b.$$

**Rép.** 1° **3a** ; 2° **6—2b.**

**95.** *Un ouvrier gagne un certain jour une somme a et dépense b ; le lendemain, il gagne 2a—b et dépense b—4. Combien possède-t-il à la fin de chacun de ces deux jours ?*

Le premier jour, il reste à l'ouvrier $a-b$.

Le second jour, il lui reste $2a-b-(b-4)$, plus ce qui lui restait de la veille. Il lui reste donc :

$$2a-b-b+4+a-b=3a-3b+4$$

**Rép.** 1° **a—b** ; 2° **3a—3b+4.**

**96.** *L'âge d'un enfant est a, celui de son frère en est le double moins 5 ans, et celui de leur père est la somme des âges de ces deux enfants plus 15 ans. Quels sont les âges de ces trois personnes, et quelle est la somme de leurs âges ?*

L'âge du second fils est $2a-5$ ans.

L'âge du père étant la somme des âges de ses deux fils, augmentée de 15 ans, sera :

$$a+(2a-5)+15=3a+10.$$

La somme des trois âges, sera, par suite,

$$a+2a-5+3a+10=6a+5.$$

**Rép.** 1° **2a—5** ; 2° **3a+10** ; 3° **6a+5.**

**97.** *On a partagé une somme entre trois personnes. La première a reçu* a+b—c—d ; *la seconde a reçu* a—c *de moins que la première, et la troisième,* b+d *de plus que la seconde. Quelles sont les trois parts et la somme partagée ?*

La part de la seconde, qui a reçu $a-c$ de moins que la première, est

$$a+b-c-d-(a-c)=a+b-c-d-a+c=b-d.$$

La troisième reçoit $b+d$ de plus que la seconde, ou

$$b-d+(b+d)=2b.$$

La somme partagée, est, par suite,

$$(a+b-c-d)+(b-d)+2b=a+4b-c-2d$$

**Rép.** 1° a+b—c—d ; 2° b—d ; 3° 2b ; 4° a+4b—c—2d.

**98.** *Deux joueurs A et B conviennent que le perdant doublera l'argent du gagnant. A perd la première partie et la troisième, et B la seconde. Après cela, quel est l'avoir de chaque joueur, sachant qu'avant de jouer, ils avaient respectivement* a *et* b *francs ?*

Après la première partie, B possède $2b$ et le perdant A n'a plus que $a-b$.

Après la seconde partie, A qui a gagné, possède $2a-2b$ et B possède $2b-(a-b)=3b-a$.

Après la troisième partie, B, le gagnant aura $6b-2a$, et le perdant A, aura :

$$2a-2b-(3b-a)$$

ou

$$3a-5b$$

**Rép.** A possède 3a—5b, B possède 6b—2a.

---

# CHAPITRE III

## EXERCICES SUR LA MULTIPLICATION DES MONOMES

*Effectuer les produits indiqués :*

**99.** $\left(-\dfrac{1}{3}\right)\left(\dfrac{1}{4}\right)\left(-\dfrac{2}{7}\right) \times 12 \times 14.$

On a (24) :

$$\left(-\frac{1}{3}\right)\left(\frac{1}{4}\right)\left(-\frac{2}{7}\right) \times 12 \times 4 = \frac{2 \times 12 \times 14}{3 \times 4 \times 7} = 4.$$

**Rép.** 4.

**100.** $96\left(-\dfrac{1}{4}\right)^2\left(5-\dfrac{25}{2}\right).$

On peut évidemment écrire :

$$\left(-\frac{1}{4}\right)^2=\frac{1}{16}\qquad\text{et}\qquad 5-\frac{25}{2}=-\frac{15}{2}$$

d'où

$$96\left(-\frac{1}{4}\right)^2\left(5-\frac{25}{2}\right)=96\times\frac{1}{16}\left(-\frac{15}{2}\right)=-45.$$

Rép. —45.

**101.** $2(-3)^3(-4)^2\times\dfrac{5}{36}.$

On a :

$$2\times(-3)^3=-2\times27$$
$$-2\times27(-4)^2=-2\times27\times16$$
$$-2\times27\times16\times\frac{5}{36}=-\frac{2\times27\times16\times5}{36}=-120.$$

Rép. —120.

**102.** $32a^5b^4c^2d\times4a^3bc^4f.$

Ce produit est égal à (24) :

$$32\times4\times a^5\times a^3\times b^4\times b\times c^2\times c^4\times d\times f=128a^8b^5c^6df.$$

Rép. **128a⁸b⁵c⁶df.**

**103.** $-44a^4b^3c^5d^2f\times\dfrac{1}{4}a^5b^2c^2f^3h.$

Rép. **—11a⁹b⁵c⁷d²f⁴h.**

**104.** $4a^4b^3c^2(-8a^3b^2c^3x^2y^2\times4a^2bc^4x^2y^2).$

Rép. **—128a⁹b⁶c⁹x⁴y⁴.**

**105.** $(-18x^2y)(-6y^3)x^3y^2.$

Rép. **108x⁵y⁶.**

**106.** $x^4(-x^3)(-8x^2)(-2x)(-4).$

Rép. **64x¹⁰.**

**107.** $x^2\times2yz(-y^2)(-z^2)(-2xy).$

Rép. **—4x³y⁴z³.**

**108.** $\left(-\dfrac{2x^2}{3}\right)\left(-\dfrac{3x^4}{4}\right)\left(\dfrac{6x^6}{8}\right).$

Il faut faire le produit des numérateurs et celui des dénominateurs, puis simplifier la fraction résultante :

$$\frac{2x^2 \times 3x^4 \times 6x^6}{3 \times 4 \times 8} = \frac{3x^{12}}{8}$$

Rép. $\dfrac{8x^{12}}{8}.$

**109.** $15x^4\left(\dfrac{3x^2}{5}\right)\left(-\dfrac{8x}{3}\right).$
Rép. **—24x⁷.**

**110.** $a^3 \times b^3 \times c^3 \times a^2 b^2 c^2 \times abc.$
Rép. **a⁶b⁶c⁶.**

**111.** $-(a+b)^2 \times (a+b) \times (a+b)^3$
On considère $(a+b)$ comme un monôme, et on applique la règle (24).
Rép. **—(a+b)⁶.**

**112.** $-(a-1) \times (a-1)^2 \times (a-1)^5.$
Rép. **—(a—1)⁸.**

**113.** $3(a-b)^2 \times 5[-(a-b)^2].$
Cette expression est égale à
$$3 \times (-5)(a-b)^2(a-b)^2 = -15(a-b)^4$$
Rép. **15(a—b)⁴.**

**114.** $\dfrac{x}{2} \times \dfrac{x^2}{3} \times \dfrac{x^3}{4} \times \dfrac{x^4}{5} \times 60x^5.$

Il faut faire le produit des numérateurs et celui des dénominateurs, puis simplifier la fraction qui en résulte. Cette fraction est :

$$\frac{x \cdot x^2 x^3 \cdot x^4 \cdot 60x^5}{2 \cdot 3 \cdot 4 \cdot 5} = \frac{60x^{16}}{120} = \frac{x^{15}}{2}.$$

Rép. $\dfrac{x^{15}}{2}.$

**115.** $(-3a^4 b^2 c)^3.$　　　　Rép. **—27a¹²b⁶c³.**

**116.** $(-3a^2 b^5 c^4 d^3 f)^5.$　　　　Rép. **—243a¹⁰b²⁵c²⁰d¹⁵f⁵.**

**117.** $\left(\dfrac{2}{5}a^3b^2c\right)^4$.     Rép. $\dfrac{16}{625}a^{12}b^8c^4$.

**118.** $(-2a^3)^{10}$.     Rép. $1024a^{30}$.

**119.** $(-3a^2)^3 \times (-2a^2)^3$.

On a :
$$(-3a^2)^3 = -27a^6 \text{ et } (-2a^2)^3 = -8$$

On déduit de là :
$$(-3a^2)^3 \times (-2a^2)^3 = (-27a^6)(-8a^6) = 216a^{12}.$$

Rép. $216a^{12}$.

**120.** $(-2a^2b^3c^4)^2 \times (-2a^5b^3c^4)^4$.

Ce produit est égal à :
$$(-2a^2b^3c^4)^6 \text{ ou à } (-2)^6 \times (a^2)^6(b^3)^6(c^4)^6 = 64a^{12}b^{18}c^{24}$$

Rép. $64a^{12}b^{18}c^{24}$.

**121.** $\left(-\dfrac{2}{3}a^4b^4c^2\right)^3 \times (-2a^2b^3c^4)^3$.     Rép. $\dfrac{64}{27}a^{18}b^{21}c^{18}$.

**122.** $(-a)(-a^2)(-a^3)(-a^4)(-a^5)$.     Rép. $-a^{15}$.

**123.** $2^3 \times (2a)^3 \times \left(-\dfrac{a^2}{2}\right)^2$.

On a :
$$(2a)^3 = 2^3 \times a^3 \qquad\qquad \left(-\dfrac{a^2}{2}\right)^2 = \dfrac{a^4}{4}.$$

L'expression donnée se réduit à :
$$2^3 \times 2^3 \times a^3 \times \dfrac{a^4}{4} = 16a^7.$$

Rép. $16a^7$.

**124.** $(-ab)^2(-ab)^4(-ab)^6$.
Rép. $a^{12}b^{12}$.

**125.** $\left(-\dfrac{1}{3}\right)^4 \times \left(\dfrac{3}{4}a^2\right)^3 \times \left(-\dfrac{5}{2}a^7\right)^2 \times 24$.
Rép. $\dfrac{25a^{20}}{32}$.

**126.** $(+a^2)^m$.     Rép. $a^{2m}$.

**127.** $(-a^m)^2$.     Rép. $a^{2m}$.

**128.** $(-a^m)(-a^n)(-a^p)$       **Rép.** $-a^{m+n+p}$.

**129.** $(-a^m b^n c^p)^3$.       **Rép.** $-a^{3m} b^{3n} c^{3p}$.

**130.** $(a^2 b^3 c^4 d^p)^m$.       **Rép.** $a^{2m} b^{3m} c^{4m} d^{mp}$.

*Effectuer et réduire :*

**131.** $a^2(-a^2)a^3(-a^4)(-a^5)a^6$.       **Rép.** $-a^{22}$.

**132.** $x^3(-x^5)(-x)(-x^2)x^4$.       **Rép.** $-x^{15}$.

**133.** $6x^3(-18x^2 y)18xy^2(-6y^3)\dfrac{x^2 y^2}{1944}$.       **Rép.** $6x^8 y^8$.

**134.** $(-12a^2 b^3 c^4)^2(-2a^3 b^2 c^4)^3$.       **Rép.** $-1152 a^{13} b^{12} c^{20}$.

## Problèmes à résoudre

**135.** *Un homme donne a fr. à l'aîné de ses fils ; au second, il donne dix fois plus ; au troisième, il donne deux fois plus qu'aux deux premiers réunis ; enfin, le quatrième reçoit autant que le premier et trois fois autant que le troisième. Combien chacun a-t-il reçu, et quelle est la somme partagée ?*

Le second recevra $10a$ ; le troisième aura deux fois ce qu'ont reçu ensemble les deux premiers, ou

$$2(a+10a)=22a.$$

Le quatrième recevra d'abord autant que le premier, ou $a$, plus trois fois autant que le troisième, ou $3\times 22a$ ; il aura donc :

$$a+66a=67a.$$

La somme partagée étant la somme des parts, est égale à

$$a+10a+22a+67a=100a.$$

**Rép.** 1º $a$ ;   2º $10a$ ;   3º $22a$ ;   4º $67a$ ;   5º $100a$.

**136.** *Un nombre x surpasse un nombre b de trois fois ce dernier nombre et de b—11. Trouver le nombre inconnu x.*

Ce nombre $x$ est égal à $b$, plus 3 fois $b$ et plus $b-11$. On a donc :

$$x=b+3b+b-11=5b-11.$$

**Rép.** $x=5b-11$.

**137.** *Les trois arêtes d'un parallélipipède rectangle étant* a, b, c, *trouver la surface et le volume de ce polyèdre.*

Soient $a$ et $b$ les arêtes de la base, la surface de cette base sera $ab$, $c$ étant l'arête latérale, les quatre faces latérales valent ensemble :

$$2ac + 2bc.$$

La surface totale est donc :

$$2ab + 2ac + 2bc$$

Le volume est $abc$.

**Rép.** $S = 2ab + 2ac + 2bc$ ;    $V = abc$.

**138.** *Dans un jeu de 56 cartes, on tire une première fois a cartes ; une seconde fois, on tire n fois ce qu'on a tiré la première fois et a—n de plus. Enfin, la troisième fois, on tire autant de cartes qu'on en avait déjà tiré. Trouver le nombre des cartes de chaque tirage, et ce qui reste en dernier lieu.*

La première fois, on tire $a$ cartes. Le second tirage se compose de $(na+a-n)$ cartes ; le troisième tirage sera de $(a+na+a-n)$ cartes. Après cela, il reste un nombre de cartes égal à :

$$56-a-na-a+n-a-na-a+n$$

ou à

$$56-4a-2na+2n.$$

**Rép.** $1^o$ $a$ ;    $2^o$ $na+a-n$ ;    $3^o$ $2a+na-n$ ;
$4^o$ $56-4a-2na+2n$.

---

# CHAPITRE IV

# EXERCICES SUR LA MULTIPLICATION DES POLYNOMES

*Effectuer les opérations indiquées :*

**139.** $(x^m - x^{2m}y + y^n)x^m y^n$.

**Rép.** $x^{2m}y^n - x^{3m}y^{n+1} + x^m y^{2n}$.

**140.** $(15ab^3 - 3a^2b^2 - 6a^3b) \times \dfrac{2}{3}a^3b^3c^4$.

**Rép.** $10a^4b^6c^4 - 2a^5b^5c^4 - 4a^6b^4c^4$.

**141.** $-7a^5x^2y^3z\left(\dfrac{ax^2yz}{21}-\dfrac{a^3xy^3z^3}{56}\right)$.

On peut écrire :

$$-7a^5x^2y^3z\left(\dfrac{ax^2yz}{21}-\dfrac{a^3xy^3z^3}{56}\right)=\left(\dfrac{ax^2yz}{21}-\dfrac{a^3xy^3z^3}{56}\right)(-7a^5x^2y^3z).$$

Puis on applique la règle (26, 2ᵉ partie).

$$\text{Rép.} \quad -\dfrac{a^6x^4y^4z^2}{3}+\dfrac{a^8x^3y^6z^4}{8}.$$

**142.** $a^3b^3c^3[-(a+b+c)-(ab+ac+bc)-abc]$.
Rép. $-a^4b^3c^3-a^3b^4c^3-a^3b^3c^4-a^4b^4c^3-a^4b^3c^4-a^3b^4c^4-a^4b^4c^4$.

**143.** $(12-12x^2y^2+15x^3-24y^3)(-14x^2y^3)$.
Rép. $-168x^2y^3+168x^4y^5-210x^4y^3+336x^2y^6$.

**144.** $-27a^5x^4y^3z^2\left(\dfrac{-2a^4x^2}{27}+\dfrac{3ax^2yz^2}{21}-5a^3x^2y^3z^4\right)$.

$$\text{Rép.} \quad 2a^9x^6y^3z^2-\dfrac{27a^6x^6y^4z^4}{7}+135a^8x^6y^6z^6.$$

*Décomposer en facteurs les expressions suivantes :*

**145.** $(5ax^3)^5-(5ax^3)^4$.
Le facteur commun est évidemment $(5ax^3)^4$. On peut écrire :
$$(5ax^3)^5-(5ax^3)^4=(5ax^3)^4(5ax^3-1).$$
Rép. $(5ax^3)^4(5ax^3-1)$.

**146.** $18x^5y^4z^3-30x^4y^3z^5$       Rép. $6x^4y^3z^3(3xy-5z^2)$.

**147.** $84a^5b^4-108a^4b^5-420a^6b^3$.
Rép. $12a^4b^3(7ab-9b^2-35a^2)$.

**148.** $(2x^3)^2-(4x^2)^3)^2+(8x)^6$.
En développant on trouve $4x^6$ pour facteur commun.
$$4x^6-64x^6+8^6x^6=4x^6(1-16+2.8^5)=262084x^6$$
Rép. $262084x^6$.

*Effectuer les opérations indiquées :*

**149.** $\left(x-\dfrac{1}{2}\right)\left(x-\dfrac{2}{3}\right)$.

$$\text{Rép.} \quad x^2-\dfrac{7x}{6}+\dfrac{1}{3}.$$

**150.** $(3x^2y^2-5a^3b^2x^2y)\,(a^2x-a^2xy)$.

Rép. $3a^2x^3y^2-5a^5b^2x^3y-3a^2x^3y^3+5a^5b^2x^3y^2$.

**151.** $(a^2b^2c^2-abc-1)\,(a^2b^2c^2+abc+1)$.

Rép. $a^4b^4c^4-a^2b^2c^2-2abc-1$.

**152.** $x(x-1)-(x-1)\,(x-2)$.

On a successivement :

$$x(x-1)=x^2-x-(x-1)(x-2)=-(x^2-3x+2)=-x^2+3x-2x^2-x$$
$$-x^2+3x-2=2x-2.$$

Rép. $2x-2$.

**153.** $x(x-1)(x+1)-(x-1)^2x$.

On écrit :

$$x(x-1)(x+1)=x(x^2-1)=x^3-x-(x-1)^2x=-(x^2-2x+1)x$$
$$=-x^3+2x^2-x.$$

On a, par suite,

$$x^3-x-x^3+2x^2-x=2x^2-2x$$

Rép. $2x^2-2x$.

**154.** $2x^2(x^2-5)(x^2+5)-2x^6$.

Il faut remarquer que l'on a (33) :

$$2x^2(x^2-5)(x^2+5)-2x^6=2x^2(x^4-25)-2x^6=2x^6-50x^2-2x^6=-50x^2$$

Rép. $-50x^2$.

**155.** $(a+b+c)(a+b-c)(a-b+c)$.

Rép. $a^3+a^2b-ab^2+a^2c-ac^2+2abc+b^2c+bc^2-b^3-c^3$.

**156.** $\left(-6x^2y-\dfrac{xy^2}{2}+5y^3\right)\left(\dfrac{2xy}{3}-\dfrac{y^2}{6}\right)$.

Rép. $-4x^3y^2+\dfrac{2x^2y^3}{3}+\dfrac{41xy^4}{12}-\dfrac{5y^5}{6}$.

*Effectuer après ordination des polynômes :*

**157.** $(a^3+3ab^2-3a^2b-b^3)(a^2+b^2-2ab)$.

Rép. $a^5-5a^4b+10a^3b^2-10a^2b^3+5ab^4-b^5$.

**158.** $(a^4+b^4+2a^2b^2)(1-a^2+b^2)$.

Rép. $-a^6+a^4-a^4b^2+a^2b^4+2a^2b^2+b^4+b^6$.

**159.** $(4ax^3+3a^2x^4-1)(3x^2-1)(-x^3)$.

Rép. $-9a^2x^7+9a^2x^6-4ax^6+12ax^5-4ax^3+x^3$
$$-9a^2x^4-3x^2+1.$$

**160.** $(4a^4x^4+3a^3x^3-2a^2x^2)(2a^3x^2-3a^3x^3)$.

    Rép. $-12a^7x^7-a^6x^6+12a^5x^5-4a^4x^4$.

**161.** $(b^2-4a^2b+4a^4)(4a^4+b^4+4a^2b^2)$.

    Rép. $16a^8+a^6(16b^2-16b)+a^4(4b^4-16b^3+4b^2)+a^2(4b^4$
$$-4b^6)+b^6.$$

**162.** $(x^4-x-x^3+x^2+1)(1+x^4-x^2)$.

    Rép. $x^8-x^7+x^4-x+1$.

**163.** $(6x^2-4x^3-4x)(1+x^2+2x)$.

    Rép. $-4x^5-2x^4+4x^3-2x^2-4x$.

**164.** $(1-2a^2-6a^6+4a^4+8a^8)(5a^5+a-3a^3-7a^7)$.

    Rép. $-56a^{15}+82a^{13}-82a^{11}+60a^9-35a^7+15a^5-5a^3+a$.

*Développer et réduire :*

**165.** $(a-b+c)^2$.

    Rép. $a^2+b^2+c^2-2ab+2ac-2bc$.

**166.** $(2a-3b+4c)^2$.

    Rép. $4a^2+9b^2+16c^2-12ab+16ac-24bc$.

**167.** $(a-b+c-d)^2$.

On applique la règle $(35-4^\circ)$.

    Rép. $a^2+b^2+c^2+d^2-2ab+2ac-2ad-2bc+2bd-2cd$.

**168.** $(2a^2-3b^2+4c^4)^2$.

    Rép. $4a^4+9b^4+16c^8-12a^2b^2+16a^2c^4-24b^2c^4$.

**169.** $(ma-nb-pc)^2$.

    Rép. $m^2a^2+n^2b^2+p^2c^2-2mnab-2mpac+2npbc$.

**170.** $(x+1)^2-(x-1)^2$.

On a $(32)$ :
$$(x+1)^2-(x-1)^2=x^2+2x+1-x^2-1+2x=4x.$$

    Rép. $4x$.

**171.** $\left(\dfrac{x+y}{2}\right)^2-\left(\dfrac{x-y}{2}\right)^2$.

On développe :
$$\frac{x^2+y^2+2xy-x^2-y^2+2xy}{4}=xy.$$

    Rép. $xy$.

**172.** $\left(\dfrac{1}{2a}+\dfrac{1}{2b}-1\right)^2.$

Rép. $\dfrac{1}{4a^2}+\dfrac{1}{4b^2}+1+\dfrac{1}{2ab}-\dfrac{1}{a}-\dfrac{1}{b}.$

**173.** $\left(\dfrac{3a}{4}-\dfrac{5a^2}{3}\right)^2.$

Rép. $\dfrac{9a^2}{16}+\dfrac{25a^4}{9}-\dfrac{5a^3}{2}.$

**174.** $(x^6-x^3+1)^2.$
Rép. $x^{12}-2x^9+3x^6-2x^3+1.$

**175.** $(4a^2x^3y^4-2ax^2y^3)^2.$
Rép. $16a^4x^6y^8+4a^2x^4y^6-16a^3x^5y^7.$

**176.** $(a^2+b^2)a^2(a^2-b^2)b^2.$     Rép. $a^6b^2-a^2b^6.$

**177.** $(a-b)^2(a+b)^2.$     Rép. $a^4+b^4-2a^2b^2.$

**178.** $\left(1+\dfrac{1}{x^2}\right)^3.$     Rép. $\dfrac{1}{x^6}+\dfrac{3}{x^4}+\dfrac{3}{x^2}+1.$

**179.** $(a+1)^3-a^3.$     Rép. $3a^2+3a+1.$

**180.** $x^2-y^2)^3.$     Rép. $x^6-3x^4y^2+3x^2y^4-y^6.$

**181.** $(11x^2-1)^3.$
Rép. $1331x^6-363x^4+33x^2--1.$

**182.** $(a+b)^3-(a-b)^3.$     Rép. $6a^2b+2b^3.$

**183.** $(x-1)^3-(x+1)^3.$     Rép. $-6x^2-2.$

**184.** $(a+b)^3-2(a+b)(a-b)^2.$     Rép. $-a^3+5a^2b+5ab^2-b^3.$

**185.** $(a+b-c)^3-(a^3+b^3-c^3).$
Rép. $3a^2(b-c+3a(b^2+c^2-2bc)-3b^2c+3bc^2.$
   ou   $3a^2b-3a^2c+3ab^2+3ac^2-6abc-3b^2c+3bc^2.$

**185** *bis.* $(x^3z^4)^4-1.$
Cette expression se décompose comme une différence de deux carrés.

Rép. $[(x^3z^4)^2+1](x^3z^4+1)(x^3z^4-1)$
   ou   $(x^6z^8+1)(x^3z^4+1)(x^3z^4-1).$

*Effectuer les opérations indiquées :*

**186.** $(x^4+y^4-x^2y^2)(x^2-y^2+xy)$.

Rép. $x^6+x^5y-2x^4y^2-x^3y^3+2x^2y^4+xy^5-y^6$.

**187.** $\left(\dfrac{3x^3}{4}-6x^2y-\dfrac{xy^2}{2}+5y^3\right)\left(-2x^2+\dfrac{2xy}{3}-\dfrac{y^2}{3}\right)$.

Rép. $-\dfrac{3x^5}{2}+\dfrac{25x^4y}{2}-4x^3y^2-\dfrac{25x^2y^3}{3}+\dfrac{21xy^4}{6}-\dfrac{5y^5}{9}$.

**188.** $(15a^4b^2-7a^2b^4)^2$.

Rép. $225a^8b^4+49a^4b^8-210a^6b^6$.

**189.** $\left(\dfrac{x^2+y^2}{2^2}\right)^2-\left(\dfrac{x^2-y^2}{2}\right)^2$.      Rép. $x^2y^2$.

**190.** $(a-7b)^3$.      Rép. $a^3-21a^2b+147ab^2-343b^3$.

**191.** $(4x^3-1)^3$.      Rép. $64x^9-48x^6+12x^3-1$.

**192.** $(9a^4-5a^2)^3$.      Rép. $729a^{12}-1215a^{10}+675a^8-125a^6$.

**193.** $\left(1-\dfrac{1}{x}+\dfrac{1}{x^2}\right)^3$.      Rép. $\dfrac{1}{x^6}-\dfrac{3}{x^5}+\dfrac{6}{x^4}-\dfrac{7}{x^3}+\dfrac{6}{x^2}-\dfrac{3}{x}+1$.

**194.** $(a^2+a-1)^3$.      Rép. $a^6+3a^5-5a^3+3a-1$.

**195.** $(a+b)^4$.      Rép. $a^4+4a^3b+6a^2b^2+4ab^3+b^4$.

**196.** $(a-b)^4$.      Rép. $a^4-4a^3b+6a^2b^2-4ab^3+b^4$.

**197.** $(a+1)^4$.      Rép. $a^4+4a^3+6a^2+4a+1$.

**198.** $(x^2-1)^4$.      Rép. $x^8-4x^6+6x^4-4x^2+1$.

**199.** $(a+b+1)^3$.

Rép. $a^3+3a^2(b+1)+3a(b^2+2b+1)+b^3+3b^2+3b+1$.

**200.** $(a-b+c-d)^2$.

Rép. $a^2+b^2+c^2+d^2-2ab+2ac-2ad-2bc+2bd-2cd$.

**201.** $\left(x^3-\dfrac{1}{x^3}\right)^4$.      Rép. $x^{12}-4x^6+6-\dfrac{4}{x^6}+\dfrac{1}{x^{12}}$.

*Décomposer en facteurs les expressions suivantes :*

**202.** $16a^4 - 9a^6$.

On écrit : $\qquad 16a^4 9a^6 = (4a^2 + 3a^3)(4a^2 - 3a^3)$

mais on a aussi :

$$4a^2 + 3a^3 = a^2(4 + 3a)$$
$$4a^2 - 3a^3 = a^2(4 - 3a)$$

d'où

$$16a^4 - 9a^6 = a^4(4 + 3a)(4 - 3a)$$

**Rép.** $a^4(4 + 3a)(4 - 3a)$.

**203.** $(a - 1)^2 - (a - 2)^2$. $\qquad$ **Rép.** $2a - 3$.

**204.** $a^2 + a + \dfrac{1}{4}$.

Cette expression est le carré de $a + \dfrac{1}{2}$.

**Rép.** $\left(a + \dfrac{1}{2}\right)^2$.

**205.** $1 + \dfrac{a^2 + b^2 - c^2}{2ab}$.

On a :

$$1 + \frac{a^2 + b^2 - c^3}{2ab} = \frac{2ab + a^2 + b^2 - c^2}{2ab} = \frac{(a + b)^2 - c^2}{2ab}$$
$$= \frac{(a + b + c)(a + b - c)}{2ab}.$$

**Rép.** $\dfrac{(a + b + c)(a + b - c)}{2ab}$.

**206.** $(a^2 + b^2)^2 - 4a^2b^2$.

On écrit :

$$(a^2 + b^2)^2 - 4a^2b^2 = (a^2 + b^2 + 2ab)(a^2 + b^2 - 2ab) = (a + b)^2(a - b)^2$$

**Rép.** $(a + b)^2(a - b)^2$.

**207.** $(a + b + c)^2 - (a - b - c)^2$. $\qquad$ **Rép.** $4a(b + c)$.

**208.** $4a^4 + 2a^2 + \dfrac{1}{4}$.

**Rép.** $\left(2a^2 + \dfrac{1}{2}\right)^2$.

*Trouver deux nombres entiers consécutifs dont la différence des carrés soit l'un des nombres suivants :*

**209.** 21   7   63.

1° Nous avons vu (33,5°) que si deux nombres entiers diffèrent de l'unité, la différence de leurs carrés est égale au double du petit nombre plus un. De sorte que la moitié de 21 — 1 ou 10 est le petit nombre.

**Rép. 10 et 11.**

2° L'expression $\dfrac{7-1}{2} = 3$ représente encore le petit nombre.

**Rép. 3 et 4.**

3° De même, $\dfrac{63-1}{2} = 31$ est le petit nombre.

**Rép. 31 et 32.**

**210.** 999   99   3.

**Rép.** 1° **499 et 500** ; 2° **49 et 50** ; 3° **1 et 2.**

*Trouver les deux nombres entiers consécutifs dont la différence des cubes soit l'un des nombres suivants :*

**211.** 91.

Soient $a+1$ et $a$ les deux nombres inconnus, la différence de leurs cubes est

$$(a+1)^3 - a^3 = 3a^2 + 3a + 1 = 3a(a+1) + 1$$

91 — 1 = 90 est donc égal à 3 fois le produit des deux nombres, et l'on peut écrire :

$$a(a+1) = \frac{90}{3} = 30.$$

Le problème est ramené à trouver deux nombres entiers consécutifs dont le produit fasse 30. Pour cela, on décompose 30 en facteurs correspondants :

$$30 = 1 \times 30 = 2 \times 15 = 3 \times 10 = 5 \times 6$$

On trouve ainsi que les deux nombres cherchés sont 5 et 6.

**Rép. 5 et 6.**

**212.** 271.

On décompose en facteurs correspondants le nombre

$$\frac{271-1}{3} = 90.$$

$$90 = 1.90 = 2.45 = 3.30 = 5.18 = 6.45 = 9.10.$$

**Rép. 9 et 10.**

**213.** 631.

Il faut trouver les facteurs correspondants de

$$\frac{631-1}{3} = 210.$$

On trouve :

$$210 = 1 \cdot 210 = 2 \cdot 105 = 3 \cdot 70 = 5 \cdot 42 = 6 \cdot 35 = 7 \cdot 30 = 10 \cdot 21 = 14 \cdot 15$$

**Rép. 14 et 15.**

**214.** 1141.

En calculant les facteurs correspondants de

$$\frac{1141-1}{4} = 380,$$

on trouve pour réponse 19 et 20.

**Rép. 19 et 20.**

*Etant donnés les binômes suivants, ajouter un terme tel que le trinôme résultant soit un carré :*

**215.** $a^2 + b^2$.

On voit qu'en ajoutant $2ab$ ou $-2ab$, on obtient :

$$a^2 + b^2 + 2ab = (a+b)^2$$

ou

$$a^2 + b^2 - 2ab = (a-b)^2$$

**Rép.** Il faut donc ajouter **2ab** ou **−2ab**.

**216.** $b^2 - 2ab$.

Ajoutons $a^2$, car on a :

$$b^2 - 2ab + a^2 = (b-a)^2$$

**Rép.** Il faut ajouter $a^2$.

**217.** $4a^2 + 8a$.

Il faut ajouter 4, car l'on a :

$$4a^2 + 8a + 4 = (2a+2)^2.$$

**Rép.** La quantité à ajouter est **4**.

**218.** $16a^2 - 8a$.

La quantité à ajouter est 1, car

$$16a^2 - 8a + 1 = (4a-1)$$

**Rép.** On doit ajouter **1**.

**219.** $1-2a$.

Si l'on ajoute $a^2$, on aura :

$$1-2a+a^2=(1-a)^2$$

**Rép.** Il faut ajouter le terme $a^2$.

**220.** $x^2-10xy$. $\qquad$ **Rép.** $25y^2$.

**221.** $a^2x^4y^2+8axyz$. $\qquad$ **Rép.** $\dfrac{16z^2}{x^2}$.

**222.** $x^2+z^2$. $\qquad$ **Rép.** $2xz$ ou $-2xz$.

**223.** $1+4x^2$. $\qquad$ **Rép.** $4x$ ou $-4x$.

**224.** $4a^2+4b^2$. $\qquad$ **Rép.** $8ab$ ou $-8ab$.

**225.** $25x^2+100$. $\qquad$ **Rép.** $100x$ ou $-100x$.

**226.** $\dfrac{x^2}{4}+1$. $\qquad$ **Rép.** $x$ ou $-x$.

**227.** $9x^2+\dfrac{1}{4}$. $\qquad$ **Rép.** $3x$ ou $-3x$.

**228.** $\dfrac{a^2}{4}+\dfrac{b^2}{25}$. $\qquad$ **Rép.** $\dfrac{ab}{5}$ ou $-\dfrac{ab}{5}$.

*Si l'on a*

$$a+b=m \qquad\qquad ab=n.$$

*trouver en fonction de* m *et de* n *chacune des expressions suivantes :*

**229.** $a^3+b^3+3a^2b+3ab^2$.

On a :

$$a^3+b^3+3a^2b+3ab^2=(a+b)^3=m^3.$$

**Rép.** $m^3$.

**230.** $\dfrac{1}{a}+\dfrac{1}{b}$.

On a :

$$\frac{1}{a}+\frac{1}{b}=\frac{a+b}{ab}=\frac{m}{n}$$

**Rép.** $\dfrac{m}{n}$.

**231.** $a^5 + b^5$.

On écrit :

$$a^5 + b^5 = (a+b)(a^4 + a^3b + a^2b^2 + ab^3 + b^4) = (a+b)[a^3(a+b) + a^2b^2 + b^3(a+b)].$$

Cette expression devient, en remplaçant $a+b$ par $m$ et $ab$ par $n$ :

$$m(ma^3 + n^2 + mb^3) = mn^2 + m^2[(a^3 + b^3) = mn^2 + m^2 \cdot (a+b)^3 - 3a^2b - 3ab^2].$$

Elle devient encore :

$$mn^2 + m^2[m^2 - 3ab(a+b)] = mn^2 + m^5 - 3m^3n$$

**Rép.** $a^5 + b^5 = mn^2 + m^5 - 3m^3n$.

**232.** $\dfrac{1}{a^2} + \dfrac{1}{b^2}$.

On a :

$$\frac{1}{a^2} + \frac{1}{b^2} = \frac{a^2 + b^2}{a^2b^2} = \frac{a^2 + b^2 + 2ab - 2ab}{a^2b^2} = \frac{(a+b)^2 - 2ab}{a^2b^2} = \frac{m^2 - 2n}{n^2},$$

**Rép.** $\dfrac{m^2 - 2n}{n^4}$.

---

# CHAPITRE V

## EXERCICES SUR LES TROIS PREMIERS CAS DE LA DIVISION

---

*Effectuer les opérations indiquées :*

**233.** $(-a^{10}) : (-a^{10})$.　　　　**Rép.** $a^0 = 1$.

**234.** $a^{1+p} : a^p$.

On applique la règle (37) :

$$a^{1+p} : a^p = a^{1+p-p} = a^1 = a.$$

**Rép.** $a$.

**235.** $a^{2m+4} : a^{m-4}$.　　　　**Rép.** $a^{m+8}$.

**236.** $(5^4 \cdot 3^5) : (5^2 \cdot 3^3)$.　　　　**Rép.** $5^2 \cdot 3^2 = 225$.

**237.** $7^{4m+2} : 7^{4m}$.  Rép. $7^2 = 49$.

**238.** $a^{m+n} : a^{m-n}$.  Rép. $a^{2n}$.

**239.** $x^7 : x^9$.

D'après la définition de l'exposant négatif (43), on a :

$$x^7 : x^9 = x^{7-9} = x^{-2} = \frac{1}{x^2}.$$

Rép. $x^{-2} = \dfrac{1}{x^2}$.

**240.** $a^{2m} : a^{3m}$.  Rép. $a^{-m} = \dfrac{1}{a^m}$.

**241.** $b^{m+2n} : b^{m+3n}$.  Rép. $b^{-n} = \dfrac{1}{b^n}$.

*Effectuer les opérations suivantes en faisant disparaître les exposants nuls ou négatifs :*

**242.** $a^{-2} : a^3$.

On a (43) :

$$a^{-2} : a^3 = \frac{1}{a^2} : a^3 = \frac{1}{a^2 \times a^3} = \frac{1}{a^5} = a^{-5}.$$

Rép. $a^{-5}$  ou  $\dfrac{1}{a^5}$.

**243.** $3^{-3} : 3^{-4}$.

On écrit (37) :

$$3^{-3} : 3^{-4} = 3^{-3+4} = 3^1 = 3$$

ou bien :

$$3^{-3} : 3^{-4} = \frac{1}{3^3} : \frac{1}{3^4} = \frac{1}{3^3} \times 3^4 = \frac{3^4}{3^3} = 3.$$

Rép. 3.

**244.** $4(a^0 + b^0) : (c^0 + 1)$.

Cette expression est égale à :

$$4(1 + 1) : (1 + 1) = 4 \times 2 : 2 = 4$$

Rép. 4.

**245.** $(2^0 a^{\mathrm{m}} : \dfrac{3^0}{a+2b}$.

En tenant compte de l'exposant o, et de la règle de la division des fractions, on a :

$$(2^0 a^{\mathrm{m}}) : \frac{3^0}{a+2b} = a^{\mathrm{m}} : \frac{1}{a+2b} = a^{\mathrm{m}} \times (a+2b) = a^{\mathrm{m}+1} + 2a^{\mathrm{m}}b.$$

**Rép.** $a^{\mathrm{m}+1} + 2a^{\mathrm{m}}b$.

**246.** $(a^0 + b^0 - 6c^0 + 4d^0)(a^2 + b^2)$.

$$(1 + 1 - 6 \times 1 + 4 \times 1)(a^2 + b^2) = 0(a^2 + b^2) = 0$$

**Rép. 0.**

**247.** $a^2 \cdot a^0 \cdot a^{-3} \cdot a^4$.

$$a^2 \cdot a^0 \cdot a^{-3} \cdot a^4 = a^{2+0-3+4} = a^3.$$

**Rép.** $a^3$.

**248.** $(a^{\mathrm{m}} : a^{-\mathrm{m}})a^{2\mathrm{m}}$.

$$(a^{\mathrm{m}} : a^{-\mathrm{m}})a^{2\mathrm{m}} = a^{\mathrm{m}+\mathrm{m}} \times a^{2\mathrm{m}} = a^{4\mathrm{m}}$$

**Rép.** $a^{4\mathrm{m}}$.

**249.** $(a^2 : a^{-5}) : (a^3 \cdot a^{-5})$.

On a :

$$1^0 \quad a^2 : a^{-5} = a^2 : \frac{1}{a^5} = a^2 \times a^5 = a^7$$

$$2^0 \quad a^3 \cdot a^{-5} = a^3 \times \frac{1}{a^5} = \frac{a^3}{a^5} = \frac{1}{a^2} = a^{-2}$$

d'où

$$a^7 : a^{-2} = a^{7+2} = a^9.$$

**Rép.** $a^9$.

**250.** $(1+a)^0 : (1+a)^{-1}$.

Il faut remarquer que l'on a (42-43) :

$$1^0 \quad (1+a)^0 = 1$$

$$2^0 \quad (1+a)^{-1} = \frac{1}{1+a}$$

et que, par suite,

$$(1+a)^0 : (1+a)^{-1} = 1 : \frac{1}{1+a} = 1 \times \frac{1+a}{1} = 1 + a.$$

**Rép.** $1+a$.

**251.** $3^{-5} \quad 54^{-2} \cdot 3^6 \cdot 4^2.$

Cette expression s'écrit :

$$\frac{1}{3^5} \times \frac{1}{4^2} \times 3^6 \times 4^2 = \frac{3^6 \times 4^2}{3^5 \times 4^2} = 3.$$

En appliquant la règle, on obtient directement :

$$3^{-5} \quad 4^{-2} \quad 3^6 \cdot 4^2 = 3^{-5} \cdot 3^6 \cdot 4^{-2} \cdot 4^2 = 3^{-5+6} \times 4^{-2-2} = 3 \times 4^0 = 3 \times 1 = 3.$$

**Rép. 3.**

**252.** $12(3^0 - 2)(4^0 - 2).$

On écrit :

$$12(3^0 - 2)(4^0 - 2) = 12(1 - 2)(1 - 2) = 12(-1)(-1) = 12.$$

**Rép. 12.**

**253.** $\dfrac{3^0}{4^{-3}} : \dfrac{3^{-1}}{4^3}.$

On a (45-46) :

$$\frac{3^0}{4^{-3}} : \frac{3^{-1}}{4^3} = \frac{1}{\frac{1}{4^3}} : \frac{\frac{1}{3}}{4^3} = 4^3 : \frac{1}{3 \cdot 4^3} = 4^3 \times 3 \cdot 4^3 = 3 \quad 4^6 = 12.288.$$

**Rép. 3 . 4⁶ = 12288.**

**254.** $(a^{-2}b^5 : a^2 b^{-5}) \dfrac{1}{a^{-2}b^{-3}}.$

La définition (43) de l'exposant négatif nous donne :

$$1^0 \quad a^{-2}b^5 = \frac{b^5}{a^2}$$

$$2^0 \quad a^2 b^{-5} = \frac{a^2}{b^5}.$$

$$3^0 \quad \frac{1}{a^{-2}b^{-3}} = \frac{1}{\frac{1}{a^2} \times \frac{1}{b^3}} = a^2 b^3$$

d'où

$$(a^{-2}b^5 : a^2 b^{-5}) \frac{1}{a^{-2}b^{-3}} = \left(\frac{b^5}{a^2} : \frac{a^2}{b^5}\right) a^2 b^3 = \frac{b^{10}}{a^4} \times a^2 b^3 = \frac{b^{13}}{a^2}.$$

**Rép.** $\dfrac{b^{13}}{a^2}.$

**255.** $(a^{-2} : a^{-3}) : (a^{-4} \cdot a^3).$

Cette expression est égale à (43) :

$$\frac{a^3}{a^2} : \frac{a^3}{a^4} = a : \frac{1}{a} = a \times \frac{a}{1} = a^2.$$

**Rép. a².**

*Effectuer les opérations indiquées :*

**256.** $(-27a^7b^4c^3d^6) : (-25a^6b^4c^3d^6)$.

     Rép. $\dfrac{27}{25}$ a.

**257.** $a^5x^{m+1}y^{n+1} : a^3x^{m-1}y^{n-1}$.     Rép. $a^2x^2y^2$.

**258.** $(-3a^2b^5 \times 4a^3b^4c) : (-7a^2b^4 \times 28a^5b^2c)$.

     Rép. $\dfrac{8b^3}{49a^2}$.

**259.** $\dfrac{3}{4}a^mb^nc^p : \dfrac{4}{3}a^{m'}b^{n'}c^{p'}$.     Rép. $\dfrac{9}{16}a^{m-m'}b^{n-n'}c^{p-p'}$.

**260.** $a^{2m}b^{3n}c^{4p} : a^mb^{2n}c^{3p}$.     Rép. $a^mb^nc^n$.

**261.** $a^5x^{m+1}y^{n+1} : a^3x^{m-1}y^{n-1}$.     Rép. $a^2x^2y^2$.

**262.** $[(a-1)^4(x+1)^3(y-1)^4] : [(a-1)^5(x+1)^2(y-1)^4]$.

Cette expression, d'après les définitions de l'exposant négatif de l'exposant o, est égale à :

$$(a-1)^{4-5}(x+1)^{3-2}(y-1)^0 = (a-1)^{-1}(x+1) = \frac{x+1}{a-1}.$$

     Rép. $\dfrac{x+1}{a-1}$.

**263.** $(-35a^2 . 24a^3b^4c) : (-7a^2b^4 . 48a^5b^2c)$.

On a d'abord :

$$1^o \quad -35a^2 . 24a^3b^4c = -35 \times 24 \times a^5b^4c$$
$$2^o \quad -7a^2b^4 . 48a^5b^2c = -7 \times 48 \times a^8b^6c$$

d'où

$$(-35 \times 24a^5b^4c) : (-7 \times 48a^7b^6c) = \frac{35 \times 24}{7 \times 48} a^{5-7}b^{4-6}c^0$$

Cette expression est encore égale à :

$$\frac{5}{2a^2b^2} = \frac{2,5}{a^2b^2}.$$

     Rép. $\dfrac{2,5}{a^2b^2}$.

*Simplifier les quotients des divisions suivantes :*

**264.** $9a^5b^2c^3 : (-18a^4c^4)$.

En appliquant la règle (39), on trouve :

$$\frac{9a^5b^2c^3}{-18a^4c^4} = -\frac{ab^2}{2c}.$$

Rép. $-\dfrac{ab^2}{2c}$.

**265.** $(-5a^3b^2) : (-10a^4b^3)$.

En appliquant la règle (39), on a :

$$\frac{-5a^3b^2}{-10a^4b^3} = +\frac{1}{2ab}.$$

Rép. $\dfrac{1}{2ab}$.

**266.** $(-a^4x^5y^6z^3) : a^3x^5y^6z^4$.

On met le quotient sous forme de fraction que l'on simplifie :

$$\frac{-a^4x^5y^6z^3}{a^3x^5y^6z^4} = -\frac{a}{z}.$$

Rép. $-\dfrac{a}{z}$.

**267.** $a^m x^n : (-a3^m x^{2n})$.

On a :

$$\frac{a^m x^n}{-a^{3m}x^{2n}} = -\frac{1}{a^{2m}x^n}.$$

Rép. $-\dfrac{1}{a^{2m}x^n}$.

**268.** $15a^5 : 25a^4$.  Rép. $\dfrac{3a}{5}$.

**269.** $(-250a^4b) : 100a^5$.  Rép. $-\dfrac{2,5b}{a}$.

**270.** $(-7^4 \cdot 3^2 \cdot 4^6) : (7^3 \cdot 3^3 \cdot 4^7)$.  Rép. $=-\dfrac{7}{12}$.

**271.** $441a^5b^2 : (-21^2a^4b^3)$.  Rép. $-\dfrac{a}{b}$.

*Simplifier les quotients indiqués :*

**272.** $-49a^5b^2c^3 : (-28a^6b^3c^4)$.  **Rép.** $\dfrac{7}{4abc}$.

**273.** $(-50a^3bc^2) : [(-100a^4b^3) \times (2a^{-2}bc^3)]$.

**Rép.** $\dfrac{a}{4b^3c}$.

**274.** $[(-a^4x^5y^6z^3) \times (a^3x^5y^7z^4)] : (-a^8x^{11}y^{13}z^8)$.

**Rép.** $\dfrac{1}{axyz}$.

**275.** $(2^a \cdot 3^b \cdot 5^c) : (2^{2a} \cdot 3^b \; 5^{c-1})$.  **Rép.** $\dfrac{5}{2^a}$.

**276.** $[(a+b)^4(-b)^3] : [(a+b)^5(a-b)^4]$.

Le quotient cherché est :

$$\frac{(a+b)^4(a-b)^3}{(a+b)^5(a-b)^4} = \frac{1}{(a+b)(a-b)} = \frac{1}{a^2-b^2}.$$

**Rép.** $\dfrac{1}{a^2-b^2}$.

*Effectuer les divisions indiquées, simplifier le quotient lorsque la division est impossible.*

**277.** $(a^m - a^{m+1} + a^{m+3} - a^{2m-4}) : (-a^m)$.

**Rép.** $-1 + a - a^3 + a^{m-4}$.

**278.** $(25a^{2m}b^{2n} + 100a^{3m}b^{3n} - 50a^{4m}b^{3n} - 125a^{3m}b^{4n})$
$: 25a^{2m}b^{2n}$.

**Rép.** $1 + 4a^m b^n - 2a^{2m}b^n - 5a^m b^{2n}$.

**279.** $(15a^8b^4c^2 - 45a^7b^2c^4) : 30a^7b^3c^4$.

**Rép.** $\dfrac{ab}{2c^2} - \dfrac{3}{2b}$.

**280.** $(2a^3b - 6a^5b^3 + 10a^5b^4) : (-4a^4b^4c^3)$.

Le quotient sera :

$$\frac{2a^3b}{-4a^4b^4c^3} - \frac{6a^5b^3}{-4a^4b^4c^3} + \frac{10a^5b^4}{-4a^4b^4c^3} = -\frac{1}{2ab^3c^3} + \frac{3a}{2bc^3} - \frac{5a}{-2c^3}.$$

**Rép.** $-\dfrac{1}{2ab^3c^3} + \dfrac{3a}{2bc^3} - \dfrac{5a}{2c^3}$.

**281.** $(ab+ac-bc) : abc.$

Rép. $\dfrac{1}{c}+\dfrac{1}{b}-\dfrac{1}{a}.$

**282.** $(abc-abd-acd+bcd) : abcd.$

Rép. $\dfrac{1}{d}-\dfrac{1}{c}-\dfrac{1}{b}+\dfrac{1}{a}.$

**283.** $(a^2c^4-b^3c^4) : a^2b^3c^4.$

Rép. $\dfrac{1}{b^3}-\dfrac{1}{a^2}.$

**284.** $4x^2(3x^2y-5xy^2) : 8x^2y^2.$

On a, en développant :

$$\frac{12x^4y}{8\,x^2y^2}-\frac{20x^3y^2}{8\,x^2y^2}=\frac{3x^2}{2y}-\frac{5x}{2}.$$

Rép. $\dfrac{3x^2}{2y}-\dfrac{5x}{2}.$

**285.** $(a^3-a^2+a-1) : a^2.$

On a pour quotient :

$$\frac{a^3}{a^2}-\frac{a^2}{a^2}+\frac{a}{a^2}-\frac{1}{a^2}=a-1+\frac{1}{a}-\frac{1}{a^2}.$$

Rép. $a-1+\dfrac{1}{a}-\dfrac{1}{a^2}.$

**286.** $(a^3b^4-a^4b^3) : (-a^4b^4).$     Rép. $-\dfrac{1}{a}+\dfrac{1}{b}.$

**287.** $(6a^2-12a^3+24a^5) : 48a^4.$   Rép. $\dfrac{1}{8a^2}-\dfrac{1}{4a}+\dfrac{a}{2}.$

**288.** $(a^5b^5-a^4b^4+a^3b^3) : (-4a^4b^4).$

Rép. $-\dfrac{ab}{4}+\dfrac{1}{4}-\dfrac{1}{4ab}.$

**289.** $(2^2\cdot3^4-4^3\;3^4) : (-2^2\cdot3^4\cdot4^3).$

Rép. $\dfrac{1}{4}-\dfrac{1}{64}=\dfrac{15}{64}.$

**290.** $5\cdot4^2(3\cdot4^2\cdot a-4a^2) : (8\cdot4^2\cdot a^2).$

Rép. $\dfrac{30}{a}-\dfrac{5}{2}.$

**291.** $\left(x^{m+n}-x^{n+p}\right) : x^{m+n+p}$.

On a :

$$\frac{x^{m-n}}{x^{m-n-p}} - \frac{x^{n-p}}{x^{m-n-p}} = x^{m+n-m-n-p} - x^{n+p-m-n-p} = x^{-p} - x^{-m}.$$

Rép. $x^{-p} - x^{-m} = \dfrac{1}{x^p} - \dfrac{1}{x^m}$ .

**292.** $\left(x^{2m+1} + x^{2n-4}\right) : x^{2m-n}$.

Rép. $x^{n+1} + x^{3n-4-2m}$.

---

# CHAPITRE VI

## EXERCICES SUR LA DIVISION DES POLYNOMES

---

*Effectuer les divisions suivantes :*

**293.** $(256x^7 - 2187y^7) : (2x - 2y)$.

Rép. $128x^6 + 192x^5y + 288x^4y^2 + 432x^3y^3 + 648x^2y^4 + 972xy^5 + 1458y^6$ ;  reste $2187y^7$.

**294.** $\left(\dfrac{16x^4}{81} - 1\right) : \left(\dfrac{2x}{3} - 1\right)$ .

Rép. $\dfrac{8x^3}{27} + \dfrac{4x^2}{9} + \dfrac{2x}{3} + 1$.

**295.** $(a^4 + b^4 + a^2b^2) : (a^2 + b^2 - ab)$.

Rép. $a^2 + ab + b^2$.

**296.** $(x^3 + y^3 + z^3 - 3xyz) : (x + y + z)$.

Rép. $x^2 - (y+z)x + (y+z)^2 - 3yz$.

**297.** $(x^4 - 1 + 2xy - x^2y^2) : (x^2 + 1 - xy)$.

Rép. $x^2 + xy - 1$.

**298.** $(4abx + b^2x - x - 8ab - 2b^2 + 2) : (x - 2)$.

Rép. $4ab + b^2 - 1$.

**299.** $(8a^2x^2 + 2abx - 6ax - b^2 - 3b) : (2ax + b)$.
    Rép. $4ax - b - 3$.

**300.** $(27a^9b - 63a^8b^2 - 3a^5b^4 + 7a^4b^5) : (3a^5b - 7a^4b^2)$.
    Rép. $9a^4 - b^3$.

**301.** $(10y^2 + 1 - 5y - 10y^3 + 5y^4 - y^5) : (y^2 - 2y + 1)$.
    Rép. $-y^3 + 3y^2 - 3y + 1$.

**302.** $(10a^6bc + 20a^3b^5c - 4a^3b - 8b^5)^3 : (5a^3bc - 2b)$.
    Rép. $2a^3 + 4b^4$.

**303.** $(x^3 - ax^2 - abx - ab^2 - b^3) : (x - a - b)$.
    Rép. $x^2 + bx + b^2$.

**304.** $(x^6 - x^5 + x^4 + x^3 - 2x^2 + 2x - 2) : (x^3 - x^2 + x - 1)$.
    Rép. $x^3 + 2$.

*Effectuer les divisions suivantes et donner le reste de chaque opération :*

**305.** $(a + b) : (a - b)$.
    Rép. Quot. $= 1$ ; reste $= 2b$.

**306.** $(x^2 + a^2) : (x + a)$.
    Rép. Quot. $= x - a$ ; reste $= 2a^2$.

**307.** $(x^8 + 1) : (x^2 - 1)$.
    Rép. Quot. $= x^6 + x^4 + x^2 + 1$ ; reste $= 2$.

**308.** $(a^4 + b^4) : (a + b)$.
    Rép. Quot. $= a^3 - a^2b + ab^2 - b^3$ ; reste $= 2b^4$.

**309.** $(x^4 + y^4) : (x - y)$.
    Rép. Quot. $= x^3 + x^2y + xy^2 + y^3$ ; reste $= 2y^4$.

**310.** $(x^{10} + a^{10}) : (x^2 + a^2)$.
    Rép. Quot. $= x^8 - a^2x^6 + a^4x^4 - a^6x^2 + a^8$.

**311.** $(x^5 - x^4 + x^3) : (x^2 - 1)$.
    Rép. $x^3 - x^2 + 2x - 1$ ; reste $= 2x - 1$.

**312.** $(x^5 - x^4 + x^3 - x^2 + x - 1) : (x^3 - x^2 + x - 1)$.
    Rép. Quot. $= x^2$ ; reste $= x - 1$.

# CHAPITRE VII

## EXERCICES SUR LES FRACTIONS ET SUR LES PROPORTIONS

*Simplifier les fractions suivantes :*

**313.** $\dfrac{\dfrac{1}{5}ab.\dfrac{1}{3}a^2b^2}{\dfrac{1}{15}a^3b^3}$.
Rép. 1.

**314.** $\dfrac{48a^3b^3 : 4a^3b^2}{2ab^2}$.

On a :

$$\frac{48a^3b^3 : 4a^3b^2}{2ab^2} = \frac{12b}{2ab^2} = \frac{6}{ab}.$$

Rép. $\dfrac{6}{ab}$.

**315.** $\dfrac{(4a^2x^3)^3}{(2ax^2)^4}$.

En développant, on trouve :

$$\frac{(4a^2x^3)^3}{(2ax^2)^4} = \frac{4^3a^6x^9}{2^4a^4x^8} = \frac{64}{16}\cdot\frac{a^6x^9}{a^4x^8} = 4a^2x.$$

Rép. $4a^2x$.

**316.** $\dfrac{(12a^3b^2c)^3(6a^5b)^2}{(36a^3b^2c)^2}$.

Cette expression développée devient :

$$\frac{12^3a^9b^6c^3.6^2a^{10}b^2}{36^2a^6b^4c^2} = \frac{2^3.6^5a^{19}b^8c^3}{6^4a^6b^4c^2} = 48a^{13}b^4c.$$

Rép. $48a^{13}b^4c$.

**317.** $\dfrac{a^3-b^3}{a^2-ab}$.

On peut écrire :

$$\frac{a^3-b^3}{a^2-ab}=\frac{(a-b)(a^2+ab+b^2)}{a(a-b)}=\frac{a^2+ab+b^2}{a}.$$

   Rép. $\dfrac{a^2+ab+b^2}{a}$.

**318.** $\dfrac{a^4-b^4}{a^8-b^8}$.     Rép. $\dfrac{1}{a^4+b^4}$.

**319.** $\dfrac{a+b}{a^3+b^3}$.

On a :   $\dfrac{a+b}{a^3+b^3}=\dfrac{a+b}{(a+b)(a^2-ab+b^2)}=\dfrac{1}{a^2-ab+b^2}$.

   Rép. $\dfrac{1}{a^2-ab+b^2}$.

**320.** $\dfrac{16x^4-81}{4a^2+9}$.

En décomposant le numérateur, il vient :

$$\frac{(4a^2+9)(4a^2-9)}{4a^2+9}=4a^2-9.$$

  Rép. $4a^2-9$.

**321.** $\dfrac{a^2-1}{a^4-1}$.     Rép. $\dfrac{1}{a^2+1}$.

**322.** $\dfrac{a^2+b^2-c^2+2ab}{a^2-b^2+c^2+2ac}$.

On a :

$1°\ a^2+b^2-c^2+2ab=(a^2+b^2+2ab)-c^2=(a+b)^2-c^2$
$=(a+b+c)(a+b-c)$

$2°\ a^2-b^2+c^2+2ac=(a^2+c^2+2ac)-b^2=(a+c)^2-b^2$
$=(a+b+c)(a-b+c)$

d'où

$$\frac{a^2+b^2-c^2+2ab}{a^2-b^2+c^2+2ac}=\frac{(a+b+c)(a+b-c)}{(a+b+c)(a+c-b)}=\frac{a+b-c}{a-b+c}$$

   Rép. $\dfrac{a+b-c}{a-b+c}$.

**323.** $\dfrac{a^2+2a+1}{a^2-a-2}$.

$1^0 \quad a^2+2a+1=(a+1)^2$.

$2^0 \quad a^2-a-2=(a^2-1)-(a+1)=(a+1)(a-1)-(a+1)$
$$=(a+1)(a-2).$$

d'où

$$\frac{a^2+2a+1}{a^2-a-2}=\frac{(a+1)^2}{(a+1)(a-2)}=\frac{a+1}{a-2}.$$

**Rép.** $\dfrac{a+1}{a-2}$.

**324.** $\dfrac{x^3+y^3}{(x-y)^2+xy}$.

On peut écrire :

$$\frac{x^3+y^3}{(x-y)^2+xy}=\frac{(x+y)(x^2-xy+y^2)}{x^2-xy+y^2}=x+y.$$

**Rép.** $x+y$.

**325.** $\dfrac{(4a^2-1)^2+1}{(4a^2-1)^4-1}$.

On a :

$$\frac{(4a^2-1)^2+1}{[(4a^2-1)^2+1][(4a^2-1)^2-1]}=\frac{1}{(4a^2-1)^2-1}=\frac{1}{16a^4-8a^2}.$$

**Rép.** $\dfrac{1}{16a^4-8a^2}$.

**326.** $\dfrac{4b^2+c^2-4bc}{c^2-4b^2}$.

$$\frac{4b^2+c^2-4bc}{c^2-4b^2}=\frac{(c-2b)^2}{(c+2b)(c-2b)}=\frac{c+2b}{c-2b}.$$

**Rép.** $\dfrac{c-2b}{c+2b}$.

**327.** $\dfrac{3a^3b^4+9a^3b^2x^2}{4a^2b^5+12a^2b^3x^2}$.

On a, en mettant en facteurs :

$1^0 \quad 3a^3b^4+9a^3b^2x^2=3a^3b^2(b^2+3x^2)$

$2^0 \quad 4a^2b^5+12a^2b^3x^2=4a^2b^3(b^2+3x^2)$

d'où
$$\frac{3a^3b^4+9a^3b^2x^2}{4a^2b^5+12a^2b^3x^2}=\frac{3a^3b^2(b^2+3x^2)}{4a^2b^3(b^2+3x^2)}=\frac{3a}{4b}.$$

**Rép.** $\dfrac{3a}{4b}$.

**328.** $\dfrac{1-x^2}{(1+ax)^2-(a+x)^2}$.

On écrit :

$$\frac{1-x^2}{(1+ax+a+x)(1+ax-a-x)} = \frac{(1+x)(1-x)}{[(1+x)+a(1+x)][(1-x)-a(1-x)]}$$
$$= \frac{1}{(1+a)(1-a)} = \frac{1}{1-a^2}$$

Rép. $\dfrac{1}{1-a^2}$.

**329.** $\dfrac{4-2x}{4-x^2}$.

$$\frac{4-2x}{4-x^2} = \frac{2(2-x)}{(2+x)(2-x)} = \frac{2}{2+x}$$

Rép. $\dfrac{2}{2+x}$.

**330.** $\dfrac{x^2-3x+2}{x^2-5x+6}$.

Il faut remarquer que :

1° $x^2-3x+2$ est divisible par $x-2$ et $x-1$ ;
2° $x^2-5x+6$ est divisible par $x-2$ et $x-3$.

On a donc :

$$\frac{x^2-x3+2}{x^2-5x+6} = \frac{(x-1)(x-2)}{(x-2)(x-3)} = \frac{x-1}{x-3}$$

Rép. $\dfrac{x-1}{x-3}$.

*Réduire au même dénominateur les fractions suivantes :*

**331.** $\dfrac{a}{b}$, $\dfrac{-a}{b}$.

Elles sont réduites au même dénominateur.

Rép. $\dfrac{a}{b}$, $-\dfrac{a}{b}$.

**332.** $1$, $\dfrac{b}{a}$, $\dfrac{b^2}{a^2}$, $\dfrac{b^3}{a^3}$.

Le dénominateur commun est $a^3$.

Rép. $\dfrac{a^3}{a^3}$, $\dfrac{a^2b}{a^3}$, $\dfrac{ab^2}{a^3}$, $\dfrac{b^3}{a^3}$.

**333.** $\dfrac{a}{b^2c},\quad \dfrac{b}{a^2c},\quad \dfrac{d}{abc^2}.$

On prend $a^2b^2c^2$ pour dénominateur commun de toutes ces fractions.

**Rép.** $\dfrac{a^3c}{a^2b^2c^2},\quad \dfrac{b^3c}{a^2b^2c^2},\quad \dfrac{abd}{a^2b^2c^2}.$

**334.** $\dfrac{a}{a^4-b^4},\quad \dfrac{1}{a^2+b^2},\quad \dfrac{1}{a^2-b^2}.$

Le dénominateur commun est $a^4-b^4$.

**Rép.** $\dfrac{a}{a^4-b^4},\quad \dfrac{a^2-b^2}{a^4-b^4},\quad \dfrac{a^2+b^2}{a^4-b^4}.$

**335.** $\dfrac{1}{5x^2},\quad \dfrac{-4x}{5},\quad \dfrac{-11}{2x^3},\quad \dfrac{-7}{4}.$

**Rép.** $\dfrac{4x}{20x^3},\quad \dfrac{-16x^4}{20x^3},\quad \dfrac{-110}{20x^3},\quad \dfrac{-35x^3}{20x^3}.$

**336.** $\dfrac{1}{a^2},\quad a^2,\quad \dfrac{-2}{a^3},\quad \dfrac{-a^3}{2}.$

On voit que $2a^3$ est le dénominateur commun qu'il convient de choisir.

**Rép.** $\dfrac{2a}{2a^3},\quad \dfrac{2a^5}{2a^3},\quad \dfrac{-4}{2a^3},\quad \dfrac{-a^6}{2a^3}.$

**337.** $\dfrac{1}{a},\quad \dfrac{1}{b},\quad \dfrac{1}{c},\quad \dfrac{1}{ab},\quad \dfrac{1}{ac},\quad \dfrac{1}{bc},\quad \dfrac{1}{abc}.$

On prend $abc$ pour dénominateur commun de toutes ces fractions.

**Rép.** $\dfrac{bc}{abc},\quad \dfrac{ac}{abc},\quad \dfrac{ab}{abc},\quad \dfrac{c}{abc},\quad \dfrac{b}{abc},\quad \dfrac{a}{abc},\quad \dfrac{1}{abc}.$

**338.** $\dfrac{a}{bx},\quad \dfrac{c}{ay},\quad \dfrac{d}{cz},\quad \dfrac{acd}{xyz}.$

**Rép.** $\dfrac{a^2cyz}{abcxyz},\quad \dfrac{bc^2xz}{abcxyz},\quad \dfrac{abdxy}{abcxyz},\quad \dfrac{a^2bc^2d}{abcxyz}.$

**339.** $\dfrac{1}{(a-b)^2}, \quad \dfrac{1}{a^2-b^2}, \quad \dfrac{1}{a^2-b^2)^2}.$

En prenant $(a^2-b^2)^2$ pour dénominateur commun, on voit qu'il faut multiplier les deux termes de la première fraction par $(a+b)^2$ et les deux termes de la seconde par $(a^2-b^2)$.

Rép. $\dfrac{(a+b)^2}{(a^2-b^2)^2}, \quad \dfrac{a^2-b^2}{(a^2-b^2)^2}, \quad \dfrac{1}{(a^2-b^2)^2}.$

**340.** $\dfrac{a^3+b^3}{a^2-ab+b^2}, \quad \dfrac{a^2-b^3}{a^2+ab+b^2}, \quad \dfrac{1}{a^3b^3}.$

On simplifie d'abord les deux premières fractions, qui deviennent

$$a+b, \quad a-b, \quad \dfrac{1}{a^3b^3}.$$

Rép. $\dfrac{a^4b^3+a^3b^4}{a^3b^3}, \quad \dfrac{a^4b^3-a^3b^4}{a^3b^3}, \quad \dfrac{1}{a^3b^3}.$

**341.** $1, \quad \dfrac{1}{2}, \quad \dfrac{1}{a-b}.$

Rép. $\dfrac{2(a-b)}{2(a-b)}, \quad \dfrac{a-b}{2(a-b)}, \quad \dfrac{2}{2(a-b)}.$

**342.** $\dfrac{2}{x}, \quad \dfrac{a^3-b^3}{a-b}, \quad \dfrac{1}{x^2(a^2-b^2)}.$

Rép. $\dfrac{2x(a^2-b^2)}{x^2(a^2-b^2)}, \quad \dfrac{x^2(a^3-b^3)(a+b)}{x^2(a^2-b^2)}, \quad \dfrac{1}{x^2(a^2-b^2)}.$

**343.** $\dfrac{x-1}{x+1}, \quad \dfrac{x+1}{x^2+1}, \quad \dfrac{x-1}{x^2-1}.$

Rép. $\dfrac{(x-1)^2(x^2+1)}{x^4-1}, \quad \dfrac{(x+1)(x^2-1)}{x^4-1}, \quad \dfrac{(x-1)(x^2+1)}{x^4-1}.$

*Réduire les expressions suivantes en une seule expression fractionnaire et simplifier :*

**344.** $ax(a+x) - \dfrac{a^4x+ax^4}{a^2+2ax+x^2}.$

Cette expression s'écrit successivement :

$$\dfrac{ax(a+x)^3-a^4x-ax^4}{(a+x)^2} = \dfrac{3a^3x^2+3a^2x^3}{(a+x)^2} = \dfrac{3a^2x^2(a+x)}{(a+x^2)} = \dfrac{3a^2x^2}{a+x}.$$

Rép. $\dfrac{3a^2x^2}{a+x}.$

**345.** $\dfrac{x+2}{y-x} - \dfrac{y-2}{y+x}$.

On a :

$$\frac{(x+2)(y+x)-(y-2)(y-x)}{y^2-x^2} = \frac{x^2-y^2+2xy+4y}{y^2-x^2}.$$

**Rép.** $\dfrac{x^2-y^2+2xy+4y}{y^2-x^2}$.

**346.** $\dfrac{(x-y)^2}{x^2} - \dfrac{(x+y)^2}{y^2}$.  $\qquad$ **Rép.** $\dfrac{y^4-x^4-2xy^3-2x^3y}{x^2y^2}$.

**347.** $\dfrac{a-c}{b} - \dfrac{a-b}{c}$.  $\qquad$ **Rép.** $\dfrac{ac-ab+b^2-c^2}{bc}$.

**348.** $\dfrac{cx-c}{x-1} - \dfrac{cx+c}{x+1}$.

$$\frac{c(x-1)}{x-1} - \frac{c(x+1)}{x+1} = c - c = 0.$$

**Rép. 0.**

**349.** $x^6-x^4+\dfrac{x^4+1}{x^2+1}$.  $\qquad$ **Rép.** $\dfrac{x^8+1}{x^2+1}$.

**350.** $1-2n+\dfrac{n^2+2n^3+1}{n^2+2n+1}$.  $\qquad$ **Rép.** $\dfrac{2-2n}{n+1}$.

**351.** $\dfrac{a}{b}-a+b+ab$.  $\qquad$ **Rép.** $\dfrac{a-ab+b^2+ab^2}{b}$.

**352.** $ab^2+b^3+\dfrac{2b^4}{a-b}$.  $\qquad$ **Rép.** $\dfrac{a^2b^2+b^4}{a-b}$.

**353.** $\dfrac{3}{5a}+\dfrac{4}{6a}$.  $\qquad$ **Rép.** $\dfrac{19}{15a}$.

**354.** $\dfrac{1}{a}+\dfrac{1}{a^2}-\dfrac{1}{a^3}$.  $\qquad$ **Rép.** $\dfrac{a^2+a-1}{a^3}$.

**355.** $\dfrac{x}{a}+\dfrac{y}{b}-\dfrac{z}{c}$.  $\qquad$ **Rép.** $\dfrac{bcx+acy-abz}{abc}$.

**356.** $\dfrac{x}{a}-\dfrac{y}{b}+\dfrac{xy}{2ab}$.  $\qquad$ **Rép.** $\dfrac{2bx-2ay+xy}{2ab}$.

**357.**  $\dfrac{a}{a+b} + \dfrac{b}{a-b} + \dfrac{ab}{a^2-b^2}$.    Rép.  $\dfrac{a^2+b^2+ab}{a^2-b^2}$.

**358.**  $\dfrac{12a}{a^6-1} + \dfrac{8a}{a^3-1} + \dfrac{4a}{a^3+1}$.    Rép.  $\dfrac{16a+12a^4}{a^6-1}$.

**359.**  $\dfrac{a^2-b^2}{a^2} + \dfrac{2b^2}{a^2-b^2}$.    Rép.  $\dfrac{a^4+b^4}{a^2(a^2-b^2)}$.

**360.**  $a^4 + a^3 + a^2 + a + 1 - \dfrac{a+1}{a-1}$.    Rép.  $\dfrac{a^5-a-2}{a-1}$.

**361.**  $1 - \left(\dfrac{a-x}{a+x}\right)^2$.    Rép.  $\dfrac{4ax}{(a+x)^2}$.

**362.**  $1 - \dfrac{b^2-a^2}{c^2}$.    Rép.  $\dfrac{a^2-b^2+c^2}{c^2}$.

**363.**  $\dfrac{a+1}{2a-2} - \dfrac{a-1}{2a+2}$.    Rép.  $\dfrac{2a}{a^2-1}$.

**364.**  $\dfrac{a^2+ab+b^2}{a+b} - \dfrac{a^2-ab+b^2}{a-b}$.    Rép.  $\dfrac{-2b^3}{a^2-b^2}$.

**365.**  $\dfrac{a}{a-b} - \dfrac{a}{a+b} + \dfrac{a}{a^2-b^2}$.    Rép.  $\dfrac{2ab+a}{a^2-b^2}$.

**366.**  $\dfrac{a-b}{c+d} + 1 - \dfrac{a+b}{c-d}$.    Rép.  $\dfrac{c^2-2bc-2ad-d^2}{c^2-d^2}$.

**367.**  $\dfrac{ab+c}{d-1} - \dfrac{ab-c}{d}$.    Rép.  $\dfrac{ab+2cd-c}{d^2-d}$.

**368.**  $\dfrac{6xy^2-6x^3-2y^3}{x^2y} - \dfrac{4xy^3-2x^2y^2-y^4}{x^2y^2}$.

Il convient de choisir $x^2y$ pour dénominateur commun, après avoir divisé les deux termes de la deuxième fraction par $y$.

Rép.  $\dfrac{2xy^2-6x^3-y^3+2x^2y}{x^2y}$.

*Effectuer les opérations indiquées et réduire :*

**369.**  $\dfrac{a^2}{b^2}\left(ab^2 - \dfrac{b^2}{a^2}\right)$.    Rép. $a^3-1$.

**370.** $\dfrac{x-y}{a+b} \times \dfrac{a^3+b^3}{x^3-y^3}$.

On peut écrire :

$$1^o \quad a^3+b^3 = (a+b)(a^2-ab+b^2).$$
$$2^o \quad x^3-y^3 = (x-y)(x^2+xy+y^2).$$

L'expression donnée devient :

$$\frac{(x-y)(a+b)(a^2-ab+b^2)}{(a+b)(x-y)(x^2+xy+y^2)} = \frac{a^2-ab+b^2}{x^2+xy+y^2}.$$

Rép. $\dfrac{a^2-ab+b^2}{x^2+xy+y^2}$.

**371.** $\dfrac{a^2-5a}{a+5} \times \dfrac{a^2-25}{a}$.

On décompose en facteurs les deux termes de la fraction :

$$\frac{a(a-5)(a-5)(a+5)}{(a+5)a} = (a-5)^2$$

Rép. $(a-5)^2$.

**372.** $\dfrac{(a+b)^3}{5} \times \dfrac{c^6}{(a+b)^4}$. 
Rép. $\dfrac{c^6}{5(a+b)}$

**373.** $\left( x^2-a+\dfrac{2a^2}{x^2+a} \right)(x^2+a)$. 
Rép. $x^4+a^2$.

**374.** $\left( a+\dfrac{1}{a} \right)\left( a-\dfrac{1}{a} \right)$. 
Rép. $a^2-\dfrac{1}{a^2}$.

**375.** $\left( a+b-\dfrac{1}{a+b} \right)\left( a-b+\dfrac{1}{a-b} \right)$. 
Rép. $\dfrac{a^4+b^4-2a^2b^2+4ab-1}{a^2-b^2}$.

**376.** $\left( \dfrac{a}{b}-\dfrac{b}{a} \right)\left( \dfrac{b^2}{a^2}-\dfrac{a^2}{b^2} \right)$. 
Rép. $\dfrac{-a^6+a^4b^2+a^2b^4-b^6}{a^3b^3}$.

**377.** $\left( \dfrac{1+a}{1-a} - \dfrac{1-a}{1+a} \right)(1-a)$. 
Rép. $\dfrac{4a}{1+a}$.

**378.** $\dfrac{8x-2y}{x+y} \times \dfrac{16x^2+32xy+16y^2}{64x^2-4y^2}.$

Il faut remarquer que l'on a :

$$1^o \quad 64x^2-4y^2=(8x+2y)(8x-2y)$$
$$2^o \quad 16x^2+32xy+16y^2=(4x+4y)^2=16(x+y)^2$$

D'où l'on conclut :

$$\frac{(8x-2y)\times 16(x+y)^2}{(x+y)(8x+2y)(8x-2y)}=\frac{16(x+y)}{8x+2y}=\frac{8(x+y)}{4x+y}.$$

$$\textbf{Rép.} \quad \frac{8(x+y)}{4x+y}.$$

**379.** $\left(\dfrac{x+1}{x-1}\right)^4\left(\dfrac{x^2-1}{x^2+1}\right)^3\left(\dfrac{x^4-1}{x+1}\right)^2.$

On décompose en facteurs :

$$\frac{(x+1)^4(x+1)^3(x-1)^3(x-1)^2(x^2+1)^2(x+1)^2}{(x-1)^4(x^2+1)^3(x+1)^2}=\frac{(x+1)^7(x-1)}{x^2+1}.$$

$$\textbf{Rép.} \quad \frac{x^8+6x^7+14x^6+14x^5-14x^3-14x^2-6x-1}{x^2+1}.$$

**380.** $\left(\dfrac{x}{a}\right)^3\left(\dfrac{a}{x}\right)^4.$

On a : 
$$\left(\frac{x}{a}\right)^3\left(\frac{a}{x}\right)^4=\frac{a^4x^3}{a^3x^4}=\frac{a}{x}$$

$$\textbf{Rép.} \quad \frac{a}{x}.$$

**381.** $\left(\dfrac{a-1}{a^2-1}\right)^3.$

Il convient de remarquer que l'on a :

$$\left(\frac{a-1}{a^2-1}\right)^3=\frac{(a-1)^3}{(a+1)^3(a-1)^3}=\frac{1}{(a+1)^3}.$$

$$\textbf{Rép.} \quad \frac{1}{a^3+8a^2+8a+1}.$$

**382.** $2\dfrac{4-x^4}{3xy} : (x^2+2).$

$$\frac{-2(x^4-4)}{3xy(x^2+2)}=\frac{-2(x^2-2)(x^2+2)}{3xy(x^2+2)}=\frac{-2(x^2-2)}{3xy}=\frac{4-2x^2}{3xy}.$$

$$\textbf{Rép.} \quad \frac{4-2x^2}{3xy}.$$

**383.** $4x^2y^3 : \dfrac{2ax^3}{y^2 - ay}$.

On peut écrire :

$$\frac{4x^2y^3 (y^2 - ay)}{2ax^3} = \frac{2y^4(y-a)}{ax}.$$

Rép. $\dfrac{2y^4(y-a)}{ax}$.

**384.** $\left(\dfrac{m}{n} - \dfrac{p}{q}\right) : \left(\dfrac{m}{n} + \dfrac{p}{q}\right)$.

La réduction au même dénominateur et l'application de la règle donnent :

$$\frac{qm - pn}{nq} : \frac{mq + pn}{nq} = \frac{qm - pn}{qm + pn}.$$

Rép. $\dfrac{qm - pn}{qm + pn}$.

**385.** $\dfrac{5 - 3x}{4 + 2x} : \left(\dfrac{5}{3} - x\right)$.

On réduit le diviseur au même dénominateur ; on obtient ainsi :

$$\frac{5 - 3x}{4 + 2x} \times \frac{3}{5 - 3x} = \frac{3}{4 + 2x}.$$

Rép. $\dfrac{3}{4 + 2x}$.

**386.** $\dfrac{a^3 + b^3}{(a+b)^3} : \dfrac{(a^3 + b^3)^2}{(a+b)^4}$.

En appliquant la règle (58), on trouve :

$$\frac{a^3 + b^3}{(a+b)^3} \times \frac{(a+b)^4}{(a^3 + b^3)^2} = \frac{a+b}{a^3 + b^3} = \frac{1}{a^2 - ab + b^2}.$$

Rép. $\dfrac{a+b}{a^3 + b^3} = \dfrac{1}{a^2 - ab + b^2}$.

**387.** $\dfrac{ab + b^2}{b^3} : \dfrac{a+b}{a}$.

On applique la même règle :

$$\frac{b(a+b)}{b^3} \times \frac{a}{a+b} = \frac{a}{b^2}.$$

Rép. $\dfrac{a}{b^2}$.

**388.** $\left(a^2+2a+1-\dfrac{1}{a^2}\right):\left(a+1+\dfrac{1}{a}\right)$.

On a :

$$1^o \quad a^2+2a+1-\frac{1}{a^2}=\frac{a^4+2a^3+a^2-1}{a^2}.$$

$$2^o \quad a+1+\frac{1}{a}=\frac{a^2+a+1}{a}.$$

D'où

$$\frac{a^4+2a^3+a^2-1}{a^2}\times\frac{a}{a^2+a+1}=\frac{a^4+2a^3+a^2-1}{a(a^2+a+1)}=\frac{a^2+a-1}{a}.$$

$$\text{Rép. } \frac{a^2+a-1}{a}.$$

*Effectuer et réduire :*

**389.** $\dfrac{4-2a+a^2}{2+a}-2-a$.    Rép. $-\dfrac{6a}{a+2}$.

**390.** $\dfrac{x^2-1}{x}+\dfrac{x}{x^2+1}-\dfrac{2x^3}{x^4-1}$.    Rép. $0$.

**391.** $x+\dfrac{1}{x+\dfrac{1}{x}}$.    Rép. $\dfrac{x^3+2x}{x^2+1}$.

**392.** $\dfrac{\dfrac{1}{a}-\dfrac{1}{b}}{\dfrac{1}{a}+\dfrac{1}{b}}+\dfrac{2a+2b}{a-b}$.    Rép. $\dfrac{a^2+6ab+b}{a^2-b^2}$.

**393.** $\dfrac{x^2-y^2}{a^2-b^2}\times\dfrac{a^3-b^3}{x^3-y^3}$.    Rép. $\dfrac{(x+y)(a^2+ab+b^2)}{(a+b)(x^2+xy+y^2)}$.

**394.** $\left(x-\dfrac{2}{x}\right)\left(2+\dfrac{1}{x}\right)$.    Rép. $2x-\dfrac{4}{x}-\dfrac{2}{x^2}+1$.

**395.** $\dfrac{x^m}{y^n}\times\dfrac{y^m}{x^3}\times\dfrac{x^{n+1}}{y^{m+1}}$.    Rép. $\dfrac{x^{m+1}}{y^{n+1}}$.

**396.** $\left(\dfrac{m^2}{n^2}+1\right)\left(\dfrac{mn^2}{m^2+n^2}\right)$.    Rép. $m$.

**397.** $\left(\dfrac{a^2-1}{a^4-1}\right)^2 : \left(\dfrac{a^4-1}{a^2-1}\right)^4.$      Rép. $\dfrac{1}{(a^2+1)^3}.$

**398.** $\dfrac{-27a^3b^5}{c^4} : \dfrac{81c^5b^3}{-a^4}.$      Rép. $\dfrac{a^7b^2}{3c^9}.$

**399.** $\left(\dfrac{m^3}{n^3}-1\right) : \left(\dfrac{n^3}{m^3}-1\right).$      Rép. $-\dfrac{m^3}{n^3}.$

**400.** $\dfrac{1}{\dfrac{1}{a}-\dfrac{1}{b}} \times \left(\dfrac{1}{a}+\dfrac{1}{b}\right).$      Rép. $\dfrac{a+b}{b-a}.$

*Calculer le terme inconnu de chacune des proportions suivantes :*

**401.** $\dfrac{63}{9} = \dfrac{126}{x}.$

En simplifiant le rapport 63/9 et en faisant le produit des extrêmes et celui des moyens, on a successivement :

$$7 = \frac{126}{x} \quad \text{et} \quad 7x = 126$$

d'où

$$x = \frac{126}{7} = 18$$

Rép. $x = \mathbf{18}.$

**402.** $\dfrac{64}{x} = \dfrac{x}{81}.$

On a : $\qquad x^2 = 64 \times 81$

d'où l'on tire : $\qquad x = \sqrt{64 \times 81} = 72.$

Rép. $x = \mathbf{72}.$

**403.** $\dfrac{x}{121} = \dfrac{625}{x}.$

On fait le produit des moyens et celui des extrêmes, ce qui donne :

$$x^2 = 121 \times 625$$

d'où l'on déduit :

$$x = \sqrt{121} \times \sqrt{625} = 11 \times 25 = 275$$

Rép. $x = \mathbf{275}.$

**404.** $\dfrac{x}{27}=\dfrac{3}{9}$.        Rép. $x=9$.

**405.** $\dfrac{12}{x}=\dfrac{44}{22}$.        Rép. $x=6$.

**406.** $\dfrac{x+a}{x+b}=\dfrac{3x+1}{3x-1}$.

En faisant le produit des extrêmes et celui des moyens, on trouve

$$3x^2+3ax-x-a=3x^2+3bx+x+b$$

d'où $\qquad 3ax-3bx-2x=a+b \qquad$ et $\qquad x=\dfrac{a+b}{3a-3b-2}$

Rép. $x=\dfrac{a+b}{3a-3b-2}$.

*Ramener à la forme simple* $\dfrac{a}{b}=\dfrac{c}{d}$, *chacune des proportions suivantes :*

**407.** $\dfrac{a+b}{a-b}=\dfrac{c+d}{c-d}$.

On sait que dans toute proportion, la somme des deux premiers termes, est à leur différence, comme la somme des deux derniers est à leur différence ; on peut donc écrire :

$$\frac{(a+b)+(a-b)}{(a+b)-(a-b)}=\frac{(c+d)+(c-d)}{(c+d)-(c-d)}$$

ou $\qquad\qquad \dfrac{2a}{2b}=\dfrac{2c}{2d}$

et en simplifiant

$$\frac{a}{b}=\frac{c}{d}.$$

Rép. $\dfrac{a}{b}=\dfrac{c}{d}$.

**408.** $\dfrac{a+c}{a-c}=\dfrac{b+d}{b-d}$.

En appliquant le théorème indiqué au numéro précédent, on a :

$$\frac{a+c+a-c}{a+c-a+c}=\frac{b+d+b-d}{b+d-b+d} \qquad \text{ou} \qquad \frac{a}{c}=\frac{b}{d}.$$

Rép. $\dfrac{a}{c}=\dfrac{b}{d} \qquad$ ou $\qquad \dfrac{a}{b}=\dfrac{c}{d}$.

**409.** $\dfrac{a+c}{b+d} = \dfrac{a}{b}$.

Dans toute proportion, la somme ou la *différence* des numérateurs, divisée par la somme ou la *différence* des dénominateurs, donne un rapport égal à chacun des rapports donnés, on peut donc écrire :

$$\frac{a+c-a}{b+d-b} = \frac{a}{b} \qquad \text{ou} \qquad \frac{c}{d} = \frac{a}{b}.$$

Rép. $\dfrac{c}{d} = \dfrac{a}{b}$ ou $\dfrac{a}{b} = \dfrac{c}{d}$.

**410.** $\dfrac{a+b}{c+d} = \dfrac{a}{c}$.

En appliquant le théorème du problème précédent, on a :

Rép. $\dfrac{b}{d} = \dfrac{a}{c}$ ou $\dfrac{a}{b} = \dfrac{c}{d}$.

**411.** $\dfrac{a+2c}{b+2d} = \dfrac{3a-4c}{3b-4d}$.

Après avoir doublé les deux termes du premier rapport, on applique le théorème ci-dessus, et on a :

$$\frac{a+2c}{b+2d} = \frac{2a+4c}{2b+4d} = \frac{3a-4c+2a+4c}{3b-4d+2b+4d} = \frac{5a}{5b} = \frac{a}{b}.$$

On a donc :

$$\frac{a+2c}{b+2d} = \frac{a}{b}.$$

Le même théorème donne encore :

$$\frac{a+2c-a}{b+2d-b} = \frac{c}{d}.$$

Rép. $\dfrac{a}{b} = \dfrac{c}{d}$.

**412.** $\dfrac{4a+7c}{4b+7d} = \dfrac{9c-6a}{9d-6b}$.

En effectuant le produit des moyens et celui des extrêmes, on arrive à l'égalité

$$bc = ad$$

qui donne

$$\frac{a}{b} = \frac{c}{d}.$$

Rép. $\dfrac{a}{b} = \dfrac{c}{d}$.

**413.** *Les relations* $x = \dfrac{2b^2 - a^2 + c^2}{3a}$ *et* $y = \dfrac{2a^2 - b^2 + c^2}{3b}$

*entraînent la proportion* $\dfrac{a}{b+y} = \dfrac{b}{a+x}$.

Tirons $c^2$ dans chaque relation. La première donne :

$$c^2 = 3ax + a^2 - 2b^2$$

et la seconde,

$$c^2 = 3by - 2a^2 + b^2$$

En égalant entre elles ces valeurs de $c^2$, il vient :

$$3ax + a^2 - 2b^2 = 3by - 2a^2 + b^2$$

ou bien, en réduisant,

$$3ax - 3b^2 = 3by - 3a^2$$

ou encore

$$ax + a^2 = by + b^2$$

On tire de là successivement :

$$a(a+x) = b(b+y)$$

$$\frac{a}{b+y} = \frac{b}{a+x}.$$

C. Q. F. D.

**414.** *La proportion* $\dfrac{a}{b} = \dfrac{c}{d}$ *entraîne la suivante*

$$\sqrt[4]{\frac{a^4 - c^4}{b^4 - d^4}} = \sqrt[10]{\frac{a^{10} - c^{10}}{b^{10} - d^{10}}}.$$

Posons $\qquad q = \dfrac{a}{b} = \dfrac{c}{d}.$

On en déduit :

$$q^4 = \frac{a^4}{b^4} = \frac{c^4}{d^4}$$

ou

$$q^4 = \frac{a^4 - c^4}{b^4 - d^4}.$$

On a, par suite,

$$q = \sqrt[4]{\frac{a^4 - c^4}{b^4 - d^4}}. \tag{1}$$

Elevons à la dixième puissance les rapports égaux :

$$q = \frac{a}{b} = \frac{c}{d}$$

on aura :
$$q^{10} = \frac{a^{10}}{b^{10}} = \frac{c^{10}}{d^{10}} = \frac{a^{10}-c^{10}}{b^{10}-d^{10}}$$

d'où
$$q = \sqrt[10]{\frac{a^{10}-c^{10}}{b^{10}-d^{10}}}. \qquad (2)$$

Les relations (1) et (2) donnent par comparaison :
$$\sqrt[4]{\frac{a^4-c^4}{b^4-d^4}} = \sqrt[10]{\frac{a^{10}-c^{10}}{b^{10}-d^{10}}}.$$

**415.** *Démontrer que l'on a* $\dfrac{\dfrac{a}{b+c}}{\dfrac{a}{b+2c}} = \dfrac{\dfrac{a}{b+2c}}{\dfrac{a}{b+3c}} = \dfrac{\dfrac{a}{b+c}}{\dfrac{a}{b+3c}}.$

On a :

$$1^\circ \quad \frac{a}{b+c} - \frac{a}{b+2c} = \frac{ab+2ac-ab-ac}{(b+c)(b+2c)} = \frac{ac}{(b+c)(b+2c)}.$$

$$2^\circ \quad \frac{a}{b+2c} - \frac{a}{b+3c} = \frac{ab+3ac-ab-2ac}{(b+2c)(b+3c)} = \frac{ac}{(b+2c)(b+3c)}.$$

Le premier membre de l'égalité à vérifier devient par suite,
$$\frac{b+3c}{b+c}$$
et comme il en est de même du second membre, cette égalité est une identité. $\qquad$ C. Q. F. D.

**416.** *Démontrer que la proportion*
$$\frac{m(a+b)+n(c+d)}{mb+nd} = \frac{p(a+b)-q(c+d)}{pb-qd}$$

*entraîne la suivante* $\dfrac{a}{b} = \dfrac{c}{d}.$

Si à chaque numérateur on retranche son dénominateur, il vient :
$$\frac{ma+nc}{mb+nd} = \frac{pa-qc}{pb-qd}.$$

Faisons le produit des moyens et celui des extrêmes, on aura après réduction :
$$ad(mq+np) = bc(mq+np)$$
ou
$$ad = bc$$
ce qui donne la proportion
$$\frac{a}{b} = \frac{c}{d}.$$

**417.** *Établir la proportion* $\dfrac{\sqrt[3]{2a^3+3c^3}}{\sqrt[3]{2b^3+3d^3}} = \dfrac{\sqrt{5a^2+6c^2}}{\sqrt{5b^2+6d^2}}$

*sachant que* $\dfrac{a}{b} = \dfrac{c}{d}$.

Posons

$$q = \frac{a}{b} = \frac{c}{d}.$$

Elevons ces rapports au cube et au carré, il viendra :

1° $$q^3 = \frac{a^3}{b^3} = \frac{c^3}{d^3}$$

ou

$$q^3 = \frac{2a^3}{2b^3} = \frac{3c^3}{3d^3} = \frac{2a^3+3c^3}{2b^3+3d^3}$$

d'où

$$q = \frac{\sqrt[3]{2a^3+3c^3}}{\sqrt[3]{2b^3+3d^3}} \qquad (1)$$

2° $$q^2 = \frac{a^2}{b^2} = \frac{c^2}{d^2}$$

ou

$$q^2 = \frac{5a^2}{5b^2} = \frac{6c^2}{6d^2} = \frac{5a^2+6c^2}{5b^2+6d^2}$$

d'où

$$q = \frac{\sqrt{5a^2+6c^2}}{\sqrt{5b^2+6d^2}} \qquad (2)$$

Enfin, si l'on égale les valeurs (1) et (2) de $q$, il vient :

$$\frac{\sqrt[3]{2a^3+3c^3}}{\sqrt[3]{2b^3+3d^3}} = \frac{\sqrt{5a^2+6c^2}}{\sqrt{5b^2+6d^2}}.$$

# TROISIÈME PARTIE

## RÉSOLUTION DES ÉQUATIONS DU PREMIER DEGRÉ

### CHAPITRE PREMIER

#### ÉQUATIONS A UNE INCONNUE A RÉSOUDRE

*Résoudre les équations littérales suivantes :*

**418.** $7x = 21 + 9x - 29.$  **Rép.** $x = 4.$

**419.** $62 + 5(x-7) = 9x - 1.$  **Rép.** $x = 7.$

**420.** $8(x-5) = 7(5-x).$  **Rép.** $x = 5.$

**421.** $x - 10 = 1 - \dfrac{x}{2} + \dfrac{x}{3}.$  **Rép.** $x = 6.$

**422.** $\left(\dfrac{x}{3} - \dfrac{x}{4}\right) + \dfrac{1}{12} - \dfrac{x}{8} = 0.$  **Rép.** $x = 2.$

**423.** $2x - 6 = \dfrac{x}{5} + \dfrac{x}{3} + x + 1.$  **Rép.** $x = 15.$

**424.** $\dfrac{2x}{3} = \dfrac{7x}{12} + 5.$  **Rép.** $x = 60.$

**425.** $\dfrac{x-9}{3} = \dfrac{x}{4} + \dfrac{x}{5} - \dfrac{2}{5}.$  **Rép.** $x = -22\dfrac{1}{7}.$

**426.** $\dfrac{3x}{7} + \dfrac{5x}{3} + x = 5(8-x) + 19 - 1$.

Rép. $x = 7\dfrac{14}{85}$.

**427.** $\dfrac{x-2-a}{2} + 6x = \dfrac{3x-2-a}{2}$.

Rép. $x = 0$.

**428.** $\dfrac{\dfrac{x}{4} + \dfrac{x}{2} + 2}{x} - \dfrac{1}{8} = \dfrac{5}{8} + \dfrac{2}{x}$.

Rép. $x = 8$.

**429.** $\dfrac{2x+1}{b} - \dfrac{c}{a} = \dfrac{x-1}{b} + \dfrac{2}{b} - \dfrac{mc}{a}$.

Rép. $x = \dfrac{bc(1-m)}{a}$.

**430.** $\dfrac{\dfrac{1+x}{1-x} - \dfrac{1-x}{1+x}}{\dfrac{2x}{1-x}} = \dfrac{1}{4 + \dfrac{2-x}{3}}$.    Rép. $x = 5$.

**431.** $\dfrac{a^2 - ax}{b} - \dfrac{b^2 + bx}{a} = x$.    Rép. $x = a - b$.

**432.** $a^2(x-a) + b^2(x-b) = abx$.    Rép. $x = a + b$.

**433.** $\dfrac{x}{a} - \dfrac{bx}{a} = ab$.    Rép. $x = \dfrac{a^2 b}{1 - b}$.

**434.** $\dfrac{x-4}{x-5} = \left(\dfrac{2x-4}{2x-5}\right)^2$.    Rép. $x = 2\dfrac{2}{9}$.

**435.** $\dfrac{x-4}{x-8-a} = \dfrac{x+a}{x+2a+4}$.    Rép. $x = 2 - \dfrac{a}{2}$.

**436.** $\dfrac{9}{x-c} = \dfrac{7}{x-7} + \dfrac{2}{x-2}$.    Rép. $x = \dfrac{28c - 126}{9c - 53}$.

**437.** $\dfrac{x-3}{a} - \dfrac{x-a}{3} = \dfrac{a}{3}$.    Rép. $x = \dfrac{9}{8-a}$.

**438.** $3(x-a)-(x+a)=0.$     Rép. $x=2a.$

**439.** $\dfrac{x-b}{a-b}+\dfrac{x-c}{a-c}=2.$     Rép. $x=a.$

**440.** $\dfrac{a+b}{x-a}=\dfrac{a}{x-a}+b.$     Rép. $x=a+1.$

**441.** $\dfrac{x-a}{b^2}+\dfrac{x-b}{a^2}=\dfrac{x}{ab}.$     Rép. $x=a+b.$

**442.** $\dfrac{x+a}{a-b}+\dfrac{x-a}{a+b}=\dfrac{x+b}{a+b}+\dfrac{2(x-b)}{a-b}.$

Cette équation s'écrit successivement :

$$\frac{x+a}{a-b}-\frac{2(x-b)}{a-b}+\frac{x-a}{a+b}-\frac{x+b}{a+b}=0.$$

$$\frac{x+a-2x+2b}{a-b}-\frac{a+b}{a+b}=0$$

$$\frac{a+2b-x}{a-b}=1 \quad\text{ou}\quad a+2b-x=a-b.$$

Rép $=3b.$

**443.** $x+\dfrac{x}{a}+\dfrac{x}{a^2}+\dfrac{1}{a}=a^2+a+1+\dfrac{x}{a^3}.$

Rép. $x=a^2.$

**444.** $\dfrac{a(y-1)}{2}+\dfrac{b(y-1)}{3}+y=1.$     Rép. $y=1.$

**445.** $a(z-b)-b(a-z)+z(a+b=0.$     Rép. $z=\dfrac{ab}{a+b}.$

**446.** $a^2\left(1-\dfrac{a}{x}\right)+b^2\left(1-\dfrac{b}{x}\right)=ab.$     Rép. $x=a+b.$

**447.** $\dfrac{z}{a}-\dfrac{z}{b}-a+b=0.$     Rép. $z=-ab.$

**448.** $\dfrac{a}{x}+\dfrac{b}{x}=c.$     Rép. $x=\dfrac{a+b}{c}.$

**449.** $\dfrac{x}{a}+\dfrac{a}{b}=\dfrac{b}{a}-\dfrac{x}{b}.$     Rép. $x=b-a.$

**450.** $a\left(\dfrac{a-x}{b}\right) = \dfrac{b(b+x)+ax}{a}$.        Rép. $x = a - b$.

**451.** $\dfrac{m(y-m)}{u} + \dfrac{n(y-n)}{m} = y$.        Rép. $y = m + n$.

**452.** $\dfrac{m}{n}\left(\dfrac{z-m}{z}\right) + \dfrac{n}{m}\left(\dfrac{z-n}{z}\right) = 1$.        Rép. $z = m + n$.

**453.** $\dfrac{\frac{1}{n}}{x+\frac{1}{n}} - \dfrac{1}{n} = \dfrac{1}{n}$.        Rép. $x = \dfrac{n-2}{2n}$.

**454.** $b + \dfrac{m+n}{x} = a + \dfrac{m-n}{x}$.        Rép. $x = \dfrac{2n}{a-b}$.

**455.** $\dfrac{x-a}{a-b} - \dfrac{x-a}{a+b} = \dfrac{2ax}{a^2-b^2}$.        Rép. $x = \dfrac{ab}{b-a}$.

---

# CHAPITRE II

## PROBLÈMES A UNE INCONNUE

---

**456.** *Si l'on payait ce qui m'est dû, je payerais ce que je dois, et il me resterait les 2/9 de ce qui m'est dû. Combien dois-je et combien m'est-il dû, sachant que ma dette et ma créance valent ensemble 2.000 fr. ?*

Si je dois $x$, il m'est dû $2000 - x$. On a donc :

$$2000 - x = x + \frac{2}{9}(2000 - x)$$

d'où

$$x = 875$$
$$2000 - x = 1125.$$

Rép. Je dois **875** fr., il m'est dû **1125** fr.

**457.** *En revendant un certain nombre de pièces de rubans à 2 fr. 50 le mètre, on fait un bénéfice de 90 fr. ; en les revendant 2 fr.80, on gagne 345 fr. Trouver le nombre des mètres vendus.*

Soit $x$ le nombre de mètres vendus. Leur prix de vente est $2,50 \times x$, et leur prix d'achat $2,50 \times x - 90$.

D'autre part, leur prix de vente est $2,80 \times x$, et leur prix d'achat $2,80 \times x - 345$. En égalant entre eux les deux prix d'achat, on trouve :

$$2,50 \times x - 90 = 2,80 \times x - 345$$

d'où

$$x = 850.$$

**Rép. 850 mètres.**

**458.** *Chaque année, un marchand augmente sa fortune de ses 3/5 ; il prélève alors 1200 fr. pour sa dépense. A la fin de la seconde année, après avoir prélevé 1200 fr. pour sa dépense et 1380 fr. pour les pauvres, sa fortune se trouve doublée. Combien avait-il d'abord ?*

Soit $x$ ce qu'il avait d'abord. A la fin de l'année, cette fortune devient :

$$x + \frac{3x}{5} - 1200$$

A la fin de la seconde année, elle est devenue :

$$x + \frac{3x}{5} - 1200 + \frac{3}{5}\left(x + \frac{3x}{5} - 1200\right) - 1200 - 1380$$

ou en réduisant,

$$\frac{64x}{25} - 4500.$$

Mais après ces deux années, la fortune étant doublée, on a l'équation :

$$\frac{64x}{25} - 4500 = 2x.$$

**Rép. 8085 fr. $\frac{5}{7}$.**

**459.** *On a une somme de 8.680 fr. en pièces de 10 fr. et de 5 fr. Le nombre des pièces de 10 fr. est à celui des pièces de 5 fr. comme 35 et 54. Combien y a-t-il de pièces de chaque espèce ?*

Soient $35x$ et $54x$ les deux nombres de pièces, on a l'équation :

$$35x \times 10 + 54x \times 5 = 8680.$$

On trouve :

$$x = 14.$$

Les deux nombres de pièces sont donc :

$$35x = 35 \times 14 = 490$$

et

$$54x = 54 \times 14 = 756.$$

**Rép. 490 pièces de 10 fr. ; 756 pièces de 5 fr.**

**460**. *On a acheté les 44/50 d'une pièce de drap, à 12 fr. le mètre ; en les revendant 14 fr., on gagne 176 fr. On demande le nombre de mètres achetés, la longueur de la pièce et la somme déboursée.*

Soit $x$ la longueur de la pièce. On a acheté $\dfrac{44x}{50}$ m. qui ont coûté

$$\dfrac{44x}{50} \times 12.$$

On revend ces $\dfrac{44x}{50}$ m. la somme de

$$\dfrac{44x}{50} \times 14.$$

Cette dernière somme surpasse le prix d'achat de 176 fr., de sorte qu'on a l'équation :

$$\dfrac{44x}{50} \times 14 = \dfrac{44x}{50} \times 12 + 176.$$

qui se réduit à

$$\dfrac{14x}{50} = \dfrac{12x}{50} + 4.$$

On trouve :

$$x = 100.$$

La pièce avait donc 100 m. et l'on en avait acheté les $\dfrac{44}{50}$ ou 88 m. ; à 12 fr. le mètre, ces 88 mètres avaient coûté :

$$88 \times 12 = 1056 \text{ fr.}$$

**Rép.** 1° **88** m. ; 2° **100** m. ; 3° **1056** fr.

**461**. *Un vase plein d'eau pure pèse 14 kg. ; si l'on enlève les 3/4 de l'eau, il ne pèse plus que 5 kg. Trouver le poids du vase et la quantité d'eau qu'il contient.*

Le poids de l'eau étant $x$, le poids du vase est $14 - x$. Après qu'on a enlevé les $\dfrac{3}{4}$ de l'eau, il reste $\dfrac{x}{4}$ kg. d'eau. Le poids du vase est donc $5 - \dfrac{x}{4}$. En égalant les deux expressions du poids du vase, il vient :

$$14 - x = 5 - \dfrac{x}{4} \quad \text{ou} \quad \dfrac{3x}{4} = 9.$$

**Rép.** Le vase pèse **2** kg. et il contient **12** kg. d'eau.

**462.** *Deux marchands achètent 30 moutons. L'un ne peut donner que le quart de l'argent nécessaire pour les payer, et l'autre ne peut en donner que le cinquième. Quel est le prix d'un mouton, sachant qu'en réunissant leur argent, il leur manque 1.485 fr. ?*

Soit $x$ le prix d'un mouton ; les 30 moutons valent $30x$, les avoirs des deux marchands sont respectivement $\dfrac{30x}{4}$ et $\dfrac{30x}{5}$.

En réunissant leur argent et en y ajoutant 1485 fr., on doit avoir $30x$ fr. ; d'où l'équation :

$$\frac{30x}{4} + \frac{30x}{5} + 1485 = 30x$$

**Rép.** Un mouton coûte **90 fr.**

**463.** *On veut partager 730 fr. entre 4 personnes. La première doit avoir le 1/4 de plus que la seconde ; la deuxième doit avoir le 1/4 de plus que la troisième, et celle-ci le 1/3 de plus que la quatrième. On demande quelles sont les quatre parts.*

Représentons par $x$ la quatrième part. La troisième sera $\dfrac{4x}{3}$ ; la deuxième sera $\dfrac{5}{4} \times \dfrac{4x}{3}$ et la première $\dfrac{5}{4} \times \dfrac{5}{4} \times \dfrac{4x}{3}$.

On a, par suite, $x + \dfrac{4x}{3} + \dfrac{20x}{12} + \dfrac{100x}{48} = 730$

ou bien $x + \dfrac{4x}{3} + \dfrac{5x}{3} + \dfrac{25x}{12} = 730$

De cette équation on tire : $x = 120$.

Les trois autres parts sont, par suite,

$$\frac{4x}{3} = \frac{4 \times 120}{3} = 160 \ ; \quad \frac{5x}{3} = \frac{5 \times 120}{3} = 200 \ ; \quad \frac{25x}{12} = \frac{25 \times 120}{12} = 250.$$

**Rép.** Les parts sont : 1° **120** fr. ; 2° **160** fr. ; 3° **200** fr. ; 4° **250** fr.

**464.** *Trouver deux nombres dont le rapport soit 1/2, et tels que si on les augmente tous deux de 40, leur rapport devienne 5/8.*

Soient $x$ et $2x$ ces deux nombres. On a l'équation :

$$\frac{x+40}{2x+40} = \frac{5}{8}.$$

D'où l'on tire : $x = 60$ et $2x = 120$.

**Rép. 60** et **120.**

**465.** *Un marchand vend à une première personne la moitié de ses oranges plus une demi-orange ; à une deuxième personne, il vend la moitié du reste plus une demi-orange ; à une troisième, il vend la moitié du reste avec une demi-orange. Après cela, il lui reste 3 oranges. Combien cet homme avait-il d'oranges et combien en a-t-il vendu à chaque personne ?*

Soit $x$ le nombre total des oranges. Après la première vente qui est de $\dfrac{x}{2}+\dfrac{1}{2}$ oranges, il reste :

$$x-\left(\frac{x}{2}+\frac{1}{2}\right)=\frac{x}{2}-\frac{1}{2}.$$

La deuxième vente est :

$$\left(\frac{x}{2}-\frac{1}{2}\right)\frac{1}{2}+\frac{1}{2}=\frac{x}{4}+\frac{1}{4}.$$

Après cela, il reste :

$$\frac{x}{2}-\frac{1}{2}-\left(\frac{x}{4}+\frac{1}{4}\right)=\frac{x}{4}-\frac{3}{4}.$$

La troisième vente est :

$$\left(\frac{x}{4}-\frac{3}{4}\right)\frac{1}{2}+\frac{1}{2}=\frac{x}{8}+\frac{1}{8}.$$

et il reste :

$$\frac{x}{4}-\frac{3}{4}-\left(\frac{x}{8}+\frac{1}{8}\right)=\frac{x}{8}-\frac{7}{8}.$$

D'après l'énoncé, ce reste est égal à 3. On a donc l'équation :

$$\frac{x}{8}-\frac{7}{8}=3 \quad \text{d'où} \quad x=31$$

La première vente $=\dfrac{31}{2}+\dfrac{1}{2}=16$ oranges, et il reste 15 oranges.

La deuxième vente $=\dfrac{15}{2}+\dfrac{1}{2}=8$ oranges, et il reste 7 oranges.

La troisième vente $=\dfrac{7}{2}+\dfrac{1}{2}=4$ oranges.

**Rép.** Cet homme avait **31** oranges. Il en a vendu : 1° **16** ; 2° **8** ; 3° **4**.

**466.** *Un avare pressé de faire l'aumône, répondit : Si l'on double mon argent, je donnerai 6 fr., et chaque fois que l'on doublera, j'ajouterai 1 fr. à l'aumône précédente. La proposition*

*est acceptée ; mais à la quatrième aumône, il lui manque 5 fr.
Combien cet avare avait-il ?*

Soit $x$ l'argent de l'avare.

Après la première aumône, il lui reste :
$$2x-6.$$

Après la seconde, il lui reste :
$$(2x-6)2-7=4x-19.$$

Après la troisième, le reste est :
$$(4x-19)2-8=8x-46.$$

En doublant ce reste, il devient :
$$16x-92.$$

Pour qu'avec cette somme, l'avare puisse faire la quatrième
aumône qui est de 9 fr., il lui manque 5 fr. On a donc l'équation :
$$16x-92=9-5=4.$$

d'où
$$x=6.$$

**Rép.** L'avare avait **6 fr.**

**467.** *Un homme possède un certain nombre de pièces d'or.
Lorsqu'il met ces pièces en piles de 19, il lui reste 12 pièces.
Lorsqu'il les met en pile de 27 pièces, il a une pièce de reste et
15 piles de moins que dans le premier cas. Combien cet homme
a-t-il de pièces d'or ?*

Soit $x$ le nombre des piles de 19 pièces. Le nombre total des
pièces est
$$19x+12.$$

Lorsque les piles sont de 27 pièces, le nombre de ces piles est
$x-15$ et l'avoir de cet homme est :
$$(x-15)27+1.$$

On peut donc poser
$$(x-15)27+1=19x+12$$

d'où
$$x=52.$$

Le nombres des piles de 19 pièces étant 52, l'avoir cherché est :
$$19\times52+12=1000.$$

**Rép.** Cet homme possède **1000** pièces d'or.

**468.** *Dans un jeu de tir, un joueur a 20 coups à tirer. On
lui donne o fr. 50 à chaque coup heureux ; mais il doit donner
lui-même o fr.75 par coup manqué. Après avoir tiré ses 20 coups*

le joueur se retire sans avoir rien perdu ni gagné. Quel a été le nombre des coups heureux ?

Soit $x$ ce nombre de coups heureux ; le joueur a gagné :

$$0,50 \times x$$

et il a perdu $(20 - x)0,75$.

Comme le gain égale la perte, on a l'équation :

$$0,50 \times x = (20 - x) \times 0,75.$$

**Rép. 12** coups heureux.

**469.** *Un fermier loue un berger, pour un an, moyennant 420 fr. et 4 brebis. Au bout de 4 mois, ce berger est renvoyé, et on lui donne 3 brebis et 30 fr. Quel est le prix d'une brebis ?*

Soit $x$ le prix d'une brebis. Ce berger est loué moyennant :

$$\frac{420 + 4x}{12} \text{ fr.}$$

par mois. Lorsqu'on le renvoie, on lui doit par mois :

$$\frac{3x + 30}{4} \text{ fr.}$$

On peut donc écrire :

$$\frac{420 + 4x}{12} = \frac{3x + 30}{4};$$

d'où $x = 66$.

**Rép.** La brebis coûte **66** fr.

**470.** *Un ouvrage pourrait être fait en 2 heures par un homme, en 3 heures par une femme et en 6 heures par un enfant. En combien de temps sera-t-il achevé si ces trois personnes travaillent ensemble ?*

Soit $x$ le nombre d'heures que l'on demande. Puisqu'un homme fait le travail en 2 heures, en 1 heure il en fait $\frac{1}{2}$ et en $x$ heures, il en fera $\frac{x}{2}$; de même en $x$ heures une femme en fera $\frac{x}{3}$ et un enfant, $\frac{x}{6}$. La somme des trois fractions du travail doit être égale à l'unité, d'où l'équation :

$$\frac{x}{2} + \frac{x}{3} + \frac{x}{6} = 1.$$

**Rép. 1** heure.

**471.** *Deux ouvriers mettent 12 heures pour faire un ouvrage ; le premier seul en mettrait 20. Quel temps mettrait le second en travaillant seul ?*

Soit $x$ ce temps. Le premier ouvrier fait 1/20 de l'ouvrage en une heure, et 12/20 en 12 heures. Le second fait 1/$x$ de l'ouvrage en une heure, et 12/$x$ en 12 heures. Ensemble, ils font tout l'ouvrage en 12 heures. On a donc :

$$\frac{12}{20} + \frac{12}{x} = 1$$

d'où $$x = 30.$$

**Rép. 30 heures.**

**472.** *Un robinet remplirait un bassin en 10 heures, un autre robinet le viderait en 15 heures. Le bassin étant vide, dans combien de temps sera-t-il rempli, si les deux robinets sont ouverts ensemble ?*

Si l'on représente le temps inconnu par $x$, on voit que le premier robinet verse dans le bassin les $\dfrac{x}{10}$ de sa contenance, et que le second robinet en vide les $\dfrac{x}{15}$ ; de sorte qu'après ce temps, il y a dans le bassin :

$$\frac{x}{10} - \frac{x}{15}$$

Comme on le suppose rempli, on doit avoir :

$$\frac{x}{10} - \frac{x}{15} = 1.$$

On tire de là : $$x = 30.$$

**Rép. 30 heures.**

**473.** *Un homme, en mourant, laisse une même somme à chacun de ses enfants. L'aîné doit avoir 40.000 et le sixième du reste ; le second doit avoir 80.000 fr. et le sixième du reste ; le troisième 120.000 fr. et le sixième du reste, et ainsi de suite. Trouver la somme partagée, le nombre des enfants et la part de chacun.*

Désignons par $x$ la somme partagée.

Le premier reçoit 40.000 fr., plus le sixième du reste qui est :

$$x - 40.000.$$

Il reçoit donc :

$$40.000 + \frac{1}{6}(x - 40.000) = \frac{200.000 + x}{6}.$$

Le second reçoit 80.000 fr. plus le sixième du reste ; ce reste est égal à la somme totale diminuée de 80.000 fr. et de la part du premier ; sa valeur est :

$$x - \frac{200.000 + x}{6} - 80.000.$$

La part du second est donc :

$$80.000 + \frac{1}{6}\left(x - \frac{2000.00 + x}{6} - 80.000\right) = \frac{5x + 2.200.000}{36}$$

Comme toutes les parts sont égales, on a pour équation du problème :

$$\frac{5x + 2.200.000}{36} = \frac{200.000 + x}{6}.$$

Cette équation a pour racine :

$$x = 1.000.000.$$

L'héritage est donc d'un million.
Chaque enfant reçoit :

$$\frac{200.000 + x}{6} = \frac{200.000 + 1.000.000}{6} = 200.000 \text{ fr.}$$

Le nombre d'enfants est :

$$\frac{1.000.000}{200.000} = 5.$$

**Rép.** 1º L'héritage est de **1.000.000** fr. ;
2º une part est égale à **200.000** fr. ; 3º il y a **5** enfants.

**474.** *Dans quelle proportion faut-il mélanger du vin à 1 fr. 60 avec du vin à 1 fr. le litre, pour obtenir du vin à 1 fr. 20 le litre ?*

Cherchons quelle quantité de vin de chaque espèce il faut prendre pour faire un litre de mélange. Soit $x$ ce qu'on prend de la première qualité ; de la seconde qualité, on prendra $1 - x$.
Les valeurs de ces deux quantités sont respectivement :

$$1,60 \times x$$
$$1,00 \times (1 - x)$$

La somme de ces deux prix doit être égale à 1 fr. 20 d'où l'équation :

$$1,60 \times x + 1,00 \times (1 - x) = 1,20.$$

Cette équation donne :

$$x = \frac{1}{3}$$

et

$$1 - x = \frac{2}{3}.$$

Il faut mélanger les deux vins dans le rapport de 1 litre de la première qualité pour 2 litres de la seconde.

> **Rép.** Il faut mélanger les deux vins dans le rapport de **1 à 2**.

**475.** *Un marchand a du vin à 0 fr. 90 le litre. Combien doit-il ajouter de litres d'eau pour que le mélange vaille 0 fr. 75 le litre ?*

Cherchons combien il rentre de vin et d'eau dans un litre de mélange. Soit $x$ la quantité de vin que contient un litre de mélange. Le prix de cette quantité de vin, soit $x \times 0{,}60$, est égal à 0 fr. 75. On a donc l'équation :

$$x \times 0{,}90 = 0{,}75.$$

On en tire :

$$x = \frac{5}{6}$$

Par suite, sur un litre de mélange, il y a $\frac{5}{6}$ de litre de vin et $\frac{1}{6}$ de litre d'eau.

> **Rép.** Un litre d'eau pour 5 litres de vin.

**476.** *On a 9 kg d'argenterie au titre 0,950. Combien faut-il y ajouter de cuivre pour abaisser le premier titre à 0,900 ?*

En ajoutant $x$ kg. de cuivre, le poids de l'alliage sera :

$$9 + x.$$

Le poids de l'argent pur est le même dans les 9 kg. d'argenterie et dans les $9 + x$ kg. de l'alliage. Or l'argent pur ou *le fin* des 9 kg. d'argenterie en est les 0,950, et le fin de l'alliage est les 0,900 de $9 + x$. On a donc l'équation :

$$9 \times 0{,}950 = (9 + x)0{,}900$$

D'où

$$x = \frac{1}{2}.$$

> **Rép.** Il faut ajouter 0 kg. 500 de cuivre.

**477.** *Un lingot d'or du poids de 300 gr. est au titre de 0,900. Combien faut-il lui ajouter de grammes d'un second lingot au titre de 0,700, pour obtenir un lingot au titre de 0,850 ?*

En prenant $x$ grammes du second lingot, on prend $x \times 0{,}700$ gr. d'or pur, et en prenant le premier lingot on prend $300 \times 0{,}900$ gr. d'or pur. Il rentre donc dans les $300 + x$ gr. d'alliage un poids d'or pur égal à

$$x \times 0{,}700 + 300 \times 0{,}900 \text{ gr.}$$

D'autre part, l'alliage étant au titre de 0,850, l'or pur qu'il contient est égal à

$$(300+x)0,850$$

et l'on a l'équation :

$$x \times 0,700 + 300 \times 0,900 = (300+x)0,850$$

qui donne $x = 100$.

**Rép.** Il faut ajouter **100** gr. du deuxième lingot.

**478.** *Cent kg d'eau salée contiennent 8500 gr. de sel. Combien faut-il ajouter d'eau pure pour que 200 kg du mélange ne contiennent que 5000 gr. de sel ?*

Soit $x$ le nombre de litres ou de kg. d'eau pure que l'on ajoute. Le poids du mélange sera $100+x$ kg. Le rapport du poids du sel au poids du mélange est :

$$\frac{8,500}{100+x}$$

Ce rapport est exprimé d'après l'énoncé par :

$$\frac{5}{200}$$

On a, par suite,

$$\frac{8,500}{100+x} = \frac{5}{200}$$

d'où $x = 240$.

**Rép.** Il faut ajouter **240** kg. d'eau pure.

**479.** *Il est midi. A quelles heures auront lieu les rencontres successives des deux aiguilles d'une montre ?*

Lorsque la grande aiguille fait le tour du cadran ou 60 divisions, l'aiguille des heures n'a parcouru que 5 divisions, de sorte que la grande aiguille va douze fois plus vite que celle des heures.

Les aiguilles étant l'une sur l'autre, lorsque celle des minutes sera revenue sur 12 heures, la petite aiguille sera sur 1 heure ; la rencontre aura donc lieu entre 1 heure et 2 heures et à la $x^e$ division à partir de 1 heure. Le chemin parcouru depuis midi par les deux aiguilles pour arriver au point de rencontre est :

$$60+5+x \text{ divisions}$$

et

$$5+x \text{ divisions.}$$

Le chemin parcouru par l'aiguille des heures étant 12 fois moindre que celui qu'a parcouru l'autre aiguille, on a :

$$60+5+x = 12(5+x)$$

d'où

$$x = \frac{11}{5}.$$

Puisque l'aiguille des minutes a parcouru $65+x$ divisions et que chaque division correspond à une minute, le temps cherché est :

$$65+x \text{ minutes, ou 1 h. 5 m. 5/11.}$$

Comme entre deux rencontres consécutives il s'écoule toujours le même temps, les rencontres successives auront lieu aux heures suivantes :

| Rép. : | | | | |
|---|---|---|---|---|
| 1re 1 h. 5 m. 5/11 | | | 7e 7 h. 38 m. 2/11 | |
| 2e 2 h. 10 m. 10/11 | | | 8e 8 h. 43 m. 7/11 | |
| 3e 3 h. 16 m. 4/11 | | | 9e 9 h. 49 m. 1/11 | |
| 4e 4 h. 21 m. 9/11 | | | 10e 10 h. 54 m. 6/11 | |
| 5e 5 h. 27 m. 3/11 | | | 11e 12 h. | |
| 6e 6 h. 32 m. 8/11 | | | | |

**480.** *Quelle heure est-il lorsque les deux aiguilles d'une pendule sont l'une sur l'autre entre 7 et 8 heures ?*

De midi à la septième rencontre, il s'écoule un temps égal à 7 fois 1 h. 5 m. 5/11. La septième rencontre a donc lieu à 7 h. 38 m. 2/11.

**Rép.** Il est **7 h. 38′ 2/11.**

**481.** *Quelle heure est-il lorsque les deux aiguilles d'une montre sont le prolongement l'une de l'autre entre 4 et 5 heures ?*

L'intervalle entre deux oppositions consécutives des aiguilles étant de 1 h. 5 m. 5/11, et les deux aiguilles étant en opposition à 6 heures, l'opposition cherchée a eu lieu à 6 heures moins 1 h. 5 m. 5/11, ou à

$$4 \text{ h. } 54 \text{ m. } 6/11.$$

**Rép.** Il est **4 h. 54 m. 6/11.**

**482.** *Deux billets, l'un de 8.000 fr. payable dans 4 mois, et l'autre de 1.800 fr. payable dans 20 mois, ont été escomptés en dehors pour une somme totale de 347 fr. Quel est le taux de l'escompte ?*

Soit $i$ le taux ; posons :

$$r = \frac{i}{100} = \text{l'intérêt d'un franc.}$$

L'escompte de 8000 fr. est :

$$\frac{8000r \times 4}{12}$$

Celui de 1800 fr. est égal à :

$$\frac{1800r \times 20}{12}$$

La somme de ces deux escomptes étant 347 fr., on a l'équation :

$$\frac{8000r \times 4}{12} + \frac{1800r \times 20}{12} = 347$$

On en tire :

$$r = 0,0612$$

d'où

$$i = 6,12.$$

**Rép. 6,12 %.**

**483.** *Deux trains dont les vitesses respectives sont 48 et 52 km. à l'heure, partent en même temps, le premier de Paris et l'autre de Lyon, et vont à la rencontre l'un de l'autre. Quel sera l'espace parcouru par chacun, et après quel temps aura lieu la rencontre, si l'on admet qu'il y a 500 km de Paris à Lyon ?*

Soit $x$ le temps demandé. Pendant $x$ heures, le premier parcourt $48x$ km., et le second, $52x$ km. On a donc :

$$48x + 52x = 500$$

d'où

$$x = 5 \qquad 48x = 240 \qquad 52x = 260.$$

**Rép.** 1⁰ Le premier fait **240** km. ; le second **260** km ;
2⁰ La rencontre aura lieu après **5** heures de marche.

**484.** *A 4 heures du matin, un train part de Lyon pour Marseille, avec une vitesse de 50 km. à l'heure. A 5 heures, part de Lyon et pour la même destination, un autre train dont la vitesse est de 60 km. On demande le temps que le deuxième train mettra pour atteindre le premier et l'espace parcouru pendant ce temps.*

Soit $x$ le nombre d'heures cherché. Le second train, pendant ce temps, parcourt $60x$ km., et le premier $50x$ km. Le chemin parcouru par le second est égal au chemin fait par le premier en y comprenant les 50 km. d'avance, parcourus de 4 heures à 5 heures.

On a donc l'équation :

$$60x = 50 + 50x$$

d'où

$$x = 5 \text{ et } 60x = 300.$$

**Rép.** 1⁰ **5** heures ; 2⁰ **300** km.

**485.** *Un renard a 60 sauts d'avance sur un chien qui est à sa poursuite. Pendant que le chien fait 4 sauts, le renard en fait 5 ; mais 3 sauts du chien en valent 5 du renard. Combien le chien fera-t-il de sauts pour atteindre le renard ?*

Un saut du renard vaut les $\frac{3}{5}$ d'un saut du chien ; de sorte que lorsque ce dernier fait 4 sauts, le renard fait $5 \times \dfrac{3}{5} = 3$ sauts de même grandeur que ceux du chien. Les vitesses sont donc respectivement 4 et 3, et l'avance de 60 sauts de renard ne vaut que :

$$60 \times \frac{3}{5} = 36 \text{ sauts de chien.}$$

Cela posé, soit $x$ le nombre de sauts que le poursuivant doit faire pour atteindre le renard ; pendant ce temps, celui-ci fait $x - 36$ sauts. Les espaces parcourus étant proportionnelles aux vitesses, on a :

$$\frac{x}{4} = \frac{x - 36}{3}, \quad \text{d'où} \quad x = 144.$$

**Rép. 144** sauts.

## Problèmes littéraux

**486.** *Quel est le nombre qui est égal à* m *fois sa racine carrée ?*

On a l'équation :

$$x = m\sqrt{x} \quad \text{ou} \quad x^2 = m^2 x.$$

Après avoir divisé les deux nombres par $x$, il vient :

$$x = m^2.$$

**Rép. m².**

**487.** *De quelle quantité faut-il augmenter les deux termes de la fraction* $\dfrac{a}{b}$ *pour obtenir* $\dfrac{3a}{2b}$ ?

Cette quantité inconnue étant $x$, on a :

$$\frac{a+x}{b+x} = \frac{3a}{2b}$$

**Rép.** $\dfrac{ab}{2b - 3a}$.

**488.** *Un père a* n *fois l'âge de son fils, et la somme de leurs âges est* a(n + 1). *Quels sont ces deux âges ?*

Soient $x$ et $nx$ les âges respectifs du fils et du père ; on a :

$$x + nx = a(n + 1)$$

d'où
$$x = a \quad \text{et} \quad nx = na.$$

**Rép.** 1° a ; 2° na.

**489.** *L'âge d'un homme est* a, *et celui de son fils est* b. *Dans combien de temps l'âge du père sera-t-il* m *fois plus grand que celui du fils ?*

Soit $x$ ce temps. On aura :

$$a + x = m(b + x)$$

On tire de là :
$$x = \frac{a - mb}{m - 1}.$$

**Rép.** Dans $\dfrac{a - mb}{m - 1}$ années.

**490.** *Un objet a coûté* a fr. ; *combien faut-il le revendre pour gagner* b% *sur le prix de vente ?*

Soit $x$ le prix de vente ; on gagne :

$$x - a \quad \text{ou} \quad \frac{bx}{100}.$$

On peut donc écrire : $x - a = \dfrac{bx}{100}$.

**Rép.** Il faut le revendre $\dfrac{100a}{100 - b}$ fr.

**491.** *Trouver une proportion dont les termes soient inférieurs d'une même quantité aux nombres* a, 2a, 4a, 9a.

On a la proportion :

$$\frac{a - x}{2a - x} = \frac{4a - x}{9a - x}$$

On en déduit :
$$x = \frac{a}{4}$$

$$a - x = a - \frac{a}{4} = \frac{3a}{4}$$

$$2a - x = 2a - \frac{a}{4} = \frac{7a}{4}$$

$$4a - x = 4a - \frac{a}{4} = \frac{15a}{4}$$

$$9a - x = 9a - \frac{a}{4} = \frac{35a}{4}$$

La proportion est, par suite,

$$\frac{3a/4}{7a/4} = \frac{15a/4}{35a/4}$$

**Rép.** La proportion est : $\dfrac{3a/4}{7a/4} = \dfrac{15a/4}{35a/4}$.

**492.** *Partager le nombre a en deux parties dont la différence des carrés soit 2a—a².*

Soient $x$ et $a-x$ les deux parties ; on a l'équation :

$$x^2 - (a-x)^2 = 2a - a^2$$

d'où
$$x = 1$$

et
$$a - x = a - 1.$$

**Rép.** Les parties sont : 1° 1 ; 2° a—1.

**493.** *Quel nombre faut-il ajouter aux deux termes de la fraction $\frac{1}{a}$ pour qu'elle devienne $\frac{a-1}{a+1}$ ?*

On a :

$$\frac{1+x}{a+x} = \frac{a-1}{a+1}$$

d'où

$$x = \frac{a^2 - 2a - 1}{2}$$

**Rép.** Il faut ajouter $\dfrac{a^2 - 2a - 1}{2}$.

**494.** *Pour voter, a personnes sont réunies. Trois candidats se présentent : le premier obtient m voix de plus que le second, et le second en obtient n de plus que le troisième. Combien chaque candidat a-t-il eu de voix, s'il n'y a eu que 3 abstentions ?*

Soit $x$ le nombre de voix obtenues par le troisième candidat ; le second en a obtenu $x+n$, et le premier $x+n+m$. On a donc :

$$x + (x+n) + (x+n+m) = a - 3$$

d'où :

$$x = \frac{a - m - 2n - 3}{3} ;$$

Le second en a obtenu :

$$n + \frac{a - m - 2n - 3}{3} \quad \text{ou} \quad \frac{a - m + n - 3}{3}$$

Le premier en a eu :

$$m + n + \frac{a - m - 2n - 3}{3} \quad \text{ou} \quad \frac{a + 2m + n - 3}{3}$$

**Rép.** 1° $\dfrac{a + 2m + n - 3}{3}$ ; 2° $\dfrac{a - m + n - 3}{3}$ ; 3° $\dfrac{a - m - 2n - 3}{3}$.

**495.** *Un domestique gagne par an a fr. et une livrée. Après n mois, on le renvoie en lui donnant b fr. et la livrée. Quelle est la valeur de cette livrée ?*

Soit $x$ le prix de la livrée.

Ce domestique est ainsi engagé pour $\dfrac{a+x}{12}$ fr. par mois. Lorsqu'on le renvoie, il a gagné $b$ fr. plus la livrée, ou $b+x$ en $n$ mois, et par suite, il a gagné par mois $\dfrac{b+x}{n}$ fr. On peut donc écrire :

$$\frac{a+x}{12} = \frac{b+x}{n}$$

d'où

$$x = \frac{12b - na}{n - 12}$$

**Rép.** La livrée vaut $\dfrac{12b - na}{n - 12}$ fr.

**496.** *Un robinet remplirait un bassin en a heures ; un autre robinet le remplirait en b heures ; un troisième robinet le viderait en a + b heures. Le bassin étant vide et les trois robinets ouverts à la fois, dans combien de temps ce bassin sera-t-il plein ?*

Soit $x$ le nombre d'heures demandé. Le premier robinet remplit $\dfrac{1}{a}$ du bassin en une heure, ou $\dfrac{x}{a}$ en $x$ heures ; le deuxième robinet remplit du bassin $\dfrac{1}{b}$ en une heure et $\dfrac{x}{b}$ en $x$ heures ; le troisième en vide $\dfrac{1}{a+b}$ en une heure et $\dfrac{x}{a+b}$ en $x$ heures. Après $x$ heures, le bassin étant plein, on a :

$$\frac{x}{a} + \frac{x}{b} - \frac{x}{a+b} = 1.$$

**Rép.** Dans $\dfrac{ab(a+b)}{(a+b)^2 - ab}$ heures.

**497.** *Deux courriers ont pour vitesses respectives v et v' ; sachant qu'ils suivent une même direction, et qu'en ce moment la distance qui les sépare est d, on demande dans combien de temps ils se rencontreront ?*

Soit $x$ le temps qui doit s'écouler jusqu'à la rencontre. Le premier courrier pendant $x$ heures fera $vx$ et le second $v'x$. L'espace parcouru $v'x$ par le second doit être égal au chemin $vx$ parcouru par le premier, augmenté de l'avance $d$. On a par suite,

$$v'x = vx + d$$

d'où
$$x = \frac{d}{v'-v}.$$

**Rép.** Ils se rencontreront dans $\dfrac{d}{v'-v}$ heures.

**498.** *Comment faut-il mélanger du vin à a fr. avec du vin à b fr., pour obtenir du vin à d fr. l'hectolitre ?*

Soient $x$ et $100-x$ les quantités respectives des deux vins contenues dans 100 litres du mélange. Les $x$ litres de la première qualité valent :

$$x \times \frac{a}{100}$$

et les $100-x$ litres de la seconde qualité valent :

$$(100-x)\frac{b}{100}$$

De telle sorte que la valeur de l'hectolitre du mélange est :

$$x \times \frac{a}{100} + (100-x)\frac{b}{100}$$

D'autre part, cet hectolitre vaut $d$ fr. ; on a donc pour équation du problème :

$$\frac{ax}{100} + \frac{(100-x)b}{100} = d$$

De cette équation, on tire :

$$x = \frac{100(d-b)}{a-b}$$

Par suite,     $100 - x = 100 - \dfrac{100(d-b)}{a-b} = \dfrac{100(a-d)}{a-b}$

Sur un hectolitre de mélange, il rentre donc $100\,(d-b)$ parties de la première qualité, et $100\,(a-d)$ de la seconde.

> **Rép.** Il faut prendre **100 (d—b)** de la première qualité pour **100 (a—d)** de la seconde, ou **d—b** de la première pour **a—d** de la seconde.

**499.** *On a deux lingots d'argent aux titres respectifs t et t'. Combien faut-il prendre de chacun d'eux pour former un lingot de poids P et au titre T ?*

Soient $x$ et $P-x$ les poids respectifs que l'on prend du premier et du second lingot. Le fin de chacune de ces parties de P, est $xt$ pour la première et $(P-x)t'$ pour la seconde. On a donc l'équation :

$$tx + (P-x)t' = PT$$

d'où

$$x = \frac{P(T-t')}{t-t'}$$

et

$$P-x = \frac{P(t-T)}{t-t'}$$

**Rép.** Il faut $\dfrac{P(T-t')}{t-t'}$ kg. du 1ᵉʳ lingot et $\dfrac{P(t-T)}{t-t'}$ kg. du second ; ou bien il faut prendre $T-t'$ kg. du premier lingot et $t-T$ du second.


## Problèmes de Géométrie


**500.** *Les angles d'un triangle sont en progression arithmétique dont la raison est 15°. Trouver les trois angles.*

Ces angles représentés par $x$, $x+15$ et $x+30$, donnent l'équation

$$x + (x+15) + (x+30) = 180$$

d'où

$$x = 45 \qquad x+15 = 60 \qquad x+30 = 75$$

**Rép.** 1° **45°** ; 2° **60** ; 3° **75°**.

**501.** *Trouver les angles d'un pentagone, sachant qu'ils forment une progression arithmétique dont la raison est* 10°.

La somme des angles d'un polygone de $n$ côtés étant :

$$180°(n-2)$$

la somme des angles d'un pentagone sera :

$$180°(5-2) = 540°$$

Les angles de ce polygone peuvent être représentés par :

$$x, \quad x+10, \quad x+20, \quad x+30, \quad x+40,$$

et l'on a :

$$x + (x+10) + (x+20) + (x+30) + (x+40) = 540.$$

On tire de cette équation :

$$x = 88° ; \quad x+10 = 98° ; \quad x+20 = 108° ; \quad x+30 = 118° ; \quad x+40 = 128°.$$

**Rép.** 1° **88°** ; 2° **98°** ; 3° **108°** ; 4° **118°** ; 5° **128°**.

**502.** *Dans une circonférence, un arc de 36° a 4 m. de lon-gueur. Trouver le rayon de cette courbe.*

En représentant le rayon par R, on a :

$$\frac{\pi R \times 36}{180} = 4$$

d'où
$$R = 6 \text{ m. } 366.$$

Rép. Le rayon a **6 m. 366.**

**Remarque.** — La géométrie donne la formule :

$$l = \frac{\pi R n}{180}$$

dans laquelle $l$ désigne la longueur d'un arc de rayon R et qui a $n$ degrés.

**503.** *Partager une droite de 10 m. de longueur en parties proportionnelles à 3 et 7.*

Soit $x$ une partie ; l'autre partie sera $10-x$. On a donc :

$$\frac{x}{3} = \frac{10-x}{7}$$

d'où
$$x = 3 \quad \text{et } 10-x = 7.$$

Rép. Les deux parties sont **3 m. et 7 m.**

**504.** *Quels doivent être le nombre de degrés et la longueur d'un arc de cercle dont le rayon vaut 10 m., sachant que le sec-teur correspondant a 100 m² de surface ?*

On obtient la surface d'un secteur de cercle en multipliant son arc par la moitié du rayon. Par suite, en représentant cet arc par $x$, on a l'équation :

$$\frac{xR}{2} = S \quad \text{ou} \quad \frac{10x}{2} = 100.$$

De cette équation, on tire :
$$x = 20.$$

Si $n$ est le nombre de degrés de l'arc, la formule de géométrie qui donne la longueur $x$ de cet arc est :

$$\frac{\pi R n}{180} = x.$$

On en déduit :

$$n = \frac{180x}{\pi R} = \frac{180 \times 0}{10\pi} = \frac{360}{\pi} = 114°35'29''.$$

Rép. 1° **114°35'29''** ;   2° **20 m.**

**505.** *Inscrire dans un triangle donné un rectangle ayant d mètres de différence entre ses deux dimensions.*

Si l'une des dimensions du rectangle est $x$, l'autre pourra être représentée par $x+d$.

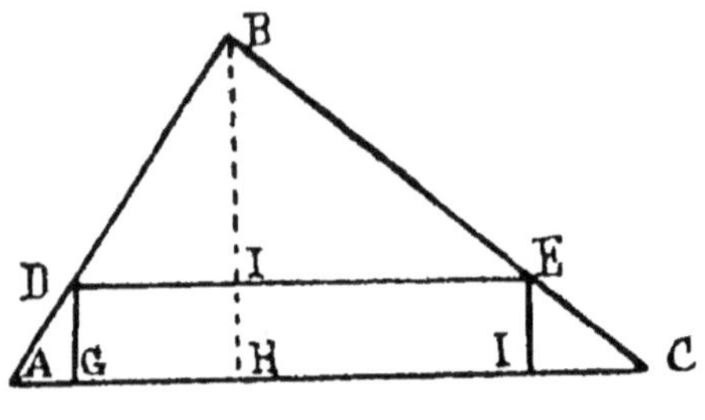

Posons :

$$DG=x$$
$$DE=d+x$$
$$AC=b$$
$$BH=h$$

Les triangles semblables ABC, DBE, donnent :

$$\frac{DE}{AC}=\frac{BI}{BH}$$

ou

$$\frac{d+x}{b}=\frac{h-x}{h}$$

De cette proportion, on tire :

$$x=h\left(\frac{b-d}{b+h}\right)$$

et

$$d+x=b\left(\frac{d+h}{b+h}\right)$$

**Rép.** Les dimensions sont $h\left(\dfrac{b-d}{b+h}\right)$ et $b\left(\dfrac{d+h}{b+h}\right)$.

**506.** *La somme des angles d'un polygone est de 28 droits. Combien ce polygone a-t-il de côtés ?*

En désignant par $x$ le nombre des côtés du polygone, on a la formule de géométrie

$$2dr.(x-2)=S.$$

qui exprime la somme des angles.

De cette formule, on tire :

$$2(x-2)=28$$

d'où

$$x=16.$$

**Rép.** Le polygone a **16** côtés.

**507.** *Les côtés AB, BC, AC d'un triangle valent respectivement 36, 48 et 54 m. On prend sur AB une longueur AD =10 m., et par le point D on mène une parallèle DE au côté*

AC *et une parallèle* DH *à* BC. *On propose de calculer :* DH, DE, AH, CH, BE, CE.

1º Pour calculer DH, on observe que cette droite détermine le triangle ADH semblable à ABC ; on a donc la proportion :

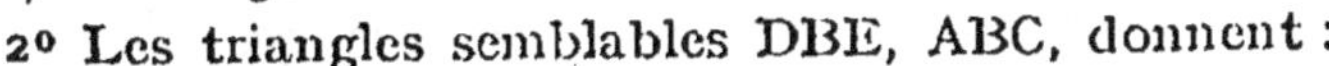

$$\frac{DH}{BC} = \frac{AD}{AB}$$

d'où

$$DH = \frac{48 \times 10}{36} = 13 \text{ m. } 333.$$

2º Les triangles semblables DBE, ABC, donnent :

$$\frac{DE}{AC} = \frac{DB}{AB}$$

d'où

$$DE = \frac{54 \times (36 - 10)}{36} = 39 \text{ m.}$$

3º A cause des triangles semblables ABC, ADH, on a :

$$\frac{AH}{AC} = \frac{AD}{AB}$$

d'où

$$AH = \frac{54 \times 10}{36} = 15 \text{ m.}$$

4º CH = AC — AH = 54 — 15 = 39 m.

5º La similitude des triangles ABC et DBE donne :

$$\frac{BE}{BC} = \frac{BD}{AB}$$

d'où

$$BE = \frac{48 \times (36 - 10)}{36} = 34 \text{ m. } 666.$$

6º CE = BC — BE = 48 — 34,666 = 13 m. 333.

> **Rép.** 1º DH = 13 m. 333 ; 2º DE = 39 m. ; 3º AH = 15 m. ; 4º CH = 39 m. ; 5º BE = 34 m. 666 ; 6º CE = 13 m. 333.

**508.** *Quel doit être l'angle d'un polygone régulier dont la somme des angles est de* 1440º ?

La somme S des angles intérieurs d'un polygone convexe de $n$ côtés est donnée par la formule :

$$S = 180º(n - 2).$$

On a donc :

$$180(n-2)=1440.$$

On tire de là :

$$n=10$$

et l'on conclut que la valeur d'un angle intérieur du polygone est de

$$\frac{1440^0}{10}=144^0$$

**Rép. 144°.**

**509.** *Les côtés d'un triangle étant* 102, 150 *et* 210 *m., calculer les segments déterminés sur chaque côté par les bissectrices intérieures et par les bissectrices extérieures.*

On applique le théorème suivant :

*La bissectrice d'un triangle coupe le côté opposé en deux segments proportionnels aux côtés adjacents.*

1° *Calcul des segments du côté* AB=102 m.

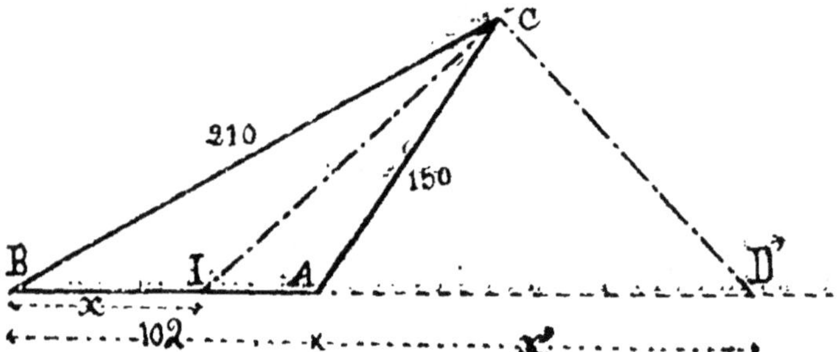


Soient

$$BI=x$$
$$AI=102-x.$$

On a :

$$\frac{x}{102-x}=\frac{210}{150}$$

On tire de là :

$$BI=x=59 \text{ m.}50$$

et

$$AI=102-x=42 \text{ m. } 50.$$

La bissectrice extérieure CD' de l'angle C donne à son tour :

$$\frac{x'}{D'B}=\frac{AC}{BC} \quad \text{où} \quad \frac{x'}{102+x'}=\frac{150}{210}$$

d'où

$$AD'=x'=255 \text{ m.}$$

et

$$BD'=102+x'=357 \text{ m.}$$

2º *Calcul des segments du côté* AC=150 m. — Les segments étant $y$ et $150-y$ pour la bissectrice intérieure, $y'$ et $150+y'$ pour l'extérieure, on a :

$$\frac{y}{150-y}=\frac{210}{102}$$

$$\frac{y'}{150+y'}=\frac{102}{210}$$

On tire de ces proportions :

$$y=100 \text{ m. } 96 \quad \text{et} \quad 150-y=49 \text{ m. } 04 ;$$
$$y'=141 \text{ m. } 66 \quad \text{et} \quad 150+y'=291 \text{ m. } 66.$$

3º *Calcul des segments du côté* BC=210 m. — Les segments étant $z$ et $210-z$ pour la bissectrice intérieure, $z'$ pour l'extérieure, on a :

$$\frac{z}{210-z}=\frac{150}{102} \quad \text{et} \quad \frac{z'}{210+z'}=\frac{102}{150}$$

d'où

$$z=125 \text{ m.} \quad \text{et} \quad 210-z=85 \text{ m. } ;$$
$$z'=446 \text{ m. } 25 \quad \text{et} \quad 210+z'=656 \text{ m. } 25.$$

**Rép.** Segm. de AB : 1º **59 m. 50** et **42 m. 50** ;
2º **255 m.** et **357 m.**

Segm. de AC : 1º **100 m. 96** et **49 m. 04** ;
2º **141 m. 66** et **291 m. 66.**

Segm. de BC : 1º **125 m.** et **85 m.** ;
2º **446 m. 25** et **656 m. 25.**

**510.** *On donne les côtés* a, b, c, *et les hauteurs* h, h', h", *d'un triangle ; calculer les côtés des carrés inscrits.*

Soient :

$$BC=a$$
$$AH=h$$
$$DE=DG=IH=x,$$

Les triangles semblables
ABC, ADE

donnent :

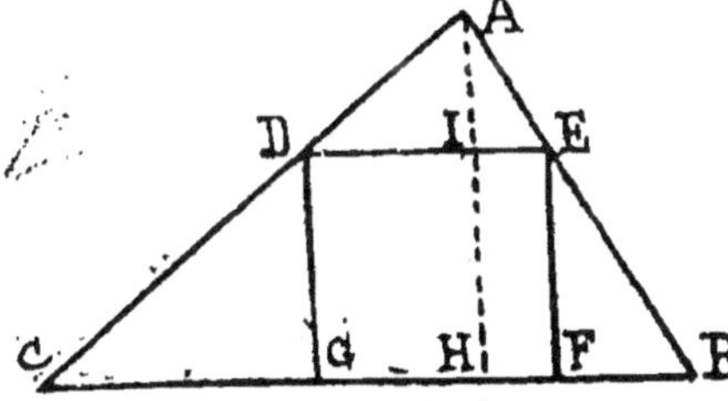


$$\frac{DE}{BC}=\frac{AI}{AH}=\frac{AH-IH}{AH}$$

d'où

$$\frac{x_a}{a}=\frac{h-x_a}{h} \quad \text{et} \quad x_a=\frac{ah}{a+h}$$

Par analogie, les côtés des carrés inscrits s'appuyant sur $b$ et sur $c$, seront :

$$x_b = \frac{bh'}{b+h'} \qquad x_c = \frac{ch''}{c+h''}$$

**Rép**. Les côtés des carrés inscrits sont :

$$\frac{ah}{a+h} \qquad \frac{bh'}{b+h'} \qquad \frac{ch''}{c+h''}.$$

**511.** *Dans un trapèze, la hauteur est de 20 m., et la surface 200 m². On demande les deux bases, sachant que la grande vaut trois fois la petite.*

Si la petite base est $x$, la grande sera $3x$ et l'on aura pour surface du trapèze :

$$\frac{x+3x}{2} \times 20$$

d'où

$$\frac{x+3x}{2} \times 20 = 200$$

La petite base est donc $x = 5$ m. et la grande $3x = 15$ m.

**Rép**. 1º **5** m. ; 2º **15** m.

**512.** *Un triangle a pour côtés 30, 40, 50 m., calculer les segments déterminés sur chaque côté par les contacts des cercles inscrits et ex-inscrits.*

Soient $AB = c = 30$ m., $AC = b = 40$ m., $BC = a = 50$ m. ; soient encore D, E, F, G, I, H, les contacts du cercle inscrit et du cercle ex-inscrit tangent au côté AB.

1º *Cercle inscrit.* — Si l'on représente par $2p$ le périmètre du

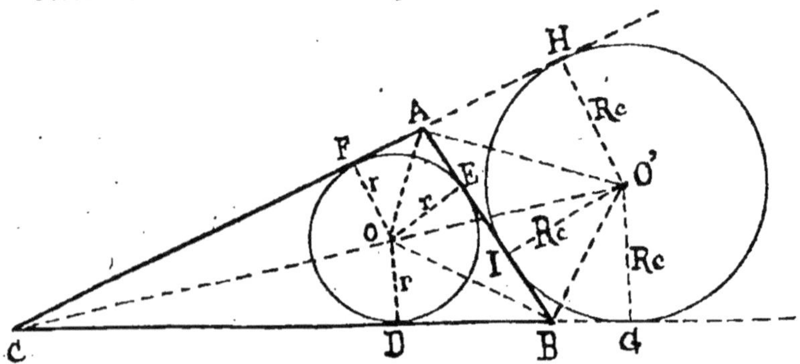

triangle, on a :

$$CD + DB + BE + AE + AF + CF = 2p.$$

Mais les droites CD et CF sont égales comme tangentes à un même cercle, issues d'un même point, et il en est de même pour BD et BE, AF et AE, on peut donc écrire :

$$2CD+2BE+2AE=2p \quad \text{ou} \quad CD=p-c.$$

*Ainsi, chaque segment est égal au demi-périmètre diminué du côté non adjacent à ce segment.*

On a, par suite :

$$CD=CF=p-c=\frac{30+40+50}{2}-30=30 \text{ m}.$$

$$DB=BE=p-b=\frac{30+40+50}{2}-40=20 \text{m}.$$

$$AE=AF=p-a=\frac{30+40+50}{2}-50=10 \text{ m}.$$

2° *Cercle ex-inscrit tangent au côté* c = 30 *m.* — Il faut calculer GC, GB, IB, IA, HC, HA

Remarquons d'abord que GC et CH sont des tangentes égales, de même que BG et BI, AH et AI.

On a :

$$BC+BI+AI+AC=2p$$

ou
$$BC+BG+AC+AH=2p$$

ou encore

$$CG+CH=2CG=2p$$

On a donc :

$$CG=p$$

et, par suite,

$$BG=BI=p-a$$

On a aussi $\qquad CH=p$

ou

$$AH=AI=p-b$$

En résumé, les 6 segments déterminés par le cercle O' sont :

$$CG=CH=p=60$$
$$BG=BI=p-a=60-50=10$$
$$AH=AI=p-b=60-40=20$$

3° *Cercles ex-inscrits tangents aux côtés* a *et* b. — Par analogie, les 6 segments déterminés par le cercle ex-inscrit tangent au côté *a*, seront :

$$p, \quad p, \quad p-b, \quad p-b, \quad p-c, \quad p-c,$$

ou
$$60, \quad 60, \quad 60-50, \quad 60-50, \quad 60-30, \quad 60-30$$

Les segments déterminés par le troisième cercle ex-inscrit seront :

$$p, \quad p, \quad p-a, \quad p-a, \quad p-c, \quad p-c,$$

ou bien

$$60, \quad 60, \quad 60-40, \quad 60-40, \quad 60-30, \quad 60-30.$$

Rép. 1° 10 m.,   10 m.,   20 m.,   20 m.,   30 m.,   30 m. ;
2° 60 m.,   60 m.,   20 m.,   20 m.,   10 m.,   10 m. ;
3° 60 m.,   60 m.,   10 m.,   10 m.,   30 m.,   30 m. ;
4° 60 m.,   60 m.,   20 m.,   20 m.,   30 m.,   30 m.

**513.** *Dans le même triangle, calculer les rayons des cercles inscrits et ex-inscrits.* (Fig. du problème 512.)

1° On a :

$$COB + AOB + AOC = ABC$$
$$CBO' + CAO' - ABO' = ABC$$

et

Si l'on désigne par $r$ le rayon du cercle inscrit, et par $R$ le rayon du cercle ex-inscrit tangent au côté $c$, on a :

$$COB = \frac{BC \times OD}{2} = \frac{ar}{2}$$

$$AOB = \frac{AB \times OE}{2} = \frac{cr}{2}$$

$$AOC = \frac{AC \times OF}{2} = \frac{br}{2}$$

$$CBO' = \frac{BC \times O'G}{2} = \frac{aR_c}{2}$$

$$CAO' = \frac{AC \times O'H}{2} = \frac{bR_c}{2}$$

$$ABO' = \frac{AB \times O'I}{2} = \frac{cR_c}{2}$$

Il résulte de là que :

1° $$ABC = S = \frac{ar}{2} + \frac{cr}{2} + \frac{br}{2} = \frac{r(a+b+c)}{2} = \frac{r \times 2p}{2} = pr$$

d'où

$$r = \frac{S}{p}$$

2° $$ABC = S = \frac{aR_c}{2} + \frac{bR_c}{2} - \frac{cR_c}{2} = R_c\left(\frac{a+b-c}{2}\right)$$

Si l'on retranche $2c$ à chaque membre de l'égalité

$$a+b+c = 2p$$

il vient :

$$a+b-c = 2p - 2c = 2(p-c)$$

Par suite,

$$S = \frac{R_c \times 2(p-c)}{2} = R_c(p-c)$$

d'où

$$R_c = \frac{S}{p-c}$$

Par analogie, les rayons des autres cercles ex-inscrits seront :

$$R_a = \frac{S}{p-a} \qquad R_b = \frac{S}{p-b}$$

**Rép.** $1^0\ r = \dfrac{S}{p}\ ;\quad 2^0\ R_a = \dfrac{S}{p-a}\ ;\quad 3^0\ R_b = \dfrac{S}{p-b}\ ;$

$$4^0\ R_c = \frac{S}{p-c}.$$

**514.** *Dans une couronne dont la surface est $\pi a^2$, calculer les deux rayons, sachant qu'ils diffèrent de 1 m.*

Soit R et $r$ les deux rayons ; on a

$$\pi(R^2 - r^2) = \pi a^2$$

ou

$$R^2 - r^2 = a^2.$$

On a aussi :

$$R - r = 1. \tag{1}$$

Si l'on divise membre à membre ces deux équations, il vient :

$$\frac{R^2 - r^2}{R - r} = a^2$$

ou

$$R + r = a^2 \tag{2}$$

Les deux équations (1) et (2) donnent :

$$R = \frac{a^2 + 1}{2}$$

et

$$r = \frac{a^2 - 1}{2}.$$

**Rép.** Les rayons sont : $1^0\ R = \dfrac{a^2 + 1}{2}\ ;\quad 2^0\ r = \dfrac{a^2 - 1}{2}.$

# CHAPITRE III

## SYSTÈMES D'ÉQUATIONS SIMULTANÉES

**515.** $x - 13y = 31.$
$8x + 11y = 18.$

Rép. $x = 5$;   $y = -2.$

**516.** $2x + 5y = 8.$
$x - 10y = 9.$

Rép. $x = 5$;   $y = -\dfrac{2}{5}.$

**517.** $3x - 2y = 18.$
$3x + 4y = 0.$

Rép. $x = 12$;   $y = -9.$

**518.** $4x - 2y = 18.$
$20x - 7y = 63.$

Rép. $x = 0$;   $y = -9.$

**519.** $8x + 10y = 0.$
$16x - 15y = -7.$

Rép. $x = -\dfrac{1}{4}$;   $y = \dfrac{1}{5}.$

**520.** $8y - 3x = -20.$
$6y - x = 0.$

Rép. $x = 12$;   $y = 2.$

**521.** $8x - 3y = -12y - 18.$
$4x - 1 = 3y.$

Rép. $x = -\dfrac{3}{4}$;   $y = -\dfrac{4}{3}$   ou $-1\dfrac{1}{3}.$

**522.** $13x + 3y = 14$
$7x - 2y = 22.$

Rép. $x = 2$;   $y = -4.$

**523.** $5x - 3y = 105.$
$2x + 3y = -21.$

Rép. $x = 12$ ;   $y = -15.$

**524.** $\dfrac{3x}{4} - \dfrac{7}{2} = \dfrac{y}{12}.$
$x + 8 = -2y.$

Rép. $x = 4$ ;   $y = -6.$

**525.** $\dfrac{5}{x} - \dfrac{8}{y} = 1.$
$\dfrac{2x + 4y}{2x + y} = \dfrac{3}{2}.$

Rép. $x = 1$ ;   $y = 2.$

**526.** $\dfrac{1}{x} + \dfrac{1}{y} = -\dfrac{1}{6}$.

$$\dfrac{2}{x} - \dfrac{3}{y} = \dfrac{4}{3}.$$

Rép. $x = 6$ ;    $y = -3$.

**527.** $\dfrac{3}{x-3} - \dfrac{1}{y} = 0$.

$$\dfrac{x-6y}{5} = \dfrac{2}{5}.$$

Rép. $x = 4$ ;    $y = \dfrac{1}{3}$.

**528.** $\dfrac{\dfrac{x}{5} + \dfrac{y}{2}}{\dfrac{3}{4}} = \dfrac{\dfrac{5y}{2} + \dfrac{2x}{5}}{\dfrac{21}{8}}$.

$$4x = 4 + 9y.$$

Rép. $x = 10$ ;   $y = 4$.

**529.** $\dfrac{2x+3y}{3} - \dfrac{2x-3y}{2} = \dfrac{5}{3}$.

$$\dfrac{4x-3y}{4} - 2(3y-x) = \dfrac{3}{4}.$$

En chassant les dénominateurs, ces équations deviennent :

$$15y - 2x = 10.$$
$$4x - 9y = 1.$$

On trouve $y$ en ajoutant la seconde au double de la première :

$$30y - 9y = 20 + 1$$

d'où $$y = 1.$$

La seconde donne :

$$x = \dfrac{1+9y}{4} = \dfrac{1+9}{4} = \dfrac{10}{4} = \dfrac{5}{2} = 2,50.$$

Rép. $x = 2,50$ ;   $y = 1$.

**530.** $4\left(\dfrac{x+2}{7}\right) + (y-x) - (2x-8)4 = \dfrac{38}{7}$.

$$\dfrac{2y-3x}{6} + y - \dfrac{3x+4}{2} = -2.$$

Ces équations simplifiées se réduisent à :

$$7y - 59x = -194.$$
$$2y = 3x.$$

Par comparaison, on a :

$$y = \dfrac{59x-194}{7} = \dfrac{3x}{2}$$

d'où $$x = 4.$$

Rép. $x = 4$ ;   $y = 6$.

**531.**
$$\frac{1}{3(x+2y+3)} + \frac{1}{13(4x-5y+6)} = 0.$$
$$\frac{1}{19(6x-5y+4)} - \frac{1}{3(3x+2y+1)} = 0.$$

Après avoir chassé les dénominateurs, on trouve le nouveau système :

$$55x - 59y = -87.$$
$$105x - 101y = -73.$$

Par comparaison, on a :

$$x = \frac{59y-87}{55} = \frac{101y-73}{105}$$

d'où $\qquad\qquad y=8 \quad$ et $x=7.$

**Rép.** $x=7$ ; $y=8.$

**532.** $x-y=1.$
$x^2-y^2=21.$

La seconde équation peut s'écrire :
$$(x-y)(x+y)=21$$
ou, en remplaçant $x-y$ par 1,
$$x+y=21.$$

On a ainsi le système simple :
$$x-y=\ 1.$$
$$x+y=21.$$

**Rép.** $x=11$ ; $y=10.$

*Équations indéterminées à résoudre en nombres entiers positifs :*

**533.** $2x+y=6.$

Tirons $y$ de cette équation :
$$y=6-2x.$$

Pour que $y$ soit positif, il faut que l'on ait :
$$6-2x>0$$

ou $\qquad\qquad x<\dfrac{6}{2} \quad$ ou $x<3.$

On ne peut donc donner à $x$ que les valeurs 1 et 2.

Pour $x=1$, on a : $\qquad y=6-2.1=4.$

Pour $x=2$, on a de même :
$$y=6-2.2=2.$$

**Rép.** 1° $x=1,\ y=4$ ; 2° $x=2,\ y=2.$

**584.** $x - 2y = 10$.

Tirons $y$ :

$$y = \frac{x - 10}{2} = \frac{x}{2} - 5.$$

Posons :

$$\frac{x}{2} = z.$$

Cette équation donne :

$$x = 2z.$$

Par suite, la valeur de $y$ sera :

$$y = 2z - 5.$$

Il faut trouver les valeurs de $z$ qui donnent à $x$ et $y$ des valeurs positives entières. On doit avoir :

$$2z > 0 \quad \text{et } 2z - 5 > 0.$$

La première inégalité donne :

$$z > 0.$$

La seconde donne, à son tour,

$$z > \frac{5}{2}.$$

Il faut donc donner à $z$ les valeurs entières supérieures à 2. Pour $z = 3$, on a :

$$x = 2 \times 3 = 6.$$
$$y = 2 \times 3 - 5 = 1.$$

Pour $z = 4$, on a :

$$x = 2 \times 4 = 8.$$
$$y = 2 \times 4 - 5 = 3, \text{ etc.}$$

Les solutions de ce système, en nombre infini, sont :

**Rép.** $1^{\circ}\ x = 6,\quad y = 1\ ;\quad 2^{\circ}\ x = 8,\quad y = 3\ ;$
$3^{\circ}\ x = 10,\quad y = 5\ ;\quad 4^{\circ}\ x = 12,\quad y = 7\ ;$
$5^{\circ}\ x = 14,\quad y = 9\ ;\quad 6^{\circ}\ x = 16,\quad y = 11, \text{ etc.}$

**585.** $4x + 3y = 10$.

En résolvant cette équation par rapport à l'inconnue qui a le plus petit coefficient, on a :

$$y = \frac{10 - 4x}{3} = 3 - x + \frac{1 - x}{3}.$$

Posons

$$\frac{1 - x}{3} = z. \qquad\qquad (1)$$

La valeur $y$ deviendra :

$$y = 3 - x + z.$$

L'équation (1) donne :

$$x = 1 - 3z \qquad (2)$$

et la valeur précédente de $y$ sera :

$$y = 2 + 4z. \qquad (3)$$

Comme $x$ et $y$ doivent être positifs, il faut que l'on ait à la fois :

$$1 - 3z > 0 \quad \text{et} \quad 2 + 4z > 0$$

ou bien

$$z < \frac{1}{3} \quad \text{et} \quad z > -\frac{1}{2}.$$

La seule valeur entière de $z$ est donc :

$$z = 0.$$

Pour cette valeur de $z$, on a :

$$x = 1 - 3z = 1 - 3 \times 0 = 1.$$
$$y = 2 + 4z = 2 + 4 \times 0 = 2.$$

On ne trouve ainsi qu'une solution entière et positive qui est :

**Rép.** $x = 1$ ;  $y = 2$.

**586.** $11x - 10y = 20$.

On a :

$$y = \frac{11x - 20}{10} = x - 2 + \frac{x}{10}.$$

En posant

$$\frac{x}{10} = z$$

il vient :

$$x = 10z.$$

Par suite, la valeur de $y$ devient :

$$y = 10z - 2 + z = 11z - 2.$$

Pour que $x$ et $y$ soient positifs, il faut poser :

$$10z > 0 \quad \text{et} \quad 11z - 2 > 0$$

ou bien

$$z > 0 \quad \text{et} \quad z > \frac{2}{11}.$$

Il suffit donc de prendre pour $z$ les valeurs entières positives
1, 2, 3, 4.....

Il en résulte :

1º Pour $x$, les valeurs : 1,  2,  3,  4,  5,.....
2º Pour $y$, les valeurs : 9, 20, 31, 42, 53,.....

On voit que les valeurs de $x$ et celles de $y$ forment deux progressions arithmétiques qui ont pour raisons respectives 1 et 11. De sorte qu'on peut trouver toutes les solutions lorsqu'on connait deux d'entre elles.

Les solutions sont en nombre infini.

$$\text{Rép. } 1^o\ x=1, \quad y=9\ ; \quad 2^o\ x=2, \quad y=20\ ;$$
$$3^o\ x=3, \quad y=31\ ; \quad 4^o\ x=4, \quad y=42\ ; \text{ etc.}$$

**587.** $\dfrac{5x}{2} - \dfrac{3y}{4} = 1.$

Cette équation s'écrit :

$$20x - 6y = 8$$

d'où l'on tire :

$$y = \frac{20x - 8}{6} = 3x - 1 + \frac{2x - 2}{6}.$$

Posons

$$\frac{2x - 2}{6} = \frac{x - 1}{3} = z.$$

On tire de là :

$$x = 3z + 1$$

et

$$y = 3x - 1 + z = 10z + 2.$$

Pour que $x$ et $y$ soient positifs, il faut que l'on ait :

$$3z + 1 > 0 \quad \text{et} \quad 10z + 2 > 0.$$

Ces deux conditions reviennent aux suivantes :

$$z > -\frac{1}{5} \quad \text{et } z > -\frac{1}{3}.$$

Il suffit donc que $z$ soit nul ou positif. Les valeurs entières de $z$ étant :

$$0, 1, 2, 3, 4, 5, 6\ldots$$

celles de $x$ seront :

$$1, 4, 7, 10, 13, 16, 19,\ldots$$

et celles de $y$,

$$2, 12, 22, 32, 42,\ldots$$

Le nombre des solution est évidemment infini.

$$\text{Rép. } 1^o\ x=1, \quad y=2\ ; \quad 2^o\ x=4, \quad y=12\ ;$$
$$3^o\ x=7, \quad y=22\ ; \quad 4^o\ x=10, \quad y=32.$$
$$5^o\ x=13, \quad y=42\ ; \text{ etc.}$$

**538.** $\dfrac{3x}{4} + \dfrac{9y}{10} = 30.$

De l'équation simplifiée et rendue entière, nous tirons la valeur de $x$, on a :

$$x = \frac{200 - 6y}{5} = 40 - y - \frac{y}{5}.$$

Si l'on pose :

$$\frac{y}{5} = z.$$

Il vient :

$$y = 5z.$$
$$x = 40 - 6z.$$

Pour que $x$ et $y$ soient réels, il faut que l'on ait :

$$5z > 0 \quad \text{et} \quad 40 - 6z > 0$$

ou bien

$$z > 0 \quad \text{et} \quad z < \frac{40}{6}.$$

Ainsi la valeur de $z$ doit être comprise entre o et 40/6 ou entre o et 7 ; on ne peut donc donner à $z$ que les valeurs

$$1, 2, 3, 4, 5, 6.$$

Les valeurs correspondantes de $x$ et de $y$ sont respectivement :

$$34, 28, 22, 16, 10, 4.$$
$$5, 10, 15, 20, 25, 30.$$

On ne trouve ainsi que les 6 solutions suivantes :

Rép. 1° $x = 34,$ $y = 5$ ; 2° $x = 28,$ $y = 10$ ;
3° $x = 22,$ $y = 15$ ; 4° $x = 16,$ $y = 20$ ;
5° $x = 10,$ $y = 25$ ; 6° $x = 4,$ $y = 30.$

**539.** $x + y + z = 100.$
$3x + 2y = z.$

En portant la valeur

$$z = 3x + 2y \qquad (1)$$

dans la première équation, elle devient :

$$x + y + 3x + 2y = 100$$

ou

$$4x + 3y = 100.$$

De cette équation, on tire :

$$y = \frac{100 - 4x}{3} = 33 - x + \frac{1 - x}{3}.$$

Si l'on pose

$$\frac{1-x}{3} = u$$

on aura

$$x = 1 - 3u. \qquad (2)$$

La valeur de $y$ est alors :

$$y = 33 - x + u = 33 - 1 + 3u + u = 32 + 4u. \qquad (3)$$

L'équation (1) devient :

$$z = 3x + 2y = 3(1 - 3u) + 2(32 + 4u) = 67 - u.$$

On a ainsi le système :

$$x = 1 - 3u$$
$$y = 32 + 4u$$
$$z = 67 - u.$$

Les valeurs de $x$, $y$, $z$, devant être positives, il faut que l'on ait :

$$1 - 3u > 0$$
$$32 + 4u > 0$$
$$67 - u > 0$$

ou bien :

$$u < \frac{1}{3} \qquad u > -8 \qquad u < 67.$$

Il faut donc que $u$ soit compris entre $\dfrac{1}{3}$ et $-8$. Les valeurs entières de $u$ sont, par suite,

$$-7, -6, -5, -4, -3, -2, -1, 0.$$

On trouve pour les valeurs correspondantes de $x$, $y$, $z$, les nombres suivants :

1° pour $x$ : 22, 19, 16, 13, 10, 7, 4, 1 ;
2° pour $y$ : 4, 8, 12, 16, 20, 24, 28, 32 ;
3° pour $z$ : 74, 73, 72, 71, 70, 69, 68, 67.

Les solutions entières et positives du système proposé sont au nombre de 8.

Rép. 1° $x = 22$,  $y = 4$,  $z = 74$ ;
     2° $x = 19$,  $y = 8$,  $z = 73$ ;
     3° $x = 16$,  $y = 12$,  $z = 72$ ;
     4° $x = 13$,  $y = 16$,  $z = 71$ ;
     5° $x = 10$,  $y = 20$,  $z = 70$ ;
     6° $x = 7$,  $y = 24$,  $z = 69$ ;
     7° $x = 4$,  $y = 28$,  $z = 68$ ;
     8° $x = 1$,  $y = 32$,  $z = 67$.

**540.** $x-2y-z=1$.

$2x-y+z=20$.

En additionnant ces équations, on obtient :

$$3x-3y=21 \quad \text{ou} \quad x-y=7.$$

On a ainsi :

$$x=y+7.$$

La première équation donne :

$$z=x-2y-1=y+7-2y-1=6-y.$$

On a ainsi le système :

$$x=y+7.$$
$$z=6-y.$$

Pour que $x$ et $z$ soient positifs, il faut poser :

$$y+7>0 \quad \text{et} \quad 6-y>0$$

ou bien

$$y>-7 \quad \text{et} \quad y<6.$$

Comme $y$ doit lui-même être positif, il ne peut prendre d'autres valeurs entières que

$$1, \; 2, \; 3, \; 4, \; 5.$$

Il en résulte pour $x$ les valeurs :

$$8, \; 9, \; 10, \; 11, \; 12$$

et pour $z$,

$$5, \; 4, \; 3, \; 2, \; 1.$$

Rép. $1°$ $x=\;8$,   $y=1$,   $z=5$ ;
$2°$ $x=\;9$,   $y=2$,   $z=4$ ;
$3°$ $x=10$,   $y=3$,   $z=3$ ;
$4°$ $x=11$,   $y=4$,   $z=2$ ;
$5°$ $x=12$,   $y=5$,   $z=1$.

*Équations à plusieurs inconnues à résoudre :*

**541.** $3x-1=4y+1$.

$6x-8y-1=6-(x-y)$.

Rép. $x=10$,   $y=7$.

**542.** $y+x-32=\dfrac{2-x}{9}$.

$12(x-10)=11y+10$.

Rép. $x=20$,   $y=10$.

**543.** $14x=8y+17$.

$6(x-1)=5(y-1)$.

Rép. $x=3,5$,   $y=4$.

**544.** $\dfrac{3x}{95} + y = \dfrac{13}{5}$.

$4x - 7y = 70$.

Rép. $x = 20\dfrac{359}{401}$, $y = 1\dfrac{377}{401}$.

**545.** $5x - y = \dfrac{3y}{2} + 20$.

$10x + y = \dfrac{4y + 512}{5}$.

Rép. $x = 10$, $y = 12$.

**546.** $\dfrac{1}{x} - \dfrac{1}{y} = \dfrac{2}{xy}$.

$3x - 2y + 2 = 0$.

Rép. $x = 2$, $y = 4$.

**547.** $x - a = y - b$.

$b(x - a) + a(y - b) = 0$.

Rép. $x = a$, $y = b$.

**548.** $\dfrac{x}{b} + \dfrac{y}{a} - 2 = 0$.

$\dfrac{x}{b} = \dfrac{y}{a}$.

Rép. $x = b$, $y = a$.

**549.** $b(y + c) = x(a + c)$.

$x + y - ab = 0$.

Rép. $x = \dfrac{b(ab + c)}{a + b + c}$, $y = \dfrac{ab(a + b + c) - b(ab + c)}{a + b + c}$.

**550.** $a(x - a) + b(y - b) = 0$.

$b(x + y) + a(x - y) = a^2 + b^2$.

Rép. $x = a$, $y = b$.

**551.** $3x + 5y - 126245 = 0$.

$4x - 5y = 0$.

Rép. $x = 18.035$, $y = 14.428$.

552. $\dfrac{10x-4}{4x-3y}=1.$

$\dfrac{3}{y-1}=\dfrac{2}{3x+5}.$

Rép. $x=1\dfrac{4}{39},\quad y=-\dfrac{34}{39}.$

553. $\dfrac{b}{x}=\dfrac{1}{y-a}.$

$\dfrac{y}{c+x}=\dfrac{1}{a}.$

Rép. $x=\dfrac{b(c-a^2)}{a-b},\quad y=\dfrac{c-ab}{a-b}.$

554. $x+y=0.$
$3x-5y=0.$
Rép. $x=0,\quad y=0.$

555. $\dfrac{x}{2}-\dfrac{5y}{3}=10-2x.$
$7x/12=y-5.$
Rép. $x=12,\quad y=12.$

556. $x-y=504.$
$\sqrt{x}+\sqrt{y}=36.$
Rép. $x=625,\quad y=121.$

557. $\dfrac{x}{3}+y+\dfrac{2z}{3}-\dfrac{11}{3}=0.$

$x+\dfrac{2y}{3}+\dfrac{z}{3}-\dfrac{11}{3}=0.$

$\dfrac{2x}{3}+\dfrac{y}{3}+z-\dfrac{14}{3}=0.$

Rép. $x=2,\quad y=1,\quad z=3.$

558. $\dfrac{x}{3}+\dfrac{y}{3}+z=4.$

$\dfrac{7x}{9}-\dfrac{11y}{2}+z=4,5.$

$\dfrac{x}{5}-y+\dfrac{z}{5}=1,20.$

Rép. $x=5\dfrac{38}{41},\quad y=\dfrac{15}{41},\quad z=1\dfrac{37}{41}.$

**559.** $\dfrac{x}{2} - \dfrac{y}{3} + \dfrac{z}{3} = \dfrac{17}{3}$.

$$x + \dfrac{3y}{5} - \dfrac{2z}{5} = 2.$$

$$x + \dfrac{4y}{7} + \dfrac{5z}{7} = \dfrac{3}{7}.$$

Rép. $x = 6\dfrac{86}{145}$, $\quad y = 8\dfrac{108}{145}$, $\quad z = -1\dfrac{92}{145}$.

**560.** $\dfrac{x}{6} + \dfrac{y}{3} + \dfrac{z}{2} = 1$.

$$\dfrac{x}{4} + \dfrac{y}{2} + \dfrac{z}{4} = 1.$$

$$1,5x + y + 4z = 50,5.$$

Rép. $x = 45$, $\quad y = -21$, $\quad z = 1$.

**561.** $x + y + z = 0$.

$$x - 2y - z = 0.$$

$$3x - y + 2z = 0.$$

Rép. $x = 0$, $\quad y = 0$, $\quad z = 0$.

**562.** $2x + 3y - 4z = 14$.

$$4x - 6y + 7z = 37.$$

$$8x + 9y + 10z = 214.$$

Rép. $x = 9$, $\quad y = 8$, $\quad z = 7$.

**563.** $x + y = a + b + c$.

$$x + z = a + b - c.$$

$$y + z = a - b + c.$$

Rép. $x = \dfrac{a + 3b - c}{2}$, $\quad y = \dfrac{a - b + 3c}{2}$, $\quad z = \dfrac{-a - b - c}{2}$.

**564.** $\dfrac{7x}{3} = y + 10$.

$$x = 33 - y - z.$$

$$\dfrac{9y}{5} = z + 6,8.$$

Rép. $x = 9$, $\quad y = 11$, $\quad z = 13$.

**565.** $x + y + z = 1$.

$$x - y + z = -1.$$

$$x - y - z = 1.$$

Rép. $x = 1$, $\quad y = 1$, $\quad z = -1$.

**566.**
$$\frac{1}{x} + \frac{2}{y} + \frac{3}{z} + \frac{4}{u} = \frac{48}{12}.$$
$$\frac{1}{y} + \frac{2}{z} + \frac{3}{u} + \frac{4}{x} = \frac{71}{12}.$$
$$\frac{1}{z} + \frac{2}{u} + \frac{3}{x} + \frac{4}{y} = \frac{70}{12}.$$
$$\frac{1}{u} + \frac{2}{x} + \frac{3}{y} + \frac{4}{z} = \frac{61}{12}.$$

Rép. $x=1$, $y=2$, $z=3$, $u=4$.

**567.**
$$2x - y + 3z = 4.$$
$$5x + y - z = 22.$$
$$12x + y + z = 52.$$

Rép. $x=4$ ; $y=3$ ; $z=1$.

**568.**
$$\frac{2x}{a} + \frac{y}{a} = 1.$$
$$\frac{x}{b} = y.$$

Par la suppression des dénominateurs, ces équations devien·
nent :
$$2x + y = a.$$
$$x = by.$$

Rép. $x = \dfrac{ab}{2b+1}$ ; $y = \dfrac{a}{2b+1}$.

**569.**
$$\frac{b}{a} = \frac{1}{y - m}.$$
$$\frac{ay}{d} = 1 + \frac{x}{d}.$$

En rendant ces équations entières, il vient :
$$by = bm + a \qquad ay - x = d.$$

La première donne :
$$y = \frac{bm + a}{b}$$

et la seconde devient :
$$x = a \times \frac{bm + a}{b} - d = \frac{abm + a^2 - bd}{b}.$$

Rép. $x = \dfrac{abm + a^2 - bd}{b}$ ; $y = \dfrac{bm + a}{b}$.

**570.** $ax + by = a^2 + b^2.$
$bx = ay.$

La seconde équation donne :

$$x = \frac{ay}{b}$$

et la première devient :

$$\frac{ay^2}{b} + by = a^2 + b^2$$

d'où $\qquad\qquad y = b.$

Rép. $x = a$ ; $y = b.$

**571.** $\dfrac{x}{a} + \dfrac{y}{b} = 1.$

$\dfrac{x}{b} + \dfrac{y}{a} = 1.$

En égalant entre eux les premiers membres, on trouve :

$$\frac{x}{a} + \frac{y}{b} = \frac{x}{b} + \frac{y}{a}$$

ou

$$x = y.$$

La première équation devient :

$$\frac{x}{a} + \frac{x}{b} = 1$$

d'où

$$x = y = \frac{ab}{a+b}.$$

Rép. $x = \dfrac{ab}{a+b}$ ; $y = \dfrac{ab}{a+b}.$

**572.** $ax + by = a.$
$bx + ay = b.$

En divisant la première par $a$ et la seconde par $b$, il vient :

$$x + \frac{by}{a} = 1$$

$$x + \frac{ay}{b} = 1.$$

et en égalant entre eux les premiers membres :

$$x + \frac{by}{a} = x + \frac{ay}{b}.$$

De cette équation, on tire :

$$\frac{(b-a)y}{ab}=0 \quad \text{ou } y=0.$$

L'équation

$$x+\frac{by}{a}=1$$

devient

$$x=1.$$

**Rép.** $x=1$ ;   $y=0$.


**573.** $\dfrac{x}{a}+\dfrac{y}{b}=2a^2+2b^2.$

$$\frac{x}{b}=\frac{y}{a}.$$

On tire de la seconde :

$$x=\frac{by}{a}$$

et la première devient :

$$\frac{by}{a^2}+\frac{y}{b}=2a^2+2b^2$$

d'où

$$y=2a^2b$$

et, par suite,

$$x=\frac{b}{a}\times 2a^2b=2ab^2.$$

**Rép.** $x=2ab^2$ ;   $y=2a^2b$.


**574.** $x(a+c)-by=bc.$
$x+y=a+b.$

De la seconde, on tire :

$$y=a+b-x$$

et la première devient :

$$x(a+c)-b(a+b-x)=bc$$

d'où

$$x=b.$$

**Rép.** $x=b$ ;   $y=a$.

**575.** $\dfrac{x}{c} + \dfrac{y}{c} = 1.$

$$\frac{ax}{c} - \frac{by}{c} = a - b.$$

Ces équations s'écrivent :

$$x + y = c.$$
$$ax - by = c(a - b).$$

On tire $x$ de la première et l'on porte sa valeur dans la seconde

Rép. $x = \dfrac{ac}{a+b}$ ; $y = \dfrac{bc}{a+b}.$

**576.** $\dfrac{x-a}{b} = \dfrac{b-y}{a}.$

$$\frac{x+y}{a} + \frac{x-y}{b} = \frac{b}{a} + \frac{a}{b}.$$

Ces équations devenues entières sont :

$$ax + by = a^2 + b^2.$$
$$x(a+b) + y(b-a) = a^2 + b^2.$$

La première donne :

$$x = \frac{a^2 + b^2 - by}{a}$$

et la seconde devient :

$$\frac{(a+b)(a^2 + b^2 - by)}{a} + y(b-a) = a^2 + b^2$$

d'où
$$y = b.$$

Rép. $x = a$ ; $y = b.$

**577.** $\dfrac{1}{b^2 x} + \dfrac{1}{a^2 y} - \dfrac{1}{ab} = 0.$

$$\frac{1}{a^2 x} + \frac{1}{b^2 y} - \frac{1}{ab} = 0.$$

En retranchant ces équations l'une de l'autre, on trouve :

$$\frac{1}{b^2 x} + \frac{1}{a^2 y} - \frac{1}{a^2 x} - \frac{1}{b^2 y} = 0$$

ou

$$\frac{1}{x}\left(\frac{1}{b^2} - \frac{1}{a^2}\right) - \frac{1}{y}\left(\frac{1}{b^2} - \frac{1}{a^2}\right) = 0$$

d'où
$$\frac{1}{x} - \frac{1}{y} = 0.$$

On tire de là
$$x=y.$$

Pour $x=y$, la première équation devient :
$$\frac{1}{b^2x}+\frac{1}{a^2x}=\frac{1}{ab}$$

d'où
$$x=\frac{ab}{b^2}+\frac{ab}{a^2}=\frac{b}{a}+\frac{a}{b}.$$

Rép. $x=\dfrac{b}{a}+\dfrac{a}{b}$ ;   $y=\dfrac{b}{a}+\dfrac{a}{b}.$

**578.** $\dfrac{x}{b}-\dfrac{y}{a+1}-\dfrac{1}{a+1}=0.$

$x-a=b-y.$

La première devient :
$$x(a+1)-by=b$$

et la seconde donne :
$$y=a+b-x$$

par suite, (1) devient :
$$x(a+1)-b(a+b-x)=b$$

d'où
$$x=b \qquad y=a.$$

Rép. $x=b$ ;   $y=a.$

**579.** $\dfrac{(a-b)x}{a+b}+y-1=0.$

$x-\left(\dfrac{a+b}{a-b}\right)y-1=0.$

En rendant ces équations entières, elles deviennent :
$$(a-b)x+(a+b)y=a+b.$$
$$(a-b)x-(a+b)y=a-b.$$

Par addition et soustraction, on obtient :
$$2(a-b)x=2a \quad \text{et } x=\frac{a}{a-b} ;$$

$$2(a+b)y=2b \quad \text{et } y=\frac{b}{a+b}.$$

Rép. $x=\dfrac{a}{a-b}$ ;   $y=\dfrac{b}{a+b}.$

**580.** $\dfrac{x+y}{b} + \dfrac{x-y}{a} = \dfrac{1}{ab}$.

$$\dfrac{x-y}{b} + \dfrac{x+y}{a} = 0.$$

Rendons ces équations entières :

$$x(a+b)+y(a-b)=1$$
$$x(a+b)-y(a-b)=0$$

En additionnant, elles donnent :

$$x = \dfrac{1}{2(a+b)}$$

En soustrayant, on trouve :

$$y = \dfrac{1}{2(a-b)}$$

$$\textbf{Rép. } x = \dfrac{1}{2(a+b)} \;;\; y = \dfrac{1}{2(a-b)}.$$

**581.** $x+y=16.$
$x+z=22.$
$y+z=28.$

La somme membre à membre de ces trois équations est :

$$2x+2y+2z=66$$
ou
$$x+y+z=33.$$

On obtient les trois inconnues en retranchant de cette dernière équation chacune des proposées.

$$\textbf{Rép. } x=5 \;;\; y=11 \;;\; z=17.$$

**582.** $x+y=5.$
$y+z=8.$
$z+u=9.$
$u+v=11.$
$x+v=9.$

On fait la somme membre à membre de toutes ces équations :

$$2x+2y+2z+2u+2v=42$$
ou
$$x+y+z+u+v=21. \qquad (1)$$

Si de cette équation, on retranche la première et la troisième, on trouve :

$$v=21-5-9=7.$$

En retranchant de (1) la première et la quatrième des équations données, il vient :

$$z=21-5-11=5.$$

Si l'on retranche la seconde et la quatrième, on trouve :

$$x = 21 - 8 - 11 = 2.$$

On obtiendra $y$ en retranchant de (1) la troisième et la cinquième, et l'on aura $u$ en retranchant la seconde et la cinquième.

**Rép.** $x = 2$ ; $y = 3$ ; $z = 5$ ; $u = 4$ ; $v = 7$.

**583.**
$$x + y + z = a.$$
$$x + y + v = b.$$
$$x + z + v = c.$$
$$y + z + v = d.$$

On fait la somme membre à membre de ces quatre équations, ce qui donne :

$$3x + 3y + 3z + 3v = a + b + c + d$$

ou

$$x + y + z + v = \frac{a + b + c + d}{3}$$

et de cette dernière on retranche chacune des proposées,

**Rép.** $x = \dfrac{a + b + c - 2d}{3}$ ; $y = \dfrac{a + b - 2c + d}{3}$ ;

$z = \dfrac{a - 2b + c + d}{3}$ ; $v = \dfrac{b + c + d - 2a}{3}$.

**584.**
$$\frac{x + y - 1}{x + y + 1} = a.$$
$$\frac{y - x + 1}{x - y + 1} = ab.$$

En chassant les dénominateurs et en réduisant, ces équations deviennent :

$$x + y = \frac{1 + a}{1 - a} \; ; \qquad x - y = \frac{1 - ab}{1 + ab}.$$

**Rép.** $x = \dfrac{a^2 b + 1}{ab - a^2 b - a + 1}$ ; $y = \dfrac{a + ab}{ab - a^2 b - a + 1}$.

**585.**
$$x - y + z = 0.$$
$$x + y - z = 10.$$
$$x + y + z = 14.$$

**Rép.** $x = 5$ ; $y = 7$ ; $z = 2$.

**586.**
$$\frac{1}{x}+\frac{1}{y}=\frac{1}{12}.$$
$$\frac{1}{y}+\frac{1}{z}=\frac{1}{20}.$$
$$\frac{1}{x}+\frac{1}{z}=\frac{1}{15}.$$

Additionnons ces équations membre à membre, nous obtiendrons :

$$\frac{2}{x}+\frac{2}{y}+\frac{2}{z}=\frac{1}{12}+\frac{1}{20}+\frac{1}{15}.$$

ou

$$\frac{1}{x}+\frac{1}{y}+\frac{1}{z}=\frac{1}{10}. \qquad\qquad (1)$$

Et retranchons de (1) chacune des équations proposées, il viendra successivement :

$$\frac{1}{x}+\frac{1}{y}+\frac{1}{z}-\frac{1}{x}-\frac{1}{y}=\frac{1}{10}-\frac{1}{12} \qquad \text{ou} \qquad \frac{1}{z}=\frac{1}{60}$$

d'où

$$z=60$$

$$\frac{1}{x}+\frac{1}{y}+\frac{1}{z}-\frac{1}{y}-\frac{1}{z}=\frac{1}{10}-\frac{1}{20} \qquad \text{ou} \qquad \frac{1}{x}=\frac{1}{20}$$

d'où

$$x=20$$

$$\frac{1}{x}+\frac{1}{y}+\frac{1}{z}-\frac{1}{x}-\frac{1}{z}=\frac{1}{10}-\frac{1}{15} \qquad \text{ou} \qquad \frac{1}{y}=\frac{1}{30}$$

d'où

$$y=30.$$

Rép. $x=20$ ;  $y=30$ ;  $z=60$.

**587.**
$$\frac{x}{a}=\frac{y}{b}=\frac{z}{c}.$$
$$x+y+z=(a+b+c)^2.$$

En appliquant un principe connu des proportions on obtient :

$$\frac{x}{a}=\frac{y}{b}=\frac{z}{c}=\frac{x+y+z}{a+b+c}=\frac{(a+b+c)^2}{a+b+c}=a+b+c.$$

On tire de là :

$$1° \quad \frac{x}{a}=a+b+c$$

d'où
$$x = a(a+b+c)$$

$2°\quad \dfrac{y}{b} = a+b+c$

d'où
$$y = b(a+b+c)$$

$3°\quad \dfrac{z}{c} = a+b+c$

d'où
$$z = c(a+b+c)$$

Rép. $x = a(a+b+c)$ ; $y = b(a+b+c)$ ; $z = c(a+b+c)$.

588. $\dfrac{x}{5} = \dfrac{y}{6} = \dfrac{z}{7} = \dfrac{v}{8}.$

$x+y+z+v = 23400.$

Le même théorème des proportions donne :
$$\frac{x}{5} = \frac{y}{6} = \frac{z}{7} = \frac{v}{8} = \frac{x+y+z+v}{5+6+7+8} = \frac{23400}{26} = 900$$

d'où l'on tire :
$$\frac{x}{5} = 900 \quad \text{et } x = 4500 ;$$
$$\frac{y}{6} = 900 \quad \text{et } y = 5400 ;$$
$$\frac{z}{7} = 900 \quad \text{et } z = 6300 ;$$
$$\frac{v}{8} = 900 \quad \text{et } v = 7200.$$

Rép. $x = 4500$ ; $y = 5400$ ; $z = 6800$ ; $v = 7200.$

589. $\dfrac{x}{2} = y = \dfrac{z}{6}.$

$3x + 5y + z = 34.$

Les trois premiers rapports peuvent s'écrire :
$$\frac{3x}{6} = \frac{5y}{5} = \frac{z}{6} = \frac{3x+5y+z}{6+5+6} = \frac{34}{17} = 2.$$

D'où l'on tire :
$$\frac{3x}{6} = \frac{x}{2} = 2 \quad \text{et } x = 4 ;$$
$$\frac{5y}{5} = y = 2 ;$$
$$\frac{z}{6} = 2 \quad \text{et } z = 12.$$

Rép. $x = 4$ ; $y = 2$ ; $z = 12.$

**590.** $mx = ny = pz.$

$ax + by + cz = d.$

Les deux premières égalités peuvent s'écrire :

$$\frac{x}{1/m} = \frac{y}{1/n} = \frac{z}{1/p}$$

ou

$$\frac{ax}{a/m} = \frac{by}{b/n} = \frac{cz}{c/p}.$$

Ces trois rapports égaux donnent (72) :

$$\frac{ax}{a/m} = \frac{by}{b/n} = \frac{cz}{c/p} = \frac{ax+by+cz}{a/m+b/n+c/p} = \frac{d}{\dfrac{a}{m}+\dfrac{b}{n}+\dfrac{c}{p}}$$

d'où l'on déduit :

$$\frac{ax}{a/m} = mx = \frac{d}{\dfrac{a}{m}+\dfrac{b}{n}+\dfrac{c}{p}}$$

et

$$x = \frac{apn+bpm+cmn}{dnp}, \text{ etc.}$$

**Rép.** $x = \dfrac{dnp}{apn+bpm+cmn}$ ; $y = \dfrac{dmp}{apn+bpm+cmn}$ ;

$$z = \frac{dmn}{anp+bmp+cmn}.$$

**591.** $ax = by = cz.$

$$\frac{1}{x}+\frac{1}{y}+\frac{1}{z} = \frac{1}{d}.$$

Les deux premières égalités s'écrivent :

$$\frac{a}{1/x} = \frac{b}{1/y} = \frac{c}{1/z} = \frac{a+b+c}{\dfrac{1}{x}+\dfrac{1}{y}+\dfrac{1}{z}} = \frac{a+b+c}{\dfrac{1}{d}} = d(a+b+c)$$

On a donc :

$$\frac{a}{1/x} = ax = d(a+b+c)$$

d'où

$$x = \frac{d}{a}(a+b+c), \text{ etc.}$$

**Rép.** $x = \dfrac{d}{a}(a+b+c)$ ; $y = \dfrac{d}{b}(a+b+c)$ ; $z = \dfrac{d}{c}(a+b+c)$

# CHAPITRE IV

## PROBLÈMES A PLUSIEURS INCONNUES

---

**592.** *L'âge d'un père est de 45 ans et celui de son fils est de 15 ans. Dans combien de temps le premier âge sera-t-il 4 fois le second?*

Soit $x$ le temps demandé ; le père aura $45+x$, et le fils, $15+x$ : ce qui fournit l'équation :

$$45+x=4(15+x)$$

dont la racine est $\qquad x=-5.$

> **Rép.** Il y a 5 ans que le père était 4 fois plus âgé que son fils.

**593.** *La somme de deux nombres est 36 et la différence de leurs carrés est 504. Trouver ces nombres.*

Les deux nombres étant $x$ et $y$, on a :

$$x+y=36 \qquad (1)$$
$$x^2-y^2=504. \qquad (2)$$

En divisant membre à membre (2) par (1), il vient :

$$x-y=14. \qquad (3)$$

Les équations (1) et (3) donnent :

$$x=25 \qquad y=11.$$

> **Rép.** Les nombres sont **25** et **11**.

**594.** *La différence des carrés de deux nombres consécutifs est 203. Trouver ces deux nombres.*

Les nombres étant $x+1$ et $x$, on a l'équation :

$$(x+1)^2-x^2=203$$

ou

$$2x+1=203.$$

> **Rép. 101 et 102.**

**595.** *Quelle est la fraction qui devient 1/3 ou 1/4, selon qu'on ajoute l'unité au numérateur ou au dénominateur?*

Soit $\dfrac{x}{y}$ la fraction, on a les deux équations :

$$\frac{x+1}{y} = \frac{1}{3}$$

$$\frac{x}{y+1} = \frac{1}{4}.$$

De ce système, on tire $x=4, y=15$ ; et, par suite, la fraction est :

$$\frac{4}{15}.$$

**Rép.** $\dfrac{4}{15}$.

**596.** *Étant donné un parallélipipède rectangle dont les arêtes sont a, 3a, calculer l'arête d'un cube tel que les surfaces des deux solides soient entre elles comme leurs volumes.*

Soit $x$ l'arête du cube cherché ; sa surface est $6x^2$, et son volume $x^3$.

Le parallélipipède donné a pour surface :

$$2(a \times 3a + a \times 6a + 3a \times 6a) = 54a^2.$$

et pour volume $\qquad a \times 3a \times 6a = 18a^3.$

On a, par suite

$$\frac{6x^2}{54a^2} = \frac{x^3}{18a^3}.$$

On tire de la $\qquad x = 2a.$

**Rép.** L'arête du cube est **2a**.

**597.** *Il est midi. Dans combien de temps les deux aiguilles d'une pendule seront-elles à angle droit?*

Il est évident que les deux aiguilles ne seront à angle droit qu'après midi et quart. Soit $x$ le nombre des divisions parcourues par l'aiguille des heures depuis midi jusqu'au moment où elle est perpendiculaire à celle des minutes ; pendant ce temps, l'aiguille des minutes, qui va 12 fois plus vite parcourra $12x$ ; mais la différence des deux arcs parcourus sur le cadran doit être de 15 divisions ; on a donc l'équation :

$$12x - x = 15$$

d'où

$$x = 1\frac{4}{11}.$$

Le chemin parcouru par l'aiguille des minutes, soit :

$$12x = 16\frac{4}{11}$$

indique le temps écoulé.

**Rép.** Les aiguilles seront à angle droit à **12 h. 16 m.** $\frac{4}{11}$.

**598.** *Le nombre 29 s'écrit 32 dans un système inconnu dont on demande la base.*

Soit $x$ la base inconnue ; on a :

$$3x + 2 = 29$$

d'où

$$x = 9.$$

**Rép.** La base est **9.**

**599.** *Deux courriers passent par le même relai, à 2 heures d'intervalle ; la vitesse du premier est de 6 km à l'heure, et celle du second, 8 km. De plus, ils vont dans le même sens. Dans combien de temps se rencontreront-ils ?*

Soit $x$ le nombre d'heures inconnu. Pendant ce nombre d'heures, le premier fait $6x$ et le second $8x$. Pour atteindre le premier courrier, le second doit parcourir l'avance 12 km. plus les $6x$ km. du premier On a donc :

$$8x = 12 + 6x$$

d'où

$$x = 6.$$

**Rép.** Dans **6 heures.**

**600.** *Trois joueurs vont au jeu : le premier et le second perdent ensemble 10 fr. ; le premier et le troisième dépensent 9 fr. et les deux derniers, 11 fr. Combien chacun a-t-il perdu ?*

Soient $x$, $y$, $z$, les pertes respectives des trois joueurs. On a :

$$x + y = 10$$
$$x + z = 9$$
$$y + z = 11.$$

En résolvant ce système, on trouve :

$$z = 5, \quad y = 6, \quad x = 4.$$

**Rép.** Le premier a perdu **4 fr.**; le second. **6 fr.**; et le troisième, **5 fr.**

**601.** *Quand j'avais votre âge, nous avions ensemble 10 ans, et quand vous aurez mon âge, nous aurons 50 ans à nous deux. Trouver les deux âges.*

Soient $x$ et $y$ nos âges. Quand j'avais votre âge, vous aviez

$$y-(x-y)=2y-x$$

et à nous deux, nous avions :

$$y+(2y-x)=10. \qquad (1)$$

Quand vous aurez mon âge, j'aurai :

$$x+(x-y)=2x-y$$

et ensemble nous aurons :

$$x+(2x-y)=50. \qquad (2)$$

Les équations (1) et (2) donnent :

$$x=20, \; y=10.$$

**Rép.** J'ai **20** ans et vous en avez **10**.

**602.** *Un nombre entier a trois chiffres dont la somme est égale à trois fois le chiffre des dizaines. Trouver ce nombre, sachant qu'il diminue de 198 si on le renverse, et que le chiffre des unités est deux fois moindre que celui des centaines.*

Soient $x$, $y$, $z$ les chiffres respectifs des centaines, des dizaines et des unités ; on a les trois équations :

$$x+y+z=3y$$
$$100z+10y+x+198=100x+10y+z$$
$$z=\frac{x}{2}.$$

En simplifiant ces équations, on obtient le système simple :

$$x-2y+z=0$$
$$x-z=2.$$
$$x=2z.$$

On en tire : $\qquad z=2, \; x=4, \; y=3.$

**Rép.** Le nombre cherché est **432**.

**603.** *Lorsqu'on écrit un certain nombre de deux chiffres dans le système décimal, la somme de ses deux chiffres est 7. En supposant un nombre formé des mêmes chiffres, mais écrit dans le système seximal, ce nombre vaudrait 16 unités de moins que le premier. Quel est ce nombre ?*

Soient $x$ les dizaines et $y$ les unités ; on a :

$$x+y=7. \qquad (1)$$

Le nombre seximal $xy$ vaut :

$$6x+y$$

et l'on a : $\qquad 6x+y+16=10x+y.$     (2)

Les équations (1) et (2) donnent :

$$x=4, \quad y=3.$$

**Rép.** Le nombre cherché est **43**.

**604.** *Le nombre 23 est écrit dans deux systèmes de numération dont les bases diffèrent de deux unités. Trouver ces bases si la somme de ces deux nombres est 34.*

Soient $x$ et $x+2$ les deux bases ; on aura :

$$2\times x+3+2(x+2)+3=34.$$

On tire de là : $\qquad x=6$ et $x+2=8.$

**Rép.** Les bases sont **6** et **8**.

**605.** *Partager le nombre 100 en 4 parties qui soient directement proportionnelles aux nombres a, 4a, 6a, 9a.*

Désignons ces parties par :

$$ax, \ 4ax, \ 6ax, \ 9ax ;$$

on a : $\qquad ax+4ax+6ax+9ax=100$

d'où l'on tire :

$$x=\frac{100}{20a}=5a.$$

Les parties seront :

$$a\times\frac{5}{a}=5 \ ; \quad \frac{4a\times 5}{a}=20 \ ; \quad \frac{6a\times 5}{a}=30 \ ; \quad \frac{9a\times 5}{a}=45.$$

**Rép.** Les parties sont : **5, 20, 30, 45**.

**606.** *Partager le nombre a² en parties inversement proportionnelles aux nombres a, $\frac{a}{4}$, $\frac{a}{6}$, $\frac{a}{9}$.*

Les parties étant $x, y, z, u$, on a :

$$\frac{x}{1/a}=\frac{y}{4/a}=\frac{z}{6/a}=\frac{u}{9/a}.$$

On tire de là :

$$\frac{x}{1/a}=\frac{y}{4/a}=\frac{z}{6/a}=\frac{u}{9/a}=\frac{x+y+z+u}{20/a}=\frac{a^2}{20/a}=\frac{a^2}{20}.$$

On en déduit :

$$x=\frac{a^2}{20}, \quad y=\frac{a^2}{5}, \quad z=\frac{3a^2}{10}, \quad u=\frac{9a^2}{20}.$$

**Rép.** Les parties sont : $\dfrac{a^2}{20}, \ \dfrac{a^2}{5}, \ \dfrac{3a^2}{10}, \ \dfrac{9a^2}{20}.$

**607.** *Après avoir doublé un nombre et lui avoir soustrait 2, on le double de nouveau ; puis on lui retranche 2 et on le double une troisième fois et l'on trouve 68 pour résultat. Cherchez quel est ce nombre.*

Soit $x$ ce nombre, on a l'équation :

$$[(2x-2)2-2]2=68.$$

Elle donne pour racine :

$$x=10.$$

**Rép.** Ce nombre est **10**.

**608.** *Une certaine somme placée à intérêts simples à 5 % produit 10 fois plus, moins 140 fr., que si elle était placée à 4 %. Quelle est cette somme ?*

Soit $x$ cette somme. On a l'équation :

$$\frac{x \times 5}{100} = \frac{x \times 4}{100} \times 10 - 140.$$

Elle donne :

$$x=400.$$

**Rép.** Cette somme égale **400 fr.**

**609.** *Étant donnés n points non en ligne droite, on joint chacun d'eux à tous les autres. Sachant qu'on a ainsi 45 droites distinctes, trouver n.*

Le premier point étant joint à tous les autres, donne $n-1$ droites. Chaque point en donne un nombre pareil. On trace donc ainsi un nombre de droites égal à :

$$n(n-1)$$

Comme elles sont toutes répétées 2 fois, leur nombre exact est :

$$\frac{(n-1)n}{2}$$

d'où l'équation :

$$\frac{n(n-1)}{2} = 45$$

ou

$$n(n-1)=90.$$

En décomposant 90 en facteurs correspondants, on trouve :

$$n=10.$$

**Rép.** $n=$ **10**.

**610.** *Il est midi ; dans combien de temps les trois aiguilles d'une montre seront-elles ensemble au même point du cadran?*

Nous avons vu les points du cadran où l'aiguille des heures et celle des minutes se rencontrent. Or, il est facile de constater qu'à aucune de ces 11 rencontres, l'aiguille des secondes ne coïncide avec les deux autres, excepté à minuit.

**Rép.** La rencontre des trois aiguilles se fera à **minuit**.

**611.** *On mélange trois sortes de vin, à 0 fr. 60, à 1 fr. 20, à 1 fr. 40 le litre, de manière que le mélange revienne à 1 fr. le litre. Comment faut-il faire ce mélange?*

Soient $x$, $y$, $z$, les quantités de ces trois vins qui rentrent dans un litre du mélange. On a les deux équations à 3 inconnues :

$$x + y + z = 1 \tag{1}$$

$$x \times 0{,}60 + y \times 1{,}20 + z \times 1{,}40 = 1.$$

En multipliant la seconde par 10, et en y remplaçant $x$ par sa valeur tirée de la première équation, il vient successivement :

$$6(1 - y - z) + 12y + 14z = 10$$

$$6y + 8z = 4.$$

De cette équation on tire :

$$y = \frac{4 - 8z}{6} = -z + \frac{2 - z}{3}.$$

Si l'on pose

$$\frac{2 - z}{3} = u.$$

Cette valeur de $y$ donne :

$$y = u - z \tag{2}$$

La condition

$$\frac{2 - z}{3} = u$$

donne :

$$z = 2 - 3u \tag{3}$$

Les valeurs de $y$ et de $x$ deviennent :

$$y = u - 2 + 3u = 4u - 2$$

$$x = 1 - y - z = 1 - 4u + 2 - 2 + 3u = 1 - u$$

On a donc le nouveau système :

$$x = 1 - u$$

$$y = 4u - 2$$

$$z = 2 - 3u$$

Comme $x$, $y$ et $z$ doivent être positifs, il faut que l'on ait :

$$1 - u > 0 \qquad 4u - 2 > 0 \qquad 2 - 3u > 0$$

ou bien

$$u < 1 \qquad u > \frac{1}{2} \qquad u < \frac{2}{3}.$$

On voit ainsi que $u$ est compris entre $\frac{1}{2}$ et $\frac{2}{3}$ ; on peut donc lui

donner toute valeur, $\frac{7}{12}$ par exemple, comprise entre $\frac{1}{2}$ et $\frac{2}{3}$.

Pour $u = \frac{7}{12}$, on a :

$$x = \frac{5}{12} \qquad y = \frac{4}{12} \qquad z = \frac{8}{12}.$$

**Rép.** Il faut mélanger les vins dans le rapport de 5 litres
de la première qualité, 4 de la seconde pour 8 de
la troisième.

REMARQUE. — Il y a d'autres solutions en nombre infini obte-

nues en donnant à $u$ d'autres valeurs comprises entre $\frac{1}{2}$ et $\frac{2}{3}$,

par exemple :

$$\frac{5}{8}, \quad \frac{13}{24}, \quad \frac{3}{5}, \quad \frac{8}{15}, \quad \frac{17}{30}, \quad \frac{19}{30}, \text{ etc.}$$

**612.** *On a payé une somme de 51 fr. avec des pièces de 2 fr.
et de 5 fr. Combien a-t-on donné de chaque espèce de pièces ?*

Soient $x$ et $y$ les nombres respectifs de pièces de chaque espèce,
on a l'unique équation :

$$2x + 5y = 51.$$

On en tire :

$$x = \frac{51 - 5y}{2} = 25 - 2y + \frac{1 - y}{2}.$$

Posons :

$$\frac{1 - y}{2} = z.$$

On tire de là :  $\qquad y = 1 - 2z.$

On a donc le système indéterminé :

$$x = 25 - 2(1 - 2z) + z = 23 + 5z$$
$$y = 1 - 2z$$

Pour que $x$ et $y$ soient positifs, il faut que l'on ait :

$$23 + 5z > 0 \quad \text{et} \quad 1 - 2z > 0$$

ou bien $\qquad z > -5$ et $z < \dfrac{1}{2}$.

Les valeurs entières que l'on peut donner à $z$ sont, par suite,
$$-4, \quad -3, \quad -2, \quad -1, \quad -0.$$

Il en résulte pour $x$ les valeurs :
$$3 \quad 8 \quad 13 \quad 18 \quad 23$$

et pour $y$ : $\qquad 9 \quad 7 \quad 5 \quad 3 \quad 1$

**Rép.** On peut faire ce paiement de 5 manières, en prenant :

- 1° **3** pièces de **2** fr. et **9** pièces de **5** fr. ;
- 2° **8** pièces de **2** fr. et **7** pièces de **5** fr. ;
- 3° **13** pièces de **2** fr. et **5** pièces de **5** fr. ;
- 4° **18** pièces de **2** fr. et **3** pièces de **5** fr. ;
- 5° **23** pièces de **2** fr. et **1** pièce de **5** fr.

**618.** *Deux sources, coulant, l'une pendant 3 jours, et l'autre pendant 5, ont rempli un bassin de 1200 mètres cubes ; les mêmes sources, coulant respectivement pendant 2 et 4 jours, ont rempli un autre bassin de 840 mètres cubes. Quelle est la quantité d'eau que chaque source donne par jour?*

Soient $x$ et $y$ les nombres respectifs de m³ débités par les deux fontaines, on a les deux équations :
$$3x + 5y = 1200$$
$$2x + 4y = 840.$$

Ce système a pour solution : $\quad x = 300 \quad y = 60.$

**Rép.** Les fontaines débitent respectivement **300** m³ et **60** m³.

**614.** *Trois personnes de société ont acheté un bien de 50.000 f. La première personne paierait seule ce bien si elle avait en plus la moitié de l'argent qu'a la seconde ; la seconde le paierait à son tour si elle avait le tiers de l'argent de la première ; enfin la troisième aurait besoin du quart de l'argent de la première. Quel est l'avoir de chaque personne?*

Soient $x$, $y$, $z$, les avoirs respectifs de ces trois personnes ; on a les 3 équations :
$$x + \frac{y}{2} = 50.000$$
$$y + \frac{x}{3} = 50.000$$
$$z + \frac{x}{4} = 50.000.$$

La solution de ce système est :
$$x = 30.000, \quad y = 40.000, \quad z = 42.500.$$

**Rép.** Les 3 avoirs sont : **30.000** fr., **40.000** fr., **42.500** fr.

**615.** *Trois ouvriers sont occupés à un ouvrage. Le premier et le deuxième pourraient le faire en 8 jours ; le premier et le troisième le feraient en 9 jours, et le deuxième et le troisième en 10 jours. Combien faut-il de jours à chacun pour faire cet ouvrage ?*

Soient $x$, $y$, $z$, les nombres respectifs de jours nécessaires à chaque ouvrier pour faire l'ouvrage en travaillant seul. On a les 3 équations :

$$\frac{8}{x}+\frac{8}{y}=1$$

$$\frac{9}{x}+\frac{9}{z}=1$$

$$\frac{10}{y}+\frac{10}{z}=1.$$

On trouve pour solution de ce système :

$$x=14\frac{34}{49}, \qquad y=17\frac{23}{41}, \qquad z=23\frac{7}{31}.$$

**Rép.** Le premier ferait l'ouvrage en 14 jours $\frac{34}{49}$, le second en 17 jours $\frac{23}{41}$, et le troisième en 23 jours $\frac{7}{31}$.

**616.** *Une personne change des pièces de 5 fr. contre des pièces de 2 fr. Quelle somme a-t-elle, si, après l'échange, elle a 252 pièces de plus ?*

Soit $x$ le nombre de pièces de 5 fr. La valeur totale de ces pièces est $5x$ fr. Cette personne reçoit cette même somme en pièces de 2 fr. Le nombre des pièces de 2 francs étant $x+252$, on a l'équation :

$$5x=(x+252)\times 2$$

d'où

$$x=168$$

La somme cherchée est

$$5x=840 \text{ fr.}$$

**Rép. 840 fr.**

**617.** *Un homme charitable rencontrant un certain nombre de pauvres, veut donner 5 fr. à chacun, mais après avoir compté son argent, il lui manque 5 fr. ; il donne alors 4 fr. à chaque pauvre, et il lui reste 5 fr. Combien y avait-il de pauvres, et quelle somme possédait l'homme charitable ?*

Soit $x$ le nombre des pauvres. L'homme charitable possède :

$$5x-5$$

ou bien                              $4x+5.$

On a donc pour équation de ce problème :

$$5x-5=4x+5$$

d'où

$$x=10 \quad \text{et} \quad 5x-5=45.$$

**Rép.** Il y avait **10** pauvres et cet homme possédait **45** fr.

**618.** *Un général veut disposer en carré à centre vide les 1404 hommes dont il dispose. Il doit y avoir trois rangs sur chaque côté. Combien mettra-t-il de soldats sur chaque ligne?*

Soit $x$ le nombre d'hommes qu'on peut mettre sur le côté du carré extérieur. Les 4 côtés renferment chacun $x-1$ hommes et en tout $4x-4$ hommes. Le second carré contient $x-3$ hommes sur le côté, et en tout $4x-12$. Le troisième carré contient $4x-20$ hommes.

On a donc :

$$(4x-4)+(4x-12)+(4x-20)=1.404.$$

**Rép.** Il mettra **120** hommes sur le côté du premier carré, **118** sur le côté du deuxième carré et **116** sur le côté du troisième.

**619.** *Un homme en mourant laisse a fr. à son fils aîné et b fr. au cadet. Le premier augmente annuellement son avoir de c fr. et le second diminue le sien de d fr. Dans combien de temps l'aîné aura-t-il m fois plus que son frère?*

Soit $x$ le temps cherché. On aura l'équation :

$$a+cx=m(b-dx).$$

D'où l'on tire :

$$x=\frac{mb-a}{md+c}.$$

**Rép.** Le temps cherché est $\dfrac{mb-a}{md+c}.$

**620.** *Une couronne pesant 300 grammes est formée d'or et d'argent. En la pesant dans l'eau, on trouve qu'elle perd 20 grammes de son poids. Trouver la composition de cette couronne, sachant que l'or a pour densité 19,50 et l'argent 10,5.*

Le poids de la couronne dans l'eau est de $300-20=280$ gr.

Soient $x$ et $y$ les poids de l'or et de l'argent qu'elle contient. Un décimètre cube d'or perd 1 kg. de son poids, c'est-à-dire que 19 kg. 50 d'or dans l'air se réduisent dans l'eau à 18 kg. 50, un kg. se réduira à $\dfrac{18,50}{19,5}$ et $x$ kg. se réduiront à $\dfrac{18,50x}{19,5}$ ; de même les $y$ gr. d'argent se réduiront à $\dfrac{9,5y}{10,5}$. De sorte qu'on a les deux équations :

$$x+y=300$$

$$\frac{18,50x}{19,50}+\frac{9,50y}{10,50}=280.$$

**Rép.** La couronne contient **105** gr. d'argent et **195** gr. d'or.

**621.** *Trois terrassiers creusent un fossé. Le premier et le deuxième le creuseraient en 1 jour 5/7 ; le deuxième et le troisième le creuseraient en 2 jours 2/9, et le premier et le troisième en 1 jour 7/8. Combien chaque terrassier travaillant seul, mettra-t-il de temps ?*

Représentons par $x$, $y$, $z$, les temps respectifs que mettent les trois ouvriers pour creuser le fossé.

Le premier et le deuxième creusent le fossé en $\dfrac{12}{7}$ de jour.

Le premier en 1 jour fait $\dfrac{1}{x}$ et en $\dfrac{12}{7}$ de jour il fera :

$$\frac{12}{7x}$$

et le second :

$$\frac{12}{7y}.$$

On a donc l'équation :

$$\frac{12}{7x}+\frac{12}{7y}=1$$

ou

$$\frac{1}{x}+\frac{1}{y}=\frac{7}{12}. \qquad (1)$$

On a de même pour le deuxième et le troisième terrassiers :

$$\frac{20}{9y}+\frac{20}{9z}=1$$

ou

$$\frac{1}{y}+\frac{1}{z}=\frac{9}{20}. \qquad (2)$$

Le premier et le troisième fournissent l'équation :

$$\frac{15}{8x}+\frac{15}{8z}=1$$

$$ou \qquad \frac{1}{x} + \frac{1}{z} = \frac{8}{15}. \qquad\qquad (3)$$

Les équations (1), (2), (3), donnent :
$$x = 3 \qquad y = 4 \qquad z = 5$$

**Rép.** Le premier ouvrier met 3 jours, le second en met 4 et le troisième 5.

**622.** *Un orfèvre a deux lingots formés d'or et d'argent. Le premier a pour titre 0,95 et le second 0,85. Quel poids doit-il prendre de ces deux lingots pour obtenir un alliage au titre 0,90?*

Soient $x$ et $y$ les poids respectifs pris dans les deux lingots pour former 1 kg. d'alliage ; on a les deux équations :
$$x + y = 1$$
$$x \times 0,95 + y \times 0,85 = 1 \times 0,90.$$

En résolvant ce système, il vient :
$$x = \frac{1}{2} \quad \text{et} \quad = \frac{1}{2}.$$

**Rép.** Il faut prendre autant d'un lingot que de l'autre.

**623.** *Un marchand de vins fins a vendu une première fois 30 litres de bourgogne, 6 litres de bordeaux et 5 litres de champagne pour la somme de 260 fr. ; une deuxième fois, il a vendu 5 litres de bourgogne, 10 de bordeaux, 12 de champagne pour 276 fr. ; enfin, une troisième fois, il a vendu 20 litres de bourgogne, 4 de bordeaux, 10 de champagne, et a reçu 280 fr. Quel est le prix du litre de chaque qualité?*

Soient $x$, $y$, $z$, ces trois prix. On a les trois équations :
$$30x + 6y + 95z = 260$$
$$5x + 10y + 12z = 276$$
$$20x + 4y + 10z = 280.$$

En résolvant ce système, on trouve :
$$x = 4,80 \qquad y = 6,00 \qquad z = 16.$$

**Rép.** Le bourgogne coûte 4 fr. 80 ; le bordeaux, 6 fr. et le champagne 16 fr.

**624.** *Résoudre l'inégalité* $3x - 10 > 20 - x.$
Cette inégalité s'écrit successivement :
$$5x + x > 20 + 10$$
$$6x > 30$$
$$x > \frac{30}{6}$$
$$x > 5.$$

**Rép.** Toute valeur de $x$ supérieure à 5 vérifie l'inégalité

**625.** *Résoudre le système*

$$7x-15 > 20-3x.$$
$$14x-21 < 23+10x.$$

La première inégalité est vérifiée pour :

$$x > 3,5.$$

La seconde est vérifiée pour :

$$x < 11.$$

**Rép. Toute valeur de** $x$ **comprise entre 3, 5 et 11 vérifiera les deux inégalités.**

**626.** *Entre quelles limites peut varier un côté d'un triangle dont les deux autres côtés ont 12 m. et 20 m.?*

Le côté inconnu $x$ doit être compris entre la somme et la différence des deux autres ; on doit donc avoir :

$$x < 12+20 \text{ ou } x < 32$$
$$x > 20-12 \text{ ou } x > 8$$

**Rép. Le troisième côté ne peut être que l'un des nombres compris entre 8 et 32.**

# QUATRIÈME PARTIE

# ÉQUATIONS DU DEUXIÈME DEGRÉ

## CHAPITRE PREMIER

### EXERCICES SUR LES RADICAUX

*Effectuer les opérations indiquées :*

1. $\sqrt{1}$.  Rép. 1 ;  −1.

2. $\sqrt{4}$.  Rép. 2 ;  −2.

3. $\sqrt{25}$.  Rép. 5 ;  −5.

4. $\sqrt{a^6}$.  Rép. $a^3$ ;  $-a^3$.

5. $\sqrt{a^{16}}$.  Rép. $a^8$ ; $-a^8$.

6. $\sqrt{(a-1)^2}$.  Rép. $a-1$ ; $1-a$.

7. $\sqrt{(a+b-c)^4}$.
Rép. $(a+b-c)^2$ ;  $-(a+b-c)^2$.

8. $\sqrt[3]{1}$.  Rép. 1.

9. $\sqrt[3]{-1}$.  Rép. −1.

10. $\sqrt[3]{-27}$.  Rép. −8.

**11.** $\sqrt[3]{-a^{12}}$.        Rép. $-a^4$.

**12.** $\sqrt[3]{-a^3 b^6 c^9}$.        Rép. $-ab^2 c^3$.

**13.** $\sqrt{a^4 b^2}$.        Rép. $a^2 b$ ;    $-a^2 b$.

**14.** $\sqrt[3]{-a^6 b^3}$.        Rép. $-a^2 b$.

**15.** $\sqrt{16 a^4 b^6 c^{10}}$.        Rép. $4a^2 b^3 c^5$ ;    $-4a^2 b^3 c^5$.

**16.** $\sqrt[3]{-(a+1)^6}$.        Rép $-(a+1)^2$

**17.** $\sqrt[3]{-\dfrac{a^2}{b^6}}$.        Rép. $-\dfrac{a}{b^2}$.

**18.** $\sqrt{a^{30} b^{12} c^{24}}$.        Rép. $a^{15} b^6 c^{12}$,    $-a^{15} b^6 c^{12}$

**19.** $\left(\dfrac{4}{5} \cdot \dfrac{5}{6} \cdot \dfrac{2}{3}\right)^3$.

Cette expression se réduit à $\left(\dfrac{4}{9}\right)^3$.

     Rép. $\dfrac{64}{729}$.

**20.** $\left(\dfrac{2^8 \cdot 5^4 \cdot 6^5 \cdot a^4}{3^4 \cdot 6^3 \cdot 10^2}\right)^3$.

On a :
$$10^2 = 2^2 \cdot 5^2 \quad \text{et} \quad 6^5 = 6^3 \cdot 6^2 = 6^3 \cdot 2^3 \cdot 3^2.$$

L'expression donnée devient :
$$\left(\frac{2^8 \cdot 5^4 \cdot 6^3 \cdot 2^3 \cdot 3^2 \cdot a^4}{3^4 \cdot 6^3 \cdot 2^2 \cdot 5^2}\right)^3 = \left(\frac{2^3 \cdot 5^2 \cdot a^4}{3^2}\right)^3 = \frac{2^9 \cdot 5^6 \cdot a^{12}}{3^6} = \frac{8.000.000 a^{12}}{729}$$

     Rép. $\dfrac{2^9 \cdot 5^6 \cdot a^{12}}{8^6}$    ou    $\dfrac{8.000.000 a^{12}}{729}$.

**21.** $\left(\left[a^2 b^{32}\right]^3\right)^5$.        Rép. $a^{60} b^{90}$.

*Dans les expressions suivantes, faire entrer les coefficients sous les radicaux :*

**22.** $2a^3 \sqrt[3]{-a^5}$.

     $2a^3 \sqrt[3]{-a^5} = \sqrt[3]{(2a^3)^3 (-a^5)} = \sqrt[3]{-8 a^{14}}$.

     Rép. $\sqrt[3]{-8 a^{14}}$.

**23.** $-3a^2\sqrt[3]{-4a^5},$ \hfill Rép. $\sqrt[3]{108a^{11}}.$

**24.** $2(a-b)\sqrt{a-b},$ \hfill Rép. $\sqrt{4(a-b)^3}.$

**25.** $(3a-1)^2\sqrt{3a-1},$ \hfill Rép. $\sqrt{(3a-1)^5}.$

**26.** $\dfrac{1-a}{a}\sqrt{\dfrac{a^4}{(a-1)^4}}.$ \hfill Rép. $\sqrt{\dfrac{a^2}{(a-1)^2}}=\dfrac{a}{a-1}.$

**27.** $\dfrac{a+1}{m}\sqrt[3]{\dfrac{m^2}{(a+1)^2}}.$ \hfill Rép. $\sqrt[3]{\dfrac{a+1}{m}}.$

## IV. Exercices sur les Radicaux

*Trouver les racines carrées des expressions suivantes :*

**28.** $(a+b-c)^{10}.$ \hfill Rép. $\pm(a+b-c)^5.$

**29.** $\sqrt{(a+b)^{14}}.$ \hfill Rép. $\pm(a+b).$

**30.** $\sqrt[3]{a^4b^8c^{10}}.$ \hfill Rép. $\pm ab^2c^2\sqrt[3]{c}.$

**31.** $225a^6b^8\sqrt[3]{a^4}.$ \hfill Rép. $\pm 15a^3b^4\sqrt[3]{a^2}.$

*Simplifier les radicaux :*

**23.** $\sqrt[6]{a^4b^2c^6d^8}.$ \hfill Rép. $cd\sqrt[3]{a^2bd}.$

**33.** $\sqrt{8a^4b^3-16a^4b^4}.$ \hfill Rép. $2a^2b\sqrt{2b-4b^2}.$

**34.** $\sqrt[6]{16a^2(a-b)^4a^9}.$ \hfill Rép. $d\sqrt[6]{16a^2(a-b)^4d^3}.$

**35.** $-\sqrt[3]{-\dfrac{a^6}{b^9}}.$ \hfill Rép. $\dfrac{a^2}{b^3}.$

*Réduire au même indice :*

**36.** $a,\ b^2,\ \sqrt{c}.$ \hfill Rép. $\sqrt{a^2},\ \sqrt{b^4},\ \sqrt{c}.$

**37.** $1,\ \sqrt[3]{a},\ a^3.$ \hfill Rép. $\sqrt[3]{1},\ \sqrt[3]{a},\ \sqrt[3]{a^9}.$

**38.** $a^4,\ \sqrt[5]{b^2}.$ \hfill Rép. $\sqrt[5]{a^{20}},\ \sqrt[5]{b^2}.$

**39.** $\sqrt[3]{a^4},\ \sqrt[4]{a^3}.$ \hfill Rép. $\sqrt[12]{a^{16}},\ \sqrt[12]{a^9}.$

*Effectuer les opérations indiquées et réduire :*

**40.** $\sqrt[3]{-8} + \sqrt[3]{-64} - \sqrt[3]{-216}.$
Rép. 0.

**41.** $\sqrt{16a-32} + 5\sqrt{49a-98}.$
Rép. $39\sqrt{a-2}.$

**42.** $\sqrt{a} \cdot \sqrt[4]{\dfrac{1}{a^2}} \cdot \sqrt[6]{a^3}.$
Rép. $\sqrt{a}.$

**43.** $5\sqrt[8]{81} : \sqrt[4]{9}.$
Rép. 5.

*Simplifier les radicaux suivants :*

**44.** $\sqrt[3]{\dfrac{-a^6 b^9 c}{d}}.$

On sort $-a^6 b^9$ de dessous le radical en extrayant la racine cubique de cette quantité :

$$\sqrt[3]{\dfrac{-a^6 b^9 c}{d}} = -a^2 b^3 \sqrt[3]{\dfrac{c}{d}}.$$

Rép. $-a^2 b^3 \sqrt[3]{\dfrac{c}{d}}.$

**45.** $\sqrt{(a-b)^6 (a+b)^2 (c+d)}.$
Rép. $(a-b)^3 (a+b)\sqrt{c+d}.$

**46.** $\sqrt{-4}.$
Remarquons qu'on peut écrire (4ᵉ Partie, 3ᵉ corollaire IV) :
$$\sqrt{-4} = \sqrt{(-1) \times 4} = 2\sqrt{-1}.$$
Rép. $2\sqrt{-1}.$

**47.** $\sqrt{-a^6}.$
On a de même :
$$\sqrt{-a^6} = \sqrt{(-1) \times a^6} = a^3 \sqrt{-1},$$
Rép. $a^3\sqrt{-1}.$

**48.** $\sqrt{a^2-a^4}$.

On sort $a^2$ de dessous le radical :

$$\sqrt{a^2-a^4}=\sqrt{a^2(1-a^2)}=a\sqrt{1-a^2}.$$

**Rép.** $a\sqrt{1-a^2}$.

**49.** $\sqrt{24a^8b^7c^5}$.        **Rép.** $2a^2b^2c\sqrt{8a^2bc^2}$.

**50.** $\sqrt[3]{32x^3(x^2-a^2)^5}$.

On met en évidence les cubes renfermés sous le radical, ainsi on a :

$$\sqrt[3]{32x^3(x^2-a^2)^5}=\sqrt[3]{8x^3(x^2-a^2)^3.4(x^2-a^2)^2}=2x(x^2-a^2)\sqrt[3]{4(x^2-a^2)^2}.$$

**Rép.** $2x(x^2-a^2)\sqrt[3]{4(x^2-a^2)^2}$.

**51.** $\sqrt{\left(\dfrac{a^4-b^4}{a^2-b^2}\right)^3\cdot\left(\dfrac{a^2-b^2}{a^4-b^4}\right)^4}$.

On a d'abord :

$$\left(\frac{a^4-b^4}{a^2-b^2}\right)^3\left(\frac{a^2-b^2}{a^4-b^4}\right)^4=\frac{(a^2+b^2)^3(a^2-b^2)^3}{(a^2-b^2)^3}\times\frac{(a^2-b^2)^4}{(a^2b^2)^4(a^2-b^2)^4}$$

$$=\frac{(a^2+b^2)^3(a^2-b^2)^7}{(a^2+b^2)^4(a^2-b^2)^7}=\frac{1}{a^2+b^2}.$$

On a ensuite :

$$\sqrt{\left(\frac{a^4-b^4}{a^2-b^2}\right)^3\left(\frac{a^2-b^2}{a^4-b^4}\right)^4}=\sqrt{\frac{1}{a^2+b^2}}=\frac{1}{\sqrt{a^2+b^2}}.$$

**Rép.** $\sqrt{\dfrac{1}{a^2+b^2}}=\dfrac{1}{\sqrt{a^2+b^2}}$.

**52.** $\sqrt{3a^2+\sqrt{6a^4-\sqrt{25a^8}}}$.

On écrit successivement :

$$\sqrt{25a^8}=5a^4$$

$$\sqrt{6a^4-\sqrt{25a^8}}=\sqrt{6a^4-5a^4}=\sqrt{a^4}=a^2$$

$$\sqrt{3a^2+\sqrt{6a^4-\sqrt{25a^8}}}=\sqrt{3a^2+a^2}=\sqrt{4a^2}=2a.$$

**Rép.** $2a$.

**53.** $\sqrt{1+\sqrt{6+\sqrt{5+\sqrt{16}}}}$.      **Rép.** $2$.

**54.** $-\sqrt[3]{-\dfrac{a^6}{b^9}}$.      **Rép.** $\dfrac{a^2}{b^3}$.

**55.** $\sqrt[7]{-a^9b^8c^{15}}$.                    **Rép.** $-abc^2\sqrt[7]{a^2bc}$.

**56.** $\sqrt[12]{\dfrac{a^4}{(1-a)^8}}$.                    **Rép.** $\sqrt[3]{\dfrac{a}{(1-a)^2}}$.

**57.** $\sqrt{a^7}+\sqrt{a^5}-\sqrt{a^3}+\sqrt{a}$.

On a :

$$\sqrt{a^7}=a^3\sqrt{a}.$$
$$\sqrt{a^5}=a^2\sqrt{a}.$$
$$\sqrt{a^3}=a\sqrt{a}.$$

Il résulte de là que l'on pourrait écrire :

$$a^3\sqrt{a}+a^2\sqrt{a}-a\sqrt{a}+\sqrt{a}=(a^3+a^2-a+1)\sqrt{a}.$$

**Rép.** $(a^3+a^2-a+1)\sqrt{a}$.

*Simplifier les expressions suivantes :*

**58.** $a\sqrt[5]{b^6c^7d^8}-c\sqrt[5]{a^{15}b^6c^{22}d^8}$.

On peut écrire :

1° $a\sqrt[5]{b^6c^7d^8}=a\sqrt[5]{b^5c^5 \cdot bc^2d^3}=abc\sqrt[5]{bc^2d^3}$

2° $-c\sqrt[5]{a^{15}b^6c^{22}d^8}=-c\sqrt[5]{a^{15}b^5c^{20}d^5 \cdot bc^2d^3}=-a^3bc^5d\sqrt[5]{bc^2d^3}$.

d'où

$$abc\sqrt[5]{bc^2d^3}-a^3bc^5d\sqrt[5]{bc^2d^3}=(abc-a^3bc^5d)\sqrt[5]{bc^2d^3}.$$

**Rép.** $(abc-a^3bc^5d)\sqrt[5]{bc^2d^3}$.

**59.** $\sqrt{\dfrac{a}{b^2}-\dfrac{c}{b^2}}+\sqrt{\dfrac{a}{c^2}-\dfrac{1}{c}}$.

On écrit :

1° $\sqrt{\dfrac{a}{b^2}-\dfrac{c}{b^2}}=\sqrt{\dfrac{a-c}{b^2}}=\dfrac{1}{b}\sqrt{a-c}$

2° $\sqrt{\dfrac{a}{c^2}-\dfrac{1}{c}}=\sqrt{\dfrac{a}{c^2}-\dfrac{c}{c^2}}=\sqrt{\dfrac{a-c}{c^2}}=\dfrac{1}{c}\sqrt{a-c}$.

On déduit de là que l'expression donnée se réduit à :

$$\dfrac{1}{b}\sqrt{a-c}+\dfrac{1}{c}\sqrt{a-c}=\left(\dfrac{1}{b}+\dfrac{1}{c}\right)\sqrt{a-c}=\dfrac{(b+c)\sqrt{a-c}}{bc}.$$

**Rép.** $\dfrac{(b+c)\sqrt{a-c}}{bc}$.

**60.** $3\sqrt{2}\ \ 4\sqrt{3}\cdot 5\sqrt{24}.$

Pour résoudre cette question, on applique le théorème (10, 4ᵉ Partie).

**Rép. 720.**

**61.** $\sqrt{a}\cdot\sqrt[4]{\dfrac{1}{a^2}}\cdot\sqrt[9]{a^3}.$

On a :

$$1^\circ\quad \sqrt[4]{\frac{1}{a^2}}=\sqrt{\frac{1}{a}}\cdot$$
$$2^\circ\quad \sqrt[9]{a^3}=\sqrt{a}\cdot$$

Par suite, le produit donné devient :

$$\sqrt{a}\cdot\sqrt{\frac{1}{a}}\cdot\sqrt{a}=\sqrt{a.\frac{1}{a}\cdot a}=\sqrt{a}.$$

**Rép.** $\sqrt{a}.$

**62.** $\sqrt{-4}-\sqrt{-1}.$

On a :

$$\sqrt{-4}=\sqrt{4(-1)}=2\sqrt{-1}.$$

Dès lors,

$$\sqrt{-4}-\sqrt{-1}=2\sqrt{-1}-\sqrt{-1}=\sqrt{-1}.$$

**Rép.** $\sqrt{-1}.$

**63.** $\sqrt{-8}+\sqrt{-32}-2\sqrt{2}.$

On a :

$$1^\circ\quad \sqrt{-8}=2\sqrt{-2}=2\sqrt{2}\cdot\sqrt{-1},$$
$$2^\circ\quad \sqrt{-32}=4\sqrt{-2}=4\sqrt{2}\cdot\sqrt{-1}$$

d'où

$$\sqrt{-8}+\sqrt{-32}-2\sqrt{2}=2\sqrt{2}\cdot\sqrt{-1}+4\sqrt{2}\cdot\sqrt{-1}-2\sqrt{2}$$
$$=6\sqrt{2}\cdot\sqrt{-1}-2\sqrt{2}=2\sqrt{2}\cdot(3\sqrt{-1}-1).$$

**Rép.** $2\sqrt{2}\,(3\sqrt{-1}-1).$

**64.** $a\sqrt{a}\cdot b\sqrt{b}\cdot\dfrac{a}{b}\sqrt{\dfrac{a^3}{b^3}}.$

Comme on a :

$$\sqrt{\frac{a^3}{b^3}}=\frac{a}{b}\sqrt{\frac{a}{b}}.$$

Cette expression se réduit à :

$$\frac{a^3}{b}\sqrt{ab.\frac{a}{b}}=\frac{a^3}{b}\sqrt{a^2}=\frac{a^4}{b}.$$

Rép. $\dfrac{a^4}{b}$.

*Développer et réduire les expressions suivantes :*

**65.** $(\sqrt{-3})^2$.

On a :

$$\sqrt{-3}=\sqrt{3(-1)}=\sqrt{3}\cdot\sqrt{-1}$$

d'où

$$(\sqrt{-3})^2=\sqrt{3}\cdot\sqrt{-1}\times\sqrt{3}\ \sqrt{-1}=\sqrt{9}\cdot(\sqrt{-1})^2$$
$$=3\times(-1)=-3$$

Rép. $-3$.

**66.** $5\sqrt{-8}\cdot 3\sqrt{-32}$.

On écrit :

$$5\sqrt{-8}=5\sqrt{4(-2)}=10\sqrt{-2}$$
$$3\sqrt{-32}=3\sqrt{16(-2)}=12\sqrt{-2}.$$

On a donc pour produit cherché :

$$10\sqrt{-2}\cdot 12\sqrt{-2}=120(\sqrt{-2})^2=-2\times 120=-240.$$

Rép. $-240$.

**67.** $\sqrt{-a^2}\cdot\sqrt{-b^2}$.

On écrit :

$$1°\quad \sqrt{-a^2}=\sqrt{a^2(-1)}=a\sqrt{-1}.$$
$$2°\quad \sqrt{-b^2}=\sqrt{b^2(-1)}=b\sqrt{-1}.$$

d'où

$$\sqrt{-a^2}\cdot\sqrt{-b^2}=a\sqrt{-1}\times b\sqrt{-1}=ab(\sqrt{-1})^2=-ab.$$

Rép. $-ab$.

**68.** $(\sqrt{-5}-\sqrt{-6})^2$.

Cette expression devient d'abord :

$$(\sqrt{-5}-\sqrt{-6})(\sqrt{-5}-\sqrt{-6})=(\sqrt{-5})^2-\sqrt{-6}\sqrt{-5}$$
$$-\sqrt{-6}\sqrt{-5}+(\sqrt{-6})^2.$$

Mais on peut écrire :

$$1° \quad (\sqrt{-5})^2 = -5.$$
$$2° \quad (\sqrt{-6})^2 = -6.$$
$$3° \quad -2\sqrt{-6} \cdot \sqrt{-5} = -2\sqrt{6}\sqrt{-1} \cdot \sqrt{5}\sqrt{-1}$$
$$= -2\sqrt{30}(\sqrt{-1})^2 = -2\sqrt{30}(-1) = 2\sqrt{30}.$$

**Rép.** $2\sqrt{30} - 11$.

**69.** $(3+\sqrt{-4})(3-\sqrt{-4})$.

Le produit est :
$$3^2 - (\sqrt{-4})^2 = 9 - (-4) = 9 + 4 = 13.$$

**Rép.** $9+4$  ou  **13**.

**70.** $(a+b\sqrt{-1})(a-b\sqrt{-1})$.

En effectuant la multiplication, on trouve :
$$a^2 + ab\sqrt{-1} - ab\sqrt{-1} - b^2(\sqrt{-1})^2 = a^2 + b^2.$$

**Rép.** $a^2 + b^2$.

**71.** $(\sqrt{-1})^3$.

On a :
$$(\sqrt{-1})^3 = (\sqrt{-1})^2\sqrt{-1} = -1 \times \sqrt{-1} = -\sqrt{-1}.$$

**Rép.** $-\sqrt{-1}$.

**72.** $(\sqrt{-1})^4$.
$$(\sqrt{-1})^4 = [(\sqrt{-1})^2]^2 = [-1]^2 = 1.$$

**Rép.** **1**.

**73.** $(\sqrt{-1})^5$.

On a :
$$(\sqrt{-1})^5 = (\sqrt{-1})^4 \cdot \sqrt{-1} = 1 \times \sqrt{-1} = \sqrt{-1}.$$

**Rép.** $\sqrt{-1}$.

*Effectuer les opérations indiquées et réduire :*

**74.** $(-\sqrt[3]{-a^7}) : (-\sqrt{a^3})$.

On a d'abord :
$$\sqrt[3]{-a^7} = \sqrt[3]{-a^6 \cdot a} = -a^2\sqrt[3]{a}, \quad \text{et} \quad \sqrt{a^3} = a\sqrt{a}$$

d'où l'on déduit :

$$-(-a^2\sqrt[3]{a}):(-a\sqrt{a})=-a\frac{\sqrt[3]{a}}{\sqrt{a}}=-a\frac{\sqrt[6]{a^2}}{\sqrt[6]{a^3}}=-a\sqrt[6]{\frac{1}{a}}.$$

$$\text{Rép. } -a\sqrt[6]{\frac{1}{a}}=-\sqrt[6]{a^5}.$$

**75.** $3:\sqrt{0,0036:7,20}$.

On a :

$$\frac{3}{\sqrt{\frac{36}{10^4}:\frac{72000}{10^4}}}=\frac{3}{\sqrt{\frac{36}{72000}}}=\frac{3}{\sqrt{\frac{4}{8000}}}=\frac{3}{\sqrt{\frac{1}{2000}}}=3\sqrt{2000}.$$

ou

$$3\sqrt{2000}=3\sqrt{16\cdot25\cdot5}=3\cdot4\cdot5\sqrt{5}=60\sqrt{5}.$$

Rép. $60\sqrt{5}$.

**76.** $6:\sqrt[3]{1:0,008}$.

On a :

$$1:0,008=1:\frac{8}{10^3}=\frac{10^3}{8}$$

d'où

$$\sqrt[3]{1:0,008}=\sqrt[3]{\frac{10^3}{8}}=\frac{10}{2}=5.$$

Le quotient cherché est donc :

$$\frac{6}{5}=1,20.$$

Rép. 1,20.

**77.** $(a+b)\dfrac{\sqrt{a-b}}{\sqrt{a+b}}:\dfrac{\sqrt{a+b}}{\sqrt{a-b}}$.

On peut écrire :

$$\frac{\sqrt{a-b}}{\sqrt{a+b}}:\frac{\sqrt{a+b}}{\sqrt{a-b}}=\frac{(\sqrt{a-b})^2}{(\sqrt{a+b})^2}=\frac{a-b}{a+b}.$$

L'expression donnée se réduit donc à :

$$\frac{(a+b)(a-b)}{a+b}=a-b.$$

Rép. $a-b$.

**78.** $\dfrac{a}{\sqrt{b}} : \dfrac{b}{\sqrt{a}}$.

$$\dfrac{a}{\sqrt{b}} : \dfrac{b}{\sqrt{a}} = \dfrac{a\sqrt{a}}{b\sqrt{b}}.$$

Rép. $\dfrac{a\sqrt{a}}{b\sqrt{b}} = \dfrac{\sqrt{a^3}}{\sqrt{b^3}}$.

**79.** $\dfrac{a}{\sqrt[3]{b^2}} : \dfrac{b}{\sqrt{a^3}}$.

On réduit d'abord au même indice, ce qui donne :

$$\dfrac{\sqrt[6]{a^6}}{\sqrt[6]{b^4}} : \dfrac{\sqrt[6]{b^6}}{\sqrt[6]{a^9}} = \dfrac{\sqrt[6]{a^6} \times \sqrt[6]{a^9}}{\sqrt[6]{b^4} \times \sqrt[6]{b^6}} = \dfrac{\sqrt[6]{a^{15}}}{\sqrt[6]{b^{10}}}.$$

Rép. $\sqrt[6]{\dfrac{a^{15}}{b^{10}}} = \dfrac{a^2}{b}\sqrt[6]{\dfrac{a^3}{b^4}}$.

**80.** $\sqrt{-a^5} : \sqrt{-a^4}$.

Le quotient est :

$$\sqrt{\dfrac{-a^5}{-a^4}} = \sqrt{a}.$$

Rép. $\sqrt{a}$.

**81.** $\sqrt{-12} : \sqrt{-6}$.  Rép. $\sqrt{2}$.

*Effectuer et réduire :*

**82.** $\left(\sqrt[3]{\sqrt[4]{\sqrt{5a^3b}}}\right)^{24}$.

En appliquant le théorème (14), la parenthèse se réduit à :

$$\sqrt[3 \cdot 4 \cdot 2]{5a^3b} = \sqrt[24]{5a^3b}.$$

On a donc : $(\sqrt[24]{5a^3b})^{24} = 5a^3b$.

Rép. $5a^3b$.

**83.** $\left(\sqrt{\sqrt{\sqrt{\sqrt{a^3b^2c}}}}\right)^{32}$.

La parenthèse se réduit à :

$$\sqrt[2 \cdot 2 \cdot 2 \cdot 2]{a^3b^2c} = \sqrt[16]{a^3b^2c}.$$

Par suite, on a :

$$(\sqrt[16]{a^3b^2c})^{32} = [(\sqrt[16]{a^3b^2c})^{16}]^2 = (a^3b^2c)^2 = a^6b^4c^2.$$

Rép. $a^6b^4c^2$.

**84.** $\sqrt{\sqrt{2\sqrt{\sqrt{2\sqrt[3]{\sqrt[3]{2}}}}}}$.

Rép. $\sqrt[?]{2^{23}}$.

**85.** $\sqrt{a^3\sqrt[3]{b^2}}+\sqrt[3]{b^3\sqrt{a^2}}:\sqrt[3]{ab}$.

Rép. $a\sqrt[6]{a^3b^2}+b\sqrt[8]{\dfrac{1}{b}}$.

**86.** $(\sqrt{a+b}-\sqrt{a-b})^2$.

Rép. $2a-2\sqrt{a^2-b^2}$.

**87.** $\left(\sqrt{ab}+b\sqrt{\dfrac{a}{b}}\right)\left(a\sqrt{\dfrac{b}{a}}-\sqrt{ab}\right)$.

Rép. $0$.

**88.** $(\sqrt{a+\sqrt{b}}+\sqrt{a-\sqrt{b}})(\sqrt{a+\sqrt{b}}-\sqrt{a-\sqrt{b}})$.

Rép. $2\sqrt{b}$.

**89.** $\dfrac{5}{a}\sqrt[3]{-a^2}\cdot\dfrac{a}{10}\sqrt[?]{a^8b^2}\cdot\sqrt{2}\cdot\sqrt{a^5}$.

Rép. $\dfrac{-a^4\sqrt[30]{2^{15}a^8b^{12}}}{2}$.

**90.** $\left(\sqrt{a\sqrt{b\sqrt{c\sqrt{d}}}}\right)^{32}$.

On a ;

$$\sqrt{c\sqrt{d}}=\sqrt{\sqrt{c^2d}}=\sqrt[4]{c^2d}$$

$$\sqrt{b\sqrt{c\sqrt{d}}}=\sqrt{b\sqrt[4]{c^2d}}=\sqrt{\sqrt[4]{b^4c^2d}}=\sqrt[8]{b^4c^2d}$$

$$\sqrt{a\sqrt{b\sqrt{c\sqrt{d}}}}=\sqrt{a\sqrt[8]{b^4c^2d}}=\sqrt{\sqrt[8]{a^8b^4c^2d}}=\sqrt[16]{a^8b^4c^2d}.$$

On peut donc écrire :

$$(\sqrt[16]{a^8b^4c^2d})^{32}=[(\sqrt[16]{a^8b^4c^2d})^{16}]^2=(a^8b^4c^2d)^2=a^{16}b^8c^4d^2.$$

Rép. $a^{16}b^8c^4d^2$.

**91.** $\sqrt{9\sqrt{8}}$.

$$\sqrt{9\sqrt{8}}=3\sqrt{\sqrt{8}}=3\sqrt[4]{8}.$$

Rép. $3\sqrt[4]{8}$.

**92.** $\sqrt{9\sqrt{16\sqrt{256}}}$.

On a :

$$\sqrt{256}=16$$
$$\sqrt{16\sqrt{256}}=\sqrt{16^2}=16$$
$$\sqrt{9\sqrt{16\sqrt{256}}}=\sqrt{9\times 16}=3\times 4=12.$$

**Rép. 12.**

**93.** $\sqrt{\sqrt[3]{\sqrt[4]{\sqrt[5]{a^{240}}}}}$.

Cette expression est égale à :

$$2.3.4.\sqrt[5]{a^{240}}=\sqrt[120]{a^{240}}=a^2.$$

**Rép. $a^2$.**

**94.** $\left(\sqrt[3]{2\sqrt{2\sqrt{2\sqrt[4]{4}}}}\right)^{12}$.

On a :

$$\sqrt{2\sqrt[4]{4}}=\sqrt{\sqrt[4]{64}}=\sqrt[8]{64}.$$
$$\sqrt{2\sqrt{2\sqrt[4]{4}}}=\sqrt{2\sqrt[8]{64}}=\sqrt{\sqrt[8]{64\times 2^8}}=\sqrt[16]{2^{14}}=\sqrt[8]{2^7}.$$
$$\sqrt[3]{2\sqrt{2\sqrt{2\sqrt[4]{4}}}}=\sqrt[3]{2\sqrt[8]{2^7}}=\sqrt[3]{\sqrt[8]{2^7\cdot 2^8}}=\sqrt[24]{2^{15}}=\sqrt[8]{2^5}.$$

Par suite,

$$(\sqrt[8]{2^5})^{12}=\sqrt[8]{2^{5\cdot 12}}=\sqrt[8]{2^{60}}=\sqrt{2^{15}}=2^7\sqrt{2}=128\sqrt{2}.$$

**Rép. $128\sqrt{2}=2^7\sqrt{2}$.**

**95.** $\sqrt{\sqrt[3]{ab}}\cdot\sqrt[3]{b\sqrt{a}}$.

On a :

$$\sqrt{a\sqrt[3]{b}}=\sqrt{\sqrt[3]{a^3b}}=\sqrt[6]{a^3b}\quad\text{et}\quad\sqrt[3]{b\sqrt{a}}=\sqrt[3]{\sqrt{ab^2}}=\sqrt[6]{ab^2}.$$

d'où

$$\sqrt[6]{a^3b}\cdot\sqrt[6]{ab^2}=\sqrt[6]{a^4b^3}.$$

**Rép. $\sqrt[6]{a^4b^3}$.**

*Simplifier et réduire :*

**96.** $\sqrt{-4a^4b^2c}$.

**Rép. $2a^2b\sqrt{-c}$.**

**97.** $\sqrt[2]{-4a^2} + \sqrt{-9b^4} - \sqrt{-3bc^6}.$

Rép. $(2a + 8b^2 - c^3\sqrt{3b})\sqrt{-1}.$

*Effectuer :*

**98.** $\sqrt{-2} \cdot \sqrt{-3} \cdot \sqrt{-4}.$

On a :

$$\sqrt{-2} \cdot \sqrt{-3} \cdot \sqrt{-4} \cdot = \sqrt{2} \cdot \sqrt{3} \cdot \sqrt{4} \cdot (\sqrt{-1})^3 = 2\sqrt{6}(\sqrt{-1})^3$$

Mais on a aussi :

$$(\sqrt{-1})^3 = (\sqrt{-1})^2\sqrt{-1} = -\sqrt{-1}.$$

Rép. $-2\sqrt{6}\sqrt{-1} = -2\sqrt{-6}.$

**99.** $(\sqrt{-2} + \sqrt{-3})^2.$

Rép. $-(5 + 2\sqrt{6}).$

**100.** $(2 + \sqrt{-1})(2 - 4\sqrt{-1}.)$

Rép. $8 - 6\sqrt{-1}.$

*Décomposer en facteurs :*

**101.** $a^2 + b^2.$

On a :

$$a^2 + b^2 = a^2 - b^2(\sqrt{-1})^2 = (a + b\sqrt{-1})(a - b\sqrt{-1}).$$

Rép. $(a + b\sqrt{-1})(a - b\sqrt{-1}).$

On a aussi :

$$a^2 + b^2 = (a+b)^2 - 2ab = (a+b)^2 - (\sqrt{2ab})^2$$
$$= (a+b+\sqrt{2ab})(a+b-\sqrt{2ab}).$$

Rép. $(a+b+\sqrt{2ab})(a+b-\sqrt{2ab}).$

**102.** $\dfrac{1}{a^2} + \dfrac{1}{b^2}.$

Rép. $\left(\dfrac{1}{a} + \dfrac{\sqrt{-1}}{b}\right)\left(\dfrac{1}{a} - \dfrac{\sqrt{-1}}{b}\right)$

ou $\left(\dfrac{1}{a} + \dfrac{1}{b} + \sqrt{\dfrac{2}{ab}}\right)\left(\dfrac{1}{a} + \dfrac{1}{b} - \sqrt{\dfrac{2}{ab}}\right).$

103 $a^4+b^4$.

$$\text{Rép. } (a^2+b^2\sqrt{-1})(a^2-b^2\sqrt{-1})$$

$$\text{ou bien}$$

$$(a^2+b^2+ab\sqrt{2})(a^2+b^2-ab\sqrt{2}).$$

104. $x^4+1$.

$$\text{Rép. } (x^2+\sqrt{-1})(x^2-\sqrt{-1})$$

$$\text{ou bien}$$

$$(x^2+1+x\sqrt{2})(x^2+1-x\sqrt{2}).$$

*Rendre rationnels les dénominateurs des fractions suivantes :*

105. $\dfrac{1}{4-\sqrt{3}}$.

$$\frac{1}{4-\sqrt{3}}=\frac{4+\sqrt{3}}{(4-\sqrt{3})(4+\sqrt{3})}=\frac{4+\sqrt{3}}{16-3}=\frac{4+\sqrt{3}}{13}$$

$$\text{Rép. } \frac{4+\sqrt{3}}{13}.$$

106. $\dfrac{a-b}{\sqrt[3]{a}-\sqrt[3]{b}}$.

À cause de l'identité

$$a-b=(\sqrt[3]{a}-\sqrt[3]{b})(\sqrt[3]{a^2}+\sqrt[3]{ab}+\sqrt[3]{b^2}).$$

On voit qu'il suffit de multiplier les deux termes de la fraction donnée par :

$$\sqrt[3]{a^2}+\sqrt[3]{ab}+\sqrt[3]{b^2}.$$

On trouve :

$$\frac{(a-b)(\sqrt[3]{a^2}+\sqrt[3]{ab}+\sqrt[3]{b^2})}{(\sqrt[3]{a}-\sqrt[3]{b})(\sqrt[3]{a^2}+\sqrt[3]{ab}+\sqrt[3]{b^2})}=\frac{(a-b)(\sqrt[3]{a^2}+\sqrt[3]{ab}+\sqrt[3]{b^2})}{a-b}.$$

$$\text{Rép. } \sqrt[3]{a^2}+\sqrt[3]{ab}+\sqrt[3]{b^2}.$$

107. $\dfrac{1}{\sqrt[3]{2}+\sqrt[3]{3}}$.

Comme on a :

$$a+b=(\sqrt[3]{a}+\sqrt[3]{b})(\sqrt[3]{a^2}-\sqrt[3]{ab}+\sqrt[3]{b^2}).$$

On voit qu'il suffit de multiplier les deux termes de la fraction par :

$$\sqrt[3]{2^2}-\sqrt[3]{2\cdot3}+\sqrt[3]{3^2}.$$

Cette fraction devient :

$$\frac{\sqrt[3]{2^2}-\sqrt[3]{2\cdot3}+\sqrt[3]{3^2}}{2+3}=\frac{\sqrt[3]{4}-\sqrt[3]{6}+\sqrt[3]{9}}{5}.$$

Rép. $\dfrac{\sqrt[3]{4}-\sqrt[3]{6}+\sqrt[3]{9}}{5}$.

108. $\dfrac{\sqrt{a}+\sqrt{b}}{\sqrt{a}-\sqrt{b}}$.

On aura :

$$\frac{(\sqrt{a}+\sqrt{b})(\sqrt{a}+\sqrt{b})}{a-b}=\frac{a+b+2\sqrt{ab}}{a-b};$$

Rép. $\dfrac{a+b+2\sqrt{ab}}{a-b}$

109. $\dfrac{1}{2-\sqrt[3]{3}}$.

Il faut poser : $2=\sqrt[3]{8}$, et l'on aura :

$$\frac{1\times(\sqrt[3]{8^2}+\sqrt[3]{8\cdot3}+\sqrt[3]{3^2})}{(\sqrt[3]{8}-\sqrt[3]{3})(\sqrt[3]{8^2}+\sqrt[3]{8\cdot3}+\sqrt[3]{3^2})}=\frac{\sqrt[3]{64}+\sqrt[3]{24}+\sqrt[3]{9}}{8-3}$$

$$=\frac{4+2\sqrt[3]{3}+\sqrt[3]{9}}{5}.$$

Rép. $\dfrac{4+2\sqrt[3]{3}+\sqrt[3]{9}}{5}$,

110. $\dfrac{2}{\sqrt{2}\cdot\sqrt[3]{2}\cdot\sqrt[4]{2}}$.

Il faut multiplier les deux termes de la fraction par :

$$\sqrt{2}\cdot\sqrt[3]{2^2}\cdot\sqrt[4]{2^3}.$$

On obtient :

$$\frac{2\cdot\sqrt{2}\cdot\sqrt[3]{2^2}\cdot\sqrt[4]{2^3}}{2\cdot2\cdot2}=\frac{2\cdot\sqrt[12]{2^6}\cdot\sqrt[12]{2^4}\cdot\sqrt[12]{2^9}}{2^3}=\frac{2\cdot\sqrt[12]{2^{23}}}{2^3}=\frac{2\cdot2\cdot\sqrt[12]{2^{11}}}{2^4}$$

Rép. $\dfrac{\sqrt[12]{2^{11}}}{2}$.

# CHAPITRE II

## ÉQUATIONS DU SECOND DEGRÉ

*Résoudre les équations suivantes :*

**111.** $x^2 - 6x - 16 = 0.$

Rép. x′ = 8 ;  x″ = − 2.

**112.** $3x^2 + 7x + 3 = 0.$

Rép. $x' = \dfrac{-7 + \sqrt{13}}{6}$ ;  $x'' = \dfrac{-7 - \sqrt{13}}{6}.$

**113.** $11x^2 - 15x - 26 = 0.$

Rép. $x' = \dfrac{26}{11}$  ou  $2\dfrac{4}{11}$ ;  x″ = − 1.

**114.** $2x^2 + 2x = 8.$

Rép. $x' = \dfrac{1 + \sqrt{17}}{2}$ ;  $x'' = \dfrac{1 - \sqrt{17}}{2}.$

**115.** $3x^2 - 10x - 25 = 0.$

Rép. $x = 5$ ;  $x'' = -\dfrac{5}{3}.$

**116.** $4x^2 + 2x - 2 = 0.$

Rép. $x' = \dfrac{1}{2}$ ;  x″ = − 1.

**117.** $x^2 - 7x + 12 = 0.$

Rép. x′ = 4 ;  x″ = 3.

**118.** $\dfrac{x}{x-1} = \dfrac{6}{x+1}.$

Rép. x′ = 3 ;  x″ = 2.

**119.** $\dfrac{x+4}{x-3}=\dfrac{2x+6}{x-4}$.

Rép. $x'=+\sqrt{2}$ ; $x''=-\sqrt{2}$.

**120.** $\dfrac{1}{x+7}-\dfrac{2}{5}+\dfrac{1}{3-x}=0$.

Rép. $x'=x''=-2$.

**121.** $\dfrac{x+7}{x-5}+7=\dfrac{x+16}{x-6}$.

Rép. $x'=8$ ; $x''=\dfrac{81}{7}$ ou $4\dfrac{8}{7}$.

**122.** $\dfrac{x^2-4}{5}-4+\dfrac{x^2-1}{4}=17$. Rép. $x=\pm 7$.

**123.** $x(15+x)-15(15+x)-400=0$.

Rép. $x=\pm 25$.

**124.** $\dfrac{x+3}{x-3}-1=\dfrac{x+3}{12}$. Rép. $x=\pm 9$.

**125.** $\dfrac{x}{9}+\dfrac{9}{x}-\dfrac{x}{16}-\dfrac{16}{x}=0$. Rép. $x=\pm 12$.

**126.** $x^2-1=x-0,25$. Rép. $x'=\dfrac{3}{2}$ ; $x''=-\dfrac{1}{2}$.

**127.** $(3-2x)^2-8x=0$. Rép. $x'=4,5$ ; $x''=\dfrac{1}{2}$.

**128.** $\dfrac{x}{x+2}-1+\dfrac{x+2}{4x}=0$. Rép. $x'=2$ ; $x''=2$.

**129.** $\dfrac{x}{x+2}+\dfrac{1}{x+4}=\dfrac{1}{a}$. Rép. $x=a-8\pm\sqrt[2]{a^2+1}$.

**130.** $\dfrac{(x-1)8x}{x+1}=(15-7x)(x-1)$.

Rép. $x'=1$ ; $x''=\dfrac{1}{7}\sqrt{105}$ ; $x'''=-\dfrac{1}{7}\sqrt{105}$.

**131.** $\dfrac{x-\frac{1}{2}}{x-1}-\dfrac{x-3/2}{x-2}+\dfrac{1}{12}=0$.

Rép. $x'=4$ ; $x''=-1$.

**132.** $\dfrac{x+1}{x+2} + \dfrac{x-1}{x-2} = \dfrac{2x+1}{x+1}$.

Rép. $x' = -4$ ;    $x'' = 0$.

**133.** $\dfrac{x-2}{x+2} + \dfrac{x+2}{x-2} = \dfrac{2x+6}{x-3}$

Rép. $x' = \dfrac{4}{3}$ ;    $x'' = 0$.

**134.** $\dfrac{2x-1}{x-1} - \dfrac{2x-3}{x-2} + \dfrac{1}{6} = 0$.

Rép. $x' = 4$ ;    $x'' = -1$.

**135.** $\dfrac{3y+21}{y+1} = \dfrac{2y+1}{y-1}$.        Rép. $y' = 1,34$ ;    $y'' = -16,34$.

**136.** $\dfrac{x^3-1}{x-1} = 0$.        Rép. $x = \dfrac{-1 \pm \sqrt{-3}}{2}$.

**137.** $\dfrac{x^3+1}{x+1} = 0$,        Rép. $x = \dfrac{1 \pm \sqrt{-3}}{2}$.

**138.** $\dfrac{3}{x^2-1} = \dfrac{1}{2x+2} + \dfrac{1}{4}$.    Rép. $x' = 8$ ;    $x'' = -5$,

**139.** $\dfrac{4}{x+2} - \dfrac{12}{x+6} + \dfrac{5}{x+4} = 0$.

Rép. $x' = 6$ ;    $x'' = -\dfrac{10}{3}$.

**140.** $\sqrt{x^2+9} = 5$.

Pour résoudre cette équation, on élève ses deux membres au carré, ce qui donne :

$$x^2 + 9 = 25.$$

Rép. $x' = 4$ ;    $x'' = -4$.

**141.** $\dfrac{118\sqrt{x}}{2} = 59 - \dfrac{\sqrt{x}}{4} + \dfrac{1}{4}$.

Réduisons d'abord au même dénominateur, il vient :

$$236\sqrt{x} = 236 - \sqrt{x} + 1$$

ou

$$\sqrt{x}(236+1) = 237.$$

On tire de là

$$\sqrt{x} = 1$$

ou bien

$$x = 1.$$

Rép. $x = 1$.

**142.** $\sqrt{x + 16} = \sqrt{3x + 9} - 1$.

Elevons les deux membres au carré, on trouve :

$$x + 16 = 3x + 9 + 1 - 2\sqrt{3x + 9}$$

ou bien

$$2x - 6 = 2\sqrt{3x + 9}$$

ou encore

$$x - 3 = \sqrt{3x + 9}.$$

Elevons de nouveau au carré, nous aurons :

$$x^2 - 6x + 9 = 3x + 9$$

ou

$$x^2 - 9x = 0$$

d'où

$$x = 0$$

et

$$x = 9.$$

La racine $x = 0$ est à rejeter, car elle ne vérifie pas l'équation donnée.

Rép. $x = 9$.

**143.** $x + \sqrt{x} - 20 = 0$.

Isolons $\sqrt{x}$ dans le premier membre et élevons au carré, il viendra successivement :

$$\sqrt{x} = 20 - x$$

et

$$x = 400 + x^2 - 40x$$

ou

$$x^2 - 41x + 400 = 0.$$

Les racines de cette équation sont :

$$x = 25$$

et

$$x = 16$$

La première ne convient pas à l'équation donnée.

Rép. $x = 16$.

**144.** $4x - 3\sqrt{x} - 27 = 0.$

Isolons encore $-3\sqrt{x}$ dans un membre et élevons au carré ; nous aurons successivement :

$$4x - 27 = 3\sqrt{x}$$
$$16x^2 + 729 - 216x = 9x$$
$$16x^2 - 225x + 729 = 0$$

Les racines de cette équation sont :

$$x = \frac{81}{16} \quad \text{et} \quad x = 9.$$

La première ne convient pas à l'équation donnée.

**Rép.** $x = 9.$

*Résoudre les équations littérales suivantes :*

**145.** $y^3 - a^2b^2y^2 + a^3b^3y - a^5b^2 = 0.$

**Rép.** $y' = ab \; ; \; y'' = \dfrac{ab}{a^2b^2 - 1}.$

**146.** $x^2 - 2ax + a^2 - (b+c)^2 = 0.$

**Rép.** $x' = a + b + c \; ; \quad x'' = a - b - c.$

**147.** $x^2 + 2ax - a^2 + 1 = 0.$

**Rép.** $x' = -a + \sqrt{2a^2 - 1} \; ; \quad x'' = -a - \sqrt{2a^2 - 1}.$

**148.** $a^2x^2 - 2a^3x + a^4 - 1 = 0.$

**Rép.** $x' = a + \dfrac{1}{a} \; ; \quad x'' = a - \dfrac{1}{a}.$

**149.** $x^2 - 2ax + a^2 - 100 = 0.$

**Rép.** $x' = a + 10 \; ; \quad x'' = a - 10.$

**150.** $4x^2 - 16ax + 16a^2 - b^2 = 0.$

**Rép.** $x' = 2a + \dfrac{b}{2} \; ; \quad x'' = 2a - \dfrac{b}{2}.$

**151.** $2ax^2 - (a^2 + 4x) + 2a = 0.$  **Rép.** $x' = \dfrac{a}{2} \; ; \quad x'' = \dfrac{2}{a}.$

**152.** $x^2 - (2a^2 + 2b^2)x + (a^2 - b^2)^2 = 0.$

**Rép.** $x' = (a+b)^2 \; ; \quad x'' = (a-b)^2.$

**153.** $x^2 - 2ax = b^2 - a^2$

**Rép.** $x' = a + b \; ; \quad x'' = a - b.$

**154.** $x(x-2a^2)+a^4-b^4=0.$

Rép. $x'=a^2+b^2$ ; $x''=a^2-b^2.$

**155.** $\dfrac{2y+13}{y+16}-\dfrac{y-1}{y+1}=\dfrac{y-a}{y+a}.$

Rép. $x=\dfrac{-17a-18\pm\sqrt{-17a^2+8502a+169}}{4a-84}.$

**156.** $\dfrac{2x}{x-a}=1+\dfrac{2x}{a}+\dfrac{2x+2a}{a-x}.$

Rép. $x'=8a$ ; $x''=-\dfrac{a}{2}.$

**157.** $\dfrac{x}{m}+\dfrac{m}{x}=\dfrac{x}{n}+\dfrac{n}{x}.$

Rép. $x'=\sqrt{mn}$ ; $x''=-\sqrt{mn}.$

**158.** $\dfrac{x^2+1}{x}=\dfrac{6m-x}{2m^2}+x.$

Rép. $x'=m(8+\sqrt{7})$ ; $x''=m(8-\sqrt{7}).$

**159.** $x^2(m+1)-3mx+2m-1=0.$

Rép. $x'=\dfrac{2m-1}{m+1}$ ; $x''=1.$

**160.** $\dfrac{x+b}{a}=\dfrac{x}{x-b}.$        Rép. $x=\dfrac{a\pm\sqrt{a^2+4b^2}}{2}.$

**161.** $\dfrac{x-b}{b}=\dfrac{2b}{x-b}.$

Rép. $x'=b(1+\sqrt{2})$ ; $x''=b(1-\sqrt{2}).$

**162.** $\dfrac{1}{x-m}+\dfrac{1}{x-n}-\dfrac{1}{x-p}=0.$

Rép. $x=p\pm\sqrt{p^2-pn-pm+mn}.$

**163.** $\dfrac{x-a}{x+a}=\dfrac{b-x}{b+x}.$

Rép. $x'=\sqrt{ab}$ ; $x''=-\sqrt{ab}.$

**164.** $\dfrac{abx^2}{4} = \dfrac{a+b}{2} \times x - 1$

Rép. $x' = \dfrac{2}{a}$ ; $\quad x'' = \dfrac{2}{b}$.

*Résoudre les équations incomplètes suivantes :*

**165.** $(a+b)x^2 = (a^2 - b^2)x$.  Rép. $x' = a - b$ ; $\quad x'' = 0$.

**166.** $\dfrac{x^2}{a^2} - \dfrac{b^2 x^2}{c^2} = 0$.  Rép. $x' = 0$ ; $\quad x'' = 0$.

**167.** $\dfrac{4}{x-3} - \dfrac{4}{x+3} = \dfrac{1}{3}$.  Rép. $x' = 9$ ; $\quad x'' = 9$.

**168.** $\dfrac{3(x^2 - 11)}{5} = \dfrac{2(x^2 - 60)}{7} + 36$.

Rép. $x' = 9$ ; $\quad x'' = 9$.

**169.** $\dfrac{x+1}{x+2} + \dfrac{x-1}{x-2} = \dfrac{2x-1}{x-1}$.  Rép. $x' = 4$ ; $\quad x'' = 0$.

**170.** $\dfrac{y-2}{y+2} + \dfrac{y+2}{y-2} = \dfrac{13}{6}$.  Rép. $y' = 10$ ; $\quad y'' = 10$.

**171.** $\dfrac{x^2 - 5}{4} = \dfrac{x^2 + 3}{12}$.  Rép. $x' = 3$ ; $\quad x'' = 3$.

---

# CHAPITRE III

## EXERCICES SUR LES PROPRIÉTÉS DES RACINES

*A l'inspection des équations suivantes, dire la nature des racines et donner le réalisant :*

**172.** $5x^2 - 4x + 0{,}8 = 0$.

Rép. Le réalisant R est nul ; les racines sont égales.

**173.** $x^2 + 3x - 40 = 0$.

Rép. R. $= 169$ ; les racines sont de signes contraires.

**174.** $x^2 - 2x + 2 = 0$.

Rép. $R = -4$ ; les racines sont imaginaires.

**175.** $x^2 - 4x + 4 = 0$.

Rép. $R = 0$ ; les racines sont égales.

*Sans résoudre les équations suivantes, trouver la somme des racines, leur différence et leur produit :*

**176.** $x^2 - 49x + 360 = 0$.

Rép. $x' + x'' = 49$ ;    $x' - x''$ est imaginaire ;    $x'x'' = 360$.

**177.** $x^2 - 2x - 80 = 0$.

Rép. $x' + x'' = 2$ ;    $x' - x'' = 18$ ;    $x'x'' = -80$.

**178.** $4x^2 - 4x + 5 = 0$.

Rép. $x' + x'' = 1$ ;    $x' - x''$ est imaginaire ;    $x'x'' = \dfrac{5}{4}$.

**179.** $144x^2 - 24x + 1 = 0$.

Rép. $x' + x'' = \dfrac{1}{6}$ ;    $x' - x'' = 0$ ;    $x'x'' = \dfrac{1}{144}$.

*Former l'équation du second degré dont les racines sont :*

**180.** 1,    99.                        Rép. $x^2 - 100x + 99 = 0$.

**181.** 4,    —20.                      Rép. $x^2 + 16x - 80 = 0$.

**182.** 10,    —10.                     Rép. $x^2 - 100 = 0$.

**183.** 4,    4.                        Rép. $x^2 - 8x + 16 = 0$.

**184.** ½    —½.                        Rép. $4x^2 - 1 = 0$.

**185.** $10 + \sqrt{-10}$,    $10 - \sqrt{-10}$.       Rép. $x^2 - 20x + 110 = 0$.

*Former les équations qui ont pour racines les nombres suivants :*

**186.** $\dfrac{1}{a+b}$,    $\dfrac{1}{a-b}$.

L'équation cherchée est :

$$\left(x - \frac{1}{a+b}\right)\left(x - \frac{1}{a-b}\right) = 0$$

ou

$$(a^2 - b^2)x^2 - 2ax + 1 = 0.$$

Rép. $(a^2 - b^2)x^2 - 2ax + 1 = 0$.

**187.** $\dfrac{1}{7}$, 7.

On a :

$$\left(x-7\right)\left(x-\dfrac{1}{7}\right)=0$$

ou

$$7x^2-50x+7=0.$$

**Rép. $7x^2-50x+7=0$.**

**188.** $\dfrac{1}{10}$, $-\dfrac{1}{100}$.

On a :

$$\left(x-\dfrac{1}{10}\right)\left(x+\dfrac{1}{100}\right)=0$$

ou

$$1000x^2-90x-1=0.$$

**Rép. $1000x^2-90x-1=0$.**

**189.** $\dfrac{a}{b}$, $\dfrac{b}{a}$.

On trouve pour équation :

$$\left(x-\dfrac{a}{b}\right)\left(x-\dfrac{b}{a}\right)=0$$

ou

$$abx^2-(a^2+b^2)x+ab=0.$$

**Rép. $abx^2-(a^2+b^2)x+ab=0$.**

**190.** $a$, $-an$.

On a :

$$(x-a)(x+an)=x^2-a(1-n)x-a^2n=0.$$

**Rép. $x^2+a(n-1)x-a^2n=0$.**

*Déterminer* a *et* b *de manière que les équations suivantes aient les mêmes racines :*

**191.** $x^2-23x+60=0.$
$x^2-ax+b=0.$

Il faut que les coefficients des deux équations soient proportionnels ou que l'on ait :

$$\frac{1}{1}=\frac{-a}{-23}=\frac{b}{60}.$$

On tire de là :

$$\frac{a}{23} = 1 \quad \text{ou} \quad a = 23$$

$$\frac{b}{60} = 1 \quad \text{ou} \quad b = 60.$$

Rép. $a = 23$ ; $b = 60$.

**192.** $3x^2 - 10x + 3 = 0.$
$ax^2 + bx + 6 = 0.$

On doit avoir :

$$\frac{a}{3} = \frac{b}{-10} = \frac{6}{3}.$$

On tire de là :

$$\frac{a}{3} = \frac{6}{3} \quad \text{ou} \quad a = 6$$

$$\frac{b}{-10} = \frac{6}{3} \quad \text{ou} \quad b = -20.$$

Rép. $a = 6$ ; $b = -20$.

**193.** $ax^2 - 41x + 40 = 0.$
$x^2 + bx + 80 = 0.$

On écrit :

$$\frac{a}{1} = \frac{-41}{b} = \frac{40}{80}$$

d'où l'on déduit :

$$a = \frac{1}{2}$$

$$\frac{-41}{b} = \frac{1}{2} \quad \text{ou} \quad b = -82.$$

Rép. $a = \frac{1}{2}$ ; $b = -82.$

*Trouver l'équation aux inverses des racines des deux équations suivantes :*

**194.** $x^2 - 25x + 100 = 0.$     Rép. $100y^2 - 25y + 1 = 0.$

**195.** $16x^2 - 8x + 1 = 0.$     Rép. $y^2 - 8y + 16 = 0.$

**196.** *Trouver l'équation du second degré dont les racines surpassent de 1 celles de l'équation* $x^2 - 6x + 8 = 0.$

Posons :

$$x' + 1 = y \quad x'' + 1 = y''.$$

On tire de là :

$$y' + y'' = (x' + x'') + 2 = 6 + 2 = 8$$
$$y'y'' = (x'x'') + (x' + x'') + 1 = 8 + 6 + 1 = 15.$$

Par suite, l'équation cherchée est

$$y^2 - (y' + y'')y + y'y'' = y^2 - 8y + 15 = 0.$$

**Rép.** $y^2 - 8y + 15 = 0$.

*Étant donnée l'équation* $x^2 + px + q = 0$, *trouver à quelle relation* p *et* q *doivent satisfaire pour que l'on ait :*

**197.** $x' = 4x''$.

On a :

$$x' = 4x''$$
$$x' + x'' = -p$$
$$x'x'' = q.$$

Il faut éliminer $x'$ et $x''$ entre ces trois relations.

**Rép.** $4p^2 - 25q = 0$.

**198.** $\dfrac{x'}{x''} = \dfrac{m}{n}$.      **Rép.** $mnp^2 - q(m+n)^2 = 0$.

**199.** $4x' - 8x'' = 4$.      **Rép.** $2p^2 + p - 9q = 1$.

**200.** $x'^2 + x''^2 = K$.

On a :

$$x'^2 + x''^2 + 2x'x'' = K + 2x'x''$$

ou

$$p^2 = K + 2q.$$

**Rép.** $p^2 - 2q = K$.

**201.** $x'^2 - x''^2 = K$.

On élimine $x'$ et $x''$ entre les trois conditions

$$x'^2 - x''^2 = K \ ; \quad x' + x'' = -p \ ; \quad x'x'' = q$$

ce qui donne :

**Rép.** $(K - p^2)^2 + 2p^2(K - p^2) + 4p^2q = 0$.

**202.** $x' = x''$.

Les racines étant égales, le réalisant doit être nul.

**Rép.** $p^2 - 4q = 0$.

*Étant donnée l'équation* $x^2 + px + q = 0$, *trouver en fonction de p et de q les expressions suivantes :*

**203.** $x'^2 + x''^2$.

On a :

$$x'^2 + x''^2 = (x'^2 + x''^2 + 2x'x'') - 2x'x'' = (x' + x'')^2 - 2x'x''$$

ou bien

$$x'^2 + x''^2 = p^2 - 2q.$$

**Rép.** $x'^2 + x''^2 = p^2 - 2q$.

**204.** $x'^3 + x''^3$.

On a :

$$x'^3 + x''^3 = (x'^3 + 3x'^2x'' + 3x'x''^2 + x''^3) - (3x'^2x'' + 3x'x''^2)$$
$$= (x' + x'')^3 - 3x'x''(x' + x'')$$

ou

$$x'^3 + x''^3 = -p^3 + 3qp.$$

**Rép.** $x'^3 + x''^3 = 3pq - p^3$.

**205.** $\dfrac{1}{x'} + \dfrac{1}{x''}$.

On écrit :

$$\frac{1}{x'} + \frac{1}{x''} = \frac{x' + x''}{x'x''} = \frac{-p}{q}.$$

**Rép.** $\dfrac{1}{x'} + \dfrac{1}{x''} = -\dfrac{p}{q}$.

**206.** $\dfrac{1}{x'^2} + \dfrac{1}{x''^2}$.

On a :

$$\frac{1}{x'^2} + \frac{1}{x''^2} = \frac{x'^2 + x''^2}{x'^2 \times x''^2} = \frac{(x'^2 + x''^2 + 2x'x'') - 2x'x''}{x'^2 \times x''^2} = \frac{p^2 - 2q}{q^2}.$$

**Rép.** $\dfrac{1}{x'^2} + \dfrac{1}{x''^2} = \dfrac{p^2 - 2q}{q^2}$.

*Étant donnée l'équation* $x^2 + px + 120 = 0$, *déterminer p de manière que l'on ait :*

**207.** $x' = 10$.  **Rép.** $p = -43$.

**208.** $x' - x'' = 10$.

On élimine $x'$ et $x''$ entre les trois conditions :

$$x' - x'' = 10 \qquad x' + x'' = -p \qquad x'x'' = 120.$$

**Rép.** $p = 2\sqrt{145}$.

**209.** $x' = 3x''/4$.    Rép. $p = 7\sqrt{10}$.

**210.** $x'^2 + x''^2 = 2500$.    Rép. $p = 2\sqrt{565}$.

**211.** $x'^2 - x''^2 = 700$.

La valeur de $p$ est donnée par les racines de l'équation bicarrée

$$p^4 - 4p^2 - 490000 = 0.$$

Rép. $p = \pm\sqrt{2 \pm \sqrt{490.004}}$.

**212.** $1/x'^2 + 1/x''^2 = 1/576$.    Rép. $p = \pm\sqrt{265}$.

---

# CHAPITRE IV

## ÉQUATIONS SIMULTANÉES ET PROBLÈMES DU DEUXIÈME DEGRÉ

---

*Résoudre les systèmes suivants :*

**213.** $x^2 + y^2 + xy = 49$.
$x + y = 0$.

La seconde équation donne $x = -y$ ; pour cette valeur de $x$, la première devient

$$(-y)^2 + y^2 + (-y)y = 49$$

d'où

$$y = \pm 7 \quad \text{et} \quad x = \mp 7.$$

Rép. 1° $x = 7, y = -7$ ;    2° $x = -7, y = 7$.

**214.** $\dfrac{1}{x^2} + \dfrac{1}{y^2} = \dfrac{10}{81}$.

$\dfrac{1}{x^2} - \dfrac{1}{y^2} = \dfrac{8}{81}$.

Par addition et soustraction, on obtient :

$$1° \quad \frac{1}{x^2} + \frac{1}{y^2} + \frac{1}{x^2} - \frac{1}{y^2} = \frac{18}{81} \quad \text{ou} \quad \frac{2}{x^2} = \frac{18}{81}$$

d'où
$$x'=4 \quad \text{et} \quad x''=-3 ;$$

2º
$$\frac{1}{x^2}+\frac{1}{y^2}-\frac{1}{x^2}+\frac{1}{y^2}=\frac{2}{81} \quad \text{ou} \quad \frac{2}{y^2}=\frac{2}{81}$$

d'où
$$y'=9 \quad \text{et} \quad y''=-9.$$

Rép. 1º $x=8$, $y=9$ ; 2º $x=8$, $y=-9$ ;
3º $x=-8$, $y=9$ ; 4º $x=-8$, $y=-9$.

**215.** $x^3y^3=216.$
$$x^2y^2+x+y=41.$$

La première équation donne
$$xy=\sqrt[3]{216}=6.$$

La seconde devient :
$$6^2+x+y=41 \quad \text{ou} \quad x+y=5.$$
On est ainsi amené à résoudre le système connu :
$$xy=6.$$
$$x+y=5.$$

Rép. 1º $x=8$, $y=2$ ; 2º $x=2$, $y=8$.

**216.** $x^3-y^3=61.$
$$x-y=1.$$
La seconde équation donne :
$$x=y+1$$
et la première devient :
$$(y+1)^3-y^3=61$$
ou
$$y^2+y-20=0.$$
Cette dernière équation a pour racines :
$$y'=4 \quad y''=-5.$$
Par suite,
$$x'=y'+1=4+1=5$$
et
$$x''=-5+1=-4.$$

Rép. 1º $x=5$, $y=4$ ; 2º $x=-4$, $y=-5$.

**217.** $x^4-y^4=65.$
$$x^2+y^2=13.$$
En divisant la première équation par la seconde, nous trouvons
$$x^2-y^2=5.$$

Il suffit donc de résoudre le système

$$x^2 + y^2 = 13$$
$$x^2 - y^2 = 5.$$

Rép. 1° $x = 3$, $y = 2$ ;　　2° $x = 3$, $y = -2$ ;

　　　3° $x = -3$, $y = 2$ ;　　4° $x = -3$, $y = -2$

**218.** $3x^2 - 2y^2 = 43.$
$5x + 3z = 37.$
$4x - 5z = 0.$

Les deux dernières équations donnent :

$$z = 4 \text{ et } x = 5.$$

La première fournit :

$$y = \pm 4.$$

Rép. $x = 5$, $y = \pm 4$, $z = 4$.

**219.** $\dfrac{x}{a} = \dfrac{y}{b} = \dfrac{z}{c} = \dfrac{t}{d}.$

$ax^2 + by^2 + cz^2 + dt^2 = k^2.$

Elevons au carré les quatre rapports égaux :

$$\frac{x^2}{a^2} = \frac{y^2}{b^2} = \frac{z^2}{c^2} = \frac{t^2}{d^2}$$

puis multiplions respectivement par $a$, $b$, $c$, $d$, les deux termes de chaque rapport, ce qui donne :

$$\frac{ax^2}{a^3} = \frac{by^2}{b^3} = \frac{cz^2}{c^3} = \frac{dt^2}{d^3} = \frac{ax^2 + by^2 + cz^2 + dt^2}{a^3 + b^3 + c^3 + d^3} = \frac{k^2}{a^3 + b^3 + c^3 + d^3}.$$

De là, on déduit, en représentant $a^3 + b^3 + c^3 + d^3$ par S.

$$1° \quad \frac{ax^2}{a^3} = \frac{x^2}{a^2} = \frac{k^2}{S}$$

d'où

$$x = \frac{ak}{\sqrt{S}}$$

$$2° \quad \frac{by^2}{b^3} = \frac{y^2}{b^2} = \frac{k^2}{S}$$

d'où

$$y = \frac{bk}{\sqrt{S}}, \quad \text{etc.}$$

Rép. $x = \dfrac{ak}{\sqrt{S}}$,　$y = \dfrac{bk}{\sqrt{S}}$,　$z = \dfrac{ck}{\sqrt{S}}$,　$t = \dfrac{dk}{\sqrt{S}}.$

**220.** $\dfrac{x}{3} = \dfrac{y}{4} = \dfrac{z}{5} = \dfrac{t}{6}$.

$$2x^2 - 3y^2 + 4z^2 - t^2 = 34.$$

En élevant au carré les rapports égaux, il vient :

$$\frac{x^2}{9} = \frac{y^2}{16} = \frac{z^2}{25} = \frac{t^2}{36}.$$

Si on multiplie les deux termes de chacun d'eux respectivement par 2, —3, 4, —1, on obtient :

$$\frac{2x^2}{18} = \frac{-3y^2}{-48} = \frac{4z^2}{100} = \frac{-t^2}{-36}$$

d'où l'on déduit :

$$\frac{2x^2}{18} = \frac{-3y^2}{-48} = \frac{4z^2}{100} = \frac{-t^2}{-36} = \frac{2x^2 - 3y^2 + 4z^2 - t^2}{34} = \frac{34}{34} = 1.$$

Par suite, en se bornant à la solution positive, on a :

$$1° \quad \frac{2x^2}{18} = \frac{x^2}{9} = 1 \quad \text{ou} \quad x = 3.$$

$$2° \quad \frac{-3y^2}{-48} = \frac{y^2}{16} = 1 \quad \text{ou} \quad y = 4 \; ; \; \text{etc.}$$

**Rép.** $x = 3, \quad y = 4, \quad z = 5, \quad t = 6.$

**221.** $x^2 + y^2 = 202.$

$xy = 99.$

$x + y = z.$

En ajoutant à la première équation deux fois la seconde, il vient :

$$(x+y)^2 = 202 + 2 \times 99 = 400$$

ou

$$z^2 = 400.$$

Par suite $\qquad z = \pm 20.$

On a ainsi à résoudre les deux systèmes

$$(1) \quad \begin{cases} x + y = 20 \\ xy = 99 \end{cases}$$

$$(2) \quad \begin{cases} x + y = -20 \\ xy = 99. \end{cases}$$

Le système (1) a pour solutions :

$$1° \; x = 11, \; y = 9 \; ; \quad 2° \; x = 9, \; y = 11.$$

Le système (2) donne :

$$1° \; x = -11, \; y = -9. \; ; \quad 2° \; x = -9 \; ; \; y = -11.$$

**Rép.** $1° \; x = 11, \; y = 9 \; ; \quad 2° \; x = 9, \; y = 11 \; ;$

$\qquad 3° \; x = -11, \; y = -9 \; ;$

$\qquad 4° \; x = -9 \; ; \; y = -11 \; ; \; z = \pm 20.$

**222.** $xy = az.$
$xz = by.$
$yz = cx.$

Faisons le produit membre à membre de toutes ces équations, nous aurons :

$$x^2 y^2 z^2 = abcxyz$$

ou
$$ayz = abc.$$

En divisant cette dernière successivement par chacune des proposées, il vient :

$$1° \quad \frac{xyz}{xy} = \frac{abc}{az} \quad \text{d'où} \quad z = \pm\sqrt{bc}.$$

$$2° \quad \frac{xyz}{xz} = \frac{abc}{by} \quad \text{d'où} \quad y = \pm\sqrt{ac}.$$

$$3° \quad \frac{xyz}{yz} = \frac{abc}{cx} \quad \text{d'où} \quad x = \pm\sqrt{ab}.$$

Si l'on suppose que $a$, $b$, $c$, sont trois nombres positifs, il faudra grouper les 6 racines précédentes, de manière que le produit $xyz$ soit positif.

**Rép.** $1° \quad x = \sqrt{ab}, \ y = \sqrt{ac}, \ z = \sqrt{bc} ;$
$2° \quad x = \sqrt{ab}, \ y = -\sqrt{ac}, \ z = -\sqrt{bc} ;$
$3° \quad x = -\sqrt{ab}, \ y = -\sqrt{ac}, \ z = \sqrt{bc} ;$
$4° \quad x = -\sqrt{ab}, \ y = \sqrt{ac}, \ z = -\sqrt{bc}.$

*Résoudre les équations bicarrées suivantes :*

**223.** $x^4 - 26x^2 + 25 = 0.$

On pose :
$$x^2 = y$$

d'où
$$x^4 = y^2$$

L'équation donnée devient :
$$y^2 - 26y + 25 = 0.$$

Ses racines sont :
$$y' = 25 \quad y'' = 1.$$

La condition $x^2 = y$ donne :
$$1° \quad x^2 = 25$$

d'où
$$x = \pm 5$$

$$2° \quad x^2 = 1$$

d'où
$$x = \pm 1.$$

**Rép.** $x' = 5, \ x'' = 1, \ x''' = -1, \ x^{iv} = -5.$

**224.** $x^4-20x^2+64=0$.

Rép. $x'=4,\ x''=2,\ x'''=-2,\ x^{IV}=-4$.

**225.** $x^4-1=0$.

Le binôme $x^4-1$ se décompose en

$$(x^2+1)(x^2-1)$$

et l'on a :

$$(x^2+1)(x^2-1)=0.$$

Nous obtiendrons les racines de cette équation en cherchant les valeurs de $x$ qui annulent chaque facteur. Les deux équations

$$x^2+1=0$$
$$x^2-1=0$$

donnent respectivement pour racines

$$x=\pm\sqrt{-1}\qquad x=\pm 1.$$

Rép. $x'=1,\ x''=-1,\ x'''$ et $x^{IV}$ sont imaginaires.

**226.** $x^4-29x^2+100=0$.

Rép $x'=5,\ x''=2,\ x'''=-2,\ x^{IV}=-5$.

**227.** $x^4-25x^2+144=0$.

Rép. $x'=4,\ x''=3,\ x'''=-3,\ x^{IV}=-4$.

**228.** $8x^4+20x^2-5,5=0$.

Rép. $x'=\dfrac{1}{2},\ x''=-\dfrac{1}{2},\ x'''$ et $x^{IV}$ sont imaginaires.

**229.** $36x^4-13x^2+1=0$.

Rép. $x'=\dfrac{1}{2},\ x''=\dfrac{1}{3},\ x'''=-\dfrac{1}{3},\ x^{IV}=-\dfrac{1}{2}$.

**230.** $625x^4-125x^2+4=0$.

Rép. $x'=\dfrac{2}{5},\ x''=\dfrac{1}{5},\ x'''=-\dfrac{1}{5},\ x^{IV}=-\dfrac{2}{5}$.

**231.** $x^4+13x^2+36=0$.

Rép. Les quatre racines sont imaginaires.

**232.** $4x^4-7x^2-261=0$.

Rép. $x'=3,\ x''=-3$. Les racines $x'''$ et $x^{IV}$ sont imaginaires

**233.** $3x^4-7x^2+2=0$.

Rép. $x'=1,414,\ x''=0,577.\ x'''=-1,414,\ x^{IV}=-0,577$.

**234.** $6x^4 + 3x^2 + 1 = 0$.

    **Rép.** Les quatre racines sont imaginaires..

**235.** $x^4 - 81 = 0$.

On écrit :

$$x^4 - 81 = (x^2 + 9)(x^2 - 9) = 0$$

d'où

$$x^2 + 9 = 0$$

et

$$x^2 - 9 = 0.$$

Les racines sont :

$$x = \pm 3\sqrt{-1}, \qquad x = \pm 3.$$

    **Rép.** $x' = 3$,    $x'' = -3$.

         Les deux racines $x'''$ et $x^{\mathrm{IV}}$ sont imaginaires.

**236.** $x^4 - 16 = 0$.

    **Rép.** $x' = 2$,    $x'' = -2$.

         Les deux racines $x'''$ et $x^{\mathrm{IV}}$ sont imaginaires.

**237.** $x^4 + 24x^2 + 4 = 0$.

    **Rep.** Les quatre racines sont imaginaires.

**238.** $x^4 - 6x^2 + 9 = 0$.

    **Rép.** $x' = 1{,}73$ ;    $x'' = 1{.}73$ ;    $x''' = -1{,}73$ ;    $x^{\mathrm{IV}} = -1{,}73$.

**239.** $8x^4 - 6x^2 + 9 = 0$.

    **Rép.** Les quatre racines sont imaginaires.

**240.** $x^4 + 4x^2 = 0$.

Cette équation s'écrit :

$$x^2(x^2 + 4) = 0$$

d'où l'on tire :

$$x^2 = 0$$

et

$$x^2 + 4 = 0.$$

    **Rép.** $x' = 0$ ; $x'' = 0$.

         Les deux racines $x'''$ et $x^{\mathrm{IV}}$ sont imaginaires.

**241.** $x^4 - 9x^2 = 0$.

    **Rép.** $x' = 3$,    $x'' = 0$,    $x''' = 0$,    $x^{\mathrm{IV}} = -3$.

**242.** $6x^3 - 7x^2 - 3 = 0$.

Rép. $x' = \dfrac{\sqrt{6}}{2}, \qquad x'' = -\dfrac{\sqrt{6}}{2}$.

Les deux racines $x'''$ et $x^{iv}$ sont imaginaires.

## Problèmes du deuxième degré

**243.** *Un général dispose un corps de troupe en carré plein. Après un premier arrangement, il lui reste 326 hommes ; il essaye alors de mettre 3 hommes de plus à chaque ligne, mais pour achever le carré il lui en manque 253. Combien a-t-il d'hommes ?*

Soit $x$ le nombre des hommes mis sur un côté.

Dans le premier arrangement, il faut $x^2$ hommes pour former le carré, et il y a en tout

$$x^2 + 326 \text{ hommes.}$$

Dans le second arrangement, un côté contient $x+3$ hommes, et le carré en renferme $(x+3)^2$ ; il y a donc en tout

$$(x+3)^2 - 253 \text{ hommes.}$$

L'équation du problème est, par suite,

$$x^2 + 326 = (x+3)^2 - 253$$

d'où :

$$x = 95.$$

Le nombre cherché est

$$x^2 + 326 = 95^2 + 326 = 9351 \text{ hommes.}$$

Rép. **9851** hommes.

**244.** *Trouver deux nombres tels que leur somme, leur différence, le produit de leurs carrés, soient proportionnels à* 17, 9, 2704.

Si les deux nombres sont $x$ et $y$, on a les deux équations :

$$\frac{x+y}{17} = \frac{x-y}{9} = \frac{x^2 y^2}{2704}.$$

L'équation

$$\frac{x+y}{17} = \frac{x-y}{9}$$

donne

$$x = \frac{13y}{4}.$$

Pour cette valeur de $x$, l'équation

$$\frac{x-y}{9}=\frac{x^2y^2}{2704}$$

devient

$$\frac{\dfrac{13y}{4}-y}{9}=\frac{169y^4}{16\times 2704}$$

d'où :

$$y=4.$$

Il en résulte pour $x$ la valeur

$$x=\frac{13y}{4}=\frac{13\times 4}{4}=13.$$

**Rép.** Les nombres sont 4 et 13.

**245.** *Un vigneron disait : si je vends mon vin 72 fr. l'hecto-litre, je paierai mes dettes et j'aurai 450 fr. de reste ; mais si je ne le vends que 54 fr., il faudra que j'emprunte 600 fr. Combien dois-je, et combien ai-je d'hectolitres de vin ?*

Soit $x$ le nombre d'hectolitres. En vendant ces $x$ hectolitres à 72 fr., on obtient $72x$ fr. et la dette vaut 450 fr. de moins, ou

$$72x-450.$$

En vendant le vin à 54 fr., on obtient $54x$ fr. et la dette dépasse cette somme de 600 fr. ; en égalant les deux expressions de la dette il vient :

$$72x-450=54x+600$$

d'où :

$$x=58,33$$

et

$$72x-450=3750.$$

**Rép.** Ma dette égale **3750 fr.** et j'avais **58 hl. 33.**

**246.** *Deux capitaux dont la somme est 60.000 fr. rapportent, le premier 1800 fr. et le second 1.000 fr. La somme des taux étant 9,5, trouver les deux capitaux et les deux taux.*

Soit $x$ le premier capital, le second sera $60000-x$ ; désignons l'un des taux par $y$, l'autre sera $9,50-y$. On a, par suite,

$$\frac{xy}{100}=1800$$

$$\frac{(60000-x)(9,5-y)}{100}=1000.$$

En développant la seconde équation, et en tenant compte de la première, elle devient

$$120000y + 19x = 1300000.$$

Dans cette équation, portons la valeur

$$y = \frac{180000}{x}$$

tirée de la première équation, nous aurons

$$19x^2 - 1300000x + 21600000000 = 0.$$

Les racines de cette équation sont :

$$x' = 40000 \quad \text{et} \quad x'' = 28421,05.$$

Les valeurs correspondantes de $y$ sont :

$$y' = 4,5 \quad \text{et} \quad y'' = 6,33$$

> **Rép.** 1º Les capitaux sont : **40.000** fr. et **20.000** fr. et les taux **4,5** et **5** ;
>
> 2º Les capitaux sont : **28421** fr. **05** et **81578** fr. **95** et les taux **6,88** et **8,17**.

**247.** *Deux capitaux diffèrent de 5.000 fr., et leurs taux diffèrent de 1 fr. Sachant que dans une année ces deux capitaux rapportent l'un 1.000 fr. et l'autre 600 fr., trouver les capitaux et les taux.*

Ce problème n'est possible que si l'on place le plus grand capital au taux le plus élevé.

Les capitaux étant $x$ et $x + 5000$ les taux $y$ et $y + 1$, on a les deux équations

$$\frac{xy}{100} = 600 \qquad \frac{(x + 5000)(y + 1)}{100} = 1000.$$

En réduisant la seconde et en y remplaçant $xy$ par sa valeur tirée de la première, elle devient :

$$x + 5000y = 35000.$$

De cette équation, on tire la valeur de $x$ qu'on porte dans la première, on a ainsi :

$$y^2 - 7y + 12 = 0$$

d'où

$$y' = 4 \qquad y'' = 3$$

Pour $y = 4$, les deux taux sont 4 et 5 et les capitaux $x$ et $5000 + x$ sont donnés par l'équation

$$\frac{xy}{100} = 600.$$

On trouve ainsi :

$$x = 15000 \quad \text{et} \quad 5000 + x = 20000.$$

Pour $y = 3$, les deux taux sont 3 et 4, et les deux capitaux 20000 et 25000.

> **Rép.** 1° Les capitaux sont de **15000** fr. et **20000** fr. et les taux **4** et **5** %.
>
> 2° Les capitaux sont de **20000** fr. et de **25000** fr. et les taux sont **3** et **4** %.

**248.** *Une société de 24 personnes a dépensé 68 fr. dans une partie de plaisir : les hommes 40 fr. et les femmes 28. Chaque homme a dépensé 2 fr. de plus qu'une femme. Combien y avait-il d'hommes et de femmes et quelle est la dépense de chacun ?*

Soient $x$ le nombre des femmes et $y$ la dépense de l'une d'elles ; le nombre d'hommes sera $24 - x$, et la dépense de l'un d'eux $y + 2$ fr. On a les deux équations :

$$(24 - x)(y + 2) = 40$$
$$xy = 28.$$

En tenant compte de la seconde, la première se réduit à

$$x = 12y - 10.$$

Le système

$$x = 12y - 10$$
$$xy = 28$$

donne pour solution

$$y = 2 \quad \text{et} \quad x = 14$$

d'où

$$24 - x = 10 \quad \text{et} \quad y + 2 = 4.$$

> **Rép.** **10** hommes et **14** femmes ; chaque homme a dépensé **4** fr. et chaque femme **2** fr.

**249.** *Un boucher achète des moutons pour 800 fr. ; il en perd 2, ce qui l'oblige de vendre chacun des autres 60 fr. de plus qu'il ne lui avait coûté. Il gagne ainsi 320 fr. sur son marché. Quel était le prix d'achat d'un mouton et combien en avait-il acheté ?*

Désignons respectivement par $x$ et $y$ le nombre des moutons et le prix d'achat de l'un d'eux ; on a les deux équations :

$$xy = 800$$
$$(x - 2)(y + 60) = 800 + 320.$$

> **Rép.** **10** moutons à **80** fr. l'un.

**250.** *Trouver trois nombres consécutifs tels que leur produit soit égal à 8 fois leur somme.*

Soient
$$x-1, \quad x, \quad x+1$$
les trois nombres, on aura l'équation
$$(x-1)x(x+1) = 8(x-1+x+x+1) = 24x$$
qui devient en divisant ses deux membres par $x$ :
$$x^2 - 1 = 24$$
d'où
$$x' = 5 \qquad x'' = -5.$$

Les nombres sont donc :
$$4, \ 5, \ 6 \quad \text{ou} \quad -6, \ -5, \ -4.$$

**Rép.** Les nombres sont donc : 1° **4, 5, 6** ; 2° **—6, —5, —4.**

**251.** *Trouver la base d'un système de numération dans lequel le nombre décimal 456 s'écrit 556.*

Soit $x$ la base cherchée, on a l'équation
$$5x^2 + 5x + 6 = 456$$
ou
$$x^2 + x - 90 = 0$$
d'où l'on tire :
$$x' = 9 \quad \text{et} \quad x'' = -10.$$

La solution positive seule convient.

**Rép.** La base est **9.**

**252.** *Deux fontaines remplissent un bassin en 6 heures. Trouver le temps qu'il faut à chacune d'elles, coulant seule, pour remplir ce bassin, sachant que la première emploie 5 heures de plus que la seconde.*

Désignons par $x$ le temps employé par la première fontaine pour remplir le bassin, le temps employé par la seconde sera $x+5$. En une heure, la première fontaine remplit la fraction $\dfrac{1}{x}$ du bassin et en 6 heures, elle en remplit les $\dfrac{6}{x}$ et la seconde $\dfrac{6}{x+5}$ ; on a donc l'équation
$$\frac{6}{x} + \frac{6}{x+5} = 1$$
ou
$$x^2 - 7x - 30 = 0.$$

**Rép.** La première fontaine met **10** heures et la seconde **15** heures.

## *Problèmes de géométrie plane*

**253.** *Un polygone a 90 diagonales ; combien a-t-il de côtés ?*

Par chaque sommet du polygone, on peut mener $n-3$ diagonales ; en tout, on peut mener $(n-3)n$. Comme elles sont toutes répétées deux fois, le nombre des diagonales distinctes est $\dfrac{(n-3)n}{2}$.

L'équation du problème est donc

$$\frac{(n-3)n}{2} = 90$$

d'où

$$n = 15.$$

**Rép.** Le polygone a **15** côtés.

**254.** *Dans un triangle, un angle vaut 70° ; trouver les deux autres sachant que l'un est le carré de l'autre.*

Soit $x$ le plus petit des deux angles inconnus ; le plus grand sera $x^2$, et l'on aura :

$$x^2 + x = 180 - 70$$

ou

$$x^2 + x - 110 = 0$$

d'où

$$x = 10 \text{ et } x^2 = 100.$$

**Rép. 10° et 100°.**

**255.** *Partager une droite de 100 mètres en moyenne et extrême raison.*

Partager une droite en moyenne et extrême raison, c'est la diviser en deux parties telles que la plus grande soit moyenne proportionnelle entre la plus petite et la ligne entière.

Soit donc la droite AB de 100 m. Le problème revient à trouver un point C tel que l'on ait :

$$\frac{AB}{AC} = \frac{AC}{BC}$$

ou, en appelant $x$ la grande partie

$$\frac{100}{x} = \frac{x}{100 - x}.$$

Cette équation ou la suivante,

$$x^2 + 100x - 10000 = 0$$

a pour racines :

$$x' = 50\left(\sqrt{5} - 1\right) = 61 \text{ m. } 80$$
$$x'' = -50\left(\sqrt{5} + 1\right) = -161 \text{ m. } 80.$$

La racine positive correspond à CA et la négative à C'A.
Les autres segments sont :

$$BC = 100 - x' = 100 - 61,80 = 38,20$$
$$BC' = 100 - x'' = 100 + 161,80 = 261,80.$$

**Rép.** Les deux segments sont :
1° **61** m. **80** et **88** m. **20** ;
2° **—161** m. **80** et **261** m. **80**.


**256.** *Le plus grand segment d'une droite divisée en moyenne et extrême raison étant* a, *trouver la droite.*

La droite étant $x$, le petit segment sera $x - a$, et l'équation du problème sera

$$\frac{x}{a} = \frac{a}{x - a}$$

ou

$$x^2 - ax - a^2 = 0.$$

Sa racine acceptable est

$$x = \frac{a}{2}\left(\sqrt{5} + 1\right).$$

**Rép.** $\dfrac{a}{2}\left(\sqrt{5} + 1\right).$


**257.** *Le plus petit segment d'une droite divisée en moyenne et extrême raison étant* 10 *mètres, trouver la droite.*

Soit $x$ la droite et $x - 10$ le grand segment, on a l'équation

$$\frac{x}{x - 10} = \frac{x - 10}{10}$$

ou

$$x^2 - 30x + 100 = 0.$$

Sa racine acceptable est

$$x = 15 + 5\sqrt{5} = 26 \text{ m. } 18.$$

**Rép.** La droite a **26** m. **18**.

**258.** *Dans un triangle ABC, on mène la bissectrice BD de l'angle B. Le côté BC du triangle est égal à 2 fois le segment AD plus 5 mètres ; calculer le côté BC sachant d'ailleurs que DC = 2 mètres et que AB = 9 mètres.*

Soit le triangle ABC ; si l'on désigne AD par $x$, BC vaudra $2x + 5$.

Les conditions du problème et la propriété de la bissectrice donnent l'équation

$$\frac{AD}{AB} = \frac{DC}{BC}$$

ou :

$$\frac{x}{9} = \frac{2}{2x + 5}.$$

Cette équation se réduit à

$$2x^2 + 5x - 18 = 0.$$

Les racines sont :

$$x' = 2 \quad \text{et} \quad x'' = -4,5.$$

La racine positive convient seule au problème.

Le côté BC vaut donc

$$2x + 5 = 4 + 5 = 9 \text{ m}.$$

Rép. BC = 9 m.

**259.** *Calculer la surface et les deux côtés de l'angle droit d'un triangle rectangle dont l'hypoténuse est de 125 mètres, sachant que la différence des deux côtés inconnus est de 25 mètres.*

Soient $x$ et $y$ les côtés de l'angle droit. On a les deux équations :

$$x^2 + y^2 = 125^2$$
$$x - y = 25.$$

En portant dans la première équation, la valeur de $x$ tirée de la seconde, on obtient pour déterminer $y$, l'équation

$$y^2 + 25y - 7500 = 0$$

dont la racine positive est

$$y = 75.$$

L'autre côté sera

$$x = 25 + y = 100$$

et la surface :

$$\frac{75 \times 100}{2} = 3750 \text{ m}^2.$$

Rép. Les côtés sont **100** m. et **75** m. et la surface **3750** m².

**260.** *Dans un triangle rectangle l'hypoténuse vaut* 40 *m. Calculer les deux côtés de l'angle droit si leur somme est de* 56 *mètres.*

Les côtés inconnus étant $x$ et $y$, on a les deux équations :

$$x^2 + y^2 = 1600$$
$$x + y = 56.$$

En résolvant ce système, on trouve

$$x = 32 \quad y = 24.$$

**Rép.** Les côtés de l'angle droit sont de **32** m. et de **24** m.

**261.** *Trouver un triangle rectangle dont les côtés soient trois nombres entiers consécutifs.*

Soient $x-1$, $x$, $x+1$ les trois côtés ; on a l'équation

$$(x-1)^2 + x^2 = (x+1)^2$$

qui se réduit à l'équation incomplète

$$x^2 - 4x = 0$$

dont la seule racine convenable au problème est $x=4$ ; les autres côtés sont :

$$x - 1 = 3 \quad \text{et} \quad x + 1 = 5.$$

**Rép.** Les trois côtés ont **3** m., **4** m. et **5** m.

**262.** *Quel est le triangle rectangle dont les côtés diffèrent de* 10 *mètres ?*

Les côtés étant représentés par $x-10$, $x$ et $x+10$, on a l'équation

$$(x-10)^2 + x^2 = (x+10)^2$$

qui se réduit à la forme incomplète

$$x^2 - 40x = 0$$

et dont la racine acceptable est $x=40$ ; les autres côtés sont, par suite,

$$x - 10 = 30$$
$$x + 10 = 50.$$

**Rép.** Les côtés ont **30**, **40** et **50** m.

**263.** *Dans un triangle rectangle, le périmètre égale* 60 *mètres, et le plus petit côté a* 16 *mètres de moins que l'hypoténuse. Trouver les trois côtés.*

Si les côtés sont $x$, $y$, et l'hypoténuse $z$, on a :

$$x + y + z = 60$$
$$y = z - 16$$
$$x^2 + y^2 = z^2.$$

En remplaçant $y$ par sa valeur $z-16$, la première et la dernière équation deviennent respectivement :

$$x+2z=76$$
$$x^2-32z+256=0.$$

On élimine $z$ en additionnant ces deux égalités, après avoir multiplié la première par 16, ce qui donne :

$$x^2+16x-960=0.$$

La racine positive est $x=24$ ; on en déduit :

$$z=\frac{76-x}{2}=26 \text{ et } y=10.$$

**Rép.** L'hypoténuse égale **26** m., et les deux autres côtés ont **10** m. et **24** m.

**264.** *Calculer les deux côtés de l'angle droit d'un triangle rectangle dont l'hypoténuse a* 100 *mètres, et la surface* 2400 $m^2$.

On a donc les deux équations

$$x^2+y^2=100^2$$
$$\frac{xy}{2}=2400.$$

On multiplie la seconde par 4, puis on l'ajoute, et on la retranche à la première, ce qui donne :

$$1° \quad x^2+y^2+2xy=10000+9600=19600$$

ou $\qquad\qquad\qquad x+y=140 \qquad\qquad\qquad\qquad (1)$

$$2° \quad x^2+y^2-2xy=10000-9600=400$$

ou $\qquad\qquad\qquad x-y=20. \qquad\qquad\qquad\qquad (2)$

L'addition et la soustraction des équations (1) et (2) fournissent $x$ et $y$.

**Rép.** Les côtés sont **80** m. et **60** m.

**265.** *Deux cordes se coupent dans un cercle : les deux segments de l'une ont* 10 *m. et* 20 *m. Quels sont les deux segments de l'autre corde si sa longueur totale est de* 30 *m. ?*

On sait que lorsque deux cordes se coupent dans un cercle, le produit des deux segments de l'une est égal au produit des deux segments de l'autre. Si l'on désigne par $x$ et $30-x$ les deux segments de la seconde corde, on doit avoir :

$$x(30-x)=10\times20$$

ou $\qquad\qquad x^2-30x+200=0.$

On tire de là :

$$x=20 \text{ et } 30-x=10.$$

**Rép.** Les deux segments ont respectivement **20** m. et **10** m.

**266.** *Deux cordes se coupent à l'intérieur d'un cercle de 6 m. de rayon. Si le produit des deux segments de l'une est 11, calculer la distance du centre au point d'intersection des deux cordes.*

Soient AB et CD les deux cordes qui se coupent en I ; menons le diamètre MIN et désignons OI par $x$, on aura

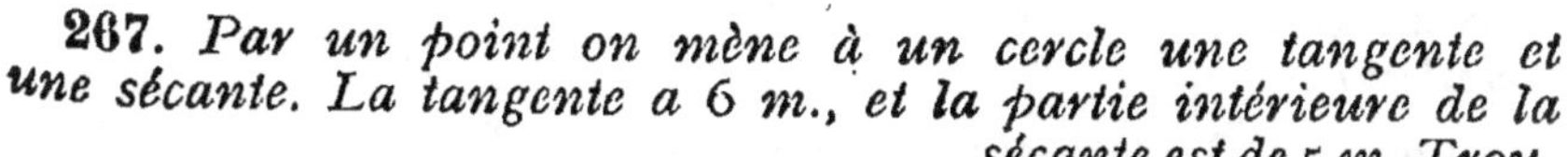

$$MI = R - x$$

ou

$$MI = 6 - x$$

$$IN = R + x$$

ou

$$IN = 6 + x.$$

On peut donc écrire

$$MI \times IN = AI \times IB$$

ou

$$(6 - x)(6 + x) = 11.$$

Cette dernière équation donne $x = 5$.

Rép. 5 m.

**267.** *Par un point on mène à un cercle une tangente et une sécante. La tangente a 6 m., et la partie intérieure de la sécante est de 5 m. Trouver la sécante entière.*

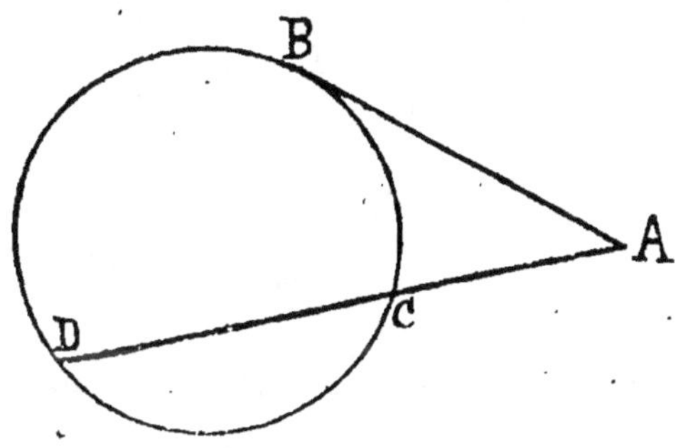

Soient AB la tangente et AD la sécante ; on a :

AB = 6 m., CD = 5 m., et AD = $x$.

Comme la tangente est moyenne proportionnelle entre la sécante entière et sa partie extérieure, on peut poser :

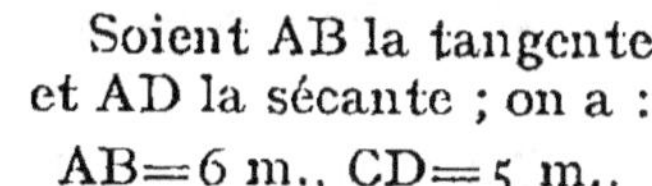

$$\overline{AB}^2 = AD \times AC$$

ou

$$36 = x(AD - CD) = x(x - 5).$$

L'équation résultante

$$x^2 - 5x - 36 = 0$$

a pour racine

$$x = 9.$$

Rép. La sécante a 9 m.

**268.** *Dans un cercle de 13 m. de rayon, on trace un diamètre. En quel point de ce diamètre faut-il lui mener une perpendiculaire pour que la portion de cette droite qui est comprise dans le cercle ait 10 m. ?*

Soit $OI = x$ ; on a

$$CI = \frac{CD}{2} = \frac{10}{2} = 5 \text{ m.}$$

Dans le triangle rectangle ABC, on a

$$\overline{CI}^2 = AI \times IB = (13 + x)(13 - x)$$

ou

$$x^2 = 144$$

d'où :

$$x = \pm 12.$$

On peut donc prendre $OI = OI' = 12$ m., et mener CID, C'I'D', perpendiculaires à AB.

**Rép.** Il faut mener la perpendiculaire à **12** m. du centre.

**269.** *Partager en deux parties équivalentes un cercle de 10 m. de rayon, par un cercle concentrique.*

Posons $OB = x$. Il faut que le cercle OB soit égal à la couronne AB ; on peut donc écrire :

$$\pi x^2 = \pi 10^2 - \pi x^2.$$

Cette équation se réduit à

$$2x^2 = 10^2,$$

et elle donne pour racine

$$x = 5\sqrt{2} = 7{,}071.$$

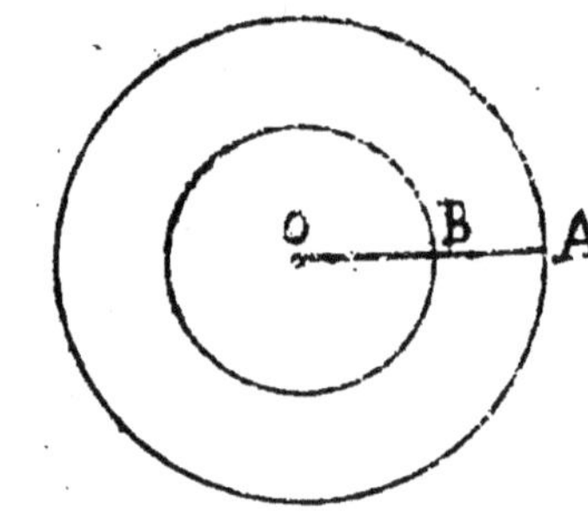

**Rép.** Le cercle cherché doit avoir **7** m. **071** de rayon.

**270.** *Partager en moyenne et extrême raison un cercle de 20 m. de rayon par un cercle concentrique.*

Figure du problème 269. Posons $OB = x$ ; il faut que l'on ait :

$$(\pi x^2)^2 = \pi \times \overline{OA}^2 \times \text{couronne}$$

ou

$$\pi^2 x^4 = \pi \times 20^2 (\pi \times 20^2 - \pi x^2),$$

Cette équation simplifiée a pour racine

$$x = 10\sqrt{2\sqrt{5} - 2} = 15 \text{ m. } 70.$$

**Rép.** Le rayon doit avoir **15** m. **7.**

**271.** *Trouver les deux dimensions d'un rectangle dont la surface est de 10302 m², sachant que ces dimensions ont 1 m. de différence.*

Soient $x$ et $y$ ces dimensions, on a les deux équations :

$$x - y = 1 \qquad xy = 10302.$$

En résolvant ce système, on trouve : $x = 102$, $y = 101$.

**Rép.** Ces dimensions ont **102** m. et **101** m.

**272.** *Quand on augmente de 1 m. les deux dimensions d'un rectangle, sa surface augmente de 31 m². Trouver ces deux dimensions, sachant que leur différence est de 10 m.*

Si les dimensions sont $x$ et $y$, on a les deux équations :

$$x - y = 10$$
$$(x+1)(y+1) = xy + 31.$$

La seconde équation se réduit à

$$x + y = 30.$$

On est ainsi amené à résoudre le système simple

$$x - y = 10$$
$$x + y = 30.$$

**Rép.** **20** m. et **10** m.

**273.** *Un rectangle a 300 m² de surface, avec une diagonale de 25 m. Quels sont les côtés ?*

Les dimensions étant représentées par $x$ et $y$, on a d'abord

$$xy = 300. \tag{1}$$

D'autre part, la diagonale et les deux côtés forment un triangle rectangle, ce qui donne $\quad x^2 + y^2 = 625.$ $\tag{2}$

Le système des équations (1) et (2) a pour solution

$$x = 20 \text{ et } y = 15.$$

**Rép.** Les côtés ont **20** m. et **15** m.

**274.** *La diagonale et le côté d'un carré ont 9 m. 656 de différence. Trouver la surface de ce carré.*

Le côté d'un carré étant $x$, sa diagonale est

$$x\sqrt{2}.$$

On a dès lors

$$x\sqrt{2} - x = 9{,}656 \quad \text{ou} \quad x(\sqrt{2} - 1) = 9{,}656$$

et en élevant au carré,

$$x^2 = \frac{9{,}656^2}{(\sqrt{2} - 1)^2} = 543 \text{ m}^2 4321.$$

**Rép.** **543 m²4321.**

**275.** *La différence entre la surface d'un carré et la surface du carré construit sur sa diagonale est de 2 m². Trouver le côté et la diagonale de ce carré.*

Le côté du carré étant $x$ et sa diagonale $x\sqrt{2}$, on a :

$$(x\sqrt{2})^2 - x^2 = 2$$

d'où :

$$x = \sqrt{2} = 1{,}414$$

et la diagonale

$$x\sqrt{2} = 2.$$

**Rép.** Le côté a 1 m. 414 et la diagonale 2 m.

**276.** *Dans un triangle ABC, on a AB=10 m., BC=15 m. Calculer AC, sachant que l'on prend sur AB une longueur AD =AC et que la parallèle DE à AC a 1 m. 60.*

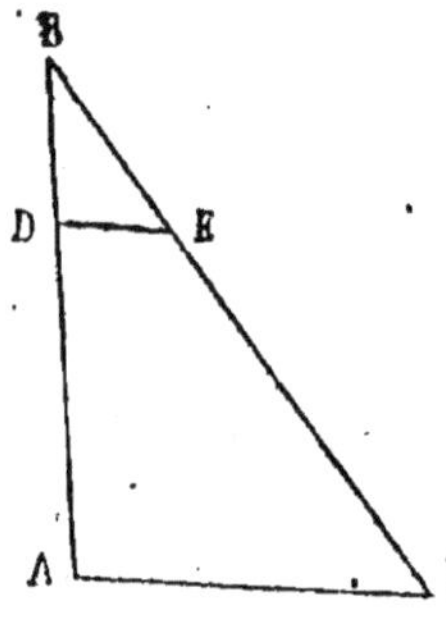

Posons $AC=AD=x$ ; on a, à cause du parallélisme des droites AC et DE.

$$\frac{AC}{DE} = \frac{AB}{BD}$$

ou

$$\frac{x}{1{,}60} = \frac{10}{10-x}.$$

On tire de là :

$$x'=8 \qquad x''=2.$$

**Rép.** AC=8 m. ou AC=2 m.

**277.** *Sachant que la surface d'un triangle est de 300 m² et que la base et la hauteur diffèrent de 10 m., trouver ces deux lignes.*

Soient $x$ et $y$ la base et la hauteur, on a les deux équations :

$$\frac{xy}{2} = 300$$

$$x-y=10.$$

**Rép.** La base a 30 m. et la hauteur 20.

**278.** *Calculer les médianes d'un triangle dont les côtés ont 5 m., 12 m., et 13 m.*

Soit AM$=a'$ la médiane qui tombe sur $a$.

Les triangles AMC et AMB donnent :

$$\overline{AC}^2=\overline{AM}^2+\overline{MC}^2+2MC\times DM$$
$$\overline{AB}^2=\overline{AM}^2+\overline{MB}^2-2MB\times DM.$$

En posant :

AB$=c$, AC$=b$, BC$=a$,

ces égalités deviennent :

$$b^2=a'^2+\frac{a^2}{4}+a\times DM$$

$$c^2=a'^2+\frac{a^2}{4}-a\times DM.$$

Si on les additionne membre à membre, il vient :

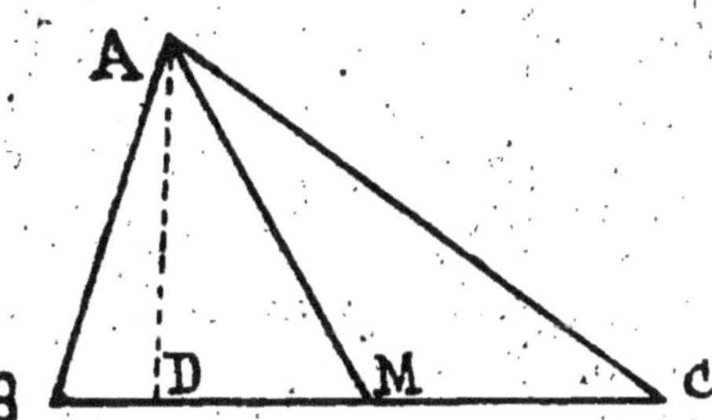

$$b^2+c^2=2a'^2+\frac{a^2}{2}$$

d'où :

$$a'=\frac{1}{2}\sqrt{2b^2+2c^2-a^2}.$$

Par analogie, les médianes $b'$ et $c'$ qui tombent respectivement sur $b$ et $c$, sont :

$$b'=\frac{1}{2}\sqrt{2a^2+2c^2-b^2}$$

$$c'=\frac{1}{2}\sqrt{2a^2+2b^2-c^2}.$$

Si, dans ces trois formules on remplace $a$ par 13, $b$ par 12 et $c$ par 5, il vient :

**Rép.** $a'=$**6** m. **5**, $b'=$**7** m. **81**, $c'=$**12** m. **25**.

**279.** *Deux triangles doubles l'un de l'autre, ont un même angle de 40°. Dans le premier triangle les deux côtés qui comprennent l'angle de 40° valent respectivement 23 m. 10 et 20 m. On demande les deux côtés du second triangle qui comprennent l'angle de 40°, sachant qu'ils diffèrent de 10 m.*

On sait que si deux triangles ont un angle égal, ils sont entre eux comme les produits des côtés qui comprennent cet angle.

Désignons par $x$ et $x+10$ les deux côtés inconnus du second triangle, par S la surface du premier, et 2S celle du second, on aura :

$$\frac{2S}{S} = \frac{x(x+10)}{23,10 \times 20}$$

ou :

$$x^2 + 10x - 924 = 0.$$

Cette équation a pour racine acceptable

$$x = 25,80$$

d'où :

$$x + 10 = 35,80.$$

**Rép.** Les côtés du second triangle ont 25 m. 80 et 35 m. 80.


**280.** *Dans un trapèze, la grande base surpasse la petite base de 10 m., et la hauteur est égale à la demi-somme des bases ; calculer ces trois lignes, la surface du trapèze étant de 225 m².*

Soient B, $b$ et H, les deux bases et la hauteur du trapèze, on a les trois équations

$$B = b + 10$$

$$H = \frac{B + b}{2}$$

$$\frac{B + b}{2} \times H = 225.$$

Si, dans la dernière, on remplace $\frac{B+b}{2}$ par sa valeur H tirée de la seconde équation, il vient :

$$H^2 = 225$$

d'où :

$$H = 15.$$

Les deux premières équations qui s'écrivent :

$$B - b = 10$$
$$B + b = 30$$

donnent :

$$B = 20 \quad b = 10.$$

**Rép.** Les bases ont 20 m. et 10 m. ;
la hauteur est de 15 m.

## *Problèmes de géométrie dans l'espace*

**281.** *Les dimensions d'une poutre équarrie sont entre elles comme les nombres 3, 4, 50. Calculer les dimensions et le volume de cette poutre, sachant que sa surface totale est de 7 m² 24.*

Soient $3x$, $4x$, $50x$, les trois dimensions, on a l'équation

$$2(3x \times 4x + 3x \times 50x + 4x \times 50x) = 7,24.$$

On tire de là :

$$x = 0,1$$

et, par suite,

$$3x = 0,3$$
$$4x = 0,4$$
$$50x = 5.$$

Les dimensions de la poutre sont :

$$0 \text{ m. } 3 \qquad 0 \text{ m. } 4 \qquad 5 \text{ m.}$$

Son volume est égal à

$$3x \times 4x \times 50x = 0,3 \times 0,4 \times 5 = 0 \text{ m}^2 \text{ 600}.$$

**Rép.** Dimensions : **0 m. 30, 0 m. 40 et 5 m. ; volume : 0 m³ 600.**

**282.** *Les trois arêtes d'un parallélipipède rectangle étant trois nombres entiers consécutifs, et une diagonale valant 7 m. 071, trouver les trois arêtes et le volume.*

On sait que dans tout parallélipipède rectangle, la somme des carrés des trois arêtes est égale au carré d'une diagonale ; si donc on représente par $x-1$, $x$ et $x+1$ les arêtes, on a :

$$(x-1)^2 + x^2 + (x+1)^2 = 7,071^2.$$

On tire de là :

$$x = 3.999\ldots = 4.$$

Les arêtes sont dès lors :

$$3 \text{ m.} \qquad 4 \text{ m.} \qquad 5 \text{ m.}$$

et le volume est égal à

$$3 \times 4 \times 5 = 60 \text{ m}^3.$$

**Rép.** Les arêtes ont **3 m., 4 m., 5 m., et le volume égale 60 m³.**

**283.** *Un prisme hexagonal régulier a une hauteur de 0 m. 80 et une surface totale de 0 m²83136. Trouver le côté de la base.*

Soit $x$ le côté de l'hexagone de base : la surface de cet hexagone est

$$\frac{3x^2\sqrt{3}}{2}.$$

La surface latérale se compose de 6 rectangles égaux dont les dimensions sont $x$ et 0 m. 80 ; cette surface est donc

$$6 \times x \times 0{,}8 = 4{,}80x.$$

La surface totale est donc

$$\frac{2 \times 3x^2\sqrt{3}}{2} + 4{,}80x = 0{,}83136.$$

d'où :    $x = 0$ m.149.

**Rép.** Le côté de l'hexagone vaut **0 m. 149.**

**284.** *Une pyramide a 10 dm² de base et une hauteur de 2 m. On demande à quelle distance de la base il faut lui mener un plan parallèle, pour que la section soit le cinquième de cette base.*

Si, dans une pyramide on mène un plan parallèle à la base, la section et la base sont entre elles comme les carrés de leurs distances aux sommets ; si donc on désigne par $x$ la distance du sommet au plan de la section, on aura

$$\frac{10}{10/5} = \frac{2^2}{x^2}$$

d'où

$$x = 0 \text{ m. } 894.$$

La distance de la base au plan sécant est donc

$$2 - 0{,}894 = 1{,}106.$$

**Rép.** A **1 m. 106** de la base.

**285.** *Un tronc de pyramide à bases carrées, a pour volume 21 dm³ ; le côté de la grande base étant 40 cm et la hauteur 30 cm., calculer le côté de la base supérieure.*

Soit $x$ le côté de la petite base, sa surface sera $x^2$, et le volume sera

$$\frac{1}{3}H(B + b + \sqrt{Bb}) = 0{,}021$$

ou

$$\frac{1}{3} \times 0{,}30(0{,}40^2 + x^2 + \sqrt{0{,}40^2 \times x^2}) = 0{,}021.$$

Cette équation se réduit à

$$x^2 + 0,40x - 0,05 = 0$$

d'où

$$x = 0,10.$$

**Rép.** Le carré supérieur a **10** cm. de côté.

**286.** *Un vase cylindrique a $2\pi$ pour volume et $4\pi$ pour surface latérale. Trouver le rayon et la hauteur de ce vase.*

Soient $x$ et $y$ le rayon et la hauteur, on a les deux équations

$$\pi x^2 y = 2\pi$$

$$2\pi xy = 4\pi.$$

Ces équations simplifiées deviennent

$$x^2 y = 2$$

$$xy = 2.$$

En remplaçant $xy$ par 2 dans la première, elle donne

$$x = 1$$

et, par suite,

$$y = 2.$$

**Rép.** Le rayon a 1 m. et la hauteur 2 m.

**287.** *Trouver le rayon d'un cylindre ayant 2 m. de hauteur et 6 $m^2$ de surface totale.*

Le rayon étant $x$, on a :

$$2\pi x^2 + 2\pi x \times 2 = 6$$

ou

$$\pi x^2 + 2\pi x - 3 = 0.$$

Cette équation donne

$$x = 0,398$$

**Rép.** Le rayon est de **0** m. **398**.

**288.** *Le diamètre d'un cylindre et sa hauteur sont entre eux comme 8 est à 5 et sa surface totale vaut 226 $m^2$ 19448. Quels sont le rayon et la hauteur de ce solide ?*

Soient $4x$ et $5x$ le rayon et la hauteur, on a :

$$2[\pi(4x)^2] + 2\pi.4x.5x = 226,19448.$$

En réduisant, on trouve :

$$x^2 = \frac{226,19448}{72\pi} = 1.$$

d'où

$$x = 1.$$

Le rayon est donc

$$4x = 4$$

et la hauteur :

$$5x = 5.$$

**Rép.** Le rayon vaut **4** m. et la hauteur **5** m.

**289.** *Le rayon d'un cône a deux mètres de moins que sa génératrice. Calculer ce rayon et la hauteur si la surface convexe de ce cône est de 9 m² 42477.*

Soient $x$, $x+2$ et $y$, le rayon, la génératrice et la hauteur du cône. On a d'abord pour surface convexe

$$\frac{2\pi x \times (x+2)}{2} = 9,42477$$

ou

$$\pi x^2 + 2\pi x - 9,42477 = 0.$$

En divisant les deux membres par $\pi$, cette équation devient :

$$x^2 + 2x - 3 = 0$$

d'où

$$x = 1$$

et la génératrice

$$x + 2 = 3.$$

Pour calculer la hauteur $y$, il faut considérer le triangle rectangle formé par la génératrice 3 m., le rayon 1 m. et la hauteur $y$.

On a donc

$$y^2 = 3^2 - 1^2 = 8$$

d'où

$$y = 2\sqrt{2} = 2 \text{ m. } 828.$$

**Rép.** Le rayon vaut **1** m., et la hauteur **2** m. **828**.

**290.** *On fait tourner un rectangle autour de l'un de ses côtés qui a 1 mètre. Quelle doit être la longueur de l'autre côté pour que le volume engendré soit 31 dm³ 41593 ?*

Soit $x$ le côté inconnu. Le volume engendré est celui d'un cylindre ayant $x$ pour rayon et 1 m. de hauteur.

On a, par suite,

$$\pi x^2 \times 1 = 0,03141593$$

ou

$$x^2 = \frac{0,03141593}{\pi} = 0,01$$

d'où

$$x = 0 \text{ m. } 10.$$

**Rép.** Le côté doit avoir **10** cm.

**291.** *Sachant que la surface totale d'un cône vaut 63 m²
617197 et que sa génératrice a 7 m. 50, trouver la hauteur et
le rayon de ce solide.*

Désignons respectivement par $x$ et $y$ le rayon et la hauteur du
cône. On a pour surface totale :

$$\pi x^2 + \frac{2\pi x \times 7,50}{2} = 63,617197$$

ou

$$x^2 + 7,5x - 20,25 = 0$$

d'où :

$$x = 2,107.$$

La hauteur est un côté de l'angle droit d'un triangle rectangle
dont l'hypoténuse a 7 m. 50, et l'autre côté, 2 m. 107. On peut donc
écrire :

$$y^2 = 7,50^2 - 2,107^2$$

d'où

$$y = 7,198.$$

**Rép.** La hauteur a **7** m. **198** et le rayon, **2** m. **107**.


**292.** *On fait tourner un triangle rectangle autour d'un côté
de l'angle droit qui a 2 m. de longueur. Quelle doit être la longueur de l'autre côté de l'angle droit pour que le volume engendré
soit de 4 m³ 71238 ?*

Soit $x$ le second côté de l'angle droit, c'est le rayon du cône
engendré. Le volume de ce cône est

$$\frac{1}{3}\pi x^2 \times 2 = 4,71238.$$

On tire de là successivement :

$$x^2 = \frac{4,71238 \times 3}{2\pi} = 2,25.$$

$$x = \sqrt{2,25} = 1,50.$$

**Rép.** La longueur du côté doit être de **1** m. **50**.

**298.** *Une chaudière est formée d'un cylindre terminé par deux hémisphères de même rayon que le cylindre. Le rapport de la longueur du cylindre à celle du rayon est 4. Déterminer la longueur intérieure totale de cette chaudière qui doit contenir 15 hectolitres. (Brev. sup.).*

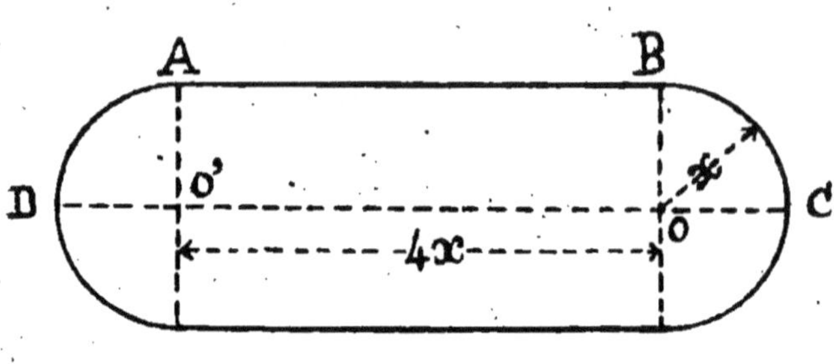


Soit $x$ le rayon du cylindre et des deux hémisphères: l'axe du cylindre sera $4x$.

Exprimons le volume de la chaudière.

Il se compose :

1° du cylindre dont le volume est

$$\pi x^2 \times 4x.$$

2° de la sphère formée par les deux hémisphères, et dont le volume est

$$\frac{4}{3}\pi x^3.$$

On a donc :

$$\pi x^2 \times 4x + \frac{4\pi x^3}{3} = 1,5$$

ou

$$x^3 = \frac{4,5}{16\pi} = 0{,}0895246.$$

On tire de là

$$x = 0{,}4473.$$

La longueur intérieure totale sera

$$6x = 2{,}6838.$$

**Rép. 2 m. 6838.**

# CINQUIÈME PARTIE

# PROGRESSIONS ET LOGARITHMES

## CHAPITRE PREMIER

### PROBLÈMES SUR LES PROGRESSIONS ARITHMÉTIQUES

**1.** *Former une progression de 6 termes dont le premier soit* 4a+6b *et la raison* a—b.

Le 2$^e$ terme est $(4a+6b)+(a-b=5a+5b.$
Le 3$^e$     —     $(5a+5b)+(a-b)=6a+4b.$
Le 4$^e$     —     $(6a+4b)+(a-b)=7a+3b.$
Le 5$^e$     —     $(7a+3b)+(a-b)=8a+2b.$
Le 6$^e$     —     $(8a+2b)+(a-b)=9a+b.$

    **Rép.** $\div$ 4a+6b.5a+5b.6a+4b.7a+3b.8a+2b.9a+b.

**2.** *Trouver le septième terme d'une progression dont le premier est* 24a—6b+13 *et la raison* b—4a—2.

En appliquant la formule (*a*), on trouve (5, 5$^e$ partie) :

$$l=24a-6b+13+6(b-4a-2)=1.$$

**Rép.** Le 7$^e$ terme est **1**.

**3.** *Combien une progression a-t-elle de termes, sachant que le premier est* 10x—7y, *le dernier* 3y, *et la raison* y—x?

La formule (*d*) nous donne :

$$n=1+\frac{3y-(10x-7y)}{y-x}=\frac{11y-11x}{y-x}=11.$$

**Rép.** La progression a **11** termes.

**4.** *Trouver le premier terme d'une progression dans laquelle le vingtième terme est* $a+b+1$ *et la raison* $\dfrac{a}{19}+b$.

On a (*d*) :

$$n = l - (n-1)r = a+b+1 - (20-1)\left(\frac{a}{19}+b\right) = 1-18b.$$

**Rép.** Le premier terme est **1—18b**.

**5.** *Etant donnée la progression*
$$\div (30m-15) \cdot (26m-13)..,..(2m-1)$$
*calculer le nombre et la somme des termes.*

On a :

$$1^{\circ}\ n = \frac{2m-1-30m+15}{-4m+2}+1 = 7+1 = 8.$$

$$2^{\circ}\ S = \frac{30m-15+2m-1}{2}\times 8 = 128m-64.$$

**Rép.** 8 termes ; la somme est **128 m—64**.

*Trouver la somme des termes de chacune des progressions suivantes :*

**6.** $\div 1 \cdot 3 \cdot 5 \cdot 7 \ldots 999$.

La raison est 2. Le nombre des termes est donné par la formule

$$n = 1 + \frac{l-a}{r} = 1 + \frac{999-1}{2} = 500.$$

On a donc :

$$S = \frac{1+999}{2}\times 500 = 250000.$$

**Rép.** La somme est **250.000**.

**Remarque.** — On aurait pu remarquer d'abord que la somme est égale au carré du nombre des termes.

**7.** $\div 1 \cdot 2 + a \cdot 3 + a \cdot 3 + 2a \cdot 4 + 3a \ldots 21 + 20a$.

On a :

$$n = \frac{l-a}{r}+1 = \frac{21+20a-1}{1+x}+1 = 21.$$

D'où l'on déduit :

$$S = \frac{a+l}{2}\times n = \frac{1+21+20a}{2}\times 21 = 231+210a.$$

**Rép.** La somme est **231+210a**.

*Les progressions suivantes ont 12 termes, calculer leur raison :*

**8.** $\div a.....a(11n+1)$.

On a :

$$r = \frac{l-a}{n-1} = \frac{a(11n+1)-a}{11} = an.$$

Rép. La raison est $an$.

**9.** $\div na.....a(n-1)$.

On écrit :

$$r = \frac{l-a}{n-1} = \frac{a(n-1)-na}{11} = -\frac{a}{11}.$$

Rép. La raison est $-\dfrac{a}{11}$.

*Calculer la somme des 10 premiers termes de chacune des progressions suivantes :*

**10.** $\div 11a.\dfrac{10a}{9}...$

On écrit :

$$S = \left[11a - \frac{89a}{18}(10-1)\right]10 = -335a.$$

Rép. La somme des 10 premiers termes est **—335a**.

**11.** $\div 25a.23a.....$

Rép. Les 10 premiers termes ont pour somme **160a**.

**12.** $\div \dfrac{a}{5}.\dfrac{3a}{5}.....$

Rép. La somme est **20a**.

*Insérer 6 moyens arithmétiques entre les deux nombres suivants :*

**13.** $8a-16b, \quad a-2b$.

La raison est

$$r = \frac{a-2b-8a+16b}{7} = \frac{14b-7a}{7} = 2b-a.$$

Rép. La progression formée sera :

$$\div 8a-16b.7a-14b.6a-12b.5a-10b.4a$$
$$-8b.3a-6b.2a-4b.a-2b.$$

**14.** $21a-7$,   0.

On a :
$$r = \frac{b-a}{m+1} = \frac{0-21a+7}{7} = 1-3a.$$

**Rép.** La progression qui en résulte est :
$$\div 21a-7.18a-6.15a-5.12a$$
$$-4.9a-3.6a-2.3a-1.0.$$

**15.** $\dfrac{5a}{4}$,   $10a$.

On trouve pour raison :

$$r = \frac{b-a}{m+1} = \frac{10a-\dfrac{5a}{4}}{7} = \frac{35a}{28} = \frac{5a}{4}.$$

**Rép.** La progression cherchée est donc :
$$\div \frac{5a}{4}.\frac{10a}{4}.\frac{15a}{4}.\frac{20a}{4}.\frac{25a}{4}.\frac{30a}{4}.\frac{35a}{4}.\frac{40a}{4}$$
$$\div \frac{5a}{4}.\frac{5a}{2}.\frac{15a}{4}.5a.\frac{25a}{4}.\frac{15a}{2}.\frac{35a}{4}.10a.$$

**16.** $61$,   $-79$.

**Rép.** On trouve la progression :
$$\div 61.41.21.1.-19.-39.-59.-79.$$

**17.** *Etant donnés* n, S, r, *calculer* l *et* a.

Les formules    $l = a+(n-1)r$   et $S = \dfrac{a+l}{2} \times n$

donnent    $l-a = (n-1)r$   et $a+l = \dfrac{2S}{n}.$

En additionnant ces deux égalités, et en retranchant l'une de l'autre, il vient :

$$2l = (n-1)r + \frac{2S}{n} = \frac{(n-1)nr+2S}{n}$$

d'où
$$l = \frac{n(n-1)r+2S}{2n}$$

$$2a = \frac{2S}{n} - (n-1)r = \frac{2S-n(n-1)r}{n}$$

d'où
$$a = \frac{2S-n(n-1)r}{2n}.$$

**Rép.** $1°$ $l = \dfrac{n(n-1)r+2S}{2n}$ ; $2°$ $a = \dfrac{2S-n(n-1)r}{2n}.$

**18.** *On donne* l, S, n, *calculer* a *et* r.

On a :
$$a = \frac{2S - nl}{n} \quad \text{et} \quad r = \frac{l - a}{n - 1}.$$

En portant la valeur de $a$ dans la seconde équation, il vient :
$$r = \frac{l - \dfrac{2S - nl}{n}}{n - 1} = \frac{2nl - 2S}{n(n - 1)}.$$

**Rép.** 1° $a = \dfrac{2S - nl}{n}$  2° $r = \dfrac{2nl - 2S}{n(n - 1)}.$

**19.** *On donne* l, a, r, *calculer* S *et* n.

On a d'abord :
$$n = 1 + \frac{l - a}{r} = \frac{r + l - a}{r}.$$

La formule (*f*) donne
$$S = \frac{a + l}{2} \times n = \frac{a + l}{2} \times \frac{r + l - a}{r} = \frac{(a + l)(l - a + r)}{2r}.$$

**Rép.** 1° $n = \dfrac{l - a + r}{r}$ ;  2° $S = \dfrac{(a + l)(l - a + r)}{2r}.$

**20.** *Étant donnés* a, r, S, *calculer* l *et* n.

Les formules (*f*) et (*a*) donnent :
$$\frac{a + l}{2} \times n = S \quad \text{et} \quad l = a + r(n - 1).$$

En portant la valeur de $l$ dans la première équation, il vient :
$$\frac{a + a + r(n - 1)}{2} \times n = S$$

ou
$$rn^2 - n(r - 2a) - 2S = 0.$$

Cette équation donne :
$$n = \frac{r - 2a \pm \sqrt{r^2 + 4a^2 - 4ar + 8rS}}{2r}$$

et, par suite,
$$l = a + \frac{- r - 2a \pm \sqrt{r^2 + 4a^2 - 4ar + 8rS}}{2}.$$

**Rép.** 1° $n = \dfrac{r - 2 \pm a\sqrt{r^2 + 4a^2 - 4ar + 8rS}}{2r}.$

2° $l = \dfrac{- r - 2a \pm \sqrt{r^2 + 4a^2 - 4ar + 8rS}}{2}.$

**21.** *Etant donnés S, l, r, calculer* n *et* a.

Les formules (*b*) et (*f*) donnent :

$$a = l + r - rn \quad \text{et} \quad (a+l)n = 2S.$$

Si dans la dernière, on remplace *a* par sa valeur, il vient :

$$(l + r - rn + l)n - 2S = 0$$

ou

$$rn^2 - (2l + r)n + 2S = 0$$

d'où :

$$n = \frac{2l + r \pm \sqrt{(2l+r)^2 - 8rS}}{2r}.$$

Il résulte pour *a* la valeur suivante :

$$a = l + r - \frac{2l + r \pm \sqrt{(2l+r)^2 - 8rS}}{2}$$

ou

$$a = \frac{r \pm \sqrt{(2l+r)^2 - 8rS}}{2}.$$

**Rép.** 1° $\quad n = \dfrac{2l + r \pm \sqrt{(2l+r)^2 - 8rS}}{2r}$ ;

2° $\quad a = \dfrac{r \pm \sqrt{(2l+r)^2 - 8rS}}{2}.$

**22.** *On donne* r, n, l, *calculer* S *et* a.

On a :

$$r = \frac{l - a}{n - 1}$$

d'où

$$a = l - (n - 1)r.$$

D'autre part,

$$S = \frac{a+l}{2} \times n = \left( \frac{l - (n-1)r + l}{2} \right)n = \left[ l - \frac{r}{2}(n-1) \right]n.$$

**Rép.** 1° $\quad a = l - (n-1)r$ ;    2° $\quad S = \left[ l - \dfrac{r}{2}(n-1) \right]n.$

**23.** *Etant donnés* a, l, n, *calculer* r *et* S.

On a :

$$r = \frac{l - a}{n - 1} \quad \text{et} \quad S = \frac{a+l}{2} \times n.$$

**Rép.** 1° $\quad r = \dfrac{l - a}{n - 1}$ ;    2° $\quad S = \dfrac{a+l}{2} \times n.$

**24.** *Étant donnés S, l, a, calculer* r *et* n.

On écrit :

$$r = \frac{l-a}{n-1} \quad \text{et} \quad \frac{l+a}{2} \times n = S.$$

De la seconde on tire :

$$n = \frac{2S}{a+l}.$$

Pour cette valeur, la première équation devient

$$r = \frac{(l-a)(l+a)}{2S-l-a} = \frac{l^2-a^2}{2S-l-a}.$$

**Rép.** $1^o$ $r = \dfrac{l^2-a^2}{2S-l-a}$ ; $2^o$ $n = \dfrac{2S}{a+l}.$

**25.** *Étant donnés S, a, n, calculer* r *et* l.

De la formule :

$$S = \frac{a+l}{2} \times n$$

on tire :

$$l = \frac{2S}{n} - a.$$

En égalant cette valeur de $l$ avec la suivante

$$l = a + (n-1)r$$

on trouve

$$a + (n-1)r = \frac{2S}{n} - a$$

d'où

$$r = \frac{2(S-na)}{n(n-1)}.$$

**Rép.** $1^o$ $r = \dfrac{2(S-na)}{n(n-1)}$ ; $l = \dfrac{2S-na}{n}.$

**26.** *Étant donnés a, n, r, calculer* S *et* l.

On a :

$$S = \frac{a+l}{2} \times n \quad \text{et} \quad l = a + (n-1)r$$

d'où :

$$S = \frac{a+a+(n-1)r}{2} \times n = \left[ a + \frac{r}{2}(n-1) \right] n.$$

**Rép.** $1^o$ $S = \left[ a + \dfrac{r}{2}(n-1) \right] n$ ; $2^o$ $l = a + (n-1)r.$

**27.** *Quelle est la somme de tous les nombres d'une table de Pythagore contenant tous les produits deux à deux des 10 premiers nombres ?*

La première ligne a pour somme

$$1+2+3+4+\ldots+10=\frac{1+10}{2}\times 10=55.$$

La deuxième ligne a pour somme

$$2+4+6+8+\ldots+20=\frac{2+20}{2}\times 10=110.$$

La troisième ligne a pour somme

$$3+6+9+12+\ldots+30=\frac{3+30}{2}\times 10=165.$$

La quatrième ligne a pour somme

$$4+8+12+16+\ldots+40=\frac{4+40}{2}\times 10=220.$$

. . . . . . . . . . . . . . . . . . . . . . . . . .

La dixième ligne a pour somme

$$10+20+30+40+\ldots+100=\frac{10+100}{2}\times 10=550.$$

Le total de ces différentes sommes est égal à

$$S=55+110+165+220+\ldots+550=\frac{55+550}{2}\times 10=3025.$$

**Rép.** La somme est **3.025.**


**28.** *Dans un octogone convexe, les angles sont en progression arithmétique de raison 5°. Trouver ces angles.*

Le plus petit angle étant $x$, on a :

$$x+(x+5)+(x+10)+(x+15)+(x+20)+(x+25)+(x+30)+$$
$$(x+35)=180(8-2)=1080.$$

On tire de là :

$$x=117°30'.$$

**Rép.** Les angles sont : **117°30′ ; 122°30′ ; 127°30′ ; 132°30′ ; 137°30′ ; 142°30′ ; 147°30′ ; 152°30′.**

**29.** *Trois ouvriers creusent un puits de 27 mètres de profondeur. Pour le premier mètre ils reçoivent 20 fr.; pour le second, ils reçoivent 23 fr.; pour le troisième, 26 fr., et ainsi de suite. Combien ont-ils reçu chacun, sachant qu'après les 9 premiers mètres, ils sont 3 de plus et qu'ils sont encore augmentés de 3 pour creuser les 9 derniers mètres?*

Les trois premiers ouvriers, qui ont creusé 9 m.. ont reçu en tout :

$$20+23+26+29+\ldots+44=288, \text{ soit } 96 \text{ fr. chacun.}$$

Les six ouvriers qui ont creusé les 9 mètres suivants ont reçu en tout :

$$47+50+53+56+\ldots+71=531, \text{ soit } 88 \text{ fr. } 50 \text{ chacun.}$$

Les neuf ouvriers qui ont creusé les 9 derniers mètres ont reçu en tout :

$$74+77+80+83+\ldots+98=774, \text{ soit } 86 \text{ fr. chacun.}$$

Chacun des trois premiers ouvriers a reçu :

$$96+88,50+86=270 \text{ fr. } 50.$$

Chacun des trois suivants a reçu

$$88,50+86=174 \text{ fr. } 50.$$

Chacun des trois derniers a reçu 86 fr.

**Rép.** 1° **270 fr. 50** ° 2° **174 fr. 50** ; 3° **86 fr.**


**80.** *Trois nombres en progression arithmétique ont pour somme 54 et 5814 pour produit. Trouver ces nombres.*

Les trois nombres étant $x-r$, $x$, $x+r$, on a

$$x-r+x+x+r=54 \text{ d'où } x=18$$
$$(x-r)x(x+r)=5814 \text{ ou } (18^2-r^2)18=5814.$$

De cette dernière, on tire :

$$r=\pm 1.$$

Les trois nombres sont, pour $r=1$ :

$$x-r=18-1=17, \quad x=18, \quad x+r=18+1=19.$$

Pour $r=-1$, ces nombres sont :

$$x-r=18+1=19, \quad x=18, \quad x+r=18-1=17.$$

Ces deux solutions sont identiques et se réduisent à une seule.

**Rép.** Les nombres sont : **17, 18, 19.**

**31.** *On marque 10 points sur une circonférence, et l'on joint chacun d'eux à tous les autres par des lignes droites. Combien a-t-on mené de droites distinctes?*

Soient A, B, C, D, E, F, G, H, I, K, les 10 points.

Par le point A, on mène les 9 droites distinctes :

$$AB, \ AC, \ AD, \ AE, \ \ldots \ AK.$$

Par le point B, on mène les 8 droites distinctes :

$$BC, \ BD, \ BE, \ BF, \ \ldots \ BK.$$

Par le point C, on ne peut en mener que 7, etc.

Le nombre total des droites est donc

$$9+8+7+6+5+4+3+2+1 = \frac{9+1}{2} \times 9 = 45$$

**Rép.** On peut mener **45** droites distinctes.

**32.** *Le produit des deux premiers et des deux derniers termes d'une progression de 5 termes est 483021, et la raison 10. Trouver la progression.*

Soient $x-20$, $x-10$, $x$, $x+10$, $x+20$ les 5 nombres inconnus, on a l'équation

$$(x-20)(x-10)(x+10)(x+20)=483021$$

qui se réduit à l'équation bicarrée

$$x^4 - 500x^2 - 443021 = 0.$$

Les racines réelles étant $x=31$ et $x=-31$, les 5 nombres sont :

$$11, \ 21, \ 31, \ 41, \ 51, \ \text{ou} -51, \ -41, \ -31, \ -21, \ -11.$$

**Rép.** 1° $\div$ **11.21.31.41.51** ;

2° $\div$ **— 51.— 41.— 31.— 21.— 11.**

**33.** *Un domestique a gagné 33500 fr. en 10 ans. Sachant que la première année il a reçu 2000 fr., et que chaque année il a été augmenté d'une même somme, quelle est l'augmentation annuelle de ses gages?*

Soit $r$ l'augmentation annuelle ; on a

$$\frac{a+l}{2} \times 10 = 33500 \quad \text{ou} \quad \frac{2000+l}{2} \times 10 = 33500.$$

Mais on a aussi

$$l = a + r(n-1) = 2000 + r \times 9.$$

Par suite, l'équation précédente devient

$$\frac{2000+2000+9r}{2} = 3350 \quad \text{d'où } r = 300.$$

**Rép.** L'augmentation annuelle a été de **300 fr.**

**84.** *Trouver un triangle rectangle dont les côtés soient 3 nombres entiers différents de 5.*

Soient $x-5$, $x$ et $x+5$ les trois côtés ; l'hypoténuse étant $x+5$, on a :

$$(x+5)^2 = (x-5)^2 + x^2$$

ou :

$$x^2 - 20x = x(x-20) = 0.$$

Cette équation donne :

$$x = 20.$$

Les trois côtés sont donc :

$$x-5 = 20-5 = 15, \quad x = 20, \quad x+5 = 20+5 = 25.$$

**Rép.** Les côtés ont : **15 m., 20 m., 25.**

---

# CHAPITRE II

## PROBLÈMES SUR LES PROGRESSIONS GÉOMÉTRIQUES

**85.** *Le $10^e$ terme d'une progression est $b^{9m+11}$ et la raison $b^{m+1}$. Trouver le premier terme.*

On écrit :

$$a = \frac{l}{q^{n-1}} = \frac{b^{9m+11}}{(b^{m+1})^9} = \frac{b^{9m+11}}{b^{9m+9}} = b^2.$$

**Rép.** Le premier terme est $b^2$.

**86.** *Trouver le premier terme d'une progression dont le $12^e$ est $-b^{32}$ et la raison $-b^2$.*

On a :

$$a = \frac{l}{q^{n-1}} = \frac{-b^{32}}{(-b^2)^{11}} = \frac{-b^{32}}{-b^{22}} = b^{10}.$$

**Rép.** Le premier terme est $b^{10}$.

*Trouver les trois progressions suivantes, connaissant :*

**87.** *Le premier terme $a^2$ et la raison $a^5$.*

**Rép.** La progression sera

$$\div\ a^2 : a^7 : a^{12} : a^{17} : a^{22} : a^{27} : a^{32} : a^{37}.$$

**38.** *Le premier terme* $1$ *et la raison* $-a^2$.

**Rép.** $\div 1 : - a^2 : a^4 : - a^6 : a^8 : - a^{10} : a^{12} : - a^{14}$.

**39.** *Le premier terme* $a^{20}$ *et la raison* $1/a$.

**Rép.** $\div a^{20} : a^{19} : a^{18} : a^{17} : a^{16} : a^{15} : a^{14} : a^{13}$.

*Trouver le nombre des termes des progressions suivantes :*

**40.** $\div b^3 : \ldots : - b^{21}$ ; *raison* $-b^2$.

On écrit :

$$(-b^2)^{n-1} = \frac{-b^{21}}{b^3} = -b^{18} = (-b^2)^9.$$

On a donc

$$n - 1 = 9 \quad \text{d'où} \quad n = 10.$$

**Rép.** Le nombre des termes est **10**.

**41.** $\div \dfrac{1}{b} : \ldots : - \dfrac{1}{b^{23}}$ ; *raison* $-1b^2$.

Nous avons :

$$\left(-\frac{1}{b^2}\right)^{n-1} = -\frac{\dfrac{1}{b^{23}}}{1/b} = -\frac{1}{b^{22}} = \left(-\frac{1}{b^2}\right)^{11}$$

d'où

$$n - 1 = 11 \quad \text{et} \quad n = 12.$$

**Rép.** Le nombre des termes est **12**.

**42.** $\div \dfrac{3}{4} : \ldots : \dfrac{1}{324}$ ; *raison* $1/3$.

On a :

$$\left(\frac{1}{3}\right)^{n-1} = \frac{1/324}{3/4} = \frac{1}{3^5} = \left(\frac{1}{3}\right)^5$$

d'où :

$$n - 1 = 5 \quad \text{et} \quad n = 6$$

**Rép.** Il y a **6** termes.

*Trouver la somme des termes de chacune des progressions suivantes :*

**43.** $\div 1 : x : \ldots : x^9$.

$$S = \frac{x^9 \times x - 1}{x - 1} = \frac{x^{10} - 1}{x - 1}.$$

**Rép.** La progression a pour somme $\dfrac{x^{10} - 1}{x - 1}$.

**44.** $\div\, a^2 : a^4 : \ldots : a^{22}$.

$$S = \frac{a^{22} \times a^2 - a^2}{a^2 - 1} = \frac{a^{24} - a^2}{a^2 - 1}.$$

**Rép.** La somme égale $\dfrac{a^{24} - a^2}{a^2 - 1}$.

**45.** $\div\, a^5 : a^4 : \ldots : \dfrac{1}{a^4}$.

$$S = \frac{\dfrac{1}{a^4} \times \dfrac{1}{a} - a^5}{\dfrac{1}{a} - 1} = \frac{\dfrac{1}{a^5} - a^5}{\dfrac{1-a}{a}} = \frac{1 - a^{10}}{a^4(1-a)} = \frac{a^{10} - 1}{a^4(a-1)}.$$

**Rép.** La somme est $\dfrac{a^{10} - 1}{a^4(a - 1)}$.

**46.** $\div\, x : x^3 : \ldots : x^{2n+1}$.

$$S = \frac{x^{2n+1} \times x^2 - x}{x^2 - 1} = \frac{x^{2n+3} - x}{x^2 - 1}.$$

**Rép.** On trouve pour somme $\dfrac{x^{2n+3} - x}{x^2 - 1}$.

**47.** $\div\, \dfrac{1}{x} : \dfrac{1}{x^2} : \ldots : \dfrac{1}{x^n}$.

$$S = \frac{\dfrac{1}{x^n} \times \dfrac{1}{x} - \dfrac{1}{x}}{\dfrac{1}{x} - 1} = \frac{\dfrac{1-x^n}{x^{n+1}}}{\dfrac{1-x}{x}} = \frac{1 - x^n}{x^n(1-x)} = \frac{x^n - 1}{x^n(x - 1)}.$$

**Rép.** La somme est $\dfrac{x^n - 1}{x^n(x - 1)}$.

*Trouver le produit des six premiers termes de chacune des progressions suivantes :*

**48.** $\div\, \dfrac{1}{2^{10}} : \dfrac{1}{2^8} : \dfrac{1}{2^6} : \ldots$ \qquad **Rép.** $\dfrac{1}{1.073.741.824}$.

**49.** $\div\, \dfrac{1}{x^3} : \dfrac{1}{x^2} : \dfrac{1}{x} : \ldots$ \qquad **Rép.** $\dfrac{1}{x^3}$.

**50.** $\div\, \dfrac{b}{a} : \dfrac{b^2}{a^2} : \dfrac{b^3}{a^3} : \ldots$ \qquad **Rép.** $\dfrac{a^{21}}{b^{21}}$.

*Trouver la somme de tous les termes de chacune des progressions illimitées suivantes :*

**51.** $\div 26,46 : 2,646 : 0,2646 : 0,02646 : \ldots$

On a :

$$q = 0,1$$

et, par suite,

$$S = \frac{26,46}{1 - 0,1} = \frac{26,46}{0,9} = \frac{264,6}{9} = 29,4.$$

**Rép.** La limite est **29,4**.

**52.** $\div 1 : -\dfrac{1}{3} : \dfrac{1}{9} : -\dfrac{1}{27} : \ldots$

La raison est $-\dfrac{1}{3}$.

On a donc :

$$S = \frac{1}{1 - \left(-\dfrac{1}{3}\right)} = \frac{1}{1 + \dfrac{1}{3}} = \frac{3}{4}.$$

**Rép.** La limite cherchée est $\dfrac{3}{4}$.

**53.** *Calculer l'expression*

$$\frac{a + a^3 + a^5 + a^7 + \ldots,}{\dfrac{1}{a} + \dfrac{1}{a^3} + \dfrac{1}{a^5} + \dfrac{1}{a^7} + \ldots,}$$

*en prenant 20 termes dans chaque progression.*

Le 20e terme de la progression

$$a + a^3 + a^5 + a^7 + \ldots$$

est donné par la formule

$$l = aq^{n-1} = a \times (a^2)^{19} = a^{39}.$$

On a donc pour somme des 20 premiers termes du numérateur

$$\frac{a^{39} \times a^2 - a}{a^2 - 1} = \frac{a(a^{40} - 1)}{a^2 - 1} :$$

Quant à la progression du dénominateur, ou

$$\frac{1}{a} + \frac{1}{a^3} + \frac{1}{a^5} + \frac{1}{a^7} \ldots$$

son 20e terme est

$$l = \frac{1}{a} \times \left(\frac{1}{a^2}\right)^{19} = \frac{1}{a^{39}}$$

et la somme de ses termes,

$$\frac{\dfrac{1}{a^{30}} \diagup \dfrac{1}{a^2} \cdot \dfrac{1}{a}}{\dfrac{1}{a^2} - 1} = \frac{\dfrac{1 - a^{40}}{a^{41}}}{\dfrac{1 - a^2}{a^2}} = \frac{a^{40} - 1}{a^{30}(a^2 - 1)} \cdot$$

La fraction devient :

$$\frac{a(a^{40} - 1)}{a^2 - 1} \times \frac{a^{30}(a^2 - 1)}{a^{40} - 1} = a^{40}.$$

**Rép.** $a^{40}$.

**54.** *Trouver la somme des* n *premiers termes de la suite*

$$1 + \frac{1}{x^2} + \frac{1}{x^4} + \frac{1}{x^6} + \ldots$$

On a d'abord

$$l = 1 \times \left(\frac{1}{x^2}\right)^{n-1} = \frac{1}{x^{2n-2}} \cdot$$

La somme des $n$ premiers termes est :

$$S = \frac{\dfrac{1}{x^{2n-2}} \diagup \dfrac{1}{x^2} - 1}{\dfrac{1}{x^2} - 1} = \frac{1 - x^{2n}}{x^{2n-2}(1 - x^2)} \cdot$$

**Rép.** La somme cherchée est $\dfrac{x^{2n} - 1}{x^{2n-2}(x^2 - 1)} \cdot$

**55.** *Quelle est la somme des* 20 *premiers termes de la progression*

$$\frac{b}{a} + \frac{b^3}{a^3} + \frac{b^5}{a^5} + \frac{b^7}{a^7} + \ldots$$

Le $20^e$ terme est égal à

$$\frac{b}{a} \times \left(\frac{b^2}{a^2}\right)^{19} = \frac{b}{a} \times \frac{b^{38}}{a^{38}} = \frac{b^{39}}{a^{39}} \cdot$$

La somme est donnée par la formule

$$S = \frac{lq - a}{q - 1} = \frac{\dfrac{b^{39}}{a^{39}} \times \dfrac{b^2}{a^2} - \dfrac{b}{a}}{\dfrac{b^2}{a^2} - 1} = \frac{\dfrac{b^{41}}{a^{41}} - \dfrac{b}{a}}{\dfrac{b^2}{a^2} - 1} = \frac{ab(b^{40} - a^{40})}{a^{40}(b^2 - a^2)} \cdot$$

**Rép.** La somme est $\dfrac{b(b^{40} - a^{40})}{a^{39}(b^2 - a^2)} \cdot$

*On demande la somme des 8 premiers termes de chacune des deux progressions suivantes :*

**56.** $\dfrac{4}{5} + 1 + \dfrac{5}{4} + \dfrac{25}{16} + \ldots$

On a :

$$l = \frac{4}{5} \times \left(\frac{5}{4}\right)^7 = \frac{4 \times 5^7}{5 \times 4^7} = \frac{5^6}{4^6}.$$

$$S = \frac{\dfrac{5^6}{4^6} \times \dfrac{5}{4} - \dfrac{4}{5}}{\dfrac{5}{4} - 1} = \frac{5^8 - 4^8}{4^6 \times 5}.$$

**Rép.** $\dfrac{5^8 - 4^8}{4^6 \times 5}.$

**57.** $x + \dfrac{x}{1-y} + \dfrac{x}{(1-y)^2} + \dfrac{x}{(1-y)^3} + \ldots$

La raison est

$$\frac{1}{1-y}$$

et le 8º terme,

$$\frac{x}{(1-y)^7}.$$

On a donc pour somme

$$S = \frac{\dfrac{x}{(1-y)^7} \times \dfrac{1}{1-y} - x}{\dfrac{1}{1-y} - 1} = \frac{x}{y}\left[\frac{1-(1-y)^8}{(1-y)^7}\right].$$

**Rép.** La somme des 8 termes est $\dfrac{x}{y}\left[\dfrac{1-(1-y)^8}{(1-y)^7}\right].$

*Trouver la fraction ordinaire génératrice de chacune des fractions périodiques suivantes :*

**58.** $0,522522522\ldots$

On écrit :

$$0,522522522\ldots = \frac{522}{1000} + \frac{522}{1000^2} + \frac{522}{1000^3} + \ldots$$

La fraction périodique est donc une progression géométrique décroissante dont la raison est $\dfrac{1}{1\,000}$ et dont le nombre des termes est infini. Sa limite

$$S = \frac{a}{1-q} = \frac{522/1000}{1-1/1000} = \frac{522/1000}{999/1000} = \frac{522}{999} = \frac{58}{111}.$$

**Rép.** La fraction génératrice est $\dfrac{58}{111}$.

**59.** 0,44444444.....

On a :

$$0,4444444..... = \frac{4}{10} + \frac{4}{10^2} + \frac{4}{10^3} + \cdots = \frac{4/10}{1-1/10} = \frac{4/10}{9/10} = \frac{4}{9}.$$

**Rép.** La fraction génératrice est $\dfrac{4}{9}$.

**60.** 0,9999999.....

On a :

$$0,9999999..... = \frac{9}{10} + \frac{9}{10^2} \times \frac{9}{10^3} + \frac{9}{10^4} + \cdots = \frac{9/10}{1-1/10} = \frac{9/10}{9/10} = 1.$$

**Rép.** La fraction périodique donnée est égale à **1**.

**61.** 0,01010101.....

$$0,01010101..... = \frac{1}{100} + \frac{1}{100^2} + \frac{1}{100^3} + \frac{1}{100^4} + \cdots = \frac{1/100}{1-1/100}$$

$$= \frac{1/100}{99/100} = \frac{1}{99}.$$

**Rép.** $\dfrac{1}{99}$.

**62.** 4,232323.....

On a :

$$4,232323..... = 4 + \frac{23}{100} + \frac{23}{100^2} + \frac{23}{100^3} + \cdots = 4 + \frac{23/100}{1-1/100}$$

$$= 4\frac{23}{99} = \frac{419}{99}.$$

**Rép.** $\dfrac{419}{99}$.

**63.** $0,123333\ldots$

$$0,123333\ldots = \frac{12}{100} + \frac{3}{10^3} + \frac{3}{10^4} + \frac{3}{10^5} + \frac{3}{10^6} + \ldots = \frac{12}{100} + \frac{3/1000}{1 - 1/10}$$

ou :

$$0,12333\ldots = \frac{12}{100} + \frac{1}{300} = \frac{37}{300}.$$

Rép. $\dfrac{37}{300}$.

**64.** $47,23121212\ldots$

$$47,23121212\ldots = \frac{4723}{100} + \frac{12}{100^2} + \frac{12}{100^3} + \frac{12}{100^4} + \ldots$$

d'où :

$$47,2312\ldots = \frac{4723}{100} + \frac{12/100^2}{1 - 1/100} = \frac{4723}{100} + \frac{12}{9900}$$

ou bien

$$47,23121212\ldots = \frac{4723 \times 99 + 12}{9900} = \frac{4723(100-1)+12}{9900}$$

$$= \frac{472312 - 4723}{9900}.$$

Rép. $\dfrac{155868}{3800}$.

**65.** $1,37899999\ldots$

Rép. On trouve de même $1,379$ pour fraction génératrice.

**66.** *La somme des arêtes d'un parallélipipède rectangle est 10 m. 40. Trouver ces arêtes, sachant qu'elles sont en progression géométrique et que le solide a 216 dm³ pour volume.*

Soient $\dfrac{x}{q}$, $x$ et $qx$ les 3 arêtes, on a les deux équations :

$$\frac{4x}{q} + 4x + 4qx = 10,40. \tag{1}$$

$$\frac{x}{q} \times x \times qx = 0,216 \tag{2}$$

L'équation (2) donne

$$x^3 = 0,216$$

d'où :

$$x = \sqrt[3]{0,216} = 0,6.$$

L'équation (1) devient

$$\frac{0,6}{q}+0,6+0,6q=2,6$$

ou

$$3q^2-10q+3=0$$

ses racines sont :

$$3 \quad \text{et} \quad 1/3.$$

Pour

$$x=0,6 \quad \text{et} \quad q=3$$

les arêtes sont :

$$\frac{x}{q}=\frac{0,6}{3}=0,20 \quad x=0,6 \quad qx=1,80.$$

Pour

$$x=0,6 \quad \text{et} \quad q=\frac{1}{3}$$

les arêtes sont les mêmes

$$1,80 \quad 0,60 \quad 0,20.$$

**Rép.** Les arêtes ont **1 m. 80, 0 m. 60, 0 m. 20.**

**67.** *Si un instituteur qui a fait faire une composition donnait 2 bons points au douzième élève, 6 au onzième, 18 au dixième, 54 au neuvième, etc., combien aurait-il distribué de bons points ?*

La raison étant 3, le premier élève recevra

$$2 \times 3^{11}.$$

La somme des bons points distribués sera

$$\frac{lq-a}{q-1}=\frac{2 \times 3^{11} \times 3-2}{3-1}=3^{12}-1=531440.$$

**Rép.** Il aurait distribué **531.440** bons points.

**68.** *Quatre ouvriers, pour creuser un puits de 30 m. de profondeur, demandent 2 fr. pour le premier mètre, 4 fr. pour le second, 8 fr. pour le troisième, et ainsi de suite. Si l'on acceptait leur proposition, à combien reviendrait ce puits ?*

La raison étant 2, le 30ᵉ mètre coûterait

$$2 \times 2^{20}=2^{30}.$$

Ensemble, tous les mètres creusés coûteraient

$$\frac{lq-a}{q-1}=\frac{2^{30} \times 2-2}{2-1}=2^{31}-2=2147483646 \text{ fr.}$$

**Rép.** Le puits coûterait **2.147.483.646 fr.**

# CHAPITRE III

## EXERCICES SUR LES PROPRIÉTÉS DES LOGARITHMES

*Quelle est la base des systèmes suivants :*

**69.** ..... : $\quad 5^{-2} : 5^{-1} : 1 : 5 : 5^2 : 5^3 : 5^4 :$ .....

..... • —2 • —1 • 0 • 1 • 2 • 3 • 4 • ....

Le nombre qui a l'unité pour logarithme (23, 5ᵉ P.) est 5.

**Rép.** La base est **5.**

**70.** ..... : $\quad 3^{-1} : 1 : 3 : 3^2 : 3^3 : 3^4 :$ .....

..... • —1 • 0 • 1 • 2 • 3 • 4 • .....

**Rép. 8.**

*Dans le système*

..... : $\quad 5^{-2} : 5^{-1} : 1 : 5 : 5^2 : 5^3 : 5^4 : 5^5 :$ .....

..... • —2 • —1 • 0 • 1 • 2 • 3 • 4 • 5 • .....

*trouver le logarithme de chacun des nombres suivants :*

**71.** 625.

On a $625 = 5^4$, dès lors (29, 5ᵉ P. 1º) :

**Rép.** Log 625 = **4.**

**72.** 15625.

On peut constater que l'on a : $15625 = 5^6$.

**Rép.** Log 15625 = **6.**

**73.** 1/3125 $\qquad\qquad$ **Rép.** Log $\dfrac{1}{3125} = -5.$

**74.** $5^{-4}$. $\qquad\qquad$ **Rép.** Log $5^{-4} = -4.$

**75.** $1/5^2$.

Cette expression peut s'écrire :

$$\frac{1}{5^2} = 5^{-2} \quad \text{d'où} \quad log\ \frac{1}{5^2} = -2.$$

**Rép.** Log $\dfrac{1}{5^2} = -2.$

**76.** $1/125$.

On a :

$$\frac{1}{125} = \frac{1}{5^3} = 5^{-3}.$$

**Rép.** $\mathrm{Log}\ \dfrac{1}{125} = -3$.

*Développer les expressions suivantes :*

**77.** $log\ (5 \times 6 \times 11)$.

On a (24, 5ᵉ P.) :

$$log\ (5 \times 6 \times 11) = log\ 5 + log\ 6 + log\ 11.$$

**Rép.** $\mathbf{Log\ 5 + log\ 6 + log\ 11}$.

**78.** $log\ 5^3$.

On peut écrire (26) :

$$log\ 5^3 = 3\ log\ 5.$$

**Rép.** $\mathbf{3\ log\ 5}$.

**79.** $log\ \dfrac{1}{3}$.

D'après le théorème (25), on a :

$$log\ \frac{1}{3} = log\ 1 - log\ 3.$$

Mais (21, 5ᵉ P.) le logarithme de 1 étant 0, on a encore

$$log\ \frac{1}{3} = 0 - log\ 3 = -log\ 3.$$

**Rép.** $\mathbf{Log\ \dfrac{1}{3} = -log\ 3}$.

**80.** $log\ (6^4 \times 2^3)$.

On a :

$$log\ (6^4 \times 2^3) = log\ 6^4 + log\ 2^3 = 4\ log\ 6 + 3\ log\ 2.$$

**Rép.** $\mathbf{4\ log\ 6 + 3\ log\ 2}$.

**81.** $log\ \dfrac{8 \times 9}{11}$.

On a :

$$log\ \frac{8 \times 9}{11} = log\ (8 \times 9) - log\ 11 = log\ 8 + log\ 9 - log\ 11.$$

**Rép.** $\mathbf{Log.\ 8 + log\ 9 - log\ 11}$.

**82.** $log \dfrac{5^3}{4^5}$.

On peut écrire, en tenant compte des théorèmes (25-26, 5ᵉ P.) :

$$log \frac{5^3}{4^5} = log\ 5^3 - log\ 4^5 = 3\ log\ 5 - 5\ log\ 4.$$

**Rép. 3 log 5 — 5 log 4.**

**83.** $log \dfrac{3^7 \times 5^2}{43}$.

On écrit de même :

$$log\ \frac{3^7 \times 5^2}{43} = log\ (3^7 \times 5^2) - log\ 43 = 7\ log\ 3 + 2\ log\ 5 - log\ 43.$$

**Rép. 7 log. 3+2 log 5— log 43.**

**84.** $log \left( \dfrac{1}{5a} \right)^2$.

Nous pouvons écrire :

$$log \left( \frac{1}{5a} \right)^2 = 2\ log\ \frac{1}{5a} = 2\ (log\ 1 - log\ 5a) = 2(0 - log\ 5 - log\ a)$$
$$= -2\ (log\ 5 + log\ a).$$

**Rép. —2 log 5—2 log a=—2 (log 5+log a).**

**85.** $log \dfrac{4^2 - a^2}{\sqrt{2} - a}$.

On décompose le numérateur de la manière suivante :

$$log\ \frac{4^2 - a^2}{\sqrt{2} - a} = log\ \frac{(4+a)(4-a)}{\sqrt{2} - a}$$
$$= log\ (4+a) + log\ (4-a) - log\ (\sqrt{2} - a).$$

**Rép. Log. (4+a)+ log (4—a)— log ($\sqrt{2}$—a).**

**86.** $log \sqrt{2}$.

Le théorème (28, 5ᵉ P.) permet d'écrire :

$$log\ \sqrt{2} = \frac{1}{2}\ log\ 2.$$

**Rép. $\dfrac{\text{Log 2}}{2}$.**

**87.** $\log \sqrt[3]{5}$.

On a de même :

$$\log \sqrt[3]{5} = \frac{1}{3}\ \log\ 5 = \frac{\log 5}{3}.$$

**Rép.** $\dfrac{\textbf{Log 5}}{\textbf{3}}$.

**88.** $\log. \sqrt[5]{3^4}$.

On a :

$$\log \sqrt[5]{3^4} = \frac{1}{5}\ \log\ 3^4 = \frac{4}{5}\ \log\ 3 = \frac{4\ \log\ 3}{5}.$$

**Rép.** $\dfrac{\textbf{4 log 3}}{\textbf{5}}$.

**89.** $\dfrac{\log 5}{\sqrt{3}}$.

On écrit :

$$\frac{\log 5}{\sqrt{3}} = \log\ 5 - \log\ \sqrt{3} = \log\ 5 - \frac{1}{2}\ \log\ 3 = \frac{2\ \log\ 5 - \log\ 3}{2}.$$

**Rép.** $\dfrac{\textbf{2 log 5} - \textbf{log 3}}{\textbf{2}}$.

**90.** $\log \dfrac{a^2 - b^2}{\sqrt{a^2 - b^2}}$.

Cette expression est égale à

$$\log (a^2 - b^2) - \log \sqrt{a^2 - b^2} = \log (a^2 - b^2) - \frac{\log (a^2 - b^2)}{2} = \frac{\log (a^2 - b^2)}{2}.$$

Cette dernière se décompose encore :

$$\frac{\log\ (a+b) + \log\ (a-b)}{2}.$$

**Rép.** $\dfrac{\textbf{Log } (a+b) + \textbf{ log } (a-b)}{\textbf{2}}$.

**91.** $\log \dfrac{6^4}{7^3}$.

On a :

$$\log \frac{6^4}{7^3} = \log\ 6^4 - \log\ 7^3 = 4\ \log\ 6 - 3\ \log\ 7.$$

**Rép. 4 log. 6 — 3 log 7.**

**92.** $log\ (5^2-3^2)$.

On décompose la différence donnée en

$$(5+3)(5-3)$$

ce qui donne

$$log\ (5^2-3^2)= log\ (5+3)+ log\ (5-3)= log\ 8+ log\ 2.$$

**Rép. Log. 8+ log 2.**

**93.** $log\ \dfrac{abc}{de}$.

On a :

$$log\ \frac{abc}{de}= log\ abc- log\ de= log\ a+ log\ b+ log\ c- log\ d- log\ e.$$

**Rép. Log a+ log b+ log c— log d— log e.**

**94.** $log\ \left(\dfrac{ab}{c}\right)^5$.

$$log\ \left(\frac{ab}{c}\right)^5 =5\ log\ \frac{ab}{c}=5\ (log\ a+ log\ b- log\ c).$$

**Rép. 5 (log a+ log b— log c)   ou   5 log a+5 log b—5 log c.**

**95.** $log\ (\sqrt{2}\times\sqrt{3}\times\sqrt{5})$.

On applique les théorèmes (24-28, 5ᵉ P.) :

$$log\ (\sqrt{2}\times\sqrt{3}\times\sqrt{5})= log\ \sqrt{2}+ log\ \sqrt{3}+ log\ \sqrt{5}$$

$$=\frac{1}{2}\ log\ 2+\frac{1}{2}\ log\ 3+\frac{1}{2}\ log\ 5.$$

**Rép.** $\dfrac{Log\ 2+ log\ 3+ log\ 5}{2}$   ou   $\dfrac{log\ 2}{2}+\dfrac{log\ 3}{2}+\dfrac{log\ 5}{2}$.

**96.** $log\ \sqrt[3]{4^2\times5^5}$.

On a :

$$log\ \sqrt[3]{4^2\times5^5}=\frac{1}{3}\ log\ (4^2\times 5^5)=\frac{1}{3}\ (2\ log\ 4+5\ log\ 5)=\frac{2}{3}\ log\ 4+\frac{5}{3}\ log\ 5.$$

**Rép.** $\dfrac{2}{3}\ log\ 4+\dfrac{5}{3}\ log\ 5$   ou bien   $\dfrac{2\ log\ 4+5\ log\ 5}{3}$.

**97.** $log\ (\sqrt{5}\times\sqrt[3]{6}\times\sqrt[4]{7})$.

Cette expression est égale à

$$\frac{1}{2}\ log\ 5+\frac{1}{3}\ log\ 6+\frac{1}{4}\ log\ 7.$$

ou en réduisant en douzièmes

$$\frac{6\ log\ 5+4\ log\ 6+3\ log\ 7}{12}.$$

> **Rép.** $\dfrac{1}{2}\log 5+\dfrac{1}{3}\log 6+\dfrac{1}{4}\log 7$ ou $\dfrac{6\log 5+4\log 6+3\log 7}{12}$.

**98.** $log\ \dfrac{\sqrt{7}}{\sqrt[3]{5}}$.

$$log\ \frac{\sqrt{7}}{\sqrt[3]{5}}=\ log\ \sqrt{7}-\ log\ \sqrt[3]{5}=\frac{1}{2}\ log\ 7-\frac{1}{3}\ log\ 5=\frac{3\ log\ 7-2\ log\ 5}{6}.$$

> **Rép.** $\dfrac{1}{2}\ log\ 7-\dfrac{1}{3}\ log\ 5$ ou $\dfrac{3\ log\ 7-2\ log\ 5}{6}$.

**99.** $log\ \dfrac{54}{3\sqrt[3]{4^2}}$.

$$log\ \frac{54}{3\sqrt[3]{4^2}}=\ log\ 54-\ log\ 3(\sqrt[3]{4^2})=\ log\ 54-\ log\ 3-\ log\ \sqrt[3]{4^2}.$$

Cette dernière expression se décompose encore :

$$log\ 54-\ log\ 3-\frac{1}{3}\ log\ 4^2=\ log\ 54-\ log\ 3-\frac{2}{3}\ log\ 4$$

$$=\frac{3\ log\ 54-3\ log\ 3-2\ log\ 4}{3}.$$

> **Rép.** $Log\ 54-\log 3-\dfrac{2}{3}\log 4$ ou $\dfrac{3\log 54-3\log 3-2\log 4}{3}$.

**100.** $log\ (\sqrt{2})^3$.

On a :

$$log\ (\sqrt{2})^3=3\ log\ \sqrt{2}=\frac{3}{2}\ log\ 2.$$

> **Rép.** $\dfrac{3}{2}\ log\ 2$.

**101.** $log\ (\sqrt[3]{2})^2$.

$$log\ (\sqrt[3]{2})^2 = 2\ log\ \sqrt[3]{2} = \frac{2}{3}\ log\ 2.$$

Rép. $\dfrac{2\ log\ 2}{3}$.

**102.** $log\ \left(\dfrac{\sqrt{7}}{\sqrt[3]{5}}\right)^3$.

$$log\ \left(\frac{\sqrt{7}}{\sqrt[3]{5}}\right)^3 = 3\ log\ \frac{\sqrt{7}}{\sqrt[3]{5}} = 3\ (log\ \sqrt{7} - log\ \sqrt[3]{5}) = 3\left(\frac{log\ 7}{2} - \frac{log\ 5}{3}\right)$$

$$= \frac{3}{2}\ log\ 7 - log\ 5.$$

Rép. $\dfrac{3\ log\ 7}{2} - log\ 5$   ou bien   $\dfrac{3\ log\ 7 - 2\ log\ 5}{2}$

**103.** $log\ 0,23$.

On écrit :

$$log\ 0,23 = log\ \frac{23}{100} = log\ 23 - log\ 100 = log\ 23 - 2.$$

Rép. Log 23 — log 100   ou   log 23 — 2.

**104.** $log\ 0,0047$.

$$log\ 0,0047 = log\ \frac{47}{10^4} = log\ 47 - log\ 10^4 = log\ 47 - 4.$$

Rép. Log 47 — 4.

*Qu'indiquent les expressions suivantes :*

**105.** $log\ a + log\ b$.

D'après le théorème (24, 5ᵉ P.), on peut écrire :

$$log\ a + log\ b = log\ ab.$$

Rép. Log ab.

**106.** $log\ a - log\ b$.

Cette expression est équivalente à la suivante :

$$log\ a - log\ b = log\ \frac{a}{b}.$$

Rép. Log $\dfrac{a}{b}$.

**107.** $2 \log a$.

On a :

$$2 \log a = \log a^2.$$

    **Rép. Log $a^2$.**

**108.** $5 \log b$.                  **Rép. Log $b^5$.**

**109.** $4 (\log a - \log b)$.

On écrit :

$$4 (\log a - \log b) = 4 \log a - 4 \log b = \log a^4 - \log b^4 = \log \frac{a^4}{b^4} = \log \left(\frac{a}{b}\right)^4$$

    **Rép. Log $\dfrac{a^4}{b^4}$ ou log $\left(\dfrac{a}{b}\right)^4$.**

**110.** $- \log a$.

Si l'on remarque que $0$ est le logarithme de 1, on pourra écrire :

$$0 - \log a = \log 1 - \log a = \log \frac{1}{a}.$$

    **Rép. Log $\dfrac{1}{a}$.**

**111.** $2 \log a - 3 \log b$.

On écrit :

$$2 \log a - 3 \log b = \log a^2 - \log b^3 = \log \frac{a^2}{b^3}.$$

    **Rép. Log $\dfrac{a^2}{b^3}$.**

**112.** $3 \log a + 4 \log b$.

Les théorèmes (24 et 26, 5ᵉ P.) permettent d'écrire :

$$3 \log a + 4 \log b = \log a^3 + \log b^4 = \log a^3 b^4.$$

    **Rép. Log $a^3 b^4$.**

**113.** $\dfrac{\log a}{2}$.

On a :

$$\frac{\log a}{2} = \log \sqrt{a}.$$

    **Rép. Log $\sqrt{a}$.**

**114.** $\dfrac{\log a + \log b}{2}$.

$$\frac{\log a + \log b}{2} = \frac{\log a}{2} + \frac{\log b}{2} = \log \sqrt{a} + \log \sqrt{b} = \log \sqrt{ab}.$$

**Rép. Log** $\sqrt{ab}$.

**115.** $\dfrac{3 \log a}{5}$.

$$\frac{3 \log a}{5} = \frac{\log a^3}{5} = \log \sqrt[5]{a^3}.$$

**Rép. Log** $\sqrt[5]{a^3}$.

**116.** $1 - \log a$.

Le nombre 1 étant le logarithme de la base qui est 10 dans les logarithmes vulgaires, on a :

$$1 - \log a = \log 10 - \log a = \log \frac{10}{a}.$$

**Rép. Log** $\dfrac{10}{a}$.

**117.** $2 + 3 \log a$.

Le logarithme de 100 étant 2, on peut écrire :

$$2 + 3 \log a = \log 100 + \log a^3 = \log 100\, a^3.$$

**Rép. Log 100 a³.**

**118.** $\dfrac{3 \log a^2 + 5 \log b^3}{4}$.

On a :

$$\frac{3 \log a^2 + 5 \log b^3}{4} = \frac{\log a^6 + \log b^{15}}{4} = \frac{\log a^6 b^{15}}{4} = \log \sqrt[4]{a^6 b^{15}}.$$

**Rép. Log** $\sqrt[4]{a^6 b^{15}}$.

*Transformer les logarithmes suivants en logarithmes équivalents ayant leurs mantisses positives :*

**119.** $-4,39208$.

D'après la règle (35, 5ᵉ P.), il faut ajouter 5, et retrancher 5 à ce logarithme, ce qui donne :

$$-4,39208 = (5 - 4,39208) - 5 = 0,60792 - 5 = \bar{5},60792$$

**Rép. $\bar{5},60792$.**

**120.** —7.58246.

On ajoute, et l'on retranche 8 :

$$-7,58246=(8-7,58246)-8=0,41754-8=\overline{8},41754.$$

**Rép. $\overline{8},41754$.**

| | |
|---|---|
| **121.** —0,27321. | **Rép. $\overline{1},72679$.** |
| **122.** —2,58937. | **Rép. $\overline{8},41068$.** |
| **123.** —0,13383. | **Rép. $\overline{1},86617$.** |
| **124.** —1,16711. | **Rép. $\overline{2},83289$.** |
| **125.** —4,11601. | **Rép. $\overline{5},88999$,** |
| **126.** —0,01072. | **Rép. $\overline{1},98928$.** |

*Rendre les logarithmes suivants entièrement négatifs :*

**127.** $\overline{4},39872$.

On écrit (35, 5ᵉ P.) :

$$\overline{4},39872=0,39872-4=-3,60128$$

**Rép. —3,60128.**

**128.** $\overline{1},78965$.

On a de même :

$$\overline{1},78965=0,78965-1=-0,21035.$$

**Rép. —0,21035.**

| | |
|---|---|
| **129.** $\overline{2},29783$. | **Rép. —1,70217.** |
| **130.** $\overline{3},43210$. | **Rép. —2,56790.** |
| **131.** $\overline{7},98731$. | **Rép. —6,01269.** |
| **132.** $\overline{7},00002$. | **Rép. —6,99998.** |
| **133.** $\overline{1},10155$. | **Rép. —0,89845.** |
| **134.** $\overline{3},86617$. | **Rép. —2,13383.** |
| **135.** $\overline{5},61725$. | **Rép. —4,38275.** |
| **136.** $\overline{6},00234$. | **Rép. —5,99766.** |
| **137.** $\overline{1},99982$. | **Rép. —0,00018.** |
| **138.** $\overline{1},00021$. | **Rép. —0,99979.** |

## Exercices sur les logarithmes vulgaires
## à cinq décimales

*Sachant que l'on a :*

$$\log 2 = 0,30103$$
$$\log 3 = 0,47712$$
$$\log 5 = 0,69897$$

*calculer les expressions suivantes :*

**139.**  $\log \dfrac{1}{60}$.

$$\log \frac{1}{60} = \log 1 - \log (2 \times 3 \times 10) = - \log 2 - \log 3 - \log 10$$

$$= -0,30130 - 0,47712 - 1 = -1,77815.$$

**Rép.** $\text{Log} \dfrac{1}{60} = -1,77815 = \overline{2},22185.$

**140:** *log* 64.

$$\log 64 = \log 2^6 = 6 \log 2 = 6 \times 0,30103 = 1,80618.$$

**Rép.** $\text{Log } 64 = 1,80618.$

**141.** *log* 0,24.

$$\log 0,24 = \log \frac{3 \times 2^3}{10^2} = \log 3 + 3 \log 2 - 2 \log 10$$

$$= 0,47712 + 3 \times 0,30103 - 2 = -0,61979.$$

**Rép.** $\text{Log } 0,24 = -0,61979 = \overline{1},88021.$

**142.** *log* 0,6.

$$\log 0,6 = \log \frac{2 \times 3}{10} = \log 2 + \log 3 - \log 10$$

$$= 0,30103 + 0,47712 - 1 = \overline{1},77815.$$

**Rép.** $\text{Log } 0,6 = -0,22185 = \overline{1},77815.$

**143.** *log* 0,004.

$$\log 0,004 = \log \frac{2^2}{10^3} = 2 \log 2 - 3 \log 10 = 2 \times 0,30103 - 3$$

$$= -2,39794 = 3,60206.$$

**Rép.** $\text{Log } 0,004 = -2,39794 = \overline{3},60206.$

**144.** *log* 0,00003.

$$log\ 0,00003 = log\ \frac{3}{10^5} = log\ 3 - 5\ log\ 10 = 0,47712 - 5.$$

**Rép.** $-4,52288 = \bar{5},47712.$

**145.** *log* 2,5.

$$log\ 2,5 = log\ \frac{5^2}{10} = 2\ log\ 5 - log\ 10 = 2 \times 0,69897 - 1 = 0,39794.$$

**Rép.** Log $2,5 = 0,39794.$

**146.** *log* 2/3.

$$log\ \frac{2}{3} = log\ 2 - log\ 3 = 0,30103 - 0,47712 = -0,17609 = \bar{1},82391.$$

**Rép.** Log $\frac{2}{3} = -0,17609 = \bar{1},82391.$

**147.** *log* 2/5.

$$log\ \frac{2}{5} = log\ 2 - log\ 5 = 0,30103 - 0,69897 = -0,39794 = \bar{1},60206.$$

**Rép.** Log $\frac{2}{5} = -0,39794 = \bar{1},60206.$

**148.** *log* 6/5.

$$log\ \frac{6}{5} = log\ 2 + log\ 3 - log\ 5 = 0,30103 + 0,47712 - 0,69897 = 0,07918.$$

**Rép.** Log $\frac{6}{5} = 0,07918.$

**149.** *log* 3/5.          **Rép.** Log $\frac{3}{5} = -0,22185 = \bar{1},77815.$

**150.** *log* 5/3.          **Rép.** Log $\frac{5}{3} = 0,22185.$

**151.** *log* 15/2.          **Rép.** Log $\frac{15}{2} = 0,87506.$

**152.** $log\ \sqrt[4]{2^3 \times 3^3 \times 5^3}.$

$$log\ \sqrt[4]{2^3 \times 3^3 \times 5^3} = \frac{1}{4}(3\ log\ 2 + 3\ log\ 3 + 3\ log\ 5)$$

$$= \frac{3}{4}(log\ 2 + log\ 3 + log\ 5) = 1,10784.$$

**Rép.** 1,10784.

**153.** $log \dfrac{\sqrt{2^3}}{\sqrt{3^3}}$.

$$log \dfrac{\sqrt{2^3}}{\sqrt{3^3}} = \dfrac{1}{2} log\ 2^3 - \dfrac{1}{2} log\ 3^3 = \dfrac{3}{2}(log\ 2 - log\ 3)$$

$$= -0,26413 = \overline{1},73587.$$

Rép. $Log\ \dfrac{\sqrt{2^3}}{\sqrt{3^3}} = -0,26413 = \overline{1},73587.$

**154.** $log \sqrt{\dfrac{3}{4}}$.

$$log \sqrt{\dfrac{3}{4}} = \dfrac{1}{2}(log\ 3 - 2\ log\ 2) = -0,06247 = \overline{1},93753.$$

Rép. $Log \sqrt{\dfrac{3}{4}} = -0,06247 = \overline{1},93753.$

**155.** $log \sqrt[3]{\dfrac{5}{6}}$.

$$log \sqrt[3]{\dfrac{5}{6}} = \dfrac{1}{3}(log\ 5 - log\ 2 - log\ 3) = -0,02639 = \overline{1},97361.$$

Rép. $Log \sqrt[3]{\dfrac{5}{6}} = -0,02639 = \overline{1},97361.$

**156.** $log\ (15^2 \times \sqrt{15})$.

$$log\ (15^2 \times \sqrt{15}) = 2\ log\ 15 + \dfrac{1}{2} log\ 15 = \dfrac{5}{2}(log\ 3 + log\ 5) = 2,94022.$$

Rép. $Log\ (15^2 \times \sqrt{15}) = 2,94022.$

**157.** $log \sqrt{\sqrt[3]{6}}$.

$$log \sqrt{\sqrt[3]{6}} = \dfrac{1}{2} log \sqrt[3]{6} = \dfrac{1}{6} log\ 6 = \dfrac{1}{6}(log\ 2 + log\ 3) = 0,12969.$$

Rép. $Log \sqrt{\sqrt[3]{6}} = 0,12969.$

**158.** $log \sqrt{5\sqrt{3\sqrt{2}}}.$

$$log \sqrt{5\sqrt{3\sqrt{2}}} = \frac{1}{2}\left(log\, 5 + log\sqrt{3\sqrt{2}}\right) = \frac{1}{2}\left[log\, 5 + \frac{1}{2}\left(log\, 3 + log\sqrt{2}\right)\right]$$

$$= \frac{1}{2}\left[log\, 5 + \frac{1}{2}\left(log\, 3 + \frac{log\, 2}{2}\right)\right].$$

**Rép.** $Log \sqrt{5\sqrt{3\sqrt{2}}} = 0,50689.$

*Connaissant* $log\, 2 = 0,30103$ *et* $log\, 6 = 0,77815$, *calculer les expressions suivantes :*

**159.** $log\, 5.$

On a :

$$log\, 5 = log\, \frac{10}{2} = log\, 10 - log\, 2 = 1 - 0,30103 = 0,69897.$$

**Rép.** $Log\, 5 = 0,69897.$

**160.** $log\, 3.$

$$log\, 3 = log\, \frac{6}{2} = log\, 6 - log\, 2 = 0,77815 - 0,30103 = 0,47712.$$

**Rép.** $Log\, 3 = 0,47712.$

**161.** $log\, 12.$

$$log\, 12 = log\, (2 \times 6) = log\, 2 + log\, 6 = 0,30103 + 0,77815 = 1,07918$$

**Rép.** $Log\, 12 = 1,07918.$

**162.** $log\, 24.$

$$log\, 24 = log\, (2^2 \times 6) = 2\, log\, 2 + log\, 6 = 0,60206 + 0,77815 = 1,38021.$$

**Rép.** $Log\, 24 = 1,38021.$

**163.** $log\, 36.$

$$log\, 36 = log\, 6^2 = 2\, log\, 6 = 2 \times 0,77815 = 1,55630.$$

**Rép.** $Log\, 36 = 1,55630.$

**164.** $log\, 8.$

$$log\, 8 = log\, 2^3 = 3\, log\, 2 = 0,90309.$$

**Rép.** $Log\, 8 = 0,90309.$

**165.** $log\, 18.$

$$lgo\, 18 = log\, \frac{36}{2} = log\, 6^2 - log\, 2 = 2\, log\, 6 - log\, 2$$

$$= 2 \times 0,77815 - 0,30103.$$

**Rép.** $Log\, 18 = 1,25527.$

**166**. *log* 144.

$$log\ 144 = log\ (2^2 \times 6^2) = 2\ log\ 2 + 2\ log\ 6$$
$$= 2 \times 0,30103 + 2 \times 0,77815 = 2,15836.$$

**Rép.** Log 144=**2,15836**.

**167**. *log* 72.

$$log\ 72 = log\ 36 + log\ 2 = 2\ log\ 6 + log\ 2 =$$
$$2 \times 0,77815 + 0,30103 = 1,85733.$$

**Rép.** Log 72=**1,85733**.

**168**. *log* 1/3.

$$log\ \frac{1}{3} = log\ 1 - log\ 3 = -\ log\ 3 = -\ log\ \frac{6}{2} = -\ log\ 6 + log\ 2$$
$$= -0,47712 = \overline{1},52288.$$

**Rép.** Log $\frac{1}{3}$ = **−0,47712**=$\overline{\mathbf{1}}$**,52288**.

**169**. *log* 0,3.

$$log\ 0,3 = log\ \frac{0,6}{2} = log\ \frac{6}{10} - log\ 2 = log\ 6 - log\ 10 - log\ 2$$
$$= 0,77815 - 1 - 0,30103.$$

**Rép.** Log 0,3= **−0,52888**=$\overline{1}$**,47712**.

**170**. *log* 0,006.

$$log\ 0,006 = log\ \frac{6}{10^3} = log\ 6 - 3 = 0,77815 - 3.$$

**Rép.** Log 0,006= **−2,22185**=$\overline{3}$**,77815**.

**171**. *log* $\sqrt{15}$.

$$log\ \sqrt{15} = \frac{1}{2}\ log\ 15 = \frac{1}{2}\ log\ \frac{60}{2^2} = \frac{1}{2}\ (log\ 6 + log\ 10 - 2\ log\ 2)$$
$$= \frac{1}{2}(0,77815 + 1 - 0,60206).$$

**Rép.** Log $\sqrt{15}$=**0,58804**.

**172**. *log* $\sqrt[3]{36}$.

$$log\ \sqrt[3]{36} = \frac{1}{3}\ log\ 6^2 = \frac{2}{3}\ log\ 6 = \frac{0,77815 \times 2}{3} = 0,51876$$

**Rép. 0,51876**.

**173.** $log\ 15^5$.

$$log\ 15^5 = 5\ log\ 15 = 5\ log\ \frac{60}{2^2} = 5\ (log\ 6 + log\ 10 - 2\ log\ 2)$$
$$= 5(0,77815 + 1 - 0,60206).$$

**Rép.** Log $15^5 = $ **5,88045.**

**174.** $log\ \sqrt[5]{144}$.

$$log\ \sqrt[5]{144} = \frac{1}{5}\ log\ 12^2 = \frac{2}{5}\ log\ (2 \times 6) = \frac{2}{5}\ (log\ 2 + log\ 6)$$
$$= \frac{2}{5}\ (0,30103 + 0,77815).$$

**Rép.** Log $\sqrt[5]{144} = $ **0,43167.**

**175.** $log\ \dfrac{1}{72}$.

$$log\ \frac{1}{72} = log\ \frac{1}{2 \times 6^2} = -\ log\ 2 - 2\ log\ 6 = -0,30103 - 1,55630$$
$$= -1,85733 = \overline{2},14267.$$

**Rép.** Log $\dfrac{1}{72} = -$ **1,85733** $= \overline{2}$,**14267.**

**176.** $log\ \dfrac{1}{144}$.

$$log\ \frac{1}{144} = log\ \frac{1}{2^2 \times 6^2} = -2\ log\ 2 - 2\ log\ 6 = -2,15836 = \overline{3},84164.$$

**Rép.** Log $\dfrac{1}{144} = -$ **2,15836** $= \overline{3}$,**84164.**

*Trouver en logarithmes vulgaires les caractéristiques des nombres suivants :*

**177.** 1,2.

En appliquant le théorème (31, 5ᵉ P.), on voit que $log\ 1,2$ a 0 pour caractéristique.

**Rép. 0.**

**178.** 45.

Ce nombre ayant 2 chiffres, son logarithme a 1 pour caractéristique.

**Rép. 1.**

**179.** 263456.

Ce nombre a 6 chiffres entiers, donc *log* 263456 a 5 pour caractéristique.

    Rép. 5.

**180.** 2543.                     Rép. 3.

**181.** 654321891.            Rép. 8.

**182.** 647,25.                 Rép. 2.

**183.** 1,125.                  Rép. 0.

**184.** 0,07.

Le théorème (32, 5° P.) donne $\bar{2}$ pour caractéristique de *log* 0,07.

    Rép. $\bar{2}$.

**185.** 0,0000451.             Rép. $\bar{5}$.

**186.** $\sqrt{4567698}$.

*log* $\sqrt{4567698}$ a pour caractéristique la moitié de celle de *log* 4567698 qui est 6.

    Rép. 3.

**187.** 0,002.                  Rép. $\bar{3}$.

**188.** 0,235.                 Rép. $\bar{1}$.

**189.** 0,0004567.           Rép. $\bar{4}$.

**190.** 0,00000078589.      Rép. $\bar{7}$.

**191.** 0,000042367.         Rép. $\bar{5}$.

*Sachant que* log 67852 = 4,83156 *trouver :*

**192.** *log* 6,7852.

On écrit (33, 5° P.) :

$$log\,6,7852 = log\frac{67852}{10^4} = log\,67852 - 4\,log\,10 = 4,83156 - 4 = 0,83156.$$

    Rép. *log* 6,7852 = 0,83156.

**193.** *log* 678,52.

On applique le théorème (33, 5° P.).

    Rép. 2,83156.

**194.** *log* 0,00067852.     **Rép.** $\bar{4}$,83156.

**195.** *log* 0,00000067852.     **Rép.** $\bar{7}$,83156.

**196.** *log* 67,852³.

  *log* 67,852³ = 3 *log* 67,852 = 3 × 1,83156 = 5,49468.

  **Rép.** *log* 67,852³ = **5,49468.**

**197.** *log* 0,67852².

*log* 0,67852² = 2 *log* 0,67852 = 2 × $\bar{1}$,83156 = $\bar{1}$,66312 = — 0,33688.

  **Rép.** *log* 0,67852² = $\bar{1}$,**66312** = **— 0,33688.**

**198.** *log* 0,67852.     **Rép.** $\bar{1}$,83156.

**199.** *log* 6785200.     **Rép.** 6,83156.

**200.** *log* 67852³.     **Rép.** 14.49468.

**201.** *log* 67852².     **Rép.** 9,66312.

**202.** *log* $\sqrt{67852}$.     **Rép.** 2,41578.

**203.** *log* $\sqrt{678,52}$.     **Rép.** 1,41578.

*Calculer les expressions suivantes et donner le logarithme final sachant que l'on a :*

$$\pi = 3,1416 \qquad e = 2,7183 \qquad g = 9,809 \qquad R = 2,5.$$

Cherchons une fois pour toutes les logarithmes des quatre nombres précédents. Les tables donnent :

$$\begin{aligned} log\ \pi &= 0,49715 \\ log\ e &= 0,43415 \\ log\ g &= 0,99162 \\ log\ R &= 0,39794. \end{aligned}$$

**204.** $\pi R^2$.

  **Rép.** Log final = 1,29303 ; résultat = **19,635.**

**205.** $\dfrac{4\pi R^2 e}{3}$.

On écrit :

$$log\ \frac{4\pi R^2 e}{3} = log\ 4 + log\ \pi + 2\ log\ R + log\ e — log\ 3$$

Les tables fournissent :

$$\begin{aligned} log\ 4 &= 0,60206 \\ log\ 3 &= 0,47712 \end{aligned}$$

Les *log* de $\pi$, R et *e* sont connus.

  **Rép.** Log final = 1,85222 ; résultat = **71,65.**

**206.** $\dfrac{4\pi R^3}{3}$.

$$\log \frac{4\pi R^3}{3} = \log 4 + \log \pi + 3 \log R - \log 3$$
$$= 0{,}60206 + 0{,}49715 + 3 \times 0{,}39794 - 0{,}47712$$

ou bien $\qquad\qquad \log \dfrac{4\pi R^3}{3} = 1{,}81591$.

Le nombre correspondant à ce logarithme est 65,45.

**Rép.** Log final $= 1{,}81591$ ; résultat $= 65{,}45$.

**207.** $2^c$.

On a :
$$\log 2^c = c \log 2 = 2{,}7183 \times 0{,}30103 = 0{,}81829.$$

Le nombre correspondant à ce logarithme est donné par les tables.

**Rép.** Log final $= 0{,}81829$ ; résultat $= 6{,}581$.

**208.** $\pi \sqrt{\dfrac{R}{g}}$.

On a : $\qquad \log \pi \sqrt{\dfrac{R}{g}} = \log \pi + \dfrac{1}{2}(\log R - \log g)$

$$= 0{,}49715 + \frac{0{,}39794 - 0{,}99162}{2} = 0{,}20031.$$

Le nombre correspondant est égal à 1,586.

**Rép.** Log final $= 0{,}20031$ ; résultat $= 1{,}586$.

**209.** $e^R$.

$$\log e^R = R \log e = 2{,}5 \times 0{,}43430 = 1{,}08575.$$

Les tables donnent :
$$e^R = 12{,}1791.$$

**Rép.** Log final $= 1{,}08575$, résultat $= 12{,}1828$.

**210.** $\pi \left( \sqrt[3]{\dfrac{3R}{4\pi}} \right)^2$.

On écrit :
$$\log \pi \left( \sqrt[3]{\frac{3R}{4\pi}} \right)^2 = \log \pi + 2 \log \sqrt[3]{\frac{3R}{4\pi}}$$
$$= \log \pi + \frac{2}{3}(\log 3 + \log R - \log 4 - \log \pi)$$

ou
$$\log \pi\left(\sqrt[3]{\frac{R3}{4\pi}}\right)^2 = 0,49715 + \frac{2}{3}\,(0,47712 + 0,39794 - 0,60206$$
$$- 0,49715) = 0,34772.$$

Le nombre correspondant est 2,227.

**Rép.** Log final $= 0,84772$ ; résultat $= 2,227$.

**211. $R\pi$.**

$$\log R\pi = \pi \log R = 3,1416 \times 0,39794 = 1,25017.$$

Le nombre correspondant est 17,789.

**Rép.** Log final $= 1,25017$ ; résultat $= 17,789$.

**212. $\sqrt{\pi R^2 g^3 c}$.**

$$\log \sqrt{\pi R^2 g^3 c} = \frac{1}{2}\,(\log \pi + 2 \log R + 3 \log g + \log c) = 2,35107.$$

Les tables donnent 224, 42 pour nombre correspondant à ce logarithme.

**Rép.** Log final $= 2,35107$ ; résultat $= 224,42$.

**213. $\sqrt[R]{\pi}$.**

On écrit :

$$\log \sqrt[R]{\pi} = \frac{1}{R}\,\log \pi = \frac{0,49715}{2,5} = 0,19886.$$

Le nombre correspondant est 1,5807.

**Rép.** Log final $= 0,19886$ ; résultat $= 1,5807$.

**214. $\pi R\,gc$.**

**Rép.** Log final $= 2,32096$ ; résultat $= 209,39$.

**215. $4\sqrt{\pi} : 5\sqrt{c}$.**

On a :

$$\log \frac{4\sqrt{\pi}}{5\sqrt{c}} = \log 4 + \frac{1}{2}\,\log \pi - \log 5 - \frac{1}{2}\,\log c = \bar{1},93454.$$

Le nombre correspondant est 0,86008.

**Rép.** Log final $= \bar{1},93454$ ; résultat $= 0,86008$.

**216. $(\sqrt{c})^R$.**

$$\log (\sqrt{c})^R = \frac{R}{2}\,\log c = \frac{0,43425 \times 2,5}{2} = 0,54281.$$

Ce logarithme correspond à 3,4898.

**Rép.** Log final $= 0,54281$ ; résultat $= 3,4898$.

**217.** $(\sqrt[\pi]{g})^e$.

$$log\,(\sqrt[\pi]{g})^e = e\,log\,\sqrt[\pi]{g} = \frac{e}{\pi}\,log\,g = \frac{2,7183 \times 0,99162}{3,1416} = 0,85787.$$

Le nombre qui correspond à ce logarithme est 7,2089.

**Rép.** Log final $= 0,85787$ ; résultat $= 7,2089$.

**218.** $\sqrt{g\sqrt{e\sqrt{R\sqrt{\pi}}}} = \sqrt{g^2 e\sqrt{R\sqrt{\pi}}} = \sqrt[8]{g^4 e^2 R\sqrt{\pi}} = \sqrt[16]{g^8 e^4 R^2 \pi}$

d'où

$$log\,\sqrt[16]{g^8 e^4 R^2 \pi} = \frac{1}{16}(8\,log\,g + 4\,log\,e + 2\,log\,R + log\,\pi) = 0,68519.$$

Le nombre correspondant est 4,8438.

**Rép.** Log final $= 0,68519$ ; résultat $= 4,8438$.

**219.** *Insérer 10 moyens proportionnels entre 10 et 20.*

On a :

$$20 = 10 \times q^{11} \quad ou \quad q^{11} = 2.$$

On en tire :

$$q = \frac{log\,2}{11} = \frac{0,30103}{11} = 0,02737$$

d'où

$$q = 1,0650.$$

La progression est, par suite,

**Rép.** $\div 10 : 10,650 : 11,343 : 12,080 : 12,866 : 13,703 : 14,594$
$: 15,544 : 16,555 : 17,631 : 18,778 : 20.$

**220.** *Calculer la surface d'un triangle sachant que les côtés ont 30, 36 et 40 m.*

On applique la formule :

$$S = \sqrt{p(p-a)(p-b)(p-c)}$$

dans laquelle

$$a = 30 \qquad b = 36 \qquad c = 40 \qquad p = \frac{30 + 36 + 40}{2} = 53.$$

On a donc :

$$log\,S = \frac{1}{2}[log\,p + log\,(p-a) + log\,(p-b) + log\,(p-c)]$$

ou

$$log\,S = \frac{1}{2}(log\,53 + log\,23 + log\,17 + log\,13).$$

Les tables donnent :

$$\log 53 = 1,72428$$
$$\log 23 = 1,36173$$
$$\log 17 = 1,23045$$
$$\log 13 = 1,11394$$
$$2 \log S = 5,43040.$$

On déduit de là :

$$\log S = 2,71520$$

d'où

$$S = 519 \ m^2 \ 04.$$

**Rép.** La surface vaut **519 m² 04.**


**221.** *Étant donnée la progression*
$$\div \ 6 : 12 : \ldots \ldots : 12288.$$
*trouver le nombre de ses termes.*

On a :

$$6 \times 2^{n-1} = 12288$$
$$2^n = 4096.$$

En prenant les logarithmes, on trouve :

$$n = \frac{\log 4096}{\log 2} = \frac{3,61236}{0,30103} = 12.$$

**Rép.** Le nombre des termes est **12.**


**222.** *D'un tonneau contenant* 100 *litres de vin on a tiré un litre* 20 *fois de suite, et chaque fois on l'a remplacé par* 1 *litre d'eau. On demande après cela, combien il reste de vin dans le tonneau.*

En enlevant 1 litre, il reste 99 litres de vin.

La seconde fois, on tire $\dfrac{99}{100}$ de litre de vin, et il reste :

$$99 - \frac{99}{100} = \frac{99^2}{100} \ \text{litres de vin.}$$

La troisième fois, on tire $\dfrac{99^2}{100^2}$, et il reste :

$$\frac{99^2}{100} - \frac{99^2}{100^2} = \frac{99^2}{100}\left(1 - \frac{1}{100}\right) = \frac{99^3}{100^2}, \ \text{etc.}$$

La vingtième fois, il reste :

$$\frac{99^{20}}{100^{19}} = \left(\frac{99}{100}\right)^{19} \times 99 = 0,99^{19} \times 99.$$

En désignant ce reste par R, on a :

$$\log R = \log (0,99^{19} \times 99) = 19 \log 0,99 + \log 99$$

ou

$$\log R = 19 \times \overline{1},99563 + \overline{1},99563 = 1,91260.$$

Les tables donnent :

$$R = 81,77.$$

**Rép.** Il reste **81** litres **77** de vin.


**223.** *A la naissance de son fils, un père de famille place à 5 % une somme de 10.000 fr. qui ne sera payable que lorsque le capital et ses intérêts composés s'élèveront ensemble à la somme de 26.533 fr. Quel sera alors l'âge du fils ?*

On a :

$$26533 = 10000 \times 1,05^n.$$

1º On tire de là :

$$n = \frac{\log 26533 - \log 10000}{\log 1,05} = \frac{4,42379 - 4}{0,02119} = 20 \text{ ans} :$$

2º L'équation

$$26533 = 10000 \times 1,05$$

peut s'écrire :

$$1,05^n = 2,6533.$$

Le tableau (A) fait voir qu'à la colonne 5 %, le nombre 2,6533 correspond sensiblement à la vingtième année.

**Rép.** Le fils aura **20** ans.


**224.** *Deux négociants ont placé l'un 12.000 fr. et l'autre 12.092 fr. 62 à intérêts composés et à 4 %. Le premier capitalisant les intérêts par semestre et l'autre par année, on demande après combien d'années ils recevront le même capital.*

On doit avoir :

$$12000 \times 1,02^{2n} = 12092,62 \times 1,04^n.$$

Cette équation donne :

$$\log 12000 + 2n \log 1,02 = \log 12092,62 + n \log 1,04$$

et, par suite,

$$n = \frac{\log 12092,62 - \log 12000}{2 \log 1,02 - \log 1,04} = \frac{4,08252 - 4,07918}{0,01720 - 0,01703} = 19 \text{ ans } 236 \text{ jours}.$$

**Rép.** Après **19** ans **236** jours.

**225.** *Une somme de 4000 fr., placée à intérêts composés a produit 5.105 fr, 1264 en 5 ans. Quel était le taux de l'intérêt ?*

On a :

$$5105,1264 = 4000(1+r)^6.$$

On tire de là :

$$(1+r)^6 = \frac{5105,1264}{4000}$$

ou en prenant les logarithmes,

$$5 \, log \, (1+r) = log \, 5105,1264 - log \, 4000.$$

Les tables donnent :

$$log \, (1+r) = \frac{log \, 5105,1264 - log \, 4000}{5} = \frac{3,70801 - 3,60206}{5}$$

ou

$$log \, (1+r) = 0,02119.$$

Par suite,

$$1+r = 1,05$$
$$r = 0,05$$
$$100r = 5.$$

**Rép.** Le taux était **5 %**.


**226.** *A quel taux faut-il placer 25.000 fr. à intérêts composés pour retirer 33.502 fr. 40 en 6 ans ?*

De la formule générale

$$A = a(1+r)n$$

On déduit :

$$(1+r)^6 = \frac{33502,40}{25000}$$

ou

$$log \, (1+r) = \frac{log \, 33502,40 - log \, 25000}{6} = \frac{4,52507 - 4,39794}{6} = 0,02119$$

Par suite, on a :

$$1+r = 1,05$$
$$r = 0,05$$
$$100r = 5.$$

**Rép.** Le taux est **5 %**.

**227.** *Une somme de 60.000 fr. a été placée à intérêts composés pendant un certain temps. Si elle était restée un an de moins, le capital définitif eût été inférieur de 3.996 fr. 12 ; si, au contraire, elle était restée placée un an de plus, le capital définitif eût été supérieur de 4.156 fr. 02. On demande le taux et la durée du placement.*

Posons :

$$A = 60000(1+r)^n.$$

On a les deux équations :

$$60000(1+r)^{n-1} = A - 3996,12 = 60000(1+r)^n - 3996,12$$
$$60000(1+r)^{n+1} = A + 4156,02 = 60000(1+r)^n + 4156,02.$$

Ces équations s'écrivent :

$$60000[(1+r)^n - (1+r)^{n-1}] = 3996,12$$
$$60000[(1+r)^{n+1} - (1+r)^n] = 4156,02$$

ou bien

$$60000(1+r)^{n-1} \times r = 3996,12$$
$$60000(1+r)^n \times r = 4156,02. \qquad (1)$$

En les divisant membre à membre, il vient :

$$1+r = \frac{4156,02}{3996,12} = 1,04$$

d'où

$$r = 0,04.$$

Le taux est de 4 %.

L'équation (1) donne :

$$60000 \times 1,04^n \times 0,04 = 4156,02$$

d'où

$$n = \frac{\log 6,9267 - \log 4}{\log 1,04} = \frac{0,84053 - 0,60206}{0,01703} = 14.$$

**Rép.** Le taux est de **4 %** et la durée du placement est de **14** ans.

**228.** *On place 100 fr. à intérêts composés à 6 %, et au commencement de chacune des années suivantes, on ajoute 20 fr. à l'annuité précédente. Quel est le capital qu'on aura ainsi après 10 ans ?*

Les annuités versées sont les suivantes :

100  120  140  160  180  200  220  240  260  280.

Si l'on pose

$$(1+r) = A$$

ces annuités vaudront respectivement dans 10 ans :

$$100(1+r)^{10}=100A^{10}$$
$$120(1+r)^{9} =100A^{9}+20A^{9}$$
$$140(1+r)^{8} =100A^{8}+20A^{8}+20A^{8}$$
$$160(1+r)^{7} =100A^{7}+20A^{7}+20A^{7}+20A^{7}$$
$$180(1+r)^{6} =100A^{6}+20A^{6}+20A^{6}+20A^{6}+20A^{6}$$
$$\cdots\cdots\cdots\cdots\cdots\cdots$$
$$280(1+r) =100A+20A+20A+20A+20A+\ldots+20A.$$

Le capital constitué C sera la somme des valeurs des 10 annuités précédentes. Les dix égalités étant additionnées par colonnes, on a :

$$C=\begin{cases} 100(A^{10}+A^{9}+A^{8}+\ldots+A) \\ 20(A^{9}+A^{8}+A^{7}+\ldots+A) \\ 20(A^{8}+A^{7}+A^{6}+\ldots+A) \\ 20(A^{7}+A^{6}+A^{5}+\ldots+A) \\ \cdots\cdots\cdots\cdots \\ 20(A^{3}+A^{2}+A) \\ 20(A^{2}+A) \\ 20A. \end{cases}$$

Si l'on remplace chaque progression par la somme de ses termes, cette égalité devient successivement :

$$C=\frac{100(A^{11}-A)}{A-1}+20\left[\left(\frac{A^{10}-A}{A-1}\right)+\left(\frac{A^{9}-A}{A-1}\right)+\left(\frac{A^{8}-A}{A-1}\right)\right.$$
$$\left.+\ldots+\left(\frac{A^{3}-A}{A-1}\right)+\left(\frac{A^{2}-A}{A-1}\right)\right].$$

$$C=\frac{100(A^{11}-A)}{A-1}+\frac{20}{A-1}[(A^{10}+A^{9}+A^{8}+\ldots+A^{3}+A^{2})-9A].$$

$$C=\frac{1}{A-1}\left[100A^{11}-100A+\frac{20(A^{11}-A^{2})}{A-1}-180A\right].$$

$$C=\frac{1}{A-1}\left[100A^{11}+\frac{20A^{11}-20A^{2}}{A-1}-280A\right].$$

$$C=\frac{100A^{12}-80A^{11}-300A^{2}+280A}{(A-1)^{2}}.$$

Les tables donnent :
$$A^{12}=1,06^{12}=2,012196$$
$$A^{11}=1,06^{11}=1,898299$$
$$A^{2}=1,06^{2}=1,123600$$
$$(A-1)^{2}=(1,06-1)^{2}=0,0036.$$

La valeur de C est, par suite,

$$C=\frac{201,2196-151,86392-337,00+296,80}{0,0036}=2521,02.$$

**Rép.** Après dix ans, le capital sera **2521** fr.

**229.** *Un commerçant emprunte* 100.000 *fr. à* 5 %, *et doit amortir cette dette, capital et intérêts composés, en* 16 *ans, par des annuités égales. Quelle est la valeur d'une annuité?* (Brev. sup.).

On a :

$$A = \frac{a}{r}\left[ \frac{(1+r)^n - 1}{(1+r)^n} \right].$$

On en déduit :

$$a = \frac{Ar(1+r)^n}{(1+r)^n - 1} = \frac{100000 \times 0,05 \times 1,05^{16}}{1,05^{16} - 1}.$$

Le tableau (A) ou les tables de logarithmes donnent :

$$1,05^{16} = 2,1828746.$$

La valeur de *a* devient :

$$a = \frac{100000 \times 0,05 \times 2,1828746}{1,1828746} = 9227 \text{ fr.}$$

**Rép.** L'annuité à servir est de **9227** fr.

**230.** *Une commune a emprunté le* 1er *janvier* 1880, *à la Caisse des Dépôts et Consignations, au taux* 5 %, *une somme de* 6.500 *fr. remboursables en* 12 *annuités, le premier paiement devant avoir lieu un an après l'emprunt. Calculer l'annuité à servir* (Brev. sup.).

Cette annuité est donnée par la formule :

$$a = \frac{Ar(1+r)^n}{(1+r)^n - 1} = \frac{6500 \times 0,05 \times 1,05^{12}}{1,05^{12} - 1} = 733 \text{ fr. } 50.$$

**Rép.** L'annuité sera de **733** fr. **50.**

**231.** *On a acheté une maison pour le prix de* 300.000 *fr., payables immédiatement. On voudrait modifier les conditions et s'acquitter en* 3 *paiements annuels égaux commençant à la fin de la première année. Si l'intérêt composé est calculé à* 5 %, *quelle sera la valeur de l'annuité?* (Brevet sup.).

La formule générale donne :

$$a = \frac{Ar(1+r)^n}{(1+r)^n - 1} = \frac{300000 \times 0,05 \times 1,05^3}{1,05^3 - 1} = \frac{15000 \times 1,157625}{0,157625}$$
$$= 110162 \text{ fr. } 56.$$

**Rép.** L'annuité sera de **110.162** fr. **56.**

# EXERCICES A RÉSOUDRE

### I. — Division par un diviseur de la forme $(x \pm a)$.

*Sans effectuer, trouver le reste de chacune des divisions suivantes :*

**1.** $(a - b) : (a + b)$.
En remplaçant $a$ par $-b$, le dividende devient :
$$-b - b = -2b.$$

    **Rép.** Reste $= -2b$.

**2.** $(a^2 + 1) : (a - 2)$.
En remplaçant $a$ par $2$ dans $a^2 + 1$, on trouve :
$$R = 2^2 + 1 = 5.$$

    **Rép.** Reste $= 5$.

**3.** $(a^3 + b^3) : (a - b)$.
    **Rép.** Reste $= 2b^3$.

**4.** $(x^3 - 1) : (x + 1)$.
Le diviseur $x + 1$ s'écrit :
$$x - (-1)$$
on aura donc pour reste
$$(-1)^3 - 1 = -2.$$

    **Rép.** Reste $= -2$.

**5.** $(x^2 + xy - x - y) : (x - y)$.
    **Rép.** Reste $= 2y^2 - 2y$.

**6.** $(16a^4 - 1) : (2a + 2)$.
On a :
$$16\, a^4 = (2a)^4$$
Par suite, en remplaçant $2a$ par $-2$, le dividende devient
$$(-2)^4 - 1 = 16 - 1 = 15.$$

    **Rép.** Reste $= 15$.

**7.** $(3a^5 + 2a^4 - 4a^3 + 4a^2 + 5a - 2) : (a + 1)$.

En remplaçant $a$ par $-1$, le dividende devient

$$3(-1)^5 + 2(-1)^4 - 4(-1)^3 + 4(-1)^2 + 5(-1) - 2$$

ou

$$-3 + 2 + 4 + 4 - 5 - 2 = 0.$$

Rép. Reste $= 0$.

**8.** $(a^2 + 2ax + x - 1) : (a + x + 1)$.

Il suffit de remplacer au dividende $a$ par $-(x+1)$.

Rép. Reste $= \mathbf{x - x^2}$.

*Sans effectuer, écrire les quotients suivants :*

**9.** $(x^3 - 1) : (x - 1)$.

Rép. $\mathbf{x^2 + x + 1}$.

**10.** $(x + 1) : (x + 1)$.

Rép. $\mathbf{x^2 - x + 1}$.

**11.** $(x^4 - 1) : (x - 1)$.

Rép. $\mathbf{x^3 + x^2 + x + 1}$.

**12.** $(x^4 - 1) : (x + 1)$.

Rép. $\mathbf{x^3 - x^2 + x - 1}$.

**13.** $(x^5 - y^5) : (x - y)$.

Rép. $\mathbf{x^4 + x^3y + x^2y^2 + xy^3 + y^4}$.

**14.** $(x^5 + y^5) : (x + y)$.

Rép. $\mathbf{x^4 - x^3y + x^2y^2 - xy^3 + y^4}$.

**15.** $(a^6 - 1) : (a - 1)$.

Rép. $\mathbf{a^5 + a^4 + a^3 + a^2 + a + 1}$.

**16.** $(a^6 - 1) : (a + 1)$.

Rép. $\mathbf{a^5 - a^4 + a^3 - a^2 + a - 1}$.

*Quelles divisions de la forme* $(x^m \pm a^m) : x \pm a)$ *donnent les quotients suivants :*

**17.** $x^2 + xy + y^2$.

Rép. $(\mathbf{x^3 - y^3}) : (\mathbf{x - y})$.

**18.** $x^2 - xy + y^2$.

Rép. $(\mathbf{x^3 + y^3}) : (\mathbf{x + y})$.

**19.** $a^3 + a^2b + ab^2 + b^3$.

Rép. $(a^4 - b^4) : (a - b)$.

**20.** $a^3 - a^2b + ab^2 - b^3$.

Rép. $(a^4 - b^4) : (a + b)$.

## II. — Equations réductibles au second degré.

*Résoudre les équations bicarrées suivantes :*

**21.** $x^4 - 20x^2 + 64 = 0$.

Rép. $x' = +4$ ; $x'' = -4$ ; $x''' = +2$ ; $x^{\mathrm{IV}} = -2$.

**22.** $x^4 - 24x^2 - 25 = 0$.

Rép. $x' = +5$ ; $x'' = -5$ ; $x''' = +1$ ; $x^{\mathrm{IV}} = -1$.

**23.** $8x^4 - 34x^2 + 8 = 0$.

Rép. $x' = +2$ ; $x'' = -2$ ; $x''' = +\dfrac{1}{2}$ ; $x^{\mathrm{IV}} = -\dfrac{1}{2}$.

**24.** $x^4 - 13x^2 + 36 = 0$.

Rép. $x' = +3$ ; $x'' = -3$ ; $x''' = +2$ ; $x^{\mathrm{IV}} = -2$.

**25.** $x^4 - 5x^2 + 4 = 0$.

Rép. $x' = +2$ ; $x'' = -2$ ; $x''' = +1$ ; $x^{\mathrm{IV}} = -1$.

**26.** $x^4 - 5x^2 - 36 = 0$.

Rép. $x' = +3$ ; $x'' = -3$ ; $x''' = +2\sqrt{-1}$ ; $x^{\mathrm{IV}} = -2\sqrt{-1}$.

*Résoudre les équations réciproques suivantes :*

**27.** $x^3 - x^2 + x - 1 = 0$.

Cette équation peut affecter la forme suivante :

$$(x^3 - 1) - x(x - 1) = 0.$$

En mettant $x - 1$ en facteur commun, elle devient :

$$(x - 1)[(x^2 + x + 1) - x] = 0$$

ou

$$(x - 1)(x^2 + 1) = 0.$$

En égalant à o chacun des deux facteurs, l'on a :

$$x - 1 = 0$$

d'où :

$$x' = 1 \quad \text{et} \quad x^2 + 1 = 0$$

d'où :

$$x'' = \sqrt{-1} \quad \text{et} \quad x''' = -\sqrt{-1}.$$

Rép. $x' = 1$ ; $x'' = \sqrt{-1}$ ; $x''' = -\sqrt{-1}$.

**28.** $2x^3 - 7x^2 + 7x - 2 = 0$.

Cette équation peut s'écrire :

$$2(x^3 - 1) - 7x(x - 1) = 0.$$

En mettant $x - 1$ en facteur commun, elle devient :

$$(x - 1)[2(x^2 + x + 1) - 7x] = 0$$

ou

$$(x - 1)(2x^2 - 5x + 2) = 0.$$

En comparant à $0$ chacun des facteurs, l'on a :

$$x - 1 = 0, \quad \text{d'où} \quad x' = 1.$$

et

$$2x^2 - 5x + 2 = 0$$

qui donne :

$$x = \frac{5 + \sqrt{25 - 16}}{4}$$

d'où

$$x'' = \frac{5 + 3}{4} = 2$$

et

$$x''' = \frac{5 - 3}{4} = \frac{1}{2}.$$

$$\text{Rép. } x' = 1 ; \quad x'' = 2 ; \quad x''' = \frac{1}{2}.$$

**29.** $3x^4 - 10x^3 + 10x - 3 = 0$

En groupant les termes de mêmes coefficients l'on a :

$$3(x^4 - 1) - 10x(x^2 - 1) = 0.$$

En mettant $x^2 - 1$ en facteur commun, l'équation devient :

$$(x^2 - 1)[3(x^2 + 1) - 10x] = 0$$

ou

$$(x^2 - 1)(3x^2 - 10x + 3) = 0.$$

En égalant à $0$ chacun des deux facteurs, l'on obtient :

$$x^2 - 1 = 0, \quad \text{d'où} \quad : x' = +1 \quad \text{et} \quad x'' = -1$$

et

$$3x^2 - 10x + 3 = 0$$

d'où l'on tire :

$$x = \frac{10 \pm \sqrt{100 - 36}}{6}$$

ou

$$x''' = \frac{10 + 8}{6} = 3 \quad \text{et} \quad x^{IV} = \frac{10 - 8}{6} = \frac{1}{3}.$$

$$\text{Rép. } x' = 1 ; \quad x'' = -1 ; \quad x''' = 3 ; \quad x^{IV} = \frac{1}{3}.$$

**30.** $4x^4 - 4x^3 + 5x^2 - 4x + 4 = 0.$

En groupant les termes de mêmes coefficients, l'on a :

$$4(x^4 + 1) - 4(x^3 + x) + 5x^2 = 0.$$

En divisant par $x^2$ tous les termes, il vient :

$$4\left(x^2 + \frac{1}{x^2}\right) - 4\left(x + \frac{1}{x}\right) + 5 = 0. \tag{1}$$

Faisons
$$y = x + \frac{1}{x} \tag{2}$$

d'où
$$y^2 = x^2 + \frac{1}{x^2} + 2$$

et
$$y^2 - 2 = x^2 + \frac{1}{x^2}. \tag{3}$$

Si nous portons les valeurs (2) et (3) dans l'équation (1) l'on a :

$$4(y^2 - 2) - 4y + 5 = 0$$

ou
$$4y^2 - 4y - 3 = 0$$

ce qui donne
$$y = \frac{4 \pm \sqrt{16 + 48}}{8}$$

d'où
$$y' = \frac{4 + 8}{8} = \frac{3}{2} \quad \text{et } y'' = \frac{4 - 8}{8} = -\frac{1}{2}.$$

En portant ces valeurs dans l'équation (2), elle devient :

$$x + \frac{1}{x} = \frac{3}{2} \quad \text{et} \quad x + \frac{1}{x} = -\frac{1}{2}$$

c'est-à-dire
$$2x^2 - 3x + 2 = 0 \quad \text{et} \quad 2x^2 + x + 2 = 0$$

d'où l'on tire :
$$x = \frac{3 \pm \sqrt{9 - 16}}{4}$$

soit
$$x' = \frac{3 + \sqrt{-7}}{4} = \quad \text{et} \quad x'' = \frac{3 - \sqrt{-7}}{4}$$

et
$$x = \frac{-1 \pm \sqrt{1 - 16}}{4}$$

soit
$$x''' = \frac{-1 + \sqrt{-15}}{4} \quad \text{et } x^{IV} = \frac{-1 - \sqrt{-15}}{4}.$$

**Rép.** $x' = \dfrac{3 + \sqrt{-7}}{4};\quad x'' = \dfrac{3 - \sqrt{-7}}{4};$

$$x''' = \frac{-1 + \sqrt{-15}}{4};\quad x^{IV} = \frac{-1 - \sqrt{-15}}{4}.$$

### III. — Trinôme du second degré

*Trouver les racines, décomposer en une différence de deux carrés, en produit de deux facteurs du premier degré, chacun des trinômes suivants :*

**81.** $x^2 - 7x + 1$.

1° Les racines du trinôme sont celles de l'équation :
$$x^2 - 7x + 1 = 0.$$

Ces racines sont :
$$x' = 6,854, \quad x'' = 0,146$$

2° On a :
$$x^2 - 7x + 1 = \left(x - \frac{7}{2}\right)^2 - \left(\frac{6,854 - 0,146}{2}\right) = (x - 3,5)^2 - 3,354^2$$

3° On peut écrire (196) :
$$x^2 - 7x + 1 = (x - x')(x - x'') = (x - 6,854)(x - 0,146).$$

> **Rép.** 1° $x' = 6,854, \quad x'' = 0,146$.
> 2° $(x - 3,5)^2 - 3,854^2$
> 3° $(x - 6,854)(x - 0,146)$.

**82.** $x^2 - 2x - 15$.

> **Rép.** 1° $x' = 5, \quad x'' = -8$.
> 2° $(x - 1)^2 - 4^2$
> 3° $(x - 5)(x + 3)$.

**83.** $x^2 + 3x + 2$.

> **Rép.** 1° $x' = -1, \quad x'' = -2$ ;
> 2° $\left(x + \frac{3}{2}\right)^2 - \left(\frac{1}{2}\right)^2$ ;
> 3° $(x + 1)(x + 2)$.

**84.** $-x^2 + x + 2$.

> **Rép.** 1° $x' = 2, \quad x'' = -1$ ;
> 2° $-\left[\left(x - \frac{1}{2}\right)^2 - \left(\frac{3}{2}\right)^2\right]$ ;
> 3° $-(x - 2)(x + 1)$.

**85.** $x^2 - 60x + 459$.

> Rép. $1^o$ $x' = 51$, $x'' = 9$ ;
> $2^o$ $(x - 30)^2 - 21^2$ ;
> $3^o$ $(x - 51)(x - 9)$.

**86.** $x^2 + 21x - 820$.

> Rép. $1^o$ $x' = 20$, $x'' = 41$ ;
> $2^o$ $\left(x + \dfrac{21}{2}\right)^2 - \left(\dfrac{61}{2}\right)^2$ ;
> $3^o$ $(x - 20)(x + 41)$.

**87.** $-x^2 + 35x - 300$.

> Rép. $1^o$ $x' = 20$, $x'' = 15$ ;
> $2^o$ $-\left[\left(x - \dfrac{35}{2}\right)^2 - \left(\dfrac{5}{2}\right)^2\right]$ ;
> $3^o$ $-(x - 20)(x - 15)$.

**88.** $-x^2 + 85x - 400$.

> Rép. $1^o$ $x' = 80$, $x'' = 5$ ;
> $2^o$ $-\left[\left(x - \dfrac{85}{2}\right)^2 - \left(\dfrac{75}{2}\right)^2\right]$ ;
> $3^o$ $-(x - 80)(x - 5)$.

**89.** $6x^2 - 13x + 6$.

> Rép. $1^o$ $x' = \dfrac{3}{2}$ ; $x'' = \dfrac{2}{3}$ ;
> $2^o$ $6\left[\left(x - \dfrac{13}{12}\right)^2 - \left(\dfrac{5}{12}\right)^2\right]$ ;
> $3^o$ $\left(x - \dfrac{3}{2}\right)\left(x - \dfrac{2}{3}\right)$.

**40.** $-16x^2 + 16x - 3$.

> Rép. $1^o$ $x' = \dfrac{3}{4}$, $x'' = \dfrac{1}{4}$ ;
> $2^o$ $-16\left[\left(x - \dfrac{1}{2}\right)^2 - \left(\dfrac{1}{4}\right)^2\right]$ ;
> $3^o$ $-16\left(x - \dfrac{3}{4}\right)\left(x - \dfrac{1}{4}\right)$.

**41.** $-abx^2 + (a^2 + b^2)x - ab.$

$$\text{Rép. } 1^o \ x' = \frac{a}{b}, \quad x'' = \frac{b}{a};$$

$$2^o \ -ab\left[\left(x - \frac{a^2 + b^2}{2ab}\right)^2 - \left(\frac{a^2 - b^2}{2ab}\right)^2\right];$$

$$3^o \ -ab\left(x - \frac{a}{b}\right)\left(x - \frac{b}{a}\right).$$

**42.** $-5x^2 + 125.$

$$\text{Rép. } 1^o \ x' = 5, \quad x'' = -5 ;$$
$$2^o \ -5(x^2 - 5^2) ;$$
$$3^o \ -5(x - 5)(x + 5).$$

*Trouver les racines des trinômes suivants et remplacer chacun d'eux par un carré ou par la somme de deux carrés :*

**43.** $16x^2 - 8x + 1.$

$$\text{Rép. } 1^o \ x' = \frac{1}{4}, \quad x'' = \frac{1}{4}; \quad 2^o \ (4x - 1)^2.$$

**44.** $x^2 - 9x + 20,25.$

$$\text{Rép. } 1^o \ x' = \frac{9}{2}, \quad x'' = \frac{9}{2}; \quad 2^o \ \left(x - \frac{9}{2}\right)^2.$$

**45.** $4x^2 - 4x + 1.$

$$\text{Rép. } 1^o \ x' = \frac{1}{2}, \quad x'' = \frac{1}{2}; \quad 2^o \ (2x - 1)^2.$$

**46.** $x^2 - 6x + 5.$

$$\text{Rép. } 1^o \ x' = 5, \ x'' = 1 ; \quad 2^o \ (x - 3)^2 - 2^2.$$

**47.** $-x^2 + 8x - 16.$

$$\text{Rép. } 1^o \ x' = 4, \ x'' = 4 ; \quad 2^o \ -(x - 4)^2.$$

**48.** $-x^2 - 16x - 65.$

$$\text{Rép. } 1^o \ x' = -8 + \sqrt{-1}, \ x'' = -8 - \sqrt{-1} ;$$
$$2^o \ -[(x + 8)^2 + 1].$$

**49.** $x^2 - x + 0,25.$

$$\text{Rép. } 1^o \ x' = \frac{1}{2}, \quad x'' = \frac{1}{2}; \quad 2^o \ \left(x - \frac{1}{2}\right)^2.$$

**50.** $-x^2 - 0,06x - 0,0009.$

$$\text{Rép. } 1^o \ x' = -0,03, \ x'' = -0,03 ; \quad 2^o \ -(x + 0,03)^2.$$

**51.** $x^2 - 2ax + a^2 + b^2$.

Rép. $1^o$ $x' = a + b\sqrt{-1}$, $x'' = a - b\sqrt{-1}$ ;
$2^o$ $[(x-a)^2 + b^2]$.

**52.** $-a^2x^2 + 14ax - 49$.

Rép. $1^o$ $x' = \dfrac{7}{a}$, $x'' = \dfrac{7}{a}$ ;   $2^o$ $-(ax-7)^2$.

**53.** $x^2 + 16$.

Rép. $1^o$ $x' = 4\sqrt{-1}$, $x'' = -4\sqrt{-1}$ ; $2^o$ $x^2 + 4^2$.

**54.** $-x^2 + ax$.

Rép. $1^o$ $x' = a$, $x'' = 0$ ;   $2^o$ $-\left[\left(x - \dfrac{a}{2}\right)^2 - \left(\dfrac{a}{2}\right)^2\right]$.

**55.** $-x^2 - 16$.

Rép. $1^o$ $x' = 4\sqrt{-1}$, $x'' = -4\sqrt{-1}$ ;   $2^o$ $-(x^2 + 4^2)$.

**56.** $x^2 + 1$.

Rép. $1^o$ $x' = \sqrt{-1}$,   $x'' = -\sqrt{-1}$ ;   $2^o$ $x^2 + 1^2$.

*Trouver les racines, décomposer en carrés et en facteurs du premier degré, les trinômes suivants :*

**57.** $x^2 - 100x + 99$.

Rép. $1^o$ $x' = 99$, $x'' = 1$ ;
$2^o$ $(x - 50)^2 - 49^2$ ;
$3^o$ $(x - 99)(x - 1)$.

**58.** $x^2 - 20x + 101$.

Rép. $1^o$ $x' = 10 + \sqrt{-1}$, $x'' = 10 - \sqrt{-1}$ ;
$2^o$ $(x - 10)^2 + 1$ ;
$3^o$ $(x - 10 + \sqrt{-1})(x - 10 - \sqrt{-1})$.

**59.** $1089x^2 - 66x + 1$.

Rép. $1^o$ $x' = x'' = 1/33$ ;
$2^o$ $(33x - 1)^2$ ;
$3^o$ $(33x - 1)(33x - 1)$.

**60.** $-x^2 + 41x - 40$.

Rép. $1^o$ $x' = 40$, $x'' = 1$ ;
$2^o$ $-\left[\left(x - \dfrac{41}{2}\right)^2 - \left(\dfrac{39}{2}\right)^2\right]$ ;
$3^o$ $-(x - 1)(x - 40)$.

**61.** $-x^2 + 42x - 442$.

     Rép. $1^o$ $x' = 21 + \sqrt{-1}$, $x'' = 21 - \sqrt{-1}$ ;

         $2^o$ $-[(x-21)^2 + 1]$ ;

         $3^o$ $(x - 21 + \sqrt{-1}),\ (x - 21 - \sqrt{-1})$.

**62.** $-a^2x^2 + 2abx - b^2$.

     Rép. $1^o$ $x' = x'' = \dfrac{b}{a}$ ;

         $2^o$ $-a^2\left(x - \dfrac{b}{a}\right)^2 = -(ax - b)^2$ ;

         $3^o$ $-(ax - b)(ax - b)$.

**63.** $-2abx^2 + (4a^2 + b^2)x - 2ab$.

     Rép. $1^o$ $x' = \dfrac{2a}{b}$, $x'' = \dfrac{b}{2a}$ ;

         $2^o$ $-2ab\left[\left(x - \dfrac{4a^2 + b^2}{4ab}\right)^2 - \left(\dfrac{4a^2 - b^2}{4ab}\right)^2\right]$ ;

         $3^o$ $-2ab\left(x - \dfrac{2a}{b}\right)\left(x - \dfrac{b}{2a}\right)$

         ou $-(bx - 2a)(2ax - b)$.

**64.** $x^2 - 2(a + b)x + a^2 + b^2 + c^2$.

     Rép. $1^o$ $x = a + b \pm \sqrt{2ab - c^2}$ ;

         $2^o$ $(x - a - b)^2 - \left(\sqrt{2ab - c^2}\right)$ ;

         $3^o$ $(x - a - b - \sqrt{2ab - c^2})(x - a - b + \sqrt{2ab - c^2})$.

**65.** $-x^2 + 2(a + b)x - (a + b)^2 + c^2$.

     Rép. $1^o$ $x = a + b \pm c$ ;

         $2^o$ $-[(x - a - b)^2 - c^2]$ ;

         $3^o$ $-(x - a - b - c)(x - a - b + c)$.

**66.** $-a^2b^2x^2 + 2a^3bx - a^4 + b^4$.

     Rép. $1^o$ $x = \dfrac{a}{b} = \dfrac{b}{a}$ ;

         $2^o$ $-a^2b^2\left[\left(x - \dfrac{a}{b}\right)^2 - \dfrac{b^2}{a^2}\right]$ ;

         $3^o$ $-a^2b^2\left(x - \dfrac{a}{b} - \dfrac{b}{a}\right)\left(x - \dfrac{a}{b} + \dfrac{b}{a}\right)$

         ou $-(abx - a^2 - b^2)(abx - a^2 + b^2)$.

**67.** $x^2 + 2ax + a^2$.

**Rép.** $1^o$ $x' = x'' = -a$ ;    $2^o$ $(x+a)^2$ ;   $3^o$ $(x+a)(x+a)$.

**68.** $-x^2 + (a^2 + b^2)x - a^2 b^2$.

**Rép.** $1^o$ $x' = a^2$, $x'' = b^2$ ;

$$2^o \quad -\left[\left(x - \frac{a^2 + b^2}{2}\right)^2 - \left(\frac{a^2 - b^2}{2}\right)^2\right] ;$$

$$3^o \quad -(x - a^2)(x - b^2).$$

*Dans les trinômes suivants trouver :* $1^o$ *les racines ;* $2^o$ *les valeurs de* x *qui rendent ces trinômes positifs ;* $3^o$ *les valeurs de* x *qui les rendent négatifs :*

**69.** $x^2 - 33x + 242$.

**Rép.** $1^o$ Les racines sont : $x' = 22$, $x'' = 11$ ;

$2^o$ Les valeurs de $x$ qui rendent le trinôme positif (11) sont tous les nombres supérieurs à 22 ou moindres que 11.

$3^o$ Les valeurs de $x$ qui rendent ce trinôme négatif sont tous les nombres compris entre les racines 22 et 11.

**70.** $100x^2 - 300x + 325$.

**Rép.** $1^o$ $x' = 1,5 + \sqrt{-1}$, $x'' = 1,5 - \sqrt{-1}$ ;

$2^o$ Toute valeur de $x$ rend le trinôme positif $(11 - 3^o)$

$3^o$ Aucune valeur réelle de $x$ ne peut rendre le trinôme négatif.

**71.** $-x^2 + 21x - 20$.

**Rép.** $1^o$ $x' = 20$, $x'' = 1$ ;

$2^o$ Toute valeur de $x$ comprise entre 20 et 1 rend le trinôme positif (11) ;

$3^o$ Toute valeur supérieure à 20 ou moindre que 1 rend le trinôme négatif.

**72.** $x^2 - 12x + 37$.

**Rép.** $1^o$ $x' = 6 + \sqrt{-1}$, $x'' = 6 - \sqrt{-1}$ ;

$2^o$ Toute valeur de $x$ rend le trinôme positif $(11 - 3^o)$ ;

$3^o$ Aucune valeur de $x$ ne peut le rendre négatif.

**73.** $-x^2-30x-161$.

     **Rép.** $x'=-7,\ x''=-23$;

       2° Toute valeur de $x$ comprise entre $-7$ et $-23$ rend le trinôme positif ;

       3° Toute valeur de $x$ supérieure à $-7$ ou inférieure à $-23$ le rend négatif.

**74.** $x^2+x+0,25$.

     **Rép.** 1° $x'=x''=-\dfrac{1}{2}$;

       2° Toute valeur de $x$ rend le trinôme positif (11, 2°) ;

       3° Aucune valeur de $x$ ne peut rendre le trinôme négatif.

**75.** $-x^2+2x-2$.

     **Rép.** 1° $x'=1+\sqrt{-1},\ x''=1-\sqrt{-1}$;

       2° Le trinôme n'est jamais positif ;

       3° Toute valeur de $x$ le rend négatif.

**76.** $x^2-31x+30$.

     **Rép.** 1° $x'=30,\ x''=1$.

       2° Le trinôme est positif pour $x>30$ et pour $x<1$ ;

       3° Il est négatif pour toute valeur de $x$ comprise entre 30 et 1.

**77.** $-256x^2+32x-1$.

     **Rép.** 1° $x'=x''=\dfrac{1}{16}$;

       2° Le trinôme étant un carré négatif n'est jamais positif ;

       3° Toute valeur de $x$ rend ce trinôme plus petit que 0.

**78.** $-x^2+2ax-4a^2$.

     **Rép.** 1° $x'=a(1+\sqrt{-3}),\ x''=a(1-\sqrt{-3})$;

       2° Les racines imaginaires indiquent que le trinôme n'est jamais positif ;

       3° Toute valeur de $x$ le rend négatif.

**79.** $x^2-(ab+a)x+a^2b$.

     **Rép.** 1° $x'=ab,\ x''=a$ ;

       2° Le trinôme est positif pour les valeurs de $x$ non comprises entre $ab$ et $a$ ;

       3° Il est négatif pour $x$ compris entre $ab$ et $a$.

**80.** $x^2 - 5x$.

> **Rép.** 1° $x' = 5$, $x'' = 0$.
>
> 2° Toute valeur de $x$ non comprise entre 5 et 0 donne au trinôme incomplet le signe $+$.
>
> 3° Ce trinôme n'est négatif que pour les valeurs de $x$ comprises entre 0 et 5.

**81.** $-x^2 + a^2$.

> **Rép.** 1° $x' = a$, $x'' = -a$ ;
>
> 2° Ce trinôme incomplet est positif pour $x$ compris entre $a$ et $-a$ ;
>
> 3° Il est négatif pour les valeurs de $x$ non comprises entre $a$ et $-a$.

**82.** $x^2 + x$.

> **Rép.** 1° $x' = 0$, $x'' = -1$ ;
>
> 2° Lorsqu'on a $x > 0$ ou $x < -1$, le trinôme incomplet est positif ;
>
> 3° Il est négatif pour $x$ compris entre 0 et $-1$.

**83.** $x^2 + 1$.

> **Rép.** 1° $x' = \sqrt{-1}$, $x'' = -\sqrt{-1}$ ;
>
> 2° Toute valeur de $x$ rend le trinôme positif ;
>
> 3° Aucune valeur de $x$ ne peut le rendre négatif.

**84.** $5x^2$.

> **Rép.** 1° $x' = x'' = 0$ ;
>
> 2° Toute valeur de $x$ rend cette expression positive ;
>
> 3° Elle ne peut jamais être négative ;

*Trouver les racines, décomposer en carrés et en facteurs les trinômes suivants ; trouver ensuite les valeurs de* x *qui rendent ces fonctions positives, et celles qui les rendent négatives :*

**85.** $x^2 - 58x + 517$.

> **Rép.** 1° $x' = 47$, $x'' = 11$ ;
>
> 2° $(x - 29)^2 - 18^2$ ;
>
> 3° $(x - 47)(x - 11)$ ;
>
> 4° Toute valeur de $x$ non comprise entre 47 et 11 rend le trinôme positif ;
>
> 5° Ce trinôme est négatif pour $47 > x > 11$.

**86.** $x^2 - 200x + 20000.$

> **Rép.** $1°\ x = 100(1 \pm \sqrt{-1})$ ;
>
> $2°\ (x-100)^2 + 100^2$ ;
>
> $3°\ [x - 100(1 + \sqrt{-1})][x - 100(1 - \sqrt{-1})]$.
>
> $4°$ Toute valeur de $x$ rend le trinôme positif ;
>
> $5°$ Il ne peut jamais être négatif.

**87.** $-x^2 + 10x - 50.$

> **Rép.** $1°\ x = 5(1 \pm \sqrt{-1})$ ;
>
> $2°\ -[(x-5)^2 + 5^2]$ ;
>
> $3°\ -[x - 5(1 + \sqrt{-1})][x - 5(1 - \sqrt{-1})]$ ;
>
> $4°$ Aucune valeur de $x$ ne peut rendre positif ce trinôme ;
>
> $5°$ Toute valeur de $x$ le rend négatif.

**88.** $a^4 x^2 - 2a^2 x + 1 - a^4.$

> **Rép.** $1°\ x' = \dfrac{1}{a^2} + 1, \quad x'' = \dfrac{1}{a^2} - 1$ ;
>
> $2°\ a^4\left[\left(x - \dfrac{1}{a^2}\right)^2 - 1^2\right]$ ;
>
> $3°\ a^4\left(x - \dfrac{1}{a^2} - 1\right)\left(x - \dfrac{1}{a^2} + 1\right)$ ;
>
> $4°$ Le trinôme est positif pour $x > \dfrac{1}{a^2} + 1$ et pour
>
> $$x < \dfrac{1}{a^2} - 1 \ ;$$
>
> $5°$ Il est négatif pour $\dfrac{1}{a^2} + 1 > x > \dfrac{1}{a^2} - 1.$

**89.** $x^2 + 2p^2 x + p^4.$

> **Rép.** $1°\ x' = x'' = -p^2$ ;
>
> $2°\ (x + p^2)^2$ ;
>
> $3°\ (x + p^2)(x + p^2)$ ;
>
> $4°$ Le trinôme est toujours positif ;
>
> $5°$ Il n'est jamais négatif.

**90.** $-25x^2+49$.

> **Rép.** $1^o$ $x=\pm\dfrac{7}{5}$;   $2^o$ $-[(5x)^2-7^2]$;
>
> $3^o$ $-(5x-7).(5x+7)$;
>
> $4^o$ Le trinôme est positif pour $\dfrac{7}{5}>x>-\dfrac{7}{5}$;
>
> $5^o$ Il est négatif pour $x>\dfrac{7}{5}$, et pour $x<-\dfrac{7}{5}$.

*Sans déterminer les racines des trinômes suivants, dire si les nombres*

$$-4 \quad o \quad 10$$

*sont compris ou non entre les racines :*

**91.** $x^2-8x+7$.

> **Rép.** $1^o$ $-4$. Pour cette valeur de $x$, le trinôme devient positif, $-4$ est donc extérieur aux racines ;
>
> $2^o$ o. Le trinôme devient égal à 7. La valeur o est donc aussi extérieure aux racines ;
>
> $3^o$ 10. Le nombre 10 est de même extérieur aux racines. Ces trois nombres ne *séparent* donc pas les racines.

**92.** $-x^2+8x-7$.

> **Rép.** $1^o$ Le trinôme devenant négatif pour $x=-4$, ce nombre est extérieur aux racines ;
>
> $2^o$ Pour $x=o$, le trinôme est négatif : donc o est extérieur aux racines ;
>
> $3^o$ Il en est de même du nombre 10.

**93.** $x^2+11x+28$.

> **Rép.** $1^o$ Pour $x=-4$, le trinôme s'annulant, $-4$ est racine ;
>
> $2^o$ Pour $x=o$, le trinôme devient positif, et par suite o est extérieur aux racines ;
>
> $3^o$ Il en est de même du nombre 10.
>
> On peut conclure de là que les deux racines sont négatives.

**94.** $-x^2+49$.

> **Rép.** 1° $x=-4$ rend positif ce trinôme incomplet, on a
> donc $x'>-4>x''$ ;
>
> 2° o est aussi compris entre les racines ;
>
> 3° Le trinôme étant négatif pour $x=10$, ce nombre
> est extérieur aux racines.
>
> Il y a, par suite, une racine entre o et 10.

**95.** $x(x-12)$.

> **Rép.** 1° Ce trinôme incomplet est positif pour $x=-4$,
> donc $-4$ est extérieur aux racines ;
>
> 2° $x=0$ annulant le trinôme est racine de ce trinôme ;
>
> 3° Le trinôme est négatif pour $x=10$, donc on a
> $x'>10>x''$.

**96.** $x^2-10x-26$.

> **Rép.** 1° Le trinôme étant représenté par $y$, on a $y>0$
> pour $x=-4$, et $-4$ est extérieur aux racines ;
>
> 2° On a $y<0$ pour $x=0$ ; donc o est compris entre
> les racines ;
>
> 3° On a aussi $y<0$ pour $x=10$, donc 10 est compris
> entre les racines.
>
> On peut conclure de là qu'il y a une racine entre
> $-4$ et o, et une autre racine supérieure à 10.

**97.** $-x^2+6x+7$.

> **Rép.** 1° $-4$ est extérieur aux racines, car pour cette
> valeur de $x$, on a $y<0$ ;
>
> 2° o est compris entre les racines parce que pour
> $x=0$, $y>0$ ;
>
> 3° 10 est extérieur, car pour $x=10$, on a $y<0$. Il
> résulte de là que $-4$ et o comprennent une
> racine et qu'entre o et 10 se trouve l'autre
> racine.

**98.** $-4x^2+4x-1$.

> **Rép.** $-4$, o et 10 donnant au trinôme $y$ une valeur néga-
> tive sont extérieurs aux racines, on voit d'ailleurs
> que $y=-(4x^2-4x+1)=-(2x-1)^2$, c'est-à-dire
> que le trinôme a ses racines égales.

**99.** $x^2-100$.

> **Rép.** 1° 2°. $-4$ et o donnant une valeur négative au
> trinôme sont compris entre les racines ;
>
> 3° 10 est racine.

**100.**  $-49x^2+7x+2.$

> **Rép.** 1° $-4$ est extérieur aux racines ;
> 2° o est compris entre les racines ;
> 3° 10 est extérieur aux racines.

*Vérifier les inégalités suivantes :*

**101.**  $x^2-4>$ o.

> **Rép.** Les racines de ce trinôme incomplet étant 2 et $-2$, toute valeur de $x$ supérieure à 2 ou inférieure à $-2$, rendra ce trinôme positif.

**102.**  $x^2+1<$ o.

Ce trinôme ayant des racines imaginaires, a toujours le signe de son premier terme.

> **Rép.** Ce trinôme est donc positif, quelque valeur que l'on donne à $x$, et l'inégalité n'est jamais vérifiée.

**103.**  $-x^2-289>$ o.

Les racines sont imaginaires, par suite, ce trinôme ne peut jamais être positif.

> **Rép.** Cette inégalité n'est vérifiée pour aucune valeur réelle de $x$.

**104.**  $x^4-16<$ o.

Ce trinôme peut s'écrire

$$(x^2+4)\ (x^2-4).$$

Le facteur $x^2+4$ est toujours positif car ses racines sont imaginaires ; le facteur $x^2-4$ est négatif pour les valeurs de $x$ comprises entre ses racines 2 et $-2$.

> **Rép.** L'inégalité
> $$(x^2+4)\ (x^2-4)<\text{o ou } x^4-16<\text{o}.$$
> n'est donc vérifiée que pour les valeurs de $x$ comprises entre 2 et $-2$.

**105.**  $-x^2+ax>$ o.

> **Rép.** Ce trinôme sera positif pour toute valeur de $x$ comprise entre les racines o et $a$.

**106.** $b^2x^2 - a^2 < 0$.

**Rép.** Les racines étant $\dfrac{a}{b}$ et $-\dfrac{a}{b}$, le trinôme ne peut prendre un signe contraire à celui de son premier terme que pour les valeurs de $x$ comprises entre

$$\frac{a}{b} \quad \text{et} \quad -\frac{a}{b}.$$

**107.** $x^4 - x^2 < 0$.

Ce binôme s'écrit $x^2(x^2 - 1)$. Quelque valeur que l'on donne à $x$, $x^2$ est toujours positif ; il suffit donc de vérifier l'inégalité

$$x^2 - 1 < 0.$$

**Rép.** Toute valeur de $x$ comprise entre les racines $1$ et $-1$ vérifiera l'inégalité.

**108.** $3x(3x - 9) > 0$.

**Rép.** Les racines étant $0$ et $3$, l'inégalité sera vérifiée pour $x > 3$ et pour $x < 0$.

**109.** $x^2 - 4x + 5 > 0$.

Ce trinôme a ses racines imaginaires ; il est donc toujours positif.

**Rép.** L'inégalité est vérifiée, quel que soit $x$.

**110.** $x^2 + 2ax + a^2 < 0$.

**Rép.** Ce trinôme est positif quel que soit $x$, parce que ses racines sont égales.

**111.** $-x^2 + 12x - 35 > 0$.

**Rép.** Toute valeur de $x$ comprise entre les racines $7$ et $5$ donne au trinôme une valeur positive et vérifie l'inégalité.

**112.** $x^2 + 11x + 28 < 0$.

**Rép.** Toute valeur de $x$ comprise entre les racines $-4$ et $-7$ vérifiera l'inégalité.

**113.** $-x^2 + 33x - 272,5 < 0$.

**Rép.** Le trinôme est négatif quel que soit $x$, car ses racines sont imaginaires, et l'inégalité est toujours vérifiée.

**114.** $-x^2 + 9x - 20 > 0$.

**Rép.** Les racines étant $4$ et $5$, l'inégalité sera vérifiée pour $5 > x > 4$.

**115.** $x^2 - 22x + 121 < 0$.

Les racines du trinôme sont égales.

**Rép.** L'inégalité ne peut être vérifiée pour aucune valeur réelle de $x$.

**116.** $x^2 - (a^2 + b^2)x + a^2 b^2 > 0$.

**Rép.** L'inégalité est vérifiée pour les valeurs de $x$ supérieures à la plus grande des deux racines $a^2$ et $b^2$ ou inférieures à la plus petite.

**117.** $x^2 - 4x + 68 < 0$.

**Rép.** Les racines étant imaginaires, ce trinôme ne peut être négatif pour aucune valeur de $x$.

**118.** $-x^2 + 12x - 37 < 0$.

**Rép.** Toute valeur de $x$ vérifiera l'inégalité, car les racines du trinôme sont imaginaires et $a < 0$.

**119.** $-a^2 x^2 + b^2 x + c^2 > 0$.

**Rép.** Le trinôme est positif pour toute valeur de $x$ comprise entre les racines qui sont :

$$\frac{b^2 + \sqrt{b^4 + 4a^2 c^2}}{2a^2} \quad \text{et} \quad \frac{b^2 - \sqrt{b^4 + 4a^2 c^2}}{2a^2}.$$

**120.** $4a^2 x^2 y^2 - 4axy + 1 < 0$.

**Rép.** Le premier membre étant le carré de $2axy - 1$ est positif, quelque valeur que l'on donne à $a$, $x$, $y$, et l'inégalité n'est jamais vérifiée.

**121.** $(x - 2)(x - 5)(x - 8) > 0$.

Nous donnerons successivement à $x$ une valeur : 1° moindre que 2 ; 2° comprise entre 2 et 5 ; 3° entre 5 et 8 ; et dans chaque hypothèse nous déterminerons les signes des trois facteurs et le signe de leur produit

1° $x < 2$ donne les trois inégalités :

$$x - 2 < 0 \qquad x - 5 < 0 \qquad x - 8 < 0$$

et, par suite, comme le nombre des facteurs négatifs est impair, on a :

$$(x - 2)(x - 5)(x - 8) < 0 ;$$

2° $2 < x < 5$ donne :

$$x - 2 > 0 \qquad x - 5 < 0 \qquad x - 8 < 0$$

et, par suite,.

$$(x - 2)(x - 5)(x - 8) > 0 ;$$

3° $5 < x < 8$ donne :

$$x-2 > 0 \qquad x-5 > 0 \qquad x-8 < 0$$

et l'on a

$$(x-2)(x-5)(x-8) < 0 ;$$

4° $x > 8$ donne :

$$x-2 > 0 \qquad x-5 > 0 \qquad x-8 > 0$$

et l'on peut écrire

$$(x-2)(x-5)(x-8) > 0.$$

**Rép.** On voit ainsi que les valeurs de $x$ qui vérifient l'inégalité donnée sont celles qui sont comprises entre 2 et 5 et celles qui sont supérieures à 8.

**122.** $(x-1)(x-2)(x-3)(x-4) > 0.$

On donne à $x$ une valeur : 1° moindre que 1 ; 2° comprise entre 1 et 2 ; 3° comprise entre 2 et 3 ; 4° comprise entre 3 et 4 ; 5° supérieure à 4, et, dans chaque cas, on détermine les signes des 4 facteurs et le signe de leur produit.

1° $x < 1$ donne :

$$x-1 < 0 \qquad x-2 < 0 \qquad x-3 < 0 \qquad x-4 < 0$$

d'où l'on conclut.

$$(x-1)(x-2)(x-3)(x-4) > 0 ;$$

2° $1 < x < 2.$

On a :

$$x-1 > 0 \qquad x-2 < 0 \qquad x-3 < 0 \qquad x-4 < 0$$

d'où

$$(x-1)(x-2)(x-4) < 0 ;$$

3° $2 < x < 3.$ On déduit de là les quatre inégalités :

$$x-1 > 0 \qquad x-2 > 0 \qquad x-3 < 0 \qquad x-4 < 0$$

d'où l'on tire

$$(x-1)(x-2)(x-3)(x-4) > 0;$$

4° $3 < x < 4.$ On a de même :

$$x-1 > 0 \qquad x-2 > 0 \qquad x-3 > 0 \qquad x-4 < 0$$

d'où

$$(x-1)(x-2)(x-3)x-4 < 0;$$

5° $x > 4.$ Cette condition donne :

$$x-1 > 0 \qquad x-2 > 0 \qquad x-3 > 0 \qquad x-4 > 0.$$

On déduit de là

$$(x-1)(x-2)(x-3)(x-4) > 0.$$

**Rép.** Les valeurs de $x$ qui vérifient l'inégalité sont donc les nombres plus petits que 1, ceux qui sont compris entre 2 et 3, et ceux qui sont supérieurs à 4.

*Résoudre les couples suivants d'inégalités simultanées :*

**123.**  $x^2 - 23x + 60 > 0$
$x^2 - 40x + 300 > 0.$

Les racines des deux trinômes étant respectivement 3 et 20, 10 et 30, on voit que la première inégalité n'est vérifiée que pour $x > 20$ ou $x < 3$, et que la seconde ne peut l'être que pour $x > 30$, ou $x < 10$. Pour que ces deux inégalités soient vérifiées à la fois $x$ ne peut, par suite, prendre aucune valeur comprise entre 3 et 20, et entre 10 et 3.

> **Rép.** Les seules valeurs de $x$ qui satisfassent à la fois aux deux inégalités sont les nombres supérieurs à 30 et ceux qui sont inférieurs à 3.

**124.**  $x^2 - 23x + 60 > 0$
$x^2 - 40x + 300 < 0.$

Les racines sont respectivement :

$$3 \ \text{et} \ 20, \quad 10 \ \text{et} \ 30.$$

La première inégalité est vérifiée pour

$$x < 3 \quad \text{et pour} \quad x > 20$$

et la seconde, pour

$$10 < x < 30.$$

> **Rép.** Les valeurs de $x$ qui vérifient simultanément les deux inégalités sont dès lors les nombres compris entre 20 et 30.

**125.**  $x^2 - 23x + 60 < 0$
$x^2 - 40x + 300 > 0.$

Les racines sont respectivement : 3 et 20, 10 et 30.

Les valeurs de $x$ qui vérifient simultanément ces deux inégalités doivent être comprises entre 3 et 20 et être extérieures à 10 et 30.

> **Rép.** Ces valeurs sont donc les nombres compris entre 3 et 10 seulement.

**126.**  $-x^2 + 23x - 60 > 0$
$-x^2 + 40x - 300 > 0.$

Les racines sont encore 3 et 20, 10 et 30.

Les valeurs de $x$ qui vérifient simultanément les deux inégalités doivent être comprises entre 3 et 20 et entre 10 et 30.

> **Rép.** Ces valeurs sont donc les nombres compris entre 10 et 20.

**127.** $x^2 - 18x + 45 < 0.$
$x^2 - 20x + 96 > 0.$

Les racines des deux trinômes sont respectivement : 3 et 15
8 et 12.

Les valeurs de $x$ qui satisfont à la fois aux deux inégalités
doivent être comprises entre 3 et 15 et extérieures aux racines 8
et 12.

> **Rép.** Ces valeurs sont donc les nombres compris entre 3
> et 8 et ceux qui sont compris entre 12 et 15.

**128.** $x^2 + 18x + 45 > 0$
$x^2 - 11x + 28 > 0.$

Les racines sont : $- 15$ et $- 3$, 4 et 7.

Les valeurs de $x$ qui vérifient les deux inégalités simultanément
doivent être extérieures aux racines des deux trinômes.

> **Rép.** Ce sont les nombres inférieurs à $-15$, ceux qui sont
> compris entre $- 3$ et 4, et ceux qui sont supérieurs
> à 7.

**129.** $-x^2 + 2x - 1 < 0$
$x^2 - 100 < 0.$

La première égalité est vérifiée quel que soit $x$, car on peut
l'écrire                    $- (x - 1)^2 < 0.$

La seconde est vérifiée seulement pour $x$ compris entre 10 et
$-10.$

> **Rép.** Ainsi pour les valeurs de $x$ qui sont comprises entre 10
> et $-10$, les deux inégalités sont vérifiées à la fois.

**130.** $x^2 + x - 6 = 0$
$x^2 + 3x - 4 > 0.$

Les racines sont respectivement : 2 et $- 3$, 1 et $-4$.

L'équation n'est vérifiée que pour $x = 2$ et $x = - 3$ ; l'inégalité
ne peut être vérifiée que pour les valeurs de $x$ moindres que $-4$
ou supérieures à 1 ; parmi ces dernières, figure la racine 2 de
l'équation.

> **Rép.** Ainsi l'équation et l'inégalité ne sont vérifiées
> ensemble que pour $x = 2.$

**131.** $x^2 - 12x + 32 > 0.$
$x^2 - 13x + 22 < 0.$

Les racines sont : 8 et 4, 2 et 11.

Les valeurs de $x$ qui vérifient simultanément les deux inégalités
doivent être extérieures à 4 et 8 et comprises entre 2 et 11.

> **Rép.** Ce sont, par suite, les nombres compris entre 2 et
> 4, et ceux qui sont compris entre 8 et 11.

**182.** $ax^2 + bx > 0$

$\quad\quad ax^2 + bx + c > 0.$

PREMIER CAS : $a > 0, \quad b^2 - 4ac > 0.$

La première inégalité n'est vérifiée que pour $x > 0$ et pour $x < -\dfrac{b}{a}$; la seconde n'est vérifiée que pour les valeurs de $x$ extérieures aux racines $x'$ et $x''$ du trinôme $ax^2 + bx + c$.

Par suite, les deux inégalités ne sont vérifiées simultanément que pour les valeurs de $x$ moindres que la plus petite des 4 racines ou supérieures à la plus grande.

DEUXIÈME CAS : $a > 0, \quad b^2 - 4ac \leqq 0.$

Le second trinôme ayant ses racines imaginaires ou égales est toujours positif.

Les valeurs de $x$ qui ne sont pas comprises entre $0$ et $-\dfrac{b}{a}$ satisfont aux deux inégalités.

TROISIÈME CAS : $a < 0, \quad b^2 - 4ac > 0.$

Les valeurs de $x$ qui vérifient simultanément ces deux inégalités doivent être comprises entre les racines des deux trinômes. Si l'on place ces racines par ordre de grandeur les cas suivants peuvent se présenter :

$$
\begin{array}{llllll}
1° & 0 & -\dfrac{b}{a} & x' & x''\,; \\[2ex]
2° & 0 & x' & -\dfrac{b}{a} & x''\,; \\[2ex]
3° & 0 & x' & x'' & -\dfrac{b}{a}\,; \\[2ex]
4° & x' & 0 & x'' & -\dfrac{b}{a}\,; \\[2ex]
5° & x' & x'' & 0 & -\dfrac{b}{a}\,; \\[2ex]
6° & x' & 0 & -\dfrac{b}{a} & x''\,;
\end{array}
$$

1° Les deux inégalités sont incompatibles; 2° les valeurs de $x$ sont comprises entre $x'$ et $-\dfrac{b}{a}$; 3° les valeurs de $x$ sont comprises entre $x'$ et $x''$; 4° les valeurs de $x$ sont comprises entre $0$ et $x''$; 5° aucune valeur de $x$; 6° toute valeur de $x$ comprise entre $0$ et $-\dfrac{b}{a}$.

QUATRIÈME CAS : $a < 0, \quad b^2 - 4ac \leqq 0.$

La seconde inégalité n'est vérifiée pour aucune valeur de $x$ et le système est incompatible.

**133.** $ax^2 + b < 0$
$bx^2 - b^2 > 0.$

PREMIER CAS : $a > 0, \quad b > 0.$

La première inégalité n'est jamais vérifiée et le système est incompatible.

DEUXIÈME CAS : $a > 0, \quad b < 0.$

La seconde inégalité n'est jamais vérifiée et le système est incompatible.

TROISIÈME CAS : $a < 0, \quad b > 0.$

Les valeurs de $x$ qui vérifient simultanément les deux inéga-

lités doivent être extérieures aux racines $\sqrt{\dfrac{b}{a}}$ et $-\sqrt{\dfrac{b}{a}}$ du

premier trinôme et aux racines $\sqrt{b}$ et $-\sqrt{b}$ du second : ce sont donc les nombres supérieurs à la plus grande des 4 racines ou inférieurs à la plus petite.

QUATRIÈME CAS : $a < 0, \quad b < 0.$

**Rép.** La première inégalité est alors vérifiée quel que soit $x$, et la seconde jamais. Le système est incompatible excepté pour le cas où l'on a :
$$a < 0, \quad b > 0.$$

**134.** $x^2 - 16 > 0$
$x^2 - 28x > 0.$

Les racines étant respectivement :
$$4 \quad \text{et} \quad -4 \qquad 28 \quad \text{et} \quad 0$$
les valeurs de $x$ qui vérifient simultanément les deux inégalités doivent être inférieures à 0 et à $-4$, ou supérieures à 4 et à 28.

**Rép.** Ce sont donc les nombres inférieurs à $-4$ ou supérieurs à 28.

**135.** $x^2 - 31x + 30 < 0.$
$x^2 - 31x + 58 < 0$
$x^2 - 31x + 238 < 0.$

Les racines des trois trinômes sont :
$$1 \quad \text{et} \quad 30 \qquad 2 \quad \text{et} \quad 29 \qquad 14 \quad \text{et} \quad 17.$$
Les valeurs de $x$ qui vérifient à la fois les trois inégalités sont comprises entre les racines de chaque trinôme.

**Rép.** Ce sont, par conséquent, les nombres compris entre 14 et 17.

**136.** $x^2-100x+99>0$
$x^2-100x+196>0$
$x^2-100x+900<0$.

Les racines étant respectivement : 1 et 99, 98 et 2, 90 et 10, on voit que les racines du premier trinôme comprennent les racines des deux autres. La première inégalité n'est vérifiée que pour les valeurs de $x$ supérieures à 99, ou inférieures à 1, par suite la troisième ne peut jamais être vérifiée pour les valeurs de $x$ qui vérifient la première.

**Rép.** Ce système est incompatible.

**137.** *Trouver la condition pour que l'expression*
$$(a+bx)^2+(a'+b'x)^2$$
*soit un carré parfait. Démontrer en outre que si les deux expressions*
$$(a+bx)^2+(a'+b'x)^2 \text{ et } (a+cx)^2+(a'+c'x)^2$$
*sont des carrés, il en est de même de*
$$(b+cx)^2+(b'+c'x)^2.$$

1° L'expression donnée
$$(a+bx)^2+(a'+b'x)^2$$
peut s'écrire :
$$x^2(b^2+b'^2)+2x(ab+a'b')+a^2+a'^2.$$

Pour que ce trinôme soit un carré parfait, il faut que son réalisant soit nul, ou que l'on ait :
$$(ab+a'b')^2-(b^2+b'^2)(a^2+a'^2)=0.$$

En développant et en réalisant, cette relation devient
$$ab'=a'b \quad \text{ou} \quad \frac{a}{a'}=\frac{b}{b'}.$$

C'est la condition cherchée.

2° Les deux expressions
$$(a+bx)^2+(a'+b'x)^2$$
et
$$(a+cx)^2+(a'+c'x)^2$$
étant des carrés, on a, d'après le premier cas :
$$\frac{a}{a'}=\frac{b}{b'} \quad \text{et} \quad \frac{a}{a'}=\frac{c}{c'}$$
d'où
$$\frac{b}{b'}=\frac{c}{c'}.$$

Cette dernière relation prouve que l'expression
$$(b+cx)^2+(b'+c'x)^2$$
est un carré.

**188.** *Si* x′ *et* x″ *sont les racines du trinôme* $x^2 + px + q$, *trouver les conditions auxquelles doivent satisfaire les coefficients* p *et* q *pour que l'on ait*

$$\alpha x'^2 + \beta x' + \gamma = \alpha x''^2 + \beta x'' + \gamma$$

α, β, *v étant trois nombres donnés.*

Il faut éliminer $x'$ et $x''$ entre les trois relations,

$$x' + x'' = -p \tag{1}$$
$$x' x'' = q \tag{2}$$
$$\alpha x'^2 + \beta x' + \gamma = \alpha x''^2 + \beta x'' + \gamma. \tag{3}$$

La valeur $x' = -(p + x'')$ tirée de la relation (1), et portée dans (2) et (3) donne

$$x''(p + x'') = -q$$

et

$$\alpha[(p + x'')^2 - x''^2] - \beta(p + 2x'') = 0.$$

De cette dernière relation, on tire

$$x'' = -\frac{p}{2}.$$

Pour cette valeur de $x''$, la condition

$$x''(p + x'') = -q$$

devient

$$-\frac{p}{2}\left(p - \frac{p}{2}\right) = -q$$

d'où

$$p^2 - 4q = 0.$$

La condition cherchée

$$p^2 - 4q = 0$$

prouve que le réalisant du trinôme donné est nul et que, par suite, les racines de ce trinôme sont égales.

Il résulte aussi de cette théorie que quels que soient les nombres α, β, *v*, si le trinôme donné a ses racines égales, on a toujours l'identité

$$\alpha x'^2 + \beta x' + \gamma = \alpha x''^2 + \beta x'' + \gamma.$$

**189.** *Que doit être* n *pour que, quel que soit* x, *le trinôme*

$$x^2 + 2x + n$$

*soit supérieur à* 10?

Il faut, quel que soit $x$, que l'on ait

$$x^2 + 2x + n > 10$$

ou

$$x^2 + 2x + n - 10 > 0.$$

Pour que le trinôme
$$x^2 + 2x + n - 10$$
soit toujours positif, il faut que ses racines soient égales ou imaginaires, ce qui exige que l'on ait
$$R \leq 0 \quad \text{ou} \quad 4 - 4(n-10) \leq 0$$
Cette dernière condition donne
$$n \geq 11$$

> **Rép.** Pour que le trinôme $x^2 + 2x + n$ ait une valeur supé-
> rieure à 10, il suffit de donner à $n$ une valeur
> supérieure ou au moins égale à 11.

**140.** *Résoudre l'inégalité*
$$x(x^4 - 7x^2 + 12) > 0.$$
Les racines de l'équation bicarrée
$$x^4 - 7x^2 + 12 = 0$$
étant
$$\pm 2 \quad \text{et} \quad \pm \sqrt{3}.$$
On peut écrire :
$$x^4 - 7x^2 + 12 = (x-2)(x+2)(x-\sqrt{3})(x+\sqrt{3})$$
L'inégalité à vérifier est, par suite,
$$y = x(x+2)(x+\sqrt{3})(x-\sqrt{3})(x-2) > 0 \tag{1}$$
Déterminons le signe de ce produit.

$1°$ Pour $x < -2$, les facteurs sont tous négatifs, et l'on a
$$y < 0$$
Aucune valeur de $x$ inférieure à $-2$ ne peut vérifier l'inégalité (1) ;

$2°$ Pour $-2 < x < -\sqrt{3}$, le facteur $x+2$ seul est positif, et l'on a
$$y > 0$$

$3°$ Pour $-\sqrt{3} < x < 0$, les facteurs $x$, $x-\sqrt{3}$, $x-2$ sont négatifs, et
$$y < 0$$

$4°$ Pour $0 < x < \sqrt{3}$, tous les facteurs sont positifs excepté les
deux derniers, et l'on a $\quad y > 0$

$5°$ Pour $\sqrt{3} < x < 2$, tous les facteurs sont positifs, excepté $x-2$
et l'on a $\quad y < 0$

$6°$ Pour $x > 2$, tous les facteurs sont positifs, et dès lors
$$y > 0$$

> **Rép.** En résumé, l'inégalité $x(x^4 - 7x^2 + 12) > 0$ ne peut
> être vérifiée que pour les valeurs de $x$ qui sont
> comprises entre $-2$ et $-\sqrt{3}$, entre $0$ et $-\sqrt{3}$ et
> pour celles qui sont supérieures à 2.

**141.** *Trouver les valeurs limites de* h *pour que l'inégalité*
$x^2 + 2hx + h > \dfrac{3}{16}$ *soit vérifiée quel que soit* x.

Pour que l'inégalité

$$x^2 + 2hx + h - \frac{3}{16} > 0$$

soit vérifiée quel que soit $x$, il faut que le trinôme ait ses racines égales ou imaginaires, ou que l'on ait :

$$h^2 - \left( h - \frac{3}{16} \right) \leqq 0 \quad \text{ou} \quad 16h^2 - 16h + 3 \leqq 0.$$

Les racines de ce trinôme étant $\dfrac{3}{4}$ et $\dfrac{1}{4}$, on voit qu'on ne peut donner à $h$ d'autres valeurs que celles qui sont comprises entre $\dfrac{3}{4}$ et $\dfrac{1}{4}$.

   **Rép.** La variable $h$ doit être comprise entre les valeurs limites $\dfrac{3}{4}$ et $\dfrac{1}{4}$.

**142.** *Si* a, b, c, *sont les trois côtés d'un triangle, le tri-nôme* $b^2x^2 + (b^2 + c^2 - a^2)x + c^2$ *est positif quel que soit* x.
*Quelle relation y aurait-il entre* a, b, c, *si le trinôme était carré parfait ?*

1° Le réalisant de ce trinôme est

$$R = (b^2 + c^2 - a^2)^2 - 4b^2c^2 = (b^2 + c^2 - a^2 + 2bc)(b^2 + c^2 - a^2 - 2bc)$$

En le décomposant en facteurs, on a successivement :

$$R = [(b^2 + c^2 + 2bc) - a^2][(b^2 + c^2 - 2bc) - a^2]$$
$$R = [(b+c)^2 - a^2][(b-c)^2 - a^2]$$
$$R = (a+b+c)(b+c-a)(b-c+a)(b-c-a).$$

Puisque $a$, $b$, $c$, sont les côtés d'un triangle, les trois premiers facteurs sont positifs, et le dernier est négatif. Le réalisant étant négatif, le trinôme donné est positif quel que soit $x$.

2° Si le trinôme donné était carré parfait, on aurait :

$$R = (b^2 + c^2 - a^2)^2 - 4b^2c^2 = 0.$$

Ce qui donne :       $b^2 + c^2 - a^2 = \pm 2bc$

d'où       $b^2 + c^2 - 2bc = a^2 \quad \text{ou} \quad b - c = \pm a$

             $b^2 + c^2 + 2bc = a^2 \quad \text{ou} \quad b + c = \pm a$

Les relations     $\pm a = b - c$ et $\pm a = b + c$ font voir que le triangle cesse d'exister car un côté serait égal à la somme ou à la différence des deux autres côtés.

**143.** *Quelle valeur faut-il donner à* m *pour que le trinôme*

$$mx^2 + (m-1)x + m - 1$$

*soit négatif quel que soit* x ?

On voit d'abord que $m$ doit être négatif et ensuite que les racines du trinôme doivent être égales ou imaginaires. On écrit donc que le réalisant est nul ou négatif.

$$(m-1)^2 - 4m(m-1) \leqq 0.$$

En développant et en réduisant, cette inégalité se réduit à la suivante :

$$3m^2 - 2m - 1 \geqq 0.$$

Pour qu'elle soit vérifiée, $m$ doit être extérieur aux racines qui sont $1$ et $-\dfrac{1}{2}$. Mais $m$ devant être négatif, ne peut prendre que les valeurs moindres que $-\dfrac{1}{3}$.

**Rép.** Il faut donner à $m$ les valeurs inférieures à $-\dfrac{1}{3}$.

**144.** *Quelles valeurs faut-il donner à* m *pour que les trinômes suivants restent positifs quel que soit* x :

$$1^o \quad (m-2)x^2 + 2(2m-3)x + 5m - 6$$
$$2^o \quad (4-m)x^2 - 3x + 4 + m.$$

$1^o$ Le coefficient de $x^2$ ou $m-2$ doit être positif, et les racines du trinôme doivent être imaginaires ou égales ; on doit donc avoir :

$$m > 2$$

et

$$(2m-3)^2 - (m-2)(5m-6) \leqq 0.$$

La seconde inégalité se réduit à

$$m^2 - 4m + 3 \geqq 0.$$

Les valeurs de $m$ qui la vérifient et qui sont supérieures à 2 sont les nombres plus grands que la plus grande racine qui est 3.

Ainsi $m$ doit être supérieur à 3.

$2^o$ Le coefficient de $x^2$, ou $4-m$, doit être positif et le réalisant doit être nul ou négatif. On a donc :

$$m < 4 \quad \text{et} \quad 9 - 4(4-m)(4+m) \leqq 0.$$

Cette dernière inégalité étant réduite, devient :

$$4m^2 - 55 \leqq 0.$$

Elle exige, pour être vérifiée que $m$ soit compris entre les racines qui sont $3,70$ et $-3,70$. Or, les nombres compris entre $3,70$ et $-3,70$ étant moindres que 4, sont les seules valeurs de $m$ **qui** rendent positif le trinôme donné.

**145.** *La quantité* h *étant donnnée, quelle valeur faut-il attribuer à cette lettre pour que l'inégalité suivante ait lieu quel que soit* x?

$$\frac{(h+1)x^2+hx+h}{x^2+x+1} > 1.$$

L'inégalité donnée s'écrit successivement :

$$\frac{(h+1)x^2+hx+h}{x^2+x+1} - 1 > 0$$

$$\frac{(h+1)x^2+hx+h-x^2-x-1}{x^2+x+1} = \frac{hx^2+x(h-1)+h-1}{x^2+x+1} > 0.$$

Comme le dénominateur est un trinôme de second degré qui a ses racines imaginaires, il est toujours positif, et l'on peut chasser ce dénominateur sans changer le sens de l'inégalité. On a donc seulement à vérifier l'inégalité

$$hx^2+(h-1)x+h-1 > 0.$$

On voit que $h$ doit être positif, et que les racines du trinome doivent être égales ou imaginaires.

On doit donc avoir

$$(h-1)^2-4h(h-1) \leqq 0$$

ou                              $$3h^2-2h-1 \geqq 0.$$

Cette dernière inégalité exige, pour être satisfaite, que $h$ soit extérieur aux racines $1$ et $-\dfrac{1}{3}$. Mais $h$ devant être positif, ne peut prendre que les valeurs plus grandes que $1$.

**Rép.** Les valeurs de $h$ doivent être supérieures à $1$.

*Résoudre les inégalités suivantes :*

**146.** $\dfrac{x^2-3x+2}{x^2+3x+2} > 0.$

Pour que cette fraction soit positive, il faut que ses deux termes soient de même signe. On doit donc avoir

$$1° \quad x^2-3x+2 > 0 \quad \text{et} \quad x^2+3x+2 > 0$$

ou bien         $$2° \quad x^2-3x+2 < 0 \quad \text{et} \quad x^2+3x+2 < 0.$$

$1°$ Les racines des deux trinômes

$$x^2-3x+2 \quad \text{et} \quad x^2+3x+2$$

étant respectivement :

$$2 \text{ et } 1 \qquad -2 \text{ et } -1$$

pour que ces trinômes soient positifs, il faut donner à $x$ des valeurs extérieures aux racines $1$ et $2$ et aux racines $-2$ et $-1$. Ces valeurs de $x$ sont donc les nombres inférieurs à $-2$ et ceux qui sont supérieurs à $2$.

2° Pour que les trinômes

$$x^2 - 3x + 2 \quad \text{et} \quad x^2 + 3x + 2$$

soient négatifs, on ne peut donner à $x$ aucune valeur car il faudrait prendre pour $x$ les valeurs comprises entre les racines du second trinôme et, en même temps, comprises entre les racines du premier ; or, en considérant les racines, on voit qu'il n'existe aucun nombre qui soit compris en même temps entre 2 et 1, et entre —2 et —1.

**Rép.** L'inégalité proposée n'est vérifiée que pour les valeurs de $x$ moindres que —2 ou supérieures à 2.

**147.** $\dfrac{x^2 + 10x + 16}{x - 1} > 10.$

Il faut vérifier l'inégalité

$$\frac{x^2 + 10x + 16}{x - 1} - 10 > 0$$

ou

$$\frac{x^2 + 26}{x - 1} > 0.$$

Comme le numérateur $x^2 + 26$ est un trinôme à racines imaginaires, il est toujours positif, il suffit donc de trouver les valeurs de $x$ qui rendent le dénominateur positif ; on voit qu'il suffit que $x$ soit supérieur à 1.

**Rép.** $x$ doit être supérieur à 1.

**148.** $\dfrac{7x - 5}{8x + 3} > 4.$

Il faut vérifier l'inégalité

$$\frac{-(25x + 17)}{8x + 3} > 0 \quad \text{ou} \quad \frac{-(25x + 17)(8x + 3)}{(8x + 3)^2} > 0.$$

Le dénominateur $(8x + 3)^2$ étant positif quel que soit $x$, il suffit de trouver les valeurs de $x$ qui rendent le numérateur positif. Ce numérateur s'écrit :

$$200x^2 + 211x + 51 < 0.$$

Ses racines étant $-\dfrac{17}{25}$ et $-\dfrac{3}{8}$, on voit qu'il faut donner à $x$ les valeurs comprises entre $-\dfrac{3}{8}$ et $-\dfrac{17}{25}$.

**Rép.** Les valeurs de $x$ doivent être comprises entre

$$-\frac{3}{8} \quad \text{et} \quad -\frac{17}{25}.$$

**149.** $\dfrac{(x-1)(x-2)}{(x-3)(x-4)} > 1.$

Il faut vérifier l'inégalité

$$\frac{(x-1)(x-2)-(x-3)(x-4)}{(x-3)(x-4} > 0 \quad \text{ou} \quad \frac{4x-10}{(x-3)(x-4)} > 0.$$

Les deux termes de la fraction doivent être de même signe ; on peut donc avoir :

$$1° \; 4x-10 > 0 \; \text{ et } \; (x-3)(x-4) > 0 ;$$
$$2° \; 4x-10 < 0 \; \text{ et } \; (x-3)(x-4) < 0.$$

1° Dans le premier cas, les valeurs de $x$ qui vérifient les deux inégalités doivent être supérieures à 2,50 et être inférieures à 3 ou supérieures à 4.

Ces valeurs sont donc les nombres compris entre 2,50 et 3 et ceux qui sont supérieurs à 4.

2° $x$ doit être moindre que 2,50 et être compris entre 3 et 4.

On voit qu'aucune valeur de $x$ ne peut vérifier à la fois les deux inégalités du second cas.

**Rép.** La variable $x$ ne peut prendre que les valeurs comprises entre 2,5 et 3 et celles qui sont plus grandes que 4.

**150.** $\dfrac{2x^2-6x+3}{x^2-5x+4} > 1.$

Cette inégalité peut s'écrire :

$$\frac{2x^2-6x+3}{x^2-5x+4} - 1 > 0 \quad \text{ou} \quad \frac{x^2-x-1}{x^2-5x+4} > 0.$$

On voit que les deux termes de cette fraction doivent être de même signe ; on peut donc avoir :

$$1° \; x^2-x-1 > 0 \; \text{ et } \; x^2-5x+4 > 0 ;$$
$$2° \; x^2-x-1 < 0 \; \text{ et } \; x^2-5x+4 < 0.$$

1° Les racines des deux trinômes sont respectivement :

$$1,618 \text{ et } -0,618, 4 \text{ et } 1.$$

Les valeurs de $x$ qui vérifient simultanément les inégalités :

$$x^2-x-1 > 0 \text{ et } x^2-5x+4 > 0$$

doivent être extérieures aux racines de chaque trinôme ; ce sont donc les nombres plus petits que la plus petite racine qui est —0,618, ou plus grands que la plus grande racine qui est 4.

2º Le second couple d'inégalités est vérifié pour les valeurs de $x$ qui sont comprises à la fois entre les racines de chaque trinôme. Ce sont les nombres compris entre 1 et 1,618.

Rép. Les valeurs cherchées de $x$ sont les nombres inférieurs à —0,618, ou supérieurs à 4, et ceux qui sont compris entre 1 et 1,618.

## IV. — Logarithmes des lignes trigonométriques.

*Trouver les logarithmes des lignes trigonométriques sui- vantes :*

151. sin  25º30  Rép. $\bar{1},68398.$

152. sin  28º35′10″  Rép. $\bar{1},67986.$

153. sin  49º15′20″  Rép. $\bar{1},87946.$

154. sin  75º43′15″  Rép. $\bar{1},98687.$

155. tg  38º17′  Rép. $\bar{1},89723.$

156. tg  43º38′12″  Rép. $\bar{1},97982.$

157. tg  50º15′24″  Rép. $0,08014.$

158. tg  68º37′45″  Rép. $0,40748.$

159. cos  29º45′  Rép. $\bar{1},93862.$

160. cos  37º15′10″  Rép. $\bar{1},90090.$

161. cos  48º5′3″  Rép. $\bar{1},82480.$

162. cos  63º48′27″  Rép. $\bar{1},64482.$

163. cotg 35º12′  Rép. $0,15155.$

164. cotg 41º38′30″  Rép. $0,05108.$

165. cotg 52º12′4″  Rép. $\bar{1},88966.$

166. cotg 60º52′34″  Rép. $\bar{1},74596.$

*Trouver les angles correspondants aux logarithmes suivants :*

**167.** log sin   $x = \overline{1},52385$      Rép. $x = 19°31'$.

**168.** log sin   $x = \overline{1},80901$      Rép. $x = 40°6'16''$.

**169.** log sin   $x = \overline{1},98031$      Rép. $x = 72°52'40''$.

**170.** log sin   $x = \overline{1},96408$      Rép. $x = 67°1'$.

**171.** log tg   $x = \overline{1},59650$      Rép. $x = 21°33'$.

**172.** log tg   $x = \overline{1},93132$      Rép. $x = 40°29'18''$.

**173.** log tg   $x = \overline{1},71848$      Rép. $x = 27°36'30''$.

**174.** log tg   $x = 0,40552$      Rép. $x = 68°32'29''$.

**175.** log cos   $x = \overline{1},88255$      Rép. $x = 40°16'$.

**176.** log cos   $x = \overline{1},62970$      Rép. $x = 64°46'4''$.

**177.** log cos   $x = \overline{1},57138$      Rép. $x = 68°7'$.

**178.** log cos   $x = \overline{1},44926$      Rép. $x = 73°39'30''$.

**179.** log cotg $x = 0,52793$      Rép. $x = 16°31'$.

**180.** log cotg $x = \overline{1},54552$      Rép. $x = 70°39'$.

**181.** log cotg $x = 0,38222$      Rép. $x = 22°31'33''$.

**182.** log cotg $x = \overline{1},61407$      Rép. $x = 67°38'48''$.


## V. — Résolution des triangles.

*Résoudre les triangles rectangles dans lesquels on donne :*

**183.** *L'hypoténuse a* $= 253$ m. 20 *et l'angle* B $= 38°25'10''$.
Il faut calculer C, *b*, *c* et S.

$1°$ *Calcul de* C :

$$C = 90° - B = 90° - 38°25'10'' = 51°34'50''.$$

**2° *Calcul de b.***

$b = a \sin B = 253$ m. $20 \times \sin 38°25'10''$

$\log b = \log 253,20 + \log \sin 38°25'10''$

$\log 253,20 \qquad = 2,40346$

$\log \sin 38°25'10'' \quad = \overline{1},79337$

$\log b \qquad\qquad = 2,19683$

$$b = 157 \text{ m. } 88.$$

**3° *Calcul de c.***

$c = a \cos B = 253$ m. $20 \times \cos 38°25'10''$

$\log c = \log 253,20 + \log 38°25'10''$

$\log 253,20 \qquad = 2,40346$

$\log \cos 38°25'10'' \quad = \overline{1},89404$

$\log c \qquad\qquad = 2,29750$

$$c = 198 \text{ m. } 88.$$

**4° *Calcul de S* :**

$$S = \frac{bc}{2} = \frac{a \sin B \times a \cos B}{2}$$

$$= \frac{253 \text{ m. } 20 \times \sin 38°25'10'' \times 253 \text{ m. } 20 \times \cos 38°25'40''}{2}$$

$\log S = 2 \log 253,20 + \log \sin 38°25'10'' + \log \cos 38°25'10'' - \log 2$

$\log S = 2 \times 2,40346 + \overline{1},79337 + \overline{1},89404 - 0,30103 = 4,19330.$

$$S = 15.606 \text{ m}^2 \text{ 48.}$$

**184.** *L'hypoténuse $a = 621$ m. 15 et l'angle* $C = 47°12'34''$.
Il faut calculer B, $b$, $c$ et S.

**1° *Calcul de* B :**

$$B = 90° - C = 90° - 47°12'34'' = 42°47'26''.$$

**2° *Calcul de b.***

$b = a \cos c = 621$ m. $15 \times \cos 47°12'34''$

$\log b = \log 621,15 + \log \cos 47°12'34''$

$\log 621,15 \qquad = 2,79319$

$\log \cos 47°12'34'' \quad = \overline{1},83208$

$\log b \qquad\qquad = 2,62527$

$$b = 421 \text{ m. } 96.$$

**3° *Calcul de c.***

$c = a \sin C = 621$ m. $15 \times \sin 47°12'34''$

$\log c = \log 621,15 + \log \sin 47°12'34''$

$\log 621,15 \qquad = 2,79319$

$\log \sin 47°12'34'' \quad = \overline{1},86560$

$\log c \qquad\qquad = 2,65879$

$$c = 455 \text{ m. } 82.$$

**4° *Calcul de* S :**

$$S = \frac{bc}{2} = \frac{a \cos C \times a \sin c}{2}$$

$$= \frac{621 \text{ m. } 15 \times \cos 47°12'34'' \times 621 \text{ m. } 15 \times \sin 47°12'34''}{2}$$

$\log S = 2 \log 621,15 + \log \cos 47°12'34'' + \log \sin 47°12'34'' - \log 2$

$\log S = 2 \times 2,79319 + \overline{1},83208 + \overline{1},86560 - 0,30103 = 4,98303.$

$$S = 96.168 \text{ m}^2.$$

**185.** *L'hypoténuse* $a = 342$ m. 50 *et le côté* $b = 256$ m. 20.
Il faut calculer C, B, $c$ et S.

$1^o$ *Calcul de C :*

On a :
$$b = a \cos C$$
$$\cos C = \frac{b}{a}$$

$$\log \cos C = \log b - \log a = \log 256,20 - \log 342,50$$
$$\log 256,20 = 2,40858$$
$$\log 342,50 = 2,53466$$

$$\log \cos C = \qquad \overline{1},87392$$
$$C = 41^o 34' 49''.$$

$2^o$ *Calcul de B :*
$$B = 90 - 41^o 34' 49'' = 48^o 25' 11''.$$

$3^o$ *Calcul de $c$ :*

On a :
$$c^2 = a^2 - b^2 = (a + b)(a - b)$$
$$2 \log c = \log (a + b) + \log (a - b) = \log 598,70 + \log 86,30$$
$$\log 598,70 = 2,77721$$
$$\log \ 86,30 = 1,93601$$

$$2 \log c = \qquad 4,71322$$

$$\log c = \frac{4,71322}{2} = 2,35661.$$

$$c = 227 \text{ m. } 305.$$

$4^o$ *Calcul de S :*

On a :

$$S = \frac{1}{2} bc$$

$$\log S = \log b + \log c - \log 2$$
$$\log S = \log 256,20 + \log 227,305 - \log 2$$
$$\log S = 2,40858 + 2,35661 - 0,30103$$
$$\log S = 4,76519 - 0,30103 = 4,46416$$
$$S = 29.118 \text{ m}^2.$$

**186.** *L'hypoténuse* $a = 431$ m. 75 *et le côté* $c = 378$ m. 90.
Il faut calculer B, C, $b$ et S.

$1^o$ *Calcul de B :*

On a :
$$c = a \cos B$$
$$\cos B = \frac{c}{a}$$

$$\log \cos B = \log c - \log a = \log 378,90 - \log 431,75$$

$$\log 378,90 = 2,57852$$

$$\log 431,75 = 2,63523$$

$$\log \cos B = \overline{1},94329$$

$$B = 28°38'51''.$$

$2°$ *Calcul de* C :

$$C = 90° - 28°38'51'' = \mathbf{61°21'9'}.$$

$3°$ *Calcul de* $b$ :

On a :
$$b^2 = a^2 - c^2 = (a+c)(a-c)$$

$$2 \log b = \log (a+c) + \log (a-c) = \log 810,65 + \log 52,85$$

$$\log 810,65 = 2,90883$$

$$\log 52,85 = 1,72304$$

$$2 \log b = 4,63187$$

$$\log b = \frac{4,63187}{2} = 2,31593.$$

$$b = \mathbf{206\ m.\ 98.}$$

$4°$ *Calcul de* S :

On a :
$$S = \frac{1}{2} bc$$

$$\log S = \log b + \log c - \log 2$$

$$\log S = \log 206,98 + \log 378,90 - \log 2$$

$$\log S = 2,31593 + 2,57852 - 0,30103$$

$$\log S = 4,89445 - 0,30103 = 4.59342.$$

$$S = \mathbf{89.212\ m^2\ 22.}$$

**187.** *Un côté de l'angle droit :* $b = 28$ m. $75$ *et l'angle* B $= 41°28'12''$.

Il faut calculer C, $a$, $c$ et S.

$1°$ *Calcul de* C :

$$C = 90° - 41°28'12'' = \mathbf{48°31'48''}.$$

$2°$ *Calcul de* $a$.

On a :
$$a = \frac{b}{\sin B}$$

$$\log a = \log b - \log \sin B = \log 28,75 - \log 41°28'12''$$

$$\log 28,75 = 1,45864$$

$$\log 41°28'12'' = \overline{1},82101$$

$$\log a = \overline{1},63763$$

$$a = \mathbf{48\ m.\ 414.}$$

*3° Calcul de c :*

On a :                                $c = b \cot B$

$\log c = \log b + \log \cot B = \log 28{,}75 + \log \cot 41°28'12''$

$$\log 28{,}75 = 1{,}45864$$
$$\log \cot 41°28'12'' = 0{,}05365$$

$\log c = $                          $1{,}51229$

$$c = 32 \text{ m. } 58.$$

*4° Calcul de S :*

On a :                                $S = \dfrac{1}{2} bc \; ;$

mais                                  $c = b \cot B \; ;$

d'où :                                $S = \dfrac{1}{2} b^2 \cot B$

$$\log S = 2 \log b + \log \cot B - \log 2$$
$$\log S = 2 \log 28{,}75 + \log \cot 41°28'12'' - \log 2$$
$$\log S = 2 \times 1{,}45864 + 0{,}05365 - 0{,}30103$$
$$\log S = 2{,}91728 + 0{,}05365 - 0{,}30103$$
$$\log S = 2{,}97093 - 0{,}30103 = 2{,}66990$$
$$S = 467 \text{ m}^2 \, 63.$$

**188.** *Les deux côtés de l'angle droit :* $b = 37$ m. 70 et $c = 49$ m. 50.

Il faut calculer B, C, $a$ et S.

*1° Calcul de B :*

De $b = c \operatorname{tg} B$, on a : $\operatorname{tg} B = \dfrac{b}{c}$

$\log \operatorname{tg} B = \log b - \log c = \log 37{,}70 - \log 49{,}50$

$$\log 37{,}70 = 1{,}57634$$
$$\log 49{,}50 = 1{,}69461$$

$\log \operatorname{tg} B$                       $= \overline{1}{,}88173$

$$B = 37°17'35''.$$

*2° Calcul de C :*

De $c = b \operatorname{tg} C$, on a : $\operatorname{tg} C = \dfrac{c}{b}$

$\log \operatorname{tg} C = \log c - \log b = \log 49{,}50 - \log 37{,}70$

$$\log 49{,}50 = 1{,}69461$$
$$\log 37{,}70 = 1{,}57634$$

$$\log \operatorname{tg} C = 0{,}11827$$
$$C = 52°42'25''.$$

$3^o$ *Calcul de a :*

De       $b = a \sin B$, on a : $a = \dfrac{b}{\sin B}$

$\log a = \log b - \log \sin B = \log 37{,}70 - \log \sin 37^o17'35''$

$$\log 37{,}70 = 1{,}57634$$
$$\log \sin 37^o17'35'' = 1{,}78239$$

$\log a$           $= 1{,}79395$

$$a = \textbf{62 m. 223.}$$

$4^o$ *Calcul de* S :

On a :

$$S = \frac{bc}{2}$$

$\log S = \log b + \log c - \log 2 = \log 37{,}70 + \log 49{,}50 - \log 2$
$\log S = 1{,}57634 + 1{,}69461 - 0{,}30103$
$\log S = 3{,}27095 - 0{,}30103 = 2{,}96992$

$$S = \textbf{988 m}^2 \textbf{ 08.}$$

*Résoudre les triangles quelconques dans lesquels on donne :*

**189.** $a = 425$ m. ;  $B = 34^o25'$ ;  $C = 51^o12'$.

Il faut calculer A, *b, c* et S.

$1^o$ *Calcul de* A :

$$A = 180^o - (B + C) = 180^o - (34^o25' + 51^o12')$$
$$A = 180^o - 85^o37' = \textbf{94}^o\textbf{23}'.$$

$2^o$ *Calcul de b :*

De   $\dfrac{b}{\sin B} = \dfrac{a}{\sin A}$  on tire : $b = \dfrac{a \sin B}{\sin A}$

$\log b = \log a + \log \sin B - \log \sin A = \log 425 + \log \sin 34^o25'$
               $- \log \sin 94^o23'$

$$\log 425 = 2{,}62839$$
$$\log \sin 34^o25' = 1{,}75221$$
$$\text{Total :}\quad 2{,}38060$$

$\log \sin 94^o23' = \log \sin (180^o - 90^o23') = 1{,}99873$

        $\log b = 2{,}38187$

$$b = \textbf{240 m. 916.}$$

3° *Calcul de c* :

De $\quad \dfrac{c}{\sin C}=\dfrac{a}{\sin A} \quad$ on tire : $\quad c=\dfrac{a \sin C}{\sin A}$

$\log c = \log a + \log \sin C - \log \sin A = \log 425 + \log \sin 51°12'$
$$- \log 94°23'$$

$$\log 425 = 2,62839$$
$$\log \sin 51°12' = \overline{1},89173$$
$$\text{Total :} \quad 2,52012$$
$$\log 94°23' = \overline{1},99873$$
$$\log c = 2,52139$$
$$c = 332 \text{ m. } 20.$$

4° *Calcul de* S :

On a :

$$S = \frac{1}{2} bc \sin A \; ;$$

mais

$$b = \frac{a \sin B}{\sin A} \quad \text{et} \quad c = \frac{a \sin C}{\sin A}.$$

En remplaçant $b$ et $c$ par leur valeur la première égalité devient

$$S = \frac{1}{2} \frac{a^2 \sin B \sin C}{\sin A}$$

$\log S = 2 \log a + \log \sin B + \log \sin C - (\log 2 + \log \sin A)$
$\log S = 2 \log 425 + \log \sin 34°25' + \log \sin 51°12'$
$$- (\log 2 + \log \sin 94°23')$$

$\log S = 2 \times 2,62839 + \overline{1},75221 + \overline{1},89173 - (0,30103 + \overline{1},99873)$
$\log S = 4,90072 - 0,29976 = 4,60096.$

$$S = 39.900 \text{ m}^2.$$

**190.** $b = 238$ m. $50$ ; $\quad A = 28°17'12''$ ; $\quad C = 60°48'35''.$

Il faut calculer B, $a$, $c$ et S.

1° *Calcul de* B :

On a :

$$B = 180° - (28°17'12'' + 60°48'35'')$$
$$B = 180° - 89°5'47'' = 90°54'13''.$$

**2° *Calcul de a :***

De $\dfrac{a}{\sin A}=\dfrac{b}{\sin B}$ on tire : $a=\dfrac{b\,\sin A}{\sin B}$

$\log a=\log b+\log \sin A-\log \sin B$

$$\log b=\log 238,50=2,37749$$
$$\log \sin A=\log \sin 28°17'12''=\overline{1},67567$$
$$\text{Total :}\quad 2,05316$$
$$\log \sin B=\log \sin 90°54'13''=\overline{1},99995$$
$$\log a=2,05321$$

$$a=\mathbf{118}\ \text{m. }\mathbf{08}.$$

**3° *Calcul de c :***

De $\dfrac{c}{\sin C}=\dfrac{b}{\sin B}$ on tire : $c=\dfrac{b\,\sin C}{\sin B}$

$\log c=\log b+\log \sin C-\log \sin B$

$$\log b=\log 238,50=2,37749$$
$$\log \sin c=\log \sin 60°48'35''=\overline{1},94102$$
$$\text{Total :}\quad 2,31851$$
$$\log \sin B=\log \sin 90°54'13''=\overline{1},99995$$
$$\log c=2,31856$$

$$c=\mathbf{208}\ \text{m. }\mathbf{24}.$$

**4° *Calcul de S :***

On a : $\qquad S=\dfrac{1}{2}\,bc\,\sin A$ ;

mais $\qquad c=\dfrac{b\,\sin C}{\sin B}$,

ce qui donne : $\qquad S=\dfrac{1}{2}\,\dfrac{b^2\,\sin C\,\sin A}{\sin B}$

$\log S=2\log b+\log \sin C+\log \sin A-(\log 2+\log \sin B)$

$$2\log b=2\log 238,50=2\times 2,37749=4\,75498$$
$$\log \sin C=\log \sin 60°48'35''\qquad=\overline{1},94102$$
$$\log \sin A=\log \sin 28°17'12''\qquad=\overline{1},67567$$
$$4,37167$$

$$\log 2\qquad=0,30103$$
$$\log \sin B=\log \sin 90°54'13''=\overline{1},99995$$
$$0,30098\qquad\qquad 0,30098$$
$$\log S=4,07069$$

$$S=\mathbf{11.767}\ \text{m}^2\ \mathbf{56}.$$

**191.** $b = 287$ m. $10$, $c = 328$ m. $40$, $A = 59°41'7''$.

Il faut calculer B, C, $a$ et S.

$1°$ *Calcul de* B *et de* C :

On a :

$$\frac{c}{\sin C} = \frac{b}{\sin B},$$

d'où l'on tire :

$$\frac{c+b}{c-b} = \frac{\sin C + \sin B}{\sin C - \sin B},$$

mais :

$$\frac{\sin C + \sin B}{\sin C - \sin B} = \frac{\operatorname{tg}\frac{1}{2}(C+B)}{\operatorname{tg}\frac{1}{2}(C-B)};$$

par conséquent

$$\frac{c+b}{c-b} = \frac{\operatorname{tg}\frac{1}{2}(C+B)}{\operatorname{tg}\frac{1}{2}(C-B)},$$

ce qui donne :

$$\operatorname{tg}\frac{1}{2}(C-B) = \frac{(c-b)\ \operatorname{tg}\frac{1}{2}(C+B)}{c+b}$$

et, en appliquant les logarithmes, il vient :

$$\log \operatorname{tg}\frac{1}{2}(C-B) = \log(c-b) + \log \operatorname{tg}\frac{1}{2}(C+B) - \log(c+b)$$

$$\log(c-b) \qquad = \log(328,40-287,10) = 1,61595$$

$$\log \operatorname{tg}\frac{1}{2}(C+B) = \log \operatorname{tg}\frac{180°-59°41'7''}{2} = 0,24132$$

$$\overline{1,85727}$$

$$\log(c+b) = \log(328,40+287,10) = 2,78923$$

$$\log \operatorname{tg}\frac{1}{2}(C-B) = \overline{1},06804$$

$$\frac{1}{2}(C-B) = 6°40'16'' \tag{1}$$

D'autre part :

$$\frac{1}{2}(C+B) = \frac{180°-59°41'7''}{2} = 60°9'26''. \tag{2}$$

Des égalités (1) et (2) on tire :

$$C = \frac{1}{2}(C+B) + \frac{1}{2}(C-B) = 60°9'26'' + 6°40'16'' = 66°49'42''$$

$$B = \frac{1}{2}(C+B) - \frac{1}{2}(C-B) = 60°9'26'' - 6°40'16'' = 53°29'10''$$

$$C = 66°49'42''.$$
$$B = 53°29'10''.$$

2° *Calcul de a :*

On a :

$$\frac{a}{\sin A} = \frac{c}{\sin C},$$

d'où

$$a = \frac{c \sin A}{\sin C}$$

$$\log a = \log c + \log \sin A - \log \sin C$$

$$\log c = \log 328,40 = 2,51640$$
$$\log \sin A = \log \sin 59°41'7'' = \overline{1},93515$$
$$\overline{2,45255}$$
$$\log \sin C = \log \sin 66°49'42'' = \overline{1},96347$$
$$\log a = 2,48908$$

$$a = 808 \text{ m. } 88.$$

3° *Calcul de* S :

On a :

$$S = \frac{1}{2} bc \sin A$$

$$\log S = \log b + \log c + \log \sin A - \log 2$$

$$\log b = \log 287,10 = 2,45803$$
$$\log c = \log 328,40 = 2,51640$$
$$\log \sin A = \log \sin 59°41'7'' = \overline{1},93615$$
$$\overline{4,91058}$$
$$\log 2 = 0,30103$$
$$\log S = 4,60955$$

$$S = 40.650 \text{ m}^2.$$

**192.** $a = 124 \text{ m},30,\quad b = 208 \text{ m},70,\quad C = 32^{\circ}26'17''$.

Il faut chercher A, B, $c$ et S.

$1^{\circ}$ *Calcul de* A *et de* B :

On a :

$$\frac{b}{\sin B} = \frac{a}{\sin A},$$

d'où l'on tire :

$$\frac{b+a}{b-a} = \frac{\sin B + \sin A}{\sin B - \sin A}$$

mais

$$\frac{\sin B + \sin A}{\sin B - \sin A} = \frac{\operatorname{tg}\frac{1}{2}(B+A)}{\operatorname{tg}\frac{1}{2}(B-A)}.$$

En portant cette valeur dans l'égalité précédente, on a :

$$\frac{b+a}{b-a} = \frac{\operatorname{tg}\frac{1}{2}(B+A)}{\operatorname{tg}\frac{1}{2}(B-A)}$$

et

$$\operatorname{tg}\frac{1}{2}(B-A) = \frac{(b-a)\ \operatorname{tg}\frac{1}{2}(B+A)}{b+a}.$$

En appliquant les logarithmes, il vient :

$$\log \operatorname{tg}\frac{1}{2}(B-A) = \log(b-a) + \log \operatorname{tg}\frac{1}{2}(B+A) - \log(b+a)$$

$$\log(b-a) = \log(208,70 - 124,30) = 1,92634$$

$$\log \operatorname{tg}\frac{1}{2}(B+A) = \log \operatorname{tg}\frac{1}{2}(180 - 32^{\circ}26'17'') = 0,53627$$

$$\overline{2,46261}$$

$$\log(b+a) = \log(208,70 + 124,30) = 2,52244$$

$$\log \operatorname{tg}\frac{1}{2}(B-A) = \overline{1},94017$$

$$\frac{1}{2}(B-A) = 41^{\circ}4'.$$

D'autre part on a :

$$\frac{1}{2}(B+A) = \frac{1}{2}(180^{\circ} - 32^{\circ}26'17'') = 73^{\circ}46'51''.$$

On a donc :

$$B = \tfrac{1}{2}(B+A) + \tfrac{1}{2}(B-A) = 73°46'51'' + 41°4' = 114°50'51''.$$

$$A = \tfrac{1}{2}(B+A) - \tfrac{1}{2}(B-A) = 73°46'51'' - 41°4' = 32°42'51''.$$

$2°$ *Calcul de c :*

On a :

$$\frac{c}{\sin C} = \frac{a}{\sin A},$$

d'où : 

$$c = \frac{a \sin C}{\sin A}$$

$$\log c = \log a + \log \sin C - \log \sin A$$

$$\log a = \log 124,30 = 2,09447$$
$$\log \sin C = \log \sin 32°26'17'' = \overline{1},72948$$
$$\overline{1,82395}$$
$$\log \sin A = \log \sin 32°42'51'' = \overline{1},73275$$
$$\log c = 2,09120$$

$$c = 128 \text{ m. } 366.$$

$3°$ *Calcul de S :*

On a :

$$S = \tfrac{1}{2} ab \sin C,$$

$$\log S = \log a + \log b + \log \sin C - \log 2$$

$$\log a \quad = \log \quad 124,30 = 2,09447$$
$$\log b \quad = \log \quad 208,70 = 2,31952$$
$$\log \sin C = \log \sin 32°26'17'' = \overline{1},72948$$
$$4,14347$$
$$\log 2 = 0,30103$$
$$\log S = 3,84244$$

$$S = 6.957 \text{ m}^2 \text{ 88.}$$

**193.** $a = 210$ m., $b = 127$ m., $c = 183$ m.

Il faut calculer A, B, C et S.

$1°$ *Calcul de A :*

En représentant par $p$ la demi-somme $a+b+c$ d'un triangle, on a (trigonométrie) :

$$\operatorname{tg} \tfrac{1}{2} A = \sqrt{\frac{(p-b)(p-c)}{p(p-a)}}$$

ce qui donne :

$$\log \operatorname{tg}\tfrac{1}{2}A = \tfrac{1}{2}[\log (p-b) + \log (p-c) - \log p - \log (p-a)]$$

$$
\begin{aligned}
\log (p-b) &= \log 133 = & 2{,}12385 \\
\log (p-c) &= \log 77 = & 1{,}88649 \\
\hline
& & 4{,}01034
\end{aligned}
$$

$$\tfrac{1}{2}\log = 2{,}00517$$

$$
\begin{aligned}
\log p &= \log 260 = 2{,}41497 \\
\log (p-a) &= \log 50 = 1{,}69897 \\
\hline
& 4{,}11394
\end{aligned}
$$

$$\tfrac{1}{2}\log = 2{,}05697 \qquad\qquad 2{,}05697$$

$$\log \operatorname{tg}\tfrac{1}{2}A = \overline{1}{,}94820$$

$$\tfrac{1}{2}A = 41^{\circ}35'48''.$$

$$A = 88^{\circ}10'56''.$$

$2^{\circ}$ *Calcul de* B :

On a :
$$\operatorname{tg}\tfrac{1}{2}B = \sqrt{\dfrac{(p-a)(p-c)}{p(p-b)}}$$

$$\log \operatorname{tg}\tfrac{1}{2}B = \tfrac{1}{2}[\log (p-a) + \log (p-c) - \log p - \log (p-b)]$$

$$
\begin{aligned}
\log (p-a) &= \log 50 = 1{,}69897 \\
\log (p-c) &= \log 77 = 1{,}88649 \\
\hline
& 3{,}58546
\end{aligned}
$$

$$\tfrac{1}{2}\log = 1{,}79273 = 1{,}79273$$

$$
\begin{aligned}
\log p &= \log 260 = 2{,}41497 \\
\log (p-b) &= \log 133 = 2{,}12385 \\
\hline
& 4{,}53882
\end{aligned}
$$

$$\tfrac{1}{2}\log = 2{,}26941 = 2{,}26941$$

$$\log \operatorname{tg}\tfrac{1}{2}B = \overline{1}{,}52332$$

$$\tfrac{1}{2}B = 18^{\circ}27'8''.$$

$$B = 86^{\circ}54'16''.$$

**3° *Calcul de* C :**

On a :

$$\operatorname{tg}\frac{1}{2}C = \sqrt{\frac{(p-a)(p-b)}{p(p-c)}}$$

$$\log \operatorname{tg}\frac{1}{2}C = \frac{1}{2}\left[\log(p-a) + \log(p-b) - \log p - \log(p-c)\right]$$

$$\log(p-a) = \log\ 50 = 1{,}69897$$
$$\log(p-b) = \log 133 = 2{,}12385$$
$$\overline{\qquad\qquad\qquad 3{,}82282}$$

$$\frac{1}{2}\log = 1{,}91141 = 1{,}91141$$

$$\log p\ \ \ \ = \log 260 = 2{,}41497$$
$$\log(p-c) = \log\ 77 = 1{,}88649$$
$$\overline{\qquad\qquad\qquad 4{,}30146}$$

$$\frac{1}{2}\log = 2{,}15073 = 2{,}15073$$

$$\log \operatorname{tg}\frac{1}{2}C = \overline{1}{,}76068$$

$$\frac{1}{2}C = 29^{\circ}57'24''.$$

$$C = 59^{\circ}54'48''.$$

**4° *Calcul de* S :**

On a :

$$S = \sqrt{p(p-a)(p-b)(p-c)}$$

$$\log S = \frac{1}{2}\left[\log p + \log(p-a) + \log(p-b) + \log(p-c)\right]$$

$$\log p\ \ \ \ = \log 260 = 2{,}41497$$
$$\log(p-a) = \log\ 50 = 1{,}69897$$
$$\log(p-b) = \log 133 = 2{,}12385$$
$$\log(p-c) = \log\ 77 = 1{,}88649$$
$$\overline{\qquad\qquad\qquad 8{,}12428}$$
$$\log S = 4{,}06214$$

$$S = 11.588\ \text{m}^2\ 16.$$

**194.** $a = 34$ m. 75,    $b = 48$ m. 35,    $c = 51$ m. 15.

Il faut calculer A, B, C et S.

1° *Calcul de* A :

On a : 
$$\operatorname{tg}\frac{1}{2}A = \sqrt{\frac{(p-b)(p-c)}{p(p-a)}}$$

$$\log \operatorname{tg}\frac{1}{2}A = \frac{1}{2}\left[\log(p-b) + \log(p-c) - \log p - \log(p-a)\right]$$

$$\log(p-b) = \log 18,775 = 1,27358$$
$$\log(p-c) = \log 15,975 = \underline{1,20349}$$
$$2,47707$$

$$\frac{1}{2}\log = 1,23853 = 1,23853$$

$$\log p \quad = \log 67,125 = 1,82688$$
$$\log(p-a) = \log 32,375 = \underline{1,51021}$$
$$3,33709$$

$$\frac{1}{2}\log = 1,66854 = \underline{1,66854}$$

$$\log \operatorname{tg}\frac{1}{2}A = \overline{1},56999$$

$$\frac{1}{2}A = 20°22'52''.$$

$$A = 40°45'44''.$$

2° *Calcul de* B :

On a : 
$$\operatorname{tg}\frac{1}{2}B = \sqrt{\frac{(p-a)(p-c)}{p(p-b)}}$$

$$\log \operatorname{tg}\frac{1}{2}B = \frac{1}{2}\left[\log(p-a) + \log(p-c) - \log p - \log(p-b)\right]$$

$$\log(p-a) = \log 32,375 = 1,51021$$
$$\log(p-c) = \log 15,975 = \underline{1,20349}$$
$$2,71370$$

$$\frac{1}{2}\log = 1,35685 = 1,35685$$

$$\log p \quad = \log 67,125 = 1,82688$$
$$\log(p-b) = \log 18,775 = \underline{1,27358}$$
$$3,10046$$

$$\frac{1}{2}\log = 1,55023 = \underline{1,55023}$$

$$\log \operatorname{tg}\frac{1}{2}B = \overline{1},80662$$

$$\frac{1}{2}B = 32°38'44''.$$

$$B = 65°17'28''.$$

3° *Calcul de C* :

On a :
$$\operatorname{tg}\tfrac{1}{2}\,C=\sqrt{\dfrac{(p-a)\,(p-b)}{p\,(p-c)}}$$

$$\log \operatorname{tg}\tfrac{1}{2}\,C=\tfrac{1}{2}\,[\log(p-a)+\log(p-b)-\log p-\log(p-c)].$$

$$\log(p-a)=\log 32,375=1,51021$$
$$\log(p-b)=\log 18,775=1,27358$$
$$2,78379$$

$$\tfrac{1}{2}\log=1,39189=1,39189$$

$$\log p\ =\log 67,125=1,82688$$
$$\log(p-c)=\log 15,975=1,20349$$
$$3,03037$$

$$\tfrac{1}{2}\log=1,51518=1,51518$$

$$\log \operatorname{tg}\tfrac{1}{2}\,C=1,87671$$

$$\tfrac{1}{2}\,C=36°58'27''.$$
$$C=73°56'54''.$$

4° *Calcul de S* :

On a :
$$S=\sqrt{p\,(p-a)\,(p-b)\,(p-c)}$$

$$\log S=\tfrac{1}{2}\,[\log p+\log(p-a)+\log(p-c)]$$

$$\log p\ =\log 67,125=1,82688$$
$$\log(p-a)=\log 32,375=1,51021$$
$$\log(p-b)=\log 18,775=1,27358$$
$$\log(p-c)=\log 15,975=1,20349$$
$$5,81416$$
$$\log S=2,90708$$

$$S=807\ \text{m}^2\ 40.$$

**195.** *Quelle est la hauteur de la tour représentée à la page 3:2, sachant que* AC$=25$ m., DC$=1$ m. 80 *et* $\alpha=39°15'$.

REMARQUES. — Dans la figure ci-contre, placer la lettre C au sommet de l'angle $\alpha$ et la lettre D au pied du graphomètre.

D'après la figure, on voit que la hauteur DC$=1$ m. 80 du graphomètre fait partie de la hauteur de la tour et doit s'ajouter à la hauteur AB.

La hauteur de la tour est donnée par la formule :

$$AB = \quad AC \times \sin \alpha$$
$$\log AB = \log AC + \log \alpha$$
$$\log AC = \log 25 \qquad = \overline{1},39794$$
$$\log \alpha = \log 39^0 15' = \overline{1},80120$$
$$\log AB = \overline{1},19914$$
$$AB = 15 \text{ m}. 8175.$$

La hauteur de la tour est donc :

$$AB + AE = 15,8175 + 1,80 = 17 \text{ m. } 6175.$$

**196.** *Déterminer la hauteur de la montagne représentée à la page 312, sachant que l'on a :*

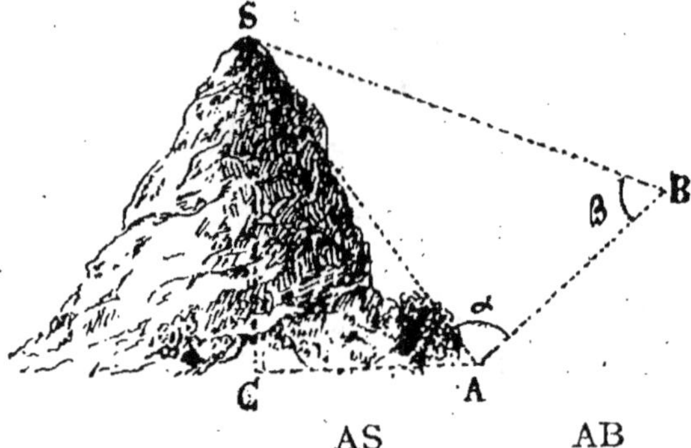

$$AB = 53 \text{ m.,}$$
$$\alpha = 50^0,$$
$$\beta = 70^0,$$
$$\gamma = 40^0.$$

Dans le triangle ASB, la longueur du côté AS est donnée par la formule :

$$\frac{AS}{\sin \beta} = \frac{AB}{\sin [180^0 - (\alpha + \beta)]}$$

d'où l'on tire :
$$AS = \frac{AB \sin \beta}{\sin [180^0 - (\alpha + \beta)]}$$

$$\log AS = \log AB + \log \sin \beta - \log \sin [180^0 - (\alpha + \beta)]$$
$$\log AB = \log 53 = \overline{1},72428$$
$$\log \sin \beta = \log \sin 70^0 = \overline{1},97299$$
$$\overline{1},69727$$
$$\log \sin [180^0 - (\alpha + \beta)] = \log \sin 60^0 = \overline{1},93753$$
$$\log AS = \overline{1},75974$$

$$AS = 57 \text{ m. } 51.$$

Dans le triangle ASC, connaissant l'hypothénuse AS et l'angle $\gamma$ la hauteur CS sera donnée par la formule :

$$CS = AS \sin \gamma$$

d'où
$$\log CS = \log AS + \log \sin \gamma$$
$$\log AS = \log 57,51 = \overline{1},75974$$
$$\log \sin \gamma = \log \sin 40^0 = \overline{1},80807$$
$$\log CS = \overline{1},56781$$

(Hauteur) $$CS = 86 \text{ m. } 97.$$

**197.** *Quelle est la distance du point A au point B* (voir gravure page 312) *sachant que l'on a :*

$$AC = 70 \text{ m.}, \quad \alpha = 18°25', \quad \beta = 43°35'.$$

Dans le triangle ABC (fig. ci-contre), l'on peut écrire :

$$\frac{AB}{\sin \beta} = \frac{AC}{\sin [180° - (\alpha + \beta)]}$$

d'où l'on tire :

$$AB = \frac{AC \sin \beta}{\sin [180° - (\alpha + \beta)]}$$

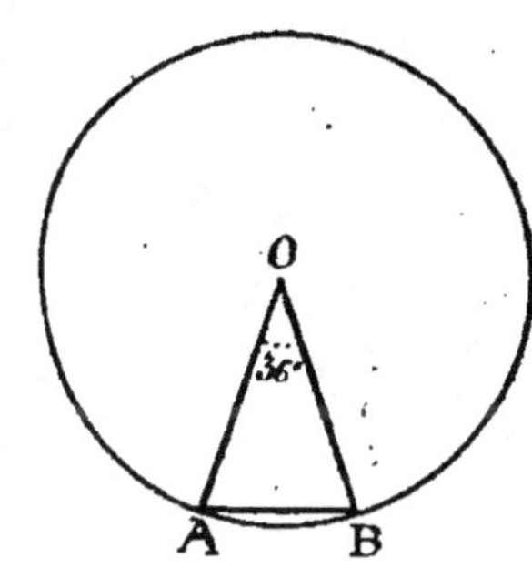


$$\log AB = \log AC + \log \sin \beta - \log \sin [180° - (\alpha + \beta)]$$

$$\log AC = \log 70 = 1,84510$$

$$\log \sin \beta = \log \sin 43°35' = \overline{1},83848$$

$$1,68358$$

$$\log \sin [180° - (\alpha + \beta)] = \log \sin 118° = \overline{1},94593$$

$$\log AB = 1,73765$$

Distance $\quad\quad\quad AB = \mathbf{54}$ m. **66.**

**198.** *La corde A B d'un cercle mesure* 52 m., *et correspond à un angle au centre de* 36°. *Quel est le rayon du cercle ?*

Le triangle AOB étant isocèle, les angles $\alpha$ et $\beta$ sont égaux et ont chacun pour valeur :

$$\frac{180° - 36°}{2} = 72°.$$

Dans le triangle AOB, on peut écrire le rapport :

$$\frac{BO}{\sin \alpha} = \frac{AB}{\sin AOB}$$

d'où l'on tire :

$$BO = \frac{AB \sin \alpha}{\sin AOB}$$

$$\log BO = \log AB + \log \sin \alpha - \log \sin AOB$$

$$\log AB = \log 52 = 1,71600$$

$$\log \sin \alpha = \log \sin 72° = \overline{1},97821$$

$$1,69421$$

$$\log \sin AOB = \log \sin 36° = \overline{1},76922$$

$$\log \quad BO = 1,92499$$

**Rayon BO = 84** m. **14.**

**199.** *Dans un cercle de 12 m. 50 de rayon, on mène une corde qui mesure 18 m. 60. Quel est l'angle au centre correspondant à cette corde ?*

Soient le cercle O de rayon 12 m. 50 et la corde AB de 18 m. 60 Je mène le rayon. OB et la hauteur OH.

Le triangle AOB étant isocèle, OH est à la fois hauteur, bissectrice et médiane.

Or le triangle rectangle AOH permet d'écrire :

$$AH = AO \sin \widehat{AOH}$$

d'où l'on a : 
$$\sin \widehat{AOH} = \frac{AH}{AO}$$

$$\log \sin \widehat{AOH} = \log AH - \log AO$$

$$\log AH = \log \frac{1}{2} AB = \log 9{,}30 = 0{,}96848$$

$$\log AO = \log 12{,}50 = 1{,}09691$$

$$\log \sin \widehat{AOH} = \overline{1}{,}87157$$

$$\text{Angle } \widehat{AOH} = 48^{\circ}4'22''$$

d'où l'angle au centre $\widehat{AOB} = 48^{\circ}4'22'' \times 2 = 96^{\circ}8'44''$.

**200.** *Dans le triangle BAC, on donne la hauteur AH = 12 m., les segments BH = 10 m. et CH = 15 m. On demande de calculer les côtés, les angles et la surface du triangle ABC.*

Il faut chercher C, B, A, $a$, $b$, $c$ et S.

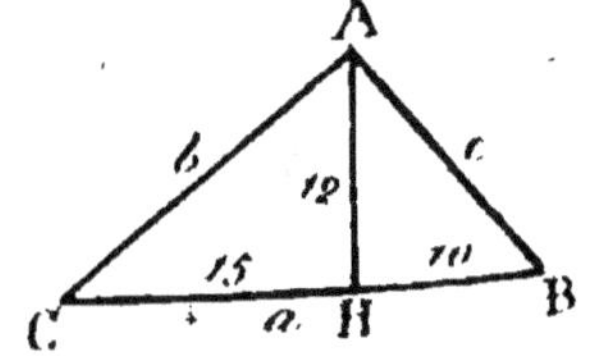

1° *Calcul de C :*

Dans le triangle rectangle CHA (fig. ci-contre) on a :

$$HC = HA \times \operatorname{tg} C$$

d'où l'on tire :

$$\operatorname{tg} C = \frac{HC}{HA}$$

$$\log \operatorname{tg} C = \log HC - \log HA$$
$$\log HC = \log 15 = 1{,}17609$$
$$\log HA = \log 12 = 1{,}07918$$
$$\log \operatorname{tg} C = 0{,}09691$$

$$C = 51^{\circ}20'25''.$$

$2^o$ *Calcul de* B :

On a (triangle rectangle HAB) :

$$HB = HA \times tg\, B$$

d'où

$$tg\, B = \frac{HB}{HA}$$

$$\log tg\, B = \log HB - \log HA$$

$$\log HB = \log 10 = 1,00000$$
$$\log HA = \log 12 = 1,07918$$

$$\log tg\, B = \overline{1},92082$$

$$B = 83^o9'26''.$$

$3^o$ *Calcul de* A :

On a :

$$A = 180^o - C - B.$$
$$= 180^o - 51^o20'25'' - 83^o9'26'' = 45^o30'9''$$
$$A = 45^o30'9''.$$

$4^o$ *Calcul de* $a$ :

$$a = 15 + 10 = 25\ m.$$

$5^o$ *Calcul de* $b$ :

On a (triangle ABC) :

$$\frac{b}{\sin B} = \frac{a}{\sin A}$$

d'où :

$$b = \frac{a\,\sin B}{\sin A}$$

$$\log b = \log a + \log \sin B - \log \sin A$$

$$\log a = \qquad \log 25 = 1,39794$$
$$\log \sin B = \log 83^o9'26'' = \overline{1},99689$$

$$1,39483$$

$$\log \sin A = \log \sin 45^o30'9'' = \overline{1},85326$$

$$\log b = 1,54157$$

$$b = 34\ m.\ 80.$$

$6^o$ *Calcul de* $c$ :

On a (tr. ABC) :

$$\frac{c}{\sin C} = \frac{a}{\sin A},$$

d'où :

$$c = \frac{a \sin C}{\sin A}$$

$$\log c = \log a + \log \sin C - \log \sin A$$

$$\log a = \quad\quad \log 25 = 1,39794$$

$$\log \sin C = \log \sin 51°20'25'' = \overline{1},89258$$

$$1,29052$$

$$\log \sin A = \log \sin 45°30'9'' = \overline{1},85326$$

$$\log c = 1,43726$$

$$c = \mathbf{27} \text{ m. } \mathbf{87}.$$

7° *Calcul de* S :

On a :

$$S = \frac{1}{2} BC \times HA$$

$$\log S = \log BC + \log HA - \log 2$$

$$\log BC = \log 25 = 1,39794$$

$$\log HA = \log 12 = 1,07918$$

$$2,47712$$

$$\log 2 = 0,30103$$

$$\log S = 2,17609$$

$$S = \mathbf{150} \text{ m}^2.$$

**201.** *On donne la distance* $CD = 40$ *m., l'angle* $\widehat{CDA} = 30°$, *l'angle* $\widehat{BCA} = 45°$ ; *quelle est la hauteur* $AB$ *du clocher dont le pied est inaccessible ?*

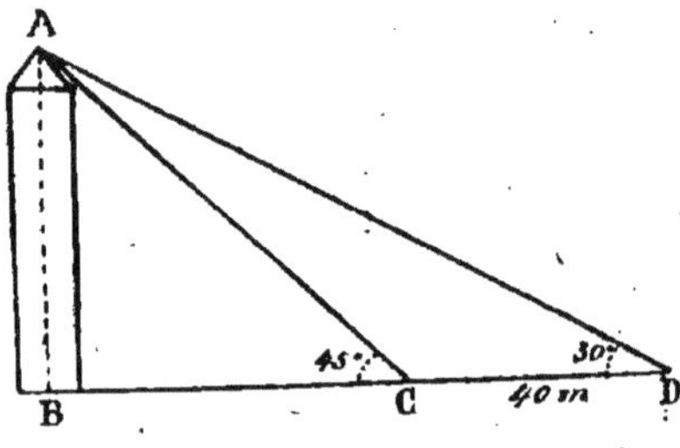


1° *Calcul des angles* $\widehat{ACD}$ *et* $\widehat{CAD}$ *du triangle* CAD.

La valeur de l'angle $\widehat{ACD}$ (fig. ci-contre) est :

$$180° - 45° = 135°$$

L'angle $\widehat{CAD}$ égale donc :

$$180° - (135° + 30°) = 15°$$

2° *Calcul de la ligne* CA :

Dans le triangle CAD on peut écrire :

$$\frac{CA}{\sin \widehat{CDA}} = \frac{CD}{\sin \widehat{CAD}}$$

d'où l'on tire : $CA = \dfrac{CD \sin \widehat{CDA}}{\sin CAD}$

$$\log CA = \log CD + \log \sin \widehat{CDA} - \log \sin \widehat{CAD}$$

$$\begin{aligned} \log CD &= \log 40 = 1{,}60206 \\ \log \sin CDA &= \log \sin 30° = \bar{1}{,}69897 \\ & \qquad\qquad 1{,}30103 \\ \log \sin \widehat{CAD} &= \log \sin 15° = \bar{1}{,}41300 \\ \log CA &= 1{,}88803 \end{aligned}$$

$$CA = 77 \text{ m. } 274$$

3° *Calcul de* AB (hauteur du clocher) :

Le triangle rectangle ABC permet d'écrire :

$$AB = CA \times \sin \widehat{BCA}$$

$$\log AB = \log CA + \log \sin \widehat{BCA}$$

$$\begin{aligned} \log CA &= \log 77{,}274 = 1{,}88803 \\ \log \sin \widehat{BCA} &= \log \sin 45° = \bar{1}{,}84949 \\ \log AB &= 1{,}73752 \end{aligned}$$

Hauteur du clocher AB = **54 m. 64.**

**202.** *On donne la distance CD = 85 m., les angles* $\widehat{ACD} = 70°$, $\widehat{ADC} = 28°$, $\widehat{BCD} = 25°$. *Déterminer la distance AB que l'on ne peut mesurer facilement.*

1° *Calcul de* AC :

On a (tr. ACD) :

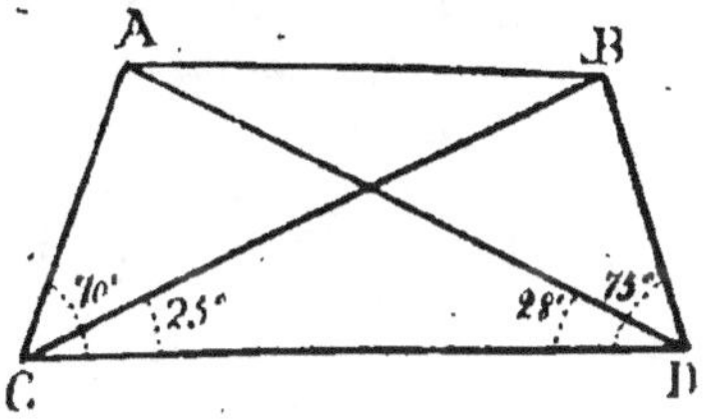


$$\frac{AC}{\sin \widehat{ADC}} = \frac{CD}{\sin \widehat{CAD}}$$

d'où $AC = \dfrac{CD \sin \widehat{ADC}}{\sin \widehat{CAD}}$

$$\log AC = \log CD + \log \sin \widehat{ADC} - \log \sin \widehat{CAD}.$$

$$\begin{aligned} \log CD &= \log 85 = 1{,}92942 \\ \log \sin \widehat{ADC} &= \log \sin 28° = \bar{1}{,}67161 \\ & \qquad\qquad 1{,}60103 \\ \log \sin \widehat{CAD} &= \log \sin (180°\text{-}70°\text{-}28°) = \bar{1}{,}99575 \\ \log AC &= 1{,}60528 \end{aligned}$$

$$AC = \mathbf{40 \text{ m. } 80.}$$

2° *Calcul de BC :*

On a (tr. BDC) :

$$\frac{BC}{\sin \widehat{BDC}} = \frac{CD}{\sin \widehat{CBD}},$$

d'où

$$BC = \frac{CD \sin \widehat{BDC}}{\sin \widehat{CBD}}$$

$$\log BC = \log CD + \log \sin \widehat{BDC} - \log \sin \widehat{CBD}$$

$$\log CD = \log 85 \qquad\qquad = \overline{1},92942$$

$$\log \sin \widehat{BDC} = \log \sin 75° \qquad = \overline{1},98494$$

$$\overline{1},91436$$

$$\log \sin \widehat{CBD} = \log \sin (180°\text{-}75°\text{-}25°) = \overline{1},99335$$

$$\log BC = 1,92101$$

$$BC = 88 \text{ m. } 87.$$

3° *Calcul des angles* A *et* B *(tr. ABC) :*

En désignant par $a$ le côté BC, par $b$ le côté AC, par A l'angle CAB et par B l'angle CBA, on peut écrire :

$$\frac{a}{\sin A} = \frac{b}{\sin B}$$

ou

$$\frac{a}{b} = \frac{\sin A}{\sin B};$$

mais, *dans toute proportion, la somme des deux premiers termes est à leur différence comme la somme des deux derniers est à leur différence*, on a aussi :

$$\frac{a+b}{a-b} = \frac{\sin A + \sin B}{\sin A - \sin B};$$

or :

$$\frac{\sin A + \sin B}{\sin A - \sin B} = \frac{\operatorname{tg}\frac{1}{2}(A+B)}{\operatorname{tg}\frac{1}{2}(A-B)};$$

en portant cette valeur dans l'égalité précédente, on a :

$$\frac{a+b}{a-b} = \frac{\operatorname{tg}\frac{1}{2}(A+B)}{\operatorname{tg}\frac{1}{2}(A-B)};$$

de cette égalité il vient :

$$tg\frac{1}{2}(A-B)=\frac{(a-b)\ tg\frac{1}{2}(A+B)}{a+b},$$

et en appliquant les logarithmes, l'on obtient :

$$\log tg\ \frac{1}{2}\ (A-B)=\log\ (a-b)+\log tg\ \frac{1}{2}\ (A+B)-\log\ (a+b)$$

$$\log\ (a-b)=\log\ (83,37-40,30)=1,63417$$

$$\log tg\ \frac{1}{2}\ (A+B)=\log tg\ \frac{180°-(70°-25°)}{2}=0,38278$$

$$\overline{2,01695}$$

$$\log\ (a+b)=\log\ (83,37+40,30)=2,09226$$

$$\log tg\ \frac{1}{2}\ (A-B)=\overline{1},92469$$

$$\frac{1}{2}(A-B)=40°3'25''\qquad\qquad(1)$$

D'autre part, l'on a :

$$\frac{1}{2}(A+B)=\frac{1}{2}[180°-(70-25)]=67°30'\qquad\qquad(2)$$

Des égalités (1) et (2), il est facile de calculer A et B, en effet :

$$A=\frac{1}{2}(A+B)+\frac{1}{2}(A-B)=67°30'+40°3'25''=107°33'25''$$

$$B=\frac{1}{2}(A+B)-\frac{1}{2}(A-B)=67°30'-40°3'25''=27°26'35''$$

$$A=107°33'25''\qquad B=27°26'35''$$

4° *Calcul de* AB.:

On a (tr. ABC) :
$$\frac{AB}{\sin\ (70°-25°)}=\frac{AC}{\sin B},$$

d'où :
$$AB=\frac{AC\ \sin\ (70-25)}{\sin B}$$

$$\log AB=\log AC+\log\ \sin\ (70°-25°)-\log\ \sin B$$

$$\log AC=\log 40,30=1,60528$$

$$\log\ \sin\ (70-25)=\log\ \sin 45°=\overline{1},84949$$

$$\overline{1,45477}$$

$$\log\ \sin B=\log\ \sin 27°26'35''=\overline{1},66358$$

$$\log AB=1,79119$$

$$AB=\textbf{61 m. 88.}$$

# 104 PROBLÈMES D'ALGÈBRE

*donnés aux Examens du Brevet élémentaire*

(PROGRAMME DE 1920)

---

**1.** *Remplacer par un produit de quatre facteurs l'expression :*

$$(16a^2+b^2-c^2)^2-64a^2b^2$$

(Lyon, 1922.)

*Solution.* — Le terme $64a^2b^2$ étant le carré de $8ab$, l'expression donnée est la différence de deux carrés et peut s'écrire :

$$(16a^2+b^2-c^2)^2-64a^2b^2=(16a^2+b^2-c^2+8ab)(16a^2+b^2-c^2-8ab)$$

ou encore :

$$=[(16a^2+b^2+8ab)-c^2][(16a^2+b^2-8ab)-c^2].$$

Or :
$$16a^2+b^2+8ab=(4a+b)^2$$

et
$$16a^2+b^2-8ab=(4a-b)^2 ;$$

on peut donc écrire :

$$(16a^2+b^2-c^2)^2-64a^2b^2=[(4a+b)^2-c^2][(4a-b)^2-c^2].$$

Mais les quantités entre crochets, dans le second membre, étant chacune là différence de deux carrés, l'on a finalement :

$$(16a^2+b^2-c^2)^2-64a^2b^2=(4a+b+c)(4a+b-c)(4a-b+c)$$
$$(4a-b-c)$$

**2.** *Simplifier l'expression :*

$$\frac{\dfrac{x+1}{x-1}-\dfrac{x-1}{x+1}}{\dfrac{1}{(x+1)^2}+\dfrac{1}{(x-1)^2}}$$

*Vérifier l'exactitude du résultat trouvé dans le cas particulier où $x=2$.*

(Avignon, 1922.)

1° *Simplification de l'expression.*

Le numérateur de cette expression peut s'écrire successivement

$$\frac{x+1}{x-1}-\frac{x-1}{x+1}=\frac{(x+1)^2-(x-1)^2}{x^2-1}=\frac{x^2+2x+1-x^2+2x-1}{x^2-1}=\frac{4x}{x^2-1}$$

Le dénominateur s'écrit de même :

$$\frac{1}{(x+1)^2}+\frac{1}{(x-1)^2}=\frac{(x-1)^2+(x+1)^2}{(x^2-1)^2}$$

$$=\frac{x^2-2x+1+x^2+2x+1}{(x^2-1)^2}=\frac{2x^2+2}{(x^2-1)^2}=\frac{2(x^2+1)}{(x^2-1)^2}.$$

Le quotient de ces deux résultats est :

$$\frac{4x}{x^2-1}:\frac{2(x^2+1)}{(x^2-1)^2}=\frac{4x}{x^2-1}\times\frac{(x^2-1)^2}{2(x^2+1)}=\frac{4x(x^2-1)}{2(x^2+1)}=\frac{2x(x^2-1)}{x^2+1}.$$

$2^o$ *Vérification.*

Pour $x=2$, ce résultat devient :

$$\frac{2x(x^2-1)}{x^2+1}=\frac{2\times2(4-1)}{4+1}=\frac{12}{5}.$$

Dans l'expression donnée, si l'on remplace également $x$ par $2$ l'on obtient successivement :

$$\frac{\dfrac{2+1}{2-1}-\dfrac{2-1}{2+1}}{\dfrac{1}{(2+1)^2}+\dfrac{1}{(2-1)^2}}=\frac{\dfrac{3}{1}-\dfrac{1}{3}}{\dfrac{1}{9}+\dfrac{1}{1}}=\frac{\dfrac{9-1}{3}}{\dfrac{1+9}{9}}=\frac{\dfrac{8}{3}}{\dfrac{10}{9}}=\frac{8}{3}\times\frac{9}{10}=\frac{72}{30}=\frac{12}{5}.$$

On le voit, dans les deux cas le résultat est bien le même.

**8.** *Simplifier l'expression :*

$$\frac{\dfrac{x}{a}+\dfrac{a}{x}+2-\dfrac{(a-x)^2}{ax}}{4ax\left(\dfrac{1}{x}-\dfrac{1}{a}\right)\left(\dfrac{1}{x}+\dfrac{1}{a}\right)}.$$

(Marseille, 1922.)

Le numérateur de cette expression peut s'écrire :

$$\frac{x}{a}+\frac{a}{x}+2-\frac{(a-x)^2}{ax}=\frac{x^2+a^2+2ax-(a^2-2ax+x^2)}{ax}=\frac{4ax}{ax}=4.$$

Le dénominateur s'écrit de même :

$$4ax\left(\frac{1}{x}-\frac{1}{a}\right)\left(\frac{1}{x}+\frac{1}{a}\right)=4ax\left(\frac{1}{x^2}-\frac{1}{a^2}\right)=\frac{4ax(a^2-x^2)}{a^2x^2}=\frac{4(a^2-x^2)}{ax}.$$

Le quotient de ces deux termes est alors :

$$4:\frac{4(a^2-x^2)}{ax}=4\times\frac{ax}{4(a^2-x^2)}=\frac{ax}{a^2-x^2}.$$

**4.** *Résoudre l'équation :*

$$\frac{1}{2x-3} - \frac{3}{2x^2-3x} = \frac{5}{x}$$

*et vérifier la solution obtenue.*

(B. E., Chambéry.)

1° *Résolution de l'équation.*

En remarquant que $2x^2-3x$ est le produit des deux autres dénominateurs $2x-3$ par $x$, l'équation donnée peut s'écrire :

$$\frac{x}{(2x-3)x} - \frac{3}{2x^2-3x} = \frac{5(2x-3)}{x(2x-3)}$$

ou :

$$\frac{x}{2x^2-3x} - \frac{3}{2x^2-3x} = \frac{10x-15}{2x^2-3x}$$

et, après avoir chassé les dénominateurs :

$$x-3 = 10x-15 \quad \text{ou} \quad 9x = 12,$$

d'où :

$$x = \frac{12}{9} = \frac{4}{3}.$$

2° *Vérification.*

En remplaçant $x$ par 4/3 dans chaque terme de l'équation, on a :

$$\frac{1}{2x-3} = \frac{1}{2 \times \frac{4}{3} - 3} = \frac{1}{\frac{8}{3} - 3} = \frac{1}{\frac{8-9}{3}} = \frac{1}{-\frac{1}{3}} = -3.$$

$$\frac{3}{2x^2-3x} = \frac{3}{2 \times \frac{16}{9} - 3 \times \frac{4}{3}} = \frac{3}{\frac{32}{9} - \frac{12}{3}} = \frac{3}{\frac{32-36}{9}} = \frac{3}{-\frac{4}{9}} = -\frac{27}{4}.$$

$$\frac{5}{x} = \frac{5}{4/3} = \frac{15}{4}.$$

L'équation devient alors :

$$-3 - \left(-\frac{27}{4}\right) = \frac{15}{4}$$

c'est-à-dire :

$$-3 + \frac{27}{4} = \frac{15}{4}$$

ou :

$$\frac{-12+27}{4} = \frac{15}{4},$$

ou enfin :

$$\frac{15}{4} = \frac{15}{4}.$$

**5.** *J'ai payé 610 fr. avec des billets de 20 fr. et de 5 fr. En tout j'ai donné 68 billets. Combien ai-je donné de billets de 20 fr. et combien de 5 fr.*

(Bourses d'ens. prim. sup., Aude.)

En représentant par $x$ le nombre des billets de 20 fr., celui des billets de 5 fr. est de $68-x$ et l'on a l'équation :

$$20x + 5(68-x) = 610$$

d'où l'on tire :

$$20x - 5x = 610 - 340 \quad \text{ou} \quad 15x = 270 ;$$

enfin

$$x = \frac{270}{15} = 18 \quad \text{et} \quad 68-x = 68-18 = 50$$

**Rép.** J'ai donné **18** billets de **20 fr.** et **50** billets de **5 fr.**

**6.** *Le multiplicande d'une multiplication ayant été augmenté de 3 et le multiplicateur de 7, le produit augmente de 610. Calculer les deux facteurs du produit, sachant que le multiplicande primitif était 4 fois plus grand que le multiplicateur.*

(B. E., Troyes, 2° session.)

Si je représente par $x$ le multiplicateur, le multiplicande qui est 4 fois plus grand sera $4x$ et j'ai l'équation :

$$(4x + 3)(x + 7) = 4x \times x + 610$$

d'où je tire successivement :

$$4x^2 + 3x + 28x + 21 = 4x^2 + 610$$

$$31x = 610 - 21$$

$$x = \frac{589}{31} = 19 \quad \text{et} \quad 4x = 19 \times 4 = 76.$$

**Rép.** Les deux facteurs demandés sont **76** et **19.**

**7.** *Un navire a de la nourriture pour 60 jours. Il rencontre 30 naufragés qu'il recueille ; il ne reste plus alors que 50 jours de vivres. Dites quel était le nombre primitif d'hommes à bord. (Solution algébrique et solution arithmétique.)*

(B. E., Bordeaux, 1922.)

1° *Solution algébrique.*

Soit $x$ le nombre primitif d'hommes à bord, je puis écrire l'équation :

$$60x = (x + 30) \times 50$$

d'où je tire :

$$60x - 50x = 1500$$
$$10x = 1500$$
$$x = \frac{1500}{10} = 150.$$

**Rép.** Il y avait à bord **150** hommes.

2° *Solution arithmétique.*

Avant la rencontre des naufragés, le navire avait des vivres pour 60 jours et chaque homme avait 60 rations journalières à consommer. Après leur rencontre, le navire n'a plus que pour 50 jours de vivres et chaque homme ne devra consommer que 50 rations journalières.

Or les 30 naufragés, pendant les 50 jours qu'ils sont restés sur le navire ont consommé un total de :

$$50 \times 30 = 1500 \text{ rations journalières.}$$

Ces 1500 rations auraient suffi pour nourrir le nombre primitif d'hommes pendant $60 - 50 = 10$ jours.

Il y avait donc à bord primitivement :

$$1500 : 10 = 150 \text{ hommes.}$$

**Rép.** Le nombre primitif d'hommes à bord était de **150** h.

8. *Une personne a dépensé les ³/₅ de ce qu'elle avait moins 4 fr., puis le ¼ du reste, plus 3 fr. ; enfin les ²/₅ du nouveau reste, plus 1 fr. 20. Il lui reste alors 24 fr. Quelle somme avait-elle ?*

(B. E., Mâcon.)

Soit $x$ la somme qu'avait cette personne.

Sa 1$^{re}$ dépense est égale à :

$$\frac{3x}{5} - 4$$

et il lui reste :

$$x - \left(\frac{3x}{5} - 4\right) = \frac{5x - (3x - 20)}{5} = \frac{5x - 3x + 20}{5} = \frac{2x + 20}{5}.$$

La 2° dépense étant égale au 1/4 de ce reste, plus 3 fr., est de :

$$\left(\frac{2x + 20}{5}\right) \times \frac{1}{4} + 3 = \frac{2x + 20}{20} + 3 = \frac{2x + 20 + 60}{20} = \frac{2x + 80}{20} = \frac{x + 40}{10}$$

et, après cette nouvelle dépense, il lui reste :

$$\frac{2x + 20}{5} - \frac{x + 40}{10} = \frac{4x + 40 - (x + 40)}{10} = \frac{4x + 40 - x - 40}{10} = \frac{3x}{10}.$$

La 3ᵉ dépense de cette personne égale :

$$\frac{3x}{10}\times\frac{2}{5}+1,20=\frac{6x}{50}+1,20=\frac{6x+60}{50}=\frac{3x+30}{25}$$

Après cette 3ᵉ dépense, il ne lui reste plus que :

$$\frac{3x}{10}-\frac{3x+30}{25}=\frac{15x-(6x+60)}{50}=\frac{15x-6x-60}{50}=\frac{9x-60}{50}$$

Mais, ce dernier reste est égal à 24 fr., d'où l'équation suivante :

$$\frac{9x-60}{50}=24$$

d'où l'on tire :

$$x=140$$

**Rép.** Cette personne avait **140** francs.

*Remarque.* — En considérant que la somme totale doit être égale à la somme des dépenses plus le dernier reste, on aurait pu poser l'équation, comme il suit :

$$x=\left(\frac{3x}{5}-4\right)+\left(\frac{x+40}{10}\right)+\left(\frac{3x+30}{25}\right)+24$$

d'où l'on tire, comme précédemment :

$$x=140.$$

9. *Dans un réservoir qui contient déjà 1.200 litres d'eau, on amène de l'eau par un robinet qui peut débiter 640 litres en 80 minutes. Dans un second réservoir qui contient déjà 200 litres d'eau, on amène également de l'eau par un robinet qui peut débiter 960 litres en 2 heures. On ouvre les robinets en même temps. On demande de calculer : 1° au bout de quel temps il y aura dans le premier réservoir trois fois autant d'eau que dans le second ; 2° quelle quantité il y aura alors dans chaque réservoir.*

(Le Caire, 1922.)

1° *Calcul du temps.*

Appelons $x$ le temps demandé. En une minute,

le 1ᵉʳ robinet débite $\dfrac{640}{80}$ litres et en $x$ min. $\dfrac{640x}{80}$ ou $8x$ litres ;

le 2ᵉ robinet débite $\dfrac{960}{120}$ litres et en $x$ min. $\dfrac{960x}{120}$ ou $8x$ litres.

Après $x$ minutes, chaque réservoir contiendra :

$$\text{le } 1^{er}: \quad 1200+8x, \qquad \text{le } 2^e: \quad 200+8x.$$

Le $1^{er}$ réservoir contenant alors 3 fois plus d'eau que le second, on peut écrire l'équation suivante :

$$1200+8x=(200+8x)\times 3$$

qui donne :

$$1200+8x=600+24x$$
$$24x-8x=1200-600$$
$$16x=600 \quad \text{et} \quad x=\frac{600}{16}=37\,\tfrac{1}{2}.$$

**Rép.** Le temps demandé est de **37** minutes $\tfrac{1}{2}$.

$2^e$ *Calcul de la contenance des réservoirs.*

Le $1^{er}$ réservoir contiendra : $1200+8\times 37\,\tfrac{1}{2}=1500$ litres.

Le $2^e$ réservoir contiendra : $200+8\times 37\,\tfrac{1}{2}=500$ litres.


**10.** *La différence de deux nombres est 13 ; leur produit, quand on augmente chacun des facteurs de 4, augmente de 252. Trouver les deux nombres.*

(B. E., Besançon.)

Les deux nombres différant entre eux de 13, si je représente par $x$ le petit, le grand sera $x+13$ et leur produit :

$$x(x+13).$$

En augmentant de 4 chacun des deux nombres, ils deviennent :

$$x+4 \quad \text{et} \quad x+13+4 \quad \text{ou} \quad x+17$$

et leur produit est alors :

$$(x+4)(\times x+17).$$

Mais, d'après les données, ce dernier produit doit surpasser le $1^{er}$ de 252, de là l'équation :

$$(x+4)(x+17)=x(x+13)+252$$

d'où l'on tire :

$$x^2+4x+17x+68=x^2+13x+252$$
$$21x-13x=252-68 \quad \text{ou} \quad 8x=184$$

et :

$$x=\frac{184}{8}=23.$$

Par suite, $x+13$ ou le grand nombre égalera $23+13=36$.

**Rép.** Les deux nombres demandés sont **23** et **36**.

**11**. *Soit le produit $456 \times 34$. On augmente le multiplicateur de 1. Trouver par le raisonnement de combien il faut augmenter le multiplicande pour que le nouveau produit surpasse le premier de 526.*

(B. E.)

Soit $x$ le nombre à ajouter au multiplicande, nous pouvons écrire l'équation suivante :

$$(456 + x)(34 + 1) = 456 \times 34 + 526$$

qui donne :

$$456 \times 34 + 34x + 456 + x = 456 \times 34 + 526$$
$$35x = 526 - 456 = 70$$
$$x = \frac{70}{35} = 2.$$

**Rép.** Le nombre à ajouter au multiplicande est donc **2**.

*Remarque.* — On pourrait raisonner ce problème comme il suit :
Il s'agit d'augmenter le produit $456 \times 34$ de 526.

Or, en ajoutant 1 au multiplicateur, le produit primitif se trouve augmenté de $456 \times 1 = 456$. — Il reste à l'augmenter de $526 - 456 = 70$.

Par l'addition d'un nombre au multiplicande, le produit sera augmenté d'autant de fois le multiplicateur $(34 + 1)$ que l'on aura ajouté d'unités au multiplicande.

Le nombre à ajouter au multiplicande est donc : $70 : 35 = \mathbf{2}$.


**12**. *Deux sommes d'argent qui sont entre elles dans le rapport de 7 à 18 ont été placées à intérêts simples pendant 16 mois et retirées ensuite. On a ainsi reçu 81.000 fr. Quelles sont ces deux sommes, le taux du placement étant 6% ?*

(B. E., Besançon.)

Soient $x$ et $y$ les deux capitaux, on a les équations suivantes :

$$\frac{x}{y} = \frac{7}{18}$$
$$(x + y) + \frac{(x + y) \times 6 \times 16}{100 \times 12} = 81.000$$

La 1re équation donne :

$$x = \frac{7y}{18}$$

Si l'on porte cette valeur de $x$ dans la seconde, celle-ci devient :

$$\left(\frac{7y}{18}+y\right)+\frac{\left(\frac{7y}{18}+y\right)\times 96}{1200}=81.000$$

$$\left(\frac{7y+18y}{18}\right)+\frac{\left(\frac{7y+18y}{18}\right)\times 96}{1200}=81.000$$

$$\frac{25y}{18}+\frac{\frac{25y}{18}\times 8}{100}=81.000.$$

$$2500y+25y\times 8=81.000\times 1.800$$

$$2500y+200y=145.800.000$$

$$2700y=145.800.000$$

$$y=\frac{145.800.000}{2700}=54.000$$

Par suite, le 1$^{\text{er}}$ capital sera :

$$x=\frac{7\times 54000}{18}=21.000.$$

**Rép.** Les deux sommes demandées sont : **21.000 fr.** et **54.000 fr.**

**13.** *Une personne partage sa fortune en deux parties proportionnelles à 4 et à 11. Elle place la 1$^{\text{re}}$ partie à 6 % et la 2$^{\text{o}}$ à 5 %. Le revenu annuel ainsi constitué s'élève à 2.370 fr. Quel est l'avoir de cette personne? Donner la solution algébrique et la solution arithmétique.*

(B. E., Dijon.)

1$^{\text{o}}$     *Solution algébrique.*

Soient $x$ l'avoir de cette personne. Les parties étant proportionnelles à 4 et à 11, la 1$^{\text{re}}$ partie égale

$$\frac{4x}{4+11}=\frac{4x}{15}, \text{ et la 2}^{\text{e}}\ \frac{11x}{4+11}=\frac{11x}{15}.$$

On a donc l'équation :

$$\frac{4x}{15}\times\frac{6}{100}+\frac{11x}{15}\times\frac{5}{100}=2.370$$

Qui donne :     $24x+55x=2.370\times 1.500$

ou          $79x=3.555.000$

et          $x=\dfrac{3.555.000}{79}=45.000.$

**Rép.** L'avoir de cette personne est de **45.000 fr.**

2° *Solution arithmétique.*

Supposons deux capitaux 4.000 fr. et 11.000 fr. dans le rapport de 4 à 11 et dont le total est 15.000 fr.

Ces deux capitaux placés, le 1er à 6 % et le 2e à 5 % donnent un intérêt annuel de :

$$4.000 \times \frac{6}{100} + 11.000 \times \frac{5}{100} = 240 + 550 = 790 \text{ fr.}$$

Si 15.000 fr. placés dans les conditions du problème donnent 790 fr. d'intérêt annuel, pour avoir un intérêt de 2.370 fr. il faudra un capital de :

$$\frac{15.000 \times 2.370}{790} = 45.000.$$

**Rép.** L'avoir de cette personne est de **45.000 fr.**

**14.** *En réunissant leurs fortunes, deux personnes auraient 126.000 fr. Calculer ces fortunes, sachant que les intérêts de la première à 4,50 % pendant 7 mois valent les 3/2 des intérêts de la deuxième au taux de 5,25 % pendant 3 mois. (A résoudre par l'algèbre.)*

(B. E., Annecy.)

Soit $x$ la fortune de la 1re personne ; celle de la seconde est $126.000 - x$ et l'on a l'équation :

$$\frac{x \times 4,5 \times 7}{100 \times 12} = \frac{3}{2} \left[ \frac{(126.000 - x) \times 5,25 \times 3}{100 \times 12} \right]$$

qui donne successivement :

$$\frac{31,50x}{1200} = \frac{3}{2} \left[ \frac{(126.000 - x) \times 15,75}{1200} \right]$$

$$31,50x = \frac{(126.000 - x) \times 47,25}{2}$$

$$63x = 126.000 \times 47,25 - 47,25x$$

$$110,25x = 5.953.500$$

$$x = \frac{5.953.500}{110,25} = 54.000.$$

**Rép.** La fortune de la 1re personne est de **54.000 fr.**

Celle de la seconde est de $126.000 - 54.000 = $ **72.000 fr.**

**15.** *Dans une famille, la dépense pour la consommation de vin s'est élevée en 1920 au $^{50}/_{33}$ de la somme déboursée pour le même objet en 1914, bien qu'on se fût imposé une restriction par suite de laquelle la quantité de vin consommé n'a été que les $^4/_9$ de celle qui a été consommée en 1914. En 1920, le litre a été payé en moyenne 1 fr. 50. Calculer le prix moyen du litre de vin consommé par la famille en 1914.*

(B. E., Paris, 1921.)

Soit $x$ le prix moyen du litre de vin en 1914. La consommation de vin faite par cette famille étant dans le rapport de 4 à 9 cela veut dire que pour 9 litres de vin consommés en 1914, 4 litres seulement ont été consommés en 1920 et la dépense s'élève pour 1914, à $9x$, et pour 1920 à : $4 \times 1,50$.

Or, cette dernière dépense doit être les $\dfrac{50}{33}$ de la $1^{re}$ ;

on a donc :

$$4 \times 1,50 = \frac{50}{33} \times 9x$$

d'où l'on tire :

$$6 = \frac{450x}{33} = \frac{150x}{11}$$

ou

$$150x = 66 \quad \text{et} \quad x = \frac{66}{150} = 0,44$$

**Rép.** Le prix moyen du litre en 1914, était de **0 fr. 44.**

**16.** *Le prix de revient d'une marchandise est de 602 fr. 70, le marchand lui assigne pour la vente un prix qu'on appellera le prix marqué ; mais il annonce à l'acheteur qu'il fait une remise de 18 % et de 2 % sur le prix marqué, c'est-à-dire, qu'après avoir diminué le prix marqué d'une remise de 18 %, il fait encore une remise de 2 % sur le prix obtenu après cette diminution.*
*1° On demande quel doit être le prix marqué si le marchand veut un bénéfice de 25 % sur le prix marqué. 2° Même question en supposant que le marchand veuille faire un bénéfice de 25 % sur le prix de vente net.*

(B. E., Martinique, 1923.)

1° *Recherche du prix marqué dans le 1er cas.*

Soit $x$ le prix marqué. Ce prix doit être égal au prix

de revient augmenté des remises et du bénéfice. On peut donc écrire :

$$x = 602,70 + \frac{18x}{100} + x\left(\frac{100-18}{100}\right) \times \frac{2}{100} + \frac{25x}{100}$$

qui donne :

$$100x = 60.270 + 18x + 82x \times \frac{2}{100} + 25x$$

$$10.000x = 6.027.000 + 1.800x + 164x + 2.500x$$

$$10.000x - (1.800x + 164x + 2.500x) = 6.027.000$$

$$10.000x - 4.464x = 6.027.000$$

ou :

$$5.536x = 6.027.000 \quad \text{et :} \quad x = \frac{6.027.000}{5536} = 1.088,69$$

**Rép.** Le prix marqué doit être 1.088 fr. 69.

2° *Recherche du prix marqué dans le 2ᵉ cas.*

Soit encore $x$ le prix marqué, le prix de vente net est égal à ce prix diminué des remises, soit :

$$x - \frac{18x}{100} - x\left(\frac{100-18}{100}\right) \times \frac{2}{100} = \frac{10.000x - 1.800x - 164x}{10.000} = \frac{8.036x}{10.000}.$$

Le bénéfice est de :

$$\frac{8.036x}{10.000} \times \frac{25}{100} = \frac{2.009x}{10.000}.$$

Le prix marqué étant encore égal au prix de revient augmenté des remises et du bénéfice, on a l'équation :

$$x = 602,70 + \frac{18x}{100} + x\left(\frac{100-18}{100}\right) \times \frac{2}{100} + \frac{2.009x}{10.000}$$

d'où

$$10.000x = 6.027.000 + 1.800x + 164x + 2.009x$$

$$10.000x - 3.973x = 6.027.000$$

$$6.027x = 6.027.000$$

$$x = 1.000.$$

**Rép.** — Le prix marqué doit être dans le second cas de **1.000** fr.

**17.** *Pour remplir un wagon-foudre de 30 hectolitres de capacité on mélange, en parties égales, des vins provenant de deux cuves dont les contenances sont entre elles dans le rapport de $^5/_6$. Les quantités de liquide qui restent dans les cuves après ce prélèvement sont entre elles dans le rapport de $^8/_{11}$. Trouver : 1° la contenance des deux cuves ; 2° le montant de la rente 6 % au cours de 100 fr. 50 qu'on pourrait acheter avec le produit de la vente du wagon-foudre, l'hectolitre de vin valant 65 fr.*

(Nîmes, 1922.)

1° *Calcul de la contenance des deux cuves.*

Le mélange étant fait en parties égales, on a pris 30 : 2 = 15 hl. à chaque cuve.

Soient $x$ et $y$ la contenance des deux cuves, on peut écrire les deux équations suivantes :

$$\frac{x}{y} = \frac{5}{6}$$

$$\frac{x-15}{y-15} = \frac{8}{11}.$$

De la 1re équation, on tire :

$$x = \frac{5y}{6}.$$

En portant cette valeur dans la seconde, on a successivement :

$$\frac{\dfrac{5y}{6} - 15}{y-15} = \frac{8}{11}$$

$$\frac{55y}{6} - 165 = 8y - 120$$

$$55y - 990 = 48y - 720$$

$$55y - 48y = 990 - 720$$

$$7y = 270$$

$$y = \frac{270}{7} = 38\frac{4}{7}.$$

Par suite,

$$x = \frac{270}{7} \times \frac{5}{6} = \frac{225}{7} = 32\frac{1}{7}.$$

**Rép.** — La contenance des cuves est de **32** hl. $\frac{1}{7}$ et **88** hl. $\frac{4}{7}$.

2° *Calcul de la rente.*

Le prix de vente du wagon-foudre est de $65 \times 30 = 1.950$ fr.

Pour avoir 1 fr. de rente il faut un capital de

$$\frac{100,50}{6} = 16 \text{ fr. } 75.$$

Avec 1.950 fr. on aurait donc

$$\frac{1.950}{16,75} = 116 \text{ fr. de rente et il resterait 7 fr.}$$

**Rép.** — On pourrait avoir **116 fr.** de rente et il resterait **7 fr.** de capital.

**18.** *On a deux lingots d'argent et de cuivre. Le premier est au titre 0,96 et renferme un poids pur qui est les* $^3/_7$ *du poids de l'argent pur que renferme le deuxième. En les fondant ensemble, on obtiendrait un alliage dont le poids total serait* 13.656 *gr.* 25 *et le titre* 0,64 :

1° *On demande le titre du deuxième lingot;*

2° *On veut, avec l'argent pur contenu dans les 2 lingots, fabriquer une somme d'argent en pièces de* 1 *fr., de* 2 *fr., et de* 5 *fr., telle que le nombre des pièces de* 1 *fr. soit les* $^5/_6$ *du nombre des pièces de* 5 *fr. et les* $^2/_3$ *du nombre des pièces de* 2 *fr. Quel est le poids du cuivre qu'il faudra ajouter ou retrancher à celui que contiennent déjà les deux lingots?* (B. E., Valence.)

1° *Calcul du titre du* 2° *lingot.*

En désignant par $x$ le poids total du 1$^{\text{er}}$ lingot, par $13.656,25 - x$ celui du 2° et par $y$ le poids d'argent pur que renferme ce dernier on peut écrire les équations suivantes :

$$0,96x + y = 13.656,25 \times 0,64$$

$$\frac{0,96x}{y} = \frac{3}{7}.$$

De la 1$^{\text{re}}$ équation on tire :

$$y = 13.656,25 \times 0,64 - 0,96x.$$

En portant cette valeur dans la seconde équation, celle-ci devient :

$$\frac{0,96x}{13.656,25 \times 0,64 - 0,96x} = \frac{3}{7};$$

et, après simplifications et réductions :

$$0,06x \times 7 = 3(13.656,25 \times 0,04 - 0,06x)$$
$$0,42x = 1.638,75 - 0,18x$$
$$0,42x + 0,18x = 1.638,75$$
$$0,60x = 1.638,75$$
$$x = \frac{1.638,75}{0,60} = 2.731,25.$$

Le poids d'argent pur du 2ᵉ lingot ou

$$y = 13.656,25 \times 0,64 - 0,96 \times 2.731,25 = 6.118.$$

Le poids total du 2ᵉ lingot est :

$$13.656,25 - x = 13.656,25 - 2.731,25 = 10.925.$$

Le titre de ce 2ᵉ lingot est donc :

$$6.118 : 10.925 = 0,560.$$

**Rép.** Le titre du 2ᵉ lingot est **0,560**.

**2° *Calcul du cuivre à ajouter ou à retrancher.***

Soient $x$ le nombre des pièces de 1 fr., $y$ celui des pièces de 2 fr., et $z$ celui des pièces de 5 fr., on a les équations.

$$\frac{x}{y} = \frac{2}{3} \quad \text{ou} \quad y = \frac{3x}{2}$$

$$\frac{x}{z} = \frac{5}{6} \quad \text{ou} \quad z = \frac{6x}{5}$$

$$(5x + 10y) \times 0,835 + 25z \times 0,9 = 13.656,25 \times 0,64.$$

Remplaçant, dans cette dernière équation, $x$ et $y$ par leur valeur tirée des deux premières, l'on a :

$$\left(5x + \frac{10 \times 3x}{2}\right) \times 0,835 + \frac{25 \times 6x}{5} \times 0,9 = 13.656,25 \times 0,64$$

$$(5x + 15x) \times 0,835 + 30x \times 0,9 = 8.740$$

$$20x \times 0,835 + 30x \times 0,9 = 8.740$$

$$16,70x + 27x = 8.740$$

$$43,70x = 8.740$$

$$x = \frac{8.740}{43,70} = 200 \text{ p. de 1 fr.}$$

Par suite,

$$y = \frac{200 \times 3}{2} = 300 \text{ p. de 2 fr.}$$

$$z = \frac{200 \times 6}{5} = 240 \text{ p. de 5 fr.}$$

Le poids total de toutes ces pièces est de :

$$5 \times 200 + 10 \times 300 + 25 \times 240 = 10.000 \text{ gr.}$$

Le poids de cuivre à retrancher du poids total des deux lingots est de :

$$13.656,25 - 10.000 = 3.656 \text{ gr. } 25.$$

**Rép.** Il faudra retrancher **3.656 gr. 25** de cuivre.

**19.** *Un particulier a acheté un terrain à raison de 42 fr. l'are, et a payé la surface portée au cadastre, laquelle est supérieure de 5 ares à la surface réelle du terrain. Il le revend pour sa contenance réelle à raison de 5.520 fr. l'hectare, et gagne ainsi 15 % sur le prix d'achat. Calculer la surface réelle du terrain.*

(B. E., Besançon, 1921.)

Soit $x$ la surface réelle du terrain, celle portée au cadastre est $x+5$ ;

on a l'équation :

$$55,20x = 42(x+5) + 42(x+5) \times \frac{15}{100}$$

qui donne :

$$55,20x = 42x + 210 + (42x + 210) \times \frac{3}{20}$$

$$1.104x = 840x + 4.200 + 126x + 630$$

$$1.104x - 840x - 126x = 4.200 + 630$$

ou : 
$$138x = 4.830 \quad \text{et} \quad x = \frac{4.830}{138} = 35$$

**Rép.** La surface réelle du terrain est de **35** ares.

**20.** *Le dividende et le reste d'une division sont respectivement 242 et 12. Trouvez le diviseur et le quotient.*

(B. E., Lyon, 1922.)

Soient $x$ et $y$ le diviseur et le quotient demandés.

On peut écrire l'équation :

$$xy + 12 = 2.425$$

qui donne :
$$xy = 2.425 - 13$$

$$xy = 2.413.$$

L'équation est indéterminée car elle contient deux inconnues.

Pour trouver $x$ et $y$, il suffit de décomposer 2.413 en deux facteurs, dont l'un pris comme diviseur doit être plus grand que le reste 12, car dans toute division le reste est plus petit que le diviseur.

On a : 
$$2.413 = 19 \times 127 = 127 \times 19 = 2.413 \times 1$$

$$xy = 19 \times 127 = 127 \times 19 = 2.413 \times 1.$$

**Rép.** Le problème admet trois solutions :

$$1° \quad x = 19 \quad ; \quad y = 127$$

$$2° \quad x = 127 \quad ; \quad y = 19$$

$$3° \quad x = 2.413 \quad ; \quad y = 1.$$

**21.** *Deux cyclistes partent en même temps des deux villes A et B, distantes de 60 kilomètres ; ils vont à la rencontre l'un de l'autre et cette rencontre a lieu au bout de 80 minutes. Si le cycliste qui part de la ville A était parti 24 minutes avant l'autre, la rencontre aurait eu lieu $^{10}/_9$ d'heure après le départ de cet autre.*

*En déduire les vitesses à l'heure des deux cyclistes. Vérification.*

(B. E., Paris, 1921.)

1° *Calcul des vitesses.*

Soient $x$ et $y$ les vitesses respectives des deux cyclistes ; on a :

$$(x+y) \times \frac{80}{60} = 60$$

$$x \times \frac{24}{60} + (x+y) + \frac{10}{9} = 60$$

De la 1<sup>re</sup> équation on tire :

$$x+y = 60 : \frac{80}{60} = 60 \times \frac{60}{80} = \frac{3.600}{80} = 45.$$

En remplaçant $x+y$ dans la seconde équation, par la valeur trouvée, l'on a :

$$x \times \frac{24}{60} + 45 \times \frac{10}{9} = 60$$

$$\frac{24x}{60} + \frac{450}{9} = 60$$

$$\frac{2x}{5} + 50 = 60$$

$$2x + 250 = 300$$

$$2x = 300 - 250 = 50$$

$$x = 25.$$

Par suite $\qquad\qquad\qquad y = 45 - 25 = 20.$

**Rép.** Les vitesses respectives sont donc **25 km.** et **20 km.** à l'heure.

2° *Vérification.*

En 80 minutes, le 1<sup>er</sup> cycliste parcout : $25 \times \dfrac{80}{60} = \dfrac{100}{3}$ de km.

En 80 minutes, le 2<sup>e</sup> cycliste parcourt : $20 \times \dfrac{80}{60} = \dfrac{80}{3}$ de km.

Au total, ils ont parcouru : $\dfrac{100}{3} + \dfrac{80}{3} = \dfrac{180}{3} = \textbf{60 km.}$

C'est précisément la distance qui sépare les deux villes A et B.

**22.** *Deux cyclistes partent de deux points A et B distants de 12 kilomètres et vont à la rencontre l'un de l'autre. Celui qui part de A se met en route 3 minutes après celui qui part de B, mais parcourt 4 kilomètres de plus que lui par heure. Quelle est la vitesse horaire de chaque bicycliste sachant qu'ils se rencontrent au milieu de AB?*

(Clermont-Ferrand, 1922.)

Comme la rencontre a lieu au milieu de AB, chaque cycliste fait

$$\frac{12}{2} = 6 \text{ km}.$$

Désignant par $x$ la vitesse horaire du cycliste A et par $y$ celle du cycliste B, on a les deux équations suivantes :

$$x = y + 4$$
$$\frac{6}{x} = \frac{6}{y} - \frac{3}{60}.$$

En portant la valeur de $x$ de la $1^{\text{re}}$ équation dans la seconde il vient :

$$\frac{6}{y+4} = \frac{6}{y} - \frac{3}{60}$$
$$\frac{6}{y+4} = \frac{6}{y} - \frac{1}{20}$$
$$120y = 120y + 480 - y^2 - 4y$$
$$y^2 + 4y - 480 = 0$$
$$y = \frac{-4 \pm \sqrt{16 + 1.920}}{2}$$
$$y = \frac{-4 \pm 44}{2}$$
$$y = \frac{-4 + 44}{2} = \frac{40}{2} = 20$$

et

$$x = 20 + 4 = 24$$

*Remarque :* la valeur négative de $y$ doit être rejetée.

**Rép.** Le cycliste A a une vitesse horaire de **24** km, et B, une vitesse de **20** km.

**28.** *On donne un certain temps à un candidat pour faire une composition de mathématiques. Il emploie $^1/_{12}$ du temps donné pour copier le devoir, puis perd 5 minutes. Ensuite, il emploie les $^{10}/_{21}$ du temps qui lui reste pour relire son devoir.*

*puis consacre $^1/_6$ du temps donné pour relire sa solution et il remet son devoir 35 minutes avant l'heure fixée. On demande quel était le temps donné.*

(B. E., Guadeloupe.)

Soit $x$ le temps donné. On a l'équation :

$$x = \frac{x}{12} + 5 + \left[ x - \left( \frac{x}{12} + 5 \right) \right] \times \frac{10}{21} + \frac{x}{6} + 35$$

qui donne :

$$x = \frac{x+60}{12} + \left[ \frac{12x - (x+60)}{12} \right] \times \frac{10}{21} + \frac{x}{6} + 35$$

$$x = \frac{x+60}{12} + \frac{120x - 10x - 600}{252} + \frac{x}{6} + 35$$

$$252x = 21x + 1.260 + 120x - 10x - 600 + 42x + 8.820$$

$$252x - 21x - 120x + 10x - 42x = 1.260 - 600 + 8.820$$

$$262x - 183x = 10.080 - 600$$

ou :

$$79x = 9.480 \quad \text{et} \quad x = \frac{9.480}{79} = 120.$$

**Rép.** Le temps donné est **120** min. ou **2** heures.


**24.** *Une couturière achète 5 mètres de velours et 6 mètres de soie, le montant net de la facture est 235 fr. 20 après déduction d'un escompte de 2 % sur le prix des marchandises. Une autre fois, elle achète 10 mètres de velours et 4 mètres de soie de même qualité ; elle paie 268 fr. 80 après escompte de 4 %. On demande le prix du mètre de velours et celui du mètre de soie.*

(Paris, 1921.)

Soient $x$ le prix du mètre de velours et $y$ celui du mètre de soie, on a les équations :

$$(5x + 6y) \times \frac{98}{100} = 235,20$$

$$(10x + 4y) \times \frac{96}{100} = 268,80.$$

De la 1$^{\text{re}}$ équation, on tire :

$$490x + 588y = 23.520$$

et :

$$x = \frac{23.520 - 588y}{490}.$$

Cette valeur de $x$ portée dans la seconde équation donne :

$$\left[\frac{10 \times (23.520 - 588y)}{490} \times 4y\right] \times \frac{96}{100} = 268,80$$

$$\frac{(235.200 - 5.880y + 1.960y) \times 96}{49.000} = 268,80$$

$$(235.200 - 3.920y) \times 96 = 268,80 \times 49.000$$

$$22.579.200 - 376.320y = 13.171.200$$

$$376.320y = 22.579.200 - 13.171.200$$

$$376.320y = 9.408.000$$

$$y = \frac{9.408.000}{376.320} = 25$$

Par suite,

$$x = \frac{23.520 - 588 \times 25}{490} = \frac{23.520 - 14.700}{490} = \frac{8.820}{490} = 18.$$

**Rép.** Le mètre de velours vaut **18** fr., et le mètre de soie **25** fr.

**25.** *Deux ouvriers A et B, d'habileté différente, ont à faire chacun un travail identique payé 48 fr. 40. A travaille seul au sien 10 heures, puis le termine avec le concours de B en travaillant ensemble 8 heures. B travaille seul au sien 9 heures et le termine avec le concours de A en 8 heures. Finalement, chacun étant payé selon le travail fait, le gain de B surpasse celui de A de 3 fr. 20. Calculer le gain de chaque ouvrier à l'heure et en déduire le temps que mettrait chaque ouvrier seul pour faire un des travaux, et le temps qu'ils mettraient ensemble.*

(Besançon, 1923.)

Les deux travaux ont été payés  $48,4 \times 2 = 96,80$.

L'ouvrier A a travaillé pendant $10 + 8 + 8 = 26$ heures.

L'ouvrier B a travaillé pendant  $8 + 9 + 8 = 25$ heures.

En appelant $x$ le gain de A par heure et par $y$ celui de B, on peut écrire les deux équations suivantes :

$$26x + 25y = 96,80$$

$$25y - 26x = 3,20$$

qui donnent par addition :

$$50y = 100$$

$$y = \frac{100}{50} = 2$$

et, par soustraction :   $52x = 93,60$

$$x = \frac{93,60}{52} = 1,80.$$

**Rép.** L'ouvrier A gagne **1 fr. 80** à l'heure et B, **2 fr.** à l'heure.

Pour faire seul un des travaux, A mettrait :   $\dfrac{48,40}{1,80} = \mathbf{26}$ h. $\mathbf{\dfrac{8}{9}}$.

Pour faire seul un des travaux, B mettrait :   $\dfrac{48,40}{2} = \mathbf{24}$ h. $\mathbf{\dfrac{1}{5}}$.

Ensemble ils mettraient : $\dfrac{48,40}{1,80+2} = \mathbf{12}$ h. $\mathbf{\dfrac{14}{19}}$.

**26.** *Trouvez une fraction telle que si on augmente son numérateur de 32, on obtient une fraction égale à 1, et que, si on augmente son dénominateur de 35, elle devient égale à ½.* *(Solution algébrique et solution arithmétique).*

(B. E., Alger, 1921.)

$1^o$ *Solution algébrique.*

En représentant par $x$ le numérateur de la fraction demandée, et par $y$ le dénominateur, on a les deux équations ci-après :

$$\frac{x+32}{y} = 1$$

$$\frac{x}{y+35} = \frac{1}{2}.$$

De la $1^{re}$ équation on a :

$$y = x + 32.$$

Cette valeur portée dans la seconde équation, donne :

$$\frac{x}{x+32+35} = \frac{1}{2}$$
$$2x = x + 32 + 35$$
$$2x - x = 32 + 35 \quad \text{et} \quad x = 67.$$

Par suite,

$$y = 67 + 32 = 99.$$

**Rép.** La fraction demandée est $\mathbf{\dfrac{67}{99}}$.

$2^o$ *Solution arithmétique.*

Quand on ajoute 32 au numérateur de la fraction, celle-ci devient égale à l'unité : la différence entre ses deux termes est donc 32.

Lorsqu'on ajoute 35 au dénominateur de la fraction, celle-ci devient égale à $\frac{1}{2}$ : le dénominateur est alors le double du numérateur et la différence entre les deux termes est égale au numérateur.

Or, dans cette dernière hypothèse, la différence comprend

$$32 + 35 = 67.$$

Le numérateur est donc 67 et le dénominateur :

$$67 + 32 = 99.$$

**Rép**. La fraction demandée est $\dfrac{67}{99}$.

*Autre solution.* — Désignons par N le numérateur et par D le dénominateur.

Dans la 1ʳᵉ hypothèse on a :

$$D - N = 32 \quad \text{ou} \quad D = N + 32,$$

et dans la seconde :

$$D + 35 = 2N.$$

En remplaçant dans cette dernière égalité D par N+32, on obtient :

$$N + 32 + 35 = 2N,$$

c'est-à-dire :

$$N = 32 + 35 = 67 ;$$

et

$$D = N + 32 = 67 + 32 = 99.$$

**Rép**. La fraction demandée est $\dfrac{67}{99}$.

**27.** *En augmentant de 7 unités chacun des facteurs d'un produit, le produit augmente de 364. Trouver les deux facteurs du produit, sachant que leur différence est 5.*

(B. E.)

En désignant par $x$ le plus grand des deux facteurs, et par $y$ le plus petit, on peut écrire les deux équations ci-après :

$$x - y = 5$$
$$(x+7)(y+7) = xy + 364.$$

La valeur de $x$ prise dans la 1ʳᵉ équation est :

$$x = 5 + y.$$

Cette valeur portée dans la seconde donne :

$$(5+y+7)(y+7) = (5+y)y+364$$
$$(y+12)(y+7) = (5+y)y+364$$
$$y^2+12y+7y+84 = 5y+y^2+364$$
$$19y-5y = 364-84$$

ou :
$$14y = 280 \quad \text{et} \quad y = \frac{280}{14} = 20$$

et
$$x = 5+20 = 25.$$

**Rép.** Les deux facteurs demandés sont **25** et **20**.

**28.** *Un champ rectangulaire a* 1 *hectare* 223 255 *de superficie ; le chemin qui suit sa diagonale a* 235 *mètres de longueur. Calculer le périmètre du champ.*

(B. E.)

Soient $x$ et $y$ les deux dimensions du champ ; le périmètre sera $2(x+y)$. Or, les données permettent d'écrire :

$$xy = 12.232 \text{ m. } 55 \qquad\qquad (1).$$

La diagonale étant l'hypoténuse d'un triangle rectangle dont les deux autres côtés sont ceux du champ, on a aussi :

$$x^2+y^2 = 235^2 = 55.225 \qquad\qquad (2).$$

Si, à l'équation (2), nous ajoutons l'équation (1) après l'avoir doublée, nous obtenons :

$$x^2+y^2+2xy = 55.225+24.465,10.$$

Mais le 1er membre de l'équation étant le carré de $x+y$, on peut encore écrire :

$$(x+y)^2 = 79.690,10$$
$$x+y = \sqrt{79.690,10} = 282,294.$$

Le périmètre du champ sera :

$$2(x+y) = 282,294 \times 2 = 564 \text{ m. } 588.$$

**Rép.** Le périmètre du champ est de **564 m. 588**.

*Remarque.* — Si on voulait connaître les deux dimensions du champ, il suffirait de retrancher membre à membre de l'équation (2), l'équation (1) après l'avoir doublée, ce qui donnerait :

$$x^2+y^2-2xy = 55.225-24.465,10$$
$$(x-y)^2 = 30.759,90$$
$$x-y = \sqrt{30.759,90} = 175,385.$$

Ayant ainsi la somme des deux côtés du rectangle et leur différence, il est facile, par addition et par soustraction de calculer ces côtés.

**29.** *Dans une cour carrée, on construit un bassin carré. L'espace disponible a une superficie de 200 m². Entre le bassin et le côté de la cour, la distance mesurée par une perpendiculaire est de 4 mètres. Quelle est la surface de la cour ?*

(B. E.)

La distance entre le bassin et le côté de la cour étant partout de 4 mètres, le bassin est construit au milieu.

En désignant par $x$ le côté de la cour, celui du bassin sera $x-4\times 2$ ou $x-8$ et l'on pourra écrire :

$$x^2-(x-8)^2=200$$

qui donne :

$$x^2-(x^2+64-16x)=200$$
$$x^2-x^2-64+16x=200$$

ou :
$$16x=200+64=264$$

et :
$$x=\frac{264}{16}=16,50.$$

Par suite, la surface de la cour sera :

$$x^2=16,50\times 16,50=272\ \text{m}^2\ 25.$$

**Rép.** La surface de la cour est de **272 m² 25.**

**30.** *Trouver deux nombres sachant que : 1° si on augmente chacun d'une unité, leur produit augmente de 51 ; 2° si on augmente le plus petit d'une unité et si on diminue le plus grand d'une unité, leur produit augmente de 33.*

(B. E., Ajaccio.)

Soient $x$ le grand nombre et $y$ le petit ; on a :

$$(x+1)(y+1)=xy+51$$
$$(x-1)(y+1)=xy+33.$$

La 1<sup>re</sup> équation donne :

$$xy+y+x+1=xy+51$$
$$x=51-1-y=50-y.$$

En portant cette valeur de $x$ dans la 2<sup>e</sup> équation, il vient :

$$(50-y-1)(y+1)=(50-y)y+33$$
$$(49-y)(y+1)=50y-y^2+33$$
$$49y-y^2+49-y=50y-y^2+33$$
$$49-33=50y+y-49y$$
$$2y=16,\quad \text{d'où}\quad y=8$$

et
$$x=50-y=50-8=42.$$

**Rép.** Les deux nombres sont **42 et 8.**

**81.** *Trouver le numérateur et le dénominateur d'une fraction, sachant que si l'on ajoute 4 aux deux termes, elle devient égale à $^2/_3$ et que si l'on retranche 1 aux deux termes, elle devient égale à $\frac{1}{2}$ ?*

(B., Nice, 1923.)

Soient $x$ le numérateur de la fraction et $y$ le dénominateur, on peut écrire :

$$\frac{x+4}{y+4} = \frac{2}{3}$$

$$\frac{x-1}{y-1} = \frac{1}{2}$$

En faisant disparaître les dénominateurs et opérant la réduction des termes semblables, la $1^{re}$ équation devient :

$$3x+12 = 2y+8$$
$$3x-2y = 8-12$$
$$3x-2y = -4 \qquad (1)$$

et la seconde :

$$2x-2 = y-1$$
$$2x-y = 2-1$$
$$2x-y = 1. \qquad (2)$$

En multipliant par 2 chacun des termes de cette dernière égalité, il vient :

$$4x-2y = 2 \qquad (3)$$

Si maintenant l'on retranche membre à membre l'égalité (1) de l'égalité (3), on obtient :

$$4x-3x = 2-(-4)$$
$$x = 2+4 = 6.$$

Dans l'équation (2), si l'on remplace par la valeur trouvée, on a :

$$2 \times 6 - y = 1$$
$$12 - y = 1$$
$$-y = 1 - 12 = -11$$
$$y = 11.$$

**Rép.** — Le numérateur de la fraction est 6 et le dénominateur 11.

**82.** *La somme des deux chiffres d'un nombre est 10. Si l'on intervertit l'ordre de ces chiffres, on obtient un nouveau nombre qui renferme 54 unités de plus que le premier. Quel est ce nombre? Vérification.*

(Le Caire, 1925.)

**1° Recherche du nombre.**

Le nombre demandé ayant deux chiffres comprend des dizaines et des unités. Soient $x$ le chiffre des dizaines et $y$ celui des unités, on peut écrire, d'après les données :

$$x + y = 10$$
$$10y + x = 10x + y + 54.$$

La 1ʳᵉ équation donne :

$$x = 10 - y.$$

En portant cette valeur de $x$ dans la seconde équation, on obtient :

$$10y + 10 - y = 10(10 - y) + y + 54$$
$$9y + 10 = 100 - 10y + y + 54$$
$$9y + 10 = 154 - 9y$$
$$9y + 9y = 154 - 10$$
$$18y = 144 \quad \text{d'où} \quad y = \frac{144}{18} = 8$$

et

$$x = 10 - y = 10 - 8 = 2.$$

**Rép.** Le nombre demandé est **28.**

**2° Vérification.**

1° La somme des deux chiffres est : $2 + 8 = \mathbf{10.}$

2° En intervertissant l'ordre des chiffres de 28, on obtient un nouveau nombre qui est 82. Or, ce nouveau nombre dépasse le premier de :

$$82 - 28 = \mathbf{54.}$$

Ces deux résultats prouvent que le nombre trouvé **28** répond aux dondées du problème et justifient la solution.

**33.** *Trouver deux nombres x et y, dont la différence soit à la fois égale au ¼ de leur somme et au ⅓ de leur produit. On supposera x supérieur à y.*

(B. E., Tulle.)

Par hypothèse, on a les deux équations suivantes :

$$x - y = \frac{x + y}{4}$$

$$x - y = \frac{xy}{3}$$

La $1^{re}$ donne :
$$4x-4y=x+y$$
$$4x-x=y+4y$$

ou :
$$3x=5y \quad \text{et} \quad x=\frac{5y}{3}.$$

En portant cette valeur de $x$ dans la $2^e$ équation, on obtient :

$$\frac{5y}{3}-y=\frac{\frac{5y}{3}\times y}{3}$$
$$\frac{5y-3y}{3}=\frac{5y^2}{9}$$
$$15y-9y=5y^2$$
$$5y^2-6y=0$$
$$y(5y-6)=0$$

La $1^{re}$ solution :
$$y=0$$

n'est pas admissible ; il reste la seconde :
$$5y-6=0 \quad \text{d'où :} \quad 5y=6$$

et :
$$y=\frac{6}{5}=1,2$$

ou :
$$x=\frac{5y}{3}=\frac{5\times1,2}{3}=2.$$

Rép. Les deux nombres sont 2 et 1,20.

34. *Montrez que le produit de deux nombres entiers dont la différence est 2 est compris entre le carré du plus petit de ces nombres et le carré du nombre entier immédiatement supérieur. Trouvez d'après cette remarque deux nombres entiers dont la différence est 2 et le produit 840.*

(Valence, 1923.)

Soit $x$ le plus petit des deux nombres, le plus grand sera $x+2$. Leur produit est :
$$x\times(x+2)=x^2+2x.$$

D'autre part, le carré de $x$ est $x^2$, tandis que le carré du nombre qui lui est immédiatement supérieur, c'est-à-dire $x+1$ est :
$$(x+1)^2=x^2+2x+1.$$

On voit que le produit $x \times (x+2)$ est compris entre le carré de $x$ et le carré de $x+1$. On a , en effet, d'après les résultats ci-dessus :

$$x^2 < x^2 + 2x < x^2 + 2x + 1$$

ou encore ;
$$x^2 < x(x+2) < (x+1)^2.$$

En examinant les membres de ces inégalités, il est facile de constater que $x$ est la racine carrée, à moins d'une unité près du produit $x \times (x+2)$.

Si l'on a :

$$x \times (x+2) = 840$$

il suffira, pour obtenir $x$ d'extraire, à une unité, la racine carrée de 840.

Cette racine étant 28, on a :

$$x = 28 \quad \text{et} \quad x+2 = 28+2 = 30.$$

**Rép.** Les deux nombres entiers demandés sont **28 et 30.**


**35.** *Calculer deux nombres entiers sachant que :* 1° *supérieurs à* 4, *ils ont* 5 *pour quotient entier ;* 2° *ce quotient augmente de* 1, *quand on ajoute* 1 *au dividende ;* 3° *le double du plus grand et le triple du plus petit valent ensemble* 103.

(B. E., Douai, 1922.)

Soient $x$ le plus grand des deux nombres demandés, et $y$ le plus petit.

Puisque leur quotient qui est 5 augmente d'une unité quand on ajoute 1 au dividende, cela prouve que le reste de la division de $x$ par $y$ est égal à $y-1$. Pour avoir un quotient exact, il faut retrancher du dividende $y-1$ alors le quotient est 5, ou lui ajouter 1 et alors il est 6. On a donc :

$$\frac{x-(y-1)}{y} = 5 \quad \text{ou bien} \quad \frac{x+1}{y} = 6 \qquad (1)$$

et
$$2x + 3y = 103 \qquad (2)$$

La valeur de $x$ tirée de l'une ou de l'autre des équations (1) est :

$$x = 6y - 1.$$

En portant cette valeur dans l'équation (2), il vient :

$$2(6y-1) + 3y = 103$$
$$12y - 2 + 3y = 103$$
$$15y = 103 + 2 = 105$$
$$y = \frac{105}{15} = 7 \quad \text{et} \quad x = 6y - 1 = 42 - 1 = 41.$$

**Rép.** Les deux nombres entiers demandés sont **41 et 7.**

**86.** *Trouver 2 nombres tels que le double du plus grand soit égal à leur somme augmentée de 22 et que le double du petit soit égal à leur différence augmentée de 6.*

Soient $x$ le plus grand des deux nombres demandés, et $y$ le plus petit, on peut écrire :

$$2x = x + y + 22$$
$$2y = x - y + 6.$$

De la $1^{re}$ équation, on a :

$$x = y + 22.$$

Cette valeur portée dans la $2^e$ équation donne :

$$2y = y + 22 - y + 6$$
$$2y = 28 \; ; \quad \text{d'où} \quad y = 14$$

et

$$x = y + 22 = 14 + 22 = 36.$$

**Rép.** Les deux nombres sont **86** et **14**.


**87.** *En comptant des objets 7 par 7, il en reste 3 ; en les comptant 5 par 5, il n'en reste que 1. Trouver le nombre de ces objets. Y a-t-il plusieurs nombres répondant à la question ? Quelle est la formule générale de ces nombres ?*

(B. E., Saïgon, 1922.)

$1^o$ *Recherche du nombre d'objets.*

Soit $x$ le plus petit nombre d'objets répondant à la question. Ce nombre n'est pas divisible par 7, puisqu'en comptant les objets 7 par 7, il en reste 3. Pour rendre $x$ divisible par 7, il faut lui ajouter $7 - 3 = 4$ ; le dividende devient alors :

$$x + 4.$$

De même pour que $x$ soit exactement divisible par 5, il faut lui ajouter $5 - 1 = 4$ et le dividende devient encore $x + 4$.

Il s'ensuit que le nombre cherché $x$, augmenté de 4, soit $x + 4$, est à la fois divisible par 7 et par 5 : c'est donc un commun multiple de ces deux facteurs.

D'autre part, $x$ étant le plus petit nombre répondant à la question, $x + 4$ est le plus petit commun multiple de 7 et de 5, et l'on peut écrire :

$$x + 4 = 7 \times 5$$

d'où

$$x = 7 \times 5 - 4 = 31.$$

**2°** *Autres nombres répondant à la question.*

Tout autre commun multiple de $7 \times 5$ diminué de 4 répond à la question. Il y a donc une infinité de solutions. Par exemple :

$$(7 \times 5) \times 2 - 4 \quad \text{ou} \quad 35 \times 2 - 4 = 66$$
$$35 \times 3 - 4 = 101$$
$$\cdots\cdots\cdots\cdots\cdots$$
$$35 \times 12 - 4 = 416.$$
$$\cdots\cdots\cdots\cdots\cdots$$
$$\cdots\cdots\cdots\cdots\cdots$$

**3°** *Formule générale de ces nombres.*

La formule générale de ces nombres est :

$$(7 \times 5) \times n - 4 \quad \text{ou} \quad 85 \times n - 4$$

$n$ étant un nombre entier quelconque.

**88.** *On divise le nombre entier A par le nombre entier B et on obtient un quotient q à 1 près et un reste r. Quel même nombre entier faut-il ajouter à A et à B pour que le quotient q devienne un quotient exact? Le problème est-il toujours possible? Applications numériques.*

(B. E., Chambéry.)

**1°** *Recherche du nombre.*

Soit $x$ le nombre entier à ajouter au dividende A et au diviseur B. Par hypothèse, on a :

$$A = B \times q + r \quad (1), \quad r \text{ étant plus petit que B.}$$

Après avoir ajouté $x$ à A et à B, on doit obtenir :

$$A + x = (B + x) \times q \quad (2).$$

En retranchant membre à membre l'égalité (1) de l'égalité (2), il vient successivement :

$$A + x - A = (B + x) \times q - (B \times q + r)$$
$$x = Bq + xq - Bq - r$$
$$x = xq - r$$
$$r = xq - x$$

$$x(q-1) = r \quad \text{d'où} \quad x = \frac{r}{q-1}.$$

**Rép.** Le nombre entier à ajouter à A et à B est égal au quotient du **reste** divisé par le quotient **primitif** diminué de l'unité.

2° *Cas de possibilité.*

Le nombre $x$ à ajouter doit être entier : le problème ne sera possible que si le reste $r$ est exactement divisible par le quotient diminué de 1.

3° *Applications numériques.*

1$^{er}$ Soit

$$A = 35 \quad \text{et} \quad B = 9.$$

On a :

$$35 = 9 \times 3 + 8$$

et

$$x = \frac{8}{3-1} = 4.$$

Le problème est donc possible. En effet, l'on a :

$$35 + 4 = (9+4) \times 3 \quad \text{ou} \quad 39 = 13 \times 3.$$

2$^e$ Soit

$$A = 132 \quad \text{et} \quad B = 15.$$

On a :

$$132 = 15 \times 8 + 12$$

et

$$x = \frac{r}{q-1} = \frac{12}{8-1} = \frac{12}{7}.$$

Le problème n'est pas possible car le reste 12 n'est pas exactement divisible par le quotient 8 diminué de l'unité.

*Remarque.* — Cependant, en opérant sur les nombres fractionnaires, le problème est encore possible, car l'on trouve un quotient exact.

Ainsi, dans le cas ci-dessus, si on ajoute $\frac{12}{7}$ à 132 et à 15, on pourra écrire :

$$132 + \frac{12}{7} = 15 + \frac{12}{7} \times q \quad \text{ou} \quad \frac{924+12}{7} : \frac{105+12}{7} = q$$

ou encore :

$$\frac{936}{7} : \frac{117}{7} = q \; ; \quad \frac{936}{7} \times \frac{7}{117} = q \; ; \quad \frac{936}{117} = q = 8.$$

**39.** *Un commerçant possède 3 pièces d'étoffe dont la première contient 9 mètres de plus que la deuxième et 20 mètres de plus que la troisième. Le prix du mètre est de 11 fr. pour la première, de 15 fr. pour la deuxième et de 16 fr. pour la troisième. On demande la longueur de chaque pièce, sachant que leur valeur totale est de 1.435 fr. (A résoudre par l'algèbre.)*

(Brevet élém., Caen).

Soit $x$ la longueur de la $1^{re}$ pièce, celle de la $2^e$ est $x-9$ et celle de la $3^e$, $x-20$. On peut écrire l'équation :

$$11x+15(x-9)+16(x-20)=1.435$$

qui donne :

$$11x+15x-135+16x-320=1.435$$
$$11x+15x+16x=1.435+135+320$$
$$42x=1.890 \quad \text{d'où} \quad x=45.$$

La longueur de la $2^e$ pièce est donc :

$$45-9=36,$$

La longueur de la $3^e$ pièce est donc :

$$45-20=25.$$

**Rép.** La $1^{re}$ pièce a **45** m. de longueur ; la $2^e$ **36** m. et la $3^e$ **25** m.


**40.** *On a placé à des taux différents 840 fr. pendant 75 jours et 1.850 fr. pendant 80 jours. Les intérêts ont été les mêmes dans les deux cas. On demande de calculer les deux taux, sachant que leur somme est 10 fr. 55.*

(B. E., Colmar, 1922.)

Soient $x$ le taux de 840 fr. et $y$ celui de 1.850 fr. On a par hypothèse :

$$x+y=10,55$$

et

$$840\times\frac{x}{100}\times\frac{75}{360}=1.850\times\frac{y}{100}\times\frac{80}{360}$$

La $1^{re}$ équation donne :

$$x=10,55-y.$$

En portant cette valeur dans la 2ᵉ équation, il vient :

$$840 \times \frac{10,55-y}{100} \times \frac{75}{360} = 1.850 \times \frac{y}{100} \times \frac{80}{360}$$

$$\frac{840(10,55-y) \times 75}{100 \times 360} = \frac{1.850 \times y \times 80}{100 \times 360}$$

$$664.650 - 63.000y = 148.000y$$

$$664.650 = 148.000y + 63.000y$$

$$211.000y = 664.650$$

$$y = \frac{664.650}{211.000} = 3,15 \quad \text{et} \quad x = 10,55 - 3,15 = 7,40.$$

**Rép.** La 1ʳᵉ somme est placée au taux de **7 fr. 40** et la 2ᵉ, au taux de **8 fr. 15**.

**41.** *Si l'on place un capital à intérêts simples pendant 5 mois, il acquiert une valeur de 41.000 fr. ; tandis qu'au bout de 1 an 4 mois il serait devenu 43.200 fr., capital et intérêts compris. Trouver ce capital et le taux du placement.*

(B. E., Paris, 16 octobre, 1924.)

Soit $x$ le capital et $y$ le taux. On a les deux équations suivantes :

$$x + \left( x \times \frac{y}{100} \times \frac{5}{12} \right) = 41.000 \quad \text{ou} \quad 1.200x + 5xy = 41.000 \times 1.200 \quad \text{(1)},$$

$$x + \left( x \times \frac{y}{100} \times \frac{16}{12} \right) = 43.200 \quad \text{ou} \quad 1.200x + 16xy = 43.200 \times 1.200 \quad \text{(2)}.$$

En retranchant membre à membre l'équation (1) de l'équation (2), on obtient :

$$11xy = (43.200 - 41.000) \times 1.200 = 2.200 \times 1.200$$

$$xy = \frac{2.200 \times 1.200}{11} = 200 \times 1.200 \qquad \text{(3)}$$

En reportant cette valeur de $xy$ dans l'équation (1), il vient :

$$1.200x + 5 \times 200 \times 1.200 = 41.000 \times 1.200$$

$$1.200x = 41.000 \times 1.200 - 1.000 \times 1.200$$

$$x = \frac{(41.000 - 1.000) \times 1.200}{1.200}$$

$$x = 41.000 - 1.000 = 40.000.$$

De l'équation (3) on tire :

$$y = \frac{200 \times 1.200}{x} = \frac{240.000}{40.000} = 6.$$

**Rép.** Le capital demandé est **40.000 fr.** et le taux **6%**.

**42.** *Une somme de 27.000 fr. est divisée en deux parties. La première partie est placée à 4,50 et la deuxième à 6 %. Le rapport de la durée du placement de la première à la durée du placement de la deuxième est égale à $^8/_{15}$. Le rapport de l'intérêt de la première partie à l'intérêt de la deuxième est égal à $^{73}/_{155}$. Calculer les deux parties de la somme.*

(Paris, 1923.)

Soit $x$ l'une des parties de la somme ; l'autre partie est 7.000 — $x$.

On sait que l'intérêt est propotionnel au capital, au temps et au taux, on peut donc écrire :

$$\frac{x \times \dfrac{4,50}{100} \times \dfrac{8}{12}}{(27.000 - x) \times \dfrac{6}{100} \times \dfrac{15}{12}} = \frac{73}{155}.$$

Cette équation donne successivement :

$$\frac{\dfrac{36x}{100 \times 12}}{\dfrac{(27.000 - x) \times 90}{100 \times 12}} = \frac{73}{155}$$

$$\frac{36x}{(27.000 - x) \times 90} = \frac{73}{155}$$

$$\frac{4x}{(27.000 - x) \times 10} = \frac{73}{155}$$

$$620x = (27.000 - x) \times 730$$

$$620x = 27.000 \times 730 - 730x$$

$$620x + 730x = 27.000 \times 730$$

$$1.350x = 27.000 \times 730$$

$$x = \frac{27.000 \times 730}{1.350} = 14.600$$

L'autre partie est :

$$7.000 - x = 27.000 - 14.600 = 12.400.$$

**Rép.** Les deux parties de la somme sont **14.600 fr.** et **12.400 fr.**

**48.** *Un commerçant a subi, pour un billet payable dans 120 jours, escompté par un banquier à 6 % et pour un autre billet payable dans 90 jours, escompté par un autre banquier à 5 %, une retenue totale de 33 fr. Si le premier billet avait été escompté au deuxième taux et le deuxième billet au premier taux, la retenue aurait été la même. Quelles étaient les valeurs nominales des deux billets?*

(Valence, 1922.)

Soient $x$ la valeur nominale du 1er billet et $y$ celle du 2e billet. Par hypothèse on a :

$$x \times \frac{6}{100} \times \frac{120}{360} + y \times \frac{5}{100} \times \frac{90}{360} = 33 \quad \text{ou} \quad \frac{2x}{100} + \frac{5y}{400} = 33 \quad (1),$$

et

$$x \times \frac{5}{100} \times \frac{120}{360} + y \times \frac{6}{100} \times \frac{90}{360} = 33 \quad \text{ou} \quad \frac{5x}{300} + \frac{3y}{200} = 33 \quad (2).$$

L'équation (1) donne :

$$8x + 5y = 13.200$$

d'où

$$x = \frac{13.200 - 5y}{8}.$$

L'équation (2) donne :

$$10x + 9y = 19.800.$$

En remplaçant $x$ par sa valeur trouvée plus haut, on a :

$$\frac{(13.200 - 5y) \times 10}{8} + 9y = 19.800$$

$$132.000 - 50y + 72y = 158.400$$

$$72y - 50y = 158.400 - 132.000$$

$$22y = 26.400 \quad \text{d'où} \quad y = 1.200$$

Par suite,

$$x = \frac{13.200 - 5 \times 1.200}{8} = \frac{13.200 - 6.000}{8} = \frac{7.200}{8} = 900.$$

**Rép.** La valeur nominale du 1e billet était de **900 fr.**, celle du 2e, de **1.200 fr.**

**44.** *Deux capitaux sont dans le rapport de 9 à 10. Ils sont placés à des taux tels que les intérêts pendant un an, ajoutés à chacun d'eux (intérêt qui est le même pour chacun, 630 fr.), font que les sommes obtenues sont dans le rapport de 189 à 209. Trouver les capitaux et les taux auxquels ils sont placés.*

(B. E., Clermont-Ferrand, 1921.)

1° *Calcul des capitaux.*

Soient $x$ et $y$ les deux capitaux. On a les deux équations :

$$\frac{x}{y} = \frac{9}{10} \quad \text{ou} \quad x = \frac{9y}{10} \tag{1}$$

et

$$\frac{x+630}{y+630} = \frac{189}{209}$$

ou

$$209x + 131.670 = 189y + 119.070 \tag{2}.$$

Si l'on porte dans l'équation (2) la valeur de $x$ de l'équation (1) on a :

$$\frac{209 \times 9y}{10} + 131.670 = 189y + 119.070$$

$$1.881y + 1.316.700 = 1.890y + 1.190.700$$

$$1.316.700 - 1.190.700 = 1.890y - 1.881y$$

$$9y = 126.000 \quad \text{d'où} \quad y = 14.000$$

et

$$x = \frac{9 \times 14.000}{10} = 12.600.$$

**Rép.** Les capitaux sont **12.600** fr. et **14.000** fr.

2° *Calcul des taux.*

Soient $t$ le taux du 1er capital et $t'$ celui du second. On a :

$$\frac{12.600 \times t}{100} = 630 \quad ; \quad \text{d'où } t = \frac{63.000}{12.600} = 5\%$$

et

$$\frac{14.000 \times t'}{100} = 630 \quad ; \quad \text{d'où } t' = \frac{63.000}{14.000} = 4,50\%.$$

**Rép.** Le 1er capital est placé au taux de **5%**, le second, au taux de **4,50%**.

**45.** *Une personne possède un certain capital. Elle place 2.000 fr. de ce capital à 6 % et le reste à 5 ½ %. Elle obtient ainsi, au bout d'un an, un intérêt supérieur de 80 fr. à celui qu'elle aurait obtenu en plaçant tout son capital à 5 % pendant un an. On demande quel est ce capital. Vérification.*

(B. E., Paris, 1921.)

1° *Calcul du capital.*

Soit $x$ le capital. On a par hypothèse :

$$\frac{2.000 \times 6}{100} + \frac{(x - 2.000) \times 5,50}{100} = \frac{5x}{100} + 80$$

$$12.000 + 5,5x - 11.000 = 5x + 8.000$$

$$5,5x - 5x = 8.000 + 11.000 - 12.000$$

$$0,5x = 7.000 \quad \text{et} \quad x = \frac{7.000}{0,5} = 14.000$$

**Rép.** Le capital demandé est **14.000 fr.**

2° *Vérification.*

Intérêt de 2.000 fr. :     $\dfrac{2.000 \times 6}{100} = 120$ fr.

Intérêt du reste ou $x - 2.000$ :     $\dfrac{12.000 \times 5,5}{100} = 660$ fr.

Total des intérêts de 14.000 placés en deux parties :    780 fr.

Intérêt de 14.000 fr. placés à 5 % :

$$\frac{14.000 \times 5}{100} = 700 \ \text{fr.}$$

L'intérêt obtenu dans le 1ᵉʳ placement est supérieur de

$$780 - 700 = 80 \ \text{fr. à celui du 2}^\text{e}.$$

Ce qui répond exactement à l'énoncé du problème.

**46.** *Une personne qui possède 300.000 fr. en emploie une partie à l'acquisition d'une maison ; elle place le reste à 5 %. La maison et la somme placée lui donnent un revenu total de 17.000 fr. On sait que le revenu de la maison est les $^9/_{25}$ de celui de la somme placée. Calculer le prix d'achat de la maison et le montant du placement.*

(B. E., Paris, 1921.)

Soient $x$ le prix d'achat de la maison et $y$ le montant du placement. On peut écrire :

$$x + y = 300.000 \quad \text{ou} \quad x = 300.000 - y$$

et

$$\frac{5y}{100} + \frac{5y}{100} \times \frac{9}{25} = 17.000$$

Cette dernière équation donne :

$$\frac{5y}{100} + \frac{5y \times 9}{100 \times 25} = 17.000$$

$$\frac{25y}{500} + \frac{9y}{500} = 17.000$$

$$25y + 9y = 8.500.000$$

$$34y = 8.500.000 \quad \text{d'où} \quad y = 250.000.$$

L'achat de la maison est donc :

$$x = 300.000 - 250.000 = 50.000.$$

**Rép.** Le prix d'achat de la maison est **50.000** fr. ;
Le montant du placement est **250.000** fr.


**47.** *Deux capitaux valent ensemble 85.000 fr. Le premier placé à 6 % pendant 6 mois a rapporté un intérêt moitié de celui du deuxième placé au même taux pendant 5 mois. Quels sont ces capitaux?*

(Lyon, juillet 1924.)

Soient $x$ et $y$ les deux capitaux.
On a :

$$x + y = 85.000$$

$$\left( x \times \frac{6}{100} \times \frac{6}{12} \right) \times 2 = y \times \frac{6}{100} \times \frac{5}{12}.$$

De la 1re équation on tire :

$$x = 85.000 - y.$$

Cette valeur portée dans la seconde donne :

$$\left[ (85.000 - y) \times \frac{6}{100} \times \frac{6}{12} \right] \times 2 = y \times \frac{6}{100} \times \frac{5}{12}$$

$$\left( \frac{510.000 - 6y}{200} \right) \times 2 = \frac{5y}{200}$$

$$1.020.000 - 12y = 5y$$

$$1.020.000 = 5y + 12y$$

$$17y = 1.020.000, \quad \text{ou} \quad y = 60.000$$

et

$$x = 85.000 - 60.000 = 25.000.$$

**Rép.** Les capitaux sont **25.000** fr. et **60.000** fr.

**48.** *Un fonctionnaire subit une retenue de 5 % sur son traitement, pour la caisse des retraites. Sa dépense annuelle est égale aux $^3/_4$ de ce qu'il touche, augmentés de 1.050 fr.*

*Au bout de cinq ans, il a économisé les $^3/_4$ de son traitement global.*

*Calculer ce traitement. Vérification.*

(B. E., Paris, 1921.)

1° *Calcul du traitement.*

Soit $x$ le traiement de ce fonctionnaire.

En 5 ans, il touche :

$$\frac{95x}{100} \times 5 \quad \text{ou} \quad \frac{475x}{100}$$

En 5 ans, il dépense :

$$\left(\frac{95x}{100} \times \frac{3}{4} + 1.050\right) \times 5 \quad \text{ou} \quad \frac{1.425x + 2.100.000}{400}$$

On a donc l'équation :

$$\frac{475x}{100} - \frac{1.425x + 2.100.000}{400} = \frac{3x}{4}$$

$$1.900x - 1.425x - 2.100.000 = 300x$$

$$1.900x - 1.425x - 300x = 2.100.000$$

$$175x = 2.100.000, \quad \text{ou} \quad x = 12.000.$$

**Rép.** Le traitement de ce fonctionnaire est **12.000 fr.**

2° *Vérification.*

En 5 ans, le fonctionnaire touche :

$$\frac{12.000 \times 95}{100} \times 5 = 57.000$$

En 5 ans, il dépense :

$$\frac{57.000 \times 3}{4} + 1.050 \times 5 = 48.000$$

En 5 ans, il a donc économisé

$$57.000 - 48.000 = 9.000 \text{ fr.}$$

Or cette économie doit égaler les 3/4 du traitement global. On a en effet :

$$9.000 = 12.000 \times \frac{3}{4}$$

$$9.000 = 9.000.$$

Résultat qui justifie la solution donnée.

**49.** *On retire un revenu annuel de 4.500 fr. d'un capital placé partie à 5 %, partie à 6 %. Ce revenu diminuerait de 200 fr. si la somme placée à 5 % était placée à 6 % et réciproquement. Trouver le capital.*

(Paris, 1924.)

Soient $x$ la partie du capital placée à 5% et $y$, celle placée à 6% on a l'équation :

$$\frac{5x}{100} + \frac{6y}{100} = 4.500 \quad \text{ou} \quad 5x + 6y = 450.000 \qquad (1).$$

Si l'on intervertit les placements, on a alors :

$$\frac{6x}{100} + \frac{5y}{100} = 4.500 - 200 \quad \text{ou} \quad 6x + 5y = 430.000 \qquad (2).$$

En additionnant membre à membre les équations (1) et (2) on obtient :

$$11x + 11y = 880.000$$
$$11 \times (x + y) = 880.000$$
$$x + y = \frac{880.000}{11} = 80.000.$$

**Rép.** Le capital total est **80.000 fr.**

**50.** *Deux capitaux placés, l'un à 6 % pendant 9 mois, l'autre à 5 % pendant 7 mois, donnent le même intérêt. Calculer ces capitaux, sachant en outre qu'avec leurs intérêts annuels ils forment un total de 103.180 fr.*

(B. E., Laon, 1921.)

Soient $x$ et $y$ les deux capitaux demandés. On a, par hypothèse :

$$\frac{x \times 6 \times 9}{100 \times 12} = \frac{y \times 5 \times 7}{100 \times 12} \quad \text{ou} \quad 54x = 35y \qquad (1)$$

et

$$x + \frac{6x}{100} + y + \frac{5y}{100} = 103.180 \quad \text{ou} \quad 106x + 105y = 10.318.000 \quad (2)$$

L'équation (1) donne : $x = \frac{35y}{54}$

En portant cette valeur dans l'équation (2), on obtient :

$$\frac{35y \times 106}{54} + 105y = 10.318.000$$
$$3.710y + 5.670y = 557.172.000$$
$$9.380y = 557.172.000, \quad \text{ou} \quad y = 59.500,$$

Le 1er capital vaut : $x = \frac{35 \times 59.400}{54} = 38.500.$

**Rép.** Les capitaux demandés sont **38.500 fr.** et **59.400 fr.**

**51.** *Un capital inconnu placé à un taux inconnu pendant 8 mois a produit 480 fr. d'intérêt. Un second capital, supérieur au premier de 1.000 fr. et placé à un taux égal aux $^6/_5$ du premier taux pendant 3 mois, a produit un intérêt de 234 fr. Calculer les deux capitaux et les deux taux.*

(Pas-de-Calais, 1924.)

Soient $x$ et $x+1000$ les deux capitaux, $y$ et $\dfrac{6y}{5}$ les taux respectifs de placement.

Le premier capital donne l'équation :

$$\frac{x \times y \times 8}{100 \times 12} = 480 \quad \text{ou} \quad xy = 72.000 \qquad (1)$$

et le deuxième, l'équation :

$$\frac{(x+1.000) \times \dfrac{6y}{5} \times 3}{100 \times 12} = 234$$

qui devient :

$$\frac{(x+1.000) \times y \times 3}{100 \times 2 \times 5} = 234$$

$$3xy + 3.000y = 234 \times 1.000$$

$$xy + 1.000y = 78.000$$

En remplaçant $xy$ par sa valeur trouvée (1), on obtient :

$$72.000 + 1.000y = 78.000$$

$$1.000y = 78.000 - 72.000$$

$$1.000y = 60.000, \quad \text{ou} \quad y = 6\%$$

Le taux du second capital est :

$$\frac{6 \times 6}{5} = \frac{36}{5} = 7,20 \%.$$

De l'équation (1) on tire la valeur $x$ du premier capital, soit :

$$x = \frac{72.000}{y} = \frac{72.000}{6} = 12.000$$

par suite, le second capital est :

$$12.000 + 1.000 = 13.000.$$

**Rép.** Les capitaux sont **12.000 fr.** et **13.000 fr.** et les taux respectifs **6 %** et **7,20 %.**

**52.** *On avait deux capitaux formant ensemble une somme de 27.740 fr. On a placé le premier à 4,50 % pendant 6 mois et le deuxième à 3 % pendant 10 mois. Les intérêts produits par le premier sont inférieurs de 17 fr. 10 à ceux produits par le deuxième. On demande la valeur primitive de chaque capital.*

B. E., Rennes, 1922.)

Soient $x$ et $y$ les deux capitaux. On a :

$$x+y=27.740 \quad \text{ou} \quad y=27.740-x \qquad (1)$$

$$\frac{x \times 4,50 \times 6}{100 \times 12} + 17,10 = \frac{y \times 3 \times 10}{100 \times 12} \quad \text{ou} \quad 4,50x + 3420 = 5y \qquad (2)$$

En portant, dans l'équation (2) la valeur de $y$ de l'équation (1), on obtient :

$$4,50x + 3.420 = 5 \times (27.740 - x)$$
$$4,50x + 3.420 = 138.700 - 5x$$
$$4,50x + 5x = 138.700 - 3.420$$
$$9,50x = 135.280 \quad \text{ou} \quad x = 14.240.$$

L'autre capital est

$$27740 - 14240 = 13.500.$$

**Rép.** La valeur primitive du premier capital est de **14.240 fr.** ; celle du deuxième **13.500 fr.**

**53.** *Une personne place une partie de sa fortune à 6 % et l'autre partie à 7 %. Elle a ainsi 8.000 fr. de revenu. Si la somme qui était placée à 6 % l'était à 7 % et réciproquement son revenu diminuerait de 250 fr. On demande quelle est la somme placée à 6 % et celle placée à 7 %.*

(Nice, 1923.)

Soient $x$ la somme placée 6 % et $y$ celle placée à 7 %. On a les deux équations suivantes :

$$\frac{6x}{100} + \frac{7y}{100} = 8.000 \quad \text{ou} \quad 6x + 7y = 800.000 \qquad (1)$$

$$\frac{7x}{100} + \frac{6y}{100} = 8.000 - 250 \quad \text{ou} \quad 7x + 6y = 775.000 \qquad (2)$$

En multipliant par 7 les deux membres de l'équation (1) et par 6, les deux membres de l'équation (2), on obtient :

$$42x + 49y = 5.600.000$$
$$42x + 36y = 4.650.000$$

Si l'on retranche membre à membre la 2ᵉ équation de la 1ʳᵉ, on a :

$$13y = 950.000 \quad \text{ou} \quad y = 73.076\frac{12}{13}$$

Si au contraire, on multiplie par 6 les deux membres de l'équation (1) et par 7 les deux membres de l'équation (2), il vient :

$$36x+42y=4.800.000$$
$$49x+42y=5.425.000$$

Retranchant membre à membre la première équation de la seconde, on obtient :

$$13x=625.000, \quad \text{d'où} \quad x=48.076\frac{12}{13}$$

**Rép.** La somme placée à 6 % est **48.076 fr.** $\frac{12}{13}$, et celle placée à 7 % est **73.076 fr.** $\frac{12}{13}$.

**54.** *Un marchand a acheté 4 pièces d'étoffe à raison de 20 fr. le mètre. Après avoir vendu avec un bénéfice de 20 % sur le prix de vente la moitié de la première pièce, les* $^2/_3$ *de la deuxième, les* $^3/_4$ *de la troisième et les* $^5/_6$ *de la quatrième, le marchand constate qu'il a gagné 440 fr. sur ce qu'il a vendu et qu'il lui reste la même longueur de chaque pièce. Quelle était la longueur de chacune de ces pièces?*

(B. E., Valence, 1922.)

Le bénéfice étant de 20 % sur le prix de vente, cela signifie que l'on a vendu 100 fr. ce qui n'avait coûté que

$$100-20=80 \text{ fr,}$$

Le prix d'achat des coupons vendus est donc 4 fois plus grand que le bénéfice que l'on a fait sur eux, soit :

$$440\times4=1.760 \text{ fr.}$$

Comme les pièces d'étoffe avaient coûté 20 fr. le mètre, on a donc revendu dans les 4 coupons un total de :

$$1760 : 20=88 \text{ mètres.}$$

En désignant par $x$ le coupon vendu de la première pièce ; par $y$, celui de la seconde ; par $z$, celui de la troisième ; et par $u$, celui de la quatrième pièce, on peut écrire :

$$\frac{x}{2}+\frac{2y}{3}+\frac{3z}{4}+\frac{5u}{6}=88 \text{ mètres.} \qquad (1)$$

Les parties qui restent de chaque coupon étant égales, on a aussi :

$$\frac{x}{2}=\frac{y}{3}=\frac{z}{4}=\frac{u}{6} \qquad (2)$$

En égalant tour à tour chacun des trois derniers rapports des égalités (2) au premier rapport, on obtient successivement :

$$\frac{y}{3}=\frac{x}{2} \quad \text{d'où} \quad y=\frac{3x}{2}=1,5x$$

$$\frac{z}{4}=\frac{x}{2} \quad \text{d'où} \quad z=\frac{4x}{2}=2x$$

$$\frac{u}{6}=\frac{x}{2} \quad \text{d'où} \quad u=\frac{6x}{2}=3x$$

En remplaçant, dans l'équation (1), $y$, $z$ et $u$ par les valeurs trouvées, on obtient :

$$\frac{x}{2}+\frac{2\times1,5x}{3}+\frac{3\times2x}{4}+\frac{5\times3x}{6}=88$$

$$\frac{x}{2}+x+\frac{3x}{2}+\frac{5x}{2}=88$$

$$x+2x+3x+5x=176$$

$$11x=176 \quad \text{et} \quad x=16$$

Par suite :

$$y=1,5\times16=24 \;;\quad z=2\times16=32 \quad \text{et} \quad u=3\times16=48.$$

**Rép.** La $1^{re}$ pièce avait une longueur de **16** mètres ; la $2^e$, de **24** mètres ; la $3^e$, de **32** mètres et la $4^e$, de **48** mètres.

**55.** *Une couturière a acheté 27 mètres de drap pour confectionner six jupes. Elle a employé comme doublure une étoffe dont la largeur n'est que les $^3/_4$ de celle du drap et dont le prix par mètre n'est que les $^2/_3$ du prix du mètre de drap. On lui fait une remise de 10 % et elle se trouve avoir payé ainsi 688 fr. 50 pour le drap et la doublure de six jupes. Quel est le prix du mètre de chaque étoffe, si l'on ne tient pas compte de la remise ?*

(B. E., Saône-et-Loire, 1921.)

La largeur de la doublure n'étant que les $^3/_4$ de celle du drap, la couturière a dû en acheter :

$$\frac{27\times4}{3}=36 \text{ mètres.}$$

Ayant eu une remise de 10 %, la somme payée 688 fr. 50 ne représente que les $^{90}/_{100}$ de la valeur réelle de l'étoffe achetée. Cette valeur réelle est donc de :

$$\frac{688,50\times100}{90}=765 \text{ fr.}$$

En désignant par $x$ le prix du mètre de drap, celui du mètre de doublure est $\dfrac{2x}{3}$ et l'on peut écrire l'équation :

$$27x + 36 \times \frac{2x}{3} = 765$$

$$27x + 24x = 765$$

$$51x = 765 \quad \text{et} \quad x = 15.$$

Le prix de la doublure est :

$$\frac{2x}{3} = \frac{2 \times 15}{3} = 10.$$

**Rép.** Le mètre de drap vaut **15 fr.**, et le mètre de doublure **10 fr.**

**56.** *Une mère donne une robe à chacune de ses filles. Celle de l'aînée dans laquelle entrent 4 m. 20 d'étoffe et 2 m. 40 de doublure revient à 139 fr. 20. Celle de l'autre, qui a absorbé 2 m. 80 d'étoffe et 1 m. 20 de doublure, revient à 94 fr. 60. On demande la valeur du mètre d'étoffe et du mètre de doublure. On sait d'ailleurs que la façon et les fournitures entrent dans les deux robes recpectivement pour* $\frac{1}{3}$ *et* $\frac{2}{5}$ *du prix de l'étoffe et de la doublure.*

(Lyon, 1922.)

La robe de l'aînée, coûte, sans la façon :

$$\frac{139,20 \times 3}{4} = 104 \text{ fr. } 40$$

Celle de l'autre, coûte, sans la façon :

$$\frac{94,60 \times 5}{7} = \frac{473}{7} \text{ de fr.}$$

En désignant par $x$ le prix du mètre d'étoffe, par $y$ celui du mètre de doublure, on a les deux équations :

$$4,2x + 2,4y = 104.4$$

d'où

$$y = \frac{104,4 - 4,2x}{2,4} \qquad (1)$$

$$2,8x + 1,2y = \frac{473}{7}$$

ou

$$19,6x + 8,4y = 473 \qquad (2)$$

En portant, dans l'équation (2) la valeur de $y$ de l'équation (1), on a :

$$19,6x + 8,4 \times \left( \frac{104,4 - 4,2x}{2,4} \right) = 473$$

$$19,6x + \frac{1,4 \times (104,4 - 4,2x)}{0,4} = 473$$

$$7,84x + 146,16 - 5,88x = 189,2$$

$$7,84x - 5,88x = 189,20 - 146 - 16$$

$$1,96x = 43,04 \quad \text{d'où} \quad x = 21,959$$

$$\text{et} \quad y = \frac{104,4 - 4,2 \times 21,959}{2,4} = \frac{104,4 - 92,2278}{2,4} = \frac{12,1722}{2,4} = 5,071.$$

**Rép.** Le mètre d'étoffe vaut **21 fr. 959** et le mètre de doublure **5 fr. 071.**

**57.** *Un marchand achète pour 261 fr. un certain nombre de lapins à raison de 15 fr. l'un, et un certain nombre de poulets à raison de 12 fr. l'un. Il perd 2 lapins et 5 poulets et il calcule que s'il revend chacun de ses poulets 3 fr. de plus et chacun de ses lapins 4 fr. de plus, sa perte totale ne sera que de 46 fr. Quel était le nombre de lapins et le nombre de poulets vendus?* (A résoudre par l'algèbre.)                           (Vesoul, 1921.)

Soient $x$ le nombre de lapins et $y$ le nombre de poulets achetés. On a les deux équations suivantes :

$$15x + 12y = 265 \quad \text{d'où} \quad x = \frac{261 - 12y}{15} \qquad (1)$$

$$(15 + 4)(x - 2) + (12 + 3)(y - 5) = 261 - 46$$

Après calculs et réductions, la 2ᵉ équation devient :

$$19x - 38 + 15y - 75 = 215$$

$$19x + 15y = 215 + 38 + 75$$

$$19x + 15y = 328 \qquad (2)$$

En remplaçant $x$ par sa valeur trouvée dans l'équation (1) on a :

$$\frac{19(261 - 12y)}{15} + 15y = 328$$

$$4.959 - 228y + 225y = 4.920$$

$$4.959 - 4.920 = 228y - 225y$$

$$3y = 39 \quad \text{et} \quad y = 13.$$

$$\text{Par suite,} \quad x = \frac{261 - 12y}{15} = \frac{261 - 156}{15} = \frac{105}{15} = 7.$$

**Rép.** Le marchand avait acheté **7 lapins et 13 poulets,** il a revendu : $7 - 2 = 5$ lapins et $13 - 5 = 8$ poulets.

**58.** *Un marchand vend les* $^2/_9$ *d'une pièce d'étoffe à raison de 17 fr. le mètre et le reste à 17 fr. 50. Sachant qu'il fait ainsi un bénéfice total de 258 fr. et que le bénéfice fait dans la première vente est les* $^8/_{35}$ *de celui qu'il a fait dans la seconde, trouver la longueur de la pièce et le prix d'achat du mètre.*

Soient $x$ la longueur de la pièce et $y$ le prix d'achat du mètre. On a les deux équations suivantes :

$$17 \times \frac{2x}{9} + 17,50 \times \frac{7x}{9} = xy + 258$$

$$(17-y) \times \frac{2x}{9} = \left[ (17,50-y) \times \frac{7x}{9} \right] \times \frac{8}{35}$$

La 2ᵉ équation donne :

$$34x - 2xy = (122,50x - 7xy) \times \frac{8}{35}$$

$$1.190x - 70xy = 980.00x - 56xy$$

$$1.190x - 980x = 70xy - 56xy$$

$$210x = 14xy$$

$$14y = 210 \quad \text{et} \quad y = 15$$

La 1ʳᵉ équation peut s'écrire :

$$34x + 122,50x = 9xy + 2322$$

$$156,50x = 9xy + 2322$$

En remplaçant $y$ par la valeur trouvée, il vient :

$$156,50x = 9x \times 15 + 2322$$

$$156,50x - 135x = 2322$$

$$21,50x = 2322 \quad \text{et} \quad x = 108.$$

**Rép.** La pièce a **108** mètres de long ; le prix d'achat est de **15** fr. le mètre.


**59.** *Un marchand achète deux pièces d'étoffe de qualités différentes, la première à 8 fr. le mètre, la deuxième à 12 fr. le mètre, pour la somme totale de 1.200 fr. Il revend la première avec un bénéfice de 30 % sur le prix d'achat, la deuxième avec un bénéfice de 25 % sur le prix d'achat.*

*Sachant que le bénéfice total représente* $^7/_{32}$ *du prix de vente total, calculer :*

$1^o$ *Le bénéfice total et le bénéfice pour* 100 *sur le prix d'achat total ;*

$2^o$ *Le prix d'achat et la longueur de chaque pièce.*

(B. E., Rennes, 1922.)

En représentant par $x$ la longueur de la première pièce et par $y$ la longueur de la seconde, on a l'équation :

$$8x + 12y = 1200 \quad \text{d'où} \quad x = \frac{1200 - 12y}{8} = 150 - 1,5y$$

La première pièce est revendue avec un bénéfice de :

$$8 \times \frac{30}{100} = 2 \text{ fr. } 40 \text{ par mètre.}$$

La seconde, avec un bénéfice de :

$$12 \times \frac{25}{100} = 3 \text{ fr. par mètre}$$

On a encore l'équation :

$$2,4x + 3y = [(8 + 2,40)x + (12 + 3)y] \times \frac{7}{32}$$

$$2,4x + 3y = (10,4x + 15y) \times \frac{7}{32}$$

$$76,8x + 96y = 72,8x + 105y$$

$$76,8x - 72,8x = 105y - 96y$$

$$4x = 9y$$

En remplaçant $x$ par sa valeur tirée de la $1^{re}$ équation, il vient :

$$4(150 - 1,5y) = 9y$$

$$600 - 6y = 9y$$

$$600 = 9y + 6y$$

$$15y = 600 \quad \text{et} \quad y = 40.$$

Par suite

$$x = 150 - 1,5y = 150 - 1,5 \times 40 = 150 - 60 = 90 \text{ mètres.}$$

**Rép.** Le bénéfice total est de

$$2,4 \times 90 + 3 \times 40 = 216 + 120 = 336 \text{ fr.}$$

Le bénéfice pour 100 sur le prix d'achat total est de :

$$\frac{336 \times 100}{1200} = 28 \text{ \%}$$

Le prix d'achat de la $1^{re}$ pièce est de

$$8 \times 90 = 720 \text{ fr. et sa longueur } 90 \text{ mètres.}$$

Le prix d'achat de la $2^e$ pièce est de

$$12 \times 40 = 480 \text{ fr. et sa longueur } 40 \text{ mètres.}$$

**60.** *Un marchand a deux qualités de vin qu'il a achetées,
la première : 0 fr. 80, la deuxième : 0 fr. 70 le litre. Il fait un
mélange contenant 250 litres de plus de deuxième qualité que
de la première et qu'il revend 1 fr. 10 le litre en réalisant un
bénéfice brut de 48,50 % sur le prix d'achat. Calculer le nombre
de litres de chaque qualité entrant dans le mélange.*

(B. E., Rennes, octobre 1921.)

Soient $x$ le nombre de litres de vin de la 1$^{re}$ qualité entrant dans
le mélange et $y$ le nombre de litres de 2$^e$ qualité. On a :

$$y - x = 250 \quad \text{d'où} \quad y = 250 + x$$

$$(1,10 - 0,80) \times x + (1,10 - 0,70) \times y = (0,80x + 0,70y) \times \frac{48,5}{100}$$

En faisant les calculs et les réductions, cette 2$^e$ équation donne :

$$(0,30x + 0,40y) \times 100 = 38,80x + 33,95y$$
$$30x + 40y = 38,80x + 33,95y$$
$$40y - 33,95y = 38,80x - 30x$$
$$6,05y = 8,80x$$

En remplaçant $y$ par sa valeur tirée de la 1$^{re}$ équation, il vient :

$$6,05(250 + x) = 8,80x$$
$$1.512,50 + 6,05x = 8,80x$$
$$1.512,50 = 8,80x - 6,05x$$
$$2,75x = 1.512,50 \quad \text{d'où} \quad x = 550$$

et
$$y = 550 + 250 = 800$$

**Rép.** Le mélange contient **550** litres du vin de la 1$^{re}$ qualité ; et **800** litres du vin de la 2$^e$ qualité.

**61.** *Deux marchandes vont au marché avec des œufs. La
première en vend 120 de plus que la deuxième et les sommes
produites sont les mêmes. Si les prix à l'unité avaient été inter-
vertis, la deuxième marchande aurait reçu 24 fr. et la première
54 fr. Calculer les nombres d'œufs des deux marchandes.*

(B. E., Poitiers, 1924.)

En représentant par $x$ le nombre d'œufs de la première marchande, par $x - 120$, celui de la deuxième ; par $y$ le prix d'un œuf
vendu par la première et par $z$ le prix d'un œuf vendu par la
seconde, on peut écrire :

$$xy = (x - 120) \times z \qquad (1)$$
$$xz = 54 \qquad (2)$$
$$(x - 120) \times y = 24 \qquad (3)$$

De l'équation (1) on a : $z = \dfrac{xy}{x - 120}$.

Portant cette valeur de $x$ dans l'équation (2) on obtient :

$$\frac{x \times xy}{x - 120} = 54$$

ou

$$x^2 y = 54x - 6.480 \qquad\qquad (4)$$

De l'équation (3) on tire :

$$y = \frac{(x - 120)}{24}.$$

En portant cette valeur de $y$ dans l'équation (4) il vient :

$$\frac{x^2 \times 24}{x - 120} - 54x + 6.480 = 0$$

$$24x^2 - 54x^2 + 6.480x + 6.480x - 777.600 = 0$$

$$-30x^2 + 12.960x - 777.600 = 0$$

ou, en simplifiant par 30 et changeant les signes, on a :

$$x^2 - 432x + 25.920 = 0$$

$$x = \frac{432 \pm \sqrt{86.624 - 4 \times 25.920}}{2}$$

$$x = \frac{432 + 288}{2} = \frac{760}{2} = 360$$

*Remarque.* — La seconde réponse de $x$ est à rejeter, car elle donnerait $x = 72$ nombre trop petit.

> **Rép.** Le nombre d'œufs de la première marchande est de **860**.
>
> Celui de la seconde $360 - 120 = $ **240**.

**62.** *Une personne calcule que 12 stères de bois coûtent 39 fr. de plus que 3.580 kilogrammes de houille tandis que 7 stères de bois valent 39 fr. de moins que 2.500 kilogrammes de houille. Trouver le prix du stère de bois et celui de la tonne de houille.*

(Lille, 1924.)

Soient $x$ le prix du stère de bois et $y$ celui de la tonne de houille, on a, par hypothèse :

$$12x = 3,58y + 39$$

$$7x = 2,5y - 9$$

De la première équation, il vient :

$$x = \frac{3,58y + 39}{12}$$

En portant cette valeur de $x$ dans la deuxième équation, ou obtient :

$$\frac{7(3,58y+39)}{12}=2,5y-39$$

$$25,06y+273=30y-468$$

$$273+468=30y-25,06y$$

$$4,94y=741, \quad \text{d'où} \quad y=150$$

et
$$x=\frac{3,58\times150+39}{12}=\frac{576}{12}=48$$

**Rép.** Le stère de bois coûte **48 fr.**, et la tonne de houille **150 fr.**

**63.** *Des amis font un repas en commun. En versant chacun 8 fr., il manque 5 fr. 25 pour payer la note ; s'ils versent chacun 9 fr., ils ont 1 fr. 75 de trop. Quel est le nombre de personnes et le prix d'un repas ?*

B. E. Montpellier, 1923.

Soient $x$ le nombre de personnes et $y$ le prix d'un repas. On a par hypothèse :

$$8x=xy-5,25$$

$$9x=xy+1,75$$

De la première équation on a :

$$y=\frac{8x+5,25}{x}$$

En portant cette valeur de $x$ dans la seconde équation, on obtient :

$$9x=\frac{x\times(8x+5,25)}{x}+1,75$$

$$9x=8x+5,25+1,75$$

$$9x-8x=5,25+1,75 \quad \text{ou} \quad x=7$$

et

$$y=\frac{8\times7+5,25}{7}=\frac{61,25}{7}=8.75$$

**Rép.** Le nombre de personnes est **7** et le prix d'un repas **8 fr. 75.**

**64.** *Le quotient de la division de deux nombres entiers inconnus et plus grands que l'unité est 5, et l'on sait que si on augmentait le grand nombre de l'unité sans toucher au petit nombre, le quotient serait aussi augmenté de l'unité. D'autre part, si l'on ajoute au double du grand nombre le triple du plus petit, on obtient une somme égale à 103. Quels sont ces deux nombres?*

(B. E., Lille.)

En désignant $x$ par le grand nombre et par $y$ le petit, on a les deux équations suivantes :

$$\frac{x+1}{y} = 5+1$$

$$2x + 3y = 103$$

La première équation donne :

$$x = 6y - 1$$

Si l'on porte cette valeur de $x$ dans la seconde, celle-ci devient :

$$2(6y - 1) + 3y = 103$$

d'où l'on a :
$$12y - 2 + 3y = 103$$

$$12y + 3y = 103 + 2$$

$$15y = 105 \quad \text{où} \quad y = 7$$

Par suite
$$x = 6y - 1 = 6 \times 7 - 1 = 42 - 1 = 41.$$

**Rép.** Les deux nombres demandés sont **41** et **7**.

**65.** *Deux vases de même poids contiennent des quantités d'eau différentes. Le poids total du premier est les $^4/_5$ du poids total du deuxième ; si on verse le contenu du deuxième dans le premier, celui-ci pèse alors 8 fois plus que l'autre vide. Sachant que le poids de l'eau contenue dans le deuxième dépasse de 50 gr. le poids de l'eau du premier, calculer le poids de chaque vase et le poids du liquide contenu primitivement dans chacun.*

(B. E., Privas, 1922.)

Soit $x$ le poids de chaque vase, $y$ le poids de l'eau contenue dans le premier ; le poids de l'eau contenue dans le deuxième vase sera : $x + 50$. On a les deux équations ci-après :

$$x + y = [x + (y + 50)] \times \frac{4}{5}$$

$$x + y + (y + 50) = 8x$$

Cette deuxième équation donne :

$$2y + 50 = 8x - x$$

$$2y = 7x - 50 \quad \text{et} \quad y = \frac{7x - 50}{2}$$

En portant cette valeur de $y$ dans la $1^{re}$ équation, on obtient :

$$x + \frac{7x - 50}{2} = \left( x + \frac{7x - 50}{2} + 50 \right) \times \frac{4}{5}$$

$$2x + 7x - 50 = (2x + 7x - 50 + 100) \times \frac{4}{5}$$

$$9x - 50 = \frac{(9x + 50) \times 4}{5}$$

$$45x - 250 = 36x + 200$$

$$45x - 36x = 200 + 250$$

$$9x = 450, \quad \text{d'où} \quad x = 50$$

Et
$$y = \frac{7x - 50}{2} = \frac{7 \times 50 - 50}{2} = \frac{350 - 50}{2} = \frac{300}{2} = 150.$$

**Rép.** Le poids de chaque vase est de **50 gr.** ;
Le poids du liquide contenu dans le premier est de **150 gr.**
Le poids du liquide contenu dans le second est de $150 + 50 = $ **200 gr.**

**66.** *Un train part à 12 heures de Paris pour Lyon avec une vitesse moyenne de 50 kilomètres à l'heure. A 13 heures et demie part dans la même direction un rapide faisant 80 kilomètres à l'heure. A quelle distance de Paris et à quelle heure aura lieu la rencontre? (Donner la solution arithmétique, la solution algébrique et la représentation graphique.)*

(B. E., Clermont-Ferrand, 1922.)

$1^o$ *Solution arithmétique.*

Quand le rapide part de Paris, le premier train a déjà parcouru :

$$50 \times (13 \text{ h. } \tfrac{1}{2} - 12 \text{ h.}) = 75 \text{ kilomètres.}$$

Le rapide gagne en vitesse, par heure :

$$80 - 50 = 30 \text{ kilomètres.}$$

Pour rejoindre le premier train, le rapide mettra donc :

$$75 : 30 = 2 \text{ h. } \tfrac{1}{2}.$$

Par suite, la rencontre aura lieu à : $13$ h. $\tfrac{1}{2} + 2$ h. $\tfrac{1}{2} = 16$ heures. et à une distance de Paris égale au chemin parcouru par le rapide soit :

$$80 \times 2 \text{ h. } \tfrac{1}{2} = 200 \text{ kilomètres.}$$

**Rép.** La rencontre aura lieu à **200 kilomètres de Paris, à 16 heures.**

*2° Solution algébrique.*

Soient $x$ la distance demandée, $y$ le temps employé par le rapide à la parcourir ; le temps employé par le premier train sera $y+1\ \frac{1}{2}$. On peut écrire les deux équations :

$$\frac{x}{80}=y$$

$$\frac{x}{50}=y+1\ \frac{1}{2}$$

La première équation donne :    $x=80y$.

En portant cette valeur de $x$ dans la deuxième équation, on obtient :

$$\frac{80y}{50}=y+1\ \frac{1}{2}$$

$$80y=50y+75$$

$80y-50y=75$,    ou    $30y=75$,    et    $y=2$ h. $\frac{1}{2}$.

Par suite,        $x=80\times 2\frac{1}{2}=200$ kilomètres.

**Rép.** La rencontre a lieu à **200** kilomètres de Paris,

à 13 h. $\frac{1}{2}+2$ h. $\frac{1}{2}=$ **16** heures.

*Représentation graphique.*

Soient O$x$ et O$y$ deux axes perpendiculaires.

Sur O$x$, je porte des intervalles égaux pour représenter les heures et sur O$y$, je porte également des intervalles égaux qui représentent les kilomètres ou espaces parcourus.

La droite qui représente l'express part du point O, un autre point de cette droite sera fixé par les coordonnées du point 13 h. sur O$x$ et du point 50 km. sur O$y$. Ce point est B. La droite OB est la droite demandée. De même, la droite qui représente le rapide a son origine à 13 h. $\frac{1}{2}$ et l'autre point est

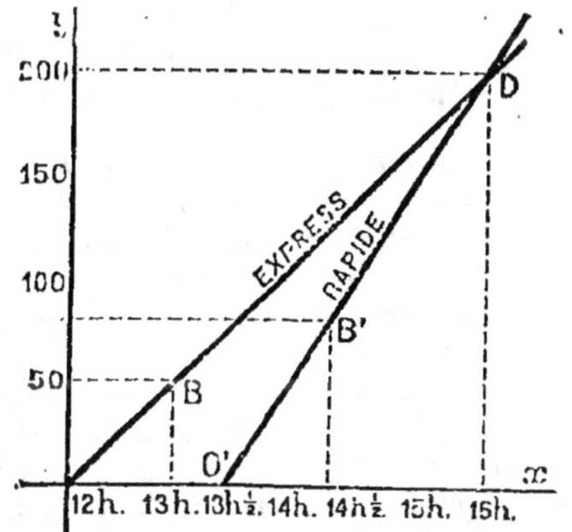


déterminé par les coordonnées des points 80 km. (vitesse à l'heure) et 14 h. $\frac{1}{2}$ dont la rencontre se fait en B'. La droite O'B' représente le rapide.

L'intersection en D des droites OB et O'B' prolongées marque l'heure et la distance de l'origine où le rapide atteint le premier train. En portant D sur O$x$, on trouve que cette rencontre a eu lieu à **16** h. ; et en portant D sur O$y$, on voit qu'elle s'est faite à **200** kilomètres du point d'origine, c'est-à-dire à 200 km. de Paris.

**67**. *Un train express part de Paris pour Marseille à 11 h. 50 et arrive à destination le lendemain à 6 h. 50. La distance des deux villes est 862 kilomètres. La vitesse moyenne du train, entre Paris et Lyon, a été 48 kilomètres à l'heure, tandis qu'entre Lyon et Marseille, elle n'a été que de 42 kilomètres.*

*On demande de calculer la distance de Paris à Lyon.*

(B. E., Paris, 1921).

Le temps employé par le train pour aller de Paris à Marseille est de :   $24$ h. $-11$ h. $50+6$ h. $50=19$ heures.

En représentant par $x$ la distance de Paris à Lyon, celle de Lyon à Marseille sera $862-x$ ; et si l'on appelle $y$ le temps employé par le train pour aller de Paris à Lyon, le temps qu'il aura mis pour aller de Lyon à Marseille sera $19-y$. On a les deux équations :

$$48 \times y = x \quad \text{ou} \quad x = 48y$$

et
$$42 \times (19-y) = 862-x$$

En portant, dans la deuxième équation, la valeur de $x$ trouvée dans la première, on obtient :

$$42 \times (19-y) = 862-48y$$
$$798 - 42y = 862 - 48y$$
$$48y - 42y = 862 - 798$$
$$6y = 64, \quad \text{d'où} \quad y = 10 \text{ h.}^2/_3 = 10 \text{ h. } 40' \text{ m.}$$

et
$$x = 48y = 48 \times 10\,^2/_3 = 512 \text{ kilomètres.}$$

**Rép**. La distance de Paris à Lyon est de **512** kilomètres.

**68**. *Un train omnibus part de Paris à 8 h. 30 avec une vitesse moyenne de 42 kilomètres. Un train express, dont la vitesse moyenne est 68 kilomètres à l'heure, part de Paris dans la même direction et sur la même voie à 9 h. 20. A quelle heure aurait lieu la rencontre si l'on ne faisait pas garer à temps le train omnibus?*

*Pour se conformer aux règlements, on doit faire garer le train omnibus 10 minutes avant le passage du train express. A quelle heure (en minutes et secondes), et à quelle distance de Paris devra-t-on garer le train omnibus? Représenter graphiquement la marche des trains et vérifier les résultats obtenus.*

(Paris, 1923.)

$1°$ *Calcul de l'heure de la rencontre.*

Le train express part : $9$ h. $20-8$ h. $30 = 50$ minutes ou $\dfrac{5}{6}$ d'heure après le train omnibus. Celui-ci a déjà parcouru pendant ce temps :

$$42 \times \frac{5}{6} = 35 \text{ kilomètres.}$$

Appelons $x$ le temps que mettrait l'express pour rattrapper cette avance. Nous pouvons écrire l'équation :

$$\frac{35}{68-42}=x \quad \text{d'où} \quad x=\frac{35}{26}=1 \text{ h. } \frac{9}{26} \quad \text{ou} \quad 1 \text{ h. } 20 \text{ m. } 46 \text{ s. } \frac{2}{13}$$

**Rép.** La rencontre aurait donc lieu à :

$$9 \text{ h. } 20 \text{ m.} + 1 \text{ h. } 20 \text{ m. } 46 \text{ s. } \frac{2}{13} = \mathbf{10} \text{ h. } \mathbf{40} \text{ m. } \mathbf{46} \text{ s. } \frac{\mathbf{2}}{\mathbf{13}}.$$

*2º Calcul de l'heure à laquelle doit se faire le garage.*

Si le train express était parti 10 minutes plus tôt, l'avance du train omnibus eût été de

$$9 \text{ h. } 10 - 8 \text{ h. } 30 = 40 \text{ minutes,}$$

pendant lesquelles il aurait parcouru

$$42 \times \frac{40}{60} = 28 \text{ kilomètres.}$$

Pour rattrapper cette avance et atteindre l'omnibus, l'express aurait mis, en représentant par $y$ ce temps :

$$\frac{28}{68-42}=y \quad \text{d'où} \quad y=1 \text{ h. } 4 \text{ m. } 36 \text{ s. } \frac{12}{13}.$$

**Rép.** L'heure à laquelle il faut faire garer le train omnibus est par conséquent :

$$9 \text{ h. } 10 \text{ m.} + 1 \text{ h. } 4 \text{ m. } 36 \text{ s. } \frac{12}{13} = \mathbf{10} \text{ h. } \mathbf{14} \text{ m. } \mathbf{36} \text{ s.} \frac{\mathbf{12}}{\mathbf{13}}.$$

*3º Calcul de la distance de Paris au lieu de garage.*

Le train omnibus a roulé pendant :

$$10 \text{ h. } 14 \text{ m. } 36 \text{ s. } \frac{12}{13} - 8 \text{ h. } 30 \text{ m.} = 1 \text{ h. } 44 \text{ m. } 36 \text{ s. } \frac{12}{13} = \frac{136}{78} \text{ d'heure.}$$

Pendant ce temps, il a parcouru une distance de :

$$42 \times \frac{136}{78} = \frac{952}{13} = 73 \text{ km. } 2308 \text{ de Paris.}$$

**Rép.** Le train omnibus se gare à une distance de **73** km. **2308** de Paris.

*Vérification.* — Le temps mis par l'express pour parcourir cette distance est de :

$$\frac{952}{13} : 68 = \frac{952}{13 \times 68} = 1 \text{ h. } 4 \text{ m. } 36 \text{ s. } \frac{12}{13}$$

l'horloge marque alors :

$$9 \text{ h. } 20 \text{ m.} + 1 \text{ h. } 4 \text{ m. } 36 \text{ s. } \frac{12}{13} = \mathbf{10} \text{ h. } \mathbf{24} \text{ m. } \mathbf{36} \text{ s. } \frac{\mathbf{12}}{\mathbf{13}}$$

soit exactement 10 minutes après le garage du train omnibus.

#### 4° *Représentation graphique.*

Soient les deux axes perpendiculaires $Ox$ et $Oy$. Sur l'axe $Ox'$ je marque 8 h. 30 m. au point O et à partir de ce point, je porte

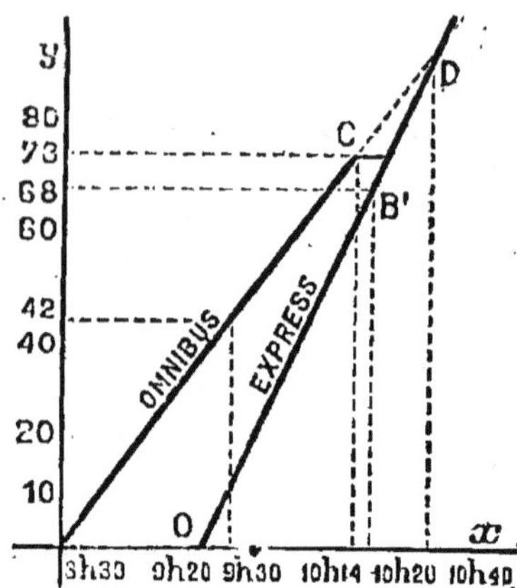



des longueurs proportionnelles aux temps donnés : 9 h. 20 m., 9 h. 30 m., 10 h. 14 etc... De même sur l'axe $Oy$, je porte des intervalles égaux : 20, 40, 60, 80 et je marque les points 42, 68, 73 représentant les espaces donnés ou obtenus dans le problème.

Les points d'origine des droites sont O pour l'omnibus et O' (correspondant à 9 h. 20 m. pour l'express. Pour trouver un autre point de ces droites, il suffit de prendre les vitesses et de mener, pour l'omnibus, les coordonnées des points 42 km. et 9 h. 30 m., et, pour l'express, les coordonnées des points 68 km. et 10 h. 20 m. J'obtiens ainsi les points B et B'. Il suffit de mener OB et O'B' et j'ai les lignes demandées.

*Vérification.* — Les droites OB et O'B' prolongées se coupent au point D qui marque le moment précis où l'express atteint l'omnibus. Si on porte ce point sur $Ox$ on voit que le moment où a lieu la rencontre est bien **10 h. 40 m.** comme on a trouvé dans le 1°.

De même, si l'on mène la coordonée correspondant au point 73 km., cette coordonée rencontre OB au point C qui marque l'endroit où doit se garer l'omnibus. En menant sur $Ox$ la coordonée de C, on voit que l'heure où doit avoir lieu ce garage est bien **10 h. 14 m.**

**69.** *Le reste de la division de 936 par un nombre est 84. Si l'on ajoute 14 au diviseur, ce reste devient nul, mais le quotient ne change pas. Trouver le premier diviseur et le quotient.*

(B. E., Paris.)

Soient $x$ le diviseur et $y$ le quotient. On a :

$$936 = xy + 84$$
$$936 = (x + 14) \times y$$

Ces deux équations peuvent s'écrire :

$$936 - 84 = xy \tag{1}$$
$$936 \quad\quad = xy + 14y \tag{2}$$

En retranchant membre à membre l'équation (1) de l'équation (2) on obtient :

$$84 = 14y, \quad \text{d'où} \quad y = 6$$

En portant cette valeur dans l'équation (1), il vient :

$$936 - 84 = x \times 6$$

ou
$$6x = 852, \quad \text{et} \quad x = 142.$$

**Rép.** Le premier diviseur est **142** et le quotient **6**.

**70.** *Deux mobiles M et M′ partent à* 12 *heures de deux points A et A′ distants de* 5 *kilomètres allant dans le sens A A′ avec des vitesses constantes qui valent respectivement* 4 *kilomètres et* 2 *kilomètres à l'heure.*

*1° Prenant comme origines* 12 *heures pour les temps et A pour les espaces y et y′, donner les équations des deux mouvements.* *2° Représenter ceux-ci graphiquement en portant les temps en abscisses, à* 3 *cm. par heure, et les espaces en ordonnées, à* 1 *cm. par kilomètre, positivement de A vers A′.* *3° Déterminer graphiquement le moment où M atteint M′, et vérifier le résultat par le calcul.* *4° Mesurer graphiquement la distance des mobiles à un moment donné, par exemple à* 13 *h.* 30.

(B. E., Dijon.)

1° *Calcul des équations des deux mouvements.*

Soit $x$ une heure quelconque après le départ des deux mobiles. Leur déplacement a lieu pendant $(x-12)$ heures de temps.

Appelons $y$ et $y′$ les espaces parcourus respectivement par **M** et **M′** pendant $(x-12)$ heures. Ces espaces devant être comptés à partir de l'origine A, positivement et dans le sens AA′, on a pour l'espace $y$ parcouru par le mobile M :

$$y = 4 \times (x-12) \quad \text{ou} \quad y = 4x - 48$$

et pour l'espace $y′$ parcouru par le mobile M′ qui est parti d'un point A′ situé à 5 kilomètres de A, on a :

$$y′ = 2 \times (x-12) + 5 \quad \text{ou} \quad y′ = 2x - 24 + 5 \quad \text{ou enfin} \quad y′ = 2x - 19.$$

**Rép.** Les équations des mouvements sont

$$y = 4x - 48 \quad \text{et} \quad y′ = 2x - 19.$$

2° *Représentation graphique.*

Traçons deux axes rectangulaires A$x$ et A$y$. Sur A$x$ et à partir de A, portons des intervalles de 3 cm. pour représenter les heures ; et sur A$y$ des intervalles de 1 cm. pour représenter les kilomètres. Les équations des mouvements étant du 1er degré, ces mouvements seront représentés par des lignes droites.

Deux points suffisant pour fixer une droite, comme nous connaissons pour chaque mobile le point d'origine, il suffira de déterminer un autre point pour pouvoir tracer cette droite.

Le mobile M part de A, le mobile M' part de 5 kilomètres, cherchons leur position après s'être déplacés pendant un temps donné, par exemple après 1 heure, ou à 13 heures. D'après les équations trouvées ci-dessus, on aura :

$$y = 4x - 48 = 4.13 - 48 = 4 \text{ kilomètres}$$
$$y' = 2x - 19 = 2.13 - 19 = 7 \text{ kilomètres}$$

Du point 13 de A$x$ et des points 4 et 7 de A$y$ ou même des coordonnées dont la rencontre détermine la position des mobiles M et M' respectivement en B et B'.

Pour avoir le graphique des deux mouvements, il suffira de tirer les droites AB et A'B', en prolongeant jusqu'au delà de leur rencontre en D.

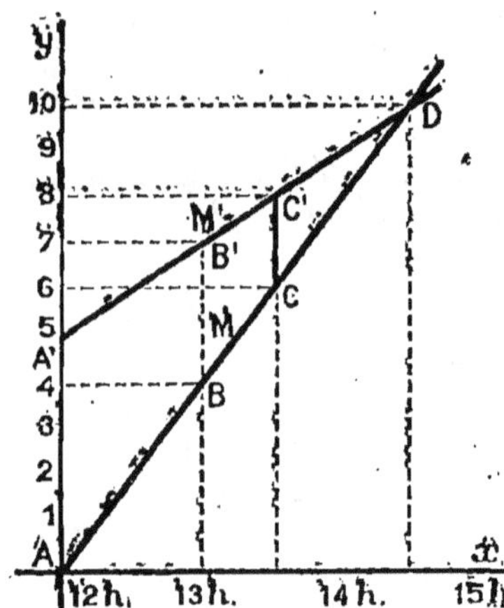

### 3° Détermination graphique du moment de rencontre.

Les deux mobiles se rencontrent, lorsqu'ils se trouvent tous deux à une égale distance de A. Ce point de rencontre est donc le point D de leur intersection. Si l'on porte sur A$x$ le point D, on voit qu'il est 14 h. ½.

Les espaces $y$ et $y'$ comptés sur A$y$ sont alors égaux et l'on a :

$$4x - 48 = 2x - 19$$
d'où
$$x = 14 \text{ h. } \tfrac{1}{2}.$$

*Vérification.* — Le mobile M' a une avance de 5 kilomètres sur M ; mais celui-ci gagne par heure sur M' la différence des vitesses, soit $4 - 2 = 2$ km.

Pour gagner les 5 km. M mettra :

$$5 : 2\tfrac{1}{2} = 2 \text{ h. } \tfrac{1}{2}$$

et il sera alors :

$$12 \text{ h.} + 2 \text{ h. } \tfrac{1}{2} = 14 \text{ h. } \tfrac{1}{2}.$$

### 4° Mesure de la distance des mobiles à un moment donné, à 13 h. ½ par exemple.

Menons la coordonnée qui correspond à 13 h. ½. Cette coordonnée coupe AB et A'B' en C et C'. La distance CC' est la distance demandée. Portée en A$y$ elle donne 2 cm. ce qui correspond à une distance de 2 kilomètres.

**71.** *On a 2.000 cm³ de gaz à la pression d'une atmosphère. La température restant la même, on fait occuper à ce gaz successivement des volumes de 1.000 cm³, 500 cm³ et 250 cm³. Calculer les pressions correspondantes et représenter graphiquement les résultats.*

(B. E., Tunis, 1922.)

1° *Calcul des pressions correspondantes aux volumes donnés.*

On démontre, en physique, que les volumes occupés par une même masse de gaz sont en raison inverse des pressions qu'elle supporte.

D'après ce principe, si l'on représente par $x$, $x'$, $x''$ les pressions correspondantes aux volumes donnés 1.000 cm³, 500 cm³, 250 cm³, on aura les équation ci-après :

$$\frac{2.000}{1.000}=\frac{x}{1} \qquad \text{d'où}: \quad x=\frac{2.000\times 1}{1.000}=2 \text{ atmosphères.}$$

$$\frac{2.000}{500}=\frac{x'}{1} \qquad \text{d'où}: \quad x'=\frac{2.000\times 1}{500}=4 \text{ atmosphères.}$$

$$\frac{2.000}{250}=\frac{x''}{1} \qquad \text{d'où}: \quad x''=\frac{2.000\times 1}{250}=8 \text{ atmosphères.}$$

**Rép. :**

La pression correspond. à un vol. de 2.000 cm³ étant de 1 atm. ;
Celle — — — — — 1.000 — sera — 2 atm. ;
« — — — — — 500 — — — 4 atm. ;
— — — — — 250 — — — 8 atm.

2° *Représentation graphique.*

Soient O$x$ et O$y$ deux axes perpendiculaires. A partir du point d'origine, O, je porte sur O$x$ des intervalles proportionnels aux volumes 250, 500, 1.000...2.000 ; et en O$y$, des intervalles proportionnels aux pressions correspondantes 8, 4, 2... 1 atmosphères.

Si je mène les coordonnées des points 250 et 8, 500 et 4, 1.000 et 2, 2.000 et 1, j'obtiens les points A, B, C, D. Il suffit de tracer la courbe passant par les points A, B, C, D et j'ai la ligne demandée qui est une hyperbole. En effet, les pressions étant en raison inverse des

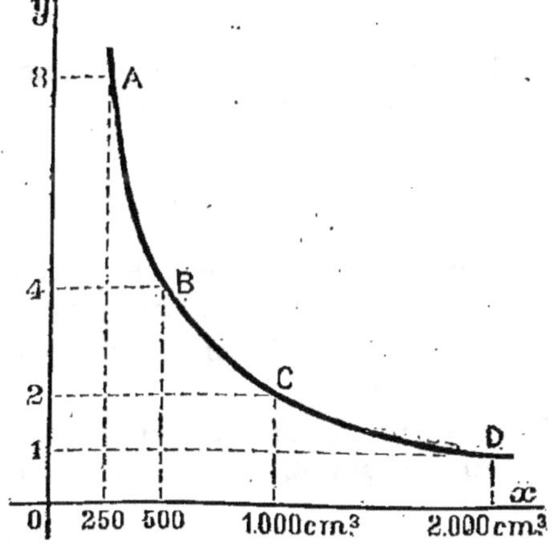


volumes, la courbe représentative est de la fonction $y=\dfrac{1}{x}$.

**72.** *Une personne qui se rend à pied du Louvre à Ville-d'Avray part à midi en faisant 4 km. 50 à l'heure. A une certaine distance, elle monte dans un tramway Louvre-Versailles, parti à 12 h. 20, à la vitesse moyenne de 12 kilomètres à l'heure. La personne arrive à Ville-d'Avray 1 h. ³/₄ plus tôt que si elle avait continué à pied le trajet.*

*On demande :*

*1° A quelle distance du Louvre, la personne est montée dans le tramway.*

*2° Quelle est la distance du Louvre à l'endroit de Ville-d'Avray où la personne est descendue.*

(B. E., Paris, 1921.)

1° *Calcul de la distance du Louvre au point où cette personne est montée en tramway.*

Au moment où part le tramway, cette personne marche depuis :

$$12 \text{ h. } 20 \text{ m.} - 12 \text{ h.} = 20 \text{ m.,}$$

et a parcouru :

$$4 \text{ km. } 50 \times \frac{20}{60} = 1 \text{ km. } 50.$$

Le tramway doit rattraper cette avance. Or, en 1 heure il gagne sur la personne

$$12 - 4,50 = 7 \text{ km. } 50 \text{ ;}$$

pour rattraper l'avance de 1 km. 50, il mettra

$$\frac{1,50}{7,50}.$$

Si l'on désigne par $x$ la distance du Louvre au point où le tramway atteint la personne et où celle-ci monte en voiture, on a :

$$x = 12 \times \frac{1,50}{7,50} = \frac{12 \times 1,50}{7,50} = 2 \text{ km. } 40.$$

**Rép.** La distance du Louvre au point où la personne monte en tramway est de **2** kilomètres 40.

2° *Calcul de la distance du Louvre au point où elle descend à Ville-d'Avray.*

La personne étant arrivée 1 h. 3/4 plus tôt à son but, le tramway lui a économisé une marche à pied de

$$4 \text{ km. } 50 \times 1 \text{ h.} \frac{3}{4} = \frac{63}{8} \text{ de km.}$$

D'autre part, sachant qu'en 1 heure de temps, le tramway épargne une marche de $12 - 4,5 = 7$ km. 50 ; le temps $y$ qu'emploiera le tramway pour économiser les $\frac{63}{8}$ de km. sera donné par l'équation :

$$x = \frac{63}{8} : 7,50 \quad \text{d'où} \quad x = \frac{63}{8 \times 7,5} = \frac{63}{60} \text{ d'h. ou 1 h. 3 m.}$$

Le chemin parcouru par le tramway pendant ce temps est de :

$$12 \times \frac{63}{60} = 12 \text{ km. } 60.$$

**Rép.** La distance du Louvres au point où est descendue la personne est de : 2 km. 40 + 12 km. 60 = **15** kilom.

**78.** *Une personne doit parcourir 32 kilomètres en 4 heures ; elle doit faire une partie du trajet en autobus, avec une vitesse de 20 kilomètres à l'heure et le reste à pied en faisant 5 kilomètres à l'heure. 1° Trouver la durée du voyage en autobus ; 2° Mais à 11 kilomètres du point de départ, l'autobus a une panne. La personne prend alors une voiture qui part 27 minutes après l'arrêt de l'autobus et fait 8 kilomètres à l'heure. A quelle distance la voiture devra-t-elle transporter la personne pour que celle-ci, continuant le voyage à pied, arrive à destination à l'heure prévue ?* (B. E., Albi, 1921.)

### A. — Solution algébrique.

1° *Calcul de la durée du voyage en autobus.*

Soit $x$ le temps qu'a duré le voyage en autobus. On a l'équation :

$$20 \times x + 5 \times (4 - x) = 32$$

qui donne :

$$20x + 20 - 5x = 32$$
$$15x = 32 - 20$$
$$x = \frac{12}{15} = \frac{4}{5} = 48 \text{ minutes.}$$

**Rép.** Le voyage en autobus a duré **48 minutes**.

2° *Calcul de la distance faite en voiture.*

Soit $y$ le temps que dure le voyage en voiture. On peut écrire :

$$11 + 8y + \left(4 - \frac{11}{20} - \frac{27}{60} - y\right) \times 5 = 32$$
$$11 + 8y + 20 - \frac{11}{4} - \frac{27}{12} - 5y = 32$$
$$3y = 32 - 20 - 11 + \frac{32}{12} + \frac{27}{12} = 1 + \frac{60}{12} = 6$$

d'où :

$$y = \frac{6}{3} = \mathbf{2.}$$

**Rép.** La voiture doit transporter la personne sur un parcours de 8 × 2 = **16** km, soit à 11 + 16 = **27** kilomètres du point de départ.

3° *Vérification.*

Il reste à faire à pied : 32 — 27 = 5 kilomètres.

Les temps employés sont :

Pour faire 11 kilomètres l'autobus met : 11 : 20 = 33/60 d'h.

L'arrêt subi par la panne est de            27/60 d'h.

Pour faire 16 kilomètres la voiture met    (16 : 8) = 2 heures.

Pour faire 5 kilomètres la personne met     5 : 5 = 1 heure.

Le trajet total a duré      4 heures.

### B. — Solution graphique (voir figure).

Sur l'axe O*x* on marque le temps : 1, 2, 3, 4 heures en prenant 1 heure pour unité ; et sur l'axe O*y*, on porte des intervalles égaux en prenant 4 kilomètres comme unité. On a ainsi les points donnés 20 km., 32 km., etc.

1° *Graphique du trajet en autobus.*

En prenant les points 20 km. (vitesse) et 1 h. (temps) on obtient le point D. Il suffit de tracer la droite illimitée OA' qui est le graphique cherché.

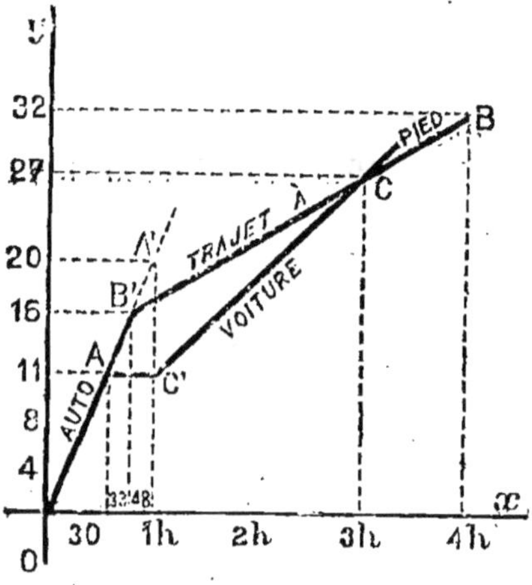

2° *Graphique du trajet à pied.*

En partant de B sur la ligne de 32 km. et de 4 h. et en prenant la vitesse, 5 km. et 1 h. de temps, c'est-à-dire les points 27 km. (32 — 5) et 3 h. (4 h. — 1 h.) on obtient le point C. On trace la droite BC jusqu'à sa rencontre en B' avec le graphique de l'autobus.

Le point B' marque l'endroit où la personne doit quitter l'autobus pour faire à pied le reste du trajet.

Le graphique du point B' montre que la personne a voyagé pendant **48 minutes** en autobus et a parcouru **16 kilomètres** à partir du point de départ O.

3° *Graphique du trajet en voiture.*

La panne de l'autobus a lieu au point A, à 11 km. du point d'origine et après 33 minutes de marche. Le repos qui s'ensuit est de 27 minutes ; il doit être marqué par une parallèle AC' à l'axe O*x*. Le point C' est sur la ligne de 1 h. car l'on a : 33 minutes + 27 m. = 60 m. ou 1 h.

La voiture part donc de C' à 1 heure et à 11 km. du point d'origine. Comme elle fait 8 km. à l'heure, à 3 h., c'est-à-dire après 2 h. de marche, elle aura parcouru $8\times2=16$ km. et sera à $11+16=27$ km. du point d'origine. Le point C qui est sur la ligne de 3 h. et de 27 km. appartient au graphique de la voiture. Il suffit de tracer C'C pour avoir ce graphique.

Mais le point C appartient aussi au graphique du trajet à pied : c'est donc le point d'intersection et comme il correspond à 27 km. et à 3 h. il ne reste plus à parcourir que $32-27=5$ km. en 4 h. — 3 h. = **1 heure de temps.**

La personne devra descendre au point C et le graphique montre qu'elle aura parcouru alors $27-11=$ **16 kilomètres en voiture.**

**74.** *La différence de superficie entre deux terrains est de 2 ares 64 centiares. La différence des périmètres est de 32 mètres. Ils ont été vendus aux conditions suivantes : 1° le grand terrain a été payé comptant ; 2° pour le petit, on a accepté un billet de 1.912 fr. 50 payable à 4 mois, capital et intérêt à 6 % compris. Le prix du mètre carré étant le même dans les deux cas, quel est ce prix ?*                                     (B. E., Aix.)

L'intérêt à 6% pour 4 mois est de :

$$\frac{6\times4}{12}=2 \text{ fr.}$$

Ce qui est acheté aujourd'hui 100 fr. sera payé, au bout de 4 mois, 102 fr. Le prix d'achat du petit terrain est donc :

$$1.912,50\times\frac{100}{102}=1.875 \text{ frs.}$$

En représentant par $x$ le côté du grand terrain, par $y$ le côté du petit, on a :

$$4x-4y=32 \quad \text{d'où} \quad x-y=\frac{32}{4}=8 \qquad (1)$$

$$x^2-y^2=264 \text{ ca.}$$

Le $1^{er}$ membre de cette dernière équation étant une différence de deux carrés, peut s'écrire :

$$x^2-y^2=(x+y)(x-y).$$

Par suite, l'équation devient :

$$(x+y)(x-y)=264.$$

En remplaçant $(x-y)$ par sa valeur trouvée dans l'équation (1), on a :

$$(x+y)\times8=264$$

d'où :

$$x+y=\frac{264}{8}=33 \qquad (2).$$

En retranchant membre à membre l'équation (1) de l'équation (2), on obtient :

$$2y = 33 - 8, \text{ d'où } y = 12,50.$$

Si l'on désigne par $z$ le prix du mètre carré de terrain, on peut écrire :

$$z = \frac{1.875}{y^2} = \frac{1.875}{12,5 \times 12,50} = \frac{1.875}{156,25} = 12 \text{ fr.}$$

**Rép.** Le prix du mètre carré de terrain est de **12 francs**.

**75.** *Un jardin rectangulaire a une surface de 240 m². La construction d'allées diminue la longueur de 4 m. et la largeur de 3 m. La surface est diminuée de 96 m². Trouver les dimensions du jardin.*

(B. E., Aurillac, 1921.)

En désignant par $x$ la longueur du jardin, et par $y$, sa largeur, on peut écrire les deux équations suivantes :

$$xy = 240 \qquad\qquad (1)$$
$$(x-4)(y-3) = xy - 96 \qquad\qquad (2)$$

De l'équation (2) on a :

$$xy - 4y - 3x + 12 = xy - 96$$

ou :
$$4y + 3x = 96 + 12 \quad \text{et} \quad y = \frac{108 - 3x}{4}.$$

En portant cette valeur de $y$ dans l'équation (1), on obtient :

$$x \times \left( \frac{108 - 3x}{4} \right) = 240$$
$$108x - 3x^2 = 960$$

ou, en divisant par 3 tous les termes et en changeant les signes :

$$x^2 - 36x + 320 = 0$$
$$x = \frac{36 \pm \sqrt{1.296 - 1.280}}{2}$$

$$x = \frac{26 \pm \sqrt{16}}{2} = \frac{36 \pm 4}{2}.$$

On a : $x' = \dfrac{36 + 4}{2} = 20$,   d'où   $y' = \dfrac{108 - 3 \times 20}{4} = 12$

$x'' = \dfrac{36 - 4}{4} = 16$,   d'où   $y'' = \dfrac{108 - 3 \times 16}{2} = 15.$

**Rép.** Le problème admet deux solutions.

Les dimensions du jardin sont **20 m. et 12 m.** ou **16 m. et 15 m.**

**76.** *On achète un champ rectangulaire dont la largeur est les $^3/_4$ de la longueur. On l'entoure d'un treillage qui revient à raison de 1 fr. 50 le mètre, aux $^7/_{60}$ du prix d'achat du terrain. La dépense totale pour l'achat du terrain et du treillage s'élève à 6.030 fr. On demande les dimensions du champ.*

(B. E., Lyon, 1922.)

Soit $x$ la longueur du champ et $\dfrac{3x}{4}$ la largeur. On peut écrire l'équation :

$$\left(x + \frac{3x}{4}\right) \times 2 \times 1,50 = 6.030 \times \frac{7}{67}$$

qui donne :

$$\frac{(4x + 3x)2 \times 1,50}{4} = 630$$

$$12x + 9x = 2.520$$

$$21x = 2.520, \quad \text{et} \quad x = 120$$

par suite la largeur égale :

$$\frac{3 \times 120}{4} = 90.$$

**Rép.** Les dimensions du champ sont **120** mètres et **90** mètres.

**77.** *Si on augmente de 3 mètres chacune des dimensions d'un terrain rectangulaire, la superficie de ce terrain augmente de 4 ares 29 centiares. De combien diminuerait-elle si on diminuait chacune des deux dimensions de 3 mètres? Quelle est la superficie du terrain, sachant que la longueur s'obtient en ajoutant 20 mètres à 3 fois la largeur?*

(B. E., Seine, 1921.)

**1° Calcul des deux dimensions du terrain.**

Soit $x$ la petite dimension ou largeur, la longueur est, par hypothèse $3x + 20$ et l'on peut écrire l'équation :

$$(3x + 20 + 3)(x + 3) = (3x + 20)x + 429$$

qui donne :

$$3x^2 + 23x + 9x + 69 = 3x^2 + 20x + 429$$

$$32x - 20x = 429 - 69$$

$$12x = 360, \quad \text{d'où} \quad x = 30 \text{ mètres} \qquad (1).$$

Par suite la longueur est :

$$3x + 20 = 3 \times 30 + 20 = 110 \text{ mètres.}$$

2° *Calcul de la diminution de surface.*

**En** désignant par $y$ cette diminution, on a :

$$y = (3x+20)x - (3x+20-3)(x-3)$$

ou

$$y = 3x^2 + 20x - 3x^2 - 17x + 9x + 51$$

ou enfin :

$$y = 12x + 51.$$

**En** remplaçant $x$ par sa valeur trouvée plus haut (1), on obtient :

$$y = 12 \times 30 + 51 = 411 \text{ m}^2.$$

**Rép.** La surface du terrain diminuerait de **411** m².

3° *Calcul de la superficie du terrain.*

On a : Superficie $= 110 \times 30 = 3.300$ m.²

ou, en appelant $z$ cette superficie :

$$z = (3x+20)x = 3x^2 + 20x$$

et, en remplaçant $x$ par sa valeur trouvée ci-dessus, il vient :

$$z = 3 \times 30^2 + 20 \times 30 = 2.700 + 600 = 3.300 \text{ m}^2.$$

**Rép.** La superficie du terrain est de **3.300** mètres carrés.

**78.** *Une personne place un certain capital dans une entreprise commerciale ; son bénéfice est pour la première année* $\frac{1}{3}$ *du capital primitif ; pour la deuxième année les* $\frac{2}{5}$ *du nouveau capital, et pour la troisième année les* $\frac{3}{7}$ *du troisième capital. A la fin de la troisième année, le capital s'élève à* 96.000 *fr. Quel était le capital primitif ?*

(Paris, 1923.)

Soit $x$ le capital primitif. Ce capital devient :

A la fin de la 1re année : $x + \dfrac{x}{3} = \dfrac{4x}{3}$ ;

A la fin de la 2e année : $\dfrac{4x}{3} + \dfrac{4x}{3} \times \dfrac{2}{5} = \dfrac{28x}{15}$ ;

A la fin de la 3e année : $\dfrac{28x}{15} + \dfrac{28x}{15} \times \dfrac{3}{7}$ ou 96.000 fr.

On a donc l'équation :

$$\frac{28x}{15} + \frac{28x}{15} \times \frac{3}{7} = 96.000$$

qui donne : $\dfrac{28x}{15} + \dfrac{28x}{35} = 96.000$

$$196x + 84x = 96.000 \times 105$$

$$280x = 10.080.000, \quad \text{d'où} \quad x = 36.000.$$

**Rép.** Le capital primitif était **36.000** fr.

**79.** *Un marchand vend un chapeau et un corsage pour 73 fr. 05 en gagnant 25 % sur le prix d'achat du chapeau et 35 % sur le prix d'achat du corsage. Sachant qu'il a payé 6 chapeaux le même prix que 13 corsages, on demande à combien lui reviennent chaque chapeau et chaque corsage.*

(B. E., Saint-Lô.)

Soient $x$ le prix d'achat de chaque chapeau et $y$ celui de chaque corsage ; on peut écrire :

$$x + \frac{25x}{100} + y + \frac{35y}{100} = 73,05$$

$$6x = 13y \quad \text{d'où} \quad x = \frac{13y}{6}.$$

En portant, dans la 1re équation, la valeur de $x$ trouvée dans la 2e, on a :

$$\frac{13y}{6} + \frac{25 \times \frac{13y}{6}}{100} + y + \frac{35y}{100} = 73,05$$

$$\frac{1.300y}{6} + \frac{325y}{6} + 100y + 35y = 7.305$$

$$1.300y + 325y + 600y + 210y = 43.830$$

$$2.435y = 43.830 \quad \text{d'où} \quad y = 18$$

et

$$x = \frac{13y}{6} = \frac{13 \times 18}{6} = 39.$$

**Rép.** Le prix de revient de chaque chapeau est de **39** fr.

Le prix de revient de chaque corsage est de **18** fr.

**80.** *Une personne dispose de 10.200 fr. ; elle en fait deux parts qui sont entre elles dans le rapport de 8 à 9. Elle les place à intérêts simples, la première à 5 % et la deuxième à 4 %. On demande au bout de combien de temps ces deux capitaux augmentés de leurs intérêts seront devenus égaux.*

(B. E., Paris, octobre 1925.)

Soit $x$ le second capital qui est le plus grand, le premier sera $\frac{8x}{9}$ et l'on aura l'équation :

$$\frac{8x}{9} + x = 10.200 \quad \text{d'où} \quad x = \frac{91.800}{17} = 5.400 \qquad (1)$$

et soit $y$, le nombre d'années demandé, l'on aura encore :

$$\frac{8x}{9} + \frac{8x}{9} \times \frac{5}{100} \times y = x + x \times \frac{4}{100} \times y.$$

Cette équation devient, après calculs et réductions :

$$\frac{8x}{9} + \frac{40xy}{900} = x + \frac{4xy}{100}$$

$$800x + 40xy = 900x + 36xy$$

$$40xy - 36xy = 900x - 800x$$

$$4xy = 100x.$$

En remplaçant $x$ par sa valeur trouvée plus haut (1), il vient

$$4 \times 5.400 \times y = 100 \times 5.400$$

$$21.600y = 540.000$$

$$y = \frac{540.000}{21.600} = 25 \text{ ans.}$$

**Rép.** Il faudra **25 ans.**

**81.** *Une pépinière ABCD a la forme d'un carré dont le côté a x mètres (x étant un nombre entier). On y plante des arbres de la manière suivante : une rangée sur AB, un en A, un en B, chaque arbre étant distant de 2 mètres, puis des rangées parallèles à celle-ci et disposées de la même manière, chaque rangée distante de la précédente de 1 mètre ; la dernière étant sur CD.*

*Combien d'arbres dans chaque rangée ? Combien en tout ? Une autre pépinière carrée, disposée comme la première a 2 mètres de côté de plus. Combien contient-elle d'arbres ? Sachant qu'on y a planté 161 arbres de plus que dans la première, trouvez le côté x et la surface de la première.*

(Lyon, 1923.)

Comme il y a un arbre en A, un autre en B et que leur distance est de 2 mètres, chaque rangée contient : $\left(\dfrac{x}{2} + 1\right)$ arbres.

D'autre part, les rangées étant à 1 mètre de distance, que la $1^{\text{re}}$ se trouve sur AB et la dernière sur CD, il y a $(x+1)$ rangées.

Dans le second carré, la disposition étant la même, nous pouvons écrire :

$$\left(\frac{x}{2} + 1\right)(x+1) + 161 = \left(\frac{x+2}{2} + 1\right)(x+2+1)$$

ou :

$$\frac{(x+2)(x+1)}{2}+161=\frac{(x+4)(x+3)}{2}$$
$$x^2+2x+x+2+322=x^2+4x+3x+12$$
$$324-12=7x-3x$$
$$4x=312 \quad \text{et} \quad x=78 \text{ m.}$$

**Rép.** Chaque rangée de la $1^{re}$ pépinière contient :

$$\frac{78}{2}+1=\textbf{40} \text{ arbres.}$$

En tout, la $1^{re}$ pépinière contient

$$\left(\frac{x}{2}+1\right)(x+1)=40\times79=\textbf{3.160} \text{ arbres.}$$

La $2^e$ pépinière contient : $3.160+161=\textbf{3.321}$ arbres.
Le côté de la $1^{re}$ pépinière est de **78** mètres.
Sa surface, de : $78\times78=\textbf{6.084}$ mètres carrés.

**82.** *Un champ rectangulaire est tel que si on augmente sa longueur de 5 mètres et qu'on diminue sa largeur de 5 mètres, sa surface diminue de 3 ares 25. Sachant que son périmètre est 400 mètres, trouver : 1° ses dimensions ; 2° sa valeur à raison de 15.000 fr. l'hectare.*

(Dijon, 1923.)

Soient $x$ la longueur du champ et $y$ sa largeur ; on a :

$$(x+y)\times2=400 \quad \text{d'où} \quad : x=200-y \qquad (1)$$

et

$$(x+5)(y-5)=xy-325 \ (2).$$

Cette seconde équation devient :

$$xy+5y-5x-25=xy-325$$
$$5y-5x=-325+25.$$

En remplaçant $x$ par sa valeur trouvée dans l'équation (1), on obtient :

$$5y-5(200-y)=-325+25$$
$$5y-1.000+5y=-300$$
$$10y=1.000-300=700$$
$$y=70 \text{ m.}, \quad \text{et} \quad x=200-70=130 \text{ mètres}$$

La valeur de ce champ est de

$$15.000\times\frac{130\times70}{10.000}=13.650 \text{ fr.}$$

**Rép.** Les dimensions du champ sont : **130** m. et **70** m.
Sa valeur est de : **13.650 fr.**

**83.** *Un terrain rectangulaire a une superficie de 12 ares. Le rapport de l'une des diagonales au petit côté de l'angle droit est de 5 à 3. Trouver la longueur des côtés.*

(B. E., Paris.)

Soient $x$ et $y$ les côtés du terrain, $x > y$ on peut écrire :

$$xy = 1.200 \qquad (1).$$

Se basant sur le théorème de Pythagore, on a encore :

$$\frac{x^2 + y^2}{y^2} = \left(\frac{5}{3}\right)^2 \quad \text{ou} \quad \frac{x^2 + y^2}{y^2} = \frac{25}{9} \qquad (2).$$

Cette seconde équation donne :

$$9x^2 + 9y^2 = 25y^2$$
$$9x^2 = 25y^2 - 9y^2$$
$$9x^2 = 16y^2$$
$$3x = 4y, \quad \text{d'où} \quad x = 4y/3.$$

Portant cette valeur de $x$ dans l'équation (1), il vient :

$$\frac{4y}{3} \times y = 1.200$$
$$4y^2 = 3.600$$
$$y^2 = 900 \quad \text{et} \quad y = \pm\sqrt{900} = \pm 30.$$

La solution négative étant à rejeter, on a .

$$y = 30 \quad \text{et} \quad x = \frac{4 \times 30}{3} = 40$$

**Rép.** Les côtés du terrain ont **40** mètres et **30** mètres.

**84.** *Un dirigeable va de A à B et revient de suite en A, le vent ayant soufflé constamment de A vers B. On admet qu'à l'aller la vitesse du ballon est accrue de celle du vent et qu'au retour elle en est diminuée. 1° Evaluer la vitesse propre du ballon et celle du vent, sachant que $AB = 50$ kilomètres. Durée de l'aller, 1 heure ; durée du retour, 2 h. 15. 2° Etablir la formule générale qui donne la durée totale du trajet aller et retour en fonction de la distance AB et des vitesses du ballon et du vent, et démontrer, qu'en somme, l'effet du vent est défavorable.*

(B. E., Poitiers, 1922.)

*1° Calcul des vitesses.*

Soit $x$ la vitesse du dirigeable et $y$ celle du vent, on a, par

hypothèse : $\qquad \dfrac{50}{x+y} = 1 \quad \text{ou} \quad 50 = x + y \qquad (1)$

et $\qquad \dfrac{50}{x-y} = 2\dfrac{15}{60} \quad \text{ou} \quad \dfrac{50}{x-y} = \dfrac{135}{60} \qquad (2).$

Cette deuxième équation donne :

$$3.000 = 135x - 135y \qquad (3).$$

De l'équation (1) on tire :

$$x = 50 - y.$$

En portant cette valeur dans l'équation (3), il vient :

$$3.000 = 135(50 - y) - 135y$$
$$3.000 = 6.750 - 135y - 135y$$
$$135y + 135y = 6.750 - 3.000$$
$$270y = 3.750, \quad \text{et} \quad y = 13\frac{8}{9}$$

Par suite $\qquad x = 50 - 13\frac{8}{9} = 36\frac{1}{9}.$

**Rép.** La vitesse propre du ballon est de 36 km. $\frac{1}{9}$.

Et la vitesse du vent est de 13 km. $\frac{8}{9}$.

2° *Établissement de la formule générale.*

Appelons D la distance AB, $x$ et $y$ restant les vitesses respectives du dirigeable et du vent.

La durée totale du trajet AB aller retour aura pour expression :

$$\frac{D}{x+y} + \frac{D}{x-y}$$

expression qui devient :

$$\frac{D(x-y) + D(x+y)}{x^2 - y^2} = \frac{2Dx}{x^2 - y^2}.$$

**Rép.** La formule générale du trajet AB, aller retour, est :

$$\frac{2Dx}{x^2 - y^2}$$

3° *Le vent est défavorable. Démonstration.*

S'il n'y avait pas eu de vent la durée du trajet, aller retour, n'eût été que de :

$$\frac{2D}{x} \quad \text{ou} \quad \frac{2Dx}{x^2}.$$

Or, comme on a : $x^2 > x^2 - y^2$, on en conclut que :

$$\frac{2Dx}{x^2} < \frac{2Dx}{x^2 - y^2},$$

ce qui montre clairement que le vent augmente la durée du voyage.

*4° Vérification.*

Ce résultat peut d'ailleurs être vérifié par le calcul. La différence des trajets avec ou sans vent est donnée par l'expression :

$$\frac{2\mathrm{D}x}{x^2-y^2} - \frac{2\mathrm{D}}{x}$$

qui donne :
$$\frac{2\mathrm{D}x^2-2\mathrm{D}x^2+2\mathrm{D}y^2}{x(x^2-y^2)} = \frac{2\mathrm{D}y^2}{x(x^2-y^2)}.$$

En remplaçant $x$, $y$ et D par les valeurs données ou trouvées plus haut, on a :

$$\frac{2\times 50\times\left(13\frac{8}{9}\right)^2}{36\frac{1}{9}\left[\left(36\frac{1}{9}\right)^2-\left(13\frac{8}{9}\right)^2\right]} = \frac{2\times 50\times\left(\frac{125}{9}\right)^2}{\frac{325}{9}\left[\left(\frac{325}{9}\right)^2-\left(\frac{125}{9}\right)^2\right]}$$

$$=\frac{2\times 50\times\frac{15.625}{81}}{\frac{325}{9}\left(\frac{105.625-15.625}{81}\right)} = \frac{\frac{100\times15.625}{81}}{\frac{325\times90.000}{9\times81}} = \frac{100\times15.625\times9\times81}{81\times325\times90.000}$$

$$=\frac{25}{52}=\textbf{28} \text{ min. } \textbf{50} \text{ sec. } \frac{\textbf{10}}{\textbf{13}}.$$

Ce résultat montre que la durée totale du trajet AB, aller retour, du dirigeable serait réduite de **28** min. **50** sec. $\frac{\textbf{10}}{\textbf{13}}$, s'il n'y avait pas eu de vent. Le vent est donc défavorable.

**85.** *A quelle condition doivent satisfaire* a, b, c *pour que les trois équations suivantes soient compatibles :*

$$3\mathrm{x}-4\mathrm{y}=2$$
$$4\mathrm{x}+\mathrm{y}=9$$
$$a\mathrm{x}+b\mathrm{y}=c.$$

(Poitiers, 1923.)

Il faut d'abord résoudre les deux équations numériques :

$$3x-4y=2$$
et
$$4x+y=9.$$

De cette dernière on a :
$$y=9-4x.$$

En portant cette valeur dans la 1$^{\text{re}}$ équation, il vient :

$$3x-4(9-4x)=2$$
$$3x-36+16x=2$$
$$19x=38, \quad \text{d'où} \quad x=2$$
et
$$y=9-4\times 2=1.$$

Si on remplace $x$ et $y$ dans l'équation littérale par leur valeur, on obtient :

$$2a + b \times 1 = c \qquad (1)$$

ou

$$2a + b = c$$

d'où

$$2a = c - b$$

et

$$a = \frac{c - b}{2}.$$

**Rép.** La condition pour que les trois équations soient compatibles est que $a$, $b$, $c$ soient liés par la relation

$$a = \frac{c - b}{2}.$$

*Vérification.* — Faisons $c = 54$ et $b = 36$, on devra avoir :

$$a = \frac{54 - 36}{2} = 9.$$

En effet, si dans l'équation (1), nous remplaçons $a$, $b$, $c$ par leurs valeurs, nous avons :

$$2 \times 9 + 36 \times 1 = 54$$
$$18 + 36 = 54$$
$$54 = 54$$

**86.** *Trois héritiers ont à se partager une somme d'argent. Le premier en prend les deux tiers moins 600 fr. ; le deuxième en prend le quart ; le troisième la moitié moins 4.000 fr. On demande l'héritage total et la part de chaque héritier.*

(B. E., Haute-Savoie, 1922.)

Soit $x$ la somme d'argent à partager. On a :

$$\left( \frac{2x}{3} - 600 \right) + \frac{x}{4} + \left( \frac{x}{2} - 4.000 \right) = x$$

$$\frac{2x - 1.800}{3} + \frac{x}{4} + \frac{x - 8.000}{2} = x$$

$$8x - 7.200 + 3x + 6x - 48.000 = 12x$$

$$17x - 12x = 48.000 + 7.200$$

$$5x = 55.200, \quad \text{d'où} \quad x = 11.040.$$

**Rép.** L'héritage total est de **11.040** fr.

La part du 1er héritier est de : $\dfrac{2 \times 11.040}{3} - 600 = \mathbf{6.760}$ fr.

La part du 2e héritier est de : $\dfrac{11.040}{4} = \mathbf{2.760}$ fr.

La part du 3e héritier est de : $\dfrac{11.040}{2} - 4.000 = \mathbf{1.520}$ fr.

**87.** *Trois associés se partagent un bénéfice de 10.320 fr. proportionnellement à leurs apports.*

*L'apport du deuxième surpasse de 10.000 fr. celui du premier et celui du troisième surpasse de 2.000 fr. celui du deuxième. Le deuxième reçoit 600 fr. de plus que le premier.*

*Quel est l'apport et le bénéfice de chaque associé?*

(B. E., Hautes-Alpes, 1922.)

Soit $x$ l'apport du $1^{er}$ associé, celui du second sera $x + 10.000$ et celui du $3^e$, $x + 10.000 + 2.000$ ou $x + 12.000$. Le total des apports est : $x + (x + 10.000) + (x + 12.000) = 3x + 22.000$. Les bénéfices étant proportionnels aux apports, le bénéfice du $1^{er}$ est de

$$\frac{10.320 \times x}{3x + 22.000}$$

et celui du $2^e$, de :

$$\frac{10.320 \times (x + 10.000)}{3x + 22.000}.$$

On peut donc écrire l'équation :

$$\frac{10.320 \times (x + 10.000)}{3x + 22.000} - \frac{10.320 \times x}{3x + 22.000} = 600$$

$$10.320x + 103.200.000 - 10.320x = 1.800x + 13.200.000$$

$$103.200.000 - 13.200.000 = 1.800x$$

$$1.800x = 90.000.000, \quad \text{ou} \quad x = 50.000$$

**Rép.** L'apport du $1^{er}$ étant de **50.000**, son bénéfice est de :

$$\frac{10.320 \times 50.000}{3 \times 50.000 + 22.000} = \frac{516.000}{172} = \textbf{3.000 fr.}$$

L'apport du second est de $50.000 + 10.000 = \textbf{60.000 fr.}$ et son bénéfice est de :

$$3.000 + 600 = \textbf{3.600 fr.}$$

L'apport du $3^e$ est de $60.000 + 2.000 = \textbf{62.000 fr.}$ et son bénéfice est de :

$$10.320 - (3.000 + 3.600) = \textbf{3.720 fr.}$$

**88.** *La somme des fortunes de trois personnes est 376.200 fr. Placées au même taux et à intérêts simples, la première pendant 3 ans, la seconde pendant 4 ans, la troisième pendant 6 ans, elles produisent le même intérêt. Calculer ces trois fortunes.*

(Arras, 1923.)

Soient $x$, $y$ et $z$ les fortunes respectives des trois personnes, on a :

$$x + y + z = 376.000 \qquad (1).$$

Les trois sommes étant placées au même taux, leurs intérêts sont proportionnels au temps et comme elles donnent le même intérêt, on peut écrire :

$$3x = 4y = 6z \qquad (2).$$

Si de l'équation (2) on tire les valeurs de $y$ et $z$ par rapport à $x$, on a :

$$y = \frac{3x}{4} \quad \text{et} \quad z = \frac{3x}{6} = \frac{x}{2}.$$

Portant ces valeurs dans l'équation (1), il vient :

$$x + \frac{3x}{4} + \frac{x}{2} = 376.200$$

$$4x + 3x + 2x = 1.504.800$$

$$9x = 1.504.800, \quad \text{d'où} \quad |x = 167.200.$$

**Rép.** La fortune de la $1^{re}$ personne est de : **167.200 fr.**

Celle de la seconde est de :

$$y = \frac{3x}{4} = \frac{3 \times 167.200}{4} = \textbf{125.400 fr.}$$

Celle de la troisième est de :

$$z = \frac{x}{2} = \frac{167.200}{2} = \textbf{83.600 fr.}$$

**89.** *Trouver un nombre de 3 chiffres qui augmente de 270 quand on intervertit l'ordre des deux chiffres de gauche, qui diminue de 99 quand on fait permuter les chiffres extrêmes, et dont la somme des chiffres soit 20.*

(B. E., Poitiers, **1921**.)

Soient $x$ le chiffre des centaines, $y$, celui des dizaines et $z$, celui des unités. On a, par hypothèse :

$$x + y + z = 20 \qquad\qquad (1)$$
$$100y + 10x + z = 100x + 10y + z + 270 \qquad (2)$$
$$100z + 10y + x = 100x + 10y + z - 99 \qquad (3)$$

L'équation (2) devient :

$$90y = 90x + 270$$

ou :
$$y = x + 3.$$

L'équation (3) devient :

$$99z = 99x - 99$$

ou :
$$z = x - 1.$$

En portant, dans l'équation (1) les valeurs trouvées de $y$ et de $z$, on obtient :

$$x + (x + 3) + (x - 1) = 20, \quad \text{d'où} \quad x = 6.$$

Par suite
$$y = x + 3 = 6 + 3 = 9$$

et
$$z = x - 1 = 6 - 1 = 5.$$

**Rép.** Le nombre est **695.**

**90.** *Un cultivateur achète une vigne à raison de 75 fr. l'are. Après l'acquisition, il s'aperçoit que la vigne mesure 125 m² de moins que ce qu'il a payé. Il ne fait aucune réclamation, car il trouve à céder sa vigne (contenance exacte) au prix de 9.000 fr. l'hectare. En faisant cette vente, il gagne 18 % sur ce qu'il a déboursé.*

*Quelle est la contenance réelle de la vigne? Calculer ses dimensions sachant qu'elle a la forme d'un rectangle et que le carré construit sur la diagonale de ce rectangle a une superficie de 19.106 m².*

(B. E., Paris, 1921.)

1° *Calcul de la contenance réelle de la vigne.*

En désignant par $x$ la contenance exacte de la vigne, le cultivateur a payé 125 m² ou 1 a. 25 ca. de trop. On peut donc écrire :

$$90x - 75(x + 1,25) = 75(x + 1,25) \times \frac{18}{100}$$

$$90x - 75x - 93,75 = \frac{1.350x + 1.687,50}{100}$$

$$9.000x - 7.500x - 9.375 = 1.350x + 1.687,50$$

$$1.500x - 1.350x = 1.687,50 + 9.375$$

$$150x = 11.062,50 \quad \text{ou} \quad x = 73 \text{ ares } 75.$$

2° *Calcul des dimensions de la vigne.*

En désignant par $x$ la longueur et par $y$ la largeur, on a :

$$xy = 7.375 \qquad (1)$$
$$x^2 + y^2 = 19.106 \qquad (2).$$

En doublant l'équation (1) et en l'ajoutant membre à membre à l'équation (2), on obtient :

$$x^2 + y^2 + 2xy = 19.106 + 14.750$$
$$\text{ou} \qquad (x + y)^2 = 33.856$$
$$x + y = \sqrt{33.856} = 184 \qquad (3).$$

Si, au lieu d'additionner (1) après l'avoir doublée, on retranchait, on aurait :

$$x - y = \sqrt{4.356} = 66 \qquad (4).$$

Par l'addition et la soustraction, membre à membre, des équations (3) et (4), on a successivement :

$$2x = 184 + 66 \quad \text{et} \quad x = 125 \text{ m.}$$
$$2y = 184 - 66 \quad \text{et} \quad y = 59 \text{ m.}$$

**Rép.** Les dimensions de la vigne sont **125** m. et **59** m.

**91.** *On suppose qu'une somme de 455 fr. se compose de pièces de 2 fr. et de 0 fr. 50 en argent monnayé, et de pièces de 0 fr. 10 en bronze.*

*On sait que le poids total des pièces de 0 fr. 50 est les $\frac{3}{8}$ du poids total des pièces de 2 fr. et que le poids total des pièces de 0 fr. 10 est égal à deux fois et demie le poids total des pièces de 0 fr. 50.*

*Trouver le nombre de pièces de chaque sorte.*

(B. E., Paris, aspirantes, 1921.)

Soient $x$ le nombre des pièces de 2 fr., $y$, celui des pièces de 0 fr. 50 et $z$, le nombre des pièces de 0 fr. 10. On a par hypothèse :

$$2x+0,50y+0,10z=455 \qquad (1)$$

$$2,5\times y=10x\times\frac{3}{8} \qquad (2)$$

$$10z=2,5y\times2,5 \qquad (3).$$

L'équation (2) donne :

$$2,5y\times8=30x$$

$$20y=30x \quad \text{ou} \quad y=1,5x \qquad (4).$$

L'équation (3) donne :

$$10z=6,25y$$

$$z=\frac{6,25y}{10}=0,625y.$$

En remplaçant $y$ par sa valeur trouvée dans (4) on a :

$$z=0,625\times1,5x=0,9375x.$$

En portant dans l'équation (1) les valeurs de $y$ et de $z$, on obtient:

$$2x+0,5\times1,5x+0,10\times0,9375x=455$$

$$2x+0,75x+0,09375x=455$$

$$2,84375x=455, \quad \text{d'où} \quad x=160.$$

**Rép.** Le nombre des pièces de 2 fr. est de : **160**

Le nombre des pièces de 0 fr. 50 est de :
$$y=1,5\times160=240$$

Le nombre des pièces de 0 fr. 10 est de :
$$z=0,9375\times160=150$$

**92.** *Trois frères ont acheté une propriété pour 50.000 fr. Il manque au premier, pour payer à lui seul cette acquisition, la moitié de ce qu'a le second. Celui-ci paierait l'acquisition à lui seul si on ajoutait à ce qu'il possède le tiers de ce qu'a le premier. Enfin le troisième aurait besoin, pour faire le paie-*

ment en entier, de joindre à ce qu'il a le quart de ce que possède le premier. Combien chacun possède-t-il?

(Tunis, 1924.)

Soient $x$, $y$, et $z$ les fortunes des trois frères. On a :

$$x + \frac{y}{2} = 50.000 \qquad (1)$$

$$y + \frac{x}{3} = 50.000 \qquad (2)$$

$$z + \frac{x}{4} = 50.000 \qquad (3).$$

En multipliant par 3 les deux membres de l'équation (2), elle devient :

$$x + 3y = 150.000 \qquad (4).$$

Si de l'équation (4), on retranche l'équation (1), on obtient :

$$3y - \frac{y}{2} = 150.000 - 50.000$$

$$\frac{5y}{2} = 100.000 \times 2$$

$$5y = 200.000 \quad \text{et} \quad y = 40.000.$$

Par suite (4)

$$x = 150.000 - 3y = 150.000 - 3 \times 40.000 = 30.000.$$

et (3)

$$z = 50.000 - \frac{x}{4} = 50.000 - 7.500 = 42.500.$$

**Rép.** La fortune du premier est de    **30.000 fr.**
La fortune du deuxième est de    **40,000 fr.**
La fortune du troisième est de    **42,500 fr.**

**98.** *Le transport d'un voyageur par chemin de fer coûte, en moyenne, par kilomètre : 0 fr. 212 en première classe ; 0 fr. 139 en seconde classe ; 0 fr. 089 en troisième classe et pour un trajet aller et retour en deuxième classe, il est fait une réduction de 20 % sur le prix de deux billets simples. Deux voyageurs prennent à Grenoble, pour Marseille, l'un un billet simple de première classe, l'autre un billet de seconde classe, aller et retour ; en même temps un troisième voyageur prend à Grenoble un billet simple de troisième classe pour Veynes. Sachant que le voyageur de seconde classe a déboursé 3 fr. 15 de plus de celui de première et 58 fr. 05 que celui de troisième, calculer la distance de Grenoble à Marseille et celle de Grenoble à Veynes.*

(B. E., Isère, 1922.)

1º *Calcul de la distance de Grenoble à Marseille.*

Pour 1 km. de trajet, aller retour, le 2º voyageur paye :

$$0,139 \times 2 \times \frac{80}{100} = 0 \text{ fr. } 2224.$$

On a donc l'équation suivante, en désignant par $x$ la distance de Grenoble à Marseille :

$$(0,2224 - 0,212)x = 3,15$$

ou : $\quad 0,0104x = 3,15 \quad$ et $\quad x = 302$ km. 884 ou 302 km. $\frac{23}{26}$.

2º *Calcul de la distance de Grenoble à Veynes.*

On a, par hypothèse, en appelant $y$ la distance cherchée :

$$0,2224x - 0,089y = 58,05.$$

Remplaçant $x$ par sa valeur trouvée ci-dessus, on a :

$$302\frac{23}{26} \times 0,2224 - 0,089 \times y = 58,05$$

$$\frac{1751,4}{26} - 0,089y = 58,05$$

$$1.751,4 - 2,314y = 1.509,30$$

$$2.314y = 1.751,4 - 1.509,30, \quad \text{et} \quad y = 104,624.$$

**Rép.** La distance de Grenoble à Marseille est de **302 km. 884.**

La distance de Grenoble à Veynes est de : **104 km. 624.**

Comme on paye pour un nombre entier de kilomètres, on peut mettre :

Distance Grenoble-Marseille : **303** km. à l'unité près, par excès.

Distance Grenoble-Veynes : **105** km. à l'unité près, par excès.

**94.** *Deux trains se déplacent en sens contraire sur des voies parallèles avec des vitesses constantes. L'un d'eux, qui fait 36 kilomètres à l'heure, vient de traverser un tunnel et il s'est écoulé 183 secondes depuis l'entrée de la locomotive dans ce tunnel jusqu'à la sortie du dernier wagon. Les deux trains se croisent et il s'écoule 3 secondes 25 entre le moment où les locomotives sont en face l'une de l'autre jusqu'à celui où les wagons de queue se sont séparés. Enfin, le deuxième train, qui fait 54 kilomètres à l'heure, traversant à son tour le tunnel, met 123 secondes à faire ce parcours (temps compris entre l'entrée de la locomotive et la sortie du dernier wagon).*

1º *Quelles sont les longueurs des deux trains ainsi que celle du tunnel? 2° Quelle distance sépare sur la voie le point où se sont rencontrées les 2 locomotives et celui où se sont séparés les wagons de queue?*

(Poitiers, 1921.)

**1° *Calcul de la longueur des trains et du tunnel.***

En désignant par $x$ la longueur du tunnel, par $y$, la longueur du 1$^{er}$ train et par $z$, celle du second, on a par hypothèse :

$$x+y=36.000\times\frac{183}{3.600}\quad\text{ou}\quad x+y=1.830\text{ mètres}\qquad(1)$$

$$x+z=54.000\times\frac{123}{3.600}\quad\text{ou}\quad x+z=1.845\text{ mètres}\qquad(2)$$

$$y+z=(36.000+54.000)\times\frac{3,25}{3.600}\quad\text{ou}\quad y+z=81\text{ m}.25\ (3).$$

En ajoutant membre à membre ces trois équations, on a :

$$2x+2y+2z=3.756,25$$

Par suite :

$$x+y+z=1.878,125\qquad(4).$$

En retranchant membre à membre chacune des équations (1), (2) et (3) de l'équation (4) on obtient :

$$z=1.878,125-1.830=48,125$$
$$y=1.878,125-1.845=33,125$$
$$x=1.878,125-81,25=1.796,875.$$

**Rép.** La longueur du tunnel est de : **1.796 m. 875.**

La longueur du 1$^{er}$ train est de : **33 m. 125.**

La longueur du 2$^e$ train est de : **48 m. 125.**

**2° *Calcul de la distance demandée.***

Le 1$^{er}$ train parcourt $\dfrac{36.000}{3.600}=10$ m. par seconde;

le second $\dfrac{54.000}{36.000}=15$ m.

Pendant la durée du croisement, le 1$^{er}$ parcourt

$$10\times3,25=32\text{ m. }25\ ;$$

le 2$^e$

$$15\times3,25=48\text{ m. }75.$$

**Rép.** La distance demandée est de

$$33,125-32,25=48,75-48,125=0\text{ m. }625.$$

Cette distance serait nulle si les trains avaient même longueur.

**95.** *Calculer les trois dimensions d'une caisse rectangulaire, sachant que leur somme est 2 m. 70 et que la hauteur est égale, d'une part, à la demi-somme de la longueur et de la largeur, et d'autre part, au double de la différence de ces mêmes dimensions.*

(Quimper, 2 octobre 1924)

Soient $x$ la longueur de la boîte, $y$, sa largeur et $z$ sa hauteur, on a par hypothèse :

$$x + y + z = 2,70 \qquad (1)$$

$$z = \frac{x+y}{2} \qquad (2)$$

$$z = (x - y) \times 2 \qquad (3)$$

Des équations (2) et (3) on tire :

$$x + y = 2z$$

$$x - y = \frac{z}{2}.$$

En ajoutant, puis en retranchant membre à membre ces deux dernières égalités, on obtient :

$$2x = 2z + \frac{z}{2} = \frac{5z}{2}, \qquad \text{d'où} \qquad x = \frac{5z}{4}$$

et

$$2y = 2z - \frac{z}{2} = \frac{3z}{2}, \qquad \text{d'où} \qquad y = \frac{3z}{4}.$$

Portant les valeurs de $x$ et de $y$ dans l'équation (1), il vient :

$$\frac{5z}{4} + \frac{3z}{4} + z = 2,70$$

$$5z + 3z + 4z = 10,80$$

$$12z = 10,80, \qquad \text{d'où} \qquad z = 0,90.$$

Par suite :

$$x = \frac{5 \times 0,9}{4} = 1,125 \qquad \text{et} \qquad y = \frac{3 \times 0,9}{4} = 0,675.$$

**Rép.** Les dimensions de la boîte sont :

$$1 \text{ m. } 125, \qquad 0 \text{ m. } 675 \qquad \text{et} \qquad 0 \text{ m. } 90.$$

**96.** *Un champ a la forme d'un triangle rectangle dont les côtés de l'angle droit sont les racines de l'équation* $x^2 - 23x + 130 = 0$.

*Calculer la surface et le périmètre de ce champ sachant que la valeur de x est exprimée en mètres.*

(Hanoï, 1923.)

1° *Calcul des deux côtés de l'angle droit.*

Soient $x$ et $y$ les deux côtés de l'angle droit, on a :

$$x = \frac{23 + \sqrt{23^2 + 4 \times 130}}{2} = \frac{23 + \sqrt{529 - 520}}{2} = \frac{23 + 3}{2} = 13$$

$$y = \frac{23 - \sqrt{23^2 + 4 \times 130}}{2} = \frac{23 - 3}{2} = 10.$$

**Rép.** Les côtés de l'angle droit sont **18** m. et **10** m.

2° *Calcul de la surface du champ.*

En désignant par S cette surface, on a :

$$S = \frac{13 \times 10}{2} = \frac{130}{2} = 65 \ m^2.$$

**Rép.** La surface du champ est de **65** m².

3° *Calcul du périmètre.*

Soit $z$ la longueur de l'hypoténuse ou troisième côté ; on peut écrire :

$$z^2 = 13^2 + 10^2 = 269$$

d'où

$$z = \sqrt{269} = 16{,}40.$$

Le périmètre est donc

$$x + y + z = 13 + 10 + 16{,}40 = 39 \ m. \ 40.$$

**Rép.** Le périmètre du champ est de **89** m. **40**.

**97.** *Une personne achète une propriété à raison de 30 fr. l'are. Après l'acquisition, elle constate que la propriété contient, 15 dam² de moins que la surface payée. Elle la vend immédiatement au prix de 4.000 fr. l'hectare (contenance exacte) et gagne ainsi 25 % sur ce qu'elle a déboursé : 1° calculer la surface exacte de la propriété ; 2° calculer ses dimensions, sachant qu'elles sont dans le rapport de 9 à 5 et que la propriété est rectangulaire.*

1° *Calcul de la surface exacte de la propriété.*

Appelons $x$ la surface exacte de la propriété, nous pouvons écrire, en remarquant que le prix de vente égale $\dfrac{100}{100}+\dfrac{25}{100}$

ou les $\dfrac{125}{100}$ du prix d'achat :

$$40x=(x+15)\times 30\times \frac{125}{100}$$

d'où :

$$40x=\frac{(30x+450)125}{100}$$

$$4.000x=3.750x+56.250$$
$$4.000x-3.750x=56.250$$
$$250x=56.250, \quad \text{d'où} \quad x=225 \text{ ares.}$$

**Rép.** La surface exacte de la propriété est de **225** ares.

$2°$ *Calcul des dimensions de la propriété.*

Puisque la propriété est rectangulaire, avec une surface de 225 ares ou 22.500 m², si nous désignons par $y$ la petite dimension,

l'autre sera : $\dfrac{22.500}{y}$ et l'on pourra écrire l'équation :

$$\frac{y}{\dfrac{22.500}{y}}=\frac{9}{25} \quad \text{ou} \quad 25y=\frac{22.500\times 9}{y}$$

d'où l'on a :

$$25y^2=202.500$$
$$y^2=\frac{202.500}{25}=8.100, \quad \text{et} \quad y=90.$$

Par suite la grande dimension est de $\dfrac{22.500}{90}=250.$

**Rép.** Les dimensions de la propriété sont **250** m. et **90** m.

**98** *Un capital a été placé de la façon suivante :* $^2/_3$ *à* 4 % *;* $^1/_6$ *à* 4,50 % *; le reste à* 5 %*. Au bout de seize mois, on retire la totalité du capital et des intérêts et on touche* 38.991 *fr. On demande :* $1°$ *quel était le capital primitif ;* $2°$ *les dimensions d'un terrain rectangulaire qu'on pourrait acheter avec le capital primitif sachant que l'are de terrain vaut* 200 *fr. et que la largeur de ce terrain est les* $^{18}/_{41}$ *de sa longueur ?*

(B. E., 1924.)

$1°$ *Calcul du capital primitif.*

Soit $x$ le capital. La somme placée à 4 % est $\dfrac{2x}{3}$ ; celle placée à

4, 50 % est $\dfrac{x}{6}$ et celle placée à 5 % est : $x - \left(\dfrac{2x}{3} + \dfrac{x}{6}\right)$ ou $\dfrac{x}{6}$. Au bout de 16 mois, le capital $x$ augmenté des intérêts étant égal à 38.991 fr. on peut écrire :

$$x + \left(\dfrac{2x}{3} \times \dfrac{4}{100} \times \dfrac{16}{12}\right) + \left(\dfrac{x}{6} \times \dfrac{4,5}{100} \times \dfrac{16}{12}\right) + \dfrac{x}{6} \times \dfrac{5}{100} \times \dfrac{16}{12} = 38.991.$$

En effectuant on a :

$$x + \dfrac{32x}{900} + \dfrac{9x}{900} + \dfrac{10x}{900} = 38.991$$

$$900x + 32x + 9x + 10x = 35.091.900$$

$$951x = 35.091.900, \text{ d'où } x = 36.900.$$

**Rép.** Le capital primitif était de : **36.900 fr.**

*2° Calcul des dimensions du champ rectangulaire qu'on pourrait acheter avec le capital primitif.*

Soit $y$ la longueur du champ ; la largeur est $\dfrac{18y}{41}$. Le terrain valant 200 fr. l'are ou 2 fr. le m²., on peut écrire :

$$y \times \dfrac{18y}{41} = \dfrac{36.900}{2} = 18.450$$

$$18y^2 = 18.450 \times 41 = 756.450$$

$$y^2 = \dfrac{756.450}{18} = 42.025, \text{ ou } y = 205 \text{ m.}$$

Par suite la largeur du terrain est de :

$$\dfrac{18 \times 205}{41} = 90 \text{ m.}$$

**Rép.** Les dimensions du terrain sont **205** m. et **90** m.

**99.** *On a acheté un certain nombre de mètres de dentelle pour 540 fr. Si, pour la même somme, on avait eu 3 mètres de plus, le mètre aurait coûté 15 fr. de moins. Combien a-t-on payé le mètre ?*

(Poitiers, 1923.)

Soit $x$ le prix d'achat du mètre. On a par hypothèse :

$$\frac{540}{x-15} - \frac{540}{x} = 3$$

$$540x - 540x + 8.100 = 3x^2 - 45x$$

$$3x^2 - 45x - 8.100 = 0$$

$$x^2 - 15x - 2.700 = 0$$

$$x = \frac{15 \pm \sqrt{15^2 + 4 \times 2.700}}{2} = \frac{15 \pm \sqrt{225 + 10.800}}{2}$$

$$x = \frac{15 \pm \sqrt{11.025}}{2} = \frac{15 \pm 105}{2}.$$

La solution négative étant à rejeter, il s'ensuit que :

$$x = \frac{15 + 105}{2} = \frac{120}{2} = 60 \text{ fr.}$$

**Rép.** Le mètre de dentelle a été payé **60 fr.**

**100.** *De jeunes arbres sont plantés en ligne droite et régulièrement espacés de 5 mètres. Un jardinier transporte de l'eau pour les arroser depuis une fontaine située à 20 mètres du premier arbre et sur le prolongement de la ligne de plantation. Le jardinier qui porte à chaque voyage l'eau nécessaire à un arbre estime que lorsqu'il a terminé sa tâche, ayant arrosé tous les arbres jusqu'au dernier et étant revenu à la fontaine, il a effectué un parcours de 5 km. 550. Trouver le nombre d'arbres.*

(Clermont-Ferrand, 1923.)

Le $1^{er}$ arbre étant à 20 m. de la fontaine, le $2^e$ en est à $20 + 5 = 25$ m., le $3^e$ à $25 + 5 = 30$ m. ; le $4^e$ à $30 + 5 = 35$ m. ,etc.

Pour arroser le $1^{er}$ arbre, le jardinier doit faire $20 \times 2 = 40$ m.

Pour arroser le $2^e$ arbre, le jardinier doit faire $25 \times 2 = 50$ m.

Pour arroser le $3^e$ arbre, le jardinier doit faire $30 \times 2 = 60$ m.

Pour arroser le $4^e$ arbre, le jardinier doit faire $30 \times 2 = 60$ m.

. . . . . . . . . . . . . . . . . . . . . . . . . . . . . . . . . . . . . . . . . . . . . . . . . . . . . .

On a donc une progression arithmétique dont le $1^{er}$ terme est 40 et la raison 10. Par suite, cette progression peut s'écrire :

$$\div 40 \cdot 50 \cdot 60 \cdot 70 \ldots l.$$

Cherchons le dernier terme $l$ de la progression, en désignant par $x$ le nombre de termes ou d'arbres. On a, suivant la formule algébrique :

$$l = a + r(x-1) = 40 + 10(x-1).$$

La progression devient alors :

$$\div 40 \cdot 50 \cdot 60 \cdot 70 \ldots 40 + 10(x-1).$$

La somme des trajets effectués par le jardinier est évidemment égale à la somme des termes de la progression ci-dessus. Or la formule donne :

$$S = \frac{(a+l)x}{2}$$

ou, en remplaçant S, $a$ et $l$ par leur valeur :

$$5.550 = \frac{[40+40+10(x-1)]x}{2} = \frac{(40+40+10x-10)x}{2}$$

$$11.100 = 40x+40x+10x^2-10x$$

$$11.100 = 70x+10x^2$$

$$10x^2+70x-11.100 = 0$$

$$x^2+7x-1.110 = 0$$

d'où :

$$x = \frac{-7 \pm \sqrt{7^2+4 \times 1.110}}{2} = \frac{-7 \pm \sqrt{49+4.440}}{2} = \frac{-7 \pm 67}{2}.$$

La valeur négative de $x$ ne peut convenir, par suite :

$$x = \frac{-7+67}{2} = \frac{60}{2} = 30.$$

**Rép.** Le nombre d'arbres est de **30**.

**101**. *Une automobile fait le service entre deux points A et B, distants de 171 kilomètres. Cette automobile part avec une certaine vitesse. Au bout de 2 heures, elle s'arrête une demi-heure et repart en augmentant sa vitesse de 7 kilomètres à l'heure. Arrivée en B, après un nouvel arrêt de 30 minutes, elle repart en augmentant encore sa vitesse de 1 kilomètre. Elle rentre en A 10 h. 30 minutes après son départ. Quelle était la vitesse initiale de cette automobile?*

(Ajaccio, 1924.)

Soit $x$ la vitesse initiale. Cette vitesse change à chacune des trois étapes du trajet. A la 2ᵉ étape, elle devient $x+7$ et à la 3ᵉ, $x+7+1$ ou $x+8$. Or les étapes étant respectivement de $2x$, $171-2x$ et $171$ km., le total des temps employés à les parcourir doit égaler la durée du trajet 10 h. 30 moins les deux arrêts de ½ heure. Par conséquent on a l'équation :

$$2 + \frac{171-2x}{x+7} + \frac{171}{x+8} = 10\frac{1}{2} - 1 = 9\frac{1}{2} = \frac{19}{2}.$$

En multipliant tous les termes par le dénominateur commun qui est $2(x+7)(x+8)$, on obtient :

$$2\times2(x+7)(x+8)+(171-2x)(x+8)2+171\times2(x+7)$$
$$=19(x+7)(x+8)$$

$$(4x+28)(x+8)+(171-2x)(2x+16)+342(x+7)$$
$$=(19x+133)(x+8)$$

$$4x^2+28x+32x+224+243x-4x^2+2.736-32x+342x+2.394$$
$$=19x^2+133x+152x+1.064.$$

En réduisant et en faisant passer tous les termes dans le second membre, il vient :

$$0=19x^2+285x+1.064-712x-5.354$$

ou
$$19x^2-427x-4.290=0.$$

On a enfin :

$$x=\frac{427\pm\sqrt{427^2+4\times19\times4.290}}{2\times19}$$

$$x=\frac{427\pm\sqrt{508.369}}{38}=\frac{427\pm713}{38}.$$

Seule, la valeur positive de $x$ convient au problème.

Donc
$$x=\frac{427+713}{38}=\frac{1.140}{38}=30.$$

**Rép.** La vitesse initiale de l'automobile était de 30 km.

**102.** *Un triangle a 48 mètres de base et 16 mètres de hauteur. Par une parallèle à la base, on veut obtenir un nouveau triangle de même sommet ayant une surface de 54 m². A quelle distance du sommet doit être menée cette parallèle? A quelle distance du sommet devrait être menée une autre parallèle à la base, pour déterminer un triangle équivalent aux $9/16$ du triangle primitif?*

(B. E. Nancy.)

$1^o$ *Calcul de la distance du sommet dans le $1^{er}$ cas.*

Soit $x$ la distance du sommet où doit être menée la parallèle à la base. Cette parallèle $y$, par exemple, détermine un second triangle dont $x$ est la hauteur et $y$ la base. On peut donc écrire :

$$\frac{xy}{2}=54 \quad\text{ou}\quad xy=108 \qquad (1).$$

Le triangle déterminé par la parallèle est semblable au premier. Or, deux triangles semblables ont leurs côtés homologues proportionnels ; on a encore :

$$\frac{x}{16}=\frac{y}{48} \quad\text{ou}\quad 48x=16y \quad\text{ou}\quad y=3x. \qquad (2).$$

En portant cette valeur de $y$ dans l'équation (1), il vient :

$$x \times 3x = 108$$
$$3x^2 = 108$$
$$x^2 = \frac{108}{3} = 36, \quad \text{ou} \quad x = 6 \text{ m.}$$

**Rép.** La parallèle doit être menée à **6** m. du sommet.

2° *Calcul de la distance du sommet dans le 2ᵉ cas.*

En désignant par $x$ la distance du sommet qui est aussi la hauteur du triangle, et par $y$ la parallèle qui est la base du petit triangle, on a, comme ci-dessus :

$$\frac{xy}{2} = \frac{48 \times 16}{2} \times \frac{9}{16} \quad \text{ou} \quad xy = 432 \qquad (1)$$

et

$$\frac{x}{16} = \frac{y}{48} \quad \text{ou} \quad y = 3x. \qquad (2)$$

En portant dans l'équation (1) la valeur de $y$ de l'équation (2) on a :

$$x \times 3x = 432$$
$$3x^2 = 432$$
$$x^2 = 144 \quad \text{ou} \quad x = 12 \text{ m.}$$

**Rép.** La parallèle devrait être menée à **12** m. du sommet.

**108.** *Une boîte en fer-blanc a la forme d'un parallélipipède rectangle. La boîte ouverte à la partie supérieure, ne comprend que le fond et les 4 faces latérales. La hauteur de la boîte est la moitié de la largeur et le tiers de la longueur. Trouver les dimensions de cette boîte sachant que sa surface extérieure est de 576 cm².*

*Vide, cette boîte pèse 52 grammes. On la met sur l'eau après y avoir versé pour la lester de la grenaille de plomb. La boîte s'enfonce dans l'eau jusqu'au tiers de sa hauteur. Quel poids de plomb faudrait-il ajouter pour que la boîte soit enfoncée jusqu'au bord?*

(E. N., Paris, 1924.)

1° *Calcul des dimensions de la boîte.*

Soient $x$ et $y$ la longueur et la largeur en cm. de cette boîte.

Comme la hauteur est égale à $\frac{x}{3}$ et à $\frac{y}{2}$, on peut écrire :

$$\frac{x}{3} = \frac{y}{2} \quad \text{d'où} \quad y = \frac{2x}{3}. \qquad (1).$$

D'autre part, la surface du fond $xy$, plus la surface latérale $(2x+2y)\dfrac{x}{3}$ doit égaler la surface donnée. On a donc encore :

$$xy + (2x+2y) \times \frac{x}{3} = 576.$$

En remplaçant $y$ par sa valeur trouvée (1) il vient :

$$x \times \frac{2x}{3} + \left(2x + \frac{4x}{3}\right) \times \frac{x}{3} = 576$$

$$\frac{2x^2}{3} + \frac{(6x+4x)x}{3 \times 3} = 576$$

$$6x^2 + 10x^2 = 576 \times 9$$

$$16x^2 = .184, \text{ ou } x^2 = 324, \text{ et } x = 18 \text{ cm}.$$

Par suite, la largeur est de :

$$y = \frac{2x}{3} = \frac{2 \times 18}{3} = 12 \text{ cm}.$$

et la hauteur :

$$\frac{x}{3} = \frac{18}{3} = 6 \text{ cm}.$$

**Rép.** Les dimensions de la boîte sont : long. $=18$ cm. larg. **12** cm. ; haut. **6** cm.

2° *Calcul du poids à ajouter.*

Quand la boîte enfoncera jusqu'au bord, elle déplacera alors un volume d'eau égal au sien. Comme elle déplace déjà 1/3 de ce volume , puisque, après avoir été lestée, elle s'enfonce jusqu'au tiers de la hauteur ; il faut arriver à lui faire déplacer encore les 2/3 de son volume, soit

$$18 \times 12 \times 6 \times \frac{2}{3} = 864 \text{ cm}^3,$$

ce que l'on fera en ajoutant 864 gr. de plomb.

**Rép.** Il faut ajouter **864** gr. de plomb.

**104.** 1° *Un cylindre en bois à base circulaire d'une hauteur égale à o m. 21, de densité 0,6, se tient verticalement dans un liquide de densité 1,5. On demande la hauteur de la partie immergée.*

2° *On fixe ensuite à la partie inférieure de ce cylindre un cylindre en fer de même base. Quelle hauteur faudra-t-il donner à ce dernier pour que le cylindre total se tienne en équilibre lorsqu'il est plongé complètement dans le liquide? Densité du fer : 7,8. Hauteur du cylindre de bois : o m. 21. Diamètre du cylindre de bois : 6 cm.*

3° *Les réponses seraient-elles différentes si le diamètre du cylindre, au lieu d'être égal à 6 cm., avait une autre longueur ? Pourquoi ?*

(Paris, 1923.)

1° *Calcul de la hauteur de la partie immergée.*

Soit $x$ la hauteur de la partie immergée. En physique on démontre que tout corps flottant déplace un poids de liquide égal au sien.

En se basant sur ce principe et en désignant par S la section du cylindre et celle égale du cylindre du liquide déplacé, on peut écrire :

$$S \times 21 \times 0{,}6 = S \times x \times 1{,}5.$$

En divisant par S et en résolvant l'équation, on a :

$$12{,}6 = 1{,}5x, \quad \text{d'où} \quad x = 8{,}40.$$

**Rép.** La hauteur de la partie immergée est de 8 cm. 40.

2° *Calcul de la hauteur du cylindre de fer.*

Dans ce cas, le poids du liquide déplacé doit égaler le poids du cylindre en bois, plus le poids du cylindre en fer.

En désignant encore par $x$ la hauteur demandée du cylindre de fer et par S la section commune du cylindre en bois, du cylindre en fer et du cylindre de liquide déplacé, on peut écrire :

$$S(21 + x) \times 1{,}5 = S \times 21 \times 0{,}6 + S \times x \times 7{,}8.$$

En divisant par S et en effectuant, il vient :

$$31{,}50 + 1{,}5x = 12{,}6 + 7{,}8x$$
$$31{,}50 - 12{,}60 = 7{,}8x - 1{,}5x$$
$$18{,}90 = 6{,}3x, \text{ ou } x = 3 \text{ cm.}$$

**Rép.** La hauteur à donner au cylindre de fer est de 8 cm.

3° *Calcul des résultats si la section ou diamètre du cylindre variait.*

> **Rép.** Si le diamètre variait de longueur, les réponses seraient les mêmes, car des cylindres de même section ont leurs volumes proportionnels à leur hauteur, et leurs poids proportionnels à leur densité.

D'ailleurs dans les calculs ci-dessus, on a vu que la base disparaît et qu'il est par conséquent inutile de la calculer.

# IOI PROBLÈMES D'ALGÈBRE

*donnés aux Examens du Brevet Supérieur*

(PROGRAMME DE 1920)

---

**1.** a) *Simplifier la fraction* $\dfrac{x^3-y^3}{x^2-y^2}$.

b) *Montrer que la fraction obtenue est irréductible si* x *et* y *sont deux nombres entiers premiers entre eux.*

c) *Dans ces conditions, trouver* x *et* y *sachant que*

$$\frac{x^3-y^3}{x^2-y^2}=\frac{67}{9}.$$

(B. S., Bordeaux, 1922.)

*a)* **Simplification de la fraction.**

On sait que

$$x^3-y^3=(x^2+xy+y^2)(x-y)\,;$$

et

$$x^2-y^2=(x+y)(x-y)$$

L'expression devient donc

$$\frac{(x^2+xy+y^2)(x-y)}{(x+y)(x-y)}=\frac{x^2+xy+y^2}{(x+y)}$$

Si l'on ajoute et retranche $xy$ au numérateur, on obtient

$$\frac{x^2+xy+y^2+xy-xy}{x+y} \quad \text{ou} \quad \frac{x^2+2xy+y^2-xy}{x+y}$$

$$\frac{(x+y)^2-xy}{x+y}\,; \quad \text{et enfin} \quad (x+y)-\frac{xy}{x+y}.$$

*b)* **La fraction est irréductible.**

Il suffit de démontrer que la fraction $\dfrac{xy}{x+y}$ est irréductible lorsque $x$ et $y$ sont premiers entre eux. En effet tout nombre premier qui diviserait $xy$ devrait diviser l'un des facteurs de ce produit, et un seulement puisque ces deux nombres sont premiers entre eux. Et s'il ne divise qu'une des parties de la somme $x+y$ il ne divisera pas la somme.

**Donc la fraction est irréductible.**

*c)* **Calcul de x et de y dans le cas de** $\dfrac{x^3-y^3}{x^2-y^2}=\dfrac{67}{9}$.

On a donc

$$\frac{x^3-y^3}{x^2-y^2}=\frac{67}{9}\ ;$$

ou

$$\frac{x^2+xy+y^2}{x+y}=\frac{67}{9}.$$

La fraction $\dfrac{67}{9}$ étant irréductible de même que $\dfrac{(x^2+xy+y2)}{(x+y)}$, l'égalité ne peut exister qu'à la condition que

$$x^2+xy+y^2=67 \tag{1}$$
$$x+y=9. \tag{2}$$

L'équation (1) peut s'écrire (voir plus haut)

$$(x+y)^2-xy=67\ ; \quad \text{ou} \quad 81-xy=67\ ; \quad \text{et} \quad xy=14.$$

On connaît donc la somme et le produit de deux quantités, ce qui permet de constituer l'équation

$$X^2-9X+14=0 \qquad \textit{(Alg.} \text{ page } 162).$$

Cette équation résolue donne pour $X'$ et $X''$ ou $x$ et $y$ les **valeurs**

$$-X'X''=\frac{9\pm\sqrt{81-56}}{2}=\frac{9\pm\sqrt{25}}{2}=\frac{9\pm5}{2}=\begin{cases}\dfrac{9+5}{2}=\dfrac{14}{2}=7.\\[2mm]\dfrac{9-5}{2}=\dfrac{4}{2}=2.\end{cases}$$

Donc $\qquad\qquad$ **x = 7 ; y = 2.**

Ces valeurs sont acceptables ; car elles sont entières.

**2.** *Résoudre le système* 2x+3y=a, x—y=7, *a étant un nombre donné.*

*Déterminer la forme générale de* a *pour que la solution du système se compose de deux nombres entiers.*

$$\text{(B. S., Bordeaux, 1922.)}$$

$1^o$ **Résolution du système.**

On a le système

$$2x+3y=a \tag{1}$$
$$x-\ y=7 \tag{2}.$$

En tirant de (2) la valeur de $x$ pour la porter dans (1) il vient :

$$2(7+y)+3y=a \quad \text{ou} \quad 14+2y+3y=a$$

ou encore
$$14+5y=a$$

d'où
$$y=\frac{a-14}{5}.$$

### 2° Recherche de la forme générale de a.

Pour que $y$ soit entier, il faut que $(a-14)$ soit divisible par 5, ce que l'on exprime en écrivant :

$$\frac{a-14}{5}=\text{m. de } 5 \quad \text{ou} \quad a-14=\text{m. de } 5 ;$$

et
$$a=\text{m. de } 5+14$$
$$a=\text{m. de } 5+(15-1)$$
$$a=\text{m. de } 5-1 ;$$

ou d'une manière plus générale

$$a=5n-1,$$

$n$ étant un nombre entier quelconque.

Si l'on fait $\quad a=5n-1$

$$y=\frac{5n-1-14}{5}=\frac{5n-15}{5}=\frac{\text{m. de } 5}{5};$$

mais
$$y=\frac{5n-15}{5}=n-3$$

par suite (2)

$$x-y=7 \quad \text{donne} \quad x-7=y$$

d'où
$$x=n-3+7=n+4.$$

Rép. : $x=\text{n}+4$ ; $y=\text{n}-3$.

La forme générale de $a$ doit donc être, pour que $x$ et $y$ soient entiers

$$a=5\text{n}-1,$$

$n$ étant un nombre entier quelconque.

Remarque. — Pour les valeurs positives de $a$, lesquelles correspondent aux valeurs de $n>0$, le chiffre des unités sera 4 ou 9. De même, pour les valeurs négatives de $a$, lesquelles correspondent aux valeurs de $n<0$, le chiffre des unités sera 6 ou 1.

### 3° Exemples :

Pour
$$n=1 \qquad a=5-1=4.$$
$$n=2 \qquad a=10-1=9.$$
$$n=-1 \qquad a=-5-1=-6.$$
$$n=-2 \qquad a=-10-1=-11.$$

**8. On considère l'équation**

$$x^2 + (m-2)x - (m+3) = 0.$$

1° *Montrer que cette équation a des racines et calculer leur somme, leur produit.*

2° *Quelle est la somme des carrés de ces racines?*

3° *Déterminer* m, *de manière que la somme des carrés des racines soit égale à un nombre* k. *Minimum de* k.

(B. S., Ardèche, 1922.)

1° **Réalité, somme et produit des racines.** -

*Réalité.* — Le discriminant $\Delta$ de l'équation

$$b^2 - 4ac,$$

est    $(m-2)^2 + 4(m+3) = m^2 - 4m + 4 + 4m + 12 = m^2 + 16.$    (1)

Cette quantité qui est une somme de carrés est toujours positive. Donc les racines de l'équation donnée sont réelles quelle que soit la valeur de m.

*Somme.*    $x' + x'' = \dfrac{-b}{a} = \dfrac{-(m-2)}{1} = 2 - m.$    *(Alg.* page 159).

*Produit.*    $x'x'' = \dfrac{c}{a} = -(m+3).$

2° **Somme des carrés de ces racines.**

On a

$$x'^2 + x''^2 = x'^2 + x''^2 + 2x'x'' - 2x'x'' = (x'+x'')^2 - 2x'x'' = \left(-\frac{b}{a}\right)^2 - 2\frac{c}{a};$$

et dans le cas actuel

$$(2-m)^2 + 2(m+3) = m^2 - 2m + 10;$$

ce qui peut s'écrire

$$m^2 - 2m + 1 + 9 = (m-1)^2 + 9$$

3° **Valeur de m pour que la somme des carrés de ces racines soit égale à un nombre donné k. — Minimum de k.**

On doit avoir

$$(m-1)^2 + 9 = k; \quad \text{ou} \quad m^2 - 2m + (10-k) = 0 \qquad (1)$$

d'où    $$m = 1 \pm \sqrt{k-9}. \qquad (2).$$

Ces valeurs de m n'existent que si l'on a :

$$k - 9 \geq 0 \quad \text{et} \quad k \geq 9.$$

Le minimum de k est donc 9 ; et pour cette valeur de $k$,    $$m = 1. \qquad (1).$$

Pour toute valeur de $k$ supérieure à 9, il existe deux racines que l'on obtiendra par la résolution de l'équation    (2).

**4.** *On donne l'équation* $x^2 - 3x + a = 0$, a *étant un nombre connu.*

1° *Pour quelles valeurs de* a *l'équation a-t-elle deux racines distinctes ou deux racines confondues? — Maximum ou minimum de* a.

2° *Signes des racines.*

3° *Évaluer l'expression* $x'^2 + x''^2 - 3x'x''$ *en fonction de* a.

(B. S., Caen, 1923.)

1° **Valeurs de a pour lesquelles l'équation donnée a : 0, 1 ou 2 racines. Maximum ou minimum de a.**

La condition d'existence des racines est que le discriminant $\Delta$ de l'équation soit positif.

Oh devra donc avoir

$$b^2 - 4ac \geqq 0 \text{ ou } 9 - 4a \geqq 0 ;$$

et

$$4a \leqq 9 ;$$

et enfin

$$a \leqq \frac{9}{4}.$$

Si l'on a $\qquad a > \dfrac{9}{4}$, il n'y a pas de racines.

Si $\qquad\qquad a = \dfrac{9}{4}$, les racines sont confondues.

Si enfin $\qquad a < \dfrac{9}{4}$, il y a deux racines distinctes.

2° **Signes des racines.**

On sait *(Alg.* page 160) que le produit des racines de l'équation générale égale $\dfrac{c}{a}$. On aura donc :

$$x'x'' = a.$$

Si $a$ est positif c'est-à-dire si, eu égard à la condition de réalité

on a $\qquad\qquad 0 \leqq a < \dfrac{9}{4},$

le produit des racines est positif ; donc elles sont de même signe ; et comme leur somme 3 est positive, **elles sont toutes deux positives.**

Si $a$ est négatif, le produit des racines est négatif ; et elles sont **de signes contraires.**

Si $a = 0$, **l'une des racines est 0 ; et l'autre est 3.**

3° **Évaluation de l'expression** $x'^2 + x''^2 - 3x'x''$ **en fonction de** a.

L'expression donnée peut s'écrire :

$$x'^2 + x''^2 + 2x'x'' - 2x'x'' - 3x'x'' = (x' + x'')^2 - 5x'x'' = 9 - 5a.$$

5. *Deux nombres ont pour somme* a. *La somme du rapport du premier au deuxième et de l'inverse de ce rapport est* b·
*Quels sont ces nombres?*
*Application numérique :*

$$a = 63 \; ; \quad b = 2{,}05.$$

(B. S., Alger, 1923.)

**$1^\circ$ Calcul des 2 nombres.**

Soient $x$ et $y$ les nombres cherchés ; on peut écrire :

$$x + y = a \qquad (1)$$

$$\frac{x}{y} + \frac{y}{x} = b. \qquad (2)$$

Faisant disparaître les dénominateurs dans l'équation (2), il vient :

$$x^2 + y^2 = bxy.$$

Et, si l'on ajoute et retranche $2xy$ au premier membre

$$x^2 + y^2 + 2xy - 2xy = bxy ; \quad \text{ou} \quad (x+y)^2 - 2xy = bxy$$

et, en remplaçant $(x+y)$ par sa valeur $a$

$$a^2 - 2xy = bxy$$

ou

$$a^2 = xy(b+2) \qquad (3)$$

et

$$xy = \frac{a^2}{b+2}.$$

On connaît donc la somme et le produit des racines, ce qui permet de constituer l'équation

$$X^2 - aX + \frac{a^2}{b+2} = 0 \qquad (4)$$

La condition de réalité des racines est que le discriminant soit positif :

Soit

$$a^2 - \frac{4a^2}{b+2} \geq 0 ; \qquad \frac{a^2(b+2) - 4a^2}{b+2} \geq 0 ;$$

$$\frac{a^2 b + 2a^2 - 4a^2}{b+2} \geq 0 ; \qquad \frac{a^2 b - 2a^2}{b+2} \geq 0 ;$$

$$\frac{a^2(b-2)}{b+2} \geq 0 ; \quad \text{qui se réduit à} \quad \frac{b-2}{b+2} \geq 0$$

inégalité pour toutes les valeurs de $b$ extérieures à $+2$ et à $-2$ ; ou en d'autres termes, si l'on a

$$b \geq 2 \quad \text{ou} \quad b \leq -2.$$

Les nombres demandés seront les racines de l'équation (4).

Soit :

$$X'; \quad X'' \quad \text{ou mieux} \quad x \quad \text{et} \quad y.$$

$$\left.\begin{array}{c} x \\ y \end{array}\right\} = \frac{a \pm \sqrt{a^2 - \dfrac{4a^2}{b+2}}}{2} = \frac{a \pm \sqrt{\dfrac{a^2(b+2) - 4a^2}{b+2}}}{2}$$

$$= \frac{a}{2} \pm \frac{1}{2}\sqrt{\frac{a^2 b + 2a^2 - 4a^2}{b+2}} = \frac{a}{2} \pm \frac{1}{2}\sqrt{\frac{a^2 b - 2a^2}{b+2}}$$

$$= \frac{a}{2} \pm \frac{1}{2}\sqrt{\frac{a^2(b-2)}{b+2}} = \frac{a}{2} \pm \frac{a}{2}\sqrt{\frac{b-2}{b+2}} \; ;$$

et enfin

$$\left.\begin{array}{c} x \\ y \end{array}\right\} = \frac{a}{2}\left(1 \pm \sqrt{\frac{b-2}{2+2}}\right).$$

Si

$$b = 2, \quad x = y = \frac{a}{2}.$$

Pour

$$a = 0, \quad x + y = 0, \quad \text{d'où} \quad x = -y \; ;$$

et l'équation (3) devient

$$-y^2(b+2) = 0,$$

ce qui donne

$$b + 2 = 0 \; ;$$

et

$$b = -2 \; ;$$

il y a une infinité de solutions.

**2° Application numérique pour a = 63 et b = 2,05.**

$$\left.\begin{array}{c} x \\ y \end{array}\right. = \frac{63}{2}\left(1 \pm \sqrt{\frac{2,05 - 2}{2,05 + 2}}\right) = \frac{63}{2}\left(1 \pm \sqrt{\frac{1}{81}}\right)$$

$$= \frac{63}{2}\left(1 \pm \frac{1}{9}\right) = \begin{cases} \dfrac{63 \times 10}{2 \times 9} = 35. \\[2mm] \dfrac{63 \times 8}{2 \times 9} = 28. \end{cases}$$

Donc

$$x = 35 \; ; \quad y = 28.$$

**6.** *Dans l'exploitation d'une mine, on donne 8 fr. 50 pour abattre 1 m³ de terrain. Un entrepreneur en fait abattre 872 m³, 748, et consent à être payé de la façon suivante : trois mois après l'achèvement du travail, on doit lui payer les $\frac{5}{10}$ de la somme qu'on lui doit ; quatre mois après ce premier paiement, on doit lui donner les $\frac{35}{100}$ de la somme totale. On doit enfin payer le reste de cette somme deux mois après le second paiement. Combien de temps après l'achèvement du travail devrait-on lui payer la somme entière pour qu'il y ait équivalence entre les deux modes de paiement?*

(B. S., Besançon, 1921.)

Soient $x$ le temps demandé calculé en mois ; $r$ le $^1/_{100}$ du taux et S la somme due. Si, comme nous le supposerons, la somme était due le jour de l'achèvement du travail, la compagnie gagne et l'entrepreneur perd les intérêts durant les mois de retard. Ces intérêts doivent être égaux dans les deux modes de paiement.

L'intérêt des $\frac{5}{10}$ de la somme versée après 3 mois, est

$$\text{S} \times \frac{50}{100} \times \frac{3r}{12} \text{ ;}$$

Celui des $\frac{35}{100}$ versés après 7 mois

$$\text{S} \times \frac{35}{100} \times \frac{7r}{12} \text{ ;}$$

et enfin celui de la somme versée après 9 mois

$$\text{S} \times \frac{15}{100} \times \frac{9r}{12}.$$

Le total de ces intérêts sera donc

$$\text{S}.\frac{r}{12}\left(\frac{50 \times 3}{100} + \frac{35 \times 7}{100} + \frac{15 \times 9}{100}\right).$$

Les intérêts rapportés par la somme au bout du temps, sont

$$\text{S} \times \frac{r \times x}{12}.$$

On a donc $\text{S} \times \dfrac{r}{12}\left(\dfrac{150}{100} + \dfrac{245}{100} + \dfrac{135}{100}\right) = \text{S} \times \dfrac{rx}{12}$ ;

ou $\qquad\qquad\qquad 150 + 245 + 135 = 100r$

d'où $\qquad\qquad x = \dfrac{530}{100} = 5 \text{ mois} \dfrac{3}{10} = x = \textbf{5 mois 9 jours.}$

**7.** *Une personne achète deux barriques de vin valant
1 fr. 40 le litre ; l'une des barriques coûte 63 fr. de plus que
l'autre. Quand on a retiré de la première les $\frac{5}{13}$ de son contenu
et de la seconde le $\frac{1}{5}$, il reste dans les deux fûts la même quantité de vin. Quelle est la capacité de chaque barrique ?*

*(B. S., Caen, 1922.)*

Soient $x$ et $y$ les capacités en litres des 2 barriques.

On a

$$x \times 1{,}40 - y \times 1{,}40 = 63$$

ou $\qquad 1{,}40(x-y) = 63 \qquad$ et $\qquad x - y = 45.$ $\qquad$ (1)

Il reste dans la première les $\frac{8}{13}$ de la contenance ; et dans
la seconde les $\frac{4}{5}$.

On peut donc écrire :

$$\frac{8}{13}x = \frac{4}{5}y \qquad \text{ou} \qquad \frac{8x}{13} = \frac{8y}{10} \qquad\qquad (2)$$

$$\frac{x}{13} = \frac{y}{10} = \frac{x-y}{13-10} = \frac{45}{3}.$$

D'où

$$x = \frac{45 \times 13}{3} = \textbf{195 litres} ;$$

et

$$y = \frac{45 \times 10}{3} = \textbf{150 litres.}$$

**8.** *On fait fondre ensemble deux alliages d'argent et de
cuivre pesant le premier 220 gr. et le deuxième 340 gr., avec
20 pièces de 5 fr. en argent et 150 pièces de 1 fr. L'alliage
ainsi obtenu étant au titre 0,8376, calculer les titres des deux
premiers lingots sachant que ces titres diffèrent de 0,15 ?*

*(B. S., Besançon.)*

Soient $x$ et $y$ les titres des deux lingots, $x$ représentant le plus
élevé. On a d'abord :

$$x - y = 0{,}15 \qquad\qquad (1).$$

Le poids de l'argent dans les pièces et les lingots fondus est
représenté par

$$x \times 220 + y \times 340 + 25 \times 20 \times 0{,}900 + 150 \times 5 \times 0{,}835.$$

Celui du lingot qui en résulte par :
$$x \times 0,8376 + y \times 0,8376 + 500 \times 0,8376 + 750 \times 0,8376.$$

En égalant ces deux quantités on obtient l'équation
$$x \times 220 + y \times 340 + 500 \times 0,9 + 750 \times 0,835 = 220 \times 0,8376 + 340$$
$$\times 0,8376 + 500 \times 0,8376 + 750 \times 0,8376 \quad (2)$$

ou
$$220x + 340y = 560 \times 0,8376 - 500 \times 0,900 + 500 \times 0,8376 + 750$$
$$\times 0,8376 - 750 \times 0,835$$
$$= 560 \times 0,8376 - 500(0,900 - 0,8376) + 750(0,8376 - 0,8350)$$
$$= 560 \times 0,8376 - 500 \times 0,0624 + 750 \times 0,0026$$
$$= 469,05 - 31,20 + 1,95$$
$$= 439,806.$$

On a donc enfin
$$220x + 340y = 439,806 ;$$

et après simplifications
$$11x + 17y = 21,9903.$$

On a donc à résoudre le système
$$x - y = 0,15$$
$$11x + 17y = 21,9903.$$

On peut multiplier les deux membres de la première équation par 17 ; ce qui donne
$$17x - 17y = 2,55.$$

En additionnant cette équation avec la seconde, on obtient alors
$$11x + 17y + 17x - 17y = 21,9903 + 2,55$$
$$28x = 24,5403 ;$$

et
$$x = \frac{24,5403}{28} = 0,8764 ;$$

et
$$y = 0,8764 - 0,15 = 0,7264.$$

Remarque. — On aurait pu prendre
$$y - x = 0,15 ;$$

et en résolvant le problème par le même procédé, on trouverait
$$x = 0,6943.$$
$$y = 0,8443.$$

**9.** *Deux fermiers ont vendu ensemble du blé pour* 1.162 *fr.*50 ; *le premier en a vendu 5 hectolitres de moins que le second. Si chacun des fermiers avait vendu la moitié de la quantité totale vendue par les deux, le premier aurait reçu 540 fr. et le second 615 fr. Combien chacun des fermiers a-t-il vendu d'hectolitres et à quel prix a-t-il vendu l'hectolitre?*

(B. S., Bordeaux.)

Soient $x$ et $y$ le nombre d'hectolitres vendus par les deux fermiers, $r$ et $s$ les prix respectifs. On a :

$$rx + sy = 1162,50$$
$$y - x = 5$$
$$\left(\frac{x+y}{2}\right) r = 540$$
$$\left(\frac{x+y}{2}\right) s = 615$$

Ces quatre équations deviennent en effectuant les calculs de la troisième et de la quatrième équation

$$rx + sy = 1162,50 \qquad (1)$$
$$y - x = 5 \qquad (2)$$
$$rx + ry = 1080 \qquad (3)$$
$$sx + sy = 1230 \qquad (4).$$

En retranchant (3) de (1), on trouve :

$$y(s - r) = 82,50 \qquad (5).$$

De même, si l'on retranche (1) de (4), on obtient

$$x(s - r) = 67,50 \qquad (6) ;$$

en divisant (5) par (6)

$$\frac{y(s-r)}{x(s-r)} = \frac{82,5}{67,5} ; \quad \text{ou} \quad \frac{y}{x} = \frac{82,5}{67,5} ;$$

et en appliquant une propriété des proportions :

$$\frac{y}{y-x} = \frac{82,5}{82,5 - 67,5} = \frac{82,5}{15} ; \quad \text{mais} \quad y - x = 5.$$

Donc $\qquad \dfrac{y}{5} = \dfrac{82,5}{15} = 5,5 ; \quad$ et $\quad y = 5,5 \times 5 = 27,5$

$$x = y - 5 = 27,5 - 5 = 22,5$$

Les valeurs de $x$ et de $y$, transportées dans l'équation (3) dans laquelle on met $r$ en facteur commun

$$r(x+y) = 1080 \quad \text{ou} \quad r(27,5 + 22,5) = 1080$$
$$50r = 1080 ; \quad \text{et} \quad r = \frac{1080}{50} = 21,60.$$

On trouverait de même $s = 24,60$.

Donc, on a : $x = $ **22 hl. 5** ; $y = $ **27 hl. 5** ; $r = $ **21 fr. 60** ; $s = $ **24 fr. 60**.

**10.** *Un marchand de vin reçoit une barrique de vin qui lui revient à 225 fr. Dans le transport, un certain nombre de litres se sont perdus. Le marchand veut gagner autant pour 100 sur le prix d'achat qu'il y a eu de litres perdus. S'il établit le prix de vente sur la contenance de la barrique, il vendra le litre 1 fr.; s'il établit le prix de vente sur le contenu de la barrique, il vendra le litre 1 fr. 05.*

*Calculer d'après cela :*

*1° La contenance de la barrique.*

*2° Le nombre de litres perdus.*

*Vérifier le résultat obtenu.*        (B. S., Paris.)

Représentons par $x$ la contenance de la barrique ; et par $y$ le nombre de litres perdus.

Le prix de vente étant établi sur le contenu de la barrique, s'exprime par :        $(x-y)1,05$ ;

mais aussi par le prix d'achat augmenté du bénéfice ;

soit :
$$225+\frac{225y}{100}=225+2,25y.$$

On a donc pour première équation

$$(x-y)1,05=225+2,25y \qquad (1)$$

Le prix de vente étant établi sur la contenance, ce qui ne peut être admis qu'à la condition de remplacer les litres perdus par de l'eau (l'énoncé manque de clarté sur ce point), sera de        $x \times 1$ ;

et l'on aura comme plus haut

$$x=225+2,25y \qquad (2).$$

Si l'on retranche membre à membre ces deux égalités, il vient : $(x-y)1,05-x=0$, ou $1,05x-1,05y-x=0$ ; $1,05x-x=1,05y$ ;

$$x(1,05-1)=1,05y \ ; \ x \times 0,05 = 1,05y$$

d'où : $$x=\frac{1,05y}{0,05} \ ; \quad \text{et enfin} \quad x=21y.$$

Portons cette valeur de $x$ dans l'équation (2), on trouve $21y=225+2,25y$ ; $21y-2,25y=225$ ; $y(21-2,25)=225$ ;

$$y \times 18,75 = 225 \ ; \quad \text{et enfin} : \quad y=\frac{18,75}{225} \ ; \quad \text{d'où} : \quad y=12.$$

Cette valeur de $y$, portée de même dans l'équation (2) donnera

$$x=225+2,25 \times 12 \ ; \quad =225+27 \ ; \quad \text{et enfin} \quad x=252 \text{ litres}.$$

**Rép.** : La contenance de la barrique était **252 litres** ;

Le nombre de litres perdus était **12 litres** ;

**Vérification** : 252 litres à 1 franc font **252 francs.**

$(252-12)=240$ litres à 1,05 font **252 francs.**

**11.** *La différence des valeurs de deux pièces d'étoffe de même longueur est 126 fr. Quatre mètres de la qualité la plus chère coûtent 13 fr. 50 de plus que trois mètres de l'autre, tandis que trois mètres de la première et quatre mètres de la seconde coûtent ensemble 38 fr. 25. Trouver la longueur des pièces et le prix du mètre de chacune d'elles.*

(B. S., aspirantes, Aix et Marseille.)

Si l'on représente par $x$ la longueur commune des deux pièces ; par $y$ et $z$ le prix du mètre de chaque pièce, on pourra écrire les équations suivantes :

$$xy - xz = 126 \qquad (1)$$
$$4y - 3z = 13,50 \qquad (2)$$
$$3y + 4z = 38 \text{ fr. } 25 \qquad (3).$$

Si l'on multiplie les deux membres de l'équation (2) par 4 et ceux de l'équation (3) par 3, on obtient :

$$16y - 12z = 54$$
$$9y + 12z = 114,75.$$

En ajoutant membre à membre ces deux nouvelles équations, il vient :

$$25y = 168,75 ;$$

et

$$y = \frac{168,75}{25} = 6,75.$$

Si l'on porte cette valeur dans l'équation (3), elle devient :

$$3 \times 6,75 + 4z = 38,25$$

ou

$$20,25 + 4z = 38,25$$

d'où

$$z = \frac{38,25 - 20,25}{4} = \frac{18}{4} = 4 \text{ fr. } 50.$$

Ces deux valeurs de $x$ et de $y$ portées dans l'équation (1) donneront :

$$x(y - z) = 126$$

ou

$$x(6,75 - 4,50) = 126$$

ou encore

$$2,25x = 126$$

et

$$x = \frac{126}{2,25} = 56 \text{ mètres.}$$

**Rép.** : La longueur commune des deux pièces est de **56 mètres.**

Le prix du mètre pour chacune d'elles est **6,75** et **4,50.**

**12.** *Deux tonneaux renferment du vin. On verse du premier dans le second autant de litres qu'il y en a déjà dans celui-ci. On verse ensuite du second tonneau dans le premier autant de litres qu'il en reste dans le premier; puis, du premier dans le second, autant de litres qu'il y en avait dans celui-ci. Il reste alors 112 litres dans chaque tonneau. Combien y avait-il de litres au début dans chaque tonneau?*

(B. S., Lille, aspirantes.)

Désignons par $x$ et $y$ le nombre de litres contenus dans chacun des deux tonneaux.

Après la première opération, il y a

dans le premier $\qquad x-y$

et dans le second $\qquad 2y.$

Après la seconde,

dans le premier $\qquad 2(x-y)$

et dans le second $\qquad 2y-(x-y)=(3y-x).$

Après la troisième,

dans le premier $\qquad 2(x-y)-(3y-x)$ ou $3x-5y.$

et dans le second $\qquad (3y-x)+(3y-x)$ ou $6y-2x.$

Mais alors chaque tonneau contient 112 litres.

On a donc les 2 équations suivantes :

$$3x-5y=112 \qquad (1)$$

et $\qquad 6y-2x=112 \qquad (2)$

ce qui permet d'écrire :

$$3x-5y=6y-2x$$

d'où $\qquad 5x=11y$ et $x=\dfrac{11y}{5}.$

Cette valeur portée dans l'équation (2), donne

$$6y-\frac{22y}{5}=112 \quad\text{ou}\quad 30y-22y=560$$

$$8y=560, \quad y=\frac{560}{8}=70.$$

Si l'on donne à $y$ cette valeur dans l'équation (1), on obtient :

$$3x-5\times70=112$$

ou $\qquad 3x-350=112$

ou encore $\qquad 3x=462$

et enfin $\qquad x=\dfrac{462}{3}=154.$

**Rép.** : Les tonneaux contenaient : le premier **154 litres** et le deuxième **70 litres**.

**13.** *Un marchand a deux pièces de drap dont la première a 15 mètres de plus que la seconde, et qu'il vend aux prix respectifs de 18 fr. et de 16 fr. le mètre. Un client achète ces deux pièces de drap et, pour payer son achat, propose au marchand qui accepte, de la toile à 2 fr. 80 le mètre.*

*Le marchand gagne 3 fr. par mètre de la première pièce et 3 fr. 20 par mètre de la seconde, mais, de son côté, le client gagne 40 % sur le prix auquel il avait payé la toile. Sachant que le bénéfice du client surpasse de 120 fr. le bénéfice du marchand, trouver les longueurs des deux pièces de drap et celle de la toile cédée en échange.*

*Vérifier le résultat obtenu.*

(B. S., Paris, aspirantes.)

Soient $x+15$ et $x$ les longueurs des deux pièces de drap ; et $y$ celle de la pièce de toile. Le prix de vente des deux premières est

$$16x+18(x+15) \text{ ou } 34x+270.$$

La valeur de la pièce de toile donnée en paiement est

$$y \times 2,80.$$

On a donc une première équation

$$34x+270=y \times 2,80 \quad \text{ou} \quad 34x-2,8y=-270 \qquad (a)$$

Le bénéfice sur le drap est de

$$(x+15)3+x \times 3,20 \text{ ou } 6,2x+45$$

Le bénéfice sur un mètre de toile est

$$2,80-\frac{2,80 \times 100}{140}=2,80-2=0,80$$

et pour $y$ mètres $\qquad 0,80y.$

La différence entre les deux bénéfices étant de 120 francs, on a :

$$0,80y-6,2x-45=120 \quad \text{ou} \quad -6,2x+0,80y=120+45. \quad (b)$$

On a donc à résoudre le système

$$34x-2,8y=-270 \qquad (1)$$
$$-6,2x+0,8y=165. \qquad (2)$$

En multipliant la première par 2 ; et la seconde par 7 on obtient pour $y$ le même coefficient. Soit :

$$68x-5,60y=-540 \qquad (3)$$
$$-43,4x+5,60y=1155. \qquad (4)$$

En ajoutant (3) à (4), il vient :

$$24,6x=615 ; \quad \text{et} \quad x=\frac{615}{24,6}=25 \text{ mètres.}$$

**Portant** cette valeur dans (2), on trouve

$$-6,2 \times 25 + 0,8y = 165 \quad \text{ou} \quad -155 + 0,8y = 165$$

ou encore $\quad 0,8y = 155 + 165 = 320 \quad$ et $\quad y = \dfrac{320}{0,8} = 400$ mètres.

**Rép.** : Les longueurs demandées sont donc :

$$x + 15 = 40 \text{ mètres de drap ;}$$

$$x = 25 \text{ mètres de drap et } y = 400 \text{ mètres de toile.}$$

**Vérification** :

Prix d'achat du drap $\quad (18 - 3) \times 40 = 600$

$$(16 - 3,20) \times 25 = 320$$

Total $\qquad\qquad\qquad\qquad\qquad 920$

Prix de vente $\qquad 18 \times 40 = 720$

$$16 \times 25 = 400$$

Total $\qquad\qquad\qquad\qquad 1120$ : bénéfice $1120 - 920 = 200$.

Prix d'achat de la toile $\quad (2,80 - 0,80)400 = 800$.

Prix de vente $\quad 2,8 \times 400 = 1120$ bénéfice : $1120 - 800 = 320$.

Différence entre les bénéfices : $\quad 320 - 200 = \mathbf{120}$.

---

**14.** *On a une somme de 520 fr. en pièces d'argent de 5 fr. de 2 fr. et de 1 fr. Placées bout à bout, ces pièces formeraient une longueur de 5 m. 486 ; fondues ensemble elles donneraient un alliage au titre de 0,875. Trouver le nombre des pièces de 5 fr., de 2 fr. et de 1 fr., sachant que leurs diamètres respectifs sont de 37 mm., 27 mm. et 23 mm.*

(B. S., Poitiers.)

Soient $x$, $y$ et $z$ les nombres de pièces de 5 fr., de 2 fr. et de 1 fr. On a d'abord l'équation :

$$5x + 2y + z = 520.$$

La longueur donnée par les pièces mises bout à bout, exprimée en millimètres, donne une deuxième équation :

$$37x + 27y + 23z = 5486.$$

Le poids du métal fin de l'alliage résultant étant égal à celui que contiennent les pièces, on peut écrire une troisième équation

$$x \times 25 \times 0,900 + y \times 10 \times 0,835 + 5z \times 0,835 = (25x + 10y + 5z)0,875 :$$

qui peut s'écrire :

$$25x \times 0,900 + 0,835(10y + 5z) = 5(5x + 2y + z)0,875.$$

On a donc à résoudre le système

$$5x + 2y + z = 520 \qquad (1)$$

$$37x + 27y + 23z = 5486 \qquad (2)$$

$$0,9 \times 25x + 0,835 \times 5(2y + z) = 5(5x + 2y + z)0,875 \qquad (3)$$

En divisant par 5 les deux membres de l'équation (3), il vient :

$$0,9 \times 5x + 0,835(2y + z) = (5x + 2y + z)0,875 \ ;$$

mais $\qquad 5x + 2y + z = 520, \qquad$ équation (1),

et si l'on tire de (1), la valeur de

$$2y + z = 520 - 5x, \qquad \text{l'équation (3)}$$

devient : $\qquad 0,9 \times 5x + 0,835(520 - 5x) = 520 \times 0,875$

ou $\qquad 0,900 \times 5x + 0,835 \times 520 - 0,835 \times 5x = 520 \times 0,875 \ ;$

et $\qquad 0,900 \times 5x - 0,835 \times 5x = 520 \times 0,875 - 520 \times 0,835 \ ;$

et encore $\qquad 5x(0,900 - 0,835) = 520(0,875 - 0,835)$

$$5x \times 0,065 = 520 \times 0,04 \ ; $$

$$x \times 0,065 = 104 \times 0,04$$

et enfin $\qquad x = \dfrac{104 \times 0,04}{0,065} = 64$ pièces de 5 francs.

S l'on porte la valeur de $x$ dans les équations (1) et (2), on trouve :

$$320 + 2y + z = 520 \quad \text{ou} \quad 2y + z = 200 \qquad (4)$$

$$2368 + 27y + 23z = 5486 \quad \text{ou} \quad 27y + 23z = 3118 \qquad (5)$$

Multiplions la première de ces deux équations par 23, elle devient :

$$46y + 23z = 4600$$

$$27y + 23z = 3118$$

Si l'on retranche membre à membre ces deux équations il vient :

$$46y - 27y = 4600 - 3118 \quad \text{ou} \quad 19y = 1482$$

et $\qquad y = \dfrac{1482}{19} = 78$ pièces de 2 francs.

Portons cette valeur de $y$ dans (4), on a :

$$156 + z = 200$$

ou $\qquad z = 200 - 156 = 44$ pièces de 1 franc.

**Rép. : Les nombres demandés sont donc :**

**64 pièces de 5 francs ; 78 pièces de 2 francs ;**
**44 pièces de 1 franc.**

**Vérification :**

$$5x + 2y + z = 520 \quad \text{ou} \quad 320 + 156 + 44 = 520.$$

**15.** *A du vin à 32 fr. l'hectolitre et contenant 10 % d'alcool on veut ajouter de l'eau et de l'esprit de vin coûtant 60 fr. l'hectolitre et contenant 80 % d'alcool, de manière à élever le litre de 1 degré tout en abaissant le prix du mélange à 30 fr. l'hectolitre. Quelle opération faut-il faire sur 36 hectolitres du vin primitif?*

(B. S., Aix et Marseille.)

Soient $x$ a quantité d'eau, $y$, celle de l'esprit de vin ; le prix du mélange égal à celui de la marchandise employée donnera une première équation, 36 étant la quantité de vin à 32 francs l'hl.

$$36 \times 32 + 60y = (36 + x + y)30.$$

Le titre du mélange donnera une deuxième équation

$$36 \times 0,1 + y \times 0,80 = (36 + x + y)0,11 ;$$

et après réduction, et calculs, il reste à résoudre le système suivant :

$$x - y = 2,40 \qquad (1)$$

et

$$-11x + 69y = 36 \qquad (2)$$

Multiplions par 11, les 2 membres de l'équation (1), elle devient :

$$11x - 11y = 26,40.$$

Ajoutons membre à membre cette nouvelle équation à (2), on trouve :

$$58y = 62,40 ; \quad \text{et enfin} \quad y = \frac{62,4}{58} = 1 \text{ hl. } 076.$$

Cette valeur, portée dans l'équation (1), donne

$$x - 1,076 = 2,4 ; \quad \text{et} \quad x = 2,4 + 1,076 = 3,476.$$

**Rép.** : La quantité d'eau sera de **3 hl. 476.**
— d'esprit de vin sera de **1 hl. 076.**

**16.** *En admettant que la population de la France reconstituée par le traité de Versailles soit de 38 millions d'habitants le 1er janvier 1920, que les mesures ayant pour but d'encourager la repopulation aboutissent à un accroissement permanent du nombre des habitants, on demande quelle sera la population de la France le 31 décembre 1935 si cet accroissement peut être évalué à la fin de chaque année au $\frac{1}{100}$ du nombre des habitants au commencement de la même année?*

(B. S., Lille, aspirants.)

Désignons par $a$ la population de la France en 1920, au 1er janvier 1921, elle sera

$$a + \frac{a}{100} = a\left(1 + \frac{1}{100}\right) = \frac{a \times 101}{100} = a \times 1,01 ;$$

au $1^{er}$ janvier 1922, elle sera de même :

$$a \times 1,01 + \frac{a \times 1,01}{100} = a \times 1,01 \left( 1 + \frac{1}{100} \right) = a \times 1,01 \times 1,01 = a \times \overline{1,01}^2$$

Au $1^{er}$ janvier 1935, c'est-à-dire après 16 ans, elle sera donc :

$$a \times (1,01)^{16} = 38 \times 10^6 \times \overline{1,01}^{16}.$$

Et si l'on appelle $P_{16}$ la population au 31 décembre 1935 on aura :

$$P_{16} = 38 \times 10^6 \times \overline{1,01}^{16}.$$
$$\text{Log } P_{16} = \log 38 + 6 \log 10 + 16 \log 1,01$$
$$= 1,57978 + 6 + 0,0691424$$
$$= 7,64892$$

D'où $P_{16} = \textbf{44.558.000 habitants}$, à quelques milliers près.

**17.** *Deux fermiers ont vendu ensemble du blé pour 4.650 fr. ; le premier a vendu 5 hectolitres de moins que le second. Si chacun des fermiers avait vendu la moitié de la quantité totale vendue par les deux, le premier aurait reçu 2.160 fr. et le deuxième 2.460 fr. Combien chacun des fermiers a-t-il vendu d'hectolitres et à quel prix a-t-il vendu l'hectolitre ?*

(B. S., Montpellier, 1920.)

Désignons par $x$ le nombre d'hectolitres vendus par le premier fermier, par $y$ le prix de vente de l'hectolitre, par $z$ celui de vente de l'hectolitre du deuxième. Le nombre d'hectolitres vendu par celui-ci étant de $x+5$, on peut écrire

$$xy + (x+5)z = 4650. \tag{1}$$

On a aussi, d'après l'énoncé :

$$\left( \frac{2x+5}{2} \right) y = 2160 \tag{2}$$

$$\left( \frac{2x+5}{2} \right) z = 2460 \tag{3}$$

En effectuant les calculs dans l'équation (1), on trouve :

$$xy + xz + 5z = 4650. \tag{4}$$

De même les équations (2) et (3) donnent :

$$2xy + 5y = 4320 ; \quad \text{et} \quad xy = \frac{4320 - 5y}{2}.$$

$$2xz + 5z = 4920 ; \quad \text{et} \quad xz = \frac{4920 - 5z}{2}.$$

En portant dans (1) les valeurs de $xy$ et de $xz$, il vient :

$$\frac{4320-5y}{2}+\frac{4920-5z}{2}+5z=4650 ;$$

ou
$$4320-5y+4920-5z+10z=9300 ;$$
$$10z-5z-5y=9300-4320-4920 ;$$

$$5z-5y=60 \quad \text{ou} \quad 5(z-y)=60 ; \quad \text{et enfin} \quad (z-y)=12 \quad (5)$$

Si d'autre part on divise (3) par (2), on obtient :

$$\frac{z}{y}=\frac{246}{216} ;$$

ce qui peut s'écrire :
$$\frac{z}{246}=\frac{y}{216}=\frac{z-y}{246-216}=\frac{z-y}{30} \qquad (4)$$

Mais (5)
$$z-y=12 ;$$

on a donc
$$\frac{z}{246}=\frac{12}{30} ; \quad \text{et} \quad z=\frac{246\times 12}{30}=98,50.$$

Portant cette valeur dans (5), il vient
$$98,40-y=12 \quad \text{ou} \quad y=98,4-12=86,40.$$

Cette valeur transportée dans l'équation (2) donne $x=22,50$.

**Rép.** : Le premier fermier a donc vendu : **22 hl. 50** à **86 fr. 40** l'hectolitre ;

Le second **27 hl. 50** à **98 fr. 40** l'hectolitre.

---

**18.** *Deux lingots formés d'un alliage d'or et de cuivre, ont pour titres 0,7 et 0,8. Le rapport du poids du premier à celui du deuxième est $\frac{3}{7}$. — Calculer le poids de ces lingots, sachant qu'en les fondant avec un troisième lingot au titre de 0,88 et pesant 100 grammes, on obtient un lingot au titre de 0,82.*

*On veut réduire le lingot ainsi obtenu en une feuille de forme carrée ayant $0^{m}_{m}25$ d'épaisseur. Quelle sera la longueur du côté du carré ?*

*On suppose que la densité de l'alliage est 18,5.* (B. S., Aix.)

1° **Calcul des poids des deux lingots.**

Soient $x$ et $y$ les poids des deux lingots ; leur rapport étant $\frac{3}{7}$, nous avons l'équation : $\frac{x}{y}=\frac{3}{7}$ (1), d'où $x=\frac{3y}{7}$.

L'autre équation nous est donnée par la matière précieuse (or pur) contenue dans les trois lingots primitifs et dans le lingot obtenu en les fondant ensemble. On a donc :

$$x\times 0,7+y\times 0,8+100\times 0,88=(x+y+100)\times 0,82. \qquad (2)$$

Après calculs et réductions, cette équation devient :
$$0,12x+0,02y=6.$$

En remplaçant $x$ par sa valeur tirée de (1),

on a :
$$\frac{0,12 \times 3y}{7} + 0,02y = 6$$

qui donne
$$y = 84 \text{ grammes}$$

par suite
$$x = \frac{3 \times 84}{7} = 36 \text{ grammes.}$$

2° Calcul du côté de la feuille carrée obtenue.

Le poids du lingot obtenu par la fonte des trois premiers est de :
$$36 + 84 + 100 = 220 \text{ grammes.}$$

La densité de l'alliage étant 18,50, son volume est de :
$$220 : 18,50 = 1 \text{ cm}^3 \ 189189 \text{ ou } 11.891 \text{ mm}^3, 891.$$

La surface de la feuille carrée obtenue sera de
$$11.891,891 : 0,25 = 47.567 \text{ mm}^2, 5675$$

En appelant $x$ le côté de ce carré, on a :
$$x = \sqrt{47.567,5675} = 218 \text{ mm. } 10.$$

Rép. : Le poids du 1er lingot est de : 36 grammes.

—      2e  — est de : 84  —

Le côté du carré obtenu est de : 218 mm. 10.

**19.** *Deux lingots A et B, composés d'alliages d'argent et de cuivre à des titres différents, ont respectivement pour volumes 327 cm³ 18 et 137 cm³ 34 ; le rapport de leurs titres est $\frac{6}{7}$ ; le rapport de leurs poids est $\frac{7}{3}$.*

*Trouver les poids et les titres de ces deux lingots sachant que la densité de l'argent est 10,5 et celle du cuivre 8,9.*

*N. B. — On établira tout d'abord que le poids d'argent contenu dans le premier lingot est le double du poids d'argent contenu dans le second lingot.*

*Les solutions purement algébriques sont admises.*

(B. S., Allier, aspirants, mars 1920.)

Nous établirons d'abord que le poids d'argent contenu dans le premier lingot est le double de celui qui est contenu dans le second.

Le rapport des titres est $\frac{6}{7}$ ou $\frac{0,600}{0,700}$ ; celui des poids est de $\frac{7}{3}$, c'est-à-dire qu'un poids de 7 kg. dans le premier correspond à 3 kg. dans le second. Or 7 kg. d'alliage à 0,6 donnent
$$0,60 \times 7 = 4,2 \text{ d'argent ;}$$

et 3 kg. à 0,7, donnent $\quad 0,70 \times 3 = 2,1$

qui est précisément la moitié de 4 kg. 2.

Représentons par $x$ le poids d'argent contenu dans le second lingot, celui contenu dans le premier sera $2x$. Et, en tenant compte du rapport des poids, nous appellerons $7y$ le poids du premier et $3y$ celui du second.

Le volume 327 cm³ 18 du premier est la somme des volumes de métaux qui entrent dans l'alliage. On peut donc écrire :

$$\frac{2x}{10,5} + \frac{7y-2x}{8,9} = 327,18. \tag{1}$$

De même on a pour le second

$$\frac{x}{10,5} + \frac{3y-x}{8,9} = 137,34. \tag{2}$$

Multiplions les 2 membres de l'équation (2) par 2, elle devient

$$\frac{2x}{10,5} + \frac{6y-2x}{8,9} = 274,68. \tag{3}$$

Retranchons (3) de (1), il vient :

$$\frac{y}{8,9} = 52,50 ;$$

d'où l'on tire :      $y = 8,90 \times 52,5 = 467,25.$

Portons cette valeur de $y$ dans l'équation (2) ; il vient après calculs et réductions

$$x = 1177,47 \quad \text{et} \quad 2x = 2354,94$$
$$7y = 467,25 \times 7 = 3270 \text{ gr. } 75.$$
$$3y = 467,25 \times 3 = 1401 \text{ gr. } 75.$$

Le titre du premier lingot est : $t = \dfrac{2354,94}{3270,05} = 0,720 ;$

et celui du second      $t' = \dfrac{1177,47}{1401,75} = 0,840.$

**Vérification :**    $\dfrac{t}{t'} = \dfrac{0,720}{0,840} = \dfrac{6}{7}.$

$$\frac{7y}{3y} = \frac{P}{P'} = \frac{3270,75}{1401,75} \text{ sensiblement } \frac{7}{8}.$$

**20.** *Les élèves d'une école des filles, pour remédier à la cherté de la vie, ont élevé, en 1919, des poules, des canards et des lapins.*

*Ces animaux, achetés très jeunes, au printemps, ont été vendus à la fin de l'année.*

*Le prix d'achat moyen a été de 10 fr. pour une poule, de 4 fr. pour un canard, de 2 fr. pour un lapin, et le prix de vente moyen a été de 18 fr. pour une poule, de 12 fr. pour un canard et de 13 fr. pour un lapin. Les poules ont pondu 221 œufs, que les élèves ont vendus à raison de 10 fr. le ½ quar-*

*teron (13 œufs). La basse-cour et les clapiers ont été installés par la municipalité sans frais pour l'école, et les animaux ont été nourris avec les résidus de la cuisine apportés par les élèves, mais l'école a dû acheter des provisions pour compléter la nourriture des poules et des canards, qui lui ont coûté 5 fr. par poule et 1 fr. par canard. Le bénéfice de l'élevage, versé par les élèves à l'association des pupilles de l'école publique, a été de 656 fr.*

*La directrice de l'école a compté que si ses élèves avaient élevé deux fois moins de canards et deux fois plus de lapins elles auraient pu verser 944 fr. et que si elles avaient élevé deux fois plus de canards et deux fois moins de lapins le bénéfice n'aurait été que de 575 fr.*

*On demande combien l'école a élevé de poules, de canards et de lapins.* (B. S., Lille, 1920.)

La vente des œufs a donné $\dfrac{221}{13} \times 10 = 170$ francs,

somme qui doit être retranchée du bénéfice total dans les trois cas.

Le bénéfice sur une poule est de $\quad 18-10-5 = \;3$ francs.

$\quad$ — $\qquad$ — un canard $\quad$ — $\qquad 12 - 4 - 1 = \;7 \quad$ —

$\quad$ — $\qquad$ — un lapin $\quad$ — $\qquad 13 - 2 \quad = 11 \quad$ —

Si l'on désigne par $x$, $y$ et $z$ le nombre des poules, celui des canards, et celui des lapins, on peut écrire :

$1^{er}$ cas : $\qquad 3x + 7y + 11z = 656 - 170 = 486.$

$2^e$ cas : $\qquad 3x + \dfrac{7y}{2} + 22z = 944 - 170 = 774.$

$3^e$ cas : $\qquad 3x + 14y + \dfrac{11z}{2} = 575 - 170 = 405.$

Ce qui donne le système $3x + 7y + 11z = 486 \qquad (1)$

$$3x + \frac{7y}{2} + 22z = 774 \qquad (2)$$

$$3x + 14y + \frac{11z}{2} = 405 \qquad (3)$$

En éliminant $x$ par soustraction entre (2) et (1) ; puis entre (1) et (3) on trouve :

$$11z - 7\frac{y}{2} = 288 \qquad (4)$$

$$\frac{11z}{2} - 7y = 81. \qquad (5)$$

Multiplions (5) par 2, elle devient :

$$11z - 14y = 162. \qquad (6)$$

Cette nouvelle équation combinée par soustraction avec (4), élimine $z$ ; et l'on obtient :

$$14y - 7\frac{y}{2} = 126 \quad \text{ou} \quad 28y - 7y = 252$$

ou encore :    $21y = 252$ ;    et enfin :    $y = \dfrac{252}{21} = 12.$

Portons cette valeur de $y$ dans (5), on trouve

$$11\frac{z}{2} - 84 = 81 \quad \text{ou} \quad \frac{11z}{2} = 165.$$

D'où :                    $11z = 330$ ;    et $z = 30.$

Les valeurs trouvées pour $y$ et $z$ portées dans l'une quelconque des équations (1), (2) ou (3) donnent pour $x$ la valeur $x = 24.$

**Rép.** : Il y avait donc 24 poules, 12 canards et 30 lapins.

21. *Trois mobiles parcourent la même route ABCX dans le même sens AX ; le premier A fait 48 kilomètres à l'heure ; le deuxième B fait 32 kilomètres à l'heure ; et le troisième C fait 44 kilomètres ; de plus, le premier part une heure après les deux autres qui partent en même temps.*
*Sachant que la distance AB égale 28 kilomètres et la distance BC = 58 kilomètres, trouver le chemin parcouru par le mobile A quand il se trouvera à égale distance des deux autres, et la distance qui l'en séparera.*

(B. S., Lille, aspirantes.)

Soient $x$ le chemin que doit parcourir le mobile A pour arriver au point milieu de la distance entre les mobiles B et C ; et $y$ le temps qu'il mettra pour parcourir ce trajet.

On a :                    $\dfrac{x}{48} = y.$

Au moment du départ de A le mobile B se trouve à une distance du point A égale à $28 + 32 = 60$ km. ; et le mobile C à une distance $28 + 58 + 44 = 130$ km.

A •————————————■————————■————————■————————————————→ X
                       B          M          C

Si B et C s'arrêtaient à ce moment, le mobile A, pour atteindre le point M milieu entre B et C devrait parcourir la distance qui le sépare de B, augmentée de la demi-distance entre B et C. Soit

$$28 + 32 + \frac{130 - 60}{2} = 60 + 35 = 95 \text{ km.}$$

Les 3 mobiles sont maintenant en marche. Le mobile A doit d'abord atteindre le mobile B ; puis le dépasser de la demi-distance qui sépare B et C. Mais cette distance augmente à chaque heure de $44-32=12$ km., dont le mobile A doit gagner la moitié c'est-à-dire 6 km. Après $y$ heures il devra donc gagner $6y+95$ km. Or, il gagne par heure sur B $48-32=16$ km. On a donc l'équation

$$y(48-32)=y\left(\frac{44-32}{2}\right)+95, \quad \text{ou} \quad 16y=6y+95$$

ou encore :  $\quad 10y=95$ ;  d'où :  $y=9$ h. 50

Ce qui permet de calculer $x$ ;

car $\qquad \dfrac{x}{48}=9$ h. 50 ;  et  $x=48\times 9,5=456$ km.

Le mobile B est alors à une distance du point A égale à
$$28+32+32\times 9,5=364 \text{ km.}$$
et à une distance du mobile A égale à  $456-364=92$ km.

Le mobile C est à une distance du point A qui égale
$$28+58+44+44\times 9,5 \quad \text{ou} \quad 130+418=548 \text{ km.}$$
et à une distance du mobile A égale à  $548-456=92$ km.

Rép. Le mobile A a parcouru **456 kilomètres**
et sa distance aux mobiles B et C est **92 kilomètres**.

*22. Une automobile part de A pour se rendre en B, en suivant une route qui comprend des parties plates, des montées et des descentes. A l'aller, dans le sens AB, la longueur des montées est les $4/5$ de celles des descentes. La voiture a une vitesse de 40 kilomètres à l'heure en terrain plat, 25 kilomètres en montées, et 50 kilomètres aux descentes. La distance AB est de 85 kilomètres. Sachant qu'au retour de B à A, elle met 6 minutes de plus qu'à l'aller, calculer le temps que met la voiture pour aller de A à B.*        (B. S., Dijon, 1920.)

Soient $x$ la longueur de la route en terrain plat, $y$ celle des montées et $z$, celle des descentes. On a d'abord :
$$x+y+z=85 \text{ km.}$$

La différence de temps entre l'aller et le retour étant de 6 m.

ou $\dfrac{1}{10}$ d'heure, on peut écrire, en considérant que les montées à l'aller deviennent des descentes au retour

$$\left(\frac{x}{40}+\frac{y}{50}+\frac{z}{25}\right)-\left(\frac{x}{40}+\frac{y}{25}+\frac{z}{50}\right)=\frac{1}{10}$$

et après réductions $\quad \dfrac{z}{50}-\dfrac{y}{50}=\dfrac{1}{10}$ ou $\dfrac{z}{50}-\dfrac{y}{50}=\dfrac{5}{50}$

ou encore $\qquad\qquad z-y=5.$

D'autre part on a : $y = \dfrac{4}{5}z$ ou $5y - 4z = 0$.

On a donc à résoudre le système

$$x + y + z = 85 \qquad (1)$$
$$-y + z = 5 \qquad (2)$$
$$5y - 4z = 0. \qquad (3)$$

Multipliant (2) par 5 et combinant par addition avec (3), on trouve : $z = 25$.

Portons cette valeur dans (2), il vient $y = 20$.

En substituant dans (1) à $z$ et $y$ leurs valeurs, on obtient enfin :

$$x + 20 + 25 = 85 \; ; \quad \text{et} \quad x = 85 - 45 = 40.$$

Il y a donc à l'aller 25 km. de descente ; 20 km. de montées ; 40 km. de terrain plat.

Le temps mis pour l'aller est :

$$\frac{x}{40} + \frac{y}{25} + \frac{z}{50} = \frac{40}{40} + \frac{20}{25} + \frac{25}{50} = 1\,\text{h.} + \frac{20}{25} + \frac{25}{50}$$

ou $\qquad 1\,\text{h.} + \dfrac{40}{50} + \dfrac{25}{50} = 2\dfrac{3}{10}$ ou 2 h. 18 m.

28. *Un cycliste parcourt une route composée d'une montée, d'un palier horizontal et d'une descente, le tout en 4 h. ¼. La vitesse en montée est les $\dfrac{2}{3}$ de celle en palier et la moitié de celle en descente. Au retour le cycliste emploie 4 h. ½, conservant respectivement les mêmes vitesses que précédemment quand il monte, descend ou se meut horizontalement. Enfin il accomplit une troisième fois le trajet dans le premier sens, mais cette fois contrarié par le vent, ce qui réduit sa vitesse aux $\dfrac{2}{3}$ de ce qu'elle était précédemment en montée, aux $\dfrac{4}{5}$ en palier et aux $\dfrac{5}{6}$ en descente. La durée du trajet est alors 5 h. ³/₄.*

*Quelle est la longueur de chacune des parties de la route sachant que la vitesse en palier sans vent est 18 kilomètres?*

(B. S., Poitiers, 1921.)

Soient $x$, $y$ et $z$, les longueurs des trajets en montée, en palier et en descente.

La vitesse en palier est 18 km.

$$\text{— en montée} = \frac{18 \times 2}{3} = 12 \text{ km.}$$

$$\text{— en descente} = 12 \times 2 = 24 \text{ km.}$$

Le temps de la première course sera donc :

$$\frac{x}{12}+\frac{y}{18}+\frac{z}{24}=\frac{17}{4} \quad \text{ou} \quad 6x+4y+3z=17\times18=306.$$

Au retour, la montée devient descente et réciproquement. Le temps de cette seconde course sera :

$$\frac{x}{24}+\frac{y}{18}+\frac{z}{12}=\frac{9}{2} \quad \text{ou} \quad 3x+4y+6z=9\times36=324.$$

Enfin, au troisième voyage, à cause du vent, les vitesses se réduisent, pour la montée, à $12\times\dfrac{2}{3}=8$ km.

$$\text{— le palier,} \qquad \text{à} \qquad \frac{18\times4}{5}=14 \text{ km. } 4.$$

$$\text{— la descente,} \qquad \text{à} \qquad \frac{24\times5}{6}=20 \text{ km.}$$

Le temps de ce troisième parcours sera donc :

$$\frac{x}{8}+\frac{10y}{144}+\frac{z}{20}=\frac{23}{4}\ ; \quad \text{ou} \quad 90x+50y+36z=4140.$$

On a par conséquent, à résoudre le système :

$$6x+4y+3z=306 \qquad\qquad (1)$$
$$3x+4y+6z=324 \qquad\qquad (2)$$
$$90x+50y+36z=4140. \qquad\qquad (3)$$

Éliminant $x$ par soustraction entre (1) et (2) après avoir multiplié par 2 les 2 membres de l'équation (2) ; et ensuite en (1) et (3) après avoir multiplié par 15 les 2 membres de (1), on arrive au système :

$$4y+9z=342 \qquad\qquad (4)$$
$$10y+9z=450 \qquad\qquad (5)$$

On élimine de même $z$ et l'on trouve :

$$6y=108. \quad \text{D'où l'on tire} \quad y=\frac{108}{6}=18 \text{ km.}$$

Cette valeur portée dans (4) donne :

$$9z=342-72=270 \quad \text{ou} \quad z=\frac{270}{9}=30.$$

Et enfin ces valeurs de $y$ et de $z$ portées dans (1) donnent :

$$6x+72+90=306 \quad \text{ou} \quad 6x=306-162=144$$

$$\text{et enfin} \qquad x=\frac{144}{6}=24 \text{ km.}$$

**Rép.** La longueur en montée   est **24 kilomètres.**
    —        en palier    —   **18**    —
    —        en descente  —   **30**    —

**24.** *Le même jour, deux trains ont été dirigés de Paris sur Tours : le premier, A, est parti à 8 heures avec une vitesse de 51 kilomètres à l'heure ; le second, B, est parti à 8 h. 20 avec une vitesse de 45 kilomètres. La distance de Paris à Tours est de 237 kilomètres. On demande : 1° à quelle heure le train A sera à égale distance du train B et d'un troisième train, C, parti à 8 heures de Tours, pour aller à Paris avec une vitesse de 54 kilomètres à l'heure ; 2° à quelle distance de Paris, les trois trains se trouveront à ce moment-là.* (**B. S.**, Paris, 1920.)

**1° Calcul de l'heure demandée.**

$$A \blacksquare\!\!-\!\!-\!\!-\!\!-\!\!-\!\!\blacksquare\!\!-\!\!-\!\!\overset{\text{C}}{\blacksquare}\!\!-\!\!-\!\!-\!\!\blacksquare\!\!-\!\!-\!\!-\!\!-\!\!-\!\!\blacktriangleright B$$

Soit AB la ligne figurant la route. C, le point où le train de Paris est à égale distance des deux autres, D et E la position de ces deux autres trains.

On doit avoir $CD = CE$ ; or, $CD = AC - AD$.

Et, si l'on désigne par $x$ le nombre d'heures correspondant au trajet AC,

on aura : $\qquad AC = 51x$ et $AD = 45\left(x - \dfrac{1}{3}\right),$

en remplaçant 20 minutes par $\dfrac{1}{3}$ d'heure.

Donc $\qquad AC - AD = CE = 51x - 45\left(x - \dfrac{1}{3}\right).$

De même $\qquad CE = BC - BE.$

Or : $\qquad BC = 237 - 51x$ et $BE = 54x.$

Par suite : $\quad BC - BE = CE = (237 - 51x) - 54x.$

On a donc l'équation suivante :

$$51x - 45\left(x - \dfrac{1}{3}\right) = (237 - 51x) - 54x$$

$$51x - 45x + 15 = 237 - 105x ;$$

et après réductions : $\quad 111x = 222$ d'où : $x = \dfrac{222}{111} = 2$ heures.

C'est donc à $8^h + 2$ ou **10 heures** que les trains seront dans la position demandée.

**2° Calcul des distances demandées.**

Le train A est à une distance de Paris égale à

$$51 \times 2 = \mathbf{102\ km.}$$

Le train B à $45\left(2 - \dfrac{1}{3}\right)$ ou $\dfrac{45 \times 5}{3} = \mathbf{75\ km.}$

Le train C à $237 - 54x$ ou $= 237 - 108 = \mathbf{129\ km.}$

**25.** *Une route reliant deux localités A et B présente des parties horizontales, des montées, des descentes. La distance AB est égale à 78 kilomètres et, quand on marche dans le sens AB, la longueur des descentes est les $^7/_{10}$ de la longueur des montées. Un cycliste qui a une vitesse de 25 kilomètres à l'heure en terrain horizontal, 15 kilomètres à l'heure en montée et 30 kilomètres à l'heure en descente, va de A à B et revient de B à A. Sachant que la différence de temps qu'il a mis pour faire les deux trajets est de 24 minutes, on demande :*

*1° La longueur des montées et des descentes en allant de A à B ;*

*2° Le temps employé pour aller de A en B et de B en A.*

(B. S., Nancy.)

**1° Longueur des montées et des descentes.**

Représentons par $x$ la longueur du trajet horizontal, $y$ celle des montées, et $z$ celle des descentes. On a d'abord

$$x+y+z=78 ; \quad \text{puis} \quad z=\frac{7}{10}y \quad \text{ou} \quad 10z=7y.$$

Le temps de l'aller sera :

$$\frac{y}{15}+\frac{x}{25}+\frac{z}{30}.$$

Celui du retour qui sera plus court puisque les montées à l'aller deviennent des descentes au retour, sera :

$$\frac{y}{30}+\frac{x}{25}+\frac{z}{15},$$

Et la différence entre ces deux temps :

$$\frac{y}{15}+\frac{x}{25}+\frac{z}{30}-\frac{y}{30}-\frac{x}{25}-\frac{z}{15}=\frac{24}{60} \quad \text{ou} \quad \frac{4}{10} \text{ d'heure} ;$$

ou :

$$\frac{y}{15}-\frac{y}{30}+\frac{z}{30}-\frac{z}{15}=\frac{4}{10};$$

et après réductions :  $\quad y-z=12.$

On a donc à résoudre le système :

$$x+y+z=78 \qquad (1)$$
$$10z=7y \qquad (2)$$
$$y-z=12. \qquad (3)$$

Tirant la valeur de $y$ successivement des équations (2) et (3) il vient :

$$12+z=\frac{10z}{7} \quad \text{ou} \quad 84+7z=10z \quad \text{et} \quad 3z=84, \quad \text{d'où} \quad z=28 \text{ km.}$$

Si l'on porte cette valeur de $z$ dans (2), on trouve

$$280 = 7y ; \quad \text{et} \quad y = 40 \text{ km.}$$

L'équation (1) devient alors :

$$x + 40 + 28 = 78, \quad x = 10 \text{ km.}$$

**Rép.** Le trajet en montée     est donc   **40 km.** à l'aller.

     —     en terrain plat    —     **10**    —

     —     en descente    —     **28**    —

**2° Temps employé pour aller de A en B et de B en A.**
Pour l'aller :

$$\frac{y}{15} + \frac{x}{25} + \frac{z}{30} \quad \text{c'est-à-dire} \quad \frac{40}{15} + \frac{10}{25} + \frac{28}{30} = 4h.$$

Le temps du retour sera donc de

$$4 \text{ h.} - 24\text{m.} = 3 \text{ h. } 36 \text{ m.}$$

**Rép.** : Les temps demandés sont pour l'aller    **4 heures.**

    —    —    —     —    — le retour   **3 h. 36 m.**

**26.** *Deux trains partent en même temps de deux villes A et B et vont à la rencontre l'un de l'autre. Le train qui part de A fait 10 kilomètres à l'heure de plus que l'autre, mais il subit un arrêt de 15 minutes après chaque heure de marche. L'autre n'a qu'un seul arrêt de 12 minutes.*

*Les trains se rencontrent, 5 heures après leur départ, au milieu de AB. Trouver la vitesse de chaque train et la distance des deux villes.*

(B. S., Toulouse.)

Soit $x$ la vitesse du train parti de B, celle de l'autre train sera

$$(x + 10).$$

Le train parti de A, ayant eu 4 arrêts de 15 minutes, soit au total 60 minutes, n'a marché en réalité que 4 heures sur cinq.

Il a donc parcouru :

$$(x + 10)4$$

L'énoncé ne dit pas si les 12 minutes d'arrêt du train parti de B doivent être prises sur les cinq heures, ou si cet arrêt s'est produit à l'arrivée. Nous nous arrêterons au premier cas.

Le train parti de B a donc parcouru

$$x \times 4\text{h.} \frac{48}{60} \quad \text{ou} \quad x \times \frac{288}{60}.$$

Le point de rencontre étant situé au milieu de AB, ces deux distances sont égales ; et on a

$$(x+10)4=\frac{x \times 288}{60} ; \quad \text{ou} \quad (x+10)=\frac{72x}{60}$$

et $\qquad 60x+600=72x \quad \text{ou} \quad 12x=600$

d'où $\qquad x=\frac{600}{12}=50 \text{ km.}$

**Rép.** : Les vitesses des trains sont donc **50 km.** et $50+10=$**60 km.**

**27.** *Un bateau descend une rivière sur un parcours de 28 km. $\frac{1}{2}$, puis la remonte sur un parcours de 22 km. $\frac{1}{2}$. Le voyage dure 8 heures. Quelle est la vitesse propre de ce bateau, c'est-à-dire la vitesse qu'il aurait en eau dormante, sachant que la vitesse du courant de la rivière est de 2 km. $\frac{1}{2}$ à l'heure ?*

(B. S., Lille.)

Soit $x$ la vitesse propre du bateau.

A la descente la vitesse du courant s'ajoute à la vitesse propre du bateau. Elle est donc $x+2,5$

Lorsque le bateau remonte, au contraire la vitesse du courant diminue la vitesse propre qui devient alors

$$x-2,5.$$

Le temps de la descente sera donc le quotient du trajet 28 km. 5 par la vitesse $x+2,5$,

soit : $\qquad \dfrac{28,5}{x+2,5}.$

Le temps du retour sera de même :

$$\frac{22,5}{x-2,5}.$$

La somme de ces deux temps étant de 8 heures on peut écrire

l'équation : $\qquad \dfrac{28,5}{x+2,5}+\dfrac{22,5}{x-2,5}=8$

qui donne pour racines

$$7 \quad \text{et} \quad \frac{5}{8}.$$

La première seule est acceptable.

**Rép.** : La vitesse propre du bateau est de **7 kilomètres.**

**28.** *Un aéroplane volant dans le vent met 4 heures pour parcourir une certaine distance. L'appareil et le vent étant supposés conserver les mêmes vitesses propres, l'appareil met 7 h. 30 au retour en volant contre le vent. Sachant que la vitesse du vent est supérieure de 10 kilomètres au $\frac{1}{5}$ de celle de l'aéroplane, calculer ces vitesses et la longueur du trajet. On admettra que les vitesses s'ajoutent algébriquement.*

(B. S., Lyon.)

A l'aller, la vitesse propre de l'aéroplane s'augmente de celle du vent. Elle est donc, si on la désigne par V

$$V + \frac{V}{5} + 10 \text{ km} = \frac{6V}{5} + 10 \text{ km}.$$

Au retour elle est au contraire, diminuée de la vitesse du vent. Elle est alors

$$V - \left( \frac{V}{5} + 10 \text{ km.} \right) = \frac{4V}{5} - 10 \text{ km}.$$

La longueur du trajet d'aller s'exprime donc par :

$$\left( \frac{6V}{5} + 10 \right) 4.$$

Celle du retour par :

$$\left( \frac{4V}{5} - 10 \right) 7 \text{ h. } 5. \quad \text{(7 h. } \frac{1}{2} \text{ exprimé en décimales.)}$$

On a donc : 
$$\left( \frac{6V}{5} + 10 \right) 4 = \left( \frac{4V}{5} - 10 \right) 7,5$$

$$\frac{24V}{5} + 40 = \frac{30V}{5} - 75 \quad \text{ou} \quad \frac{6V}{5} = 115$$

ou enfin : 
$$V = \frac{115 \times 5}{6} = \frac{575}{6} = 95,83.$$

La longueur du trajet sera donc

$$\left( 6\frac{V}{5} + 10 \right) 4 = \left( \frac{6 \times 575}{5 \times 6} + 10 \right) 4 = (115 + 10)4 = 125 \times 4 = 500 \text{ km}.$$

**Rép.** : La vitesse de l'aéroplane est :    95 km. 833.

La vitesse du vent est : $\dfrac{95,833}{5} + 10 = 29$ km. 166.

La longueur du trajet est de   500 km.

**29.** *Trouver 3 nombres en progression géométrique sachant que : 1º si l'on augmente le nombre intermédiaire d'un certain nombre a, la progression formée par les deux termes extrêmes et ce nombre ainsi modifié, est une progression arithmétique ;*

*2º Si l'on augmente ensuite le premier nombre de a, la progression formée par les deux derniers termes de la progression précédente et le premier terme ainsi modifié est une nouvelle progression géométrique.*

*Vérifier les résultats trouvés.* (B. S., Bordeaux, 1923.)

Soit $x$ le terme intermédiaire de la deuxième progression. Les deux autres termes sont $x-r$ et $x+r$ ; et la seconde progression est $\div x-r \,.\, x \,.\, x+r$.

La première, qui est une progression géométrique, est alors :

$$\div x-r : x-a : x+r$$

On peut donc écrire :

$$(x-a)^2 = (x-r)\,(x+r)$$

$$x^2-2ax+a^2 = x^2-r^2 \quad \text{ou} \quad -2ax = -r^2-a^2$$

et
$$2ax = a^2+r^2. \tag{1}$$

Si l'on augmente le premier nombre de $a$, on obtient une nouvelle progression géométrique :

$$\div x-r+a : x : x+r,$$

ce qui donne :

$$x^2 = (x-r+a)\,(x+r)$$

$$x^2 = x^2+rx-rx-r^2+ax+ar, \quad \text{ou} \quad ax = r^2-ar. \tag{2}$$

Et en multipliant par 2 les deux membres de cette équation

$$2ax = 2r^2-2ar.$$

En comparant cette équation avec (1), on obtient :

$$2r^2-2ar = a^2+r^2 \quad \text{ou} \quad r^2-2ar = a^2$$

et en ajoutant $a$ aux deux membres, on a :

$$r^2-2ar+a^2 = 2a^2 \quad \text{ou} \quad (r-a)^2 = 2a^2$$

ce qui donne :

$$r-a = \pm a\sqrt{2} \quad \text{ou} \quad r = a \pm a\sqrt{2}$$

et
$$r = a\left(1 \pm \sqrt{2}\right) ;$$

si nous portons dans (2) la première de ces deux valeurs, on a :

$$ax = r^2-ar, \quad \text{ou} \quad x = \frac{r^2-ar}{a} = \frac{r(r-a)}{a}$$

$$x = \frac{a\left(1+\sqrt{2}\right)\,(a\sqrt{2})}{a} = a\sqrt{2}\left(1+\sqrt{2}\right) = a\left(2+\sqrt{2}\right).$$

La progression arithmétique est donc formée par les termes :

$$x - r \qquad x \qquad x + r,$$

c'est-à-dire, en remplaçant $x$ et $r$ par leurs valeurs.

**Rép. :** $a \qquad a(2 + \sqrt{2}) \qquad a(3 + 2\sqrt{2}) \qquad$ et pour raison $a(1 + \sqrt{2})$

**Vérification :** La première progression géométrique est

$$x - r \qquad x - r \qquad x + r$$

ou $\qquad\qquad a \qquad a(1 + \sqrt{2}) \qquad a(3 + 2\sqrt{2}).$

On a bien, en effet

$$[a(1 + \sqrt{2})]^2 = [a(3 + 2\sqrt{2})]\,a ;$$

avec $\qquad\qquad (1 + \sqrt{2})$ pour raison.

Et enfin la troisième :

$$x - r + a \qquad x \qquad x + r$$

ou $\qquad\qquad 2a \qquad a(2 + \sqrt{2}) \qquad a(3 + 2\sqrt{2}),$

avec $\qquad\qquad \dfrac{2 + \sqrt{2}}{2}$ pour raison.

On a aussi :

$$[a(2 + \sqrt{2})]^2 = 2a \times a(3 + 2\sqrt{2})$$

**Remarque.** — On trouverait de même les progressions en prenant le signe — qui correspond à la seconde racine de $r$, c'est-à-dire en remplaçant $\sqrt{2}$ par $-\sqrt{2}$.

**30.** *Trouver trois nombres x, y et z dont on connaît la somme 30, sachant que dans l'ordre x, y, z ils sont en progression arithmétique, et dans l'ordre x, z, y en progression géométrique.*

(B. S.)

Soit $r$ la raison de la progression arithmétique

$$\div x \,.\, y \,.\, z,$$

on a $\qquad\qquad x = y - r \qquad$ et $\qquad z = y + r.$

On peut donc écrire :

$$y - r + y + y + r = 30 ; \qquad \text{ou} \qquad 3y = 30 ; \qquad \text{et} \qquad y = 10.$$

Dans la progression géométrique, les termes se placent dans cet ordre

$$\div\!\!\div x : z : y$$

Or on sait que le produit de deux termes pris à égale distance d'un troisième est égal au carré de ce terme ; ou en d'autres termes qu'il est moyenne géométrique entre les deux autres. Soit, en effet la progression géométrique

$$\div a : b : c,$$

on a
$$a = \frac{b}{r} \quad \text{et} \quad c = br.$$

Si l'on multiplie membre à membre, il vient :

$$ac = b^2.$$

Donc on peut écrire : $\quad z^2 = xy$ ;

ou $\quad (10+r)^2 = 10(10-r)$ ou $100 + 20r + r^2 = 100 - 10r$ ;

ou encore $\quad r^2 + 30r = 0 \quad$ et $\quad r(r+30) = 0.$

Cette équation donne deux solutions.

$$r = 0 ; \quad \text{et} \quad r = -30.$$

**Rép.** : La première est sans intérêt. — La deuxième donne :

$$x = y - r = 10 + 30 = \mathbf{40.}$$
$$y \qquad\qquad = \mathbf{10.}$$
$$z = y + r = \qquad = \mathbf{-20.}$$

Et les deux progressions sont :

$$\div 40 . 10 . -20 \quad \text{dont la raison est} \quad -30$$
$$\div 40 : -20 : 10 \quad - \quad\quad - \quad - \quad -\frac{1}{2}.$$

**31.** *Dans une proportion le produit des extrêmes est* 1.785, *la somme des extrêmes est* 134 *et la somme des moyens* 122. *Trouver les termes de cette proportion.*

(B. S., Alger, 1922.)

Soient $x$, $y$, $z$ et $u$ les 4 termes de la proportion

$$\frac{x}{y} = \frac{z}{v}.$$

On a :
$$xv = 1785 \qquad\qquad (1)$$
$$yz = 1785 \qquad\qquad (2)$$
$$x + v = 134 \qquad\qquad (3)$$
$$y + z = 122 \qquad\qquad (4)$$

Elevons (3) au carré, et multiplions (1) par 4

$$x^2 + 2vx + v^2 = 17.956 \qquad\qquad (5)$$
$$4vx = 7140 \qquad\qquad (6)$$

retranchons (6) de (5) il vient

$$x^2 - 2vx + v^2 = 10.816 \quad \text{ou} \quad (x-v)^2 = 10.816$$

et
$$x - v = \sqrt{10.816} = 104.$$

On a donc :                     $x+v=134$

$x-v=104$

et par addition

$2x=238$   ou   $x=119$,

Cette valeur portée dans (3), donne

$119+v=134$ ;   et   $v=134-119=15$

Procédant de même pour (2) et (4), on écrira :

$(y+z)^2=122^2$   ou   $y^2+2yz+z^2=14884$,

Mais on a : (2)

$-4yz=-7140$

et par addition de ces deux dernières :

$y^2-2yz+z^2=7744$   ou   $(y-z)^2=7744$

et enfin                     $y-z=\sqrt{7744}=88$.

On a donc :   $y+z=122$,     $y-z=88$.

Ajoutant membre à membre, il vient :

$2y=210$   ou   $y=105$

et                     $105+z=122$   ou   $z=17$.

**Rép. :** Les 4 termes sont donc :

$\mathbf{x=119}$ ;   $\mathbf{y=105}$ ;   $\mathbf{z=17}$ ;   $\mathbf{r=15}$.

Et la proportion :   $\dfrac{119}{105}=\dfrac{17}{15}$.

**Vérification :**   $119\times15=17\times105=1875$.

**82.** *Trouver quatre nombres en progression géométrique connaissant la somme a du second et du troisième, et la somme b du premier et du quatrième.*

*Prendre comme inconnue principale le second de ces termes.*

(B. S., Poitiers, 1922.)

Soient $x$, $y$, $z$ et $t$ les 4 nombres formant la progression géométrique.

$\div x : y : z : t$

Nous prendrons pour inconnue principale $y$ le second terme comme le demande l'énoncé.

On a d'abord :                     $y+z=a$                     (1)

$x+t=b$                     (2)

La progression donne ensuite :

$y^2=xz$                     (3)

$z^2=ty$.                     (4)

Tirons de (3) et de (4) les valeurs de $x$ et de $t$.

$$x = \frac{y^2}{z} \quad \text{et} \quad t = \frac{z^2}{y}.$$

Mais comme (2) : $\qquad x + t = b,$

on a : $\qquad \dfrac{y^2}{z} + \dfrac{z^2}{y} = b ; \quad \text{ou} \quad y^3 + z^3 = bzy.$

Mais $(Alg.$ page 54$)$ $y^3 + z^3$ est divisible par $y + z$ ; et l'on peut écrire :

$$y^3 + z^3 = (y+z)(y^2 - zy + z^2), \quad \text{ou} \quad y^3 + z^3 = a(y^2 - zy + z^2) ;$$

on a donc $\qquad a(y^2 + z^2 - zy) = bzy ;$

or : $\qquad y^2 + z^2 = (y+z)^2 - 2zy = a^2 - 2zy.$

D'où $\qquad y^3 + z^3 = a(a^2 - 2zy - zy) = bzy$

$$a(a^2 - 3zy) = bzy ; \quad \text{ou} \quad a^3 - 3azy = bzy :$$

et enfin $\qquad bzy + 3azy = a^3.$

D'où l'on tire : $\quad zy(b + 3a) = a^3 ; \quad$ et $\quad zy = \dfrac{a^3}{b + 3a}.$

On connaît donc la somme $y + z = a$ ; et le rpoduit $zy = \dfrac{a^3}{b + 3a}$ de $y$ et $z$ qui sont les racines de l'équation

$$Y^2 - aY + \frac{a^3}{3a + b} = 0.$$

La condition de réalité des racines est que

$$a^2 - \frac{4a^3}{3a + b} > 0 ; \quad \text{ou} \quad \frac{a^2(3a + b) - 4a^3}{(3a + b)} > 0$$

ou encore $\quad \dfrac{3a^3 + a^2 b - 4a^3}{3a + b} > 0 \quad$ et $\quad \dfrac{a^2 b - a^3}{3a + b} > 0$

enfin : $\qquad \dfrac{a^2(b - a)}{3a + b} > 0,$

ou en multipliant par $\qquad (3a + b)^2$

$$a^2(b - a)(3a + b) > 0 ;$$

ce qui aura lieu toutes les fois que $(b - a)$ et $(3a + b)$ seron de même signe.

La résolution de l'équation en Y donne pour $y$ et $z$ :

$$y = \frac{a}{2}\left(1 + \sqrt{\frac{b - a}{3a + b}}\right)$$

$$z = \frac{a}{2}\left(1 - \sqrt{\frac{b - a}{3a + b}}\right).$$

$y$ et $z$ étant connus, on porte ces valeurs dans (3) et (4), ce qui donne les valeurs de $x$ et de $t$.

**33.** *Deux capitaux s'élevant ensemble à 45.840 fr. ont été placés de la manière suivante : le premier à 5 % et le second à 4,40 %, 40 jours après le premier. On demande : 1° Quels sont ces capitaux, sachant que le rapport du premier au second est égal à 0,528 ; 2° Dans combien de jours, à partir du premier placement, les deux capitaux auront produit le même intérêt. Vérification.*

(B. S., aspirantes.)

Soient $x$ et $y$ les deux capitaux et $z$ le temps demandé.

On a :
$$x + y = 45840 \qquad\qquad (1)$$

$$\frac{x}{y} = \frac{0,528}{1} \qquad\qquad (2)$$

et
$$\frac{5 \times x \times z}{100 \times 360} = \frac{4,4 \times y(z-40)}{100 \times 360}. \qquad (3)$$

L'équation (2) donne :
$$\frac{x}{x+y} = \frac{0,528}{1+0,528} = \frac{528}{1528}.$$

D'où
$$x = \frac{528(x+y)}{1528} = \frac{528 \times 45840}{1528} ;$$

et enfin :
$$x = 15.840 \quad \text{et} \quad y = 45.840 - 15.840 = 30.000.$$

En remplaçant $x$ et $y$ par ces valeurs dans (3), elle devient :
$$\frac{5 \times 15840 \times z}{36000} = \frac{4,4 \times 30000(z-40)}{36000}$$

$$5 \times 15840 z = 4,4 \times 30000\,(z-40) ;$$

et après simplifications
$$3z = 5(z-40)$$

d'où
$$z = 100 \text{ jours.}$$

C'est donc 100 jours après le premier placement que les deux capitaux auront produit le même intérêt.

**Rép.** : Le premier capital est donc    $x =$ **15.840.**
Le second    —    —    —    $y =$ **30.000.**
Le temps demandé —    —    **100 jours.**

**Vérification** : 15.840 en 100 jours donnent un intérêt de
$$\frac{5 \times 15840 \times 100}{100 \times 360} = \textbf{220 frs.}$$

30.000 en 60 jours ou (100—40)
$$\frac{4,4 \times 30000 \times 60}{100 \times 360} = \textbf{220 frs.}$$

**84.** *Une personne a divisé un capital de 12.000 fr. en deux parties. Elle a placé la première à 6 %, la deuxième à 4 %; elle a obtenu le même revenu que si elle avait placé la somme entière de 12.000 à 5,50 %. Trouver la valeur de chaque partie du capital.*

*Avec le revenu de son capital, cette personne a acheté un terrain de forme rectangulaire à raison de 0 fr. 25 le mètre carré. Trouver les dimensions de ce terrain, sachant qu'elles sont proportionnelles à 32 et 33.*

(B. S., Montpellier, 1re session, 1921.)

**1° Calcul des deux parties du capital.**

Soit $x$ la partie placée à 6 %, et conséquemment 12000 $- x$ l'autre partie placée à 4 %. D'après l'énoncé, l'intérêt total de ces deux parties doit être égal à celui de la somme entière placée à 5,50 %.

On a donc :
$$\frac{6 \times x}{100} + \frac{4(12000 - x)}{100} = \frac{5,5 \times 12000}{100} ;$$

ou
$$6x + 4(12000 - x) = 5,5 \times 12000 ;$$

et
$$6x - 4x = 66000 - 48.000 ; \quad 2x = 18000$$

d'où
$$x = \textbf{9.000 frs placés à 6%}$$

et
$$12.000 - 9.000 = \textbf{3.000 frs} \quad - \quad \textbf{4%}$$

**2° Calcul des dimensions du terrain.**

Le capital produit un intérêt de
$$\frac{5,5 \times 12000}{100} = 660 \text{ frs.}$$

Cette somme doit être employée à l'achat d'un terrain à 0 fr. 25 le mètre carré, c'est-à-dire d'une superficie de
$$\frac{660}{0,25} = 2640 \text{ m}^2.$$

Soit L et $l$ la longueur et la largeur de ce terrain rectangulaire.

On a, d'après l'énoncé
$$\frac{l}{L} = \frac{32}{33} \tag{1}$$

et
$$Ll = 2.640 \text{ m}^2 \tag{2}$$

L'équation (1) donne pour L la valeur
$$L = \frac{33\,l}{32}.$$

Portant cette valeur dans (2), on trouve
$$\frac{33\,l^2}{32} = 2640 ; \quad 33\,l^2 = 32 \times 2640 ; \quad l^2 = \frac{32 \times 2640}{33} = 2560$$

d'où
$$l = \sqrt{2560} = \textbf{50 m. 59,}$$

et
$$L = \frac{50,59 \times 33}{32} = \textbf{52,17.}$$

**35.** *Un premier capital placé à un certain taux pendant un certain temps s'est élevé avec ses intérêts à 26.600 fr. Un second capital, placé à un taux qui est les $\frac{6}{5}$ du premier et pendant un temps qui est les $\frac{20}{13}$ de la durée du premier placement, donne au total 39.600 fr. Si l'on avait interverti les capitaux, le premier se fût élevé à 28.800 fr., et le second à 36.575 fr. Quels sont ces deux capitaux?*

(B. S., Poitiers, 1921.)

Désignons par $x$ et $y$ les deux capitaux, $r$ le $^1/_{100}$ du taux et $t$ le temps.

Le premier capital, après un temps $t$, est devenu

$$(x + xrt) = x(1 + rt) = 26.600.$$

Le deuxième

$$y + y \times \frac{6}{5} \times \frac{20}{13} rt = y\left(1 + \frac{24}{13} rt\right) = 39.600.$$

Si l'on intervertit les capitaux, ou plutôt si l'on intervertit les conditions de placement, c'est-à-dire si l'on permute les binomes $(1 + rt)$ et $\left(1 + \frac{24}{13} rt\right)$ ; (car l'énoncé manque de clarté sur ce point), on a :

$$x\left(1 + \frac{24}{13} rt\right) = 28.800$$

$$y(1 + rt) = 36.575.$$

On a donc le système

$$x(1 + rt) = 26.600 \tag{1}$$

$$y\left(1 + \frac{24}{13} rt\right) = 39.600 \tag{2}$$

$$x\left(1 + \frac{24}{13} rt\right) = 28.800 \tag{3}$$

$$y(1 + rt) = 36.575. \tag{4}$$

Ce système de 4 équations ne renferme en réalité que 3 inconnues : $x$, $y$ et $rt$. Il faut donc démontrer que ces équations ne sont pas incompatibles.

Si l'on divise (1) par (4), on trouve

$$\frac{x(1 + rt)}{y(1 + rt)} = \frac{26.600}{36.575} = \frac{8}{11}.$$

De même, si l'on divise (3) par (2), il vient :

$$\frac{x\left(1+\dfrac{24}{13}rt\right)}{y\left(1+\dfrac{24}{13}rt\right)}=\frac{28.800}{39.600}=\frac{8}{11}$$

$\dfrac{x}{y}$ ayant la même valeur dans les deux cas, les 4 équations sont compatibles.

On peut, d'autre part, éliminer $rt$ entre (1) et (2).

On a en effet :

$$1+rt=\frac{26600}{x}\ ;\qquad \text{et}\qquad 1+\frac{24}{13}rt=\frac{39.600}{y}.$$

Multiplions les 2 membres de la première par $\dfrac{24}{13}$, elle devient :

$$\frac{24}{13}+\frac{24}{13}rt=\frac{24}{13}\times\frac{26.600}{x}\ ;$$

et retranchons la seconde, on a :

$$\frac{24}{13}-1=\frac{24}{13}\times\frac{26.600}{x}-\frac{39.600}{y}\ ;$$

ou en multipliant par 13

$$24-13=\frac{24\times26.600}{x}-\frac{13\times39.600}{y}$$

$$11=\frac{638.400}{x}-\frac{514.800}{y}\ ;$$

et comme $\qquad 11x=8y\qquad$ et $\qquad x=\dfrac{8y}{11}$

$$11=\frac{638.400}{\dfrac{8y}{11}}-\frac{514.800}{\dfrac{11y}{11}}$$

$$11=\frac{11\times638.400}{8y}-\frac{11\times514.800}{11y}$$

$$1=\frac{638.400}{8y}-\frac{514.800}{11y}$$

$$1=\frac{79.800}{y}-\frac{46.800}{y}\ ;$$

et enfin $\qquad y=79.800-46.800=33.000$

et $\qquad x=\dfrac{8y}{11}=\dfrac{8\times33.000}{11}=24.000$

**Rép.** Les deux capitaux sont donc : $x=33.000,\quad y=24.000$.

**36.** *Une personne a divisé un capital de 18.000 fr. en deux parties. Elle a placé la première partie à 6 % et la seconde à 4 %. Elle a obtenu le même revenu annuel que si elle avait placé la somme entière à 5,5 %. Trouver la valeur de chaque partie du capital. Avec le revenu de ce capital, cette personne achète un terrain rectangulaire à raison de 0 fr. 50 le mètre carré. Trouver les dimensions de ce terrain sachant qu'elles sont proportionnelles à 5 et à 11.*

(B. S., Caen, 1920.)

**1° Recherche des deux capitaux.**

Soient $x$ et $18.000-x$ les sommes placées, la première à 6 % et la seconde à 4 %.

On a :
$$\frac{6x}{100}+\frac{4(18000-x)}{100}=\frac{18000\times 5,5}{100} \; ;$$

ou
$$6x+72000-4x=99000$$

qui donne

$$2x=27000 \quad \text{et} \quad x=\frac{27000}{2}=13.500 \text{ frs.}$$

$$18.000-x=18.000-13.500=4.500 \text{ frs.}$$

**2° Calcul des dimensions du terrain acheté.**

Le revenu de ces sommes est :
$$\frac{18000\times 5,5}{100}=990 \text{ frs.}$$

Avec ce revenu, on achète un terrain dont la contenance est :
$$\frac{990}{0,5}=1.980 \text{ m}^2.$$

Soient $x'$ et $y'$ les dimensions de ce terrain. L'énoncé donne :
$$\frac{x'}{y'}=\frac{5}{11} \quad \text{(1) ; et l'on a, d'autre part}$$

$$x'y'=1980 \qquad\qquad\qquad (2)$$

La valeur de $y'$ tirée de l'équation (1) et portée dans (2) permet d'écrire :
$$\frac{x'\times 11x'}{5}=1980 \quad \text{ou} \quad 11x'^2=9900$$

qui donne $\qquad\qquad x'=30$ mètres,

et $\qquad\qquad\qquad y'=\frac{1980}{30}=66$ mètres.

**Rép.** : Les parties du capital sont **13.500 francs** et **4.500 francs.**

Les dimensions du terrain acheté **30 mètres** et **66 mètres.**

**87.** *Un propriétaire est imposé pour 7.500 fr. de contributions dont il doit s'acquitter au moyen de 12 payements égaux effectués à la fin de chaque mois de l'année. Mais au lieu de faire douze payements égaux il n'en fait qu'un seul, le 30 juin. On demande combien il perd par année sachant que son argent est placé à 5 %. On demande en outre à quelle époque il devra payer pour qu'il y ait compensation d'intérêts.*

(B. S., Bèsançon.)

**Calcul en tenant compte des intérêts simples.**

En ne faisant qu'un seul paiement au 30 juin, c'est-à-dire après six mois, le propriétaire bénéficie, durant ce temps, des intérêts de la somme qui se montent à

$$\frac{5 \times 7500 \times 6}{100 \times 12} = 187 \text{ fr. } 50.$$

En payant à la fin de chaque mois, il bénéficie des intérêts du premier versement pendant 1 mois ; du deuxième versement pendant 2 mois, etc., et du dernier pendant 12 mois. Ces versements de $\frac{7500}{12} = 625$ frs produiront donc intérêt pendant

$1+2+3+4+5+6, \ldots$ 12 mois, soit au total pendant 78 mois ; et par conséquent

$$\frac{5 \times 625 \times 78}{100 \times 12} = 203 \text{ fr. } 13.$$

Il perd donc en payant au 30 juin :

$$203,13 - 187,50 = \textbf{15 fr. 68.}$$

On demande à quelle date le propriétaire devrait payer pour ne rien perdre, c'est-à-dire après un temps tel que l'intérêt de 7.500 frs jusqu'à ce jour soit 203,13. Soit $x$ ce temps exprimé en années.

On doit avoir :

$$\frac{5 \times x \times 7500}{100} = 203 \text{ fr.} 13 ;$$

ce qui donne pour $x$ la valeur :

$$x = 0,541$$

Et si l'on compte l'année de 360 jours

$$360 \times 0,541 = 195 \text{ jours.}$$

Il faudrait donc payer le **15 juillet.**

**88.** *Une personne place à 4 % les $\frac{3}{4}$ du capital qu'elle possède et le dernier quart lui rapporte 5 %. Elle est obligée à un moment donné de retirer son capital, et elle paie une dette de 2.000 fr. après quoi elle trouve à placer ce qui lui reste à 4 $\frac{1}{2}$ %. Son revenu est ainsi augmenté de 30 fr. Quel est son capital ?*

(B. S., Grenoble.)

Soit $x$ le capital, le premier placement rapportait

$$\frac{4\times 3x}{100\times 4}+\frac{5\times x}{100\times 4}=0{,}03x+0{,}0125x=x\times 0{,}0425$$

Le deuxième donnait :

$$\frac{4{,}5(x-2000)}{100}=(x-2000)0{,}045$$

**Entre ces deux revenus, il y a, d'après l'énoncé, une différence de 30.**

Soit :

$$(x-2000)0{,}045-x\times 0{,}0425=30$$

qui donne :

$$x\times 0{,}045-90-x\times 0{,}0425=30$$

$$x(0{,}045-0{,}0425)=120 \quad \text{ou} \quad x\times 0{,}0025=120$$

et

$$x=\frac{120}{0{,}0025}=\textbf{48.000 francs.}$$

**Vérification :**

$$\frac{48000\times 3}{4}=36.000 \text{ à } 4\text{ % donnent} \quad 1.440 \text{ frs.}$$

$$12.000 \text{ à } 5\text{ %} \quad - \qquad 600 \text{ frs.}$$

Le revenu du premier placement était donc : $\quad$ 2.040 frs.

Le second capital $48.000-2.000=46.000$ frs, placé à $4{,}5$ % donnait 2.070 frs.

Différence : $\qquad 2{,}070-2{,}040=\textbf{30 francs.}$

**39.** *Une première somme d'argent placée pendant 6 ans devient, après addition de ses intérêts, égale à 31.000 fr. Une autre somme égale aux quatre cinquièmes de la première, placée pendant deux ans, à un taux égal aux trois quarts du* *premier, acquiert la valeur totale de 21.200 fr. Quelles sont les sommes placées? Quels sont les taux?*

(B. S., aspirantes et aspirants, Aix et Marseille.)

Soit $x$ la première somme placée et $y$ le $\dfrac{1}{100}$ du taux, la deuxième somme est $\dfrac{4x}{5}$ et le deuxième taux $\dfrac{3y}{4}$.

On a donc :

$$x + 6xy = 31.000 \text{ frs.}$$

$$\frac{4x}{5} + \frac{4x}{5} \times \frac{3y}{4} \times 2 = 21.200.$$

ou

$$\frac{4x}{5} + \frac{6xy}{5} = \frac{106.000}{5} ; \quad \text{ou enfin} \quad 4x + 6xy = 106.000$$

On a donc à résoudre le système d'équations :

$$x + 6xy = 31.000 \qquad\qquad (1)$$

$$4x + 6xy = 106.000 \qquad\qquad (2)$$

Retranchant l'équation (1) de l'équation (2), il vient :

$$4x - x = 106.000 - 31.000 \quad \text{ou} \quad 3x = 75.000$$

et

$$x = \frac{75.000}{3} = 25.00 \text{ frs.}$$

Si l'on porte cette valeur dans (1), on trouve :

$$25000 + 150000y = 31000$$

d'où :

$$150000y = 31000 - 25000 = 6000 ;$$

et

$$y = \frac{6000}{150000} = 0,04$$

**Rép.** La première somme était donc de   **25.000 francs.**

— seconde      —      $\dfrac{2500 \times 4}{5} = $ **20.000**   —

Le premier taux est :                **4 %**

— second   —   est :   $\dfrac{4 \times 3}{4} = $ **3 %**

**10.** *Un père de famille âgé de 30 ans, s'assure à une compagnie d'assurances pour une somme de 50.000 fr. payable à son décès moyennant une prime annuelle de 1.335 fr.*

*L'assuré meurt au moment où il vient d'effectuer le 25e versement. En supposant que les sommes versées eussent pu être placées à intérêts composés à 3,50 %, on demande si la compagnie a perdu ou gagné à cette affaire et combien?*

*Le premier versement est effectué dès la signature du contrat d'assurances.*

(B. S., Clermont, aspirants.)

La première annuité versée est devenue après 24 ans :

$$1335(1+r)^{24};\quad \text{la deuxième}\quad 1335(1+r)^{23}$$

et ainsi de suite jusqu'à la dernière qui est de 1335. Le capital constitué sera donc :

$$1335[(1+r)^{24}+(1+r)^{23}+(1+r)^{22}\ldots+1]$$

La somme entre crochets est celle des termes d'une progression géométrique dont la raison est $(1+r)$.

Cette somme est

$$\frac{lq-a}{q-1}$$

c'est-à-dire :

$$\frac{(1+r)^{24}(1+r)-1}{1+r-1};$$

et le capital constitué par ces versements égale :

$$1335\times\frac{(1+r)^{25}-1}{r}$$

On calcule $(1+r)^{25}$ par logarithmes, en écrivant :

$$\text{Log. }(1+r)^{25}=25\log.(1+r)$$
$$\text{Log. }(1+r)\quad\text{ou}\quad\log.(1+0,035)=0,014940$$
$$25\log.1,035=0,3735075$$

ce qui correspond au nombre 2,3632383.

On aura donc :

$$1335\times\left(\frac{2,3632383-1}{0,035}\right);$$

ou

$$1335\times38,949665=51.997 \text{ fr. } 80.$$

La compagnie ayant versé 50.000, a donc fait un bénéfice de

$$51.997 \text{ fr. } 80-50.000=1.997 \text{ fr. } 80.$$

**41.** *Une commune emprunte 90.000 fr. pour payer la construction d'une école. Elle s'engage à rembourser cette dette en six annuités égales payées à la fin de chaque année. Quel doit être ce remboursement annuel : 1° si l'on tient compte des intérêts simples à raison de 5 % ; 2° si l'on tient compte des intérêts composés au même taux de 5 % ?*

(B. S., Grenoble.)

**1° Calcul de l'annuité en tenant compte des intérêts simples.**

Soit $x$ l'annuité à payer en tenant compte des intérêts simples.

Tout d'abord, la dette de 90.000 frs devient après six ans :

$$90.000(1+0,05\times 6)=90.000\times 1,30=117.000$$

La première annuité produira intérêt pendant 5 ans, et deviendra :

$$x(1+5r)$$

La deuxième :

$$x(1+4r).$$

La dernière sera $x.$

On aura donc :

$$x(1+5r)+x(1+4r)+x(1+3r)+x(1+2r)+x(1+r)+x$$

ou

$$x[(1+5r)+(1+4r)+(1+3r)+(1+2r)+(1+r)+1]$$

ce qui fait : $x(6+15r)=117.000$

ou $x(6+15\times 0,05)=x(6+0,75)=117.000$ ;

et enfin $x\times 6,75=117.000$

$$x=\frac{117.000}{6,75}=\mathbf{17.888\ fr.\ 85.}$$

**2° Calcul de l'annuité en tenant compte des intérêts composés.**

La dette, que nous désignerons par D sera devenue à la fin de la sixième année :

$$D(1+r)^6.$$

Les sommes versées sont devenues successivement, $x$ désignant l'annuité :

$$x(1+r)^5 ; x(1+r)^4 ; x(1+r)^3 ; (1+r)^2 ; x(1+r) ; x$$

et leur somme :

$$x[(1+r)^5+(1+r)^4+(1+r)^3+(1+r)^2+(1+r)+1]$$

La quantité entre crochets est la somme des termes d'une progression géométrique de raison $(1+r)$ et dont le dernier terme est $(1+r)^5$, tandis que le premier est 1.

Cette somme est :

$$\frac{(1+r)^5(1+r)-1}{1+r-1}=\frac{(1+r)^6-1}{r}.$$

Et cette somme doit égaler la dette. On a donc :

$$D(1+r)^6 = x\left[\frac{(1+r)^6-1}{r}\right]$$

et

$$x = D \times \frac{r(1+r)^6}{(1+r)^6-1} \; ;$$

et en remplaçant D par 90.000 et $r$ par 0,05

$$x = 90.000 \times \frac{0,05 \times 1,05^6}{1,05^6-1}.$$

On calculera par log $1,05^6$.

Log $1,05^6 = 6$ log $1,05 = 6 \times 0,02118930 = 0,1271358$

et enfin

$$1,05^6 = 1,34.$$

D'où

$$x = \frac{90.000 \times 0,05 \times 1,34}{1,34-1} = 17.735 \text{ fr. } 30.$$

**42.** *On place un capital c inconnu à un taux i également inconnu. Ce capital retiré au bout d'un an, augmenté de 1.000 fr. et placé à 1 % de plus, a produit un produit annuel supérieur de 80 fr. au revenu précédent. Un an après on retire de nouveau le capital; on y joint 500 fr. et on le replace de nouveau à 1 % de plus que la deuxième année. Le revenu annuel augmente encore de 70 fr. Trouver le capital primitif c, le taux primitif i, les revenus annuels successifs, et vérifier si les diverses conditions du problème sont remplies.*

(B. S., Grenoble.)

Désignons par $x$ le capital inconnu et par $r$ le $\dfrac{1}{100}$ du taux également inconnu.

L'intérêt du capital pendant la première année est $xr$. Augmenté de 1.000 francs, et placé à un taux supérieur au premier de 0,01, il donne un revenu de

$$(x+1000)(r+0,01) \; ;$$

qui est supérieur au précédent de 80 frs. On a donc l'équation :

$$(x+1000)(r+0,01) - xr = 80,$$

et en effectuant les calculs

$$xr + 1000r + 0,01x + 10 - xr = 80 \quad \text{ou} \quad 1000r + \frac{x}{100} = 70.$$

Le nouveau capital augmenté de 500 francs ou le premier augmenté de 1.500, placé à un taux supérieur de 0,01 au taux précédent, par conséquent de 0,02 au taux primitif, donne un revenu de

$$(x + 1500)(r + 0,02),$$

supérieur au précédent de 70 francs et par conséquent de

$$80 + 70 = 150 \text{ francs au premier revenu.}$$

On a donc :

$$(x + 1500)(r + 0,02) - xr = 150$$

ou

$$xr + 1500\ r + 0,02x + 30 - xr = 150$$

et

$$1500\ r + \frac{2x}{100} = 120.$$

Il y a donc à résoudre le système

$$1000r + \frac{x}{100} = 70 \qquad (1)$$

et

$$1500r + \frac{2x}{100} = 120. \qquad (2)$$

Multiplions par 2 les 2 membres de l'équation (1) :

$$2000r + \frac{2x}{100} = 140 \qquad (3)$$

et retranchons (2) de cette nouvelle équation, il vient :

$$2000r - 1500r = 140 - 120 \quad \text{ou} \quad 500r = 20$$

et

$$r = \frac{1}{25} = 0,04.$$

Le taux était donc 4 %.

Si l'on porte cette valeur de $r$ dans (1), on trouve :

$$40 + \frac{x}{100} = 70 \quad \text{ou} \quad \frac{x}{100} = 30 \quad \text{et} \quad x = 3.000.$$

**Rép.** Le capital primitif $c$ est **3.000 francs** et le taux primitif $i$ : **4 %**.

**Vérification :**

3.000 francs à 4 % rapportent 120 francs.
4.000 — à 5 % — 200 —

Différence : 200 — 120 = **80 francs.**

4.500 à 6 % francs rapportent 270.

Différence avec le revenu précédent

$$270 - 200 = \textbf{70 francs.}$$

Différence avec le revenu primitif : **150 francs.**

**43.** *Un capital de 17.400 fr., placé pendant un certain temps à un taux inconnu, a produit un intérêt de 1.140 fr. Un autre capital de 13.500 fr. placé au taux de 4 %, a produit 783 fr. d'intérêt ; s'il avait été placé au taux du premier et pendant un temps égal à la somme des durées des deux premiers placements, il eût produit un intérêt égal à la somme des intérêts de ces deux placements. On demande la durée et le taux du premier placement.*

(B. S., Alger.)

Soient $x$ le temps, $r$ le $\dfrac{1}{100}$ du taux du premier placement, $y$ le temps du deuxième placement. On a :

$$17400 \times r \times x = 1140 \qquad (1)$$
$$13500 \times 0,04 \times y = 783 \qquad (2)$$
$$13500 \times r(x+y) = 1923 \qquad (3)$$

De la deuxième équation on tire :

$$y = \frac{783}{540} = 1 \text{ an } \frac{243}{540} = 1 \text{ an } \frac{9}{20} \qquad \text{ou} \qquad 1 \text{ an } 162 \text{ jours,}$$

si l'on compte l'année de 360 jours.

Donc

$$y = 360 + 162 = 522 \text{ jours.}$$

Effectuons les calculs dans l'équation (3),

$$13500 \, rx + 13500 \, ry = 1923 ;$$

et portons dans cette nouvelle équation la valeur de $y$ et celle de $rx$ tirée de (1) ; elle devient, si l'on prend $y = 1$ an $\dfrac{9}{20}$ ou $\dfrac{29}{20}$ d'année.

$$13.500 \times \frac{1.140}{17400} + \frac{13.500 \; r \times 29}{20} = 1.923$$

ou

$$\frac{13.500 r \times 29}{20} = 1.923 - \frac{13.500 \times 1.140}{17.400}$$

et après simplifications :

$$29 \times 225 r = 641 - \frac{450 \times 19}{29} ;$$

et $r = \dfrac{641}{29 \times 225} - \dfrac{450 \times 19}{29 \times 29 \times 225} = \dfrac{641}{29 \times 225} - \dfrac{2 \times 19}{29 \times 29} = \dfrac{641}{6525} - \dfrac{38}{841}$

$$= 0,0982 - 0,0452 = 0,0530.$$

**Rép.** : Le taux demandé est donc **5 fr. 30.**

Le temps demandé est donc 1 an $\dfrac{9}{20}$ ou **522 jours.**

**44.** *Une somme de 400.000 fr. a été placée à intérêts compo-sés. Si on l'avait laissée un an de moins le capital définitif eût été diminué de 22.050 fr. Si au contraire on l'avait laissée un an de plus, le capital définitif aurait été augmenté de 23.152 fr. 50.*

*On demande le taux et la durée du placement.*

(B. S., Hautes-Alpes, 1922.)

Soient $r$ le $\dfrac{1}{100}$ du taux et $n$ le temps demandés.

Le capital 400.000 francs est devenu après $n$ années :
$$400.000\,(1+r)^n$$

S'il n'avait été placé que pendant $(n-1)$ années, il serait :
$$400.000(1+r)^{n-1}.$$

Et la différence entre ces deux capitaux serait de 22.050 francs. On peut donc écire :
$$400.000(1+r)^n-400.000(1+r)^{n-1}=22.050.$$
$$400.000[(1+r)^n-(1+r)^{n-1}]=22.050$$

Et en divisant les deux membres par 400.000 :
$$[(1+r)^n-(1+r)^{n-1}]=0,055125\ ;$$

ce qui peut s'écrire :
$$[(1+r)^{n-1}(1+r)-(1+r)^{n-1}]=0,055125\ ;$$

et en mettant en facteur commun $(1+r)^{n-1}$ :
$$(1+r)^{n-1}(1+r-1)=0,055125$$
$$r(1+r)^{n-1}=0,055125$$

On établirait de même la seconde équation :
$$400.000\,(1+r)^{n+1}-400.000(1+r)^n=23.152,50$$
$$400.000[(1+r)^{n+1}-(1+r)^n]=23.152,5$$
$$[(1+r)^n(1+r)-(1+r)^n]=0,05788125$$
$$(1+r)^n(1+r-1)=0,05788125$$

et enfin :
$$r(1+r)^n=0,05788125$$

D'où le système de deux équations :
$$r(1+r)^{n-1}=0,055125 \qquad (1)$$
$$r(1+r)^n=0,05788125 \qquad (2)$$

Si l'on divise membre à membre (2) par (1), il vient :

$$\frac{r(1+r)^n}{r(1+r)^{n-1}}=\frac{0,05788125}{0,055125} \quad \text{ou} \quad \frac{r(1+r)^{n-1}(1+r)}{r(1+r)^{n-1}}=\frac{0,05788125}{0,055125},$$

ou enfin :

$$1+r=\frac{0,05788125}{0,055125}=1,05.$$

Donc $$r=1,05-1=0,05$$

et le taux est de 5 %.

En portant la valeur de $r$ dans l'équation (2), il vient :

$$0,05(1,05)^n=0,05788125 \quad \text{ou} \quad (1,05)^n=\frac{0,05788125}{0,05}=1,157625$$

$$n \log 1,05 = \log 1,157625$$

ou

$$n=\frac{\log 1,157625}{\log 1,05}=\frac{0,0635679}{0,0211893}=3.$$

**Rép.** : Le taux demandé est donc **5** %.

Le temps demandé est donc **8** ans.

**45.** *Une ville a racheté le 1ᵉʳ janvier 1920, un réseau de tramways à la compagnie exploitante et s'engage à lui verser, à titre d'indemnité, dix annuités successives de 20.000 fr. chacune, payables au début de chaque année, la première étant payée le 1ᵉʳ janvier 1920.*

*Le même jour, elle cède l'exploitation de son réseau à un nouveau concessionnaire, qui s'engage à payer à la ville dix autres annuités payables à la fin de chaque année, la première le 31 décembre 1920.*

*Quel doit être le montant de cette dernière annuité pour que, au 31 décembre 1930, la ville ait réalisé un bénéfice de 15.820 fr. les calculs étant faits à intérê s composts au taux de 6 %?*

(B. S., Toulouse, 1920.)

Soient $c$ le capital constitué par les annuités que verse la compagnie ; et $c'$ celui formé par les annuités que verse l'adjudication. On doit avoir : $$c'-c=15.820.$$

Si, pour simplifier l'on désigne par A l'annuité de 20.000 francs le capital $c$ se compose de 10 annuités dont la première, payée le 1ᵉʳ janvier 1920, produira intérêts pendant 11 ans, et la dernière, payée le 1ᵉʳ janvier 1929, produira intérêts pendant 2 ans.

On aura donc $$c=A(1+r)^{11}+A(1+r)^{10} \ldots\ldots A(1+r)^2$$

ou $$c=A[(1+r)^{11}+(1+r)^{10} \ldots\ldots (1+r)^2]$$

$$=A(1+r)^2\left[\frac{(1+r)^{10}-1}{r}\right];$$

et en remplaçant les lettres par leurs valeurs :

$$c=20.000\times(1,06)^2\left[\frac{(106)^{10}-1}{0,06}\right].$$

Le capital $c'$ est constitué par les 10 annuités du concessionnaire dont la première est versée le 31 décembre 1920, et produit intérêts pendant 10 ans ; et la dernière versée le 31 décembre 1929 pendant 1 an. On peut donc écrire, en désignant par $x$ l'annuité demandée :

$$c' = x(1+r)\left[\frac{(1+r)^{10}-1}{r}\right] \qquad \text{ou} \qquad c' = x \times 1{,}06\left[\frac{(1{,}06)^{10}-1}{0{,}06}\right].$$

Donc

$$c' - c = x \times 1{,}06\left[\frac{(1{,}06)^{10}-1}{0{,}06}\right] - 20.000 \times (1{,}06)^2\left[\frac{(1{,}06)^{10}-1}{0{,}06}\right]$$
$$= 15.820$$

$$x \times 1{,}06\left[\frac{(1{,}06)^{10}-1}{0{,}06}\right] = 20.000(1{,}06)^2\left[\frac{(1{,}06)^{10}-1}{0{,}06}\right] + 15820$$

$$x = \frac{20.000 \times (1{,}06)^2}{1{,}06} + \frac{15820}{1{,}06} \times \left[\frac{0{,}06}{(1{,}06)^{10}-1}\right]$$

$$x = 20000(1{,}06) + \frac{15820}{1{,}06}\left[\frac{0{,}06}{(1{,}06)^{10}-1}\right].$$

On calcule $(1{,}06)^{10}$ par logarithmes.

Log $(1{,}06)^{10} = 10$ logarithmes $1{,}06 = 10 \times 0{,}0253587 = 0{,}253587$

Ce logarithme correspond au nombre $1{,}790849$ ; et après calculs on trouve :

$$x = 21.200 + 1.132 = 22.332 \text{ francs.}$$

**Rép.** : L'annuité demandée est donc **22.332 francs.**

**46.** *Une personne a souscrit trois emprunts de la Défense nationale : 5 % 1916, 4 % 1917 et 4 % 1918. — Pendant l'année 1919, elle a touché les sommes suivantes : 620 fr. en février pour les coupons de rente 5 % 1916 et 4 % 1917 correspondant au premier trimestre ; 1.053 fr. en juin pour les coupons de rente 5 % correspondant au deuxième trimestre et les coupons de rente 4 % 1918 des deux premiers trimestres ; 2.103 fr. en décembre pour les coupons de rente 4 % 1917 des trois derniers trimestres, les coupons de rente 5 % et 4 % 1918 des deux derniers trimestres.*

*On demande quel est l'avoir de cette personne en titres des trois emprunts. Cet avoir sera calculé en tenant compte des cours au 6 février 1920, qui étaient de 87 fr. 55 pour le 5 %, de 71 fr. 50 pour le 4 % 1917, de 71 fr. 20 pour le 4 % 1918.*

(B. S., Lille, 1920.)

Soient $x$, $y$ et $z$ les sommes perçues pour les intérêts trimestriels des bons à 5 % 1916, 4 % 1917 et 4 % 1918.

Pour le premier trimestre on a touché :

$$x + y = 620 \text{ frs.} \tag{1}$$

Pour le deuxième trimestre

$$x + 2z = 1053 \text{ frs.} \tag{2}$$
$$2x + 3y + 2z = 2.103 \text{ frs.} \tag{3}$$

On tire de l'équation (1) :

$$y = 620 - x$$

et de l'équation (2)

$$z = \frac{1053 - x}{2}.$$

En remplaçant dans (3) $y$ et $z$ par ces valeurs en fonction de $x$ il vient :

$$2x + 3(620 - x) + \frac{2(1053 - x)}{2} = 2.103 \text{ frs.}$$

et après calculs :

$$x = 405.$$

L'équation (1) donne :

$$405 + y = 620 \text{ ou } y = 620 - 405 = 215.$$

L'équation (2) donne :

$$405 + 2z = 1053 \quad \text{ou} \quad 2z = 1053 - 405 \quad \text{et} \quad z = \frac{648}{2} = 324.$$

**Rép.** Les intérêts annuels sont donc :

Pour la rente 5 %, 1916 : $405 \times 4 = $ **1.620 francs.**
   —    —    4 %, 1917 : $215 \times 4 = $ **860** —
   —    —    4 %, 1918 : $324 \times 4 = $ **1.296** —

Les capitaux sont :

$$\frac{87,55 \times 1.620}{5} = \textbf{28.366 fr. 20.}$$

$$\frac{71,5 \times 860}{4} = \textbf{15.372 fr. 50.}$$

$$\frac{71,2 \times 1296}{4} = \textbf{23.068 fr. 80.}$$

**47.** *Une personne achète de la rente 5 % au cours de 88 fr. 50 et de la rente 4 % au cours de 72 fr.*

*Elles dépense pour cet achat une somme de 7.125 fr. sans tenir compte des frais.*

*Le revenu de la partie de cette somme constituée en rente 5 % surpasse de 100 fr. celui de la partie constituée en 4 %.*

*On demande quel est le revenu total que la personne s'est assuré par son achat.*

(B. S., aspirantes.)

Soient $x$ et $y$ les deux parties du capital placées l'une à 5 %, l'autre à 4 %. On a déjà :

$$x + y = 7.125.$$

Le revenu donné par chacune de ces deux parts, est :

$$\frac{x \times 5}{88,5} \quad \text{et} \quad \frac{y \times 4}{72}$$

Et la différence, d'après l'énoncé, entre ces deux revenus est :

$$\frac{x \times 5}{88,5} - \frac{y \times 4}{72} = 100.$$

On a donc à résoudre le système :

$$x + y = 7125 \qquad\qquad (1)$$

et

$$\frac{x \times 5}{88,5} - \frac{y \times 4}{72} = 100 \qquad\qquad (2)$$

Après réduction au même dénominateur et simplifications l'équation (2), devient :

$$60x - 59y = 106.200. \qquad\qquad (3)$$

Si l'on multiplie les 2 membres de l'équation (1) par 59, on obtient l'équation :

$$59x + 59y = 420.375.$$

qui ajoutée à (3) donne :

$$119x = 526.575 \quad \text{et} \quad x = \frac{526.575}{119} = 4.425.$$

Par suite :

$$y = 7.125 - 4.425 = 2.700.$$

Le revenu total est donc :

$$\frac{4425 \times 5}{88,5} + \frac{2700 \times 4}{72} = 250 + 150 = 350 \text{ frs.}$$

**Rép.** Le revenu total est de **350 francs.**

**Vérification :** La différence des revenus est bien $250 - 150 = 100$.

**48.** 1° *Si une fraction est irréductible, toute fraction égale a ses termes équimultiples de ceux de la fraction proposée;*

2° *Trouver les dimensions* h *et* y *d'un rectangle connaissant sa diagonale = 15 mètres et sachant qu'il est semblable à un autre rectangle dont les dimensions sont 2 m. 50 et 3 m. 05.*

(B. S., Nevers.)

1° Cette question est démontrée dans tous les traités d'arithmétique. *Voir arithmétique C. S. n° 222.*

2° D'après l'énoncé on a :

$$\frac{h}{y} = \frac{2,5}{3,05} = \frac{250}{305} \qquad (1)$$

et
$$h^2 + y^2 = 15^2. \qquad (2)$$

Si on élève au carré les deux membres de l'équation (1), il vient :

$$\frac{h^2}{y^2} = \frac{250^2}{305^2} ;$$

et, en appliquant une propriété des proportions :

$$\frac{h^2}{h^2+y^2} = \frac{250^2}{250^2+305^2} \quad \text{ou} \quad \frac{h^2}{15^2} = \frac{250^2}{250^2+305^2} ;$$

et
$$h^2 = \frac{250^2 \times 15^2}{250^2+305^2}.$$

D'où l'on tire :

$$h = \sqrt{\frac{250^2 \times 15^2}{250^2+305^2}} = \frac{250 \times 15}{\sqrt{250^2+305^2}} = 9 \text{ m. } 50.$$

Cette valeur portée dans l'équation (1) donne pour $y$ la valeur

$$y = 11 \text{ m. } 60.$$

**Rép.** Les dimensions du rectangle sont **11 m. 60** et **9 m. 50**

**49.** *On a un terrain rectangulaire dont on peut faire un nombre exact de lots de 150, 120, et 180 mètres carrés. La surface totale est inférieure à 20 ares :* 1° *Quelles sont les dimensions de ce terrain sachant que sa longueur est double de sa largeur ?*

2° *On a vendu ce terrain et on a placé au taux de 4 ½ % le prix de vente. Au bout de 2 ans et 4 mois, on a retiré, capital et intérêts compris, la somme de 23.868 fr. Quel est le prix de vente du mètre ?*

(B. S. aspirantes.)

1° **Calcul des dimensions du terrain.**

La surface du terrain, inférieure à 20 ares, doit contenir un nombre exact de lots de 120, 150, 180 ares. Elle est donc un commun multiple de ces 3 nombres.

Or $120 = 2^3 \times 3 \times 5$ ; $150 = 2 \times 3 \times 5^2$ ; $180 = 2^2 \times 3^2 \times 5$.

Le p. p. c. m. de ces 3 nombres est donc $2^3 \times 3^2 \times 5^2 = 1.800$. La surface du champ étant inférieure à 20 ares ou 2.000 m², cette surface est donc 1.800 m².

Si maintenant l'on représente par $x$ la longueur du terrain, sa largeur sera $\dfrac{x}{2}$ ; et l'on pourra écrire :

$$\frac{x \times x}{2} = 1800 \quad \text{ou} \quad x^2 = 3600$$

et

$$x = 60 ; \quad \frac{x}{2} = 30.$$

**Rép.** Les deux dimensions sont donc **60 m. et 30 mètres.**

2º **Calcul du prix de vente du mètre.**

100 francs placés à 4,5 % durant 2 ans 4 mois ou 28 mois ont produit

$$\frac{4,5 \times 28}{12} = 10 \text{ fr. } 05.$$

Ils sont donc devenus capital et intérêts compris 110 fr. 05. Le capital qui est devenu 23,868, est par conséquent

$$\frac{100 \times 23.868}{110,05} = 21.600 \text{ francs,}$$

c'est-à-dire le prix de vente du terrain.

**Rép.** Le prix de vente du mètre était $\dfrac{21.600}{1.800} = $ **12 francs.**

**50.** *Un terrain rectangulaire dont la largeur est les $\dfrac{3}{5}$ de la longueur a une superficie supérieure de 75 ares à celle d'un deuxième terrain dont la longueur surpasse la sienne de 50 mètres et dont la largeur est inférieure à la sienne de 50 m. Le prix de l'are étant le même pour les deux terrains, calculer la différence de leur valeur sachant que :*

1º *Le premier terrain est loué $\dfrac{1}{30}$ de sa valeur ;*

2º *Ce prix de location est inférieur de 437 fr. 50 au revenu d'un capital de même valeur que le premier terrain et placé à 5 %.* (B. S., Lyon, 1921.)

1º Soit $x$ la longueur du premier terrain, sa largeur sera $\dfrac{3x}{5}$ et sa surface $x \dfrac{3x}{5} = \dfrac{3x^2}{5}$.

La longueur du premier est de $x+50$ ; sa largeur $\dfrac{3x}{5}-50$. et sa surface :

$$(x+50)\left(\dfrac{3x}{5}-50\right).$$

La différence entre ces deux surfaces est 7.500 mètres. Soit :

$$\dfrac{3x^2}{5}-\left[\left(x+50\right)\left(\dfrac{3x}{5}-50\right)\right]=7.500 \text{ mètres} ;$$

où après calculs

$$x=250.$$

Les dimensions du premier terrain sont donc 250 mètres,

et

$$\dfrac{250\times 3}{5}=150.$$

Celles du second sont :

$$250+50=300. \text{ mètres}$$

et

$$150-50=100 \text{ mètres.}$$

Les surfaces sont donc respectivement :

$$250\times 150=37.500 \text{ m}^2$$

et

$$300.000 \text{ m}^2.$$

2° Soit $y$ la valeur du terrain, le prix de location est de $\dfrac{y}{30}$ ; et le revenu d'un capital égal à sa valeur

$$\dfrac{y\times 5}{100}=\dfrac{y}{20}.$$

D'après l'énoncé on a :

$$\dfrac{y}{20}-\dfrac{y}{30}=437,50 \quad \text{ou} \quad \dfrac{3y}{60}-\dfrac{2y}{60}=\dfrac{26.350}{60} \quad \text{et} \quad y=26.250.$$

Entre les deux surfaces il existe une différence de 75 ares. Or 75 est le $\dfrac{1}{5}$ de 375 ares, surface du premier ; la différence des valeurs sera donc le $\dfrac{1}{5}$ de la valeur du premier terrain ; soit :

$$\dfrac{26250}{5}=5.250 \text{ francs.}$$

**Rép.** : La différence demandée est **5.250 francs.**

**51.** *Dans un champ rectangulaire de 200 mètres de long sur 100 mètres de large, on veut tracer, dans le milieu et normalement aux côtés, deux allées pour lesquelles on sacrifie 29 ares de terrain. On demande quelle devra être la largeur de ces allées.*

*On calculera, en second lieu, le nombre d'arbres qu'il faudra pour ombrager ces deux allées, si les arbres sont plantés à 5 mètres de distance l'un de l'autre et à 1 mètre du bord de l'allée.*

(B. S.)

**1° Calcul de la largeur des allées.**

Soient $L = 200$, $l = 100$, les dimensions de ce champ, et $x$ la largeur des allées.

La surface de l'allée tracée dans le sens de la longueur sera :

$$L x ;$$

Celle de l'autre allée :

$$(l - x)x.$$

D'après l'énoncé, la somme de ces deux surfaces est de 29 ares ou 2.900 mètres carrés. On a donc :

$$L x + (l - x)x = 2.900 \quad \text{ou} \quad L x + l x - x^2 = 2.900$$

et

$$x(L + l) - x^2 = 2.900 \quad \text{ou} \quad x^2 - (L + l)x + 2.900 = 0.$$

De laquelle on tire les valeurs

$$x = \frac{L + l}{2} \pm \sqrt{\left(\frac{L + l}{2}\right)^2 - 2900}.$$

$$x = 150 \pm \sqrt{(150)^2 - 2900}$$

$$x' = 150 + 140 \qquad x'' = 150 - 140.$$

La première doit être rejetée parce qu'elle est plus grande que 200. On a donc :

**Rép.** On a donc : $x = 10$ mètres de large.

**2° Calcul du nombre d'arbres.**

Nous calculerons le nombre d'arbres que l'on peut planter dans l'un des quatre rectangles égaux formés par les allées. Les arbres devant être plantés à 1 mètre du bord de l'allée, la longueur comprise entre le premier arbre et le dernier de chaque

rectangle est de : $\dfrac{200 - 12}{2} = 94$ mètres.

Le nombre d'arbres, dans le sens de la longueur, sera donc de :

$$\frac{94 + 1}{5} = \frac{95}{5} = 19 ;$$

De même, dans le sens de la largeur, la distance entre les extrêmes sera de :

$$\left(\frac{100-12}{2}\right)=44 \text{ mètres.}$$

et le nombre d'arbres de :

$$\frac{44+1}{5}=\frac{45}{5}=9.$$

Le nombre total sera donc :

$$19+9=28$$

dont il faudra retrancher 1 car celui du point d'intersection a été compté deux fois ; et, comme il y a 4 parties semblables, le nombre total des arbres sera :

**Rép.** $27\times4=$ **108 arbres.**

**52.** *Trois stores rectangulaires A, B, C, de même étoffe, ont coûté respectivement 88 fr. 20, 110 fr. 25, 126 fr.*

*Les stores A et B ont même hauteur et la somme de leurs largeurs est 2 m. 70.*

*Les stores B et C ont même largeur et le store C a 2 m. 40 de hauteur.*

*Trouver les dimensions des trois stores et le prix du mètre carré de l'étoffe.* (B. S., Isère, 1922.)

En désignant par $x$ et $y$ les dimensions de A ; par $x$ et $z$ celles de B ; par $z$ et 2 m. 40 celles de C ; et enfin par $p$ le prix du mètre, on peut écrire les équations suivantes :

$$xyp= 88 \text{ fr. } 20 \qquad\qquad (1)$$
$$xzp=110 \text{ fr. } 25 \qquad\qquad (2)$$
$$2,40zp=126 \qquad\qquad (3)$$
$$y+z=2,7. \qquad\qquad (4)$$

Dans l'équation (3), on a :

$$zp=\frac{126}{2,40}=52,5$$

Et en portant cette valeur dans (2), on trouve :

$$x\times52,5=110,25 ; \quad \text{et} \quad x=\frac{110,25}{52,5}=2 \text{ m. } 10.$$

Or, (1), (2) et (4) :

$$yp+zp=p(y+z)=p\times2,7 ;$$

mais

$$yp+zp=\frac{88,2}{2,10}+52,5=42+52,5=94,5.$$

On a donc :

$$p \times 2,7 = 94,5 \; ; \quad \text{et} \quad p = \frac{94,5}{2,7} = 35 \text{ francs.}$$

$$yp = 42 \; ; \quad \text{ou} \quad y = \frac{42}{p} = \frac{42}{35} = 1 \text{ m. } 20.$$

$$zp = z \times 35 = 52,5.$$

D'où
$$z = \frac{52,5}{35} = 1,50.$$

**Rép.** Les dimensions de A sont donc $x = 2,10$ ; $y = 1,20$.
   —    —     B  —   —   $x = 2,10$ ; $z = 1,50$.
   —    —     C  —   —   $z = 1,50$ ;   2,40.

**53.** *Une place rectangulaire a des dimensions telles qu'une personne met 10 minutes 30 secondes pour la traverser dans le sens de la longueur et 6 minutes 18 secondes dans le sens de la largeur. On l'a entourée d'un trottoir de 1 m. 50 de large qui a réduit sa surface à 5.529 m². Trouver les dimensions primitives de la place.* (B. S., Ardèche, 1922.)

Soient $x$ et $y$ les dimensions de la place, $v$ la vitesse de la personne qui la traverse dans les deux sens.

On a :
$$x = v \times 10 \text{ m. } 30$$
$$y = v \times 6 \text{ m. } 18$$

et
$$\frac{x}{y} = \frac{10,30}{6,18} = \frac{5}{3}.$$

Les dimensions du rectangle auquel se réduit la place après la construction du trottoir sont $(x-3)$ et $(y-3)$ qui correspondent à la surface 5.529 m². On peut donc écrire :

$$(x-3)\,(y-3) = 5.529 \text{ m}^2.$$

On a donc à résoudre le système :

$$\frac{x}{y} = \frac{5}{3} \tag{1}$$

$$(x-3)\,(y-3) = 5.529. \tag{2}$$

En portant dans (2) la valeur de $y$ tirée de (1) on obtient :

$$(x-3)\left(\frac{3x}{5}-3\right) = 5.529 \quad \text{ou} \quad \frac{3x^2}{5} - \frac{9x}{5} - 3x + 9 = 5.529$$

ou    $3x^2 - 24x - 27600 = 0$ ;    ou enfin    $x^2 - 8x - 9200 = 0$ ;

qui donne pour $x$ les valeurs :

$$x = 4 \pm \sqrt{16 + 9200} = 4 \pm \sqrt{9216} = 4 \pm 96$$

$$x = \begin{cases} 4+96 = 100 \\ 4-96 = -92 \end{cases}.$$

La seconde racine est à rejeter ; et il reste $x=100$.

Par suite :

$$\frac{100}{y}=\frac{5}{3} \quad \text{ou} \quad 5y=300 \quad \text{et} \quad y=\frac{300}{5}=60.$$

**Rép.** Longueur de la place : **100 mètres**.

Largeur — **60** —

**Remarque.** — Pour traverser la place en longueur en 10 m. 30 il faut marcher à une vitesse de 571 mètres à l'heure, laquelle pourrait être un record dans une course de lenteur. L'examinateur qui a posé le problème a dû avoir une distraction et déplacer la virgule d'un rang.

*54. Une personne, ayant un tapis rectangulaire usé sur les bords, coupe tout autour une bande de 20 cm. de large ; elle s'aperçoit qu'il reste encore sur le pourtour des parties défraîchies ; elle enlève de nouveau tout autour une bande de*

*10 cm. de large. Le rapport des surfaces enlevées est $\frac{74}{33}$.*

*Le tapis étant ensuite entouré d'une bordure à 4 fr. 30 le mètre, on demande le prix d'achat de cette bordure.*

(B. S., Caen, 1922.)

Soient $x$ et $y$ les dimensions du tapis avant qu'on ait coupé les deux bandes. La surface enlevée la première fois est :

$$x \times 20 \times 2 + (y-40)20 \times 2 ; \quad \text{ou} \quad 40x+40y-1600.$$

La surface enlevée la deuxième fois est :

$$(x-40)10 \times 2 + (y-60)10 \times 2$$

ou

$$20x-800+20y-1200 \quad \text{ou encore} \quad 20x+20y-2000.$$

Ces deux surfaces sont dans le rapport de 74 à 33. On a donc :

$$\frac{40x+40y-1600}{20x+20y-2000}=\frac{74}{33} \quad \text{ou} \quad \frac{2x+2y-80}{x+y-100}=\frac{74}{33} ;$$

ou encore en divisant les numérateurs par 2 :

$$\frac{x+y-40}{x+y-100}=\frac{37}{33} ;$$

ce qui peut s'écrire :

$$\frac{x+y-40}{37}=\frac{x+y-100}{33}.$$

Si l'on applique une propriété des proportions :

$$\frac{x+y-40}{37}=\frac{x+y-100}{33}=\frac{x+y-40-x-y+100}{4}=\frac{60}{4}=15.$$

On a donc :

$$\frac{x+y-40}{37}=15 ; \quad \text{et} \quad x+y-40=15\times37=555$$

et ensuite

$$x+y=555+40=595$$

$x+y$ représente le demi-pourtour du tapis avant les coupures. Il se réduit à

$$515-60\times2=595-120=475.$$

Le pourtour entier de la partie restante, et par conséquent la longueur de la bordure sera :

$$475 \text{ cm.}\times2=950.$$

**Rép.** Et le prix à 4 fr. 30 le mètre sera de

$$4,30\times9,50=\textbf{40 fr. 85}$$

**55.** *Une dame achète un tapis rectangulaire à 5 fr. 25 le mètre carré ; elle l'entoure d'une bordure à 0 fr. 75 le mètre. Le tapis total lui revient à 19 fr. 60, dont 14 fr. 45 pour le tapis seul. Dire d'après ce qui précède les dimensions du tapis.*

(B. S., Chambéry.)

Soient $x$ la longueur et $y$ la largeur du tapis, sa surface est :

$$\frac{14,45}{5,25}=xy.$$

La longueur de la bordure est :

$$\frac{19,60-14,45}{0,75}=2(x+y) \quad \text{ou} \quad \frac{5,15}{0,75}=2(x+y)$$

et

$$x+y=\frac{5,15}{1,50}.$$

Connaissant la somme et le produit des quantités $x$ et $y$, on peut construire l'équation du second degré dont elles sont les racines (*Alg.* N° 32, page 162), c'est-à-dire

$$X^2-\frac{5,15}{1,50}X+\frac{14,45}{5,25}=0 ;$$

et en simplifiant

$$X^2-\frac{103}{30}X+\frac{209}{105}=0 ;$$

ou

$$210X^2-721X+578=0.$$

**Rép.** Les racines de cette équation sont **2 m. 16** et **1 m. 28** à 0,01 près.

**Vérification :** $(2,16+1,28)2\times0,75=\textbf{5 fr. 16.}$

**56.** *Un fabricant de briques loue pour 9 ans un terrain argileux renfermant une couche d'argile d'une épaisseur moyenne de 2 m. 25. Ce terrain est rectangulaire ; son périmètre a 740 mètres et sa diagonale a une longueur mesurée en mètres par $10\sqrt{949}$. Calculer les dimensions du terrain. Le fabricant convient de payer la couche d'argile par annuité, à raison de 0 fr. 75 le mètre cube, et d'ajouter à cette annuité le prix de location de la surface du terrain, considéré comme cultivable et calculé à raison de 160 fr. l'hectare. Quelle somme doit-il remettre chaque année au propriétaire sachant que le taux de l'annuité est de 6 % ?*

(B. S., Lyon.)

**1° Calcul des dimensions.**

Soient $x$ la longueur et $y$ la largeur du terrain. On a déjà :

$$2x + 2y = 740 \; ; \quad \text{ou} \quad x + y = 370 \text{ m.} \tag{1}$$

La diagonale hypoténuse du triangle rectangle dont les deux autres côtés sont $x$ et $y$, donne :

$$x^2 + y^2 = \left(10\sqrt{949}\right)^2 = 94.900 \tag{2}$$

Élevant au carré les deux membres de l'équation (1) on trouve :

$$x^2 + 2xy + y^2 = 136.900 \; ;$$

retranchant membre à membre de cette équation l'équation (2), on obtient :

$$2xy = 136900 - 94900$$

$$xy = \frac{42.000}{2} = xy = 21000$$

qui est la surface du champ.

On connaît donc la somme et le produit des deux dimensions qui sont les racines de l'équation du second degré.

$$X^2 - 370X + 21.000 = 0.$$

Ces racines sont :

$$x = \mathbf{300} \quad \text{et} \quad y = \mathbf{70}.$$

**2° Calcul de la somme à remettre annuellement au propriétaire :**

Cette somme se compose de l'annuité et de la location.

La somme est

$$21000 \times 2,25 \times 0,75 = 35.437 \text{ fr. } 50.$$

Nous la désignerons par D pour simplifier les calculs. Après neuf ans, cette somme sera devenue :

$$D(1 + r)^n.$$

Si l'on appelle $a$ l'annuité destinée à la payer, on a, d'après la formule connue :

$$a\left[\frac{(1+r)^n-1}{1+r-1}\right] \quad \text{ou} \quad a\frac{[(1+r)^n-1]}{r}.$$

D'où l'égalité suivante :

$$D(1+r)^n = a\left[\frac{(1+r)^n-1}{r}\right].$$

Et

$$a = \frac{Dr(1+r)^n}{(1+r)^n-1}.$$

Et, en remplaçant D, $r$ et $(1+r)^n$ par leurs valeurs :

$$a = \frac{35437,50\times 0,06\times (1,06)^9}{(1,06)^9-1}.$$

On calcule $(1,06)^9$ par logarithmes ; et l'on trouve :

$$(1,06)^9 = 1 \text{ fr. } 6985.$$

Et enfin, après tous calculs

$$a = 5.210 \text{ francs.}$$

La location de 2 hectares par an donne :

$$160\times 2,1 = 336 \text{ francs.}$$

**Rép.** Le fabriquant de briques devra donc donner chaque année $5210+336 = $ **5.546 francs.**

**Remarque.** — L'énoncé ne dit pas si la location de 336 francs est payée chaque année pour 9 ans. La solution est conforme au premier cas.

**57.** *Le périmètre d'un champ rectangulaire est de 260 mètres. Si l'on augmente la plus petite dimension de 10 mètres et qu'on diminue de 10 mètres la plus grande, la surface augmente de 2 ares.*
*Trouver les côtés du rectangle.*

(B. S., Toulouse.)

Soient $x$ la longueur, et $y$ la largeur demandées. Leur somme est :

$$x+y = 130.$$

La surface, avec la longueur diminuée de 10 mètres et la largeur augmentée de la même quantité, sera :

$$(x-10)(y+20).$$

Et d'après l'énoncé cette surface est égale à la surface primitive augmentée de 2 ares ou 200 mètres carrés. On a donc :

$$(x-10)(y+10) = xy+200 ; \quad \text{ou} \quad xy+10x-10y-100 = xy+200$$
$$10x-10y = 300 \quad \text{ou encore :} \quad x-y = 30.$$

On a donc :                    $x+y=130$                    (1)

                               $x-y=30$                    (2)

En combinant par addition ces deux équations, il vient :

$$2x=160 ; \quad \text{et} \quad x=80.$$

D'où l'on tire la valeur de $y$

$$80+y=130 ; \quad \text{et} \quad y=50.$$

**Rép.** La longueur est donc $x=$**80 mètres.**
— largeur — $y=$**50** —

**58.** *On se propose de paver une cour rectangulaire dont la surface est de 161 m² 28 avec des pavés carrés ayant 16 cm. de côté. Les dimensions de la cour étant entre elles comme les nombres 7 et 9, on demande :*

*1° Combien on devra employer de pavés ;*

*2° Combien on en disposera dans le sens de la longueur et dans le sens de la largeur.*

*Aurait-on pu employer des pavés carrés de dimensions différentes de 16 cm., en remarquant qu'on doit en disposer un nombre entier dans les deux sens et que la surface de chacun d'eux est un nombre exact de centimètres carrés?*

*Combien de solutions pourrait-on adopter?*

*Donner celles qui correspondent à des pavés dont les dimensions sont comprises entre 15 et 25 cm. Indiquer alors le nombre de pavés employés.*

                               (B. S., Montpellier, 1922.)

**1° Nombre de pavés.**

La surface d'un pavé est, en centimètres :

$$16 \times 16 = 256.$$

Le nombre sera donc $1612800 : 256 =$ **6.300**

**2° Nombre de pavés dans le sens de la longueur et de la largeur.**

Calculons d'abord ces deux dimensions. Soient $x$ et $y$ la longueur et la largeur de la cour. On a :

$$xy = 1.612.800 \text{ cm}^2 \qquad (1)$$

$$\frac{x}{y} = \frac{9}{7} \qquad (2)$$

De l'équation (2), on tire :

$$y = \frac{7x}{9} ;$$

et on porte cette valeur dans (1) ; il vient :

$$7\frac{x^2}{9} = 1.612.800$$

$$x^2 = \frac{1.612.800 \times 9}{7} = 1.440 \text{ cm. ou } 14 \text{ m. } 40$$

et

$$y = \frac{7x}{9} = \frac{7 \times 1440}{9} = 1.120 \text{ cm. } 11 \text{ m. } 20.$$

Le nombre de pavés dans le sens de la longueur sera :

$$\frac{1440}{16} = 90 \;;$$

et dans le sens de la largeur :

$$\frac{1120}{16} = 70.$$

3° **Nombre de pavés de dimensions différentes que l'on pourrait employer.**

Le côté des pavés en question doit être contenu un nombre exact de fois dans la longueur 1440 et aussi dans la largeur 1120. En d'autres termes, cette longueur est un commun diviseur de 1120 cm. et de 1440 cm.

Il suffit donc de chercher tous les diviseurs de ces deux nombres, et de choisir ceux qui leur sont communs dans la limite donnée, c'est-à-dire de 15 à 25 cm. Or, les diviseurs de 1440 sont:

1440 ; 720 ; 480 ; 360 ; 288 ; 240 ; 180 ; 144 ; 120 ; 96 ; 90 ;
  1 ;   2 ;   3 ;   4 ;   5 ;   6 ;   8 ;   10 ;   12 ;   15 ;   16 ;
             80 ;   72 ;   60 ;   48 ;   45.
             18 ;   20 ;   24 ;   30 ;   32.

Ceux de 1120 sont :

1120 ; 560 ; 280 ; 224 ; 160 ; 140 ; 112 ; 80 ; 70 ; 56 ; 40 ; 35.
  1 ;   2 ;   4 ;   5 ;   7 ;   8 ;   10 ;   14 ;   16 ;   20 ;   28 ;   32.

On voit que, entre 15 et 25 les seuls diviseurs communs sont 16 et 20. Le premier correspond aux données du problème Le second donne des carrés d'une surface de $20 \times 20 = 400$ cm. ; dont :

**Rép.** Le nombre sera : $\dfrac{1.612.800}{400} = 4.032$ pavés.

**59.** *Sur les côtés d'un carré* $ABCD$ *on porte*

$$AM = BN = CP = DQ = \frac{1}{3} AB.$$

*Calculer en fonction de AB=a la surface du carré MNPQ.*

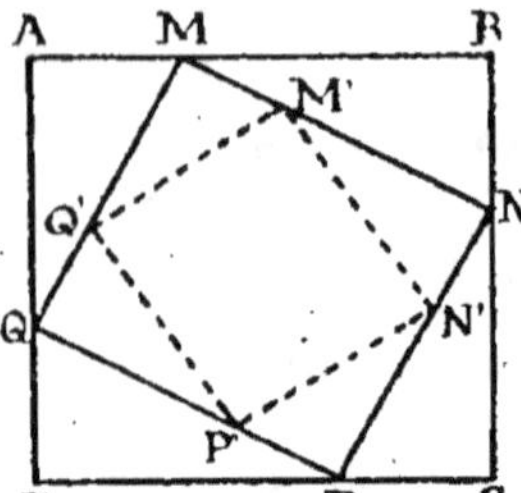

*On construit le carré M'N'P'Q' en portant*

$$MM'=NN'=PP'=QQ'=\frac{1}{3}MN$$

*et ainsi de suite indéfiniment.*

*Trouver la limite de la somme des aires de ces carrés.*

*Trouver la limite de la somme des aires des cercles inscrits dans ces carrés et la limite de la somme des volumes des cubes construits sur les carrés comme base.*

(B. S., Besançon, 1923.)

**1° Surface du carré MNPQ.**

On a :

Surf. MNPQ=$\overline{MN}^2$. Or, dans le triangle MBN on a

$$\overline{MN}^2=\overline{MB}^2+\overline{BN}^2=\left(\frac{2a}{3}\right)^2+\left(\frac{a}{3}\right)^2=\frac{4a^2}{9}+\frac{a^2}{9}=\frac{5a^2}{9}.$$

Surf. MNPQ=$\dfrac{5a^2}{9}$.

**2° Limite de la somme de ces carrés.**

Le carré M'N'P'Q' a pour surface $\overline{M'N'}^2$.

Or $$\overline{M'N'}^2=\overline{M'N}^2+\overline{NN'}^2=\left(\frac{2}{3}MN\right)^2+\left(\frac{1}{3}MN\right)^2$$
$$=\frac{4}{9}\overline{MN}^2+\frac{1}{9}\overline{MN}^2=\frac{5}{9}\overline{MN}^2.$$

D'où l'on voit que les carrés successifs auront tous pour valeur les $\dfrac{5}{9}$ du carré précédent. Tous ces carrés sont les termes d'une progression dont le premier terme est $\dfrac{5a^2}{9}$ et la raison $\dfrac{5}{9}$. On pourra donc écrire (*Alg.* page 195, N° 20, Probl. III) :

$$S=\frac{\dfrac{a^2\times 5}{9}}{1-\dfrac{5}{9}}=\frac{5a^2}{4}$$

et si l'on y ajoute le carré donné :

$$\frac{5a^2}{4}+a^2=\frac{9a^2}{4}.$$

3° **Limite de la somme S′ des cercles inscrits.**

Soit $r$ le rayon du cercle inscrit dans le carré MNPQ. Ce rayon est égal au demi-côté du carré, soit :

$$r = \frac{1}{2} \sqrt{\frac{a^2 \times 5}{9}} = \frac{1}{2} \times \frac{a}{3} \sqrt{5} = \frac{a\sqrt{5}}{6}.$$

La surface du cercle est :

$$\pi r^2 = \pi \left(\frac{a\sqrt{5}}{6}\right)^2 = 5\frac{\pi a^2}{36} = \frac{\pi a^2}{4} \times \frac{5}{9}.$$

La somme des surfaces sera donc à la limite :

$$S' = \frac{\dfrac{5\pi a^2}{36}}{1 - \dfrac{5}{9}} = \frac{5\pi a^2}{36} \times \frac{9}{4} = \frac{5\pi a^2}{16} = \frac{5a^2}{4} \times \frac{\pi}{4} = S \times \frac{\pi}{4},$$

$$S' = S \times \frac{\pi}{4}.$$

4° **Limite de la somme S″ des volumes des cubes, construits sur les côtés comme bases.**

Cette limite sera aussi celle de la somme des termes d'une progression géométrique. On a, en effet :

$$\overline{MN}^3 = \left(\frac{a\sqrt{5}}{3}\right)^3 = \frac{5a^3\sqrt{5}}{27}$$

$$\overline{M'N'}^3 = \left(\frac{\overline{MN}\sqrt{5}}{3}\right)^3 = \frac{5a^3\sqrt{5}}{27} \times \frac{5\sqrt{5}}{27}.$$

La raison de la progression est donc $\dfrac{5\sqrt{5}}{27}$.

Et l'on peut écrire :

$$S'' = \frac{\dfrac{5a^3\sqrt{5}}{27}}{1 - \dfrac{5\sqrt{5}}{27}} = \frac{5a^3\sqrt{5} \times 27}{27(27 - 5\sqrt{5})} \, ;$$

et enfin

$$S'' = \frac{5a^3\sqrt{5}}{27 - 5\sqrt{5}}.$$

Si l'on compte le premier cube, c'est-à-dire celui qui est construit sur le carré donné, on a :

$$S''' = a^3 + \frac{5a^3\sqrt{5}}{27 - 5\sqrt{5}} = \frac{27a^3 - 5a^2\sqrt{5} + 5a^3\sqrt{5}}{27 - 5\sqrt{5}}$$

ou

$$S''' = \frac{27a^3}{27 - 5\sqrt{5}}.$$

**60**. *Avec 2.688 carreaux de forme carrée, on peut recouvrir le sol d'une salle rectangulaire dont les côtés ont des longueurs proportionnelles aux nombres 18 et 21.*

*1° Quelles sont les longueurs de ces côtés sachant que la surface d'un des carreaux est 0 m² 0529?*

*2° Pourrait-on avec un autre nombre de carreaux de même forme, mais de dimensions différentes, carreler la même salle? Quel est le plus petit des nombres qu'on pourrait chosir et quel serait alors le côté d'un des carreaux qu'il conviendrait d'employer? Les carreaux sont tous égaux entre eux.*

(B. S., Lyon, 1921.)

**1° Longueur des côtés.**

Soient $x$ la longueur et $y$ la largeur de la salle. Sa surface est :

$$xy = 2688 \times 0{,}0529 ; \quad \text{ou} \quad xy = 142 \text{ m}^2 1952. \qquad (1)$$

L'énoncé donne :

$$\frac{x}{y} = \frac{21}{18}. \qquad (2)$$

On en tire :

$$y = \frac{18x}{21} ;$$

et si l'on porte cette valeur dans (1), on obtient :

$$x^2 = \frac{142 \text{m}^2 1952 \times 21}{18}$$

d'où

$$x = \sqrt{\frac{142{,}1952 \times 7}{6}} = 12 \text{ m. } 88 \quad \text{ou} \quad 1288 \text{ cm}$$

On trouve facilement ensuite $y = 11$ m. **04** ou **1104** cm.

**2° Nombre de carreaux de dimensions différentes.**

Le côté des carreaux doit être contenu un nombre exact de fois dans la longueur et dans la largeur. Ce côté sera donc un nombre à la fois diviseur de 1288 et 1104. On aura donc les côtés des carreaux correspondant à la question en décomposant 1288 et 1104 en facteurs correspondants. On a :

$$1288 = 1288 \times 1 = 644 \times 2 = 322 \times 4 = 184 \times 7 = 161 \times 8 = 92 \times 14$$
$$= 56 \times 23 = 46 \times 28$$

$$1104 = 1104 \times 1 = 552 \times 2 = 368 \times 3 = 276 \times 4 = 184 \times 6 = 138 \times 8$$
$$= 92 \times 12 = 68 \times 16 = 48 \times 23 = 46 \times 24.$$

Les diviseurs communs aux deux nombres 1288 et 1104 sont donc **1, 2, 4, 8, 23, 46, 92, 184.**

On pourra donc paver la salle avec des carreaux dont ces nombres représentent le côté. Soit, avec des carreaux de côtés :

1 $\frac{c}{m}$ corres. à un nombre de 1288 carreaux en long. et 1104 en larg.
2 $\frac{c}{m}$   —      —      644      —      —      552
4 $\frac{c}{m}$   —      —      322      —      —      276
. . . . . . . . . . . . . . . . . . . . . . . . . . . . . . . . . . . . . . . . . . . . . . . . . . . . .
. . . . . . . . . . . . . . . . . . . . . . . . . . . . . . . . . . . . . . . . . . . . . . . . . . . . .
92 $\frac{c}{m}$   —      —      14      —      —      12
184 $\frac{c}{m}$   —      —      7      —      —      6

**Remarque.** — On aurait pu aussi chercher le plus grand commun diviseur de 1288 et 1104.

On a :               $1288 = 2^3 \times 7 \times 23$.

                $1104 = 2^4 \times 3 \times 23$

        P. g. c. d. $= 2^3 \times 23 = 184$.

Les diviseurs de ce nombre sont :

184, 92, 46, 23, 8, 2, 4 et 1. Ce résultat vérifie le précédent.

Le nombre 23 correspond aux données du problème ; car on a :

$$\sqrt{0,0529} = 0,23 \quad \text{ou} \quad 23 \text{ cm.}$$

**61.** *Un jardinier achète un champ en forme de trapèze rectangle dont les dimensions sont : la grande base égale le le double de la petite et la hauteur égale la petite base. On l'entoure d'une clôture métallique qui coûte 630 fr. à 1 fr. 25 le mètre. On demande : 1° Les dimensions de ce trapèze. 2° Sa surface. 3° Le prix à raison de 2 fr. le mètre carré et ce que l'acquéreur en donnerait comptant s'il bénéficiait des intérêts composés pendant 3 ans au taux de 4%.*

(B. S., Aix.)

**1° Calcul des dimensions du trapèze.**

Le contour du trapèze égale

$$\frac{630}{1,25} = 504.$$

Soit donc $x$ la petite base. On a :

$x \times x + 2x + Bc = 504$ mètres.

Dans le triangle rectangle BCE, on a :

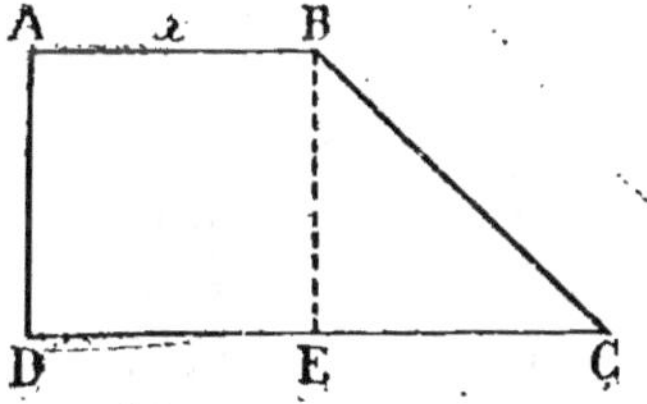

$$\overline{BC}^2 = \overline{BE}^2 + \overline{EC}^2 = 2x^2$$
$$BC = x\sqrt{2}.$$

Le périmètre du trapèze est donc :

$$4x + x\sqrt{2} = 504 \quad \text{ou} \quad x(4 + \sqrt{2}) = 504$$

d'où $x = \dfrac{504}{(4+\sqrt{2})} = \dfrac{504(4-\sqrt{2})}{(4+\sqrt{2})(4-\sqrt{2})} = \dfrac{504(4-\sqrt{2})}{14} = 93\,\text{m}.096$

**Rép.** La petite base étant    $x = $ **93 m. 096.**
La grande base est    $2x = $ **186 m. 192.**
La hauteur est    $x = $ **93 m. 096.**

**2° Calcul de la surface.**

La surface est

$$\left(\frac{2x+x}{2}\right)x = \frac{3 \times 93\text{m}.096}{2} \times 93,096.$$

**Rép. 13.000 m².**

**3° Prix du terrain à 2 francs le mètre carré.**

Le prix est de

$$13000 \times 2 = 26000.$$

Si l'acquéreur, payant comptant doit bénéficier des intérêts composés durant trois ans, il devra payer une somme qui augmentée des dits intérêts vaudra 26.000 après trois ans. Soit $y$ cette somme. On a, le taux étant de 4 % :

$$y(1,04)^3 = 26.000 \quad \text{ou} \quad y = \frac{26.000}{(1,04)^3}.$$

On calcule $(1,04)^3$ par logarithmes.

Log $(1,04)^3 = 3$ log $1,04 = 3 \times 0,01703334 = 0,05110002.$

Ce logarithme correspond au nombre $1,125$ par excès.

**Rép.** On a donc $y = \dfrac{26.000}{1,125} = $ **23.111 fr. 11.**

**62.** *Un bois taillis a la forme d'un trapèze ABCD ; la petite base AB est de 240 mètres, la grande base CD de 360 mètres et la distance des deux bases de 420 mètres. On y pratique une coupe tous les 7 ans. A quelle distance de la lisière AB du bois faut-il mener la parallèle MN pour que la portion ABMN soit le $\dfrac{1}{7}$ de la surface totale ?*

*On effectuera le calcul à un demi-mètre près.*

(B. S., Poitiers.)

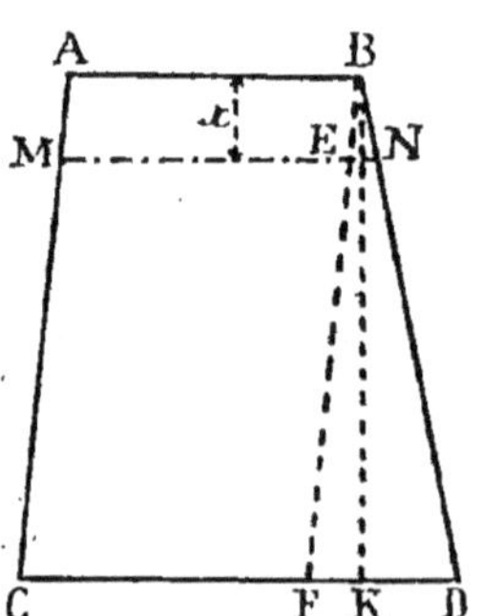


Soit ABCD le trapèze. Par le point B menons la parallèle BF à la droite AC ; et désignons par $x$ la distance demandée et par $y = $ EN la partie de la base MN qui surpasse EM = AB.

Les deux triangles semblables BEN et BFD donnent les praports suivants :

$$\frac{y}{FD} = \frac{x}{BK} \quad \text{ou} \quad y = \frac{x \times FD}{BK} = \frac{x(360-240)}{420} = \frac{x \times 120}{420}$$

et enfin

$$y = \frac{2x}{7}.$$

La surface du trapèze est :

$$\frac{(360+240)420}{2} = 126.000 \ \text{m}^2.$$

La surface ABMN sera donc :

$$\frac{126000}{7} = 18.000 \ \text{m}^2.$$

On a aussi :

$$\text{Surf. ABMN} = \left(\frac{240+240+\frac{2x}{7}}{2}\right) x = \left(240+\frac{x}{7}\right) x = 240x + \frac{x^2}{7}.$$

On peut donc écrire :

$$\frac{x^2}{7} + 240x = 18000 \quad \text{ou} \quad x^2 + 1680x = 126000$$

et enfin :

$$x^2 + 1680x - 126000 = 0$$

ce qui donne pour $x$ les deux volumes

$$x', \ x'' = -840 \pm \sqrt{840^2 + 126000}$$

d'où $\ x' = -840 + 911,921 = 71\text{m}. 921 \quad$ et $\quad x'' = -840 - 911,921$

La deuxième de ces valeurs est à rejeter.

**Rép.** On a donc : $x = \textbf{71 m. 921}$ ou $x = \textbf{71 m. 50}$ à un demi-mètre près.

**63.** *Une couronne circulaire plane a une épaisseur égale à deux mètres. On sait de plus que le rapport de la surface de cette couronne à la surface du cercle qui a une circonférence moyenne arithmétique entre celles qui comprennent la couronne, est égale à 2. — Calculer les rayons des deux circonférences qui limitent la couronne.*

(B. S., Finistère.)

Soient R, $r$ les rayons des deux circonférences qui forment la couronne, et R' celui de la circonférence moyenne arithmétique

La surface de la couronne est :

$$\pi(R^2 - r^2).$$

Celle de la circonférence moyenne :

$$\pi R'^2.$$

On a donc d'après l'énoncé

$$\frac{\pi(R^2-r^2)}{\pi R'^2}=2, \quad \text{ou} \quad \frac{R^2-r^2}{R'^2}=2. \tag{1}$$

La circonférence de rayon R' étant moyenne arithmétique entre les deux autres, on a :

$$\frac{2\pi R+2\pi r}{2}=2\pi R' \quad \text{d'où} \quad R'=\frac{R+r}{2} ;$$

ou

$$\pi R'^2=\frac{\pi(R+r)^2}{4} \quad \text{et} \quad R'^2=\frac{(R+r)^2}{4} ;$$

en remplaçant $R'^2$ par sa valeur dans l'équation (1).

$$\frac{R^2-r^2}{\dfrac{(R+r)^2}{4}}=2 \quad \text{ou} \quad 4(R^2-r^2)=2(R+r)^2$$

et $\quad 2(R+r)(R-r)=(R+r)(R+r) ; \quad 2(R-r)=R+r ;$
mais, d'après les données,

$$R-r=2 ;$$

donc $\quad R+r=4 ;\quad$ et comme $\quad R-r=2,$

on a par addition et soustraction :

$$R=3 \text{ et } r=1.$$

**Rép.** Les rayons sont **R=3 ; r=1.**

46. *On donne une demi-circonférence de rayon R décrite sur AB comme diamètre et la droite CD perpendiculaire au milieu C du rayon OA ; on prend sur OB la distance OE égale à $\frac{2}{3}$ R ; on demande à quelle distance du point O doit se projeter sur le diamètre AB un point M de la circonférence pour que, abaissant de ce point la perpendiculaire MP sur CD on ait :*

$$\overline{EM}^2+2\overline{MP}^2+3\overline{PA}^2=K^2.$$

*$K^2$ étant une quantité donnée. Discussion.* (B. S.)

Soit $x$ la distance du point O au pied de la perpendiculaire abaissée de M sur AB, c'est-à-dire à la projection de M sur AB.
On a dans le triangle rectangle EMK :

$$\overline{EM}^2=\overline{MK}^2+\overline{EK}^2$$

mais
$$\overline{MK}^2=\overline{OM}^2-x^2=R^2-x^2.$$

et
$$\overline{EK}^2=(OE-x)^2=\left(\frac{2R}{3}-x\right)^2=\frac{4R^2}{9}-\frac{4Rx}{3}+x^2.$$

D'où
$$\overline{EM}^2=R^2-x^2+\frac{4R^2}{9}-\frac{4Rx}{3}+x^2=\frac{13R^2-12Rx}{9}$$

On a aussi :
$$\overline{MP}^2=\overline{CK}^2=(OC+x)^2=\left(\frac{R}{2}+x\right)^2=\frac{R^2}{4}+Rx+x^2$$

$$=\frac{R^2+4Rx+4x^2}{4}\quad\text{et}\quad 2\overline{MP}^2=\frac{2R^2+8Rx+8x^2}{4}$$

Le triangle rectangle APC, que l'on obtient en menant la droite AP, donne :

$$\overline{PA}^2=\overline{PC}^2+\overline{AC}^2=\overline{MK}^2+\frac{R^2}{4}=R^2-x^2+\frac{R^2}{4}$$

$$=\frac{R^2+4R^2-4x^2}{4}=\frac{5R^2-4x^2}{4}\quad\text{et}\quad 3\overline{PA}^2=\frac{15R^2-12x^2}{4}.$$

On doit avoir, d'après l'énoncé :
$$\overline{EM}^2+2\overline{MP}^2+3\overline{PA}^2=K^2\;;$$

ou
$$\frac{13R^2-12Rx}{9}+\frac{2R^2+8x^2+8Rx}{4}+\frac{15R^2-12x^2}{4}=K^2,$$

et après réductions :
$$36x^2-24Rx-205R^2+36K^2=0.$$

**Discussion.** — La condition de réalité des racines est :
$$7524R^2-1296K^2\geqq 0$$
$$7524R^2\geqq 1296K^2\;;$$

et
$$K^2\leqq\frac{209}{36}R^2$$

La quantité $\frac{209}{36}R^2$ est donc le maximum de $K^2$, pour lequel
$$x=\frac{R}{3}\cdot$$

L'équation résolue donne pour $x$ les valeurs :

**Rép. :**
$$\frac{x'}{x''}=\frac{12R\pm\sqrt{144R^2+7380R^2-1296K^2}}{36}=\frac{12R\pm\sqrt{7524R^2-1296k^2}}{36}$$

**Remarque.** — On pourrait chercher les valeurs de $K^2$ lorsque M passe par les points B, M, F, N et A, c'est-à-dire lorsqu'on a :
$$x=+R\;;\quad x=+\frac{R}{3},\quad x=0\;;\quad -\frac{R}{3}\quad\text{et}\quad x=-R.$$

**65.** *Trouver sur une circonférence O, de diamètre AOB, égal à 2a, un point M, tel que, en abaissant de ce point une perpendiculaire MP, sur le diamètre et en joignant AM, on ait la relation* $\overline{AM^2}+\overline{MP^2}=l^2$, l *étant une quantité donnée comme* a. *Discussion.* (B. S., Lyon.)

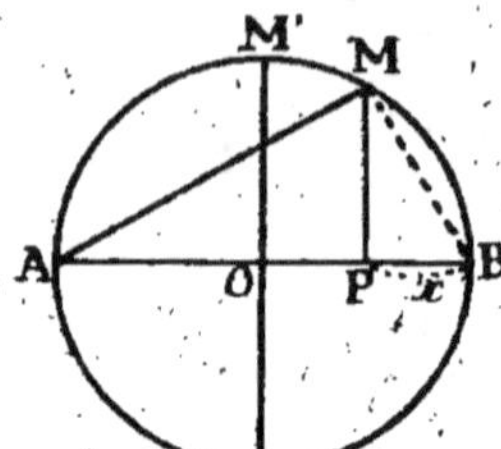

On doit avoir :

$$\overline{AM^2}+\overline{MP^2}=l^2.$$

Soit $x$ la distance BP. Si l'on joint le point M au point B, on a dans le triangle rectangle AMB :

$$\overline{AM^2}=AP\times AB \quad \text{ou} \quad \overline{AM^2}=(2a-x)2a$$

$$\overline{MP^2}=AP\times PB=(2a-x)x.$$

La relation donnée devient donc :

$$(2a-x)2a+(2a-x)x=l^2$$
$$4a^2-2\,x+2ax-x^2=l^2$$
$$x^2=4a^2-l^2\,;$$

**Rép. :** D'où $\qquad x=\sqrt{4a^2-l^2}.$

**Discussion.** — La condition de réalité est que l'on ait :

$$4a^2-l^2\geq 0$$
$$4a^2\geq l^2.$$

ou $\qquad\qquad l\leq 2a.$     C'est le maximum de l.

Les valeurs remarquables que peut prendre $l$ sont

$$0,\; a,\; a\sqrt{3},\; 2a.$$

Pour $l=0$     $x=2a$     et le point M est en A.

Pour $l=a$     $x=\sqrt{4a^2-a^2}=a\sqrt{3}$

Pour $l=a\sqrt{3}$     $x=\sqrt{4a^2-3a^2}=a,$     et le point M est en M'.

Pour $l=2a,$     $x=0\,;$     et le point M est en B.

**66.** *Calculer les dimensions d'un parallélipipède rectangle sachant que la longueur de sa diagonale est 7 mètres, que la somme des longueurs de ses 12 arêtes est 44 mètres, et que la surface de sa base est 12 m².* (B. S., Bordeaux.)

Soit ABCDEFGH le parallélipipède rectangle proposé. Nous désignerons par $x$, $y$ et $z$ ses trois dimensions. On a d'abord :

$$4x+4y+4z=44 \quad \text{ou} \quad x+y+z=11$$
$$\overline{DF^2}=49.$$
$$xy=12$$

Exprimons DF en fonction des inconnues.

Dans le triangle rectangle DBF on a $\overline{DF}^2 = \overline{BD}^2 + z^2$ ; mais le triangle rectangle CBD,

donne $\overline{BD}^2 = x^2 + y^2$.

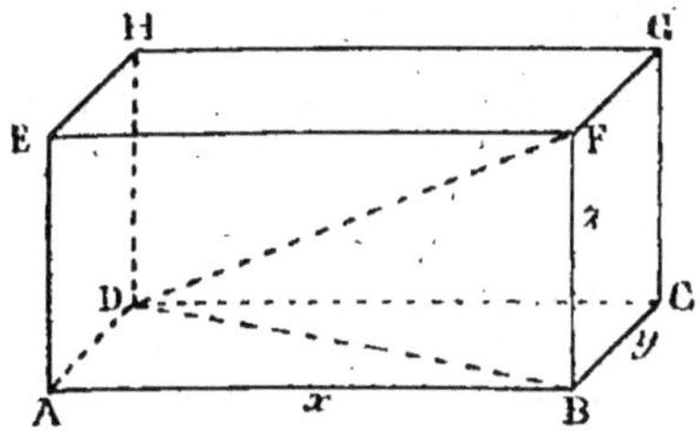

Donc $\overline{DF}^2 = x^2 + y^2 + z^2$.

On a donc le système

$$x + y + z = 11 \qquad (1)$$
$$xy = 12 \qquad (2)$$
$$x^2 + y^2 + z^2 = 49 \qquad (3)$$

De l'équation (1), on tire la valeur : $\qquad x + y = 11 - z$.

Elevons au carré $\qquad x^2 + y^2 + 2xy = (11 - z)^2$ ;

ou en remplaçant $xy$ par sa valeur 12 :
$$x^2 + y^2 + 24 = 121 - 22z + z^2 \quad (4).$$

De l'équation (3), on tire $x^2 + y^2 = 49 - z^2$ ;

et portant cette valeur dans (4), il vient :
$$49 - z^2 + 24 = 121 - 22z + z^2$$

qui devient après réductions $\quad 2z^2 - 22z + 48 = 0$

ou $\qquad z^2 - 11z + 24 = 0$,

laquelle expression donne pour $z$ les valeurs :

$$z = \frac{11 \pm \sqrt{121 - 96}}{2} = \frac{11 \pm \sqrt{25}}{2} = \frac{11 \pm 5}{2}$$

$$z' = \frac{11 + 5}{2} = \frac{16}{2} = 8$$

$$z'' = \frac{11 - 5}{2} = \frac{6}{2} = 3$$

Ces valeurs portées successivement dans (1) donnent :
$$x + y = 11 - 8 = 3$$
$$x + y = 11 - 3 = 8$$

et comme $\quad xy = 12$, $\quad$ on peut construire les deux équations :
$$X^2 - 3X + 12 = 0$$
$$X^2 - 8X + 12 = 0$$

Les racines de la première sont imaginaires car on a $b^2 - 4ac$ ou $9 - 48 < 0$ ; elles sont donc à rejeter de même que la valeur 8 de $z$ à laquelle elles correspondent.

Celles de la seconde sont : $\left. \begin{matrix} x \\ y \end{matrix} \right\} = 4 \pm \sqrt{16 - 12} = 4 \pm 2 = \left\{ \begin{matrix} 6 \\ 2 \end{matrix} \right.$

Elles correspondent à la valeur 3 de $z$.

**Rép.** : On a donc : $\quad x = 6$ ; $\quad y = 2$ ; $\quad z = 3$.

**67.** *Un réservoir à parois verticales de 2 m. 50 de profondeur, a pour base un trapèze de 3 m. 60 de hauteur dont les bases diffèrent de 1 m. 50. Il est alimenté par trois fontaines.*

*La première en remplirait les $\frac{2}{5}$ en 30 heures, la deuxième les $\frac{3}{8}$ en 36 heures. La troisième fournit 3.756 litres en 12 heures. Si l'on fait couler la première fontaine seule pendant 10 heures, puis la première et la deuxième pendant 16 heures et enfin les trois fontaines pendant 15 heures, le bassin est exactement rempli. On demande d'après cela de calculer les bases du trapèze du fond.*

(B. S., Tarn-et-Garonne et Loir-et-Cher.)

Soient $x$ la demi-somme des bases du trapèze et $v$ son volume. On a :

$$v = x \times 3,6 \times 2,5 ; \quad \text{d'où l'on tire :} \quad x = \frac{v}{3,6 \times 2,5} \quad (1)$$

Il reste à calculer $v$.

La première fontaine remplit en une heure les $\frac{2}{5 \times 30}$ ou le $\frac{1}{75}$ du bassin. Et, comme elle coule seule pendant 10 heures, avec la seconde pendant 16 heures, et avec la troisième pendant 15 heures elle a rempli pour sa part une fraction du bassin égale à

$$\frac{1}{75}(10 + 16 + 15) = \frac{41}{75}.$$

La seconde remplit en une heure les $\frac{3}{8 \times 36}$ ou le $\frac{1}{96}$ du bassin.

Elle coule avec la première pendant 16 heures ; et avec la troisième pendant 15 heures. Elle remplit donc une fraction du bassin égale à

$$\frac{1}{96}(16 + 15)$$

c'est-à-dire aux $\frac{31}{96}$ de la contenance. A elles deux elles ont rempli les

$$\frac{41}{75} + \frac{31}{96} \quad \text{ou les} \quad \frac{6261}{7200} \text{ du bassin.}$$

Il reste donc à remplir

$$\frac{7200}{7200} - \frac{6261}{7200} = \frac{939}{7200}$$

Or le troisième fontaine en 15 heures fournit

$$\frac{3756 \times 15}{12} = 4.695 \text{ litres}$$

qui représentent ces $\dfrac{939}{7200}$ de la contenance totale du bassin, laquelle est par conséquent :

$$\frac{4695 \times 7200}{939} = 36.000 \text{ l.} \quad \text{ou} \quad 36 \text{ m}^3.$$

En portant cette valeur dans (1), il vient :

$$x = \frac{36}{3,6 \times 2,5} = 4 \text{ m.}$$

La demi-somme des bases du trapèze est donc 4 mètres ; leur somme 8 mètres.

**Rép.** On a donc pour la grande base :

$$\frac{8 + 1,5}{2} = \frac{9,5}{2} = \textbf{4 m. 75} ;$$

et pour la petite base

$$\frac{8 - 1,5}{2} = \frac{6,5}{2} = \textbf{3 m. 25.}$$

**68.** *On a employé 39 grammes d'or pour dorer l'intervalle compris entre deux carrés AB, A'B' et CD, C'D' ayant même centre O. On demande de calculer l'épaisseur de la couche d'or, sachant que le côté AB = 0 m. 60, le côté CD = 0 m. 45 et la densité de l'or = 19,50.*

(B. S., Nevers, aspirantes.)

Soient $x$ l'épaisseur de la couche d'or, et S la surface recouverte.

Le volume de l'or employé égale son poids divisé par sa densité. Soit :

$$\frac{39}{19,50} = 2 \text{ cm}^3.$$

La surface S recouverte est la différence entre les 2 carrés ABCD et A'B'C'D', c'est-à-dire en, exprimant tout en centimètres.

$$S = 60^2 - 45^2 = 3600 - 2025 = 1575 \text{ cm.}$$

Donc

**Rép.** $x = \dfrac{2}{1575} = \textbf{0 cm. 00127}$ ou **127** dix millièmes de milli-

mètre.

**69.** *Un objet précieux doit avoir un volume de 80 cm³, ren-fermer les $\frac{3}{7}$ de son poids d'or et le reste en argent. La densité de l'or est* 19,26, *celle de l'argent* 10,47. *Combien devra-t-on prendre en poids et en volume de chacun des deux métaux ? Quel sera le poids de l'objet ?*

(B. S.)

Soit $x$ le poids total. On sait que le volume d'un corps égale son poids divisé par sa densité. Le volume de l'argent sera :

$$\frac{4x}{7 \times 10,47} \; ; \quad \text{celui de l'or :} \quad \frac{3x}{7 \times 19,26} .$$

Et la somme de ces volumes est 80 cm³. On a donc :

$$\frac{4x}{7 \times 10,47} + \frac{3x}{7 \times 19,26} = 80$$

$$4x \times 19,26 + 3x \times 10,47 = 80 \times 7 \times 10,47 \times 19,26$$

$$x(77,04 + 31,41) = 112925,232$$

$$x \times 108,45 = 112925,232$$

et

$$x = \frac{112925,232}{108,45} = 1041 \text{ gr. } 265.$$

**Rép.** Le poids de l'or est donc $\dfrac{1041,265 \times 3}{7} =$ **446 gr. 256.**

Celui de l'argent   $1041,265 - 446,256 =$ **595 gr. 009.**

Le volume de l'or sera   $\dfrac{446,256}{19,26} =$ **28 cm³ 17.**

Le volume de l'argent   $\dfrac{595,009}{10,47} =$ **56 cm³ 83.**

**Vérification :** 23 cm. $17 + 56,83 =$ **80 cm³.**

**70.** *Le volume d'un bassin est de* 1 m³ 728, *la somme de ses trois dimensions est de* 38 *décimètres et l'une d'elles est moyenne proportionnelle entre les deux autres. Calculez ces dimensions.*

(B. S., Toulouse, aspirants.)

Soient $x$, $y$, et $z$ les dimensions du bassin, exprimées en décimètres. On a les 3 équations suivantes :

$$xyz = 1728 \tag{1}$$

$$x + y + z = 38 \tag{2}$$

$$x^2 = yz. \tag{3}$$

Portons dans l'équation (1) la valeur $x^2$ de $yz$, on a :

$$x^3 = 1728 ; \quad \text{et} \quad x = \sqrt[3]{1728} = 12.$$

Cette valeur de $x$ portée dans (2) et (3) donne :

$$y + z = 26 \qquad (4)$$
$$yz = 144 \qquad (5)$$

Elevons au carré les deux membres de (4) et multiplions par 4 ceux de l'équation (5) :

$$y^2 + 2yz + z^2 = 676$$
$$4xy = 576$$

Retranchant membre à membre, on obtient :

$$y^2 - 2xy + z^2 = 100 \quad \text{ou} \quad (y - z)^2 = 100$$

ou enfin :

$$y - z = \sqrt{100} = 10 ;$$

et comme on a :

$$y + z = 26,$$

en ajoutant membre à membre, il vient :

$$2y = 36 ; \quad \text{et} \quad y = 18.$$

D'où l'on tire, en portant cette valeur de $y$ dans (4) :

$$18 + z = 26 ; \quad \text{et} \quad z = 8.$$

**Rép.** Les dimensions demandées sont donc :

**12 dm., 18 dm. et 8 dm.**

**Remarque.** — On aurait pu, connaissant $y + z = 26$ ; et $yz = 144$ construire l'équation dont ces quantités sont les racines, et écrire :

$$Z^2 - 26Z + 144 = 0,$$

qui aurait donné les valeurs

$$y = 18 \quad \text{et} \quad z = 8.$$

71. *Un parallélipipède oblique a pour base un rectangle ABCD dont le périmètre vaut* 2p *et le rapport des deux dimensions* $\dfrac{a}{b}$.

*L'arête latérale du solide issue de B est égale à* 1 *et se projette sur le plan de la base suivant la moitié de la diagonale BD.*

*1° Calculer la surface de la base ABCD ;*

*2° Calculer le volume du parallélipipède ;*

*3° Calculer la surface totale du solide.* — *Effectuer ensuite les calculs pour* p = 21 *mètres,* $\dfrac{a}{b} = \dfrac{3}{4}$ *et* 1 = 18 *mètres.*

(B. S., Bordeaux, aspirants.)

**1º Calcul de la surface de la base ABCD.**

Soient $x$ et $y$ les dimensions du rectangle de base. On a :

$$S = xy =$$

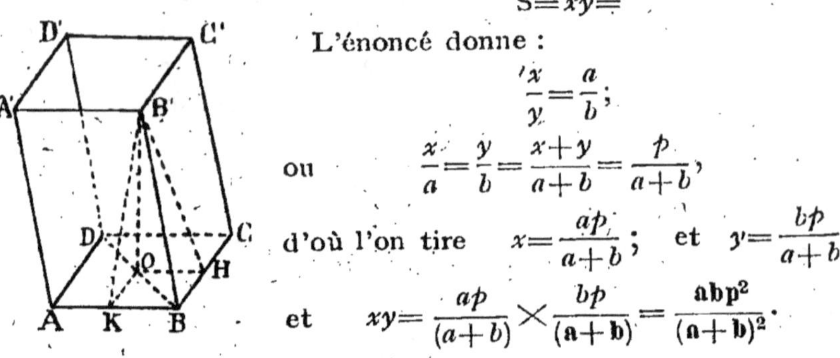

L'énoncé donne :

$$\frac{x}{y} = \frac{a}{b};$$

ou

$$\frac{x}{a} = \frac{y}{b} = \frac{x+y}{a+b} = \frac{p}{a+b},$$

d'où l'on tire $\quad x = \dfrac{ap}{a+b}; \quad$ et $\quad y = \dfrac{bp}{a+b};$

et $\qquad xy = \dfrac{ap}{(a+b)} \times \dfrac{bp}{(a+b)} = \dfrac{abp^2}{(a+b)^2}.$

**2º Calcul du volume du parallélipipède.**

$$V = xy \times B'O = xyh.$$

Or, dans le triangle BB'O, rectangle en O, O étant le milieu de la diagonale, on a :

$$\overline{B'O}^2 = h^2 = \overline{BB'}^2 - \overline{BO}^2 = l^2 - \overline{BO}^2 ;$$

mais $\qquad \mathrm{BO} = \dfrac{\mathrm{BD}}{2} ; \quad$ et $\; \overline{\mathrm{BD}}^2 = x^2 + y^2,$

à cause du triangle rectangle ABD.

Par suite :

$$h^2 = l^2 - \frac{x^2 + y^2}{4} = l^2 - \frac{a^2p^2 + b^2p^2}{4(a+b)^2} = l^2 - \frac{p^2(a^2 + b^2)}{4(a+b)^2} ;$$

et

$$h = \sqrt{l^2 - \frac{p^2(a^2 + b^2)}{4(a+b)^2}}.$$

Donc : $\qquad V = xyh = \dfrac{(a+b)^2}{p^2ab} \sqrt{l^2 - \dfrac{p^2(a^2 + b^2)}{4(a+b)^2}}.$

**3º Calcul de la surface totale S.**

$$S = 2[(ABB'A') + (BCC'B') + (ABCD)].$$

Or, $\qquad ABB'A' = AB \times B'K = x \times B'K$

Menons du point O, milieu de la diagonale, les perpendiculaires OK et OH, qui sont respectivement parallèles à $AD = y$; et à $DC = x$. Joignons B'K et B'H. B'O et OK étant perpendiculaires sur AB, B'K l'est aussi; elle est donc la hauteur du rectangle ABB'A'; et $OK = \dfrac{y}{2}$; $OH = \dfrac{x}{2}$. Le triangle B'OK donne :

$$\overline{B'K}^2 = h^2 + \frac{y^2}{4}. \text{ Le triangle B'OH donne de même : } \overline{B'H}^2 = h^2 + \frac{x^2}{4}.$$

On a donc :
$$ABB'A' = AB \times B'K = x\sqrt{h^2 + \frac{y^2}{4}}$$

$$BCC'B' = BC \times B'H = y\sqrt{h^2 + \frac{x^2}{4}}$$

$$ABCD = xy$$

$$S = 2\left[ x\sqrt{h^2 + \frac{y^2}{4}} + y\sqrt{h^2 + \frac{x^2}{4}} + xy \right]$$

expression dans laquelle on peut remplacer $x$ et $y$ par leurs valeurs.

4° **Applications :**

Pour $\quad a = 3 ; \quad b = 4 ; \quad p = 21$ m. ; $\quad l = 18$ m.,

on a : $\quad x = \dfrac{ap}{a+b} = \dfrac{3 \times 21}{7} = 9$ m. ; $\quad y = \dfrac{bp}{a+b} = \dfrac{4 \times 21}{7} = 12$ m.

d'où $\qquad\qquad xy = 9 \times 12 = \mathbf{108 \ m^2}.$

$$h = \sqrt{l^2 - \frac{x^2 + y^2}{4}} = \sqrt{324 - \frac{18 + 144}{4}} = \sqrt{\frac{1071}{4}} = \frac{3}{2}\sqrt{119}$$

$$V = 9 \times 12 \times \frac{3}{2}\sqrt{119} = \mathbf{1767 \ m^3 \ 2.}$$

$$S = 2\left[ 9\sqrt{\frac{9 \times 119}{4} + \frac{144}{4}} + 12\sqrt{\frac{9 \times 119}{4} + \frac{81}{4}} + 9 \times 12 \right]$$

$$= \mathbf{937 \ m^2 \ 004.}$$

**72.** *Un réservoir rectangulaire dont le fond est horizontal et les faces latérales verticales est rempli de pétrole dont la densité est 0,81. On sait que les côtés de la base et la hauteur du réservoir sont proportionnels aux nombres 5, 4 et 3, et que la somme des surfaces du fond et des faces latérales égale 36 m² 26. Calculer, d'après cela, le poids du pétrole contenu dans le réservoir.*
$$\text{(B. S., aspirantes, Bordeaux.)}$$

Soient $x$, $y$ et $z$ les trois dimensions du réservoir. L'énoncé

donne : $\qquad\qquad \dfrac{x}{5} = \dfrac{y}{4} = \dfrac{z}{3} ;$

ce que l'on peut écrire : $\qquad \dfrac{y}{4} = \dfrac{x}{5} \qquad\qquad\qquad (1)$

$$\dfrac{z}{3} = \dfrac{x}{5}. \qquad\qquad\qquad (2)$$

On a d'autre part :
$$xy + 2xz + 2yz = 36 \ m^2 \ 26. \qquad\qquad (3)$$

Si l'on prend dans (1) et (2) les valeurs de $y$ et $z$ en fonction de $x$ pour les porter dans (3), cette équation devient :

$$\frac{x \times 4x}{5} + 2x \times \frac{3x}{5} + 2 \times \frac{4x}{5} \times \frac{3x}{5} = 36 \ \text{m}^2 \ 26$$

$$\frac{4x^2}{5} + \frac{6x^2}{5} + \frac{24x^2}{25} = 36,26 \ ;$$

et

$$20x^2 + 30x^2 + 24x^2 = 906,50$$

$$74x^2 = 906,50 \quad \text{d'où} \quad x = \sqrt{\frac{906,50}{74}} = 3 \ \text{m. } 50.$$

$$y = \frac{4x}{5} = \frac{3,5 \times 4}{5} = 2 \ \text{m. } 80.$$

$$z = \frac{3x}{5} = \frac{3,5 \times 3}{5} = 2 \ \text{m. } 10.$$

Le volume est en mètres cubes :

$$3,5 \times 2,8 \times 2,1 = 20 \ \text{m}^3 \ 58 \quad \text{ou} \quad 20.580 \ \text{litres}.$$

**Rép.** Le poids du pétrole est de :
$$0,81 \times 20.580 = \mathbf{16.669 \ kg. \ 80}.$$

**73.** *Les arêtes OA, OB, OC du tétraèdre OABC sont perpendiculaires deux à deux. On mène la hauteur OH du triangle rectangle OAB et l'on joint C à H. On sait que la surface totale du tétraèdre est égale à 680 cm² et que les arêtes OA et OB ont pour longueurs 15 cm. et 20 cm.*

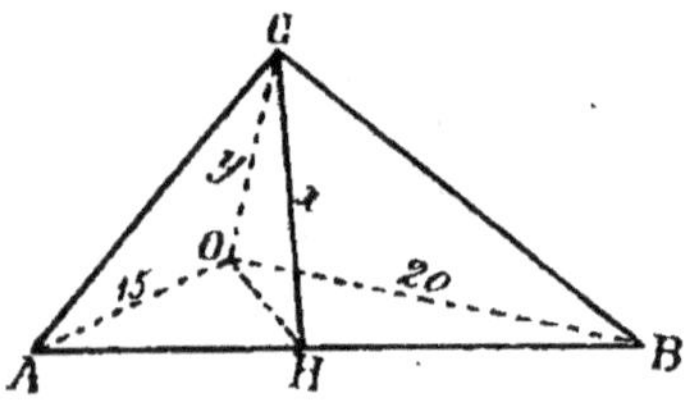


*Calculer : 1° la longueur CH ;*
*2° La longueur OC.*

(B. S., Alger, aspirants, 1920.)

Soient $x$ et $y$ les longueurs de CH et de OC.

La surface totale ou tétraèdre se compose de la surface des 4 triangles     AOC, BOC, AOB et ABC.

Etablissons d'abord que CH est perpendiculaire sur AB, et par conséquent est la hauteur du triangle ABC.

OC perpendiculaire au plan AOB par hypothèse l'est aussi à AB qui est une droite de ce plan. OH est perpendiculaire à la même droite par construction. Ces deux droites OC et OH déterminent un plan auquel AB est perpendiculaire. Cette droite AB est donc perpendiculaire à toutes les droites de ce plan et par conséquent à CH qui passe par son pied.

On aura donc pour l'expression de la surface totale du tétraèdre

$$\frac{15y}{2} + \frac{20y}{2} + \frac{20 \times 15}{2} + \frac{AB \times x}{2} = 680 \text{ cm}^2 \; ;$$

ou $\qquad 15y + 20y + 300 + AB \times CH = 1.360 \text{ cm}^2.$

Calculons AB.

Dans le triangle rectangle AOB,

on a : $\qquad \overline{AB}^2 = \overline{20}^2 + \overline{15}^2 = 400 + 225 = 625$

$$AB = \sqrt{625} = 25$$

L'expression de la surface devient donc :

$$15y + 20y + 25x = 1360 - 300 = 1060$$

ou $\qquad 35y + 25x = 1060 \quad \text{et} \quad 7y + 5x = 212.$

On a d'ailleurs :

$$x^2 - y^2 = \overline{OH}^2.$$

Mais la surface du triangle AOB peut s'exprimer de deux façons.

$AB \times OH$ et $20 \times 15$; d'où : $25 \times OH = 20 \times 15$;

ce qui donne pour OH :

$$OH = 12 \; ; \quad \text{et} \quad x^2 - y^2 = 144.$$

On a donc à résoudre le système

$$7y + 5x = 212 \qquad\qquad (1)$$
$$x^2 - y^2 = 144. \qquad\qquad (2)$$

Tirons de (1) pour la porter dans (2) après l'avoir élevée au carré, la valeur de $y$. On a :

$$7y = 212 - 5x \quad \text{ou} \quad y = \frac{212 - 5x}{7} \; ;$$

et $\qquad y^2 = \left(\frac{212 - 5x}{7}\right)^2 = \frac{44944 - 2120x + 25x^2}{49}$

L'équation (2) devient pour cette valeur de $y^2$:

$$\frac{49x^2}{49} - \frac{44944 - 2120x + 25x^2}{49} = \frac{144 \times 49}{49} \; ;$$

ou $\qquad 49x^2 - 25x^2 + 2120x - 44944 - 7056 = 0$

$$24x^2 + 2120x - 52000 = 0 \; ;$$

et en simplifiant

$$3x^2 + 265x - 6500 = 0 \; ;$$

d'où l'on tire :

$$x = \frac{-265 \pm \sqrt{265^2 + 6500 \times 12}}{6} = \frac{-265 \pm \sqrt{148.225}}{6} = \frac{-265 \pm 385}{6} \; ;$$

et en prenant seulement le signe $+$, $x$ devant être positif :

$$x = \frac{385 - 265}{6} = \frac{120}{6} = 20 \text{ cm.}$$

Cette valeur portée dans l'équation (1) donne :

$$7y + 100 = 212 \quad \text{ou} \quad 7y = 112 \quad \text{et} \quad y = \frac{112}{7} = 16 \text{ cm..}$$

**Rép.** : Les longueurs demandées sont donc :

$$CH = x = \mathbf{20 \text{ cm.}} \; ; \; OC = y = \mathbf{16 \text{ cm.}}$$

**Remarque.** — Pour éviter les longs calculs de la solution précédente, on aurait pu faire (1) $(5y + 7x)^2 = z^2$ ; on aurait eu alors :

$$(5y + 7x)^2 - (7x + 5y)^2 = (25y^2 + 70xy + 49x^2) - (49x^2 + 70xy + 25y^2)$$

$$= 25y^2 + 70xy + 49x^2 - 25x^2 - 70xy - 49y^2$$

$$= x^2(49 - 25) - y^2(49 - 25) = (49 - 25)(x^2 - y^2) = 24(x^2 - y^2) \; ;$$

ou $\quad z^2 - \overline{212}^2 = 24 \times 144 \; ; \quad z = 24 \times 144 + \overline{212}^2 = 48400 = (220)^2$

d'où $\qquad\qquad\qquad z = \pm \sqrt{\overline{220}^2} = \pm 220 \; ;$

et comme $z$ doit être positif, $z = 220$.

Le système d'équation devient alors :

$$5y + 7x = 220$$

$$7y + 5x = 212$$

qui donne aussi $\quad CH = x = \mathbf{20 \text{ cm.}} \; ; \quad OC = y = \mathbf{16 \text{ cm.}}$

---

**74.** *Un vase cylindrique en laiton, rempli d'eau, est placé sur l'un des plateaux d'une balance. On lui fait équilibre en plaçant sur l'autre plateau 40 pièces d'argent de 5 fr. et 2 fr. Le nombre de ces pièces est tel qu'elles contiennent ensemble 730 gr. 2 d'argent pur. Sachant que le vase vide pèse 40 gr. et que sa profondeur est de 12 cm., on demande :*

*1° Le diamètre de ce vase ;*

*2° L'épaisseur de sa paroi.*

*(Densité du laiton = 8.)* (B. S., Lyon, aspirantes.)

Soient $r$ le rayon intérieur, $x$ l'épaisseur des parois ; et $r + x$ le rayon extérieur.

Le volume du laiton dont se composent la paroi et le fond du vase est la différence entre le volume extérieur et le volume intérieur, c'est-à-dire :

$$\pi(r + x)^2(12 + x) - 12\pi r^2 = \pi(r^2 + 2rx + x^2)(12 + x) - 12\pi r^2$$

$$= 12\pi r^2 + \pi r^2 x + 24\pi rx + 2\pi rx^2 + 12\pi x^2 + \pi x^3 - 12\pi r^2$$

$$= \pi r^2 x + 24\pi rx + 2\pi rx^2 + 12\pi x^2 + \pi x^3$$

ou $\quad \pi x(r^2 + 24r + 2rx + 12x + x^2) = \pi x[x^2 + 2x(r + 6) + r(r + 24)].$

Ce volume du vase vide, multiplié par la densité 8 donnera le poids.

$$8\,\pi x[x^2+2x(r+6)+r(r+24)]=40 \text{ grammes} \quad (1).$$

On a pour le poids de l'eau qu'il contient

$$12\,\pi r^2.$$

Ce poids égale celui du vase plein, diminué de celui du vase vide. Et le poids du vase plein est lui-même égal à celui des pièces d'argent placées dans l'autre plateau de la balance, il faut donc calculer ce poids.

Si les 40 pièces étaient toutes de 5 francs, elles pèseraient :

$$40\times25=1.000 \text{ grammes},$$

dont

$$1000\times0,9=900 \text{ grammes d'argent pur,}$$

c'est-à-dire

$$900-730,2=169,18 \text{ de plus qu'en réalité.}$$

Or, une pièce de 5 francs contient

$$25\times0,9 \ =22 \text{ gr. } 5 \text{ d'argent pur}$$

et une pièce de 2 francs

$$10\times0,835=8 \text{ gr. } 35 \text{ d'argent pur.}$$

Une pièce de 2 francs substituée à une pièce de 5 francs, abaisse donc la différence totale de

$$22,5-8,35=14\text{gr. } 20.$$

Et le nombre de pièces de 2 francs est :

$$169,8 : 14,20=12.$$

Il y a donc

$$40-12=28 \text{ pièces de 5 francs}$$

qui pèsent

$$28\times25=900 \text{ gr.}$$

et 12 pièces de 2 francs qui pèsent

$$12\times10=120 \text{ gr.}$$

Le poids des pièces et, par conséquent, celui du vase plein est donc :

$$700+120=820 \text{ gr.}$$

Le poids de l'eau est

$$820-40=780 \text{ gr.}$$

On a donc :

$$12\,\pi r^2=780 \quad \text{d'où} \quad r=\sqrt{\dfrac{780}{12\,\pi}}=4 \text{ cm. } 5488.$$

Le diamètre sera donc :

$$D = 4,5488 \times 2 = 9 \text{ cm. } 0976.$$

$r$ étant connu, on peut calculer $x$ au moyen de l'équation (1)

$$8\pi x[x^2 + 2x(r+6) + r(r+24)] = 40 \text{ gr.}$$
$$\pi x^3 + 2\pi x^2(r+6) + \pi rx(r+24) = 5.$$
$$\pi x^3 + 2\pi x^2(r+6) + \pi rx(r+24) - 5 = 0.$$

Cette équation est du 3° degré ; mais on peut supprimer le terme en $x^3$ ; car $x$ étant un très petit nombre, à plus forte raison $x^3$ ; et il reste après avoir divisé par $\pi$ :

$$2x^2(r+6) + rx(r+24) - \frac{5}{\pi} = 0.$$

La somme de $-\dfrac{r(r+24)}{2(r+6)}$ et le produit $-\dfrac{5}{\pi}$ des racines étant négatifs, ces racines sont de signes contraires ; et la négative est à rejeter.

On aura donc :

$$x = \frac{-r(r+24) + \sqrt{[r(r+24)]^2 + (r+6)\dfrac{40}{\pi}}}{4(r+6)} \qquad x = 0 \text{ cm. } 0122.$$

On aurait pu supprimer le terme en $x^2$ ; car $\overline{0,0122}^2$ donne un nombre dont le premier chiffre significatif représente des millièmes de millimètre. On aurait eu alors l'équation suivante :

$$\pi(r^2 + 24r)x = 5 ; \quad \text{et} \quad x = \frac{5}{\pi(r^2 + 24r)} = 0 \text{ cm } 01225.$$

**Rép.** Le diamètre est donc **9 cm. 0976**,
et l'épaisseur de la paroi **0 cm. 01225** ou **0 cm. 0122**.

**75.** *Une chaudière à vapeur est formée d'un cylindre terminé par deux hémisphères. La longueur du cylindre est de 3 m. 10 et son diamètre de 1 m. 20.*

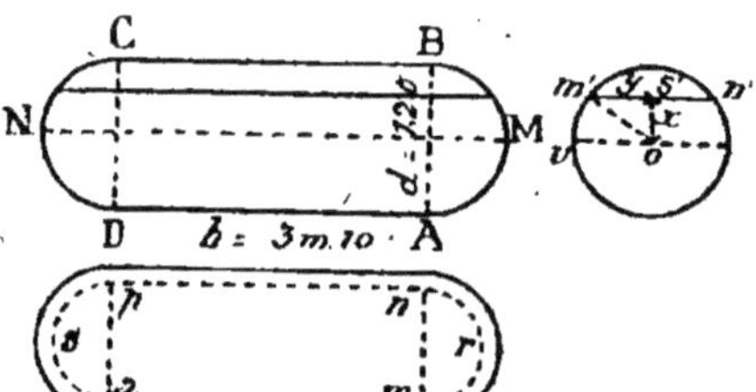


*Calculer la surface de la chaudière à 1 dm² près et le volume de la chaudière à 1 dm³ près.*

*On verse de l'eau dans la chaudière jusqu'à ce que la surface libre du liquide soit de 3 m² 80. Quelle est la distance de cette surface libre à l'axe de la chaudière supposée horizontale ?*

*On prend pour* $\pi$ *le nombre* $\dfrac{22}{7}$ *que l'on considérera comme exact.*

(B. S., Alger, aspirants.)

**1º Surface de la chaudière.**

Soit S cette surface. Elle se compose de celle du cylindre ABCD, augmentée de deux hémisphères AMB. Nous désignerons par $h$, la longueur AD du cylindre et par $d$ son diamètre. On aura donc, en décimètres carrés :

$$S = \pi dh + \pi d^2 = \pi d(h+d)$$

$$= \frac{22}{7} \times 12(31+12) = \frac{22}{7} \times 12 \times 43 = 1621 \ \text{dm}^2 \ 7.$$

**2º Calcul du volume V de la chaudière.**

Le volume V, se compose de même du volume du cylindre ABCD augmenté des deux hémisphères BMD et CND, ou d'une sphère de diamètre $d$. On a donc :

$$V = \frac{\pi d^2 h}{4} + \frac{\pi d^3}{6} = \frac{3\pi d^2 h}{12} + \frac{2\pi d^3}{12} = \frac{\pi d^2}{12}(3h+2d)$$

$$= \frac{22}{7} \times \frac{\overline{12}^2}{12}(93+24) = \frac{22}{7} \times 12 \times 117 = 4412 \ \text{dm}^3 \ 6.$$

**3º Calcul de la distance demandée.**

Soient $x$ la distance de l'axe au niveau de la surface de l'eau

et
$$y = \frac{m'n'}{2} = \frac{mn}{2}.$$

La surface de l'eau comprend le rectangle *mnpa* et les 2 demi-cercles *mrn* et *psa*. Soit :

$$\frac{2\pi y^2}{2} + 2yh \quad \text{ou} \quad \pi y^2 + 2hy.$$

L'énoncé donne pour cette surface 380 dm². On a donc :

$$\pi y^2 + 2hy = 380 \ \text{dm}^2 \quad \text{ou} \quad \pi y^2 + 2hy - 380 = 0 ;$$

ce qui donne pour $y$ les valeurs

$$y = \frac{-h \pm \sqrt{h^2 + \pi \times 380}}{\pi}.$$

La racine négative est à rejeter ; et

$$y = \frac{(-h + \sqrt{h^2 + 380\pi})\,7}{22} = \frac{7}{22}\left(-31 + \sqrt{961 + \frac{22 \times 380}{7}}\right)$$

$$= 4 \ \text{dm.} \ 908.$$

Or, dans le triangle $m'os'$, on a :

$$x^2 = \overline{om'}^2 - y^2 ; \quad \text{mais} \quad om' = \frac{d}{2}$$

$$x^2 = \frac{d^2}{4} - y^2 = \frac{144}{4} - \overline{4,908}^2 = 36 - 24,08$$

d'où
$$x = \sqrt{11,92} = 3 \text{ dm. } 45.$$

**Rép.** Surface de la chaudière : **1.621 dm² 7.**

Volume de la chaudière : **4412 dm² 6.**

Hauteur du niveau au-dessus de l'axe de la chaudière:
**3 dm. 45.**

**76.** *Un vase de forme conique a 0,08 de diamètre à son ouverture et 0,12 de hauteur ; il est placé d'aplomb et rempli de mercure et d'eau dans des proportions telles que le poids du mercure est le triple du poids de l'eau. On demande l'épaisseur de chaque couche de liquide. — La densité du mercure est 13,598 ; celle de l'eau 1 et la température 0.*

(B. S., Toulouse.)

Soit $x$ la hauteur demandée ou l'épaisseur de la couche de mercure.

Nous désignerons par $h$ la hauteur connue ; par P, P' $v$ et $v'$ les poids et les volumes du mercure et de l'eau ; et par V le volume total.

On a d'abord :

$$\frac{v}{V} = \frac{x^3}{h^3}. \qquad\qquad (1)$$

Il suffit donc de déterminer $v$, puisque $V = \frac{1}{3}\pi r^2 h$ est connu.

D'après l'énoncé, on a :

$$\frac{P}{P'} = \frac{3}{1} ;$$

mais
$$P = vD \quad \text{et} \quad P' = v'D'.$$

On peut donc écrire

$$\frac{vD}{v'D'} = \frac{3}{1} ; \quad \text{ou} \quad \frac{v \times 13,598}{v' \times 1} = \frac{3}{1}$$

$$\frac{v}{v'} = \frac{3}{13,598} ; \quad \frac{v}{v+v'} = \frac{3}{16,598}$$

mais
$$v + v' = V = \frac{1}{3}\pi.4^2 \times 12 = 64\pi.$$

D'où $\qquad \dfrac{v}{64\pi}=\dfrac{3}{16,598}$ ;   et   $v=\dfrac{192\pi}{16,598}$.

Si l'on porte cette valeur dans l'équation (1), il vient :

$$\frac{192\pi}{16,598\times 64\pi}=\frac{x^3}{h^3} ; \quad \text{ou}\quad x^3=\frac{192\pi\times 12^3}{16,598\times 64\pi}=\frac{12^3\times 3}{16,598}$$

et $\qquad x=\sqrt[3]{\dfrac{12^3\times 3}{16,598}}=6$ cm. 785 hauteur mercure.

La hauteur de l'eau est donc :
$$12-6,785=5 \text{ cm. } 215.$$

**Rép.** La hauteur du mercure est de **6 cm. 785,**
—    — de l'eau     —     **5 cm. 215.**

**77.** *On donne la hauteur* h *d'un cône droit et le rayon* r *de sa base. A quelle distance du sommet faut-il couper le cône par un plan parallèle à la base, pour que la surface totale du petit cône obtenu soit équivalente à la surface latérale du grand ?*

*Application :* h $=4$ *mètres ;* r $=3$ *mètres. Calculer l'inconnue à un demi-centimètre près.* (B. S., aspirants, Clermont.)

Soient $x$ la hauteur du petit cône et $c=\sqrt{h^2+r^2}$ le côté du cône donné SAB.

La surface totale du petit cône est :
$$\pi\times O'A'\times SA'+\pi\overline{O'A'}^2.$$

Les triangles semblables SA'O' et SAO donnent les rapports suivants :
$$\frac{O'A'}{r}=\frac{SA'}{c}=\frac{x}{h}.$$

D'où l'on tire : $O'A'=\dfrac{rx}{h}$ ;   et   $SA'=\dfrac{cx}{h}$.

L'expression de la surface totale du petit cône devient donc :
$$\frac{\pi rcx^2}{h^2}+\frac{\pi r^2x^2}{h^2} ;$$

et l'on peut écrire d'après l'énoncé :
$$\frac{\pi rcx^2}{h^2}+\frac{\pi r^2x^2}{h^2}=\pi rc \quad \text{ou}\quad cx^2+rx^2=ch^2$$

$$x^2(c+r)=ch^2 ; \quad x^2=\frac{ch^2}{c+r} ; \quad x=\sqrt{\frac{ch^2}{c+r}}.$$

**Rép.** La distance $x=h\sqrt{\dfrac{c}{c+r}}$.

**Application :** Si $h=4$ ; $r=3$ ; $c=\sqrt{16+9}=5$ ;
et

$$x=4\sqrt{\frac{5}{5+3}}=4\sqrt{\frac{5}{8}}=\sqrt{\frac{16\times 5}{8}}=\sqrt{\frac{80}{8}}=\sqrt{10}.$$

**Rép.** $x=\mathbf{3}$ m. **16** par défaut.

78. *On donne un cône circulaire droit SAB ; on demande à quelle distance du sommet S il faut mener un plan parallèle à la base pour que le cylindre droit CDFE construit sur la section CD et limité au plan de base du cône ait une surface totale équivalente à la surface latérale du cône donné. Appliquer les formules au cas où le rayon du cône donné égale 1 dm. et sa hauteur 1 dm. 50 (on désignera par x la distance cherchée et par k le rayon de base du cône donné, par h sa hauteur, par a son apothème).*

(B. S., Aix, aspirants, 1923.)

Soient $x$ la distance du sommet S au plan CD, $y$ le rayon du cylindre ; $k$ le rayon de base du cône, $h$ sa hauteur et $a$ son apothème.

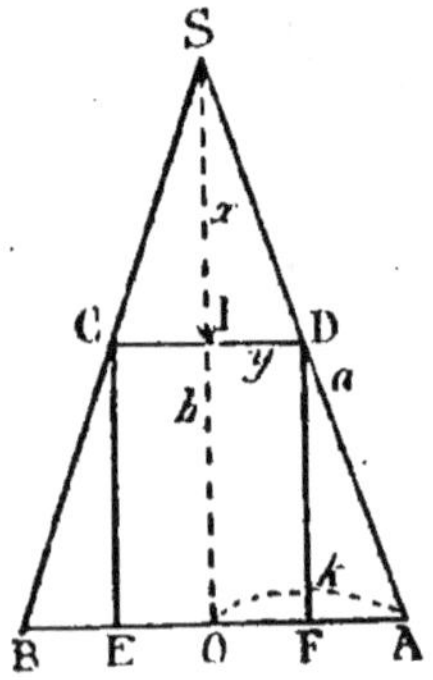

La surface totale du cylindre est

$$2\pi y^2+2\pi y(h-x) ;$$

et la surface latérale du cône est :

$$\pi ka ;$$

ce qui donne une première équation

$$2\pi y^2+2\pi y(h-x)=\pi ka ;$$

ou en simplifiant

$$2y^2+2y(h-x)=ka. \qquad (1)$$

Les deux triangles SID et SOA donnent d'autre part :

$$\frac{x}{h}=\frac{y}{k}$$

d'où l'on tire :

$$y=\frac{kx}{h} ;$$

cette valeur portée dans l'équation (1) donne l'équation du second dergé en $x$.

$$2x^2(k-h)+2h^2x-h^2a=0.$$

Les racines de cette équation sont :

$$x=\frac{-2h^2\pm\sqrt{4h^4+8h^2a(k-h)}}{4(k-h)}=\frac{-h^2\pm h\sqrt{h^2+2a(k-h)}}{2(k-h)}.$$

**Condition de réalité.** — Les racines sont réelles si l'on a :

$$h^2 + 2a(k-h) \geq 0,$$

ou, en remplaçant $a$ par sa valeur : $\sqrt{k^2 + h^2}$.

$$h^2 + 2(k-h)\sqrt{k^2 + h^2} > 0. \qquad (1)$$

Si $k$ est plus grand ou égale à $h$, cette inégalité est toujours vérifiée, puisqu'elle se réduit à une somme de quantités essentiellement positives.

Si $k$ est plus petit que $h$, le rapport $\dfrac{k}{h}$ est toujours compris entre $0$ et $1$ ; si l'on divise les deux membres de l'inégalité (1) par $h^2$ quantité essentiellement positive, l'inégalité subsiste et l'on a :

$$k^2 + \frac{2(k-h)}{h} \cdot \frac{\sqrt{k^2 + h^2}}{h} > 0 \qquad \text{ou} \qquad 1 + 2\left(\frac{k}{h} - 1\right) \cdot \sqrt{\frac{h^2}{h^2} + 1} > 0$$

et en posant

$$\frac{k}{h} = t,$$

$$1 + 2(t-1)\sqrt{t^2 + 1} > 0.$$

Le premier membre de cette égalité peut être considéré comme un trinôme du second degré qu'on peut écrire :

$$2t\sqrt{t^2 + 1} - 2\sqrt{t^2 + 1} + 1 > 0,$$

et dont le terme du second degré est positif ; ce trinôme sera positif pour toutes les valeurs de $t$ extérieures aux racines. Comme $t$ ne peut varier qu'entre $0$ et $1$, cherchons $f(0)$ et $f(1)$ ; on a :

$$f(0) = -2 + 1 = -1.$$

$$f(1) = 2\sqrt{2} - 2\sqrt{2} + 1 = +1.$$

On en conclut que $0$ est compris entre les racines, et que $1$ est extérieur aux racines.

Ainsi le rapport $\dfrac{k}{h}$ ne pourra varier qu'entre une certaine quantité $\propto$ et $1$, et une seule racine conviendra.

**Conditions de grandeur.** — Pour qu'une valeur de $x$ fournie par l'équation $2x^2(k-h) + 2h^2x - h^2a = 0$, soit acceptable, il faut qu'elle soit comprise entre $0$ et $h$.

Or la somme et le produit des racines ont pour valeur :

$$S = -\frac{h^2}{k-h} \qquad P = -\frac{h^2 a}{k-h}.$$

1° **Si l'on a k > h**, les deux racines sont réelles et de signes contraires, car $P$ est négatif, et la plus grande est négative, puisque la somme $S$ est aussi négative. Dans cette hypothèse, une seule racine est acceptable, pourvu qu'elle soit comprise entre o et $h$.

Or
$$f(0) = -h^2 a < 0.$$

$$f(h) = 2h^2(k-h) + 2h^3 - h^2 a = 2h^2 k - h^2 a = h^2(2k-a)$$

Pour que $h$ soit extérieur aux racines, il faut que $f(h)$ soit positif et que l'on ait :

$$2k - a \geq 0 \text{ ou } 2k \geq a$$

ou encore :

$$2k \geq \sqrt{h^2 + h^2} \quad \text{ou} \quad k > \frac{h}{\sqrt{3}}.$$

Dans cette hypothèse on a : $x'' < 0 < x' < h$ ; la racine positive convient, et le problème a une solution.

2° **Si l'on a $k = h$**, les racines sont réelles ; l'une des racines devient infinie (la racine négative) et l'autre racine convient, car elle est comprise entre o et $h$ ; on a en effet :

$$f(h) = h^2(2k - \sqrt{h^2 + h^2}) = h^2(2h - h\sqrt{2}) > 0.$$

Dans cette hypothèse, on a encore :

$$x'' < 0 < x' < h \; ;$$

la racine positive convient, et le problème a une solution.

3° **Si l'on a $k < h$**, le produit des racines et leur somme sont positifs ; les deux racines sont positives, et le nombre o est extérieur aux racines, car le coefficient de $x^2$ devient négatif.

Pour que les deux racines conviennent, il faudrait que leur demi-somme soit comprise entre o et $h$ ; cette demi-somme est plus grande que o, puisque les deux racines sont positives ; pour qu'elle soit plus petite que $h$, il faut que l'on ait :

$$-\frac{h^2}{2(k-h)} < h$$

c'est-à-dire :

$$-h^2 > 2h(k-h) \quad \text{ou} \quad -h > 2k - 2h$$

et
$$k < \frac{h}{2}, \quad \text{ou enfin} \quad \frac{k}{h} < \frac{1}{2}.$$

Dans cette hypothèse, le problème n'a qu'une solution, et cette solution n'existe que pour les valeurs de $\frac{k}{h}$ plus petite que $\frac{1}{2}$ et plus grande que $\propto$.

On devra donc avoir :

$$\propto < \frac{h}{h} < \frac{1}{2}.$$

**Application :** Pour $h=1$ et $h=1,5$,

$$a=\sqrt{1,5^2+1}=\sqrt{3,25}=1,8027$$

et l'équation $\qquad 2x^2(k-h)+2h^2x-h^2a=0$

devient : $\qquad 2x^2(1-1,5)+2\times 1,5^2x-2,25\times 1,8027=0\;;$

ou $\qquad -x^2+4,5x-4,05=0$

$$x^2-4,5x+4,05=0$$
$$100x^2-450x+405=0$$
$$20x^2-90x+81=0$$

$$x=\frac{90\pm\sqrt{8100-6480}}{40}$$

$$=\frac{90\pm\sqrt{1620}}{40}$$

$$=\frac{90\pm 40,20}{40}=\begin{cases}\dfrac{90+40,2}{40}=3\text{ cm. }255.\\[2ex]\dfrac{90-40,2}{40}=1\text{ cm. }245.\end{cases}$$

La première de ces valeurs est trop grande. On a donc :

$$x=\mathbf{1\ cm.\ 245.}$$

**79.** *Une cuve en zinc a la forme d'un tronc de cône ouvert par sa grande base de diamètre D et fermé par sa petite base. Quel est le diamètre de cette dernière, sachant que le volume de*

*la cuve doit être les $\dfrac{7}{16}$ du volume d'un cylindre ayant pour*

*diamètre de base D et pour hauteur la hauteur* h *du tronc de cône formant la cuve?*

*Calculer la surface du zinc nécessaire pour fabriquer la cuve dans le cas où D=*h*=1 mètre.*

(B. S., Savoie, aspirants, 1922.)

1° **Calcul du rayon de la base inférieure.**

Soit $x$ le diamètre de la petite base. Le volume de la cuve en fonction du diamètre est :

$$\frac{h}{3}\left(\frac{\pi x^2}{4}+\frac{\pi D^2}{4}+\frac{\pi Dx}{4}\right)=\frac{\pi h}{3}\left(\frac{x^2+D^2+Dx}{4}\right).$$

Le volume du cylindre ayant D pour diamètre de base et $h$ pour hauteur est :

$$\frac{\pi h D^2}{4}.$$

On peut donc écrire :

$$\frac{\pi h}{3}\left(\frac{x^2+D^2+Dx}{4}\right)=\frac{7}{16}\pi h\frac{D^2}{4}$$

$$\frac{x^2+D^2+Dx}{3}=\frac{7D^2}{16}$$

$$16x^2+16D^2+16Dx=21D^2$$

$$16x^2+16D^2+16Dx-21D^2=0$$

$$16x^2+16Dx-5D^2=0\;;$$

ce qui donne pour $x$ deux valeurs de signes contraires, leur produit $-\dfrac{5D^2}{16}$ étant négatif ; la valeur positive seule est acceptable.

$$x=\frac{-8D+\sqrt{64D^2+80D^2}}{16}=\frac{-8D+\sqrt{144D^2}}{16}$$

$$=\frac{12D-8D}{16}=\frac{4D}{16}=\frac{D}{4}.$$

**2.° Calcul de la surface du zinc.**

Cette surface est égale à la surface totale du tronc de cône. Elle est donc, en appelant $d$ le diamètre de la petite base :

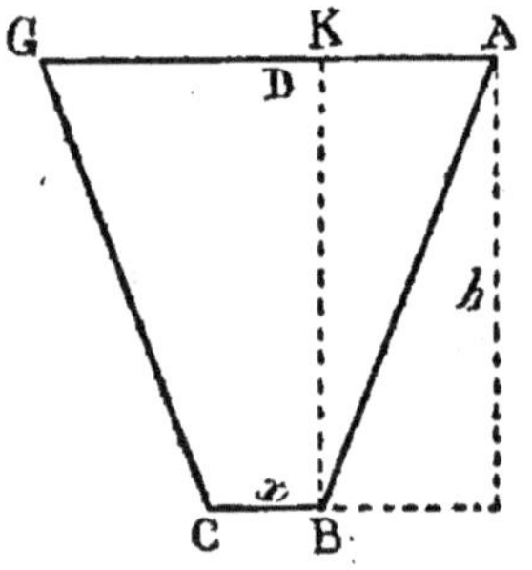

$$S=\frac{\pi d^2}{4}+\pi\left(\frac{D+d}{2}\right)\times AB\;;$$

mais

$$AB=\sqrt{\overline{AK}^2+\overline{BK}^2}=\sqrt{\frac{D-d}{2}+h^2}.$$

Surface égale donc :

$$\frac{\pi d^2}{4}+\pi\frac{D+d}{2}\sqrt{\frac{(D-d)^2}{2}+h^2}.$$

Et, en remplaçant $d$ par $\dfrac{D}{4}$ ; et $h$ par D, l'expression devient :

$$S=\frac{\pi D^2}{64}+\pi\frac{5D}{8}\sqrt{\frac{9D^2}{64}+\frac{64D^2}{64}}=\pi\frac{D^2}{64}+\pi\times\frac{5}{8}D\sqrt{\frac{73D^2}{64}}$$

$$S=\pi\frac{D^2}{64}+\pi\frac{5}{8}D\times\frac{D}{8}\sqrt{73}=\pi\frac{D^2}{64}+\frac{\pi D^2}{64}5\sqrt{73}=\frac{\pi D^2}{64}\left(1+5\sqrt{73}\right)$$

$$S=\frac{\pi D^2}{64}\left(1+5\sqrt{73}\right)=2,1481D^2.$$

Et si l'on fait $D=1$,

$$S=2\text{ m}^2\,1481.$$

**80.** *Une cuvette a la forme d'un tronc de cône ayant pour rayon des bases $AB=r$ et $CD=R$. La génératrice $AC=a$ fait avec le rayon CD de la grande base un angle de 60°.*

*Cette cuvette est pleine d'eau jusqu'aux $\dfrac{2}{3}$ de sa hauteur, et l'on plonge dans cette eau une pyramide à base carrée de hauteur $BF=h$, dont la base s'inscrit dans le cercle de rayon AB. On demande de combien le niveau de l'eau s'élèvera dans la cuvette, celle-ci ayant sa base AB disposée sur un plan horizontal.*

*Application :* $R=15$ *cm.,* $r=10$ *cm.,* $a=22$ *cm.,* $h=12$ *cm.*

(B. S., aspirants, Rennes.)

Soient EF le niveau de l'eau avant l'immersion de la pyramide ; GH son niveau après l'immersion. Soient encore $y$ le rayon du cercle GH, $r'$ celui de EF ; et $x$ la hauteur dont le niveau s'est élevé.

La pyramide que nous suppo-serons totalement immergée dé-place un volume d'eau égal à son propre volume. Soit, en représen-tant par B sa base :

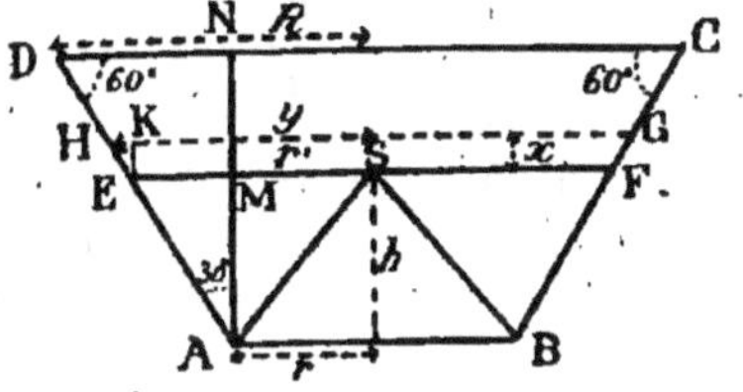


$$\frac{1}{3}Bh.$$

Mais B étant un carré inscrit dans le cercle de base inférieure du tronc de cône, le côté de ce carré égale $r\sqrt{2}$ ; et sa sur-face $2r^2$.

Donc le volume V de la pyramide sera :

$$V = \frac{2}{3}r^2 h.$$

Le volume de l'eau, c'est-à-dire celui du tronc de cône EFGH, qui correspond à celui de la pyramide immergée est :

$$\frac{1}{3}\pi x(y^2+yr'+r'^2).$$

Calculons $x$ en fonction de $y$. Le triangle EHK, ayant en H, un angle de 60°, est un demi-triangle équilatéral dont $EK=x$ est la hauteur. On a donc :

$$x = \frac{EH\sqrt{3}}{2} = \frac{2HK\sqrt{3}}{2} = (y-r')\sqrt{3}.$$

Et en remplaçant $x$ par sa valeur dans l'équation précédente on obtient :

$$\frac{\sqrt{3}}{3}\,\pi(y-r')(y^2+yr'+r'^2)$$

$$=\frac{\pi\sqrt{3}}{3}\,(y^3+y^2r'+yr'^2-y^2r'-yr'^2-r'^3)$$

$$=\frac{\pi\sqrt{3}}{3}\,(y^3-r'^3).$$

D'où
$$\frac{\pi\sqrt{3}}{3}\,(y^3-r'^3)=\frac{2r^2h}{3}$$

$$(y^3-r'^3)=\frac{2r^2h}{3}\times\frac{3}{\pi\sqrt{3}}=\frac{2r^2h\sqrt{3}}{3\pi}$$

$$y^3=\frac{2r^2h\sqrt{3}}{3\pi}+r'^3\,;\qquad\qquad y=\sqrt[3]{\frac{2r^2h\sqrt{3}}{3\pi}+r'^3}.$$

$r'$ peut s'exprimer en fonction de R et $r$. En effet :

$$r'=SM+ME\,;$$
$$SM=r$$
$$\frac{EM}{DN}=\frac{AM}{AN}=\frac{2}{3}\,;$$
$$EM=\frac{2DN}{3}=\frac{2\,(R-r)}{3}.$$

D'où
$$r'=SM+ME=r+\frac{2\,(R-r)}{3}=\frac{2R+r}{3}.$$

**Applications :**

$$r'=\frac{2R+r}{3}=\frac{2\times15+10}{3}=\frac{40}{3}$$

$$r'^3=2370,37$$

$$\frac{2}{3}\frac{r^2h\sqrt{3}}{\pi}=\frac{2\times10^2\times12\sqrt{3}}{3\pi}=441\ \text{cm}^3\ 06.$$

Donc
$$y=\sqrt[3]{2370,37+441,06}=14\ \text{cm. }09.$$

$$x=(y-r')\sqrt{3}=\left(14,09-\frac{40}{3}\right)\sqrt{3}=1\ \text{cm. }316.$$

**Rép.** La hauteur demandée est donc **1 cm. 816.**

**Remarque.** — Les données numériques sont surabondantes et même incompatibles. Par exemple : si l'angle en $D=60°$, DA ou $a$ doit égaler $2DN=2(R-r)=2(15-10)=10$.

Et on donne $a=22$. De plus avec ces données, la pyramide n'est pas entièrement immergée ; et dans ce cas le problème est différent ; et conduit à une équation du troisième degré qui n'est pas soluble avec les procédés ordinaires.

**81.** *Un tronc de cône a pour rayons des bases* $R=12$ *mètres et* $r=3$ *mètres, sa hauteur* $h=8$ *mètres ; à quelle distance* x *de la grande base faut-il mener un plan parallèle aux bases pour que la section soit moyenne proportionnelle entre les deux bases ? Dans quel rapport sont les volumes des deux parties du tronc ?* (B. S.)

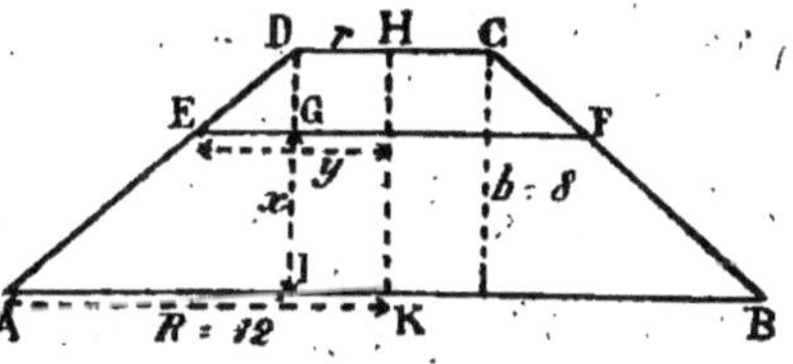


**1° Calcul de la distance à la grande base de la section demandée.**

Soient $x$ la distance demandée et $y$ le rayon de la section. Désignons par R, $r$, et $h$ les rayons et la hauteur du tronc. On doit avoir, d'après l'énoncé :

$$\pi R^2 \times \pi r^2 = (\pi y^2)^2 ; \quad \text{ou} \quad y^2 = Rr$$

Les deux triangles semblables DEG et DAI donnent :

$$\frac{DG}{DI} = \frac{EG}{AI} ;$$

mais

$$DG = h-x ; \quad DI = h ; \quad EG = y-r ; \quad AI = R-r.$$

Donc

$$\frac{h-x}{h} = \frac{y-r}{R-r} ; \quad \text{d'où l'on tire :} \quad y = \frac{(h-x)(R-r)+rh}{h} ;$$

et

$$y^2 = \frac{(h-x)^2(R-r)^2+2(h-x)(R-r)rh+r^2h^2}{h^2} ; \quad \text{mais} \quad y^2 = Rr.$$

On a donc :

$$(h-x)^2(R-r)^2+2(h-x)(R-r)rh+r^2h^2 = h^2Rr ;$$

et

$$(h-x)^2(R-r)^2+2(h-x)(R-r)rh = h^2Rr-r^2h^2 = h^2r(R-r) ;$$

et en supprimant le facteur commun $(R-r)$ :

$$(h-x)^2(R-r)+2rh(h-x) = h^2r$$

$$(h-x)^2(R-r)+2rh(h-x)-h^2r = 0,$$

équation en fonction de $(h-x)$, laquelle donne pour $(h-x)$ les valeurs :

$$(h-x)=\frac{-rh\pm\sqrt{r^2h^2+rh^2(R-r)}}{R-r}=\frac{-rh\pm\sqrt{r^2h^2+Rrh^2-r^2h^2}}{R-r}$$

$$=\frac{-rh\pm h\sqrt{Rr}}{R-r}.$$

Et en remplaçant les lettres par leurs valeurs :

$$h-x=\frac{-24\pm8\sqrt{36}}{9}=\frac{-24\pm48}{9}=\begin{cases}\dfrac{-24+48}{9}=\dfrac{24}{9}=\dfrac{8}{3}.\\[2mm]\dfrac{-24-48}{9}=\dfrac{-72}{9}=-8.\end{cases}$$

On a donc

$$h-x=\frac{8}{3}\ ;\quad \text{d'où}\quad x=8-\frac{8}{3}=\frac{24-8}{3}=\frac{16}{3}$$

et
$$h-x=-8\ ;\quad \text{d'où}\quad x=h+8=20.$$

Seule la première de ces valeurs est compatible avec la deuxième question, la seconde donnant pour $x$ une valeur supérieure à $h$, valeur que l'on pourrait interpréter du reste en prolongeant les côtés non parallèles du trapèze jusqu'à leur encontre et en plaçant la section au-dessus de la petite base.

### 2° Rapport des volumes.

Soient $V^1$ et $V^2$ les volumes des deux parties du tronc de cône. $V_1$ représentant la partie supérieure. On a :

$$V_1=\frac{1}{3}\pi(h-x)(y^2+r^2+yr)=\frac{1}{3}\pi\left(8-\frac{16}{3}\right)(36+9+18)$$

$$=\frac{1}{3}\pi\frac{8}{3}(63)=\frac{1}{3}\pi\times8\times21=\frac{1}{3}\pi\times168$$

$$V_2=\frac{1}{3}\pi\frac{16}{3}(144+36+72)=\frac{1}{3}\pi\frac{16\times252}{3}=\frac{1}{3}\pi\times16\times84.$$

D'où :

$$\frac{V_1}{V^2}=\frac{\frac{1}{3}\pi\times8\times21}{\frac{1}{3}\pi\times16\times84}=\frac{\frac{1}{3}\pi\times168}{\frac{1}{3}\pi\times1344}=\frac{1}{8}.$$

**Rép.** On a donc, distance demandée : $x=\dfrac{16}{3}$ ;

$$\text{Rapport volumes : }\frac{V_1}{V}=\frac{1}{8}.$$

**82.** *Dans un bassin tronc-conique dont la base a o m. 60 de rayon, l'eau s'élève à 1 m. 50 et le rayon de sa surface est alors 1 m. 50. On demande de quelle hauteur s'élèvera la surface de l'eau si l'on verse encore dans le bassin 1.000 litres d'eau.*

(B. S., Nevers.)

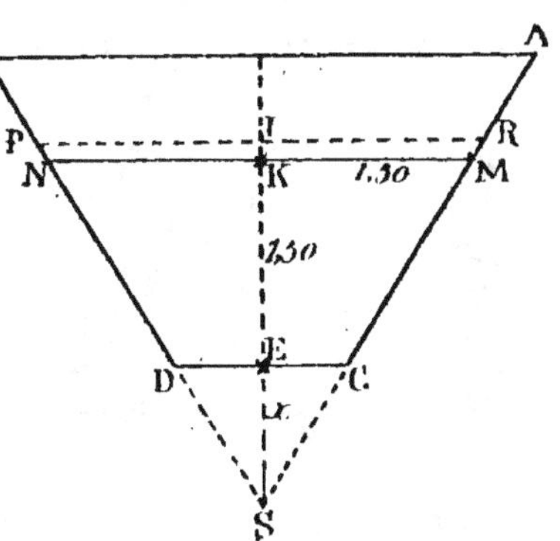

Soient S le sommet du cône entier dont le tronc donné est une partie, $x$ la distance du sommet à la base DC. Les triangles SEC et SMK donnent les rapports suivants :

$$\frac{SK}{SE} = \frac{MK}{EC}$$

$$\frac{SK - SE}{x} = \frac{MK - EC}{EC}$$

d'où

$$x = \frac{SK - SE}{MK - EC} \times EC\,;$$

mais

$$SK - JE = 1\text{ m. }50 \text{ ou } 15\text{ dm.}$$
$$MK - EC = 1,50 - 0,60 = 0,90 \text{ ou } 9\text{ dm.}$$
$$EC = 0,60 \text{ ou } 6\text{ dm.}$$

D'où

$$x = \frac{15 \times 6}{9} = \frac{90}{9} = 10\text{ dm.}$$

Le volume du cône SMK est :

$$\frac{1}{3}\pi \overline{MK}^2 \times (x + 15) = \frac{1}{3}\pi \times \overline{15}^2 \times 25 = 5890\text{ dm}^3\ 5.$$

Si l'on ajoute 1.000 litres d'eau le volume devient 6.890 dm. 5 Or, on sait que les volumes sont entre eux dans le rapport des cubes de leurs hauteurs. On aura donc : en appelant H et $h$ les hauteurs :

$$\frac{6890,5}{5890,5} = \frac{H^3}{h^3}\,; \quad \text{ou} \quad \frac{6890,5}{5890,5} = \frac{H^3}{25^3}$$

$$H = \sqrt[3]{\frac{6890,5}{5890,5} \times \overline{25}^3} = 26\text{ dm. }34.$$

**Rép.** : Le niveau de l'eau se sera donc élevé de
$$26\text{ dm. }34 - 25 = \mathbf{1\text{ dm. }34.}$$

**83.** *Une tour a extérieurement la forme d'un tronc de cône de révolution, l'intérieur est un cylindre de révolution de même axe. L'épaisseur de la maçonnerie à la base est trois fois plus grande qu'au sommet. Combien l'épaisseur au sommet doit-elle être de fois plus grande que le rayon du cylindre intérieur pour que le volume de la maçonnerie soit les $\dfrac{61}{48}$ du volume de ce cylindre?*

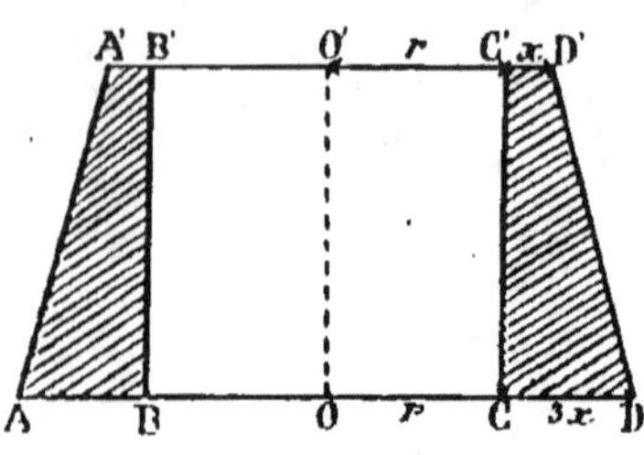


(B. S., aspirants, Alger.)

Nous désignerons par $x$ la fraction du rayon du cylindre qui, correspond à l'épaisseur de la base supérieure. Elle sera donc $rx$ et l'épaisseur de la base inférieure $3rx$. Le rayon de la base supérieure sera $r+rx=r(1+x)$ ; celui de la base inférieure $r+3\,x==r(1+3x)$. Si nous désignons par V le volume de la maçonnerie et $v$ le volume du cylindre, on aura par hypothèse :

$$\frac{V}{v}=\frac{61}{48}\ ;$$

et

$$\frac{V+v}{v}=\frac{61+48}{48}=\frac{109}{48}\ ;$$

mais $V+v=$ le volume du tronc de cône, c'est-à-dire :

$$V+v=\frac{1}{3}\pi h[r^2(1+3x)^2+r(1+x)\times r(1+3x)+r^2(1+x)^2]$$

$$=\frac{1}{3}\pi r^2h[(1+3x)^2+(1+x)(1+3x)+(1+x)^2]$$

$$=\frac{1}{3}\pi r^2h[1+6x+9x^2+1+x+3x+3x^2+1+2x+x^2]$$

$$=\frac{1}{3}\pi r^2h(3+12x+13x^2)=\frac{109}{48}\times\pi r^2h$$

ou

$$\frac{1}{3}[13x^2+12x+3]=\frac{109}{48}$$

$$16(13x^2+12x+3)=109$$

$$208x^2+192x+48-109=0$$

$$208x^2+192x-61=0$$

Le produit des racines (—61), étant négatif, la racine néga-tive est à rejeter. Il reste donc :

$$x = \frac{-96 + \sqrt{96^2 + 61 \times 208}}{208}$$

$$= \frac{-96 + \sqrt{9216 + 12688}}{208}$$

$$= \frac{-96 + 148}{208} = \frac{52}{208} = \frac{1}{4}$$

L'épaisseur de la maçonnerie devra donc être le $^1/_4$ du rayon pour le rapport demandé.

**Rép** $x = \dfrac{1}{4}$ du rayon.

**84.** *Un tronc de cône a pour hauteur H. Le rayon de l'une des bases est R. Il est équivalent à une sphère de rayon R.*

*Calculer le rayon de l'autre base et déterminer la relation qui doit lier R et H pour que le problème soit possible.*

*Quelle est la plus petite valeur du rayon R et quand il l'atteint que devient le tronc? Dans ce cas limite, calculer le volume du corps pour  H = 31 m. 28.*

(B. S., aspirants, académie de Nancy.)

Désignons par $x$ le rayon de la base supérieure.

L'énoncé permet d'écrire l'équation suivante :

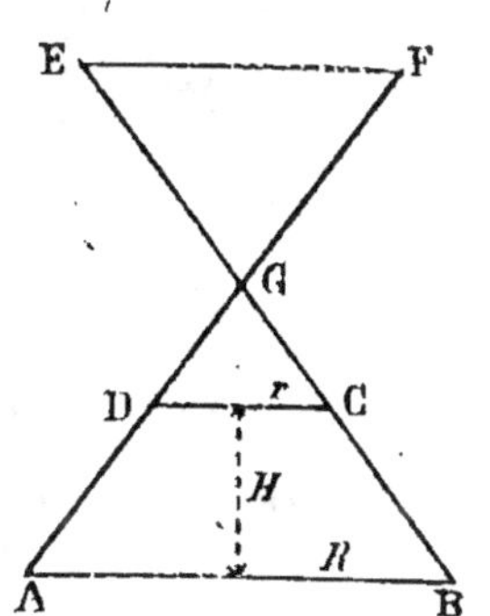


$$\frac{1}{3}\pi H(R^2 + Rx + x^2) = \frac{4}{3}\pi R^3$$

$$H(R^2 + Rx + x^2) = 4R^3$$

$$Hx^2 + HRx + HR^2 - 4R^3 = 0.$$

$$x = \frac{-HR \pm \sqrt{H^2R^2 - 4H(HR^2 - 4R^3)}}{2H}.$$

**Condition de réalité des racines :**

$$H^2R^2 - 4H(HR^2 - 4R^3) \geqq 0$$
$$H^2R^2 - 4H^2R^2 + 16HR^3 \geqq 0$$
$$16HR^3 - 3H^2R^2 \geqq 0$$

$$16R \geqq 3H \quad \text{et} \quad R \geqq \frac{3H}{16} :$$

Telle est la relation qui doit lier R et H. Et la plus petite valeur du rayon R est donc $R = \dfrac{3H}{16}$.

**Conditions de signes.**

Le produit des racines est $\dfrac{R^2(H-4R)}{H}$.

Si donc, l'on a : $\qquad R < \dfrac{H}{4}$

ce produit est positif ; mais, comme la somme $\dfrac{-HR}{H}$ ou $-R$ est négative, les deux racines sont négatives. Elles peuvent être interprétées par la considération d'un tronc de cône de seconde espèce, c'est-à-dire limité par deux plans parallèles menés l'un au-dessus, l'autre au-dessous du sommet du cône obtenu en prolongeant les côtés du tronc de cône donné.

Si R est plus grand que $\dfrac{H}{4}$, le produit est négatif et les racines sont de signes contraires, et correspondent, la racine positive à un tronc de cône ordinaire, l'autre racine à un tronc de cône de seconde espèce.

**En résumé :**

1º Pour $\quad R < \dfrac{3H}{16}$, les racines sont imaginaires : o solution ;

2º Pour $\quad \dfrac{3H}{16} < R < \dfrac{H}{4}$, les racines sont négatives : 2 solutions correspondant à des troncs de cône de seconde espèce.

3º Pour $\quad R > \dfrac{H}{4}$ ; deux racines de signes contraires.

Si l'on n'admet que les troncs de cône ordinaires, le minimum de R est donc $\dfrac{H}{4}$. Le volume du cône est :

$$\frac{4}{3}\pi\left(\frac{H}{4}\right)^2 \times H = \frac{\pi H^3}{48}.$$

Et si H = 31 m. 28,

$$V = \frac{\pi H^3}{48} = \frac{\pi \times 31{,}28^3}{48} = 2.003 \ \text{m}^3.$$

Mais si l'on admet les troncs de cône de seconde espèce le minimum de R sera $\dfrac{3H}{16}$ ; et pour ce minimum on aura :

$$x = -\frac{R}{2}$$

cette valeur correspond à un cône de seconde espèce dont les bases sont $R$ et $-\dfrac{R}{2}$.

Le volume est : $V = \dfrac{4}{3}\pi\left(\dfrac{3H}{16}\right)^3 = \dfrac{9\pi H^3}{1024}$

et pour $H = 31$ m. 28, on trouve **845 m³**.

**85.** *Inscrire dans un cône droit à base circulaire un cylindre droit dont la surface convexe soit égale à un cercle donné $\pi m^2$. Maximum de cette surface. Et dans ce cas, quel est le rapport des volumes du cylindre maximum et du cône?*
(B. S., Bourg.)

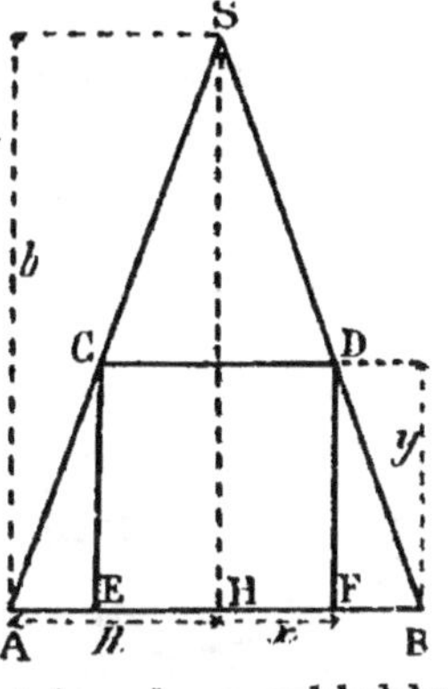

**1° Calcul du rayon et de la hauteur du cylindre inscrit.**

Soient $x$ le rayon du cylindre et $y$ sa hauteur, $R$ et $h$ le rayon du cône donné.

La surface convexe du cylindre est :
$$2\pi xy\;;$$
et d'après l'énoncé elle est égale à $\pi m^2$.

On a donc :
$$2\pi xy = \pi m^2\;; \quad \text{ou} \quad 2xy = m^2. \quad (1)$$

Pour trouver $y$ nous considérerons les deux triangles semblables ACE et ASH. Ils donnent les rapports suivants :
$$\frac{y}{h} = \frac{R-x}{R}. \quad \text{D'où} \quad y = \frac{h(R-x)}{R}.$$

Si l'on porte cette valeur de $y$ dans (1), elle devient :
$$\frac{2xh(R-x)}{R} = m^2 \quad \text{ou} \quad 2Rhx - 2hx^2 = Rm^2$$

et
$$2hx^2 - 2Rhx + Rm^2 = 0\;;$$

ce qui donne pour $x$ les valeurs de $x$ :
$$x = \frac{Rh \pm \sqrt{R^2h^2 - 2Rhm^2}}{2h}.$$

La condition de réalité des racines c'est que l'on ait :
$$R^2h^2 - 2Rhm^2 \geq 0 \quad \text{ou} \quad R^2h^2 \geq 2Rhm^2\;; \quad \text{et} \quad m^2 \leq \frac{Rh}{2}$$

**Rép.** $\dfrac{Rh}{2}$ est donc le maximum de $m^2$.

Pour $m^2 = \dfrac{Rh}{2}$, le radical s'annule,

alors :
$$x = \frac{Rh}{2h} = \frac{R}{2}\;; \quad \text{et} \quad y = \frac{h}{2}.$$

#### 2° **Rapport du cylindre maximum et du cône.**

Le volume du cylindre est :   $\pi x^2 y$ ;
et comme dans le cas du cylindre maximum

$$x = \frac{R}{2} \quad \text{et} \quad y = \frac{h}{2},$$

on a :          $\text{Vol. cyl.} = \pi \frac{R^2}{4} \times \frac{h}{2} = \frac{\pi R^2 h}{8}.$

Le volume du cône est   $\frac{1}{3} \pi R^2 h.$

**Rép.** : Le rapport demandé sera donc :

$$\frac{\text{Vol. cyl.}}{\text{Vol. cône}} = \frac{\dfrac{\pi R^2 h}{8}}{\dfrac{\pi R^2 h}{3}} = \frac{3}{8}.$$

**86.** *Un sablier est formé de deux cônes opposés par le sommet, égaux entre eux, ayant une hauteur H et un rayon de base R. La quantité de sable qui y est contenue est telle qu'elle remplit le*

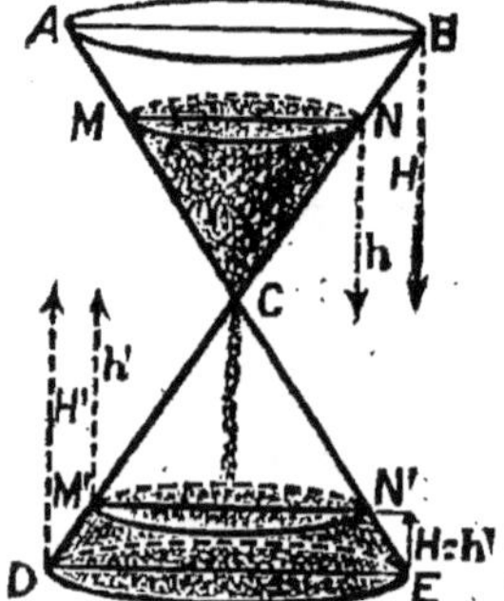


*cône supérieur jusqu'aux $\frac{2}{3}$ de sa hauteur. On demande à quelle hauteur s'élèvera ce sable quand il aura passé en entier dans le cône inférieur. On suppose, dans les deux cas, que la surface supérieure du sable est parallèle aux bases.*

*Pour application numérique on supposera* $H = 0$ *m. 12.*

(B. S., Paris.)

Lorsque le cône supérieur s'est vidé, dans le cône inférieur, le sable y occupe un volume en forme de tronc de cône ; et laisse au-dessus de lui un vide dont le volume égale celui qu'occupait le sable dans le cône supérieur.

Soient donc H la hauteur de chacun des deux cônes, $v$ le volume du cône de sable, $h$ sa hauteur, et $h'$ la hauteur du cône qui reste vide au-dessus du sable tombé. On voit immédiatement que la hauteur demandée est $H - h'$.

On a d'abord entre le volume du sable dans le cône supérieur et le volume total de ce cône les rapports suivants :

$$\frac{v}{V} = \frac{h^3}{H^3} = \frac{2^3}{3^3} = \frac{8}{27} ;$$

d'où l'on tire :   $\dfrac{V - v}{V} = \dfrac{H^3 - h^3}{H^3} = \dfrac{27 - 8}{27} = \dfrac{19}{27}$

On a aussi dans le cône inférieur, en appelant $v'$ le volume du vide au-dessus du sable tombé :

$$\frac{v'}{V} = \frac{h'^3}{H^3} \; ; \quad \text{mais} \quad v' = V - v \; ;$$

et l'expression devient, en remplaçant $v'$ par sa valeur :

$$\frac{V-v}{V} = \frac{h'^3}{H^3} \; ; \quad \text{et comme} \quad \frac{V-v}{V} = \frac{19}{27}$$

$$\frac{h'^3}{H^3} = \frac{19}{27} \; ; \quad \text{et} \quad \frac{h'}{H} = \frac{\sqrt[3]{19}}{\sqrt[3]{27}} = \frac{2{,}666}{3}$$

$$\frac{H-h'}{H} = \frac{3-2{,}666}{3} = \frac{0{,}334}{3}$$

et $\quad H - h' = \dfrac{0{,}334}{3} \times H = \dfrac{0{,}334 \times 0{,}12}{3} = 0$ m. $0133 \quad$ ou $\quad$ I cm. $33$.

**Rép.** La hauteur demandée est donc **1 cm. 33.**

**87.** *D'un point M sur une demi-circonférence AMB de rayon* **a**, *on abaisse la perpendiculaire MC sur la tangente à la circonférence à l'extrémité B du diamètre, et l'on joint le même point M à l'autre extrémité A du diamètre. Déterminer le point M par le calcul de MC=x de telle sorte que la somme des longueurs AM et MC soit égale à une longueur donnée* l. *— Discussion. — Dans le cas du maximum de* l, *calculer la surface et le volume engendrés par la ligne AMC tournant autour du diamètre AB.*

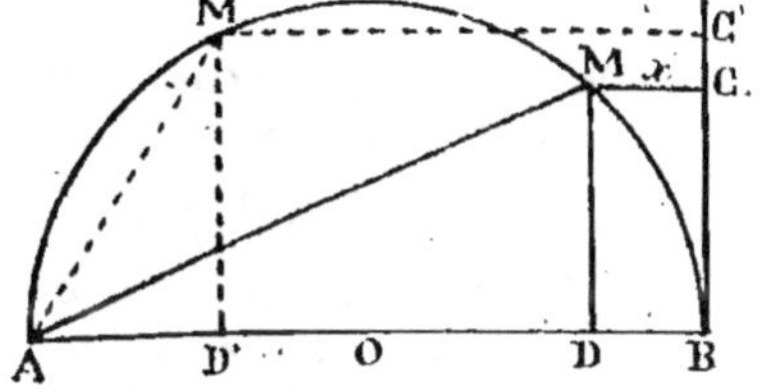

(B. S., Lyon.)

**1° Détermination du point M.**

Soient $x = MC$ la distance du point M à la perpendiculaire BC ; et $a$ le rayon de la demi-circonférence donnée.

On doit avoir : $\qquad AM + MC = l$

Dans le triangle rectangle AMB *(tracer la ligne MB)*, on a :

$$\overline{AM}^2 = AD \times AB \text{ ou } \overline{AM}^2 = 2a(2a-x)$$

et $\qquad\qquad AM = \sqrt{2a(2a-x)}$

$\qquad MC = x$ ; par suite $\sqrt{2a(2a-x)} + x = l$ ;

et $\qquad\qquad \sqrt{2a(2a-x)} = l - x$ ;

et en élevant au carré :

$$2a(2a-x)=l^2-2lx+x^2$$
$$4a^2-2ax=l^2-2lx+x^2$$
$$x^2-2lx+2ax-4a^2+l^2=0$$
$$x^2-2x(l-a)-4a^2+l^2=0 ;$$

ce qui donne les valeurs :

$$x=(l-a)\pm\sqrt{(l-a)^2+4a^2-l^2}.$$

La condition de réalité des racines est :

$$(l-a)^2+4a^2-l^2\gtreqless 0$$
$$l^2-2al+a^2+4a^2-l^2\gtreqless 0$$

$$5a^2-2al\gtreqless 0 \quad 5a^2\gtreqless 2al ; \quad \text{et enfin} \quad l\leqq\frac{5a}{2}$$

$l$ a donc pour maximum $\frac{5a}{2}$ ; et pour cette valeur

$$x=l-a=\left(\frac{5a}{2}-a\right)=\frac{5a}{2}-\frac{2a}{2}=\frac{3a}{2}$$

alors le point M sera en M'.

Lorsque M se trouve en A ou en B, $l=2a$ : c'est son minimum.

$$\text{Maximum de } l=\frac{5a}{2} ; \quad \text{et minimum}=2a.$$

**2° Calcul de la surface AM'C'.**

Elle se compose de la surface d'un cylindre BCM'D' augmentée de celle du cône D'M'A. Soit S cette surface.

$$\text{Surf. cyl.} =2\pi BC'\times M'C'=2\pi\times M'D'\times M'C'$$

Or, le triangle AM'O est équilatéral ; car M'O$=a=$M'A puisque la perpendiculaire M'D' tombe sur le milieu de AO ; et M'D' est la hauteur de ce triangle. On a donc :

$$M'D'=\frac{a\sqrt{3}}{2}.$$

D'ailleurs 
$$M'C'=\frac{3a}{2}$$

$$\text{et surf. cyl.}=2\pi\frac{a\sqrt{3}}{2}\times\frac{3a}{2}=\frac{6\pi a^2\sqrt{3}}{4}=\frac{3\pi a^2\sqrt{3}}{2}.$$

$$\text{Surf. cône}=\pi M'D'\times AD'=\frac{\pi a\sqrt{3}}{2}\times a=\frac{\pi a^2\sqrt{3}}{2}.$$

Et la somme de ces deux surfaces est :

$$S = \frac{3\pi a^2 \sqrt{3}}{2} + \pi \frac{a^2 \sqrt{3}}{2} = \frac{6\pi a^2 \sqrt{3}}{4} + \frac{2\pi a^2 \sqrt{3}}{4} = \frac{8\pi a^2 \sqrt{3}}{4}.$$

On a donc

$$S = 2\pi a^2 \sqrt{3}$$

3° **Calcul du volume.**

Soit V ce volume. On aura :

$$V = \text{vol. cyl.} + \text{vol. cône.}$$

$$\text{Vol. cyl.} = \pi \overline{BC'}^{2} \times M'C' = \pi \overline{M'D'}^{2} \times M'C'$$

$$= \pi \left( \frac{a\sqrt{3}}{2} \right)^{2} \times \frac{3a}{2} = \pi \frac{3a^2}{4} \times \frac{3a}{2} = \frac{9\pi a^3}{8}.$$

$$\text{Vol. cône} = \frac{1}{3} \pi \overline{M'D'}^{2} \times AD' = \frac{1}{3} \pi \left( \frac{a\sqrt{3}}{2} \right)^{2} \times \frac{a}{2} = \frac{1}{3} \pi \times \frac{3a^2}{4} \times \frac{a}{2} = \frac{\pi a^3}{8}.$$

Donc

$$V = \frac{9\pi a^3}{8} + \frac{\pi a^3}{8} = \frac{10\pi a^3}{8} \, ;$$

et enfin

$$V = \frac{5\pi a^3}{4}.$$

88. *La somme des trois volumes engendrés par un triangle tournant successivement autour de chacun de ses trois côtés* a, b, c, *est égale à* V. *Les trois côtés* a, b, c, *sont inversement proportionnels aux quantités* m, n, p.

*On demande :* 1° *De calculer les trois côtés* a, b, c *du triangle ;* 2° *De calculer les trois hauteurs correspondantes aux trois côtés.*

*Application :* $V = 3 \, dm^3$ ; $m = 2$ ; $n = 3$ ; $p = 4$.

(B. S., Paris.)

Soient V le volume total ; $h$, $h'$, $h''$ les hauteurs correspondantes aux côtés $a$, $b$ et $c$.

Le volume engendré par le triangle tournant autour de $a$ est :

$$\frac{1}{3} \pi h^2 \times a \quad \text{ou} \quad \frac{1}{3} \pi a h^2.$$

Le volume engendré par le triangle tournant autour de $b$ est :

$$\frac{1}{3} \pi b h'^2$$

Le volume engendré par le triangle tournant autour de $c$ est :

$$\frac{1}{3}\pi ch'^2.$$

On a donc :

$$V=\frac{1}{3}\pi(ah^2+bh'^2+ch'^2) \qquad (1)$$

Remarquons que

$$ah=bh'=ch''=2S. \qquad (2)$$

Si donc l'on multiplie et divise $ah^2$ par $a$ ; $bh'^2$ par $b$ ; $ch''^2$ par $c$, l'expression devient :

$$V=\frac{1}{3}\pi\left(\frac{a^2h^2}{a}+\frac{b^2h'^2}{b}+\frac{c^2h''^2}{c}\right)$$

$$=\frac{1}{3}\pi\left(\frac{4S^2}{a}+\frac{4S^2}{b}+\frac{4S^2}{c}\right)$$

$$=\frac{4\pi S^2}{3}\left(\frac{1}{a}+\frac{1}{b}+\frac{1}{c}\right) ; \quad \text{mais } (\textit{Géom.}, \text{N}^o\ 222)$$

$$S^2=p\ (p-a)\ (p-b)\ (p-c) ;$$

et comme la lettre $p$ est déjà employée nous la remplacerons par $q$ ; et l'on aura :

$$V=\frac{4\pi}{3}q(q-a)(q-b)(q-c)\left(\frac{1}{a}+\frac{1}{b}+\frac{1}{c}\right)$$

$$=\frac{4\pi}{3}\left[\left(\frac{a+b+c}{2}\right)\left(\frac{b+c-a}{2}\right)\left(\frac{a+c-b}{2}\right)\left(\frac{a+b-c}{2}\right)\left(\frac{1}{a}+\frac{1}{b}+\frac{1}{c}\right)\right.$$

$(\textit{Géom.}, \text{N}^o\ 365).$

$$V=\frac{4\pi}{48}\left[(a+b+c)\ (b+c-a)\ (a+c-b)\ (a+b-c)\left(\frac{1}{a}+\frac{1}{b}+\frac{1}{c}\right)\right]$$

Mais d'après l'énoncé, les côtés $a$, $b$ et $c$ sont inversement proportionnels aux quantités $m$, $n$ et $p$ ; c'est-à-dire que l'on a :

$$\frac{a}{\frac{1}{m}}=\frac{b}{\frac{1}{n}}=\frac{c}{\frac{1}{p}} ;$$

ou

$$am=bn=cp=K \qquad (3)$$

K étant une constante inconnue. On tire de cette expression les valeurs

$$a=\frac{K}{m} ; \quad b=\frac{K}{n} ; \quad c=\frac{K}{p} ;$$

et on remplace $a$, $b$. $c$ par ces valeurs. On obtient :

$$V = \frac{\pi}{12}\left[\left(\frac{K}{m}+\frac{K}{n}+\frac{K}{p}\right)\left(\frac{K}{n}+\frac{K}{p}-\frac{K}{m}\right)\left(\frac{K}{m}+\frac{K}{p}+\frac{K}{n}\right)\left(\frac{K}{m}+\frac{K}{n}-\frac{K}{p}\right)\left(\frac{\frac{1}{k}}{m}+\frac{\frac{1}{k}}{n}+\frac{\frac{1}{k}}{p}\right)\right]$$

$$V = \frac{\pi K^4}{12}\left[\left(\frac{1}{m}+\frac{1}{n}+\frac{1}{p}\right)\left(\frac{1}{n}+\frac{1}{p}-\frac{1}{m}\right)\left(\frac{1}{m}+\frac{1}{p}-\frac{1}{n}\right)\left(\frac{1}{m}+\frac{1}{n}-\frac{1}{p}\right)\left(\frac{m+n+p}{K}\right)\right]$$

$$V = \frac{\pi K^3}{12}\left[\left(\frac{np+mp+mn}{mnp}\right)\left(\frac{mp+mn-np}{mnp}\right)\left(\frac{np+mn-mp}{mnp}\right)\left(\frac{np+mp-mn}{mnp}\right)(m+n+p)\right]$$

$$V = \frac{\pi K^3}{12\,m^4 n^4 p^4}(np+mp+mn)(mp+mn-np)(np+mn-mp)(np+mp-mn)(m+n+p).$$

**Application** : Cette expression permet de calculer K en remplaçant V par sa valeur $3\,dm^3$ ; $m$, $n$ et $p$ par leurs valeurs 2, 3 et 4.

$$K^3 = \frac{12 \times V}{\pi} \times \frac{2304}{455} = \frac{27.648}{476,476}\frac{27.648.000}{476.476}$$

enfin

$$K = \sqrt[3]{\frac{27.648.000}{476.476}} = 3,8714.$$

K étant connu, on peut calculer $a$, $b$, et $c$ ; car on a dans l'équation (2) :

$$am = K ; \quad \text{et } a = \frac{K}{m} = \frac{3,8714}{2} = 1 \text{ dm. } 9357.$$

$$bn = K ; \quad \text{et } b = \frac{K}{n} = \frac{3,8714}{3} = 1 \text{ dm. } 2905.$$

$$cp = K ; \quad \text{et } c = \frac{K}{p} = \frac{3,874}{4} = 0 \text{ dm. } 9678.$$

On a de même (2) :

$$ah = 2S ; \quad \text{et } h = \frac{2S}{a}$$

$$bh' = 2S ; \quad \text{et } h' = \frac{2S}{b}$$

$$ch'' = 2S ; \quad \text{et } h'' = \frac{2S}{c}.$$

On calculera S par la formule connue.

$$S = \sqrt{p(p-a)(p-b)(p-c)}$$
$$= \sqrt{2,097 \times 0,1613 \times 0,8065 \times 1,1292} = 0\ \text{m}^2\ 555$$

On aura donc :
$$h = \frac{2S}{a} = \frac{2 \times 0,555}{1,9357} = 0\ \text{dm.}\ 573.$$

$$h' = \frac{2S}{b} = \frac{2 \times 0,555}{1,2905} = 0\ \text{dm.}\ 861.$$

$$h'' = \frac{2S}{c} = \frac{2 \times 0,555}{0,9678} = 1\ \text{dm}\ 147.$$

**89.** *L'hypoténuse d'un triangle rectangle dépasse d'un mètre le plus grand côté, lequel dépasse lui-même d'un mètre le plus petit. 1º Calculer les trois côtés. 2º Calculer le volume engendré par le triangle tournant autour de l'hypoténuse.*

(B. S., Montpellier.)

**1º Calcul des trois côtés.**

Soit $x$ le côté moyen ou le grand côté de l'angle droit, le petit côté sera $(x-1)$, et l'hypothénuse $(x+1)$. On aura donc, en appliquant une propriété du triangle rectangle :

$$(x+1)^2 = (x-1)^2 + x^2$$

ou :
$$x^2 + 2x + 1 = x^2 - 2x + 1 + x^2$$

et après réductions :

$$-x^2 + 4x = 0, \quad \text{ou} \quad x^2 - 4x = 0$$

ce qui peut s'écrire :  $x(x-4) = 0,$

d'où l'on tire $x = 0,$ solution inacceptable,

et  $x - 4 = 0 ;$  ou  $x = 4.$

**Rép.** : Les trois côtés sont donc :
$$(x-1) = 4 - 1 = 3 ; \quad x = 4 ; \quad (x+1) = 5.$$

**Vérification** :  $5^2 = 4^2 + 3^2 ; \quad 25 = 16 + 9.$

**2º Calcul du volume engendré.**

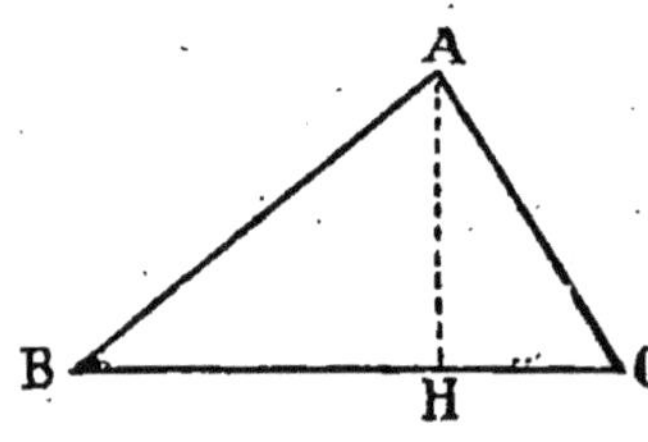


Soit le triangle ABC tournant autour de la diagonale BC. Le volume engendré est égal à la somme des volumes de deux cônes ayant même rayon de base AH et pour hauteurs BH et CH.

On peut donc écrire :

$$\text{Vol. } ABC = \frac{1}{3}\pi \overline{AH}^2 \times (BH + CH) = \frac{1}{3}\pi \overline{AH}^2 \times BC ; \qquad (1)$$

mais le produit $AH \times BC$ est égal à $AB \times AC$, c'est-à-dire à deux fois la surface du triangle ABC. On a donc :

$$AH \times BC = AB \times AC$$

ou, en faisant $BC = a$ ; $AC = b$ et $AB = c$,

$$AH \times a = bc \quad \text{ou} \quad AH = \frac{bc}{a} \quad \text{et} \quad \overline{AH}^2 = \frac{b^2 c^2}{a^2}.$$

Si dans l'égalité (1), on remplace $\overline{AH}^2$ par sa valeur, il vient :

$$\text{Vol. } ABC = \frac{1}{3}\pi \times \frac{b^2 c^2}{a^2} \times a = \frac{1}{3}\pi a \times \frac{b^2 c^2}{a^2} = \frac{1}{3}\pi \times \frac{b^2 c^2}{a}.$$

ou : $\quad \text{Vol. } ABC = \frac{1}{3} \times 3,1416 \times \frac{16 \times 9}{5} = 80 \text{ m}^3 \ 15936.$

**90.** *On considère une demi-circonférence de diamètre AB = 2R. Soient M un point de cette demi-circonférence, P sa projection sur AB ; déterminer la longueur AP de manière que si on fait tourner la figure autour de AP le rapport de la surface engendrée par l'arc AM à la surface engendrée par la corde AM soit égal à un nombre donné k. Déterminer le point M pour k = 2.*

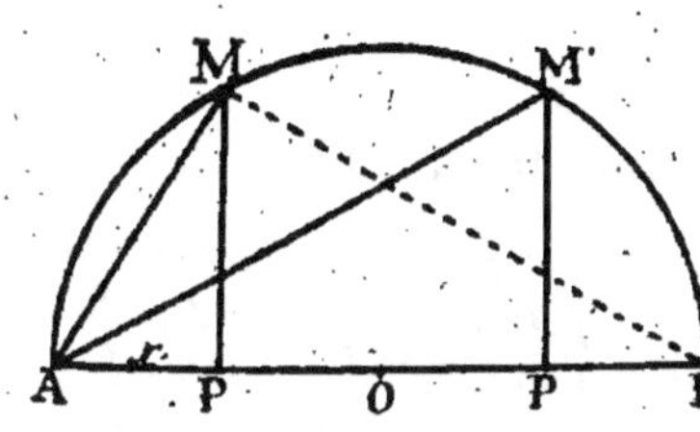

(B. S., Lille, aspirants).

L'arc AM engendre la surface d'une calotte sphérique. On a donc en appelant S cette surface :

$$S = \pi \times AP \times 2R ;$$

mais $\qquad AP \times 2R = \overline{AM}^2$ (1) *(Géom., N⁰ 162)*.

D'où $\qquad S = \pi \overline{AM}^2$

Si l'on désigne par S' la surface engendrée par la corde AM c'est-à-dire celle d'un cône de rayon MP, et de hauteur AP.

On a :

$$S' = \pi \times MP \times AM$$

On aura donc d'après l'énoncé :

$$\frac{S}{S'} = \frac{\pi \overline{AM}^2}{\pi MP \times AM} = \frac{AM}{MP} = k ;$$

et, en élevant au carré :

$$\overline{AM}^2 = \overline{MP}^2 \times k^2$$

mais $\qquad \overline{MP}^2 = AP \times BP$

ou, si l'on représente par $x$ la distance AP

$$\overline{MP}^2 = x(2R - x).$$

Par suite          $\overline{AM}^2 = x(2R - x) \times k^2$          (2)

et, comparant (1) et (2) l'on a :

$$2Rx = k^2 x(2R - x)$$

En divisant par $x$ les deux membres de cette équation, on supprime la solution $x = 0$, qui est sans intérêt.

Il reste donc :

$$2R = k^2(2R - x) \quad \text{ou} \quad 2R = 2k^2 R - k^2 x ;$$

et          $k^2 x = 2k^2 R - 2R, \quad k^2 x = 2R(k^2 - 1) ;$

d'où          $$x = \frac{2R(k^2 - 1)}{k^2} = 2R\left(1 - \frac{1}{k^2}\right),$$

quantité plus petite que $2R$ tant que $k$ est plus grand que $1$, et par conséquent acceptable.

$$\text{Pour } k = 2, \quad x = \frac{2R \times 3}{4} = \frac{3R}{2}$$

et **AM** = le côté du triangle équilatéral inscrit dans le cercle.

**91.** *Un cône dont l'arête égale le diamètre de la base est inscrit dans une sphère. Couper la sphère par un plan parallèle à la base du cône de telle façon que la différence des aires des sections obtenues dans la sphère et dans le cône soit égale à la base du cône.*          (B. S., aspirants, Besançon.)

On doit avoir :

Section sphère — section cône = base cône.          (1)

Sect. sphère $= \pi\overline{MH}^2$ ; mais, dans le triangle rectangle SMK, $\overline{MH}^2 = SH \times HK$, ou si l'on représente par $x$ la distance de S au point du plan sécant :

$$\overline{MH}^2 = x(2R - x)$$

(*Géom.*, N° 162).

Section sphère $= \pi x(2R - x)$

Section cône $= \pi\overline{EH}^2$. Or, les triangles rectangles SEH et SAI donnent les rapports suivants :

$$\frac{EH}{AI} = \frac{x}{SI} ; \quad \text{ou} \quad EH = \frac{x \times AI}{SI} ;$$

mais

$$AI = \frac{AB}{2} \quad \text{ou} \quad AI = \frac{R\sqrt{3}}{2} ;$$

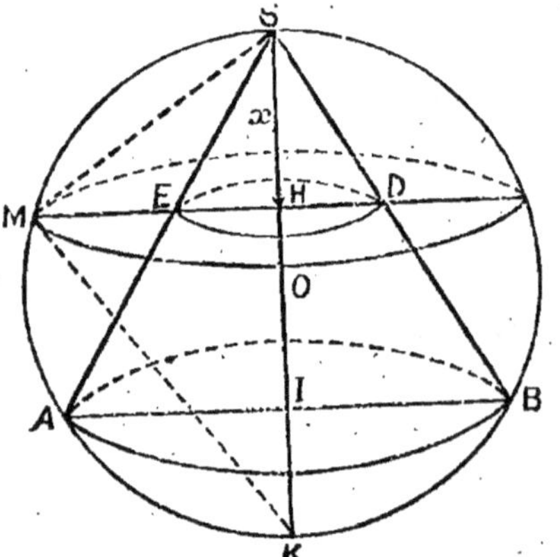

car AB=AS par hypothèse ; et le triangle ASB est équilatéral. Pour la même raison SI, étant la hauteur du triangle équilatéral

ASB, l'on a :
$$SI = \frac{3R}{2}.$$
*(Géom., N° 189).*

Par suite :
$$EH = x \times \frac{R\sqrt{3}}{2} \times \frac{2}{3R} = \frac{x\sqrt{3}}{3} ;$$

et
$$\overline{EH}^2 = \frac{3x^2}{9} = \frac{x^2}{3} ; \quad \text{et section cône} = \frac{\pi x^2}{3}.$$

Enfin, base cône $= \pi\overline{AI}^2 = \pi\left(\frac{R\sqrt{3}}{2}\right)^2 = \pi\frac{3R^2}{4}.$

On a donc (1) :
$$\pi x(2R - x) - \frac{\pi x^2}{3} = \frac{3\pi R^2}{4}.$$

Divisant par $\pi$, on obtient :
$$x(2R - x) - \frac{x^2}{3} = \frac{3R^2}{4}$$

$$2Rx - x^2 - \frac{x^2}{3} - \frac{3R^2}{4} = 0$$

$$24Rx - 12x^2 - 4x^2 - 9R^2 = 0 ;$$

et après réduction : $\quad 16x^2 - 24Rx + 9R^2 = 0$

$$\left.\begin{matrix} x' \\ x'' \end{matrix}\right\} = \frac{12R \pm \sqrt{144R^2 - 144R^2}}{16}.$$

La quantité sous le radical se réduisant à 0, il n'y a qu'une

solution :
$$x = \frac{12R}{16} = \frac{3R}{4}.$$

**Rép. : La distance du plan sécant devra donc être égale aux 3/4 du rayon.**

**92.** *On donne une sphère O et un plan diamétral AB auquel on demande de mener une section parallèle CD de manière que si l'on considère le tronc de cône ABCD et le cône EFG qui repose sur le plan diamétral et circonscrit à la sphère le long du cercle CD, le produit de ces deux volumes soit égal à 1/9 $\pi^2 R^6 m$, R étant le rayon de la sphère. Comment doit-on prendre m pour la possibilité du problème ?*

*On choisira pour inconnue CH = x, et on la calculera à 1/100 près du rayon pour m = 11.*

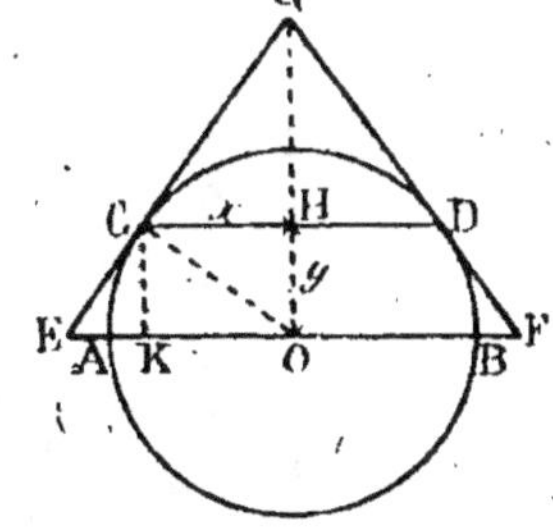


(B. S., Nancy.)

Soient O le centre de la sphère, $OA = R$ son rayon, $x$ le rayon de la petite base du tronc de cône ABCD *(tracer sur la figure les droites CA et DB)*, $y$ sa hauteur, EGF le cône circonscrit. V et V' les volumes du tronc de cône ABCD et du cône EFG.

On doit avoir :
$$V \times V' = \frac{1}{9} \pi^2 R^6 m.$$

Le volume du tronc de cône ABCD est :
$$V = \frac{1}{3} \pi y (R^2 + x^2 + Rx).$$

Le volume du cône est :
$$V' = \frac{1}{3} \pi \overline{OE}^2 \times OG.$$

Or, dans le triangle rectangle OCG, on a :
$$\overline{OC}^2 = y \times OG ; \quad R^2 = y \times OG ; \quad \text{et} \quad OG = \frac{R^2}{y}.$$

Les deux triangles rectangles ECO et OCH, sont semblables comme ayant un angle aigu, savoir : $\widehat{EOC} = \widehat{OCH}$ comme alternes internes. On peut donc écrire :
$$\frac{OE}{OC} = \frac{OC}{x} ; \quad OE = \frac{R^2}{x} ; \quad \overline{OE}^2 = \frac{R^4}{x^2}.$$

D'où l'on tire :
$$V' = \frac{1}{3} \pi \frac{R^4}{x^2} \times \frac{R^2}{y}$$

$$V \times V' = \frac{1}{3} \pi y (R^2 + x^2 + Rx) \times \frac{1}{3} \pi \frac{R^6}{x^2 y} ;$$

et
$$\frac{1}{9} \pi^2 (R^2 + x^2 + Rx) \frac{R^6}{x^2} = \frac{1}{9} \pi^2 R^6 m ;$$

et après simplifications
$$\frac{R^2 + x^2 + Rx}{x^2} = m$$

$$mx^2 - x^2 - Rx - R^2 = 0$$

$$x^2(m - 1) - Rx - R^2 = 0 ;$$

ce qui donne pour $x$ les valeurs
$$x = \frac{R \pm \sqrt{R^2 + 4mR^2 - 4R^2}}{2(m - 1)}$$

$$x = \frac{R + R\sqrt{(4m - 3)}}{2(m - 1)} \quad \text{ou} \quad \frac{R(1 \pm \sqrt{4m - 3})}{2(m - 1)}.$$

Toute valeur de $x$, ne pourra être acceptable qu'à la condition d'être réelle, positive et plus petite que R.

**Conditions de réalité.**

On doit avoir $\quad 4m-3 \geqq 0,\quad$ ou $\quad m \geqq \dfrac{3}{4}.$

Cette valeur $\dfrac{3}{4}$ est donc le minimum de $m$ ; pour cette valeur $x$ serait négatif, et à rejeter.

**Conditions de possibilité.**

Le produit des racines est $-\dfrac{R^2}{m-1}$, et leur somme $\dfrac{R}{m-1}$,

On peut avoir $\quad m < 1 \;;\quad m = 1 \;;\quad m > 1.$

Si l'on a $m < 1$, la somme est négative et le produit positif. Ce dernier résultat indique qu'elles sont de même signe, négatives et par conséquent à rejeter.

Si l'on a $m = 1$, la somme est $\dfrac{R}{0} = \infty$ ; et le produit $\dfrac{R^2}{0} = \infty$.

les racines sont alors, $\dfrac{R+R}{m-1} = \dfrac{2R}{0} = \infty\quad$ et $\quad \dfrac{R-R}{0} = \dfrac{0}{0}$ qui est le symbole de l'indétermination.

Si l'on a $m > 1$, le produit est négatif ; par conséquent l'une des racines est négative et n'est pas acceptable. L'autre racine n'est acceptable que si elle est inférieure à $R$ ; c'est-à-dire si l'on a :

$$\frac{R\left(1+\sqrt{4m-3}\right)}{2(m-1)} < R \;; \qquad \frac{1+\sqrt{4m-3}}{2(m-1)} < 1$$

$$1+\sqrt{4m-3} < 2(m-1) \;; \quad \sqrt{4m-3} < 2(m-1)-1 \;; \quad \sqrt{4m-3} < 2m-3$$

Supposons que $2m-3$ soit positif, ce qui arrivera pour $m > \dfrac{3}{2}$, on peut élever au carré les deux membres sans changer le sens de l'inégalité. Il vient alors :

$$4m-3 < 4m^2 - 12m + 9$$
$$0 \leqq 4m^2 - 16m + 12 \quad \text{ou} \quad m^2 - 4m + 3 \geqq 0.$$

Ce trinome du second degré qui a pour racines 3 et 1 sera positif pour toutes les valeurs de $m$ extérieures à ces racines, c'est-à-dire si l'on a $m > 3$ et $m < 1$ ; la seule solution acceptable sera celle qui correspond à $3 < m < \infty$.

**Application :** Si on fait $m = 11$

$$x = \frac{R+R\sqrt{44-3}}{22-2} = \frac{R\left(1+\sqrt{41}\right)}{20}.$$

Comme on demande la valeur de $x$ à $^1/_{100}$ près, multiplions par 5 les deux termes de la fraction ; elle devient :

$$\frac{R\left(5+\sqrt{41\times25}\right)}{100}=\frac{R(5+32)}{100}=\frac{37\,R}{100}.$$

Si l'on demandait de construire CD, il suffirait de porter en OK une longueur égale au $^{37}/_{100}$ du rayon, d'élever la perpendiculaire KC et de mener CD parallèle à AB par le point de rencontre de cette perpendiculaire avec la circonférence.

**93.** *Soit une sphère O de rayon donné R et un petit cercle AB de cette sphère ; on considère le cône OAB ayant pour sommet le centre de la sphère et le cercle AB pour base, puis le cône CAB de sommet C circonscrit à la sphère suivant le cercle AB ; on demande de déterminer la distance $OI=x$ du cercle AB au centre de la sphère de façon que le volume limité par la surface latérale OAB et la zone ADB, D étant le pôle du petit cercle AB, soit dans un rapport donné m avec le* volume limité par la même zone et la surface latérale du cône CAB.

(B. S., aspirants, Lyon.)

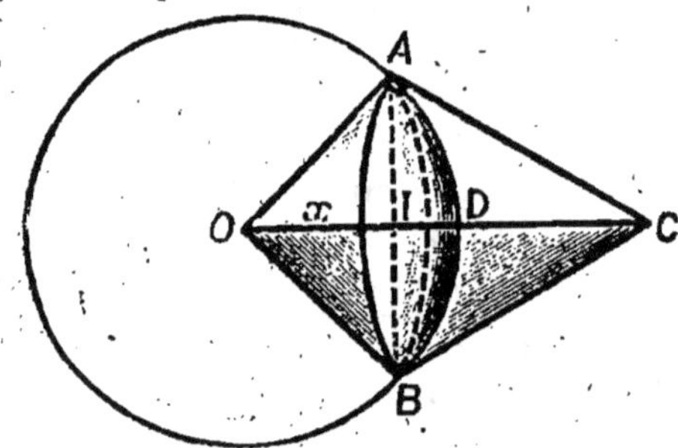


Soit $x$ la distance OI du centre du plan AB au centre de la sphère.

On doit avoir :

$$\frac{\text{Vol. OADB}}{\text{Vol. CADB}}=m.$$

Le volume OADB est le volume limite du secteur sphérique engendré par la rotation du secteur circulaire OAD. Donc :

$$\text{Vol. OADB}=\frac{R}{3}\times\text{surf. zone} \quad (Géom., N^o\ 315).$$

$$\text{Surf. zone}=2\pi R\times ID=2\pi R(R-x)$$

Donc $\qquad$ vol. $\text{OADB}=\dfrac{2\pi R^2}{3}(R-x).$ $\hfill (1)$

Le volume CADB est la différence entre le volume engendré par le triangle AOC et le secteur sphérique OADB.

$$\text{Vol. CADB}=\frac{1}{3}\,\pi\overline{AI}^2\times OC-\frac{2\pi R^2}{3}(R-x) \hfill (2)$$

mais $\qquad\qquad\qquad \overline{AI}^2=(R^2-x^2)$

et dans le triangle rectangle $\quad$ OAC, $\overline{AO}^2=x\times OC,$

D'où : $\qquad\qquad\qquad OC=\dfrac{\overline{AO}^2}{x}=\dfrac{R^2}{x}.$

Remplaçant AI et OC par leurs valeurs, dans (2), il vient :

$$\text{Vol. CADB} = \frac{1}{3}\pi(R^2 - x^2)\frac{R^2}{x} - \frac{2\pi R^2}{3}(R - x). \qquad (3)$$

On a donc (1) et (3) :

$$\frac{\dfrac{2}{3}\pi R^2(R - x)}{\dfrac{1}{3}\pi(R^2 - x^2)\dfrac{R^2}{x} - \dfrac{2\pi R^2}{3}(R - x)} = m.$$

Divisant par $\frac{1}{3}\pi R^2(R - x)$, il vient :

$$\frac{2}{\dfrac{R + x}{x} - 2} = m ; \quad \text{ou} \quad \frac{2x}{R + x - 2x} = m ; \quad \frac{2x}{R - x} = m \qquad (4)$$

$$2x = mR - mx ; \quad 2x + mx = mR ; \quad x(m + 2) = mR \quad \text{et} \quad x = \frac{mR}{m + 2}.$$

**Discussion.** — $x$ ne peut prendre de valeurs qu'entre o et R.

Pour (4) $\qquad\qquad x = 0, \quad m = 0.$

Pour $x = R$, la valeur de $m = \dfrac{2x}{R - x}$ devient $\dfrac{2R}{R - R} = \dfrac{2R}{0} = \infty$

Donc, **lorsque x tend vers R, m tend vers l'infini.**

**94.** *Dans un tronc de cône circonscrit à une sphère, on connaît le rapport* k *de la surface latérale à la surface totale. Calculer le rapport des rayons des bases.*

(B. S.)

Soient ABCD le tronc de cône circonscrit à la sphère O ; $x$ et $y$ les rayons des bases.

La surface latérale est :

$$\frac{2\pi x + 2\pi y}{2} \times AB = \pi(x + y)AB.$$

Mais

$$AB = AF + FB = x + y,$$

car $AF = x$ comme tangentes issues d'un même point et $FB = y$ pour la même raison.

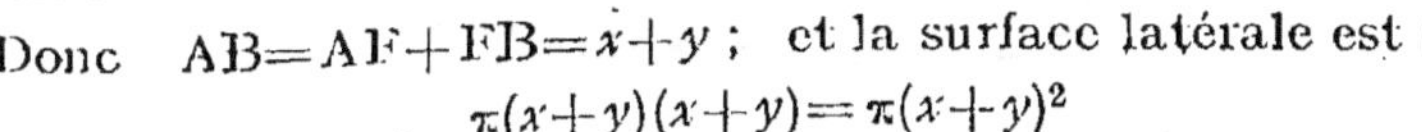

Donc $AB = AF + FB = x + y$ ; et la surface latérale est :

$$\pi(x + y)(x + y) = \pi(x + y)^2$$

La surface totale sera :

$$\pi(x + y)^2 + \pi(x^2 + y^2).$$

On a donc d'après l'énoncé :

$$\frac{\pi(x+y)^2}{\pi(x+y)^2+\pi(x^2+y^2)}=k$$

ou

$$\frac{(x+y)^2}{(x+y)^2+(x^2+y^2)}=k$$

$$(x+y)^2=k(x+y)^2+k(x^2+y^2)$$

$$x^2+2xy+y^2=k(x^2+2xy+y^2)+k(x^2+y^2)$$

Or, on demande seulement de calculer le rapport $\frac{x}{y}$, En divisant les deux membres par $y^2$, il vient :

$$\frac{x^2}{y^2}+\frac{2xy}{y^2}+\frac{y^2}{y^2}=k\left(\frac{x^2}{y^2}+\frac{2xy}{y^2}+\frac{y^2}{y^2}\right)+k\left(\frac{x^2}{y^2}+\frac{y^2}{y^2}\right)$$

$$\frac{x^2}{y^2}+\frac{2x}{y}+1=k\left(\frac{x^2}{y^2}+\frac{2x}{y}+1\right)+k\left(\frac{x^2}{y^2}+1\right)$$

$$\frac{x^2}{y^2}+\frac{2x}{y}+1=k\frac{x^2}{y^2}+2k\frac{x}{y}+k+k\frac{x^2}{y^2}+k$$

$$\frac{x^2}{y^2}-2k\frac{x^2}{y^2}+2\frac{x}{y}-2k\frac{x}{y}+1-2k=0$$

$$\frac{x^2}{y^2}(1-2k)-2\frac{x}{y}(k-1)+1-2k=0 ;$$

ce qui donne la valeur

$$\frac{x}{y}=\frac{-(1-k)\pm\sqrt{(1-k)^2-(1-2k)^2}}{1-2k}$$

$$\frac{x}{y}=\frac{k-1\pm\sqrt{1-2k+k^2-(1-4k+4k^2)}}{1-2k}$$

$$\frac{x}{y}=\frac{k-1\pm\sqrt{1-2k+k^2-1+4k-4k^2}}{1-2k}$$

$$\frac{x}{y}=\frac{k-1\pm\sqrt{2k-3k^2}}{1-2k}.$$

**Discussion.** — Ces valeurs, pour être acceptables, doivent être réelles et positives.

**Condition de réalité.**

$$2k-3k^2>0 \quad \text{ou} \quad k(2-3k>0 ;$$

Et, comme $k$ doit être positif

$$2-3k>0 \quad \text{ou} \quad 3k<2 \quad \text{et} \quad k<\frac{2}{3}$$

cette valeur est donc le maximum de $k$.

**Conditions de signe.**

Le produit des racines est $\dfrac{1-2k}{1-2k}=1$ ; elles sont donc de même signe ; elles seront positives si leur somme est positive, c'est-à-dire si l'on a : $\dfrac{-2(1-k)}{1-2k}>0$ ou $\dfrac{k-2}{1-2k}>0.$

Le numérateur et le dénominateur de cette expression ne sauraient être positifs simultanément ; car si $k-2$ était positif $1-2k$ serait négatif. Du reste $k>2$ est incompatible avec la condition de réalité qui exige que l'on ait $k<\dfrac{2}{3}$. L'inégalité ne sera donc vérifiée que si l'on a en même temps
$$k-2<0 \quad \text{et} \quad 1-2k<0 ;$$

c'est-à-dire $\qquad 1<2k ; \quad \text{et} \quad k>\dfrac{1}{2}.$

En résumé, on doit avoir pour la condition de réalité :
$$k<\dfrac{2}{3}$$

et pour la condition de signe :
$$k>\dfrac{1}{2} \quad \text{ou} \quad \dfrac{1}{2}<k<\dfrac{2}{3}.$$

A cette condition, le problème admet deux solutions ; et les racines sont inverses.

**95.** *On donne une sphère de rayon R.*

1° *Déterminer la hauteur d'une calotte de cette sphère telle que la surface de la calotte, plus la surface du cercle de base soit égale aux $^7/_{16}$ de la sphère.*

2° *Résoudre le même problème en remplaçant la fraction $^7/_{16}$ par un nombre donné m. Condition de possibilité du problème.*

(B. S., Grenoble, 1922.)

1° **Calcul de la hauteur.**

Soit $x$ la hauteur demandée, la surface de la calotte est $2\pi Rx$ ; celle du cercle de base est $\pi\overline{BH}^2$. Or, dans le triangle rectangle CBD, on a :
$$\overline{BH}^2=CH\times DH=x(2R-x)$$

La condition du problème est donc :

$$2\pi Rx + \pi x(2R-x) = \frac{7}{16}4\pi R^2 \; ;$$

ou
$$2Rx + x(2R-x) = \frac{7}{16} \times 4R^2$$

$$2Rx + 2Rx - x^2 = \frac{7}{4}R^2$$

$$x^2 - 4Rx + \frac{7}{4}R^2 = 0 \; ;$$

et enfin
$$4x^2 - 16Rx + 7R^2 = 0$$

$x$ doit être compris entre $0$ et $2R$.

$$f(0) = 7R^2$$

$f(2R) = -9R^2$ ; $2R$ est donc compris entre les racines qui se placent dans cet ordre :

$$0 < x' < 2R < x''.$$

La racine plus grande que $2R$ est à rejeter, et la valeur de la seconde est :

$$x = \frac{8R - \sqrt{64R^2 - 28R^2}}{4} = \frac{8R - \sqrt{36R^2}}{4} = \frac{8R - 6R}{4} = \frac{2R}{4} = \frac{R}{2}.$$

$2°$ **Calcul de la hauteur en remplaçant** $\frac{7}{16}$ **par m.**

L'équation devient alors :

$$2Rx + x(2R-x) = 4mR^2,$$
ou
$$x^2 - 4Rx + 4mR^2 = 0$$
$$f(0) = 4mR^2$$
$$f(2R) = 4R^2(m-1)$$

On peut avoir $m < 1$ ou $m > 1$.

Si $m$ est plus petit que $1$, $f(0)$ est positif ; et $f(2R)$ est négatif. Donc $2R$ sépare les racines qui se placent dans cet ordre

$$0 < x' < 2R < x'' \; ;$$

et seule la plus petite des racines est acceptable.

Si l'on a $m > 1$, $f(0)$ est positif de même que $f(2R)$ ; les deux racines sont de même signe et positives. Donc $0$ et $2R$ sont extérieurs aux racines ; on a donc

$$0 < 2R < x' < x''.$$

Aucune des racines n'est acceptable.

**96.** *Calculer les limites de* m *pour que l'équation*
$$4x^2 + (m-2)x + (m-5) = 0$$
*ait des racines réelles.*

2° *Calculer les limites de* m *pour que les racines soient inférieures à* 2.

(B. S., Rennes, 1923.)

**1° Conditions de réalité des racines.**

Les racines sont réelles si le réalisant est positif ; c'est-à-dire si l'on a :
$$(m-2)^2 - 16(m-5) \geqq 0 ;$$
ou
$$m^2 - 4m + 4 - 16m + 80 \geqq 0$$
$$m^2 - 20m + 84 \geqq 0.$$

Ce trinôme du second degré en $m$ sera positif pour toute valeur de $m$ extérieure à ses racines qui sont :
$$m = 10 \pm \sqrt{100 - 84} = 10 \pm \sqrt{16} = 10 \pm 4, \ m' = 6 ; \ m'' = 14.$$

Les racines du trinôme en $x$ seront réelles si l'on a :
$$m < 6 ; \quad \text{ou} \quad m > 14.$$

**2° Conditions de grandeur.**

Pour que les racines du trinôme donné soient inférieures à 2, il faut :

1° Que la condition précédente étant réalisée, la substitution de 2 à $x$ dans ce trinôme lui conserve le signe du terme en $x^2$, c'est-à-dire qu'il reste positif. On doit donc avoir :
$$f(2) = 4(2)^2 + (m-2)2 + m - 5 \geqq 0$$
$$16 + 2m - 4 + m - 5 \geqq 0$$
$$3m + 7 \geqq 0 ; \ 3m \geqq -7 ; \ m \geqq -\frac{7}{3}.$$

Il faut : 2° Que la demi-somme des racines soit inférieure à 2.
En effet, si l'on a :
$$x' < 2$$
$$x'' < 2$$
on aura
$$x' + x'' < 2 \times 2$$
et
$$\frac{x' + x''}{2} < 2 ;$$
mais
$$x' + x'' = -\frac{m-2}{4}$$
$$\frac{x' + x''}{2} = \frac{-(m-2)}{8}.$$

D'où
$$-\frac{m-2}{8} < 2 \; ; \quad \frac{m-2}{8} > -2$$

$$m-2 > -16 \; ; \quad m \geqslant -16 + 2 \; ; \quad m \geqslant -14.$$

En résumé, les conditions demandées seront réalisées pour

$$-\frac{7}{3} < m < 6 \quad \text{et} \quad m > -14.$$

Pour
$$m = 6 \qquad x' = x'' = -\frac{1}{2}$$

$$m = 14 \qquad x' = x'' = -\frac{3}{2}$$

$$m = -\frac{7}{3} \begin{cases} x' = & 2 \\ x'' = & \dfrac{-11}{12} \end{cases}.$$

**Rép.** : Conditions de réalité : $m < 6$ ou $m > -14$.

Conditions de grandeur : $m \geqslant -\dfrac{7}{3} \; ; \quad m \geqslant -14.$

**97.** *Les nombres entiers x et y étant premiers entre eux :*

1° *Démontrer que la somme de leurs inverses* $\dfrac{1}{x} + \dfrac{1}{y}$ *est égale à une fraction irréductible.*

2° *Calculer x et y sachant que leur produit est 297, et que la somme de leurs inverses est* $\dfrac{38}{297}$.

*(B. S. Lille* 1923*).*

1° **La fraction** $\dfrac{x+y}{xy}$ **est irréductible.**

Les inverses sont
$$\frac{1}{x} \quad \text{et} \quad \frac{1}{y} \, ;$$

et leur somme
$$\frac{1}{x} + \frac{1}{y} = \frac{x+y}{xy}.$$

Cette expression est une fraction irréductible. En effet, si $x+y$ et $xy$ n'étaient pas premiers entre eux, ils admettraient un diviseur commun qui diviserait le produit, et l'un au moins de ses facteurs, $x$ par exemple. Divisant $x$ et la somme $x+y$, il devrait diviser $y$, ce qui est contraire à l'hypothèse.

2° **Calcul de x et y.**

On a :
$$xy = 297 \tag{1}$$

$$\frac{x+y}{xy} = \frac{38}{297}. \tag{2}$$

Portons dans (2) la valeur de $xy$ tirée de (1). On trouve :

$$\frac{x+y}{297} = \frac{38}{297}.$$

L'égalité des dénominateurs entraîne celle des numérateurs.

Par suite : $\qquad x+y=38.$

On connaît donc la somme et le produit de deux nombres ; et l'on peut construire l'équation dont ils sont les racines.

$$X^2 - 38X + 297 = 0 \text{ qui donne}$$

$$X = 19 \pm \sqrt{361-297} = 19 \pm \sqrt{64} = 19 \pm 8 = 19+8 = 27 \text{ et } 19-8 = 11$$

**Rép.** : Les nombres demandés sont donc **27** et **11**.

**98.** *Une commune emprunte au Crédit Foncier la somme de 60.000 fr., au taux de 6 % remboursable par 50 annuités égales avec faculté de remboursement anticipé. Quelle est la valeur de l'annuité, la première devant être versée un an après l'emprunt?*

*Après avoir payé 20 annuités, la commune verse au Crédit Foncier une somme de 15.000 fr. à titre de remboursement partiel anticipé. Quel devra être le montant de chacune des 30 autres annuités?*

(B. S., Toulouse, 1923.)

1º **Calcul de l'annuité.**

Représentons par $x$ cette annuité, A la somme empruntée et $r$ le taux.

Après cinquante ans, la somme est devenue :

$$A(1+r)^{50}.$$

Pour amortir cette dette, on a payé des annuités de $x$ francs qui sont devenues successivement :

$$x(1+r)^{49}, \quad x(1+r)^{48}\ldots\ldots \quad x(1+r)$$

et enfin la dernière qui est de $x$.

La somme de ces versements a donné :

$$x[(1+r)^{49} + (1+r)^{48}\ldots\ldots \quad (1+r) + 1].$$

Le coefficient de $x$ est la somme des termes d'une progression géométrique de 50 termes, dont le premier est 1. En appliquant la formule

$$S = \frac{aq^n - a}{q-1} = a\frac{q^n - 1}{q-1},$$

il vient :

$$S = 1\left(\frac{(1+r)^{50} - 1}{r}\right).$$

On peut donc écrire :

$$A(1+r)^{50} = x\,\frac{(1+r)^{50}-1}{r}\,;$$

et

$$x = \frac{Ar(1+r)^{50}}{(1+r)^{50}-1} \quad \text{ou} \quad x = \frac{60.000 \times 0,06(1,06)^{50}}{(1,06)^{50}-1}$$

On trouvera en calculant par logarithmes la valeur de $(1,06)^{50}$.

$$\begin{aligned}
\text{Log. } (1,06)^{50} &= 50 \log 1,06 \\
&= 50 \times 0,02530587 \\
&= \phantom{00}1,26529350
\end{aligned}$$

Ce logarithme correspond au nombre 18,420154.

Donc $$(1,06)^{50} = 18 \text{ fr. } 420154$$

et $$x = 0,06 \times 60.000\,\frac{18,420154}{17,420154} = 8.806,65.$$

2° **Calcul de l'annuité à payer après le versement de 15.000 fr.**

Calculons le montant de ce qui reste à payer après le vingtième versement.

Au moment du premier versement, la somme A était devenue
$$A(1+r) \quad \text{et la dette} \quad A(1+r)-x$$

Nous désignerons celle-ci par $A_1\,A_2,\ A_3$.

Après le premier versement, on a donc
$$A_1 = A(1+r)-x.$$

Après le deuxième versement
$$\begin{aligned}
A_2 &= A_1(1+r)-x \\
&= [A(1+r)-x](1+r)-x = A(1+r)^2 - x(1+r)-x
\end{aligned}$$

Après le troisième versement,
$$A_3 = A_2(1+r)-x(1+r)-x = A(1+r)^3 - x(1+r)^2 - x(1+r)-x$$

Après le quatrième versement,
$$A_4 = A_3(1+r)-x = A(1+r)^4 - x(1+r)^3 - x(1+r)^2 - x(1+r)-x$$

. . . . . . . . . . . . . . . . . . . . . . . . . . . . .

Après le vingtième versement,
$$\begin{aligned}
A_{20} &= A(1+r)^{20} - x(1+r)^{19} - x(1+r)^{18}\ldots \quad -x(1+r)-x \\
&= A(1+r)^{20} - x[(1+r)^{19} + (1+r)^{18}\ldots \quad +(1+r)+1]
\end{aligned}$$

On voit que la somme entre crochets n'est autre que la somme des termes d'une progression géométrique de vingt termes dont le premier est 1 et la raison $(1+r)$ ; le coefficient de $x$ est donc :

$$\frac{(1+r)^{20}-1}{1+r-1} = \frac{(1+r)^{20}-1}{r}$$

La dette, après le vingtième versement se montait donc à

$$A(1+r)^{20} - x\,\frac{(1+r)^{20}-1}{r}\,;$$

ou

$$\frac{Ar(1+r)^{20}}{r} - x\left[\frac{(1+r)^{20}-1}{r}\right].$$

$$A_{20} = \frac{Ar(1+r)^{20} - x(1+r)^{20} + x}{r}$$

$$= \frac{x - (1+r)^{20}(x - Ar)}{r}$$

$$= \frac{3806,65 - (1,06)^{20}(3806,65 - 60000 \times 0,06)}{0,06}$$

$$= \frac{3806,65 - (1,06)^{20} \times 206,65}{0,06}\,;$$

et après avoir trouvé par logarithmes la valeur 3 fr. 207135 de $(1,06)^{20}$

$$A_{20} = \frac{3806,65 - 3,207135 \times 206,65}{0,06}$$

Et enfin la dette après les 20 premiers versements est :

$$A_{20} = 52\,398,25$$

Et comme, à ce moment, on fait un paiement anticipé de 15.000 francs, elle se réduit à :

$$52\,389,25 - 15000 = 37.398,25$$

Il reste donc à calculer l'annuité dont le versement annuel doit amortir la dette de 37.398,25, en 30 ans. Soit $y$ cette annuité ; on aura, B étant la somme,

$$B(1+r)^{30} = y\,\frac{[(1+r)^{30}-1]}{r}$$

$$Br(1+r)^{30} = y[(1+r)^{30}-1]$$

$$y = \frac{Br(1+r)^{30}}{(1+r)^{30}-1} = \frac{37\,398,25 \times (1,06)^{30} \times 0,06}{(1,06)^{30}-1}.$$

On trouve par logarithmes la valeur de $(1,06)^{30} = 5,743491$.
On a enfin :

$$y = \frac{37\,398,25 \times 0,06 \times 5,743491}{4,743491} = 2716,95.$$

**Rép.** : La première annuité $x = $ **3.806 fr. 65.**

La seconde $\qquad y = $ **2.716 fr. 95.**

**99.** *D'un point M pris sur une circonférence de centre O et de rayon R, on abaisse la perpendiculaire MP sur le diamètre AB. Soit J le milieu du segment BP.*

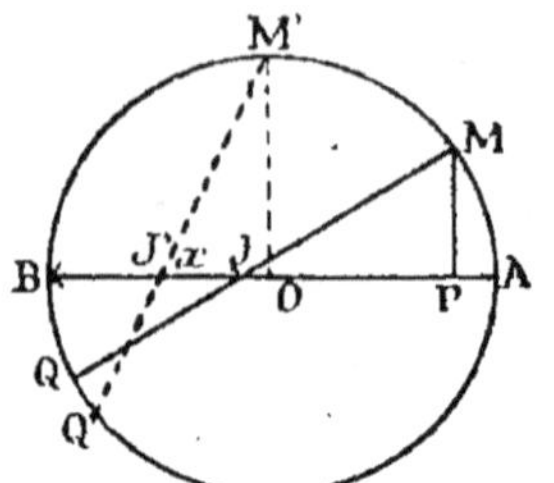


*1° En désignant par Q le second point de rencontre de la droite MJ avec la circonférence, déterminer le point M de façon que le produit QJ × JM soit égal à a². On posera BJ = x.*

*2° Montrer que dans le cas où*

$$a = \frac{R\sqrt{3}}{2}$$ *le point P se trouve en O.*

(B. S., Strasbourg, 1923.)

### 1° Détermination du point M.

On sait *(Géom.,* N° 170), que lorsque deux cordes se coupent à l'intérieur d'une circonférence, le produit des deux segments de l'une égale le produit des deux segments de l'autre.

Soit donc $x$ le segment BJ ; on a :

$$BJ \times AJ = JQ \times JM$$
$$x(2R - x) = QJ \times JM = a^2$$
$$x(2R - x) = a^2$$
$$2Rx - x^2 = a^2$$
$$x^2 - 2Rx + a^2 = 0,$$

ce qui donne pour $x$ les valeurs

$$x = R \pm \sqrt{R^2 - a^2}.$$

La plus grande de ces valeurs étant supérieure à R doit être rejetée. On a donc

$$x = R - \sqrt{R^2 - a^2}.$$

La condition de réalité des racines est :

$$R^2 - a^2 \geqq 0 \quad \text{ou} \quad (R + a)(R - a) \geqq 0 ;$$

et comme $R + a$ est positif

$$R - a \geqq 0 \text{ ou } R \geqq a.$$

On aurait pu résoudre l'équation d'une autre façon. En effet :

$$x^2 - 2Rx = -a^2,$$

pouvait s'écrire en ajoutant $R^2$ aux deux membres :

$$x^2 - 2Rx + R^2 = R^2 - a^2 ; \quad \text{ou} \quad (x - R)^2 = R^2 - a^2 \qquad (1)$$

$$(x - R) = \pm\sqrt{R^2 - a^2} \quad \text{et} \quad x = R \pm\sqrt{R^2 - a^2}$$

mais (1) $\qquad\qquad (x - R)^2 = \overline{OJ}^2.$

Donc, OJ est un côté d'un triangle rectangle dont R est l'hypoténuse et $a$ l'autre côté de l'angle droit.

2° Cas où $a = \dfrac{R\sqrt{3}}{2}$.

Pour
$$a = \frac{R\sqrt{3}}{2}.$$

$$x = R - \sqrt{R^2 - \frac{3R^2}{4}} = R - \sqrt{\frac{4R^2 - 3R^2}{4}} = R - \frac{R}{2} = \frac{R}{2} ;$$

et comme $x = \dfrac{BP}{2}$, il s'ensuit que le point P se trouve en O ; et par conséquent le point M en M', le point J en J' et Q en Q'.

On voit facilement que le point J doit être du même côté que B par rapport à O.

**100**. *Inscrire dans un cercle de rayon R un rectangle de surface donnée S. Discuter. Calculer les côtés du rectangle quand S est maximum.*

*Application numérique :*
$R = 10$ cm., $S = 144$ cm².
(B. S., Dijon, 1923.)

Soient $x$ et $y$ les dimensions du rectangle.

On a dans le triangle rectangle ABC :
$$x^2 + y^2 = 4R^2 \qquad (1)$$
$$xy = S \qquad (2)$$

Et en multipliant par 2 les deux membres de l'équation (2) :
$$2xy = 2S \qquad (3)$$

En ajoutant et retranchant (3) à (1), il vient :
$$x^2 + y^2 + 2xy = 4R^2 + 2S$$
$$x^2 + y^2 - 2xy = 4R^2 - 2S$$
$$(x+y)^2 = 4R^2 + 2S = 4\left(R^2 + \frac{S}{2}\right)$$
$$(x-y)^2 = 4R^2 - 2S = 4\left(R^2 - \frac{S}{2}\right)$$
$$x + y = \sqrt{4\left(R^2 + \frac{S}{2}\right)} = 2\sqrt{R^2 + \frac{S}{2}}$$
$$x - y = \sqrt{4\left(R^2 - \frac{S}{2}\right)} = 2\sqrt{R^2 - \frac{S}{2}}$$

Et en ajoutant membre à membre ces deux équations :

$$2x = 2\sqrt{R^2 + \frac{S}{2}} + 2\sqrt{R^2 - \frac{S}{2}} ; \quad \text{et} \quad x = \sqrt{R^2 + \frac{S}{2}} + \sqrt{R^2 - \frac{S}{2}}$$

et en retranchant

$$2y = 2\sqrt{R^2 + \frac{S}{2}} - 2\sqrt{R^2 - \frac{S}{2}} ; \quad \text{et} \quad y = \sqrt{R^2 + \frac{S}{2}} - \sqrt{R^2 - \frac{S}{2}}.$$

Pour que l'on puisse calculer $xy$ ; il faut que l'on ait :

$$R^2 - \frac{S}{2} \geq 0$$

$$\frac{S}{2} \leq R^2 ; \quad \text{et} \quad S \leq 2R^2.$$

Pour $S = 2R^2$ son maximum on a :

$$x = y = \sqrt{R^2 + \frac{S}{2}} = \sqrt{R^2 + \frac{2R^2}{2}} = \sqrt{2R^2} = R\sqrt{2},$$

c'est-à-dire le côté du carré inscrit dans le cercle de rayon R.

On en déduit le théorème suivant : De tous les rectangles inscrits dans un cercle, le plus grand est le carré.

**Application numérique :**

Pour $R = 10$ cm. ; et $S = 144$ cm$^2$, on a :

$$x = \sqrt{100 + 72} + \sqrt{100 - 72} = \sqrt{172} + \sqrt{28} = 13,10 + 5,30$$
$$x = 18 \text{ cm. } 40$$
$$y = \sqrt{100 + 72} + \sqrt{100 - 72} = \sqrt{172} - \sqrt{28} = 13,10 - 5,30$$
$$y = 7 \text{ cm. } 80$$
$$x = \mathbf{18 \text{ cm. } 40}$$
$$y = \mathbf{7 \text{ cm. } 80}$$

**101.** *On donne une demi-circonférence de diamètre* $AB = 2R = 12$ *cm. On prend sur AB, à partir de A vers B, une longueur* $AP = x$. *On élève en P la perpendiculaire PQ à AB, qui rencontre la demi-circonférence en Q.*

1° *Exprimer en fonction de* x *la quantité* $y = \overline{AP}^2 - \overline{PQ}^2$ ;
2° *Comment varie* y *quand* x *varie de* 0 *à* 2R ;
3° *Construire la courbe représentant les variations de* y ;
4° *Quelles sont les valeurs de* x *qui satisfont :*

1) *A la condition* $y = -\dfrac{R^2}{4}$.

2) *A la condition* $y = \dfrac{R^2}{4}$.

*Comment ces résultats s'interprètent-ils à l'aide de la courbe.*

*Application* : $R=6$ ; *minimum* de $y=-\dfrac{R^2}{2}=-18$.

(B. S., Rennes, 1923.)

**1° Le triangle rectangle ABQ donne :**

$$\overline{PQ}^2 = AP \times PB = x(2R-x)$$
$$\overline{AP}^2 = x^2$$

On a donc :

$$\overline{AP}^2 - \overline{PQ}^2 = x^2 - x(2R-x)$$
$$= x^2 - 2Rx + x^2 = 2x^2 - 2Rx = 2x(x-R).$$

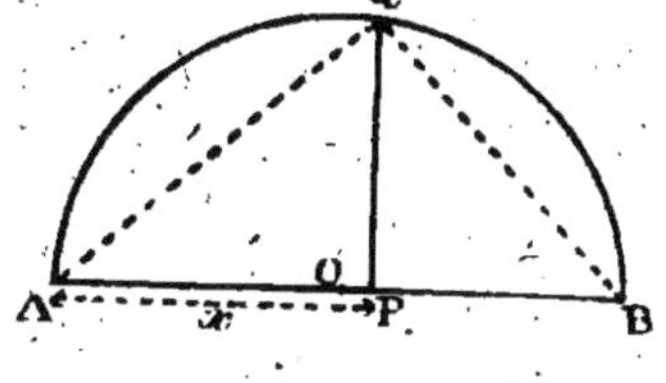

**2° Variations de y.**

Ce trinôme en $x$ dont les racines sont $0$ et $R$ s'annule pour $x$ égalant l'une ou l'autre de ces valeurs. Il atteint son minimum pour $x=\dfrac{R}{2}$, demi-somme des racines. En résumé :

$$\text{Pour} \quad x=0, \quad y=0$$
$$x=\frac{R}{2} \quad y=-\frac{R^2}{2} \quad \text{(minimum)}$$
$$x=R \quad y=0.$$

**3° Construction de la courbe.**

Pour construire la courbe, nous calculerons les longueurs de $y$ qui correspondent à celles de $x$. Nous représenterons la variable par $z=\dfrac{y}{2R}$ ; on aura :

$$\frac{2x(x-R)}{2R} = \frac{x(x-R)}{R} = \frac{y}{2R} = z$$

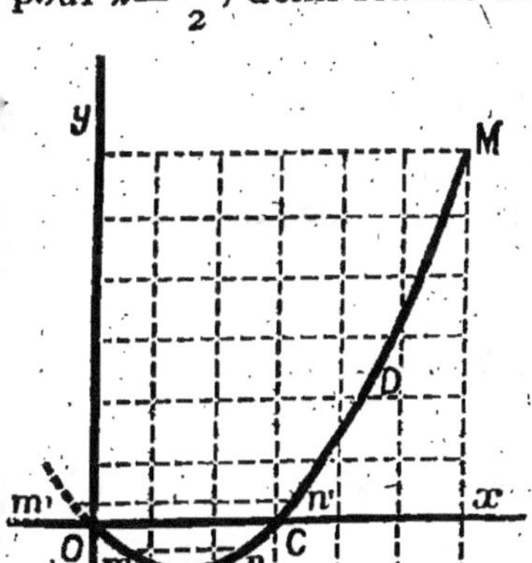

Nous déterminerons un certain nombre de points correspondant aux valeurs remarquables de $x$.

| $x$ | $0$ | $\dfrac{R}{2}$ | $R$ | $\dfrac{3R}{2}$ | $2R$ |
|---|---|---|---|---|---|
| $z$ | $0$ | $-\dfrac{R}{4}$ | $0$ | $\dfrac{3R}{4}$ | $2R$ |
| $y$ | $0$ | $-\dfrac{R^2}{2}$ | $0$ | $\dfrac{3R^2}{2}$ | $4R^2$ |

Pour $x=0,$    on a    $z=0.$    C'est le point O.

—    $x=\dfrac{R}{2},$    —    $-\dfrac{R}{4}.$    —    S.

—    $x=R$    —    $0.$    —    C.

—    $x=\dfrac{3R}{2}$    —    $\dfrac{3R}{4}$    —    M.

**4° Valeurs de x qui satisfont aux conditions**

$$y=-\frac{R^2}{4}; \quad y=\frac{R^2}{4}.$$

1) Pour $y=-\dfrac{R^2}{4}$, on a : $2x(x-R)=-\dfrac{R^2}{4}$ ou $2x^2-2Rx+\dfrac{R^2}{4}=0.$

Ce trinôme a pour racines $\dfrac{R}{2}\left(\dfrac{1\pm\sqrt{2}}{2}\right)$ ; et l'on a d'autre part

$$z=\frac{y}{2R}=-\frac{R^2}{4\times 2R}=-\frac{R}{8}.$$

Si l'on mène parallèlement à l'axe O$x$, et à une distance $z=-\dfrac{R}{8}$, une parallèle $m\,n$, elle coupe la courbe en deux points $m$ et $n$ dont les distances à l'axe O$y$ représentent les racines du trinôme $2x^2-2Rx+\dfrac{R^2}{4}.$

2) **Pour** $y=\dfrac{R^2}{4},$    on a $z=\dfrac{y}{2R}=\dfrac{R^2}{8R}=\dfrac{R}{8}$ ;    et :

$$y=2x(x-R) ; \quad \text{ou} \quad \frac{R^2}{4}=2x^2-2Rx ;$$

l'équation dans ce cas est :

$$2x^2-2Rx-\frac{R^2}{4}=0.$$

Or $\qquad\qquad f(0)=-\dfrac{R^2}{4}$

$$f(R)=-\frac{R^2}{4} ;$$

le coefficient de $x^2$ étant positif, ces deux valeurs limites de $x$ sont comprises entre les racines qui se placent dans cet ordre :

$$x'<0<R<x''$$

Si l'on mène à une distance $z=\dfrac{R}{8}$ de l'axe O$x$, une parallèle

$m'n'$ à cet axe, elle coupe la courbe en deux points $m'$ et $n'$ qui correspondent aux deux valeurs de $x'$ et confirment l'inégalité ci-dessus.

On a bien en effet : $\quad m'n' > \mathrm{R}$ ; $\quad$ et $\quad m'p < 0$.

**Applications :**

Si $\mathrm{R} = 6$, le minimum de $y = -\dfrac{\mathrm{R}^2}{2}$ est $-18$.

Pour $y = \dfrac{\mathrm{R}^2}{4} = -\dfrac{36}{4} = -9$,

$$x' = \frac{\mathrm{R}}{2}\left(1 + \frac{\sqrt{2}}{2}\right) = 3\left(1 + \frac{\sqrt{2}}{2}\right) = 5{,}1213.$$

$$x'' = \frac{\mathrm{R}}{2}\left(1 - \frac{\sqrt{2}}{2}\right) = 3\left(1 - \frac{\sqrt{2}}{2}\right) = 0{,}8787.$$

Pour $y = \dfrac{\mathrm{R}^2}{4} = \dfrac{36}{4} = 9$,

la seule racine acceptable

$$x'' = \frac{\mathrm{R}}{2}\left(1 + \frac{\sqrt{6}}{2}\right) = 3\left(1 + \frac{\sqrt{6}}{2}\right) = 6{,}6742.$$

# TABLE DES MATIÈRES

## I. PREMIÈRE SÉRIE D'EXERCICES SUR LES DIVERSES PARTIES DU COURS

### PREMIÈRE PARTIE. — Les nombres algébriques.



### 2e PARTIE. — Calcul algébrique.



### 3e PARTIE. — Résolution des Équations du premier degré.

## 4ᵉ PARTIE. — Résolution des Équations du second degré.



## 5ᵉ PARTIE. — Progressions et Logarithmes.



# II. DEUXIÈME SÉRIE D'EXERCICES :
# EXERCICES COMPLÉMENTAIRES OU DE RÉCAPITULATION

## PREMIÈRE PARTIE. — Les nombres algébriques.



## 2ᵉ PARTIE. — Calcul algébrique.

## III. — EXERCICES SUR LES COMPLÉMENTS D'ALBÈBRE



---

## IV. — 104 PROBLÈMES D'ALGÈBRE



## V. — 101 PROBLÈMES D'ALGÈBRE

Lyon. — Imprimerie Em. VITTE, 18, rue de la Quarantaine. — 2073

*Fabriqué en France.*

www.ingramcontent.com/pod-product-compliance
Lightning Source LLC
LaVergne TN
LVHW050654060726
842527LV00001B/35